大気環境の事典

大気環境学会［編集］

朝倉書店

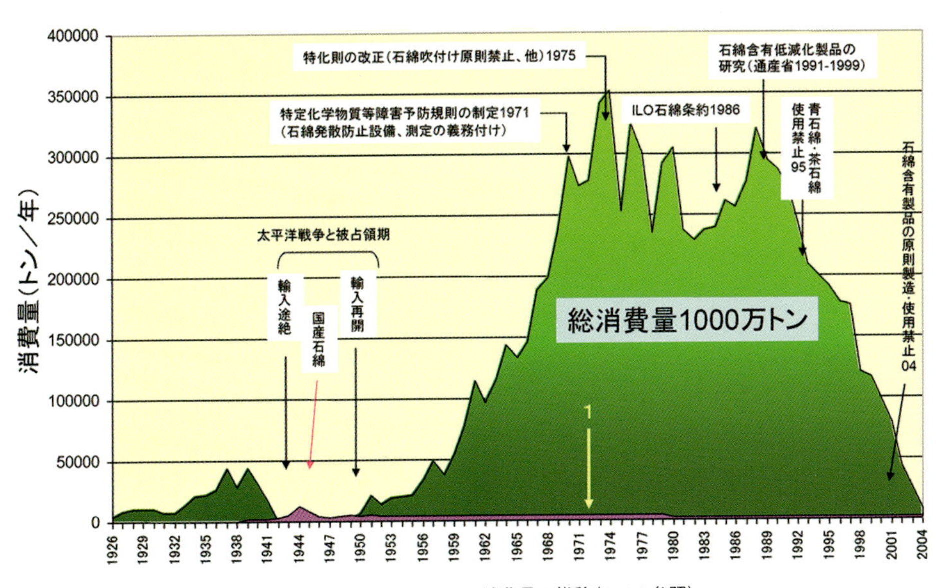

口絵 1　わが国のアスベスト消費量の推移(1-14 参照)

口絵 2　アスベスト３種(p.30)
左上：クリソタイル，右上：アモサイト，
下：クロシドライト.

口絵 3　湾岸戦争直後のクウェート
の油田火災と黒煙(p.34)

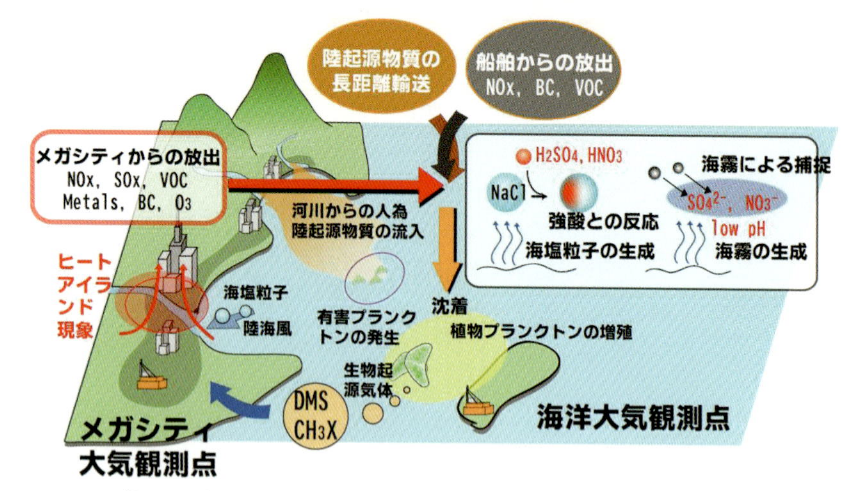

口絵4　メガシティ大気と海洋大気との反応を伴った沿岸域での物質循環(p.39)

口絵5　早稲田大学西早稲田キャンパス 51号館屋上からゲリラ豪雨を眺める(p.142)

口絵6　ドイツトウヒ針葉の黄化現象(p.214)

口絵 7　pH 2.0 の人工酸性雨によるコナラ（左）とサクラ（右）の葉の可視障害
（電力中央研究所・松村秀幸博士提供）（p.220）

口絵 8　種々の原料から共溶媒法で製造した BDF（左から獣脂，ナマズ油，ジャトロファ，パーム油，ゴムの実油，広東アブラギリ）（p.256）

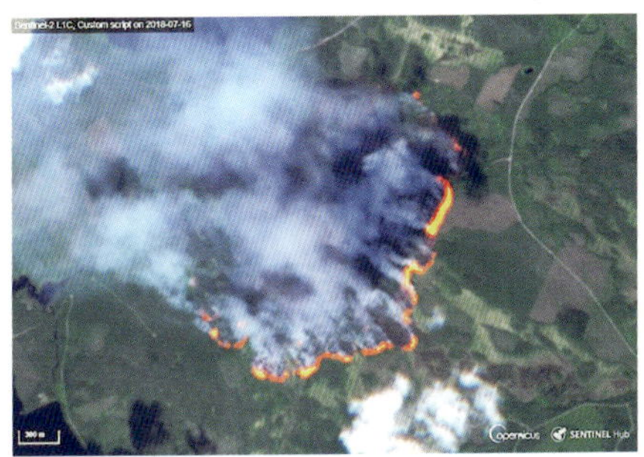

口絵 10　スウェーデン中央部における森林火災（p.306）

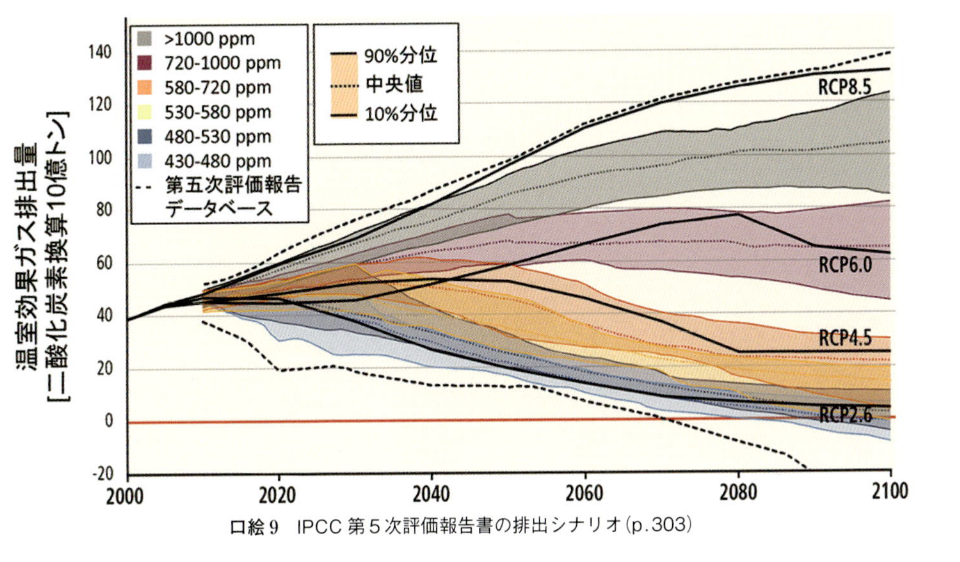

口絵 9　IPCC 第５次評価報告書の排出シナリオ（p.303）

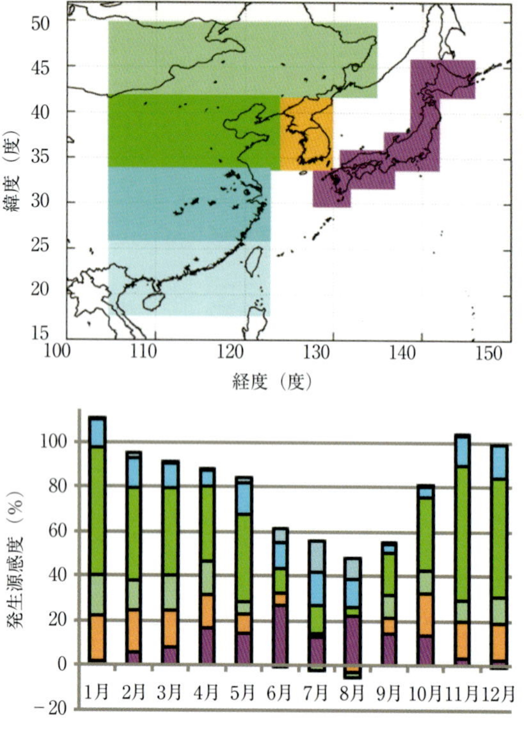

口絵 11　2010 年福江島の $PM_{2.5}$ の月平均濃度に対する各発生源地域（上）の排出量変化に対する物質濃度応答感度（下）(p.317)
紫は日本列島，橙は朝鮮半島，薄緑は中国北東部，緑は中国中北部，青は中国中南部，薄い青は中国南部.

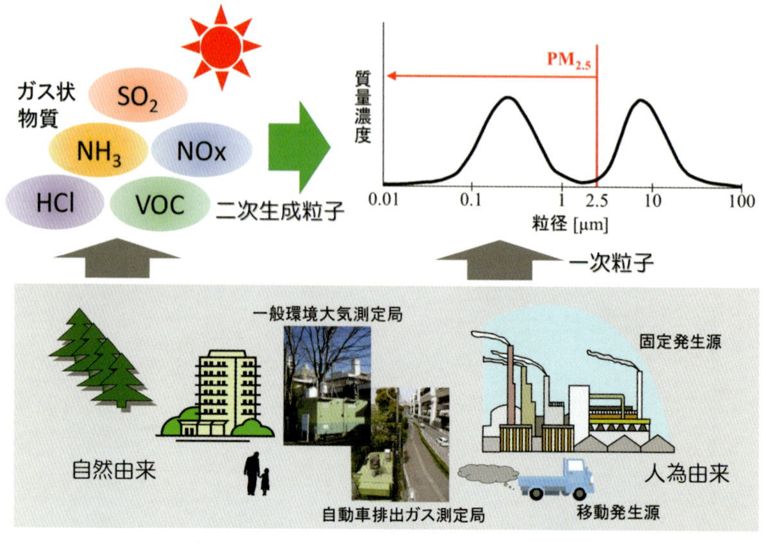

口絵 12　$PM_{2.5}$ の概要に関する模式図（7-9 参照）

まえがき

世界で様々な大気環境問題が発生している．中国やインドなどの経済成長国では，$PM_{2.5}$ などによる深刻な大気汚染が大きな社会問題になっている．先進国でも，大都市域における $PM_{2.5}$ や対流圏オゾンによる汚染は依然として重要な環境問題である．これらの大気汚染は，都市，国，大陸を超えて，地球規模での大気汚染を引き起こしている．ユニセフは，大気汚染によって世界中で年 60 万人の乳幼児死亡が生じていると推計している．わが国においても，高度経済成長期の激甚な大気汚染は改善されつつあるが，$PM_{2.5}$ や光化学スモッグなどの，重要で解決が難しい問題が残っている．

さらに大気環境問題は，大気質の劣化による人の健康や植物への影響だけでなく，CO_2 に代表される長寿命の温室効果ガスとエアロゾル，対流圏オゾンなどの短寿命物質に起因する気候変動，フロン，ハロンによるオゾン層の破壊，酸性化した降水による生態系影響など，多くの地球環境問題にも関係している．

これらの大気環境問題は，汚染物質，発生機構，時空間スケール，影響などが異なるとともに，複数の問題が相互に影響しあったり，同時に発生したり，あるいは，トレードオフの関係を生じたりすることによって問題を複雑にすることが多い．気候変動と広域大気汚染の問題はその典型的な例である．したがって，大気環境問題に立ち向かうためには，その構造，引き起こす原因や機構などを科学的に理解した上で，多くの分野にまたがる研究者や実務者が協力して，効果的な解決策を見出し社会実装していくことが肝要である．

本書は，大気環境学会が中心となって，大気環境問題の実態を把握し，現象を理解し，有効な対策を考える上で必要な科学知を，総合的に解説した事典である．全体は，総論と手法，実態，過程，影響，対策，地球環境の 6 つの軸で整理した各論，および主要物質の特性などをまとめた物質編で構成され，タイムリーなキーワードを概説したコラムを関連項目付近に配置している．このうち総論，各論では，大気環境分野の重要な170項目を各2頁の構成で，基礎からわかりやすく解説している．また，物質編では，大気環境における主要な化学物質89種類について物理化学特性や大気環境情報をコンパクトに記載している．

なお，本書では多分野の方々に執筆いただいており，細かい表記のゆれについてはあえて統一せず，執筆者個人の表記をそのまま採用した．

大気環境学会は，2019年に創立60周年を迎えるが，その記念事業の一環として，2016年に「大気環境の事典」編集委員会を発足させて本書の企画を進めてきた．大気環境分野で活躍する専門家165名に多大な御協力を頂き，本書の趣旨・予定に沿って執筆して頂いた．また，朝倉書店には，企画の段階から発刊に至るまで，長期間にわたり御助言・御協力を頂いた．この場を借りて御礼申し上げる次第である．

本書が，理工系の大学生・大学院生，大気環境分野にかかわる研究者や実務者，大気環境問題に関心のある方々にとって有用な情報源になれば幸いである．

2019年8月

「大気環境の事典」編集委員会

【編集委員会】

【執筆者（五十音順）】

秋元　肇　（国研）国立環境研究所 地球環境研究センター

秋吉英治　（国研）国立環境研究所 地球環境研究センター

朝来野国彦　前（株）環境管理センター

芦名秀一　（国研）国立環境研究所 社会環境システム研究センター

東　賢一　近畿大学医学部

足立光司　気象庁気象研究所 全球大気海洋研究部

安達修一　相模女子大学栄養科学部

安孫子ユミ　筑波大学医学医療系

雨谷敬史　静岡県立大学食品栄養科学部

飯島明宏　高崎経済大学地域政策学部

五十嵐康人　京都大学複合原子力科学研究所

井川　学　神奈川大学工学部

池田恒平　（国研）国立環境研究所 地球環境研究センター

石井康一郎　東京都環境局環境改善部

石島健太郎　気象庁気象研究所 気候・環境研究部

石飛博之　（公財）給水工事技術振興財団

伊豆田　猛　東京農工大学大学院農学研究院

板橋秀一　（一財）電力中央研究所 環境科学研究所

伊藤彰記　（国研）海洋研究開発機構 地球環境部門

伊藤晃佳　（一財）日本自動車研究所

伊藤茂男　（一財）電力中央研究所 エネルギー技術研究所

伊藤　剛　（一財）日本自動車研究所

井上和也　（国研）産業技術総合研究所 安全科学研究部門

猪俣　敏　（国研）国立環境研究所 環境計測研究センター

指宿堯嗣　（一社）産業環境管理協会
入江仁士　千葉大学環境リモートセンシング研究センター
岩崎　綾　沖縄県 衛生環境研究所
上田佳代　京都大学大学院地球環境学堂
上野広行　（公財）東京都環境公社 東京都環境科学研究所
植松光夫　東京大学名誉教授
内山巌雄　京都大学名誉教授
鵜野伊津志　九州大学応用力学研究所
浦野紘平　（有）環境資源システム総合研究所
江守正多　（国研）国立環境研究所 地球環境研究センター
王　青躍　埼玉大学大学院理工学研究科
大泉　毅　（一財）日本環境衛生センター アジア大気汚染研究センター
大河内　博　早稲田大学理工学術院
大原利眞　（国研）国立環境研究所 福島支部
尾形　敦　（国研）産業技術総合研究所 環境管理研究部門
岡本祥子　（国研）国立環境研究所 地球環境研究センター
小川和雄　（一財）大気環境総合センター
奥田知明　慶應義塾大学理工学部
長田和雄　名古屋大学大学院環境学研究科
小野雅司　（国研）国立環境研究所 環境リスク・健康研究センター
小渕　存　（国研）産業技術総合研究所 省エネルギー研究部門
香川　順　東京女子医科大学名誉教授
梶井克純　京都大学大学院地球環境学堂
梶野瑞王　気象庁気象研究所 全球大気海洋研究部
梶原秀夫　（国研）産業技術総合研究所 安全科学研究部門
堅田元喜　茨城大学地球変動適応科学研究機関
片谷教孝　桜美林大学リベラルアーツ学群
加藤俊吾　首都大学東京都市環境学部
金谷有剛　（国研）海洋研究開発機構 地球環境部門
兼保直樹　（国研）産業技術総合研究所 環境管理研究部門
亀田貴之　京都大学大学院エネルギー科学研究科
亀山康子　（国研）国立環境研究所 社会環境システム研究センター
北林興二　前工学院大学工学部
木下紀正　前鹿児島大学教育学部
忽那周三　（国研）産業技術総合研究所 環境管理研究部門
工藤祐揮　（国研）産業技術総合研究所 安全科学研究部門
熊谷嘉人　筑波大学医学医療系
熊谷貴美代　群馬県衛生環境研究所
黒川純一　（一財）日本環境衛生センター アジア大気汚染研究センター
河野吉久　（一財）電力中央研究所 環境科学研究所
神山宣彦　前東洋大学
小林伸治　（国研）国立環境研究所 地域環境研究センター
小林隆弘　東京理科大学理学部
近藤　明　大阪大学工学部
近藤裕昭　（一財）日本気象協会
坂本和彦　埼玉大学名誉教授
櫻井健郎　（国研）国立環境研究所 環境リスク・健康研究センター
櫻井達也　明星大学理工学部
佐治　光　（国研）国立環境研究所 生物・生態系環境研究センター
佐瀬裕之　（一財）日本環境衛生センター アジア大気汚染研究センター

佐田幸一　(一財) 電力中央研究所 環境科学研究所

定永靖宗　大阪府立大学大学院工学研究科

佐藤　歩　(一財) 電力中央研究所 環境科学研究所

佐藤　圭　(国研) 国立環境研究所 地域環境研究センター

佐藤啓市　(一財) 日本環境衛生センター アジア大気汚染研究センター

猿田勝美　神奈川大学名誉教授

篠原直秀　(国研) 産業技術総合研究所 安全科学研究部門

島　正之　兵庫医科大学

嶋寺　光　大阪大学大学院工学研究科

菅田誠治　(国研) 国立環境研究所 地域環境研究センター

杉田考史　(国研) 国立環境研究所 地球環境研究センター

鈴木健太郎　東京大学大気海洋研究所

須藤健悟　名古屋大学大学院環境学研究科

関口和彦　埼玉大学大学院理工学研究科

関根嘉香　東海大学理学部

反町篤行　福島県立医科大学医学部

高橋克行　(一財) 日本環境衛生センター東日本支局

高橋　潔　(国研) 国立環境研究所 社会環境システム研究センター

高橋真哉　筑波大学生命環境系

高見昭憲　(国研) 国立環境研究所 地域環境研究センター

滝川雅之　(国研) 海洋研究開発機構 地球環境部門

竹内浩士　(一社) 産業環境管理協会 環境管理部門

竹中規訓　大阪府立大学人間社会システム科学研究科

竹村俊彦　九州大学応用力学研究所

田崎智宏　(国研) 国立環境研究所 資源循環・廃棄物研究センター

田中伸幸　(一財) 電力中央研究所 環境科学研究所

谷　晃　静岡県立大学食品栄養科学部

田村憲治　(国研) 国立環境研究所 環境リスク・健康研究センター

田森行男　ドナウイバロシュ工科大学名誉教授

茶谷　聡　(国研) 国立環境研究所 地域環境研究センター

遠嶋康徳　(国研) 国立環境研究所 環境計測研究センター

東條俊樹　大阪市立環境科学研究センター

内藤季和　千葉県環境研究センター

中井里史　横浜国立大学大学院環境情報研究院

中島大介　(国研) 国立環境研究所 環境リスク・健康研究センター

永島達也　(国研) 国立環境研究所 地域環境研究センター

中根英昭　高知工科大学名誉教授

新田裕史　(国研) 国立環境研究所 環境リスク・健康研究センター

野口　泉　(地独) 北海道立総合研究機構 環境科学研究センター

萩野浩之　(一財) 日本自動車研究所

長谷川就一　埼玉県環境科学国際センター

畠山史郎　(一財) 日本環境衛生センター アジア大気汚染研究センター

花岡達也　(国研) 国立環境研究所 社会環境システム研究センター

早川和一　金沢大学 環日本海域環境研究センター

速水　洋　(一財) 電力中央研究所 環境科学研究所

原　宏　東京農工大学名誉教授

坂東　博　大阪府立大学名誉教授

東野和雄　(公財) 東京都環境公社 東京都環境科学研究所

樋口隆哉　山口大学大学院創成科学研究科

平野耕一郎　(公社) 日本環境技術協会

廣瀬勝己　前気象庁気象研究所
藤田愼一　前電力中央研究所
藤谷雄二　(国研) 国立環境研究所 環境リスク・健康研究センター
伏見暁洋　(国研) 国立環境研究所 環境計測研究センター
藤原雅彦　(株) 堀場製作所開発本部
星　純也　(公財) 東京都環境公社 東京都環境科学研究所
牧　輝弥　金沢大学理工学研究域物質化学系
増井利彦　(国研) 国立環境研究所 社会環境システム研究センター
松木　篤　金沢大学 環日本海域環境研究センター
松田和秀　東京農工大学農学部附属 広域都市圏フィールドサイエンス教育研究センター
松本　淳　早稲田大学人間科学学術院
丸本幸治　環境省国立水俣病総合研究センター
三浦和彦　東京理科大学理学部
三阪和弘　グリーンブルー (株)
水越厚史　近畿大学医学部
水野建樹　(一財) 日本気象協会
道岡武信　近畿大学理工学部
皆巳幸也　石川県立大学生物資源環境学部
村尾直人　北海道大学大学院工学研究院
村田　克　早稲田大学理工学術院
村野健太郎　京都大学地球環境学堂
持田陸宏　名古屋大学宇宙地球環境研究所
森　育子　(地独) 大阪府立環境農林水産総合研究所
森川多津子　(一財) 日本自動車研究所
守富　寛　岐阜大学大学院工学研究科
森野　悠　(国研) 国立環境研究所 地域環境研究センター
安田珠幾　気象庁総務部
柳沢幸雄　東京大学名誉教授
柳澤利枝　(国研) 国立環境研究所 環境リスク・健康研究センター
山口真弘　長崎大学大学院水産・環境科学総合研究科
山崎　新　(国研) 国立環境研究所 環境リスク・健康研究センター
山地一代　神戸大学大学院海事科学研究科
弓本桂也　九州大学応用力学研究所
横田久司　(公社) 大気環境学会
吉門　洋　(一財) 日本気象協会
吉田成一　大分県立看護科学大学看護学部
米倉哲志　埼玉県環境科学国際センター
米持真一　埼玉県環境科学国際センター
若松伸司　愛媛大学名誉教授
渡邊　明　福島大学名誉教授
渡辺　誠　東京農工大学大学院農学研究院

目　　次

1　総　　論　［編集担当］大原利眞

2　手　　法　［編集担当］大原利眞・大河内　博・中井里史

5　対　策　［編集担当］指宿堯嗣・三阪和弘

6　地球環境　［編集担当］大原利眞・金谷有剛

〈7〉 実　　態　［編集担当］中井里史・上野広行

〈8〉 物　質　編　［編集担当］大河内　博・奥田知明

付　　録

1

総　　論

1-1 大気汚染のエピソード

Air pollution episodes

大気汚染のエピソード（事件）は，気温逆転のような気象条件や地理的条件等が絡みあって大気汚染物質濃度が短期間の間に急上昇し，地域住民に急性の健康影響をもたらしたもので，観察された健康影響が主として大気汚染によるものであることが明白な事例である．本項では，その事例について紹介する．

a．石炭燃焼による生活公害

9世紀初頭，英国でsea-coals（粉状の瀝青炭）が発掘され，1760年代頃からの産業革命とともに石炭の消費量が爆発的に増加し，燃焼に伴うばい煙・ばいじんや石炭に含まれる硫黄の燃焼産物（硫黄酸化物，SO_x）により，建物や衣服などの汚れ，またSO_xによる悪臭や金属などの腐食といった生活公害が問題になり始めた．

b．大気汚染による健康影響問題

生活公害の次に，大気汚染による健康影響問題が注目され始めた．

1）ミューズ渓谷事件（ベルギー）：1930年　大気汚染による健康影響が顕在化し，エピソードとして最初に報告された場所が，ベルギーのミューズ川流域の渓谷の盆地である．ここに製鉄工場，ガラス工場，亜鉛工場などが林立していたが，1930年12月1日の月曜日から，「気温逆転」が約1週間発生し，工場から排出される汚染物質が逆転層下に閉じ込められ濃度が上昇し，気温逆転の発生後3日目から多数の人々が呼吸器疾患に罹り，その週があける前に60人が死亡し，家畜も多数死亡するという事件が発生した．心肺疾患罹患者の老人の死亡率が最も高く，呼吸器疾患の罹患は，子供から老人に至る全年齢層に見られた．当時は，大気汚染物質については何も測定されていなかったが，この事件を1931年に報告したFirket博士[1]は，二酸化硫黄濃度は25～100 mg/m^3（9.6～38.4 ppm）と推定した．

2）ドノラ事件（米国）：1948年　ドノラは，米国ペンシルバニア州のモノンガヘラ川沿いの両側に高さ100 m近くの山に囲まれた蹄鉄型の盆地の中にあり，この盆地の中に製鉄工場，硫酸製造工場，亜鉛工場等が林立していた．この盆地で1948年10月26日から月末にかけて気温逆転が発生し，工場から排出される汚染物質が蓄積され濃度が上昇し始め，事件が発生した．

当時，この町には約14000人が住んでいたが，住民の43%が病気になり，その内訳は，重症11%，中等症17%，軽症15%であったが，高齢者になるほど重症者の割合が増加することが示された．病気になった人のほとんどは，事件の2日目に発症していた．死亡者は20人（男15人，女5人）で，ほとんどが3日目に死亡していた．死亡者のほとんどは慢性の心臓や肺疾患に罹患していた．大気汚染物質の測定はなされていなかったが，二酸化硫黄（SO_2）濃度は1.4から5.5 mg/m^3(0.5から2.0 ppm）の範囲であったと推定された．

この時の状況は，Roueché[2]が，1953年に出版した新書の中の「The Fog」の章で記載されている．

この事件後，米国のPublic Health Service（保健教育福祉省の中の公衆衛生総局）によって，住民の健康調査が，事件の数か月以内，および10年後の1957年に再調査が行われた．事件発生後の数か月以内の調査結果は，Schrenkら[3]により，また10年後の再調査結果は，Thompsonら[4]およびCioccoら[5]によって報告されている．それによると，事件当時に急性の病気に罹り影響を受けたと報告した人々は，影響を受けなかった人々に比べ，より高い死亡率と罹患率を示していた．さらに，事件当時に，より重症の急性の病気に罹った人々は，その後より重症の病気とより高い死亡率を示していることも明らかにされた．

3) ロンドン事件：1952年　大気汚染による健康影響問題は，この事件によって世界的に注目され始めた．

1952年12月5日から9日まで，イギリスのほとんど全土が霧と気温逆転にみまわれ，中でもロンドンは最も影響を受けた地域の一つであった．ロンドン市内の大気汚染の約60%は，家庭暖房に使用する石炭燃焼に由来していた．当時，ロンドン市役所の屋上では，浮遊粉じん濃度とSO_2濃度が測定されていたため，不十分ながら，初めて大気汚染物質濃度と健康影響との関連を調べることができた．英国の保健省(Ministry of Health)[6]は，これらをまとめた報告書を1954年に公表した．それによると，浮遊粉じん濃度とSO_2濃度は，気温逆転が発生した12月5日に突然上昇し，9日まで高濃度が持続し，その間，ロンドン市および大ロンドン地区の週間死亡者数は，12月6日から13日の週間の死亡者数が，例年の同時期の死亡者数の約3倍，突然増加し，中でも呼吸器系と循環器系の死亡者数が急増していることが示された．スモッグが発生した期間の死亡者数を1947〜52年の同じ期間の死亡者数と比較すると，約4000人近く多く死亡（過剰死亡と呼称）していることがわかった．ロンドン事件は，ミューズやドノラ事件と異なり，大気汚染物質濃度が測定されていたため，大気汚染物質濃度と健康影響との濃度(量)-影響（反応）関係を調べることができ，これを契機に，大気汚染に関する医学研究が世界的に進行し，また科学的大気汚染対策が行えるようになった．

4) わが国における大気汚染エピソード　わが国では，第二次世界大戦後（1945年）の急速な経済復興に伴い，大気汚染が1965年頃から問題になり，四日市市では，コンビナートから排出される高濃度のSO_2およびその他のSO_xに曝露される住民の間で喘息様症状を訴える人々が多発し，四日市喘息として社会問題になり，1967年には四大公害裁判の一つである四日市公害訴訟が提訴された．一方では，四日市公害訴訟を契機に，深刻化する大気や水質汚染による地域住民の健康被害を救済するために，1969年に「公害に係る健康被害の救済に関する特別措置法」が制定され，その後，同法に代わって1973年には「公害健康被害補償法（公健法)」が制定され，療養費や生活費などが補償され，汚染原因者（企業）が補償費用を負担した[7]．

［香川　順］

文　献

1) M. Firket: *Bull. Acad. Roy. Belg.*, **11**: 683-741, 1931.
2) Berton Roueché: Eleven Blue Men and other Narratives of Medical Detection, Berkley Publishing Corporation, NY, USA, 1953.
3) H. H. Schrenk, *et al.*: Air Pollution in Donora, Pennsylvania. U. S. Public Health Serv. Bull., 306, 1949.
4) J. Thompson, A. Ciocco: *Brit. J. Preventve. Social Med.*, **12**: 172, 1958.
5) A. Ciocco, J. Thompson: *J. Pub. Health*, **51**(2): 155-164, 1961.
6) Ministry of Health: Mortality and Morbidity During the London Fog of December 1952, Reports on Public Health and Related Subjects, No.95, H.M.Stationery Office, London, 1954.
7) 宮本憲一：戦後日本公害史論，岩波書店，2014.

1-2 日本の大気汚染（明治から大正，第二次世界大戦まで）

Pre-world war II air pollution problems

明治政府は，工業化を経済基盤に近代化を進めた．欧米の近代社会を目標に殖産興業政策が推進され，その中心的役割を果たした紡績業や銅精錬，製鉄などの規模が次第に拡大するにつれて，これらの地域で著しい大気汚染が発生した．東京や大阪等の大都市では近代産業の立地のほか鍛冶業等の各種の町工場が集中して立地し，また，大正年間には火力発電所の立地等によって大気汚染が進行していった．

一方，明治中期からは栃木県の足尾銅山（1890 年頃から），愛媛県の別子銅山（1900 年頃から），茨城県の日立鉱山（1910 年頃から）といった銅精錬所周辺地域で精錬に伴う硫黄酸化物による大気汚染が周辺の農林水産業に深刻な被害をもたらした．

また，日本の工業化の特徴として，三大臨海工業地帯（京浜，阪神，北九州）が造成され，工場の新規立地や集中によって，大気汚染が周辺住民との紛争を誘発した．

a．行政庁の対応

明治政府の殖産興業政策が優先され，近代化が進められた中で，日清戦争（1894 年～），日露戦争（1904 年～），大正年間には第一次世界大戦など度重なる戦争によって大気汚染対策をはじめとする施策には見るべきものは少なかった．1911 年に「工業法」が公布され 1916 年 9 月に施行されたが，この法の 23 条は公害規制に関する最初の規定であった．8 道府県には工場監督官が配置される等の対応がなされたが，工場法は大気汚染防止には効果的ではなかった．

そうした中にあって，明治憲法上は地方自治に相当の限定があったにもかかわらず，地方行政庁が公害防止の分野において果たした役割には見るべきものがある．その背景には，地域住民の切実で熾烈な公害反対運動があった．

阪神工業地帯の中核である大阪市内では市民による公害苦情が絶えず，大阪府は公害を規制する府達を数次にわたり発していた．1880 年に発せられた府達に日本で初めての「公害」という文字が使用された．

1927 年には，大阪都市協会煤煙防止調査委員会によって，ばい煙に関する被害調査やばい煙防止方法の調査研究が進められ，国や大阪府に対してばい煙防止規制の制定の要望がなされた．その結果，1932 年に「煤煙防止規則」（大阪府令）が制定された．

京浜工業地帯では明治末期に埋立が開始され，昭和初期まで継続された（戦後には新たな埋立が行われ，公害発生源として注目された）．その間，造船，鉄鋼，ガス，製糖，石油，セメント，食品等多くの業種が立地し，それに伴う公害問題，特に局地的大気汚染が顕在化した．1935 年には東京府が「煤煙防止指導要項」を，1937 年には神奈川県が「煤煙防止委員会規定」を定め，ばい煙対策を施行したが効果はなかった．

b．住民運動と企業の対応

当時の公害問題は，健康に関する医学的な知識の不足や被害補償算定の困難さもあって，人の健康問題よりも，農林水産業への被害補償を求める公害反対運動が地域住民との間で展開された．企業側にも対策に関連する技術が未発達な面もあり，十分な改善効果を上げることができず，住民の公害反対運動は継続された．

1）足尾銅山　足尾銅山鉱毒事件は，足尾銅山（栃木県）から流出する鉱毒により，渡良瀬川流域の農漁業に被害が発生した事件である．1878 年頃より洪水の際，渡良瀬川の魚類が死ぬなどの被害が発生

図1　足尾銅山(1895年頃)
(https://ja.wikipedia.org/wiki/足尾銅山)

し，1880年には渡良瀬川の魚は有毒であるから捕獲を禁止するという栃木県令が布告された．さらに，銅精錬排ガスによる森林の枯損被害，鉱山用坑木乱伐等により，河川流域が裸地となり，洪水を誘発するようになり，鉱毒被害は激化した．

1891年には，栃木県選出の田中正造代議士が帝国議会で足尾鉱毒事件について初の質問を行い，被害民の惨状を訴えた．その後も地元住民の抗議運動は継続した．田中は代議士を辞職した1901年には鉱毒事件について，明治天皇に直訴した．これにより政府は足尾鉱山に対し，厳重な鉱毒予防工事の実施命令を出すなど実質的な対策を取り始めた．1907年には，渡良瀬川と利根川との合流点周辺を土地収用法に基づき強制買収し，遊水池として現在に続いている．

2)　日立鉱山　日立鉱山（茨城県）は，当初，低い煙突から強制排風機を使用した拡散方式を採用していたが効果がなく，大気汚染による周辺地域への被害が顕著になり，被害補償額も高騰した．そのため企業側は気球を使用して高層気象観測を行った．その結果，高煙突が排煙の希釈拡散に効果的なことを確認した上で，1914年に標高325 mの山頂に高さ156 mの大煙突を立て，希釈拡散に期待した．当時としては画期的な大気汚染対策であった．

3)　別子銅山　1893年，愛媛県新居浜で別子銅山からの銅精錬排ガスによると思われる大規模な水稲被害が発生し，農民と精錬所との間で紛争が勃発した．1904年に新居浜（愛媛県）にあった精錬所が政府の命により，瀬戸内海の四阪島に移設した．しかし，四阪島移転は，瀬戸内海の気流によって四国の広範囲に煙害をもたらす結果となった．公害反対運動が継続する中で，企業側は独自に硫黄酸化物対策の技術開発を進め，1929年には二酸化硫黄からの硫酸製造や，後に硫黄酸化物の中和技術も導入するなど，公害対策に努力した．

［猿田勝美］

文　献

1) 日本の大気汚染経験検討委員会編：日本の大気汚染経験：持続可能な開発への挑戦，pp.1-157，公害健康被害補償予防協会，1997.
2) 南川秀樹：廃棄物行政概論，pp.1-64，日本環境衛生センター，2018.

1-3 戦後の日本の大気汚染問題

Air pollution problems in Japan after World War II

太平洋戦争によって甚大な被害を受けたわが国の工業生産は1951年の朝鮮戦争による特需もあって，急速に復興した．

石炭を主要エネルギーとして，工業生産量が成長した1950～64年を高度成長前半とし，経済成長率が10%を超えた1965～74年を高度成長後半として区切り，経済成長と大気汚染について整理した．また，高度成長が停滞した1975～89年を安定経済成長期として検討した．

a．高度経済成長前期（1950～64年）

1）大都市の汚染　経済成長初期は，主なエネルギー源として，ばい煙発生量が多い石炭が使われていた．工業生産の成長と都市活動の活発化から，大気汚染が顕在化してきた．東京都心では硫黄酸化物や降下ばいじんによって，視程が2 km以下の濃煙霧日が年間60日前後発生していた（図1，2）．その後，燃料の改善や集中暖房等のばい煙防止条例（1955年）制定策によって1965年には大幅に改善された．

2）北九州市の激甚汚染と克服[2]　後期の1960年代には，八幡製鉄所を中心とした重化学工業の生産活動が活発化し，工場群から排出されるばい煙や二酸化硫黄を中心とした汚染ガスにより，近傍住民の生活に支障をきたしてきた．1960年代の北九州市の空は，工場からの汚染物質によって「七色の空」といわれた（図3）．

1951年に戸畑地区（当時戸畑市）の婦人会の活動によって，工場のばい煙除去装置が設置された．1968年の資金融資制度の創設，1969年の新設工場1972年の既設の工場に対する上乗せ排出基準を定めた公害防止協定等自治体独自の対策等もあって，1987年には国の「星空の街」に選ばれるまでに改善された．

3）四日市コンビナートの大気汚染と住民訴訟[3]　水俣病やイタイイタイ病などともに，わが国の四大公害の一つである四日市大気汚染は，1959年に設置された石油精製所や発電所の稼働によって始まった．1963年6月頃には健康被害の訴えが顕著になった．その後，1963年に制定された新産業都市建設促進法や工業整備特別地域整備促進法の対象地域に指定され，臨海コンビナート工業地帯が操業を開始した．1963～64年に最悪の汚染状態を示し，磯津地区の公害患者9名が原告となって6社を相手に提訴し，1972年7月に原告が勝訴した．この裁判の結果は国が公害健康被害補償法を作成する契機となった．

b．高度経済成長後期（1965～74年）

1973年のオイルショックまで高度経済成長が続き，1960年代後半の実質経済成長率は10%を超えていた．1972年の四日市公害裁判の原告勝訴もあって，公害問題に対する国民世論が高まってきた．1967年の公害基本法の成立，1968年の大気汚染防止法の成立，1970年の公害国会の召集，1971年の環境庁の発足等，遅れていた国の総合的な大気汚染対策が強化されて

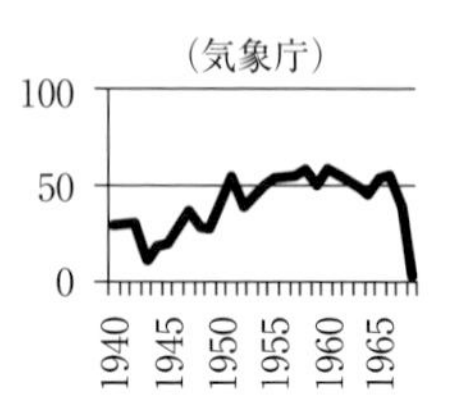

図1　東京都心の煙霧日[1]

図2　1955年の東京駅周辺[1]

1960年代

1990年代

図3　北九州市大気の過去と現在（北九州市環境局）

図 4　1960 年代と 2010 年の四日市コンビナート（四日市市公害と環境未来館）

図 5　1974 年世田谷区での光化学スモッグ被害の小学生（東京都環境局）

きた．この間に複数の大気汚染公害訴訟が行われた．自動車保有台の増加やトラック輸送の拡大から，大気汚染源として自動車からの影響が大きくなった．窒素酸化物や炭化水素が大気中の光化学反応によって生成される，光化学オキシダントが新たな問題となった．

1）　光化学スモッグ　1970 年 7 月 18 日，東京都杉並区の東京立正高校のソフトボール部の女子高校生が倒れ，43 名が病院へ搬送された．近隣の国設東京測定所のオキシダント濃度が高かったことから，光化学スモッグによる日本最初の人体被害とされた．当日に人体被害を届け出た人は，都内 5200 人，埼玉県 407 人に上った．

2）　千葉川鉄公害訴訟　千葉市海岸部の埋立地に戦後創業した，川崎製鉄からの煙による大気汚染による住民への影響が 1957 年頃から指摘されていた．1975 年に公害認定患者と地域住民による訴訟が行われるに至った．紆余曲折の後 1992 年 8 月に，和解が成立した．

3）　西淀川大気汚染公害裁判　大阪湾の一番奥に位置する西淀川区は，尼崎や堺の工場からの排ガスと大型ディーゼル自動車の排ガスによる複合的な大気汚染が出現していた．1978 年の 112 人による 1 次訴訟から 1992 年の 4 次訴訟まで，合計 726 名の提訴が行われた．

1998 年 7 月の，国・阪神高速道路公団との和解で全訴訟が結論を得た．

4）　川崎公害裁判　戦前から進められた工業化が，戦後には鉄鋼や電力に加えて石油コンビナート等が立地した．川崎市は独自に 1970 年から発生源対策や患者救済を行ってきた．1978 年の二酸化窒素の環境基準緩和や公害健康被害補償法の改正を契機に，公害患者の多い川崎市では 1982 年の 1 次から 1988 年の 4 次訴訟まで，合計 440 名の公害患者が原告となって裁判を起こした．1999 年 5 月の国・首都高速道路公団との和解を最後に結論を得た．

c．安定経済成長期（1975〜89 年）

1973 年のオイルショックの影響から，1974 年には戦後初のマイナス成長になった．硫黄酸化物やばいじんを中心とした産業公害型の大気汚染から，対策が遅れていた窒素酸化物を代表とする都生活型大気汚染が問題となってきた．二酸化硫黄（SO_2）はおおむね環境基準の 1/2 レベルに低下した．窒素酸化物は 1985 年以降環境基準達成率が低下してきた．都市・生活型大気汚染の対策は，原因者と被害者が区別しにくいことと生活パターンの変革が必要なことが課題となった．［朝来野国彦］

文　献

1）東京都公害研究所編：公害と東京都，1970.
2）北九州市他編：北九州市環境施策ハンドブック，北九州市，2004.
3）吉田克己：日本の大気汚染の歴史Ⅲ（大気環境学会編），pp.726-736，ラテイス，2000.

1-4
最近の日本の大気汚染

Recent state of air pollution in Japan

1990年以降，今日までのわが国における大気汚染物質濃度の状況は法的規制，経済活動，社会の動き等と密接に関係しており，大都市地域におけるディーゼルエンジン搭載車両規制，バブル経済，ダイオキシン問題，リーマンショック，揮発性有機化合物（VOC）規制，微小粒子状物質（$PM_{2.5}$）規制等が各種大気汚染濃度の変動に大きな影響をもたらしてきた（図1）.

a．窒素酸化物（NO_x）と浮遊粒子状物質（SPM）

1980年代後半から1991年までのバブル経済期間には，産業活動や交通・物流の増大に伴い大気汚染が悪化した．1989年の消費税の導入と物品税の廃止，輸入自由化の中で排気量の大きい車の購入が増え，排出ガス量の増加が自動車単体の排出ガス濃度の低減効果を上回り，大都市を中心とした自動車からの大気汚染問題が深刻化した．このため1992年には「自動車NO_x法」が定められ，東京首都圏と大阪・兵庫圏での対策が図られたが，多くの地点で環境基準は達成されなかった．これとともに，大都市地域におけるSPMも大きな問題となり，特にディーゼル車から排出される粒子状物質は発がん性のおそれが大きいことから社会問題となった．2001年には，「自動車NO_x・PM法」が制定されNO_xとともにSPMの対策も同時に行うこととなり，対象地域も従来の地域に加えて愛知，三重が追加された．1990年代中頃から大都市域での環境は改善されたが，指定地域外からの流入車の影響や，交通，物流量の多い交差点や複雑構造を持つ沿道近くでの生活環境濃度が環境基準を上回る測定局への対策が残されている．2007年には「自動車NO_x・PM法」が改正され，重点対策地域や，事業者への義務が定められた．2015年度までにすべての監視測定局における二酸化窒素（NO_2）およびSPMに関わる大気環境基準を達成，2020年度までに対象地域内で環境基準を確保することを目標としている．NO_2濃度は，2000年代前半は濃度の低減が緩やかであったが，2000年代後半から大きく改善した．1999年にはダイオキシンが大きな問題となった．これに伴って小型焼却炉の使用の規制がなされたこともあり，SPMの大気環境濃度は改善傾向にある．しかし，九州や西日本地域においては主に春季に黄砂の影響で2日連続判定による環境基準値非達成の地点がある（7-1，7-3，7-21項参照）.

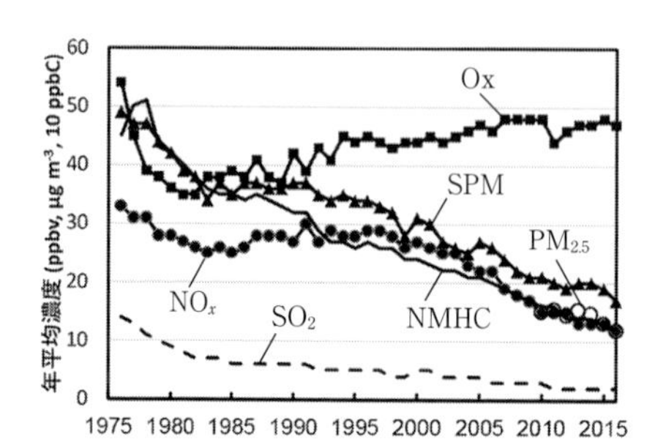

図1　全国の一般測定局で測定された大気汚染物質の年平均濃度（Oxは昼間の日最高1時間濃度の年平均値）の経年変化

単位はNO_x，Ox，SO_2がppbv，SPMと$PM_{2.5}$が$\mu g\ m^{-3}$，非メタン炭化水素NMHCが10 ppbC.

b．VOCと光化学オキシダント（Ox）

1986年頃～1991年頃のバブル景気の期間には生産活動や交通，物流増加に伴うNO_x発生量の増加があり，1986年以降，光化学Ox高濃度発生地域が内陸地域に移動した[1)]．しかし，1990年代後半からのNO_x濃度の減少に伴って都心地域での光化学大気汚染が再び大きな問題となった．

自動車単体からのVOCとNO_x対策は三元触媒の導入等により大きく進展した．2006年から固定発生源からのVOC規制が始まり，その後のリーマンショック（2008年）の影響による経済活動の低下もありVOCとともにNO_x濃度もさらに減少し高濃度の光化学大気汚染の発生は抑制された．しかし，NO_xの減少率がVOCの減少率を上回ったため，ウィークエンド効果と似た状況が起きた．また，一酸化窒素（NO）によるオゾンのタイトレーション効果も減少したので，オゾンの平均濃度は上昇の傾向が続いている．年平均値の上昇には大陸スケールのオゾンの増加も影響を及ぼしており，特に春季にはその影響が大きい．光化学オゾンの前駆体であるNO_xとVOCの両者ともに低減の傾向にあるにもかかわらず，光化学オゾンの平均値は上昇の傾向にある．この原因として，NO_x濃度の減少によるタイトレーション効果の低下，大陸スケールのオゾン濃度の増加，地球温暖化の影響等が挙げられ，これらの要因が複合的に影響を及ぼしていると考えられる[2]．光化学Oxの環境基準値（1時間値60 ppb）達成はきわめて困難で，春季には成層圏オゾンの沈降により，しばしば基準超過が見られる．それ故，全国ほぼすべての測定地点で環境基準は達成されていない．人為起源の光化学Oxの改善傾向を把握するための指標が必要とされ，最近は『光化学Ox濃度8時間値の日最高値の年間99パーセンタイル値の3年平均値』が用いられている．これによれば，高濃度の出現状況には改善が見られVOCやNO_x排出対策効果が認められる（1-12，7-5，7-20項参照）．

c．$PM_{2.5}$

2007年頃から越境大気汚染が問題となり，特に西日本地域を中心とした春季の光化学大気汚染や$PM_{2.5}$大気汚染が深刻化した．2009年には$PM_{2.5}$の環境基準が定められ，質量濃度とともに組成濃度の把握も開始された．$PM_{2.5}$の生成機構は季節によって大きく異なっており，その成分も多様である．2012年の冬以降，北京での$PM_{2.5}$問題が大きく取り上げられ，日本への影響も懸念されたが，近年，中国における濃度は低減傾向にある．また，特に日本の西部地域では$PM_{2.5}$濃度上昇に及ぼす黄砂の影響も大きい．黄砂が大気汚染発生源地域を通過する場合には人為起源の汚染物も追加され複合的に影響を及ぼす場合もある．夏季には光化学反応による粒子生成により$PM_{2.5}$濃度が上昇する．秋季には野焼きの寄与も大きい．これとともに固定発生源からの凝縮性粒子やガソリン直噴自動車からの粒子発生の把握が課題となっている（1-12，7-9項参照）．

d．二酸化硫黄（SO_2）

工業地域や大都市地域における固定発生源や移動発生源に対する厳しい排出規制によって，陸域での硫黄酸化物の発生量は大きく低減したが，船舶からの排出が課題として残されていた．国際海事機関（IMO）は2020年1月1日から世界全海域での船舶燃料の硫黄含有量を0.5%未満とすること（2012年から2020年までは上限3.5%），また北米，米国カリブ海，北海・バルト海等の指定海域では0.1%未満（2015年までは上限1.0%）とすることを取り決めた．これにより今後，さらなるSO_2，および船舶起源の粒子状物質濃度の低減が期待される（7-4項参照）．［若松伸司］

文　献

1) S. Wakamatsu, *et al.*: *Atmospheric Environment*, **30**: 715–721, 1996.
2) S. Wakamatsu, *et al.*: *Asian Journal of Atmospheric Environment*, **7**: 177–190, 2013.
3) 大気汚染研究協会：大気汚染学会誌，**24**：363-387，1989.
4) 大気環境学会：大気環境学会誌，**44**：292-329，2009.

1-5 地球規模の大気環境

Global atmospheric environment

a. 地球規模大気環境問題の歴史

大気環境問題が地球規模の視点で捉えられるようになったのは，1980 年代の末，いわゆる地球環境問題が新しい環境問題として国際的に注目された時期と機を一にしている．当時の国連環境計画（United Nation Environment Programme：UNEP，現 UN Environment）は地球環境問題として十数項目を取り上げているが，その中に地球温暖化[1]，オゾン層破壊[2]，酸性雨[3] が含まれており，これらが大気環境に直接関連した地球大気環境問題として当時広く認識されるに至った．

地球温暖化とオゾン層破壊は，その代表的原因物質の二酸化炭素（CO_2）とクロロフルオロカーボン（CFC）の大気寿命（大気中の滞留時間）が 100 年以上の化学種であることから，それらは地球上のどこから排出されようとも，その汚染は北半球・南半球全域，および対流圏，成層圏全域に広がり，それによって引き起こされる環境影響は子孫の代まで引き継がれるという事実に人々は初めて目を開かされた．

これに対し酸性雨や $PM_{2.5}$ や対流圏オゾン汚染は，その原因物質の硫黄酸化物，窒素酸化物，VOC およびそれらから生成される粒子状物質や O_3 の大気中寿命が 1 か月以内であるため，その汚染規模は対流圏内のいわゆる大陸規模（リージョナルスケール regional scale とも呼ばれる）に留まるが，人間の健康影響への観点から世界的に共通の関心がもたれ，地球上の多くの地域で共通に見られることから，これらも地球規模の大気環境問題と見なされている．

b. 現在の地球規模大気環境

1) 地球温暖化と気候変動　地球温暖化とそれによってもたらされる気候変動は，その後も二酸化炭素等温室効果ガスの大気中濃度が増加し続けることに伴ってますます顕在化し，現在の最大の環境問題として国際政治とも深く関わり，その重要性を増している．地球温暖化に関しては「気候変動に関する国際連合枠組条約」が締結されているが，オゾン層保護の場合のモントリオール議定書に相当する国際的に強制力のある温室効果ガス排出規制のための国際合意がないため，地球温暖化はさらに進行しつつある．

特に，最近では洪水，干ばつ，台風，ハリケーンなどの強大化といった極端な気象現象が地球温暖化に起因することが認められるにつれ，今後 20〜30 年にわたる近未来の気候変動による人的・経済的被害を低減するために，短寿命気候汚染物質（short-lived climate pollutants：SLCP）の排出抑制が重要であることが認識されつつある（6-12 項参照）．

2) 成層圏オゾン層破壊　成層圏オゾン層破壊に関しては，「オゾン層保護のためのウィーン条約」の下のモントリオール議定書によって人為起源物質である CFC の生産禁止等の国際的合意がなされたことから，オゾンホールの拡大を食い止めることに成功し，地球大気環境問題解決の成功例として語られることが多い．ただし，オゾンホールが CFC 排出影響が顕在化する以前の 1980 年代の水準に回復するには，2050 年以降までかかり，CO_2 等の温室効果ガスの大気中濃度が増加し地球温暖化が促進されることにより回復がさらに遅れることも予測されている．

また，CFC の代替物質として生産されているヒドロフルオロカーボン（HFC，hydrofluorocarbons）はオゾン層は破壊しないものの温室効果が大きい SLCP であることから，地球温暖化防止の観点からその排出を規制するため，2016 年にモント

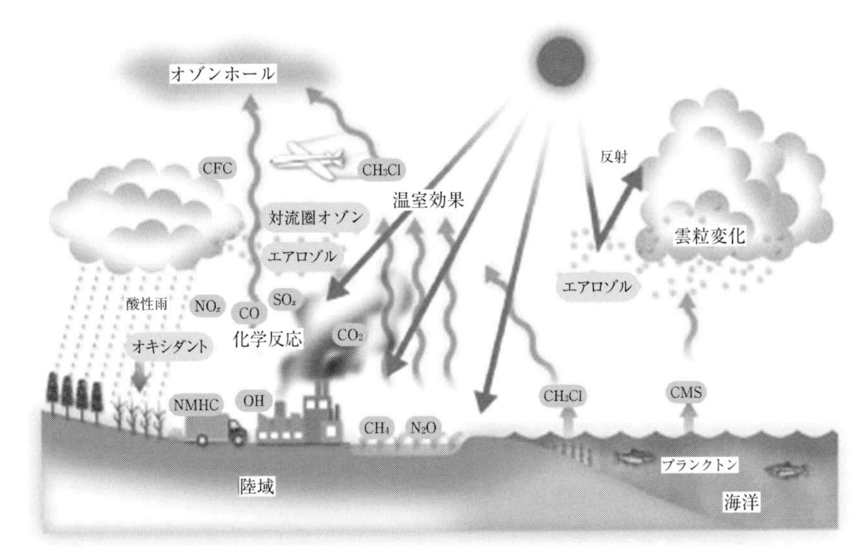

図1　地球規模大気環境問題の概念図

リオール議定書の対象物質に加えられた．

3）　酸性雨　　酸性雨はヨーロッパ，北米から東アジアへと拡張したが，ヨーロッパ，北米ではその原因物質であるSO_2とNO_xの排出規制が成功し，湖沼や河川などの陸水生態系への被害が低減したこと，陸域生態系への被害がオゾンなどによる被害と科学的に切り分けられなかったこともあり，現在までに議論は沈静化している．一方，東アジアでも降水の酸性化がヨーロッパ・北米並みに進行していることが東アジア酸性雨モニタリングネットワークなどによる観測から明らかにされたが，アジアの土壌が一般的にスカンジナビアやカナダなど欧米で湖沼の酸性化がもたらされた氷河土壌に比べて耐酸性が強いこともあって陸水生態系への被害は一般に顕在化することなく，アジアでも酸性雨問題は沈静化している．これまで欧米や東アジアでもいくつかの国で酸性雨抑止の観点からSO_2，NO_xの排出規制が行われ，結果的にオゾンや$PM_{2.5}$による汚染の抑制をもたらすことに成功している．

4）　$PM_{2.5}$，オゾン　　酸性雨に代わって現在領域規模の大気汚染物質として注目されているのが$PM_{2.5}$で代表される微小粒子状物質とオゾンである[4]．現在これらは，人間の健康に対して影響を及ぼす大気汚染物質としては最も大きなリスクを与える物質と考えられている．オゾンや微小粒子状物質濃度は衛星画像により北半球全域に広がっており，NO_xやVOCなどの前駆体物質の排出量の多いメガシティのみならず，リージョナルスケールで深刻な大気汚染をもたらしていることが知られている．

［秋元　肇］

文　　献

1）環境庁「地球温暖化問題研究会」編：地球温暖化を防ぐ，日本放送出版協会，1990.
2）環境庁「オゾン層保護検討会」編：オゾン層を守る，日本放送出版協会，1989.
3）広瀬弘忠：酸性化する地球，日本放送出版協会，1990.
4）H. Akimoto: *Science*, **302** (5651): 1716, 2003.

1-6 気候変動のメカニズム

Mechanisms for climate change

本項では，温室効果気体とエアロゾルによる気候変動のメカニズムについて概説する．最新の定量的評価については，気候変動に関する政府間パネル（IPCC）第1作業部会の評価報告書を参照されたい（第5次評価報告書では第8章等）．

a．長寿命温室効果気体

温室効果気体は，地球の表面および大気から射出されている赤外放射を吸収する気体である．各気体分子固有の振動および回転の運動に伴い，特定波長の赤外放射を吸収する．温室効果気体のうち，大気へ放出された後に十数年以上にわたり滞留し続ける安定した気体を，長寿命温室効果気体（long-lived greenhouse gases）と呼ぶ．人為起源の主な長寿命温室効果気体として，二酸化炭素，一酸化二窒素，ハロカーボン類があげられる．メタンも長寿命温室効果気体として扱うことが多い．

地球の気候は，入射する太陽放射のエネルギーと，射出される赤外放射のエネルギーのバランスにより成り立っている．地球表面から上向きに射出される赤外放射は，温室効果気体により吸収され，等方的に再射出される．これが繰り返されて，地球の大気および表面で吸収された太陽放射エネルギーと等量の赤外放射エネルギーが地球大気圏外へ射出されれば，平衡状態となる．

対流圏で温室効果気体の濃度が増加すると，地球表面から上向きに射出される赤外放射の吸収量が増加し，それは等方的に再射出されるため，正味として対流圏外へ射出されるエネルギーが減少する．この状態から，再度平衡状態へ戻すためには，対流圏外へ射出される赤外放射エネルギーが増加する必要がある．ステファン・ボルツマンの法則（物体（黒体）から射出されるエネルギーは温度の4乗に比例する）より，温度が上昇すれば，平衡状態に近づく．これが，気候における温室効果のメカニズムである．温度を上昇させるための熱エネルギーは，海や陸から対流により大気へ供給される．

なお，水蒸気も温室効果気体である．もし，温室効果気体が大気中に存在していなければ，地球平均気温は約−18℃であると推定されている．実際の気温まで昇温している最大の要因は，水蒸気の温室効果気体である．また，気温が上昇し，海陸からの水蒸気供給の増加および飽和水蒸気圧の増加により，大気中の水蒸気量が増加して，その温室効果によって気温がさらに上昇するという正のフィードバックを考慮することは，気候変動を考えるうえで重要である．

一方，成層圏で二酸化炭素や水蒸気の濃度が増加した場合は，成層圏の気温は下がる．成層圏では，オゾンによる太陽放射エネルギーの吸収と，二酸化炭素と水蒸気による赤外放射エネルギーの射出により平衡状態となる．したがって，二酸化炭素や水蒸気の増加は，赤外放射エネルギーの射出過多をもたらすため，それを抑制するために，気温が下がる．

b．短寿命気候強制因子

国連環境計画の下で活動しているプログラム「気候と大気浄化の国際パートナーシップ（Climate and Clean Air Coalition：CCAC）」では，次のように定義している．大気への放出後，気候に対する影響が数日〜10年程度のものを短寿命気候強制因子（short-lived climate foroers：SLCFs）という．そのうち，放射強制力（radiative forcing，気候変動を引き起こす因子の変化に伴う太陽放射および赤外放射のエネルギー収支の変化量）が正である物質を短寿命気候汚染物質（short-lived climate pollutants）と定義している．具体的には，黒色炭素（ブラックカーボン），メタン，オゾン，一部のハイドロフルオロカーボンである．

1）微量気体　メタン，オゾン，フルオロカーボン（フロン）は温室効果気体である．このうち，メタンの一部とフロンは，排出源から直接発生するが，オゾンやその他のメタンは，一酸化炭素や揮発性有機化合物などの前駆気体から生成される．また，窒素酸化物は，温室効果気体であるオゾンの前駆気体である一方，同じく温室効果気体のメタンを減少させる．温室効果気体であるフロンの一部は，成層圏オゾンを破壊するため，オゾンによる太陽放射エネルギーの吸収が弱まる．このように，各物質間には複雑な関係性があるため，正味として放射強制力が正負のどちらになるかは，慎重に評価する必要がある．

2）エアロゾル粒子　地球大気中の主要エアロゾル粒子は，土壌粒子，海塩粒子，硫酸塩，有機物，黒色炭素，硝酸塩等である．これらの濃度が増減すると，太陽放射および赤外放射のエネルギー収支が変化する．そのメカニズムは，以下の通りである．

①エアロゾル・放射相互作用：エアロゾル粒子は，太陽放射および赤外放射を散乱したり吸収したりして，エネルギー収支を変化させる．これは，$PM_{2.5}$の濃度が高い時に空が霞んで見える現象と物理的に同じである．存在比率として，透明もしくは白色のエアロゾル粒子が多いが，それらは太陽放射を散乱する効果により，結果として地球が吸収するエネルギーを減少させる．一方，有色のエアロゾル粒子は，散乱と同時に吸収もするため，特に黒色炭素は，地球が吸収するエネルギーを増加させる．以上の現象は，エアロゾル直接効果とも呼ばれていた．

さらに，黒色炭素等の大気放射を吸収するエアロゾルは，その周辺大気の気温を上昇させるため，大気安定度を変えるほか，飽和水蒸気圧も増加させる．その結果，雲の生成量，消失量が変化して，太陽放射および赤外放射のエネルギー収支が変化する．これは，エアロゾル準直接効果とも呼ばれていた．

人為起源のエアロゾル・放射相互作用（aerosol-radiation interaction）の放射強制力は，正味で負であると評価されている．したがって，温室効果気体による正の放射強制力をいくらか相殺している．

②エアロゾル・雲相互作用：エアロゾル粒子は，水雲の凝結核（cloud condensation nuclei）および氷雲の氷晶核（ice nuclei）となる．親水性の粒子は凝結核に，疎水性の粒子は氷晶核となる傾向にある．例えば，水雲の場合，雲水量（質量濃度）が一定であると仮定すると，凝結核の増加により雲粒の粒径が小さくなり，主に太陽放射に対する散乱が強まる．これを雲アルベド効果（cloud albedo effect）と呼ぶこともある（エアロゾル第1種間接効果とも呼ばれていた）．さらに，雲粒の粒径が小さくなると，雨滴への成長が阻害されて，雲として存在する時間が長くなり，雲による太陽放射の散乱がさらに強まる可能性がある．これを雲寿命効果（cloud lifetime effect）と呼ぶこともある（エアロゾル第2種間接効果とも呼ばれていた）．

人為起源のエアロゾル・雲相互作用（aerosol-cloud interaction）の放射強制力も負であると評価されている．しかし，上述の微物理過程だけではなく，力学・熱力学過程も考慮すると，雲粒の粒径の縮小に伴い雲粒の蒸発が促進されたり，氷晶核が増加すると過冷却状態の水雲が凍結して降雪が促進されたりするなど，雲水量が減少する過程もあり，今後も定量化の研究を進める必要がある．　［竹村俊彦］

コラム

SDGs（持続可能な開発目標）

Sustainable development goals: SDGs

SDGsは，2015年9月の「国連持続可能な開発サミット」にて全会一致で採択された目標であり，2030年に向けた世界の目標である．17の目標（図）と169のターゲットから構成され，環境問題，経済問題，社会問題を含む多岐にわたる内容が記載されている．前身である「ミレニアム開発目標（MDGs）」（2001年策定．目標年は2015年）が途上国のみを対象としていたのとは異なり，途上国と先進国が取り組む国際目標であるという特徴がある（普遍性）．その他にも，人間の安全保障の理念を反映し，誰一人取り残さない（包摂性），すべてのステークホルダー（政府，企業，NGO，有識者等）が役割を有する（参画性），社会・経済・環境は不可分であり統合的に取り組む（統合性），モニタリング指標を定め，定期的にフォローアップする（透明性）という特徴を有している．

SDGsは，1992年の「地球サミット」（別称，リオ・サミット．正式名称は国連環境開発会議）から20年を経過した2012年の「リオ+20」（国連持続可能な開発会議）にてその策定が合意され，オープンな作業プロセスを経て，その内容が検討された．最終的には，2015年9月の「国連持続可能な開発サミット」の成果文書「持続可能な開発のための2030アジェンダ」の一部として採択された．

SDGsの進捗状況は，各国政府が国レベル等のフォローアップとレビューの第一義的な責任を有し，国連総会および経済社会理事会の下で毎年7月に開催されるハイレベル政治フォーラム（HLPF）が世界レベルのフォローアップを統轄する．国連では「グローバル持続可能な開発報告書」の刊行や，SDGs達成状況のモニタリング指標の開発・計測を行っている．2018年3月時点で232の指標が提示されている．

図　SDGs17の目標の見出し

SDGsの策定を受けた日本における主な取組み状況は以下のとおりである．まず，政府は2016年5月にSDGs推進本部を設置し，全国務大臣を構成員としてSDGsに係る施策を総合的かつ効果的に推進するための議論を行っている．推進本部の下にはSDGs推進円卓会議，環境省の下にはSDGsステークホルダーズ・ミーティングが設置され，それぞれでSDGs推進のための意見交換や情報交換が行われている．2016年11月には，推進本部がSDGs実施指針を策定し，2017年12月からはSDGsアクションプランを毎年公表している．また，地方創生とSDGsの達成に向けて，自治体SDGs推進事業も進められている．民間企業や各種団体においても，多くの取組みが進められており，環境報告書やCSR報告書等において各事業活動とSDGsとの関係性を整理する，取組みの重点化や促進を実施する等の活動が活発化してきている．　［田崎智宏］

文　献

1）United Nations: Transforming our world: the 2030 Agenda for Sustainable Development, 2015.

コラム　予防原則
Precautionary principle

予防原則とは何かということについてはいろいろな考え方があるが，おおむね次のような内容と考えてよいだろう．「ある活動が人間の健康や環境へ危害を及ぼすおそれがある場合には，因果関係について科学的に完全に確証されていないところがあるとしても予防的措置をとらなくてはならない」（「予防原則に関するウイングスプレッド声明」（1998年）より）．同声明は続けて，活動の主体の側に挙証責任があることを述べ，情報を共有し幅広い利害関係者が意思決定に参加すること，および様々な代替手段を検討することを，予防原則の適用に際して重要な点として挙げている．

予防原則（precautionary principle）という言葉は，1970年代にドイツの環境汚染規制法規に登場したvorsorgeprinzipの英語訳である[1, 2]．当時の欧州では，二酸化硫黄等の排出に起因するスモッグ，酸性雨が大きな問題となっており，ドイツで大気汚染による被害を防止するための法律において，vorsorgeprinzipの概念が導入されたのである．

予防原則の概念が国際的に広く認知されることとなった大きなきっかけは，環境と開発に関する国際連合会議（UNCED）による「環境と開発に関するリオ宣言」（1992年）において，環境を保護するための予防的な取組み方法（precautionary approach）が明記されたことである．これまでに様々な国際条約，各国の法規等に予防原則の考え方が取り入れられている．例えば，気候変動に関する国際連合枠組条約は，科学的確実性の不十分さを予防措置を延期する理由にしないことを原則に掲げている．日本においても，環境基本計画において「環境政策における原則等」のうちに，予防的な取組み方法の考え方を挙げている．

予防原則の考え方の根源には，気候変動，資源枯渇などの地球規模の問題に速やかに対応することは困難であり，また環境および人の健康に関する問題に対して我々の対応は後手に回ってしまうものであるという認識があるといえる[1)]．

Vorsorgeには先見の明，将来に対する備え，慎重さ等の意がある．取り返しのつかないことが起こらないよう用心するという考え方は古からの自然なものであり，予防原則の基本的な考え方に異が唱えられることは少ない．一方で，予防原則を実際に適用しようとすると，特に科学的知見が不確かな状況で，現代の社会において信奉されている大原則である自由な経済活動を制限することになる場合が多い．ここに本質的な困難がある．予防原則について考えることのできる事例は，二酸化硫黄による大気汚染，気候変動のほかにも，オゾン層破壊，水俣病，アスベスト，残留性の有害化学物質，医薬品の副作用，狂牛病，漁業資源管理等多岐にわたる．予防原則の適用にあたっては，これら事例の教訓[3)]を踏まえつつ，今後も個別の事案について検討と交渉を積み重ねていくことになろう．

［櫻井健郎］

文　献

1) David Kriebel, *et al*.: *Environmental Health Perspectives*, **109**: 871-876, 2001.
2) 大竹千代子，東　賢一：予防原則 ～人と環境の保護のための基本理念，合同出版，2005.
3) European Environment Agency: Late lessons from early warnings: science, precaution, innovation, 2013.

1-7 越境大気汚染による大気環境影響

Transboundary air pollution and its impact

急速な経済発展のため，中国では二酸化硫黄（SO_2），窒素酸化物（NO_x），揮発性有機化合物（volatile organic carbon：VOC），黒色炭素（black carbon：BC）等，大気汚染物質の排出量が増加している[1]．2008 年における中国の SO_2 と NO_x の排出量はそれぞれ 33.4 Tg，27.0 Tg であり，日本の排出量（それぞれ 0.8 Tg，2.2 Tg）を大幅に上回っている．東アジアでは冬季から春季にかけて中国大陸から太平洋に向けて季節風が吹くため，風上側（中国）で排出された大気中の汚染物質は風下側（日本，韓国）に国境を越えて移流，輸送される．これが「越境大気汚染」である．

a．日本の越境大気汚染

国内の大気汚染の問題に対処するため，1968 年に大気汚染防止法が施行され，1971 年に環境庁（当時）が設置された．当時は国内大気汚染に注目が集まり，越境大気汚染への関心は相対的に低かったと思われる．1980 年代に入り環境庁は越境大気汚染の実態調査のため，国立公害研究所（当時）の研究者を中心に酸性雨対策検討会を組織し「第 1 次酸性雨対策調査（1983～87 年度）」を開始した．1999 年 3 月発表の「第 3 次酸性雨対策調査（1993～97 年度）」取りまとめ資料によると，「冬季の日本海側地域において，硫酸イオンと硝酸イオンの濃度および沈着量の高い傾向が見られ，大陸からの影響が示唆された」と，越境大気汚染の影響を報告している．越境大気汚染のような広域の問題に対処するため 1992 年に環境庁は「東アジア酸性雨モニタリングネットワーク（EANET）構想」を提唱し，準備期間を経て，2001 年 1 月から EANET が本格稼働した．

当初は pH が低い雨ということで「酸性雨」の問題として認識されていたが，硫酸イオン濃度は高くとも中和されているため降水中の pH は低くない（中性に近い）場合があることや，降雨がなくてもオゾンや粒子状物質（particulate matter：PM）の広域越境輸送と乾性沈着によって酸性物質や大気汚染物質が地表面に降下する場合もあるため，「酸性雨」という枠組みを超えて，大気汚染の広域的な越境輸送を検討することとなった．

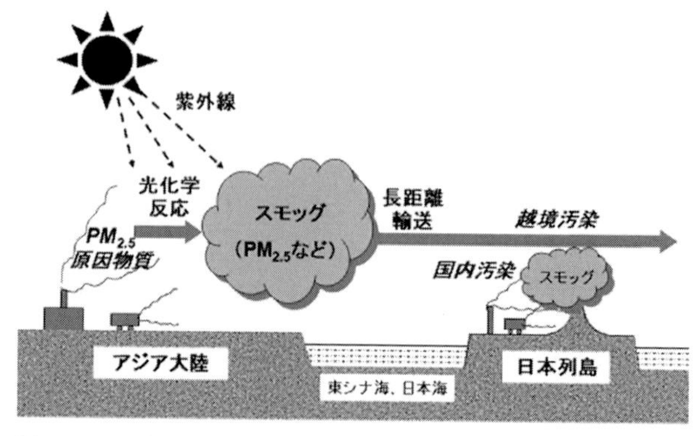

図 1 アジア大陸から日本への $PM_{2.5}$ 越境汚染の概念図（文献[2]を一部改変）

b. 国内における越境大気汚染の実態とその影響

2014 年 3 月に環境省から発表された「越境大気汚染・酸性雨長期モニタリング報告書（平成 20～24 年度）」の概要では，「降水は引き続き酸性の状態にあり，例えば越前岬などでは pH＝4.60 の降雨を観測した．降水中に含まれる非海塩性硫酸イオンなどの濃度は冬季と春季に高く，国内の酸性沈着における大陸からの影響が示唆される」とあり，また「SO_2，粒子状非海塩性硫酸イオンは大陸に近い点ほど濃度が高く，大陸からの移流の寄与が大きいことが示唆された」とあることから，越境大気汚染が国内の大気質に影響を及ぼしていることが示唆されている．

2007 年 5 月に日本各地で高濃度のオゾンが観測された事例では，大気モデル計算によると，九州地区でのオゾンの越境大気汚染への寄与は 40% 以上であった[3]．$PM_{2.5}$ に関する大気モデル計算では，九州地区での越境大気汚染の寄与は 50% 程度とされている[4]．中国からの越境大気汚染が九州地区に到達する場合，オゾンとともに $PM_{2.5}$ の主要成分として健康影響が懸念される非海塩性の硫酸イオンが多く含まれていることが特徴である．近年中国の SO_2 排出量が減少していることや，排出量推計および大気モデル自体の不確かさもあるため，正確な寄与推計を行うことは難しいが，中国からの越境大気汚染の寄与は国内の大気質を改善するうえで，ローカルな発生源とともに無視できない要因の一つである．

c. 世界の越境大気汚染

1972 年スウェーデン政府は国連の「人間環境会議」において，国境を越えた環境問題として酸性雨の問題を提起した．同年，経済協力開発機構が長距離越境監視評価に関する計画を策定し，1977 年には欧州監視評価計画（The European Monitoring and Evaluation Program：EMEP）が発足した．1979 年には旧ソ連，アメリカ，カナダ，欧州諸国によって「長距離越境大気汚染条約」が採択され，1983 年に発効した．現在では「大気汚染半球輸送タスクフォース」として，半球規模での大気汚染の理解のための枠組を提供している[5]．

最近では，インドネシアの大規模森林火災で発生する BC や $PM_{2.5}$ など大気汚染物質がマレーシア，シンガポールへ輸送される状況や，東南アジア諸国での野焼きから発生する BC，$PM_{2.5}$ などが近隣諸国や台湾にまで輸送される状況も越境大気汚染として注目されている．さらに，東アジアでの石炭燃焼やシベリア森林火災などから放出される BC が北極域に輸送され，気候変動に脆弱である北極圏に影響を与えている可能性も指摘されている．いわゆる短寿命気候汚染物質（short lived climate pollutants：SLCP）の一種である BC の気候変動への影響など地球規模での越境大気汚染の影響評価が今後は課題になると考えられる．

東アジアにおいても日中韓環境大臣会合，EANET 会合等において科学的知見が集積され，大気質の改善が東アジア地域で一体となって行われることが望まれる．

［高見昭憲］

文　献

1）J. Kurokawa, *et al.*: *Atmos. Chem. Phys.*, **13**: 11019-11058, 2013.
2）編集企画委員会編著：$PM_{2.5}$ の基礎知識，pp.26-32，日本環境衛生センター，2013.
3）大原利眞他：大気環境学会誌，**43**：198-208, 2003.
4）茶谷　聡他：大気環境学会誌，**46**：101-110, 2011.
5）藤田慎一：酸性雨から越境大気汚染へ，第 3，4 章，成山堂書店，2012.

1-8 産業活動による大気汚染

Air pollution by industrial activities

わが国の大気汚染の歴史は，産業活動の歴史と重なる．産業活動による初期の大気汚染は，銅の精錬過程で発生した硫黄酸化物（SO_x）とばいじんによりもたらされた．これらは足尾，別子，日立等の銅山やその周辺の大気を汚染した．やがて化石燃料の使用量が増大するにつれ，SO_x やばいじんによる大気汚染は臨海部に形成された大工業地帯（北九州，川崎，尼崎，四日市，水島，京葉等）で問題となった．続いて，自動車の普及に伴い窒素酸化物（NO_x）や粉じんによる沿道大気汚染が深刻さを増し，都市部では光化学スモッグによる大気汚染が発生した．光化学スモッグの発生には，石油消費に由来する揮発性有機化合物（VOC）も関与する．これらの汚染物質は，近年関心を集めた微小粒子状物質（$PM_{2.5}$）の原因物質でもある．自動車や工場等の排出ガス対策機器から発生するアンモニア（NH_3）も，酸性物質と反応して粒子化し，$PM_{2.5}$ の主要成分の一つをなしている．この他，一酸化炭素，二酸化炭素，塩化水素，ダイオキシン類，フロン類，水銀などの微量金属類などが，産業活動に伴って排出される．これらの多種多様な物質は，大気中での滞留時間や物理的・化学的性質に応じて，発生源周辺の局所的な大気汚染問題から，酸性沈着や $PM_{2.5}$ といった広域規模の大気汚染問題，オゾン層破壊や温暖化などの全球規模大気汚染問題を引き起こしてきた．

表1は，2010年度に国内で人為的に発生した大気汚染物質の量である．大規模固定発生源は大気汚染防止法で規定される発電所，製鉄所，ゴミ焼却施設等の大型の工場，事業場で，中小固定発生源は小規模のゴミ焼却，事務所，家庭などが該当する．移動発生源は自動車，船舶，航空機，オフロード車（建設，土木，農業機械）である．以上は燃焼過程で汚染物質が発生するが，VOC 蒸発発生源と NH_3 発生源は揮発による発生源であり，前者は塗料や溶剤の製造，貯蔵，使用等が，後者は農業（肥料製造，施肥，家畜等），人体，ペット等がそれぞれ該当する．

本項では，産業活動のうち工場・事業場等固定発生源から排出される SO_2，NO_x，VOC，ばいじん，$PM_{2.5}$ を取り上げ，大気汚染との関係を概説する．

a．SO_2

SO_2 は粘膜などを刺激する人体に有害な物質であり，また，硫酸イオンや硫酸塩に変化して酸性沈着や $PM_{2.5}$ の原因となる．

銅は硫化物として産出するので，その精錬過程で SO_2 が高濃度で発生する．また，化石燃料も硫黄を含むため，燃焼により SO_x を発生する．SO_x 排出量の低減策には，低硫黄燃料への転換，燃料の脱硫，排煙の脱硫がある．化石燃料は産地により硫

表1　2010年度の大気汚染物質国内人為排出量（千 t）

	NH_3	VOC	NO_x	$PM_{2.5}$	SO_2
大規模固定発生源	3.8	36.1	672.6	28.8	432.3
中小固定発生源	1.8	14.7	74.6	13.9	32.7
移動発生源	25.6	265.4	869.7	45.0	123.2
VOC 蒸発発生源	-	790.2	-	-	-
NH_3 発生源	373.2	-	-	-	-
全人為発生源合計	404.4	1106.5	1616.9	87.7	588.2

黄含有量が異なるので，低硫黄原油・低硫黄炭への切り替えが一つの対策になる．石油については，水素化反応による脱硫（desulfurization）技術が進んでおり，石油製品は軽質なほど硫黄含有量が少ない．排煙の脱硫には湿式，半乾式，乾式があるが，わが国では湿式が大半を占める．

こうした排出対策に加えて，高煙突化による排ガス拡散も環境対策として有効である．高煙突化により排出ガスは高く吹き上がり，上空の風により拡散して濃度が希釈され，周辺への影響を緩和することができる．ただし，排出総量としては変わらない．

b．NO_x

燃焼で発生する NO_x の大部分は一酸化窒素（NO）であるが，一般大気中では二酸化窒素（NO_2）との割合は逆転し，近年は沿道大気中でも NO_2 の方が多い．NO_2 は呼吸器に影響する汚染物質である．

燃料中の窒素分に由来するフュエル NO_x の発生は，燃料転換や燃料脱窒により抑制される．燃焼空気の窒素に由来するサーマル NO_x は，燃焼域の低酸素化，高温域における燃焼ガスの滞留時間の短縮化，燃焼の低温下により低減可能で，運転条件や燃焼方式の改善が図られている．排出ガスからの脱硝技術には乾式法と湿式法があるが，工場・事業場等では乾式の NH_3 接触還元法が多く採用されている．

こうした対策により大気中濃度は大幅に低下したが，NO_x はオゾンや $PM_{2.5}$ 等の二次大気汚染物質の原因物質として依然として重要である．

c．VOC

VOC は揮発性を有し，大気中で気体状となる有機化合物の総称である．燃焼過程でも発生するが，大部分は塗装，燃料（蒸発ガス），化学品，接着剤，印刷インキ等の爆発で発生する．VOC には，有害物質としての側面と，光化学オキシダントや $PM_{2.5}$ の原因物質としての側面がある．VOC の処理方法には，主に燃焼法と吸着法がある．燃焼法は VOC を燃焼により CO_2 に分解し，吸着法は VOC を活性炭等に吸着して捕集する．VOC 排出量は法規制と自主的取組により大幅に削減された．

d．ばいじん

固定発生源から発生する粒子状物質には，破砕や飛散による比較的大きな粉じんと，燃焼に由来する比較的小さなばいじんがある．ばいじんの排出対策は排ガスの浄化により行われ，装置としてはサイクロン，バグフィルタ，電気集じん機等がある．サイクロンは旋回流により粒子を分離し，バグフィルタはろ材に排ガスを通気させてばいじんを捕集する．電気集じん機は粒子に電荷を付加して捕集する．わが国ではこうした装置の導入により，ばいじんの排出量は大幅に削減された．

e．$PM_{2.5}$

$PM_{2.5}$ は呼吸器・循環器への影響のほか，視程悪化による交通障害や景観価値低下を招く．また太陽放射の吸収，散乱，雲，降水の形成を通じて気候に影響する．$PM_{2.5}$ は生成機構から一次粒子（primary particles）と二次粒子（secondary particles）に分けられる．固体状の一次粒子は，ばいじん対策により排出量が低減されている．凝縮性の一次粒子（凝縮性ダスト，condensable particles）は，未だ測定法の検討段階であり，発生量は不明である．二次粒子については，その原因となる SO_x や NO_x，VOC の排出対策がすでに施されており，追加対策の必要性について議論されている．

［速水　洋］

文　献

1）公害防止の技術と法規編集委員会編：新・公害防止の技術と法規 2017 大気編，産業環境管理協会，2017.
2）福井哲央他：大気環境学会誌，**49**：117-125, 2014.

1-9

道路近くの大気汚染

Roadside air pollution

自動車が走行する道路の近傍における大気汚染物質の濃度は，図１に示すように，その周辺の大気濃度に自動車から排出される排気ガスや走行により巻上げられる道路粉じん等が上乗せされるため，周囲の大気環境に比べて高い濃度を示す．一部の大気汚染物質には，排気管から大気中に排出された後，周辺大気の成分と反応して生成されるものもある．道路上に排出された汚染物質は，周囲の構造物等に沈着して除去されるものもあるが，大部分は，自動車の走行により生ずる風や道路に流入する風等により，周囲の大気中に移流，拡散して，希釈され濃度が低下する．

a．道路近傍の大気中における自動車由来の主な大気汚染物質

道路近傍の大気汚染で問題となる汚染物質は，①自動車から直接排出されるもの，②排出後，大気中で生成されるもの，③走行に伴い生成されるものに大別される．

1）自動車から直接排出されるもの

主な汚染物質は，燃料の燃焼により，エンジン内で生成されるもので，二酸化硫黄（SO_2），一酸化炭素（CO），炭化水素（HC），一酸化窒素（NO），二酸化窒素（NO_2），粒子状物質（PM）等が排気管から排出される．その他，排出量は微量であるが，タイヤ，ブレーキの磨耗粒子，エンジンや排気触媒の磨耗粒子，エンジン潤滑油に由来する粒子等も排出される．

SO_2，CO，HC は，自動車への排出ガス規制により著しく低減されているが，以下の成分については課題が残されている．

燃焼によって生成される窒素酸化物（NO_x）は，大部分が NO であるが，一部は燃焼室内や排気管内で酸化され，NO_2 として排出される．NO，NO_2 ともガソリン車に比べて，排出ガス対策が難しいディーゼル車からの排出量が多い．

PM は主にディーゼル車から排出されたもので，DEP（diesel exhaust particulate）と呼ばれ，元素状炭素（EC），有機炭素（OC），硫酸塩等から構成されている．近年，厳しい排出規制に対応して DPF（diesel particulate filter）が採用され，その装着車が増えるに従い，排出量は著しく低減されている．その一方で，燃費対策として市場導入された直接噴射ガソリンエンジンからの粒子排出が確認され，新たな課題となっている．

PM に対しては，浮遊粒子状物質（SPM）と微小粒子状物質（$PM_{2.5}$）の環境基準が設定されているが，SPM につい

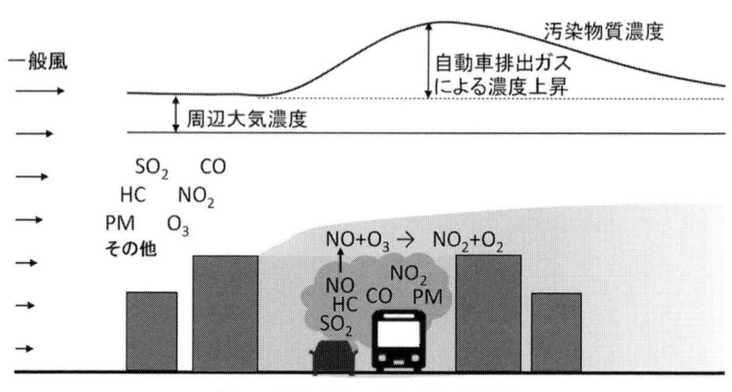

図１ 道路近くの大気汚染模式図

ては，近年は道路近傍においても環境基準が達成される状況になっている．$PM_{2.5}$ については，道路近傍と一般大気との濃度差は少なくなっているが，道路近傍では，やや高い濃度の地域が多い．

2) 排出後，大気中で生成されるもの

NO_2 は，大気中に NO として排出された後，道路内に流入するオゾン（O_3）等と反応して生成されるものがある．

また，粒径が 100 nm 以下のナノ粒子のうち，主に有機成分で構成される粒子は，排気ガスが大気中に放出され，希釈，冷却されていく過程で生成される．

3) 自動車の走行に伴い生成されるもの

その他，自動車の走行に伴って巻き上げられる道路粉じん由来の粒子等があるが，主に，周囲の土壌由来の成分等から構成され，排気粒子等に比べて，粒径が大きい特徴がある．

b．道路近傍の大気汚染物質濃度に影響を及ぼす要因

1) 自動車からの汚染物質排出量 自動車から排出される大気汚染物質の量は，エンジンの運転状況により大きく変化する．一般に，燃料の燃焼に由来する大気汚染物質は，エンジン負荷の高い発進時や加速時に多く排出される．また，停止時にはエンジンはアイドリング状態にあり，時間あたりの排出量は少ないが，渋滞時のように，長時間一定地点に留まる時には，単位距離あたりの排出量は増加する．

このような排出特性が，交差点近傍に高濃度汚染地域が多い理由の一つとなっている．その他，貨物の積載量や道路の縦断勾配なども排出量に大きな影響を及ぼす．また，汚染物質排出量の多い大型車の交通量も道路近傍の大気環境に大きな影響を及ぼす．

2) 汚染物質の拡散 自動車から排出された大気汚染物質は，自動車の走行により生ずる風によって道路内の空気と混合し希釈された後，道路内に流入する風によって周囲大気へ移流，拡散し濃度が低下する．また，排気ガスと大気の温度差から生ずる浮力によって鉛直方向へ移流，拡散する．

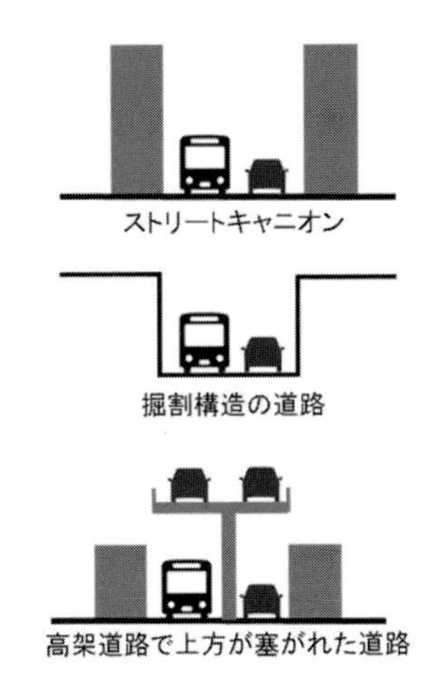

図 2 高濃度汚染が生じやすい道路構造

高濃度汚染が頻繁に起こる地域は，汚染物質の排出量が多く，風通しの悪い道路に多い．図 2 に示すような，ストリートキャニオンと呼ばれる高いビルの谷間にある道路や掘割構造の道路，両側に建物が連なり，さらに上方に高架道路があるような道路においては，自動車から排出された排気ガスが周囲に拡散されずに，道路上やその近傍の空間に留まり，高濃度の状況を生み出しやすい．

その他，気象要因も道路近傍における大気汚染物質の濃度に大きな影響を及ぼす．特に，初冬季には，混合層高度が低下して周辺の大気汚染物質濃度が高くなることに加えて，風が弱いため，自動車から排出された汚染物質の移流，拡散が阻害され，高濃度になりやすい．［小林伸治］

1-10 室内空気汚染

Indoor air pollution

室内空気汚染とは，微小空間（建築物や乗り物等）の室内空気中に化学物質（chemicals）や微生物（microorganisms）が存在し，ヒトの健康や快・不快感，文化財や精密機器などの材料に望ましくない影響を与える状態をいう．

a．汚染メカニズム

室内空気汚染は，汚染物質の屋外からの侵入や室内空間内における発生によって，汚染物質の空気中濃度 C（$\mathrm{mol/m^3}$）が増加し，許容できない濃度レベルに達した時に問題となる．一般に，汚染物質の室内空気中濃度の経時変化は，次の微分方程式で表すことができる．

$$\frac{\mathrm{d}C}{\mathrm{d}t}V=M-QC+QC_0 \qquad (1)$$

ここで，V：室容積（$\mathrm{m^3}$），M：汚染物質の発生量（mol/h），Q：換気量（$\mathrm{m^3/h}$），C_0：外気濃度（$\mathrm{mol/m^3}$），t：時間（h）である．換気回数を N（/h）とすると $Q=NV$ となる．空気中濃度が一定と見なせる定常状態（$\mathrm{d}C/\mathrm{d}t=0$）では，次式の関係になる．

$$C=C_0+\frac{M}{Q} \qquad (2)$$

すなわち，室内空気中濃度は，屋外の濃度 C_0 に加え，室内における汚染物質の発生量 M と換気量 Q のバランスによって決定される．室内空気を清浄に保つには，大気環境を改善し，室内での発生を抑制し，許容濃度以下に維持するために必要な換気量を確保する必要がある．ただし，省エネルギー，気候変動対策の観点から建築物には高気密性能が求められており，発生量 M に対して十分な換気量 Q が得られない場合，深刻な室内空気汚染が発生する．

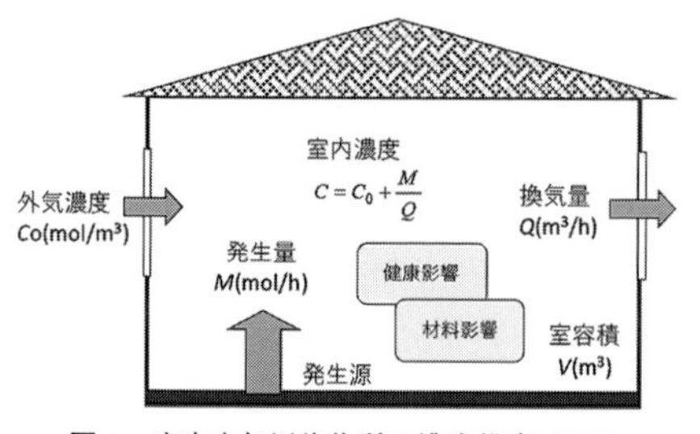

図1　室内空気汚染物質の濃度推定モデル

b．主な室内空気汚染問題

1）一酸化炭素中毒（carbon monoxide poisoning）　一酸化炭素中毒は，燃料の不完全燃焼によって発生する一酸化炭素（CO）の吸入曝露に起因する健康障害である．ガス給湯器や石油ファンヒータなど，調理や暖房に使用される開放型燃焼器具を室内で使用すると，燃料の燃焼に伴い室内空気中の酸素（O_2）が消費される．通常20～21％の O_2 濃度が18～19％以下になると燃料の不完全燃焼が起こり，COの発生量が急激に増加する[1)]．ヒトがCOを吸入すると，COは肺から血液中に移行する．COは O_2 よりもヘモグロビンに対する親和性が高く，O_2 とヘモグロビンの結合を阻害する．その結果，体組織は低酸素状態となり，頭痛，耳鳴，めまい，嘔気等の中毒症状が現れ，最悪の場合，呼吸や心機能が抑制されて死に至る．燃焼器具の使用時には換気量の十分な確保が必要である．

2）シックハウス症候群（sick house syndrome：SHS）　シックハウス症候群は，住宅の新築や改築時に，居住者が室内空気中の化学物質に曝露することによって生じる健康障害である．欧米ではシックビルディング症候群（sick building syndrome：SBS）と呼ばれる．主な症状は，めまいや疲れ，不安，記憶力低下，目，鼻，喉等の粘膜への刺激，下痢や便秘等様々であり，死に至る病ではないが，常に身体的，精神的な苦痛を強いられ，転居を余儀なくされることがある．原因物質はホルムアルデヒドや揮発性有機化合物

(volatile organic compounds：VOCs）等のガス状物質と考えられ，建築材料（合板，塗料，接着剤，断熱材等）や身近な農薬類（防虫剤，殺虫剤，シロアリ駆除剤等）から発生する．現在，許容曝露基準としてホルムアルデヒドをはじめ13物質について室内濃度指針値（ガイドライン）が定められている[2]．また，建築基準法（2003年改正）では，シックハウス問題に対する建築上の配慮として，ホルムアルデヒド発散建材の使用面積制限，クロルピリホス（シロアリ駆除剤）の使用禁止，高気密・高断熱住宅における換気回数0.5/h以上の確保が定められている．ただし，化学物質に対する感受性（または耐性）は個人差が大きく，同居家族の中でも発症する人としない人がいる．居住者自身が空気清浄機や室内空気質検査等の民間技術を利用して，清浄な室内環境の維持・管理に取り組むこともある．

3) ダンプネス（dampness）　ダンプネスは日本語の「じめじめした状態」にほぼ対応し，室内環境において湿度の高い状態をさす．梅雨の時期等，室内環境における湿度の増加は，結露（dew condensation）による建築物への影響に加え，微生物，特にカビ（mold）を発生させやすくする．カビの胞子は空気中に浮遊し，カビの種類によってはアレルギー疾患の原因になる．また，カビはその増殖や代謝の過程で栄養分を分解し，カビ臭の原因となるVOCsを放散する．衛生害虫として知られるダニ（mite）もまた高湿度状態を好み，ダニの排泄物（糞）は気管支喘息などのアレルギー症状を引き起こす．これらカビやダニ，あるいはペットに由来するアレルゲンを含む混合微粒子はハウスダスト（house dust）と呼ばれ，床面に堆積することから，換気だけでなく床面の清掃も重要な対策手段となる．

4) 文化財影響（influence on cultural properties in museum）　文化財影響とは，美術館や博物館における室内汚染物質が，展示，保存されている文化財を劣化させる現象をいう．例えばギ酸や酢酸は，石造文化財の風化や鉛顔料を用いた絵画の変色を引き起こす．美術館等における汚染物質の発生源は，来館者（体臭，衣類），外気，建築物，展示ケース，展示品自体等多様である．火山に隣接する美術館では，火山ガス（硫化水素）の侵入を防ぐため，玄関を二重扉，館内を陽圧にし，空気は酸性ガス除去フィルタで処理して取り入れる等の対策を講じている[3]．

c. 災害時室内汚染

災害時室内汚染とは，災害後の住まいにおける室内空気汚染に起因する二次災害をいう．倒壊した建物ではアスベストの飛散，応急仮設住宅では化学物質に起因するシックハウス症候群，また寒冷地においては開放型燃焼器具の使用に伴う空気質の悪化等に配慮が必要である．また浸水した住宅では水が引いた後も土地や建材が水分を多く含み，カビなどが発生しやすくなる．

［関根嘉香］

文　献

1) 日本建築学会編：室内空気質環境設計法，pp.16-21，技報堂出版，2005.
2) 室内環境学会編：室内環境学概論，p.27，東京電機大学出版局，2010.
3) 呂俊民他：保存科学，**48**：13-20，2008.

1-11 酸 性 雨

Acid rain and acid deposition

a. 酸性雨とは

人類は古代から現代まで，植物に始まる様々な燃料を利用して，生存に必要なエネルギーを得てきた．

ヨーロッパで産業革命を契機に石炭等の化石燃料の消費量が増加すると，大気汚染が顕在化するようになった．降水の酸性化は，当初はアルカリ工場の近傍など局地規模の環境問題であった[1]．だが時代とともにその規模を拡大し，1970 年代になると国境を越えた広域規模の大気汚染が国際問題となる．原因物質は二酸化硫黄（SO_2）と窒素酸化物（NO_x）の二つであり，排出量の削減協約の締結をめぐって，長い国際論争が繰り広げられた[1]．

当初の酸性雨は，文字通り酸性度の強い降水を意味した．まずヨーロッパ北西部，ついで北アメリカの北東部で降水の酸性化は著しく，湖沼や森林の生態系の衰退とも関係することが指摘されたからである．大気中で往時の CO_2 濃度（≒300 ppm）と平衡する水滴の pH 5.6 より低い降水をさすという説明もあった[1]．

だが汚染地域の雨が必ずしも酸性ではなく，排出域から遠く離れた清浄地域にも酸性の雨は降ることが明らかになる．そして現象の全体像を俯瞰するためには，酸性の雨に拘泥することなく，次項でのべる乾性沈着も含めて広く酸性沈着と捉えた方が便利であるという認識が，次第に定着するようになった．

b. 酸性雨の生成メカニズム

酸性雨の全体像は複雑である．解説の詳細は 6 章に譲るが，原因（先駆）物質の排出域と酸性物質の受容域との間には，移流・拡散，変質，沈着・除去の三つの過程が並行していると考えれば現象を理解しやすい（図 1）[2]．

移流・拡散とは，大気中に排出されたガスや粒子が上層風によって運ばれ，濃度の濃淡が均されていく現象である．変質とは，ガスや粒子がその物理的・化学的な様態を変えていく現象である．沈着・除去とは，ガスや粒子が地表面に舞い戻る現象である．雲，雨，霧，雪といった降水要素との相互作用を介する場合を湿性沈着，そうではない場合を乾性沈着と呼ぶ．

これらの諸過程を経て対流圏最下層での濃度や沈着量が決まり，それが環境の許容する閾値を越えた時，土壌・陸水の酸性化，森林の衰退，構造物の劣化・腐食といった被害は顕在化する．

排出域と受容域との間には，しばしば数百 km 以上の距離の隔たりが見られる．国際的な取組みが必要なゆえんである[2]．

c. 東アジアの酸性雨

日本での酸性雨は 1970 年代の中頃，関東地方でいわゆる“酸性雨（湿性大気汚染）”として出発し，当初は地域規模の環境問題と捉えられていた[1]．

1980 年代の終わりになると，生産活動の進展が著しい東アジア，特に中国の酸性雨に国内外の関心が集まるようになる．同時に日本の酸性雨がマスメディアに登場する機会は減ってきた．研究がある程度まで成熟して，国境を越えた環境問題という認識が定着し，地域社会がこの問題に対して

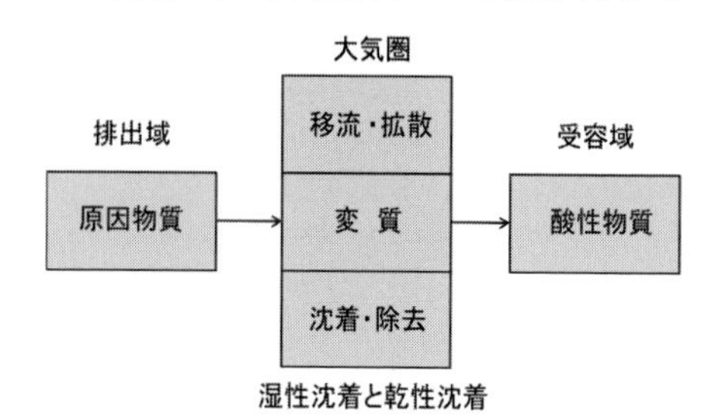

図 1　原因物質の排出域と酸性物質の受容域との関係[2]

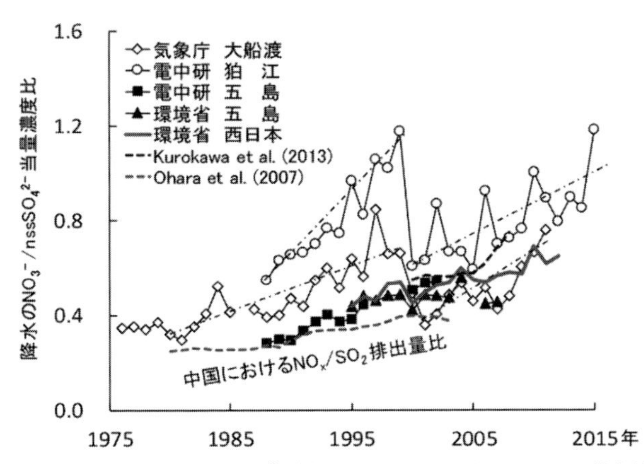

図2 日本における降水の NO_3^-/nss-SO_4^{2-} 濃度比と，中国における NO_x/SO_2 排出量比の推移[2)]
2000年の三宅島噴火により，大船渡と狛江の濃度比は大きく減少した．

冷静になったからである．2001年1月には，国連環境計画（UNEP）の傘下に，東アジア酸性雨モニタリングネットワーク（EANET）が本格的な活動を開始する．欧州監視評価計画（EMEP）に遅れること約30年，全米降水評価計画（NAPAP）に遅れること約20年にして，アジアにも国際的なモニタリング体制が確立したのである．

そして SO_2 や NO_x にとどまらず，オゾン，エアロゾル，黄砂，農薬，重金属，水銀，火山ガス，火災煙，微生物，放射性物質と，およそアジアに発生源を持つあらゆる物質が，広域的な輸送現象と複雑に関係していることが明らかになってきた．

水・物質循環系という大枠の中で，様々なガス状・粒子状物質もあわせて，排出から沈着までのプロセスを追跡，あるいは遡上する研究が現実的になったのである[2)]．

d．酸性雨から越境大気汚染へ

広域モニタリングの目的は，大気や降水の質的な変化の実態の把握にとどまらず，ガス状・粒子状物質の広域輸送や環境影響を評価するため，基礎データを提供することにある．観測と計算と評価とは，当然，整合のとれたものであらねばならない．

大気環境の分野における新しい試みは，衛星観測から地球全体，あるいは東アジア規模の汚染物質の排出量の地理分布や経年変化が，視覚的に捉えられるようになったことである．東アジア地域における今後の SO_2 排出量は次第に低下し，NO_x 排出量も緩やかな推移をたどるのではないかと予測されている．

こうした遷移にあわせて，大気や降水の質的な変化を検討するうえで，HNO_3/H_2SO_4 濃度比はよい指標となる（図2）[2)]．アジア大陸の東縁に位置する私達は，それを注意深く見守っていくべき自然環境にあることを忘れてはならない．

経済発展，資源消費，環境保全の三つのEのせめぎあい：トリレンマは，まさに現代の中国が抱える大問題だからである．

［藤田愼一］

文　　献

1) 藤田愼一：酸性雨から越境大気汚染へ，成山堂書店，2012.
2) 藤田愼一他：越境大気汚染の物理と化学，成山堂書店，2017.

1-12 光化学スモッグ

Photochemical smog

大気中に浮遊した粒子状物質を，大気エアロゾル粒子と総称する．この構成成分には，粉じんのような固体粒子に加えてミストのような液滴も含まれる．これらの中で，大気汚染により引き起こされる粒子のために視程が著しく悪くなった状態を，スモッグ（smog）と呼ぶことがある．スモッグはsmoke（煙）とfog（霧）を合成して作られた言葉である．汚染物質の主要成分により，ロンドン型スモッグとロサンゼルス型スモッグに分類される．ロンドン型スモッグは，石炭や質の悪い燃料を燃焼させた時に発生するSO_2や媒煙等が主要成分のスモッグであり，一次汚染物質が主要成分となる．1950年頃からこの言葉が使われるようになった．それに対し，ロサンゼルス型スモッグは自動車排気ガス中に含まれる窒素酸化物（NO_x）や揮発性有機化合物（VOC）が主な原因物質となって光化学的に生成する浮遊物質が主要成分のスモッグであり，光化学スモッグと呼ばれることもある．1960年頃からこの言葉も使われるようになった．わが国ではロサンゼルスに遅れること10年で，1970年代初頭から光化学スモッグが社会問題として取り上げられるようになった．

光化学スモッグの構成要素は，視程を悪化させることから粒子状物質となるが，これらの発生は光化学反応によることから当然高濃度の光化学オキシダント（二次的に生成するガス状の大気汚染物質であり，オゾンやアルデヒド等）が含まれることから，光化学オキシダントが高濃度となった状態を示す場合もある．

大気中で二次的に生成してくる粒子状物質としては無機物と有機物とに大別される．無機物として重要なのは硫酸および硝酸エアロゾルである．光化学反応が活発に進行している状態では大気中のOHラジカルがSO_2と反応すると以下の反応が進行して

$$SO_2 + OH \rightarrow HSO_3$$
$$HSO_3 + O_2 \rightarrow SO_3 + HO_2$$
$$SO_3 + H_2O \rightarrow H_2SO_4$$

強酸である硫酸（H_2SO_4）が生成するが蒸気圧が著しく低いことから凝縮が起こりミスト状態となる．アンモニア（NH_3）と反応すると硫酸アンモニウム$(NH_4)_2SO_4$が生成し粒子化する．また土壌粒子や海塩粒子などに付着する場合もある．これらを総称して硫酸エアロゾルと呼ぶ．OHラジカルが窒素酸化物の一つであるNO_2と反応すると，硝酸（HNO_3）が生成する．

$$NO_2 + OH \rightarrow HNO_3$$

硝酸は比較的蒸気圧が高いことから単体で凝縮することはないが土壌粒子などに付着して硝酸エアロゾルとなる．これらの物質は二次的に生成する無機エアロゾルの主要成分であるが，大気の酸性化（酸性雨）の原因物質でもある．

有機エアロゾルは，分子骨格に重結合を有した反応性の高いVOCとオゾン（O_3）が反応し生成することが知られている．これらは二次的に生成することから二次有機エアロゾル（secondary organic aerosol：SOA）と呼ばれている．原因となるVOCとしては，人為起源物質ではトルエン（C_7H_8）等のガソリン由来物質がある．また植物起源VOCとしてはα-ピネン（$C_{10}H_{16}$）に代表されるテルペン類が重要であると指摘されている．二重結合にオゾンが付加しオゾニドと呼ばれる中間体が生成し，それが開裂しクリーギ中間体が生成する．その後蒸気圧の低い化学物質が凝縮し微小な粒子が形成する．また，オリゴマー化や他の準揮発性物質などが付着し微小粒子が成長し大きな粒子へと変化してい

くと考えられているが，詳細については現在も研究が進められている．これらのSOA生成はオゾンとの反応であることから暗反応と考えられてきたが，VOCとOHラジカルの反応でもSOAが生成することから日中でも起こることが明らかとなってきた．

エアロゾルの粒径が2.5μm以下のものを$PM_{2.5}$と総称される．この構成要素は一次汚染物質に加えてSOAが重要となる．粒径の小さなエアロゾルは肺の奥まで侵入し，体内に長時間滞在することから毒性が高いと考えられている．生物に対する毒性に加えてエアロゾルは雲を作る凝結核として作用することが知られており，太陽放射に対しても大きな影響を与える可能性があることから，その動態を明らかにすることが重要となる．エアロゾルの生成，成長，老化の過程は不明なことが多く現在声量区的に研究が進められている．

わが国の光化学スモッグが社会問題として大きくなったのは1970年代初頭のことである．多くの人が喉の痛みや目に対する刺激を訴える被害が発生し，その後の調査により，それらの原因は光化学オキシダントによると判明した．そして，これらの原因物質は揮発性有機化合物（VOC）と窒素酸化物（NO_x）が大気中で光化学反応することにより生成することが明らかとなった．それ以後，VOCやNO_xは大気汚染防止法によりその発生が厳しく制限されるようになり，大気質が徐々に改善された．

1990年頃には光化学スモッグ警報の発令される日数は著しく低下し，大気濃度も減少傾向を示したが，警報発令日数はゼロにはならなかった．2000年代に入って，VOCやNO_xに関しては企業や自治体の努力によりいずれも大気濃度は斬減しているにもかかわらず，オキシダント濃度は増加傾向を示すようになった．これらの原因は不明であるが，中国や周辺諸国の人間活動の活発化に伴い，大陸からオキシダントやその他原因物質が長距離輸送されることが指摘されている．　[梶井克純]

1-13 微小粒子状物質 $PM_{2.5}$ による大気汚染

Air pollution by fine particulate matter $PM_{2.5}$

a. $PM_{2.5}$ とは

大気中の粒子状物質（particulate matter：PM）の中で直径が 2.5 μm で 50% 除去された 2.5 μm 以下の粒子を $PM_{2.5}$（微小粒子状物質）と呼ぶ（このように 50% カットオフ粒径を下付きの数値として表現する）．その大部分は燃焼に伴って発生する一次生成粒子（一次粒子）や大気中でのガス状物質から反応により発生する二次生成粒子（二次粒子）であり，図 1 に示した蓄積領域の微小粒子に相当する．これらは呼吸器系の最深部まで吸入されて，急性・慢性影響による死亡や喘息発作，肺炎や肺がん有病率の増加など人の健康に大きな影響を与えている（影響編参照）．そのため，わが国では 2009 年に $PM_{2.5}$ の環境基準（1 年平均値が 15 μg/m^3 以下であり，かつ 1 日平均値が 35 μg/m^3 以下であること）が設定され，$PM_{2.5}$ の常時監視が行われている（対策編参照）．

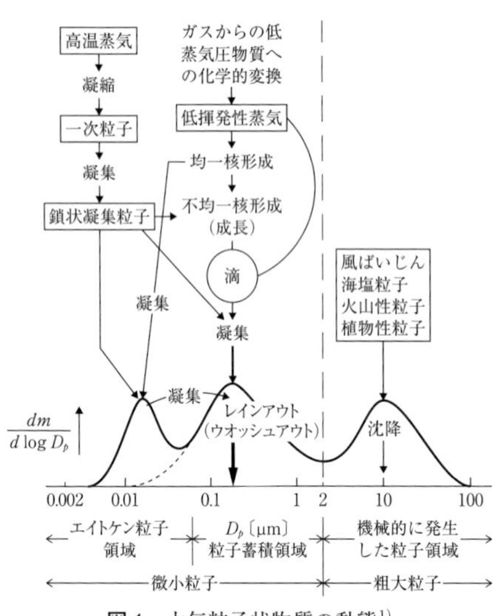

図 1 大気粒子状物質の動態[1)]

b. 粒径分布

大気中の PM は，図 1 に示すように三峰型で存在し，この三つのモードに属する粒子の発生過程と消滅過程はそれぞれ異なっている．また，粒子の粒径分布は，個数，表面積または体積（質量）濃度で表されることが多い．個数ではエイトケン粒子領域，表面積では粒子蓄積領域が圧倒的に多いが，体積（質量）では粒子蓄積領域と機械的粒子発生領域の二峰型分布をとっている．この二峰型分布はおよそ 2 μm を境として，微小粒子と粗大粒子と呼ばれることが多いが，$PM_{2.5}$ はこの図における微小粒子にほぼ相当する．わが国で環境基準が定められている浮遊粒子状物質（suspended particulate matter：SPM）は，直径（正確には空気動力学的粒径．$PM_{2.5}$ の場合も同様）が 10 μm 以上の粒子を 100% カットした粒子状物質として定義されている．なお，これは 50% カットオフ粒径が約 7 μm であり，およそ PM_7 に相当する[2)]．また，大気中の浮遊粒子を全体として，総浮遊粒子状物質（total suspended particle：TSP）と称する（物質編「微小粒子状物質」，「浮遊粒子状物質」参照）．

c. 粒子状物質の発生

大気中の PM は，その発生機構から一次粒子と二次粒子に，発生源により自然起源と人為起源とに分類される．一次粒子は発生源から直接大気中へ粒子として放出されるものであるが，燃焼に伴って発生するものはほぼ $PM_{2.5}$ である．

大気中への放出時は揮発性有機化合物（volatile organic compounds：VOC），硫黄酸化物（SO_x），窒素酸化物（NO_x），塩化水素（HCl），アンモニア（NH_3）等の気体が，大気中で光化学反応や中和反応等を受けて低揮発性物質に変化し，それらが自己凝縮，既存粒子上への凝縮，または粒子中に吸収・溶解して相変化・粒子化したものを二次粒子というが，これらの大部分は $PM_{2.5}$ である．前駆体が人為起源（化石燃料燃焼等に伴う発生）か，自然起源（植物からのイソプレンやテルペン類などの発生）かにより，人為起源二次粒子，自然起源二次粒子に分類される．これらの粒子は発生形態を反映して，組成や粒径が異なっている．

d．粒子状物質の除去[3)]

図1における最小粒径範囲のエイトケン粒子領域の粒子は化石燃料等の燃焼に伴って煙突や自動車の排気管からきわめて高い個数濃度で排出される．しかし，それらは拡散係数が大きいため互いに衝突凝集して粒子蓄積領域の微小粒子に短時間で変化する．このため，発生後の寿命はきわめて短くその濃度は発生源近傍以外では高くない．また，粗大粒子は質量が大きいため，降雨現象にかかわらず重力沈降により大気中から地表面へと除かれていく．しかし，微小粒子は比較的拡散速度が小さく，重力沈降の影響もあまり受けない．そのため，微小粒子の主たる除去機構である降水（レインアウトやウォッシュアウトなど）がない場合は大気中での滞留時間は数日から数週間にわたることから問題となる日以前の累積による高濃度汚染を引き起こしたり，国境を越えて長距離輸送されたりする．大気中のPMは，このように粒径に応じた発生と除去の仕方に特徴を持っている．

e．$PM_{2.5}$ による大気汚染

2009年に環境基準が設定されて以来，全国に $PM_{2.5}$ 自動測定装置が設置され，2010年以来常時監視が行われている．これまで発表されている2010～2016年度の環境基準達成率[4)]において，2014年度までは約40%以下と低かったが，2013年度頃から中国における $PM_{2.5}$ 年平均濃度の改善もあり，越境汚染の影響が低下しつつあり，2015年度から環境基準達成率も向上している．2016年度の年平均濃度と環境基準達成率は，一般環境大気測定局 11.9 $\mu g/m^3$，88.7%，自動車排出ガス測定局 12.6 $\mu g/m^3$，88.3%となっている．九州北部や瀬戸内海に面する地域においては，依然として環境基準達成率が低く，県別でみた場合，一般環境大気測定局で30～60%程度である．大気汚染防止法による自動車排ガスの単体規制や自動車 NO_x・PM法により，自動車からの一次粒子の寄与が大きく低下し，環境基準設定以前からの測定値も考慮すると $PM_{2.5}$ 濃度は漸減していたが，最近では横ばい傾向にある．汚染実態の詳細については7-9項を参照されたい．

常時監視局等における $PM_{2.5}$ 成分分析の結果からは，二次粒子の割合が増加しており，今後の濃度低減に従来からの一次粒子対策に加え，二次粒子の前駆体（SO_x，NO_x，VOC，NH_3）の排出抑制対策を検討する必要がある．なお，対策の実施にあたっては対策効果を予測する必要があり，そのためには，各種発生源の排出インベントリの整備，環境濃度を再現しうるシミュレーションモデルの精緻化が不可欠である．

［坂本和彦］

文　献

1) K. T. Whitby: *Atmos. Environ.*, **12**: 135–159, 1978.
2) 笠原三紀夫：大気環境学会誌，**37**(2)：96–107, 2002.
3) 坂本和彦：空気清浄，**38**(2)：65–75，2000.
4) 第8回中央環境審議会大気・騒音振動部会微小粒子状物質等専門委員会：資料1，2018.

1-14 アスベストによる汚染

Asbestos pollution

アスベストは産業に利用された天然の幾つかの繊維状珪酸塩鉱物を呼ぶ総称で，鉱物学的には，蛇紋石族のクリソタイル（クリソタイル），角閃石族のグリューネ閃石（アモサイト），リーベク閃石（クロシドライト），直閃石（アンソフィライト石綿），透閃石（トレモライト石綿），緑閃石（アクチノライト石綿）をさす（括弧内はアスベスト名）．そのうちクリソタイルとアモサイト，クロシドライトが大量に使用された（図1）．

欧米では，工業化が進展した1930年代にアスベストの消費も急増した．1960年代には，アスベスト取扱い労働者に石綿肺のみならず肺がん，中皮腫などの疾患が知られるようになり，1972年に世界保健機関（WHO）はアスベストを発がん物質に認定した．

a. 国の工業化に必須のアスベスト

日本のアスベスト使用は，1960年代に本格化した工業化に伴って急伸し，1970年頃には大量消費時代に入った．しかし，

図1 アスベスト3種（筆者撮影）
左上：クリソタイル，右上：アモサイト，下：クロシドライト．

米国の企業はその頃，アスベストの使用を止めた．その理由はWHOの発がん性認定により将来の訴訟を恐れたからである．そうした中で世界労働機関（ILO）は，1986年に世界アスベスト会議を開き，角閃石アスベストを使用禁止にする一方，クリソタイルは管理使用が可能と決議した．

その決定に沿って日本や欧州各国はクリソタイルのみを建材等に使用してきたが，2005年にはクリソタイルも使用禁止にした．その20年間にアスベスト製品製造現場の労働環境は管理できても，様々なアスベスト製品の使用先での労働者の曝露は管理できないことが明らかになり，かつアスベスト代替材の準備もできたこと，さらに旧アスベスト工場周辺の一般住民に多数の中皮腫の発症が認められ，アスベスト公害として大きな社会問題になったことも禁止の決定的な要因になった．

このようにアスベストの安全使用は不可能なことがわかった今でも，使用し続けている工業化途上国は多い．アスベストが工業化に不可欠といわれる由縁である．

b. 一般環境中のアスベスト

日本は1970年頃から年間20～30万tのアスベスト消費を約20年間続けた．20世紀全体では約1000万tに上り，これらはほぼそのまま国内に蓄積されている[1)]．労働環境のアスベストは1975年頃に労働安全衛生法や作業環境測定法が施行されて，労働者の曝露防止対策が進んだが，一般環境のアスベスト汚染には関心が向いていなかった[2)]．そのような状況が国会で問題にされ，1980年代初頭に環境庁（現環境省）はアスベスト発生源対策検討会を組織して大気アスベスト濃度の調査を開始し，アスベストの大気汚染状況が把握された[3)]．

大気中の浮遊アスベスト濃度は，労働環境と同様にメンブランフィルタに捕集して位相差顕微鏡法（PCM）で長さ5μm以上の繊維を計数し1Lあたりの本数（本/L）で

表される．PCMでは計数した繊維がアスベストである保証はないので，厳密には総繊維数濃度である．アスベストそのものは，分析走査電子顕微鏡法（ASEM）や分析透過電子顕微鏡法（ATEM）により，1本1本アスベストの確認をして計数する[4, 5]．1980年代に把握された一般環境中の繊維数濃度は，住宅地で1〜3本/L，内陸工業地帯で1〜5本/L，解体建物周辺で1〜10本/Lであった[3]．同じフィルタを用いてATEMで計数した長さ1μm以上のアスベスト濃度は，10〜100本/Lの範囲にあり，特にPCMでは有意に高くなかった幹線道路沿線でATEMではかなり高い濃度のアスベストが認められた[4, 5]．ブレーキで細かくなったクリソタイルが検出されたのである．

c．工場周辺大気のアスベスト規制

アスベスト製品製造工場は，現在（2017年）はなくなったが，1985年当時は全国にかなりの数の工場があり，それらの工場周辺でやや高い濃度のアスベストが検出されていた[3, 4]．

環境省は，1989年に大気汚染防止法を改正し，アスベスト工場敷地境界の許容限度を10本/Lと定め，その基準に適合しない工場にただちに改善命令を出せるようにした．1995年にアモサイトとクロシドライトが製造等禁止になり，その後のアスベスト工場はクリソタイルのみを扱うようになったので，大気アスベスト測定方法もクリソタイルを対象とする方法に改められた．2006年にはアスベスト製品製造がほぼ全面禁止になり，アスベスト工場は姿を消し，一般大気のアスベスト濃度は減少し，現在はほぼ測定下限値付近で推移している[6]．

しかし，阪神淡路大震災（1995），東日本大震災（2011），熊本大地震（2016）等が発生し，震災で崩壊した建物の撤去や改修，廃棄に伴うアスベスト飛散が懸念され，大気アスベスト濃度調査は続けられている[7]．

d．アスベスト工場周辺の環境汚染

しかし，こうしたアスベスト工場の監視強化のはるか前の1950年代にアスベスト工場から飛散したアスベストが周辺環境を汚染していた事実が2005年になって判明した．兵庫県尼崎市の旧アスベスト工場で1957年から約20年間クロシドライトを使って高圧セメント管を製造していた．その間，クロシドライトを工場外に飛散させていたため，数十年過ぎた今，付近住民に中皮腫が多数発生している．2017年の現在も尼崎市の中皮腫発生数は毎年40〜50人で減少しておらず[8]，住民健診が引き続き行われている．

労働環境の問題であったアスベストが一般環境の汚染まで引き起こしていた．我々は過去に使用したアスベストに，今後も注意深く対処していかなくてはならない．

［神山宣彦］

文　献

1）中央労働災害防止協会編：なぜアスベストは危険なのか，p.81，p.169，中災防新書，2006.
2）神山宣彦：現代化学，**120**：35-40，1981.
3）アスベスト排出抑制マニュアル，ぎょうせい，1985.
4）N. Kohyama: *IARC Sci. Publ.*, **90**: 262-276, 1989.
5）神山宣彦：鉱物学雑誌，**18**：191-209, 1989.
6）環境省：平成29年度 アスベスト大気濃度調査計画策定等業務報告書. http://www.env.go.jp/air/asbestos/h29/h28_04.pdf
7）神山宣彦：保健の科学，**55**（9）：580-587, 2013.
8）環境再生保全機構：石綿健康被害救済制度における平成18〜27年度被認定者に関するばく露調査報告書，p.142，2017.

1-15 大気環境中の放射性物質

Radioactive substances in atmospheric environment

ビックバーンから始まったとする宇宙形成は，地球も含めて，核融合や核分裂によって，構成物質が形成されたと考えられている．したがって，現在も一般大気環境中には多くの放射性物質が存在する．この放射性物質を大きく，天然放射性核種と人工放射性核種に区分することができる．

天然放射性核種では ^{238}U を親として ^{226}Ra，^{222}Rn を含むウラン系列核種，^{232}Th を親として ^{220}Rn を含むトリウム系列核種，^{235}U を親として ^{227}Ra や ^{223}Rn を含むアクチニウム系列核種がある．また，ネプツニウム系列核種もあるが，半減期が短いため現在自然には存在しない．さらに，この他系列外で，^{40}K，^{87}Rb，^{147}Sm，^{176}Lu，^{187}Re などの天然放射性核種があり，^{40}K は被曝線量からみて最も重要な核種である．

さらに，大気と宇宙線との相互作用で生成される宇宙線放射性核種も天然放射性核種で，大気中の ^{14}N や ^{14}C，^{40}Ar 等の原子核と高エネルギー宇宙線によって ^{3}H，^{7}Be，^{22}Na，^{14}C，^{36}Cl 等が形成される．一方，人工放射性核種は核実験や原子力発電所等の原子炉で生成されるもので，原子炉では ^{235}U の核分裂で多くの放射性核種が生成される．大気中に放出される放射性物質として ^{81}Kr，^{135}Xe は核分裂希ガスとして，また，^{3}H，^{14}C，^{16}N，^{35}S，^{41}Ar，^{131}I 等は中性子放射化物質として生成される．

さらに，原子力燃料の採掘や精錬時に，多くの放射性物質が大気中に放出される．United Nation[4] の報告書によれば，1 GW の電力を生産するのに 250 t の酸化ウランが必要で，この時ウラン鉱山から放出される ^{222}Rn はおおよそ 75 TBq 程度，残鉱石から，^{222}Rn，^{238}U，^{230}Th，^{226}Ra，^{210}Pb がそれぞれ 0.2〜2 GBq 程度大気中に放出されることが指摘されている．

大気中には広島や長崎での核弾頭の使用も含めて，1945 年から 1980 年まで 543 回の核爆発実験が行われ，^{3}H，^{89}Sr，^{91}Y，^{95}Zr，^{103}Ru，^{131}I，^{140}Ba，^{141}Ce 等が大気中に多量に放出されたが，被曝に関与する核種として，^{14}C，^{90}Sr，^{95}Zr，^{106}Ru，^{137}Cs，^{144}Ce 等がある．^{3}H と ^{14}C は放射化生成物であるが，それ以外は核分裂生成物質で，おおよそ質量数が 90〜110 と 130〜150 前後の核種が多く，^{90}Sr，^{137}Cs は現在もなお大気中で観測されている．

a．チェルノブイリ事故により大気中に放出された放射性物質

1986 年 4 月 26 日 1 時 23 分（モスクワ時間）にソビエト連邦（現在ウクライナ）のチェルノブイリ原子力発電所の 4 号炉がメルトダウンして水蒸気爆発し，放射性物質が大気中に放出された．国際原子力機関（IAEA）[1] は，不活性ガスとして ^{85}Kr，^{133}Xe，揮発性元素として ^{129}mTe，^{132}Te，^{131}I，^{133}I，^{134}Cs，^{136}Cs，^{137}Cs，^{89}St，^{90}St，^{103}Ru，^{140}Ba，粒子状物質として ^{95}Zr，^{99}Mo，^{141}Ce，^{144}Ce，^{239}Np 等 14×10^{18} Bq が放出されたことを指摘している．この放出によってベラルーシ，ウクライナなどを中心に 20 万 km^{2} 以上の面積で 3.7×10^{5} Bq/m^{2} 以上の ^{137}Cs で汚染された．この汚染域は降雨に伴う湿性沈着が発生した地域で相対的に多くなっている．^{90}Sr や ^{239,240}Pu は相対的に粒子が大きいため原子炉から 100 km 以内に沈着しているが，^{131}I 等は水溶性であるため飲料水やミルクに混入し，甲状腺がんの発生を増加させた．図 1 に示した気象研究所[2] の ^{137}Cs の月降下量の変動では 1986 年 5 月に 130.98 Bq/m^{2}・月を記録しているが，9 月には事故前の降下量に戻っている．しかし，翌年 1 月から 4 月にかけて再度 0.1 Bq/m^{2}・月とやや高

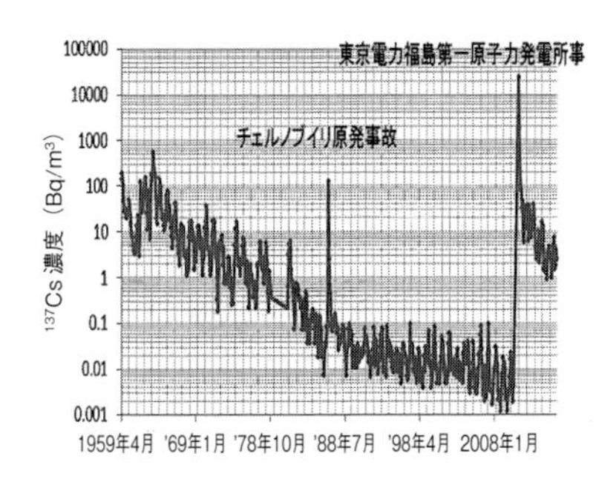

図 1 気象研究所で観測している ^{137}Cs の月降下量変動[2)]

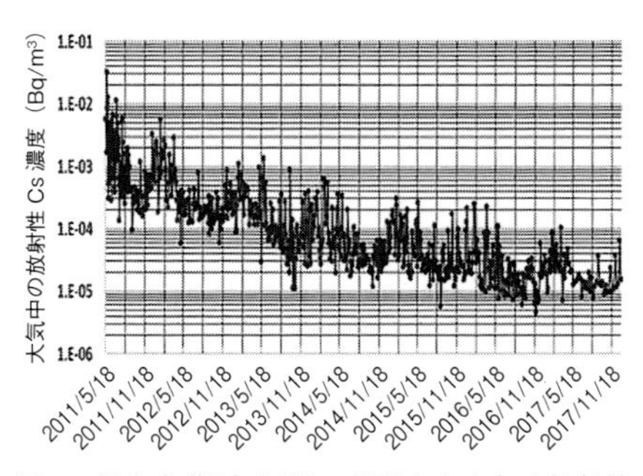

図 2 福島市（福島大学）で観測した大気中放射性 Cs の濃度変動

くなる季節変動を示したが，その後は完全に元に減少した．

b．東京電力福島第一原子力発電所事故で大気中に放出された放射性物質

2011 年 3 月 11 日 14 時 46 分にマグニチュード 9.0 を記録する地震が発生し，これに伴う津波（波高約 15 m）によって，全電力が喪失し，冷却機能を失いメルトダウンして，ベントや水素爆発によって一般環境中に放射性物質が放出された．^{235}U を主体としていた福島第一原子力発電所では，核分裂生成物は質量数 95 と 135 付近の核種が多く生成され，^{135}Xe，^{133}Xe，^{85}Kr などの希ガスや ^{131}I，^{132}I，^{132}Te，^{129}mTe，^{137}Cs 等の核種が多く放出された．また，放射化生成物質としては ^{134}Cs が放出されている．放射性希ガスと放射性ヨウ素はガス状物質として放出されるが，その他の核種は粒子状物質として広く拡散した．^{137}Cs については 11 日間で世界一周し，チェルノブイリ事故と同様に，福島県だけではなく，グローバルな放射能汚染をもたらした．なお，この事故の大気中への放射性物質の正確な放出量は未確定であるが，大原ら[3)]によれば，およそ 9.82×10^{19} Bq で，その 98%が ^{133}Xe，次いで ^{131}I（1.4%）^{134}Cs（0.16%），^{137}Cs（0.13%）の順となっている．

事故現場から北西 60 km に位置する福島大学屋上では，^{131}I，^{132}I，^{134}Cs，^{136}Cs，^{137}Cs，^{132}Te，^{140}Ba，^{140}La 等が観測された[5)]．また，同所で観測している放射性 Cs の大気中濃度を図 2 に示す．最大濃度が 2011 年 5 月 26 日 11 時 18 分からの 24 時間サンプリングで 0.0103 Bq/m^3 を観測している．その後，冬季から春季にかけて相対的に高濃度になり，夏季に低濃度になる季節変化をしながら減少している．大気中濃度が事故前の 1 μBq/m^3 に戻る期間や降下量が事故前の 10 mBq/m^2・月に戻る期間は，チェルノブイリ事故時より長期間必要となる．これは高線量に汚染された地域が存在し，再飛散しているためと推測される．

［渡邊　明］

文　　献

1) IAEA: Environmental Consequencesof the Chernobyl Accident and their Remediation: Twenty Years of Experience, pp. 1-167, 2006.
2) 気象研究所：環境における人工放射能の研究 2015, 1-47, 2016.
3) 大原利眞他：福島第一原子力発電所から放出された放射性物質の大気中の挙動．保健医療科学，**60**(4)：292-299, 2011.
4) United Nation: Sources of radiation exposure, Sources and effects of ionizing radiation, pp. 1-30, 1993.
5) 渡邊　明他：日本気象学会 2016 年度秋季大会予稿集，Vol.110, 2016.

コラム　戦争と大気環境
Air pollution during War

戦争は，大規模な自然災害とともに結果として大規模な大気汚染を引き起こす．しかもその状況把握が的確に行い難く，報道されないことも多い．そのため人々の健康，生態系への影響は十分に調査されることなく，時間が過ぎていってしまう．

実際に見聞した湾岸戦争（1991 年 1 月 17 日～2 月 28 日）を例にして，戦争による大気環境への影響を考えてみよう．1990 年 8 月クウェートに侵攻したイラク軍は，参戦した多国籍軍の空爆を受け，約 40 日後に停戦した．敗走するイラク軍はクウェートの油田に火を放ち，停戦の時点では油田火災は 700 有余件に及んだ．

その当時，1 本の油田の火災を消火するのに 1 年程度の時間が必要であった．火炎付近でダイナマイトを爆発させ，酸欠状態にして消化するという方法が用いられていたので，注意深い作業が求められていたからである．したがって油田火災をすべて消火するのに 5 年程度かかるであろうという見通しであった．しかし，戦争は技術を進歩させるという前例通り，色々な消火技術が試され，発達した結果，11 月 6 日にはすべての油田火災が鎮火した．

この 10 か月弱の間に，秋になり風向が変化し，油田火災によって生じた黒煙が人口の集積したクウェート市内に向かって流れると予想された．住民の健康への悪影響が懸念されたことから，世界保健機関（WHO），クウェート政府の協力の下，1991 年 10 月にハーバード大学が実態調査を行った．火災現場に向かう車の中で，政府の係官から砂地には地雷が埋まっている可能性があるのでアスファルトの固い地面を歩くように，注意を受けた．

セバスチャン・サルガドの「Kuwait : A Desert on Fire」の写真集にあるように，自噴するクウェート油田の火災現場では，炎は垂直に上って，黒煙は上空 100 m 以上の高さで横にたなびいていた．黒煙は衛星写真からもわかるような量であったが，クウェート市の上空を通過していたため，懸念していたヒトへの直接的影響は起こらなかった．

図　湾岸戦争直後のクウェートの油田火災と黒煙
Kuwait's oil field fire and black smoke shortly after the Gulf War

バルブが壊された自噴する油田では，炎が消されると黒煙が消える代わりに，原油の雨が降り注いで，池となり，太陽光に照らされて揮発したガソリン臭が漂い始める．調査開始前には想定していなかった VOC による健康影響に関しては，調査日程が限られていたので，私の報告書に今後の課題として書き留めて，クウェートを後にせざるをえなかった．戦争直後の混乱と資源不足のためフォローアップができなかったことが残念である．　　［柳沢幸雄］

コラム　原発事故による環境影響

Atmospheric impacts by the nuclear power plant accident

2011 年 3 月 11 日の大震災と津波の結果，福島第一原発は全電源喪失し原子炉冷却機能を失った．原子炉内部では核分裂連鎖反応は停止しても，核分裂生成物の放射壊変由来の大量の熱が残留し高温状態が継続する．そのため，当時運転中だった 1～3 号機で燃料溶融が発生し，次いで 1，3，4 号機で水素爆発に至り一般大気中へ大量の放射性物質（核分裂生成物や放射化生成物）が漏洩した．放射性希ガスはほぼ全量，揮発性の放射性ヨウ素（I）やセシウム（Cs）はかなりの割合が多重防護を打ち破り一般環境へ放出された．この事故は，1986 年に旧ソ連で発生したチェルノブイリ事故に次ぐスケールとなった．

放射性物質の環境汚染は，2 通りの仕方で人体に影響する．①汚染空気の塊（放射性プルーム）の通過時，あるいは通過により放射性物質で汚染した地域・場所では，主に γ 線により空間線量率が上昇し人体へ放射線被曝を生ずる（外部被曝），②汚染空気を吸い込んだり，飲食物を通じて放射性物質を体内へ取り込んだ場合，体内から被曝を受ける（内部被曝）．放射性プルームは，$PM_{2.5}$ 汚染や火山噴煙等と同じく，風の流れで輸送され，徐々に拡散，消失していく．

原発事故で放出される核分裂生成物は，質量数 95 と 140 前後に山のある核種分布を持ち，様々な化学元素からなる．したがって放射性プルームは，異なる化学的な性質を持つ混合物である．気体の放射性希ガスは主に放射壊変と拡散で，固体の放射性核種（エアロゾル態）は，乾性沈着や降水等による湿性沈着，拡散で大気中濃度を下げていく．個々の放射性核種の大気中濃度は，半減期の長短や輸送距離，拡散の程度により大きく異なる．そのため影響も影響する主要な核種も，放出からの時間経過や輸送距離により大きく変わる．例えば半減期数十秒以内の核種は環境へ漏洩する前に壊変するため，一般環境下での影響はない．事故直後の事故地点近傍では短半減期核種（数時間～数日）による外部被曝とともに，放射性 I の内部被曝が重要となる．事故から時間が経過した遠距離の地点では，外部被曝よりもむしろ，中長半減期核種（数日～数年）の飲食物を経由した内部被曝が相対的に重要で，Cs やストロンチウムが注目される．放射性物質も他の物質同様にどの程度の量が汚染を引き起こしたかの評価が大事で，核分裂生成物や放射化生成物の量が理論計算される一方で，環境の測定結果から放出総量が逆推定される．

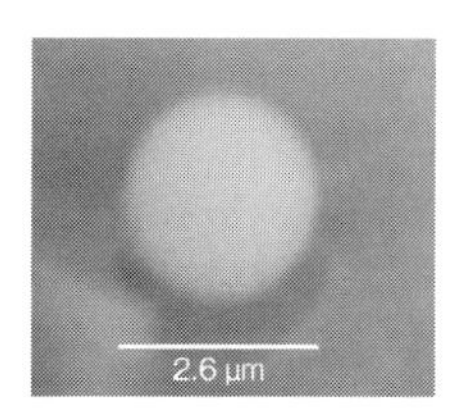

図　不溶性 Cs 粒子の一例（Adachi ら，2013）

放射性核種の放出放射能量は 10^{15} Bq という単位で議論されるが，物質量では kg の単位にしかならない．固体となる放射性核種の多くは原子炉の様々な構成材料や炉材とともにエアロゾル態となって一般環境へ放出され，環境動態や体内動態は性状で異なるため，その物理・化学性状の知見が必須である．福島第一原発事故では，不溶性で球形の Cs 微粒子が大気フィルタから検出される（図）等，従来の知見を超える現象も数多く見出された．　［五十嵐康人］

1-16 火山活動による大気汚染

Air pollution caused by volcanic activities

a．火山灰とエアロゾル

火山から大気中に放出された噴煙と火山ガスは様々な時間・空間スケールで大気環境に影響する．ここでは火山活動が引き起こす大気質に関わる現象について述べる[1)].

噴煙には様々なサイズの火山灰が含まれ，SPM や $PM_{2.5}$ にカウントされる成分もある．粗粒の火山灰ほど噴火口の近傍に落下し，細粒のものは風に流されて遠方に到達する．激しい噴火による多量の降灰は交通や生活に大きな影響を与える．

SPM や $PM_{2.5}$ は重力落下の影響はほとんどなく，噴煙とともに移流拡散する．火山周辺等の環境大気測定局における SPM や $PM_{2.5}$ の自動測定データは，これらの動態を解明する貴重な資料である．

噴煙の上昇には熱浮力が支配的で，爆発の場合でも放出の運動量の役割は小さい．熱浮力を失い周辺大気とバランスした高度が自由大気中であれば，乱流が弱いため噴煙移流の幅は広がらず図 1 のように直線的となることが多い．噴煙拡散の重要な要因は，噴煙の高度範囲における風向の鉛直シヤーである．

b．火山ガスと噴火

地下深部の高温高圧でマグマに溶解している火山ガスの 90% 以上を占める主要成分は H_2O であり，これは日本のような海洋プレート沈み込み帯ではマグマの発生にも重要な寄与をしている[2)]．火山ガス成分の地表近くでの減圧発泡は，噴火活動を駆動する決定的な要因である．噴煙中で H_2O は凝結して白煙，灰白煙になるだけでなく，灰煙の中にも多く含まれ多量の潜熱を放出して噴煙上昇に寄与する．

降水起源の地下水がマグマで急激に加熱されると水蒸気爆発を起こす．多くの犠牲者を出した 2014 年 9 月の御嶽山噴火や，磐梯山の山体崩壊を引き起こした噴火（1888）がこれに当たる．地下水とともにマグマ物質も爆発的に放出される場合は，より大規模なマグマ水蒸気爆発となる．セントヘレンズ噴火（1981，米西部）はマグマ水蒸気爆発による山体の大崩壊で始まった．

c．火山ガスの二つの型

高温で噴出する火山ガスの数％を占めるのは CO_2，SO_2，HCl，HF 等であり，これらの多くは有毒成分である．これらの組成は変動し，火山活動の状態と結びついた特性が研究されている[3)].

マグマに含まれる硫黄の形態は，温度と圧力によって化学平衡が移動する．

$$H_2S + 2H_2O \longleftrightarrow SO_2 + 3H_2$$

地下の高温高圧では H_2S が主であるが，マグマ上昇で高温のまま圧力が下がると SO_2 が多くなる．これは活発な火山活動でマグマから直接放出される高温型火山ガスの特徴である．大量の SO_2 の他にも H_2S や H_2SO_4 が含まれ，後者は青白い硫酸ミストとなる．

噴火口から高温で放出された火山ガスは大気中で上昇・拡散しやすいが，強風では高濃度のまま吹きつけられ，あるいは図 2 のように吹き降ろされた下流が噴出源同様に危険である．

マグマから地下深くにおいて分離し地中

図 1 定常噴煙の直線的移流（桜島火山）

図 2 強風による噴煙の吹き降ろし（桜島火山）

の割れ目などを通って上昇しゆっくり冷却された低温型火山ガスではH_2Sが主になる．他にHClやCO_2も含まれる．

d．二酸化硫黄の環境影響

日本では，火山から噴煙とともに放出されるSO_2が自然起源の硫黄化合物の主要な部分であり，人為起源を上回っている．SO_2は長距離移流で硫酸エアロゾルに変わり，酸性降下物として検出される．

SO_2は大気中の背景濃度が無視できるため，紫外線吸収の強さから噴煙に含まれる断面濃度を計測し，風速と合わせて日放出量が推定される．この量は火山活動の重要な指標として，気象庁による活動的火山の観測監視の一環として計測されている．さらに，紫外線吸収カメラによるSO_2の映像観測も実用化されている．

1955年以来活発な火山活動を続けてきた桜島では日量2000 t前後のSO_2放出がしばしば見られ，国内の他の火山ではそれ以下であった．桜島の内外の環境大気測定局では，図2に示すような山越え気流の強風による吹き降しでSO_2地表濃度が上昇すること多い．

2000年以来の三宅島噴火では，平常時の全世界の活火山の総放出量を越える日量数万tのSO_2が放出され，4年半に渡って全島避難体制が続いた．2005年2月に永住帰島が始まったが，島内各地のSO_2濃度のレベルに応じて警報が発令される体制がとられ，高濃度になりやすい地区では立入り・居住制限が2015年まで続いた．

e．低温型火山ガスによる事故

低温型火山ガスではH_2Oが液化して残された気体の成分は非常に高濃度になるので，有毒ガスとしての危険性はきわめて大きい．活発な噴火に伴う高温型火山ガスと対照的に，低温型火山ガスは噴火していない火山や温泉地帯の噴気や水溶性成分として放出され，風の弱い時に谷間や窪地に溜り，濃集して災害事故に至りやすい．2015年3月，秋田県の乳頭温泉の源泉点検作業で3人がガス中毒で死亡，2005年末の秋田県泥湯温泉で観光客4人死亡，1997年安達太良山の登山者4人死亡などの事故は，火山ガス中のH_2Sが放出源近くの低地や穴に濃厚に滞留して起こった．1997年には八甲田山山麓の窪地の非常に高濃度のCO_2ガスで訓練中の自衛隊員3名が死亡した．

世界最大の火山ガス災害は，1986年，ニオス湖（カメルーン）の湖水に溶けていた火山性CO_2ガスの突出で1734人と大量の家畜が死亡した事件である．

f．巨大噴火と大気環境

巨大噴火は世界規模で大気環境に大きく影響する．20世紀最大級のピナツボ噴火（1991，フィリピン）では巨大噴煙柱が台風の雲を突き抜けて34000 mに達した．噴火口はカルデラに変り，広い地域が火砕流と厚い降灰で居住不能となり，火山泥流で苦しめられた．成層圏に吹き上げられた大量の火山灰と火山ガスの中で，SO_2は硫酸エアロゾルとなって長く滞留したため，北半球の平均気温が約0.6℃低下したとの評価がある．北半球各地で数年間にわたって非常に綺麗な朝焼け・夕焼けが見られた．

長い期間で見ると巨大噴火の規模はさらに大きくなり，地球の大気環境への影響は一層深刻で，寒冷化や氷河期到来の一因となっている．古生代から中生代への境となる生物の大量絶滅は，玄武岩マグマの洪水的流出を起こした超巨大噴火による気候変動によると考えられている．［木下紀正］

文　献

1）木下紀正：大気環境学会誌，**50**（4）：A48–A57，2015.
2）下鶴大輔他編：火山の事典，朝倉書店，2008.
3）篠原宏志：大気環境学会誌，**50**（5）：A59–A65，2015.

1-17 海洋と大気環境

Ocean and atmospheric environment

地球表面は大気に覆われているが，その大気の下面の約70%の面積は海洋が占めている．海上と陸上の大気組成の違いは地球表面から対流圏上部，高度8〜18 km程度まであるとされている．海洋大気境界層は海面から1〜2 kmであり，その上部は自由大気と呼ばれる．大気中の窒素(N_2)，酸素(O_2)，アルゴン(Ar)等の主要成分は平均滞留時間も長く，地球上でほぼ均一に分布している．一方，粒子（エアロゾル）を含む平均滞留時間が短く反応性の高い大気成分の分布は，海洋における発生源や吸収源，海洋生物活動による影響や化学反応，陸上大気の輸送とその混合等の物理・気象条件によって時空間的に大きく変化する．海洋大気は海洋生物生産が高く，陸の影響を強く受ける沿岸域とそれらの影響がきわめて少ない外洋域に分けることができる．近年，地球温暖化による陸域や海洋環境の変化，大気中への増加する人為起源物質の放出，そして，これらの物質の沈着による海洋生物活動への影響が顕在化してきている．これらの変化が海洋大気成分に反映され，気候変化と密接な関係があることが明らかになってきた[1)]．

a．大気と海洋間での物質循環

1）海洋から海洋大気への寄与 地球全体の収支で見ると海洋は大気中の二酸化炭素(CO_2)の吸収源であり，化石燃料起源のCO_2の年間排出量の7.9 Gt-Cのうち2.0 Gt-C，約25%を吸収すると見積もられている．しかし，海水温や湧昇の影響も受け，海洋生物生産の高い亜寒帯海域では吸収され，赤道海域等では大気中へ放出される傾向がある．大気中CO_2濃度の増加による海洋の酸性化という面で海洋生態系への影響が懸念されている．大気中の78%を占めるN_2は化学的に安定で滞留時間も長く，その変動幅は小さいが海洋の表面に大気中の窒素を固定して生息するプランクトンも存在している．逆に脱窒反応により一酸化二窒素(N_2O)として海洋から大気中へ放出する過程も温室効果の観点から重要である[2)]．同様に温室効果気体であるメタン(CH_4)においても海洋生物活動過程から大気への放出が認められている．それぞれの地球上での全放出量の海洋が占める割合は約2%と約20%とされているが，その見積りは不確かである．

海洋表面での波や泡の消長により海水の飛沫が海洋大気中のエアロゾル組成を特徴付ける（図1）．さらに海洋表面水に存在する微小生物起源粒子（プランクトン，バクテリア，ウイルス，生物の破屑物等）が海水起源以外のエアロゾルとして加わる．また海洋生物から生成される微量気体が大気中に放出され，粒子生成過程を経てエアロゾルを形成する．特に海洋生物起源の硫化ジメチル(DMS)は，硫酸エアロゾルを生成し，雲の凝結核として雲形成や雲の寿命にも変化を与えるとして注目されてきた．同様に海洋起源の揮発性有機物質による粒子生成や海塩粒子の寄与も考慮すべきであるという指摘がなされている[3)]．

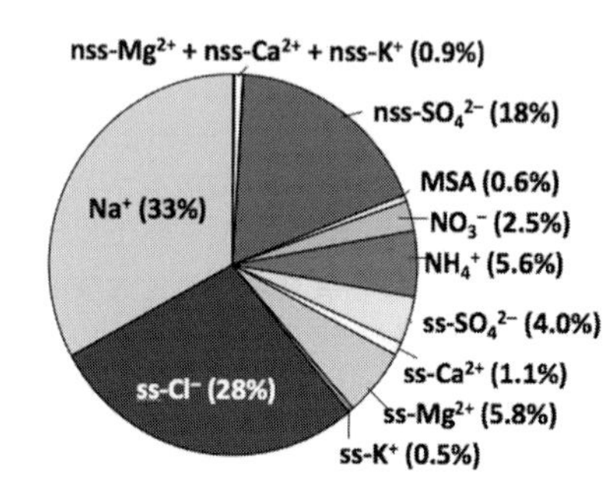

図1 北西太平洋亜寒帯海域での大気エアロゾル中に主要無機イオン成分が占める割合（ss：海塩性，nss：非海塩性成分）

2) 陸から海洋大気への寄与　陸に主な起源を持つ気体やエアロゾルは陸から離れ外洋へ向かうに伴い，指数関数的に濃度が減少する傾向を示す．また，黄砂や，火山噴火，森林火災などの突発的な事象によって大気中へ放出される物質も海洋大気組成や海洋生態系に影響を与える．

外洋域において，陸起源物質の濃度が急に高くなることが見られる．これは低気圧や高気圧の移動に伴って，陸起源空気塊が運ばれてくる場合や，陸上で上昇流によって対流圏上層まで運ばれた空気塊が洋上の高気圧縁辺域の下降流によって海洋大気境界層に降下する経路も存在する．

アジア大陸中央部の砂漠域から舞い上がった黄砂[4]や，チェルノブイリや福島原子力発電所事故などで放出された気体や粒子状の放射性物質が北半球を数週間で一周し，地球表面に沈着することも観測されている．成層圏下部の一部の空気塊が同様に海上へ運ばれていることも知られている．

b．大気を通した海洋と陸の人為起源物

1) 沿岸域での大気物質の往来　近年，人口が 1000 万人を越える「メガシティ」が人類を含む生物圏に加え，大気圏，水圏，地圏に対して従来とは質，量とも異なる環境負荷を与えると認識され始めた．現在，世界の人口の約 10%がメガシティに住み，メガシティの約 70%が沿岸域に位置している．

海塩粒子はハロゲンラジカルの生成を通して海洋大気中の酸化過程に強く影響を与える．沿岸域のメガシティから放出されるオゾン（O_3）や窒素酸化物（NO_x），硫黄酸化物（SO_x）などの大気物質と海塩粒子を含む海洋大気での反応過程（図 2）は，昼夜の陸風と海風による空気塊の陸上と海上の往来等によりメガシティ大気の清浄化にも寄与していると指摘されている[5]．

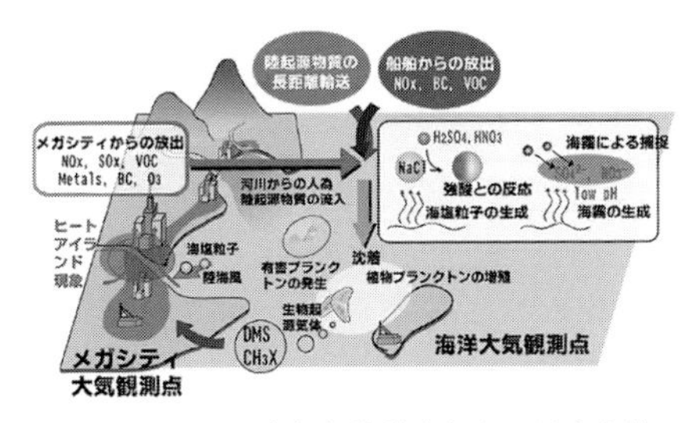

図 2　メガシティ大気と海洋大気との反応を伴った沿岸域での物質循環

2) 海洋上での大気汚染物質　近年，人類活動による化石燃料燃焼の陸上の大気汚染だけではなく，海洋上を航行する船舶の排気ガスによる海洋大気への汚染が無視できなくなってきた．排気ガスに含まれる NO_x や SO_x，そしてススなどの清浄な海洋大気中への放出は，海上の雲形成などにも変化をもたらし，飛行機雲と同様に船舶雲が洋上で見られるようになった．温暖化による北極域の海氷面積の減少で北極海航路の利用に注目が集まっているが，船舶の航行が増加すると放出されるススによってさらに海氷の減少が促進される可能性も示唆されている．これらの問題に対して 2020 年から船舶に対する SO_x 排出規制が強化される．［植松光夫］

文　　献

1) 蒲生俊敬編：海洋地球化学，pp.145-167，講談社サイエンティフィック，2014.
2) 鵜野伊津志他：大気環境学会，**47**：195-204，2012.
3) 笠原三紀夫他編：エアロゾルの大気環境影響，pp.136-151，京都大学学術出版会，2007.
4) 岩坂泰信他編：黄砂，pp.113-115，古今書院，2007.
5) 河村公隆，野崎義行編：大気・水圏の地球化学．地球化学講座 第 6 巻，pp.65-77，131-138，141-149，培風館，2005.

1-18 森林と大気環境

Forests and atmospheric environment

大気中のガス状物質の一部は，樹木や作物の葉に存在する気孔から吸収されたり，葉表面などへ沈着（吸着）することで除去される（図1）．大気中の粒子状物質も，植物やそれを含む森林生態系へ沈着除去される．しかし，植物がそれら物質を体内に大量に取り込むことによって，葉の可視障害や光合成速度の低下等，悪影響が現れる場合がある．他方，森林からはテルペン類などの炭化水素が大量に放出されている．テルペン類は，放出量が多くかつ大気中での反応性が高いため，オゾンや二次有機エアロゾルの生成など大気環境に与えるインパクトが大きい．本項では，他項で詳述される“粒子状物質の沈着現象”を除き，上述した主要な現象について述べる．

a．森林の微量気体吸収

森林の微量気体吸収において，植物の葉近傍や葉内部での主要な抵抗に境界層と気孔開度がある．境界層は地形，群落の構造や境界層内の風速・風向の影響を受ける．気孔の開閉は，植物体内の水分状態や日射等環境因子の影響を受けて変化する．気孔を介した微量気体の吸収は，内部で継続的な代謝が起こる場合，界面濃度（気孔底濃度）が大気濃度と比べて常に低く維持され，濃度勾配による高い吸収速度が持続することから，大きなシンクとなる．森林を構成する植物は，CO_2以外にも，二酸化硫黄，二酸化窒素，オゾンといった無機ガス，アルデヒド類，アルコール類，ケトン類，フェノールのような，含酸素揮発性有機化合物（OVOC）を吸収する[1]．植物が継続的に吸収する物質は，内部で代謝返還を受けており，例えばアルデヒドの一種で，イソプレンが大気中で酸化されてできるメタクロレインは，気孔を介して吸収され，一部は葉内でアルコールに還元され葉から再放出されたり，葉内でグルタチオン抱合を受けてより高分子の物質へ返還され植物体内に留まることがわかっている．

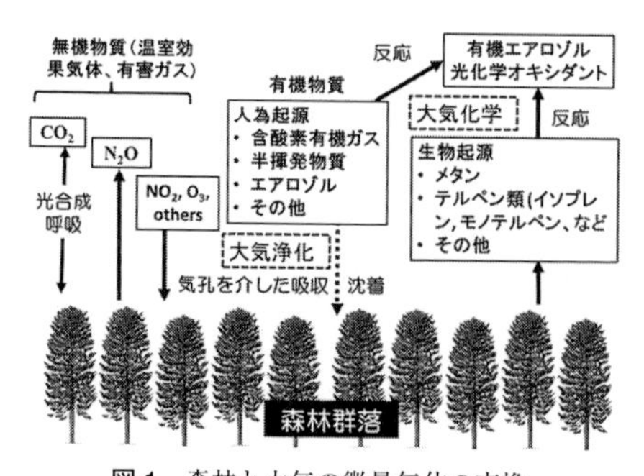

図1　森林と大気の微量気体の交換

b．森林からのテルペン類放出

森林ではその構成要素である樹木，シダ類・コケ類を含む下層植生，リター（落葉・落枝）から，テルペン類や青葉アルコール・アルデヒドと呼ばれる物質群，アセトンやメタノールなどの低分子含酸素有機化合物等が放出される．それら物質の中で特にテルペン類は，放出量が多くかつ大気中での反応性が高く，大気化学反応に深く関与する．テルペン類には，イソプレン（C_5H_8）やモノテルペン（$C_{10}H_{16}$）がある．イソプレンには異性体はなく1種類のみである．他方，モノテルペンは，様々な異なる化学構造を持つ100以上の異性体からなるが，代表的なモノテルペンは森の香りの代表種であるα-ピネンやカンキツの香りの主成分のリモネンであろう．半揮発性のセスキテルペン（代表的な構造式：$C_{15}H_{24}$）やジテルペン（同：$C_{20}H_{32}$）は，スギ等ごく一部の樹木から大量に放出される．森林からのテルペン類放出量は，人為起源の揮発性有機化合物（AVOC）の排出量より多いと見積もられる[2]．

表1に日本の代表的なイソプレン放出種およびモノテルペン放出種を，無放出種と

表1　テルペン類放出種の分類

分類	植物の分類	代表植物
イソプレン放出種	多くの広葉樹	コナラ，ミズナラ，ポプラ等
モノテルペン放出種	ほとんどの針葉樹や一部の広葉樹，ハーブ植物	スギ，ヒノキ，アカマツ，モミ，トウヒ，クスノキ，ユーカリ，ウバメガシ，コジイ，ハッカ等
無放出種	上記以外の植物	ブナ，マテバシイ，クヌギ，アベマキ等

ともに示す．イソプレンは主に広葉樹から放出され，モノテルペンはほとんどの針葉樹や一部の広葉樹から放出される．日本の代表的な広葉樹であるコナラ属の場合，コナラ，ミズナラはイソプレン放出種，ウバメガシはモノテルペン放出種，クヌギ，アベマキは無放出種など，同属間でも放出特性が異なる．

c．森林に及ぼす大気環境の影響

森林樹木の生長に直接的あるいは間接的に悪影響を及ぼす微量気体としては，二酸化硫黄，二酸化窒素，硝酸イオンや硫酸イオン，オゾンやペルオキシアセチルナイトレート（PAN），過酸化水素，揮発性有機化合物の一部がこれまで報告されてきた．特に，オゾンが原因と疑われる植物被害は現在も日本で認められている．

植物からのテルペン類放出も大気環境の影響を受ける．200〜300 ppbv の高濃度オゾンに植物を短期間曝露すると，植物からのイソプレン放出速度は高まる．イソプレン合成系の活性が上がるためであるが，これは，オゾンをイソプレンで分解するための植物の自衛策と考えられている．他方，オープントップチャンバーなどを用いて，大気濃度＋40 ppbv のオゾンに長期間曝露するとイソプレン放出速度は低下する．これは，光合成速度の低下と関連してイソプレンの前駆物質の生産量が減少することなどが原因と考えられる．

d．大気環境に及ぼすテルペン類の影響

テルペン類の多くは大気中で反応性がきわめて高く，ヒドロキシラジカルとの一連の反応によって局地的なオゾン生成に関わる．郊外の森林のみならず，都市域の公園樹木や街路樹にテルペン類を大量に放出する樹種が植えられている場合，オゾンの生成源となる可能性があり注意を要する．

モノテルペン類はオゾン等との反応で酸化され粒子状物質（エアロゾル）の生成に関与する．例えば α-ピネンはピン酸，ピノン酸等を経て，イソプレンは 2-メチルテトロール等の吸湿性の高いポリオールを経て，それぞれ二次有機エアロゾル（SOA）を生成する．大気中に浮遊する SOA は雲粒や氷粒の核の一種である．SOA 自身および雲粒や氷粒は太陽光を反射するなど地球温暖化を緩和する方向に働くが，その寄与度については不確実性が大きい．

イソプレンとモノテルペンは，1分子にそれぞれ5個および10個の炭素原子を含むため，森林からのこれら物質の放出は，炭素が森林から放出されることを意味する．例えば，日本の広葉樹の代表種であるコナラのイソプレン放出量は，気温 30℃では光合成で吸収固定する炭素量の数%を占める．森林の炭素収支のモニタリングは，気候変動に伴う森林の炭素シンク強度の推移を知るための重要な研究課題であるため，テルペン類を多く放出する樹種で構成される森林では，有機炭素の形で放出される炭素を炭素収支項に加える必要がある．

［谷　晃］

文　献

1) 谷　晃，望月智貴：大気環境学会誌，**51**（4）：A51-A56，2016.

2) A. B. Guenther, *et al.*: *Geosci. Model Dev.*, **5**: 1471-1492, 2012.

1-19 発展途上国での大気汚染と室内汚染

Ambient and indoor air pollution of the developing countries

2015年9月，ニューヨーク国連本部において「国連持続可能な開発サミット」が開催され，持続可能な開発のための2030アジェンダが採択された．このアジェンダは人間，地球および繁栄のための行動計画として宣言および目標を掲げており，この目標がSDGs（sustainable development goals，持続可能な開発目標）と呼ばれる[1]．SDGsは全部で17の目標からなるが，大気汚染にも触れられている．目標3（あらゆる年齢のすべての人々の健康的な生活を確保し，福祉を推進する）では大気汚染による死亡を減少させることが，目標7（すべての人々に手頃で信頼でき，持続可能かつ近代的なエネルギーへのアクセスを確保する）では，燃料，特に家庭用燃料を使用することによる大気汚染や室内空気汚染を減らすことが，そして目標11（都市と人間の居住地を包摂的，安全，レジリエントかつ持続可能にする）では大気汚染レベルが都市の持続可能性を示す指標として捉えられている[1]．

今日のわが国の大気汚染の濃度状況は，おおむね減少傾向にあるとともに決して高い濃度ではない．しかし発展途上国を中心として世界的規模で大気汚染の状況を見てみると，SDGsで取り上げられていることからもわかるように，健康影響も含めてわが国とは状況が異なっている．以下では，粒子状物質を中心に整理する．

a．世界規模で見た大気汚染

図1はWHO（世界保健機関）によって作成された各国での2014年の$PM_{2.5}$濃度分布である．日本や欧米諸国の濃度はおおむねWHOの基準である年平均値10 μg/m^{3}程度あるいはそれ以下を示している．一方，中国，インド，中東，そしてアフリカ諸国など発展途上国での$PM_{2.5}$濃度は非常に高く，WHOの基準の数倍となっている．これらの地域には多くの人が住んでおり，世界人口の92%がWHOの基準を超す大気の中で生活していると指摘されている[2]．

また，2012年時点では死亡者9人に1人が大気汚染に関連しており，300万人の死亡が大気汚染そのものに起因するものであると指摘されている[2]．さらに死亡の87%は，G7諸国，ユーロ圏諸国等いわゆる先進国とされる国や中東諸国を除く，1人あたりの国民総所得（GNI）が12475ドル以下（2017年現在）で分類される低および中所得国（low-and middle-income countries：LMICs）で生じている[2]（図2）．

b．発展途上国における室内空気汚染

世界人口の2割にあたる13億人が，まだ近代的な電力を利用できない，また30億人が薪，石炭または動物の排泄物等を調

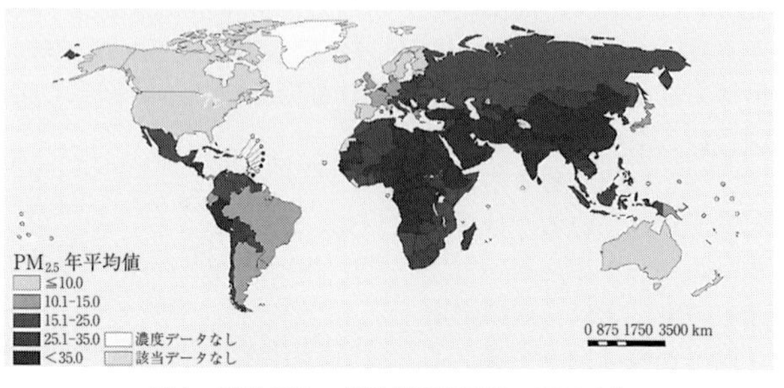

図1 国別$PM_{2.5}$汚染状況（WHO，2014年）

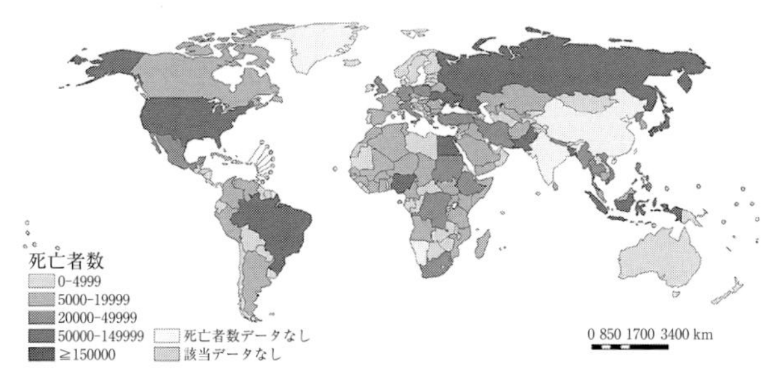

図 2 大気汚染に起因する国別死亡者数(WHO，2016 年)

理や暖房に用いていると指摘されている[2]．調理等の際は室内あるいは家のすぐそばで火をおこさざるを得ず，その結果，建材や日用品などから発生する化学物質による室内汚染に主な関心が向けられる先進国とは異なる様相で室内汚染が生じている．

発展途上国で室内空気汚染物質として考えられるのは主に粒子状物質，窒素酸化物，硫黄酸化物，一酸化炭素，芳香族炭化水素等であり，先進国では屋外の大気汚染物質として取り上げられるものが多い．室内空間，使用燃料等に依存するが，WHO や先進諸国の環境基準値から 1 桁，場合によれば 2 桁高い濃度が観察されることもある．調理用燃料に起因するため，これらの国々では調理を主に受け持つ女性の個人曝露量が高くなる傾向にあるとともに，母親の近くにいる子供—特に乳幼児—の曝露量が高くなること，ひいては，健康影響が懸念される．発展途上国においては，屋外での大気汚染よりも家庭内での室内空気汚染問題の方が深刻であり重要であるという指摘もある．

2016 年時点で 380 万人が家庭内での空気汚染によって死亡していると推定されており（図 3），死亡に対する最大の環境要因であると指摘されている．東南アジアと西太平洋地域が最も多く，それぞれ 150 万人，120 万人で，ついでアフリカ地域の 74 万人となる[3]．低・中所得国では死亡の約

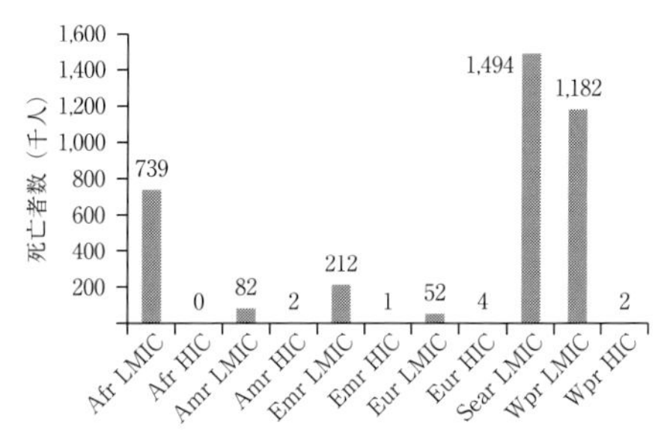

図 3 家庭内空気汚染に起因する地域ごとの死亡者数(WHO，2016 年)
Amr：アメリカ，Afr：アフリカ，Emr：地中海東部，Eur：欧州，Sear：東南アジア，Wpr：西太平洋，LMI：低・中所得国，HI：高所得国．

10％であるが，高所得国では 0.2％に過ぎない．死因は虚血性心疾患，脳卒中，慢性閉塞性肺疾患等が多く指摘されているが，小児については急性下気道感染症が死因のほとんどを占める．　　　　［中井里史］

文　献

1) 蟹江憲史編：持続可能な開発目標とは何か，ミネルヴァ書房，2017.
2) World Health Organization *ed.*: Ambient air pollution: A global assessment of exposure and burden of disease, WHO, 2016.
http://www.who.int/iris/bitstream/10665/250141/1/9789241511353-eng.pdf?ua=1
3) http: //www.who.int/entity/phe/health_topics/outdoorair/databases/HAP_BoD_results_March2014.pdf?ua=1

1-20 東アジアの大気汚染

Air pollution in East Asia

中国をはじめとする東アジアでは，急速な経済成長に伴って燃料消費量が増大し，1980年代から二酸化硫黄（SO_2）や窒素酸化物（NO_x），揮発性有機化合物（VOC）等の大気汚染物質の排出量が急増している．その結果，微小粒子状物質（$PM_{2.5}$）やオゾン（O_3）等による大気汚染が発生し，人の健康や食糧生産，生態系に大きな影響を与えている[1)]．中国からの大気汚染物質は，北東アジアの広域大気汚染を引き起こし，風下に位置する日本にも大気汚染物質が流れ込んでいる．また，東アジアで発生した$PM_{2.5}$やO_3は地球規模の大気質に大きな影響を及ぼしている[2)]．さらに，広域大気汚染は地域気候システムに複雑な変化をもたらしている．

a．世界の中の東アジア

東アジアは社会・経済の一大集積地域である．表1は，日本・中国・韓国3か国における各種統計値の世界に占める割合を示す．人口は世界の1/5，人口500万人以上のメガシティ数は1/3を占める．経済活動も活発で，国内総生産は世界の23%，セメントと粗鋼の工業生産量は約60%であり，世界の工場地域といえる．これらの社会・経済活動を支えるために大量のエネルギーが生産・消費され，最終エネルギー消費量は世界の1/4を占める．これに伴って，大気汚染物質が大量に排出され，燃料燃焼起源CO_2とSO_2は1/3，NO_xとVOCは1/5程度が日中韓で排出されている．

b．大気汚染物質排出量の長期変化

図1は，1950〜2010年にアジアの人為起源発生源から排出されたSO_2とNO_xの長期変化を示す[3)]．

表1 日本・中国・韓国3か国における各種統計値の世界に占める割合

	人口	人口500万人以上の都市数	国内総生産	工業生産量		エネルギー		大気汚染物質の排出量			
				セメント	粗鋼	一次エネルギー生産量	最終エネルギー消費量	CO_2(燃料燃焼)	SO_2	NO_x	VOC
対象年	2016	2000〜2015	2015	2015	2013	2013	2013	2014	2008	2008	2008
日中韓の割合（%）	21.0	33.3	22.8	60.2	59.5	19.6	25.6	33.5	34.5	20.1	17.7

資料：世界の統計2017（総務省統計局）他．SO_2，NO_x，VOC排出量はEDGAR4.2.

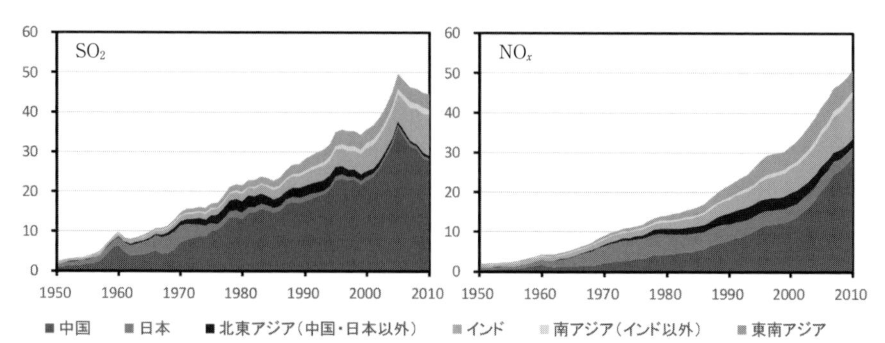

図1 アジアにおけるSO_2とNO_x排出量の1950〜2010年の長期変化（単位はTg/年）

1) SO_2　アジアの SO_2 排出量（2008年時点）のうち，中国と東アジア（北東アジア＋東南アジア）の排出量は各々，67%と78%を占める．アジアの総排出量は増加し続けていたが，2006年以降，中国排出量の変化を反映して減少している．中国では，1980年以降，火力発電所や工場等からの SO_2 排出量が増加し続けたが，第11次5か年計画（2006〜2010年）が開始された2006年以降，発電所等への排煙脱硫装置の普及等の対策が急速に進み，排出総量が減少に転じた．2011年以降も対策が進み，減少傾向が維持されていると考えられる

2) NO_x　NO_x 排出量も長期的に増加傾向にある．アジアの総 NO_x 排出量（2008年時点）のうち，中国と東アジア（北東アジア＋東南アジア）の排出量は各々，54%と77%を占める．中国の2008年における NO_x 排出量の発生源種類別の内訳は，火力発電所が最も多くて36%，次に自動車などの輸送27%，工業23%である．このような中国の NO_x 排出量は，新設発電所への低 NO_x ボイラーの設置や自動車排出ガス規制の強化等によって，2012年頃から低減し始めていることが最近の調査研究によって示されている．

c. 大気汚染と健康影響

1) $PM_{2.5}$ 濃度　中国における大気汚染物質の排出量は，2000年以降，著しく増加し，$PM_{2.5}$ 等による深刻な大気汚染が発生している．中国の74都市における $PM_{2.5}$ 年平均濃度（2013年）は72 μg/m^3 であり，日本の環境基準値15 μg/m^3 よりも5倍程度高い．特に，北京周辺，長江デルタ（上海周辺），珠江デルタ（広州周辺）などの中国東部における大都市域で高濃度を示す．一方，日本の一般大気環境測定局（2013年度）の年平均濃度は，西日本平均で16 μg/m^3，東日本平均で13 μg/m^3 である．北東アジアにおける $PM_{2.5}$ 濃度レベルは欧米に比べて高い傾向にある．

2) O_3 濃度　世界の O_3 濃度観測データをまとめた報告書[4)]によると，$PM_{2.5}$ と同様に，北東アジアの O_3 濃度は世界的に高く，また，都市域における増加傾向が顕著である．2010〜14年における O_3 濃度の各種指標について見ると，北東アジアでは，北米・欧州に比べて高い．また，2000〜14年の変化は，北米・欧州では減少傾向であるのに対して，北東アジアでは都市域で増加傾向，非都市域で横ばい傾向にある．

3) 健康影響　$PM_{2.5}$ や O_3 による人への健康影響はどの程度あるのだろうか？WHO[5)]は，屋外の $PM_{2.5}$ による世界の死亡者数を約300万人と推計している．このうち，東アジアの死亡者数は127万人で世界の約40%を占め，中国（103万人），インドネシア（6.2万人），日本（3.1万人）の順に多い．　[大原利眞]

文献

1) 大原利眞：伝熱，**54**（226）：22-26，2015.
2) Hemispheric Transport of Air Pollution (HTAP): Hemispheric Transport of Air Pollution 2010, Part A: Ozone and particulate matter, Air Pollution Studies No.17, United Nations, New York and Geneva, 2010.
3) 黒川純一：環境省環境研究総合推進費S-12プロジェクト第3回公開シンポジウム要旨集，2017.
4) Z. L. Fleming, *et al*.: Tropospheric Ozone Assessment Report: Present day ozone distribution and trends relevant t human health, drafting, 2017.
5) World Health Organization *ed*.: Ambient air pollution: A global assessment of exposure and burden of disease, WHO, 2016.

コラム　ライフサイクルアセスメント
Life cycle assessment: LCA

ライフサイクルアセスメント（LCA）とは，製品やサービス・社会システムのライフサイクル全体，すなわち，製造，使用，廃棄の「ゆりかごから墓場まで」に投入される資源や排出される環境負荷および，それらによる人間健康や生態系等への影響を定量化する方法である．LCA の基本的な概念を世界共通にするために国際標準化機構（ISO）で LCA は規格化されており，その実施手順は ISO14040 では，① LCA の実施目的と適用範囲の設定，②分析対象の入出力に関する明細表の作成（ライフサイクルインベントリ分析），③ライフサイクルインベントリに付随する潜在的環境影響の評価，④結果の解釈，の四つに従って分析するように規定されている．

LCA は ISO14040 シリーズで「ツール」として規格化されている一方で，その枠には収まらない LCA も存在する．これは，LCA をより幅広い「概念」として捉えたものであり，ISO とは一線を画した分析も実施されている．ISO に従った LCA を「狭義の LCA（ISO-LCA）」，それ以外のライフサイクル思考に基づく分析を「広義の LCA」と区別することがある．いずれの LCA も土台となるライフサイクル思考は共通するが，その目的，分析対象，具体的な手法，利用データに関しては広い幅がある．ライフサイクルアプローチとも呼ばれる「広義の LCA」には，特定の環境負荷物質のみを対象としたライフサイクルインベントリ分析，経済性なども含めたライフサイクルコスト分析，設定したシナリオに基づいて時間の概念を取り入れたシナリオ LCA 等がある．　[工藤祐揮]

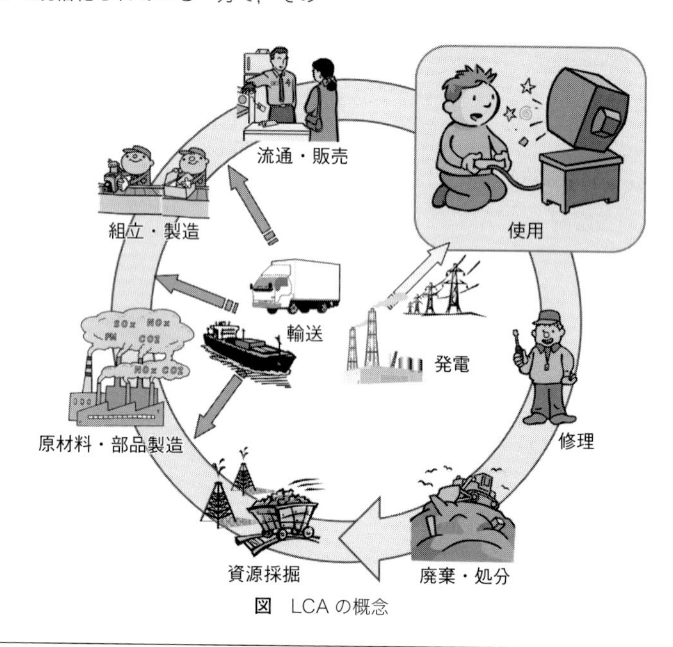

図　LCA の概念

2

手　法

2-1 地上での大気汚染連続観測

Ground-based monitoring of atmospheric pollutants

近年，リモートセンシング（2-5，2-6項）や数値モデル（2-16～2-30項）の目覚ましい発展により，地上にいながらにして大気をめぐる汚染物質の流れを俯瞰的に捉え，予測することが可能になりつつある．しかし，一般的にリモートセンシングは上空のガスやエアロゾルによって吸収，散乱された光から間接的に汚染物質の分布を割り出すため，得られる情報には限りがある．また，数値モデルも現実に起こるすべての大気化学反応を反映することは難しく，多くの仮定や推定が伴う．このため，例えば人工衛星のセンサやモデル計算結果が実際の汚染物質を正しく捉えているかどうかを確かめるには，必ず地上で汚染物質そのものを直接計測して得られた最も真実に近い値と突き合わせ，検証する必要がある．また，大気中で起こる未知の化学反応や物理プロセスの解明など，基礎的な研究を深めるうえでも，汚染物質そのものに継続的にアプローチできる地上観測が果たす役割は今後もきわめて重要である．

a．常時監視測定局

大気汚染物質が上空にどれだけ拡散しているのかを直接観測しようとすれば，航空機や気球（2-4項），ドローン（コラム）といった飛び道具に頼らざるを得ない．しかし，こうした観測プラットホームはコスト，電源，積載量などの制約を受けるだけでなく，上空に長時間とどまって観測を続けることができないため，同一地点で汚染物質が時間とともに変化する様子を捉えるのが苦手である．

その点，地上に観測拠点を設けて連続的な観測（常時監視）を行えば，大電力を必要とする大型の吸引ポンプや質量分析計等もあまり制限を受けずに運用することができる．また，時間の制約も受けずに，汚染物質の季節的，経年的な変化を追うことができるほか，突発的な大気イベントにも備えることができる．多くの場合，汚染物質の発生源や曝露される人間，生態系も地上に偏在しているため，大気汚染物質の環境影響評価の観点からも地上での連続観測は理にかなっているといえる．

すでに監視対象の体系的な理解や測定の自動化が進み（2-15項），現業志向で運用されている常時監視測定局には，気象庁の気象台やアメダス（2-7項），環境省の一般環境大気測定局，自動車排ガス測定局などが挙げられる（5-4項）．

b．スーパーサイト

汚染物質どうしの相互作用を把握するうえで，同地点で様々な項目を同時に観測することで得られる相乗効果は大きい．このため，例えば現業化が進んだ$PM_{2.5}$等の基本的な項目に限らず，その中身や特性（化学成分，同位体元素，粒径分布，光吸収性，吸湿性等）についても詳しく測ることができる高度な設備を持ち，より研究志向の強い測定局はスーパーサイトと呼ばれる．

地上観測ならではのメリットを最大限享受するためにはスーパーサイトによる長期の常時監視が理想的であるが，一個人や一研究室のみでスーパーサイトを長期間運用するには相当な自力が求められるため，多くの場合，ミッションと合致した国設の基幹的研究所を母体とするケースが多い．しかし，大学等に所属する個々の研究者がスーパーサイト構築に果たす役割も大きい．個々の研究者は概して，一つの汚染物質やそれを正確に計測するための技術，装置に精通している．それぞれの専門家が得意とする観測器材を持ち寄って共同で観測すれば，理想的には現在測ることができるあらゆる大気汚染物質を網羅するスーパーサイトを築くことが可能である．

c．特徴的なスーパーサイト

地上観測では，航空機や船舶などのように能動的に観測地点を変えることができないため，研究目的や監視対象に照らし，設置時点で候補地の地理的条件を十分に吟味することが効果的なサイト運用のカギとなる．わが国では，国立環境研究所や海洋研究開発機構，各大学の研究者らが集まり，沖縄本島の辺戸岬[1)]，五島列島の福江島[2, 3)]に設置した施設を筆頭に，福岡市(福岡大学)[3)]，天草半島（熊本県立大学），能登半島（金沢大学）[4, 5)]等がスーパーサイトの草分けとして貢献してきた（図1）．海外にも国立極地研究所が主導し，北極へイズやオゾンホール研究に貢献したスバールバル諸島のニーオルスン基地，昭和基地の観測施設等がある．

多くのスーパーサイトに共通しているのは，離島や半島，山岳域，極地など直接的な大気汚染の影響が少ない場所（バックグラウンド地域）に，どの程度大気汚染の影響が及んでいるのかを精度よく検知するための布陣となっている点である．世界的に特徴的な観測サイトの例を幾つか挙げる．

1） マウナロア観測所　ハワイのマウナロア山の北側斜面標高 3400 m 地点に位置するアメリカ海洋大気庁（NOAA）管轄の大気観測所である．太平洋の中心に

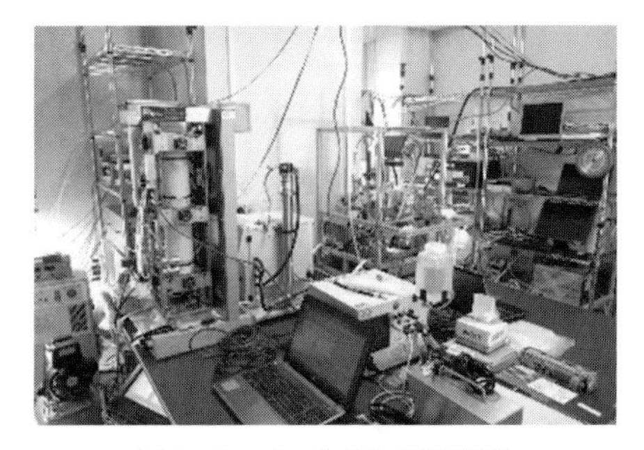

図1 スーパーサイトの内部(例)
所狭しと装置が並ぶ金沢大学能登大気観測スーパーサイトの観測部屋．

位置し，海洋境界層よりも高く山肌に植生も少ないことから，精度よく自由対流圏の大気を観測することができる．ここで60年にもわたり計測されてきたCO_2の上昇トレンドはキーリングの曲線（Keeling Curve）としてあまりにも有名である．北半球における長寿命温室効果ガス濃度の基準となっている．

https://www.esrl.noaa.gov/gmd/obop/mlo/

2） ユングフラウヨッホ高所観測所

スイスアルプス山岳地帯の鞍部（標高 3580 m）に位置するヨーロッパで最も高い場所にある大気観測施設である．きわめて険しい環境にもかかわらず，年間を通して鉄道で物資や人を供給することができる．大気エアロゾルと雲の相互作用を研究するうえで非常に優れた立地にある．

https://www.psi.ch/lac/jungfraujoch-site

3） メイスヘッド大気研究測定局　アイルランド西岸に位置し，北大西洋に面した沿岸の大気観測施設である．アイルランド国立大学ゴールウェイ校と同大学付属のライアン研究所によって運営されている．きわめて清浄な北大西洋からの空気塊とヨーロッパからの汚染大気を峻別して測ることができるほか，沿岸地域ならではの潮位の変化に伴う海洋・大気相互作用研究を行うのに適している．

http://www.macehead.org/

［松木　篤］

文　献

1） 畠山史郎他：大気環境学会誌，**47**：111-118, 2012.
2） 金谷有剛他：大気環境学会誌，**45**：289-292, 2010.
3） 兼保直樹他：大気環境学会誌，**45**：227-234, 2010.
4） 早川和一他：大気環境学会誌，**47**：105-101, 2012.
5） 井関将太他：大気環境学会誌，**45**：256-263, 2010.

2-2 大気汚染観測ネットワーク

Air quality monitoring network

地上での長期的連続観測で得られたデータは，排出インベントリ（2-17 項）や大気化学輸送モデル（2-21 項）の開発には不可欠であり，近年の地球温暖化や大気汚染問題の顕在化に伴い，その重要性はますます増しているといえる．さらに，このような地上観測を個々の団体としてではなく，ネットワークとして行うことによって，測定およびデータの品質保証／品質管理がそれぞれのネットワークによって定められたプロトコルに基づいて行われるため，信頼度の高いデータを得ることができる．また，観測データがデータセンターを通して公開されることによって，全球規模の大気観測データを利用した解析を行うことが可能となる．本稿では，代表的な国際的観測ネットワークを概説する．

a．全球大気監視計画

オゾン層破壊，酸性雨，地球温暖化といった地球環境問題への意識の高まりを受けて，1989 年に世界気象機関（World Meteorological Organization：WMO）が，既存の BAPMoN（Background Air Pollution Monitoring Network）と GO_3OS（Global Ozone Observing System）の二つのネットワークを統合して設立した観測ネットワークである[1, 2]．現在では，約 110 か国の国が参加している．全球大気監視計画（Global Atmosphere Watch：GAW）による測定は，温室効果ガス，オゾン，エアロゾル，反応性気体，降水化学成分，太陽放射の 6 分野で行われている．観測データは 6 か所のデータセンター（WOUDC／WDCGG／WDCA／WRDC／WDCPC/WDC-RSAT）に集められ，その情報は GAWSIS（GAW Station Information System; https://gawsis. meteo swiss.ch/GAWSIS/）サイトで公表されている．

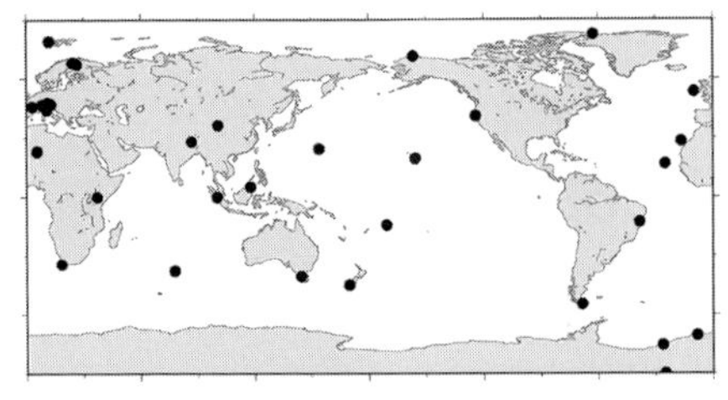

図 1　GAW Global 観測所（2017 年 6 月現在の GAWSIS の情報をもとに筆者作成）

GAW 観測所は，大きく Global（31 か所），Regional（約 400 か所），Contributing に分けられており，それぞれ観測環境に応じた認定基準が設けられている．特に，Global 観測所は局地的汚染源の影響がきわめて少ない遠隔地に位置しており，重点的な測定が行われている．また，CASTNET（Clean Air Status and Trends Network），IMPROVE（Interagency Monitoring of Protected Visual Environments）等，他のネットワークの観測所が，Contributing 観測所として位置付けられている（図 1）．

b．欧州モニタリング評価プログラム

ヨーロッパにおける大気汚染物質の長距離輸送評価およびモニタリングのために，1977 年に発足した観測ネットワークである[3]．ヨーロッパでは，酸性雨による深刻な生態系への影響が問題となったことを受け，1972 年から 77 年にかけて，経済協力開発機構（Organization for Economic Cooperation and Development：OECD）によって，大気汚染物質の長距離輸送研究プロジェクトが行われた．1979 年に，国際連合欧州経済委員会（United Nations Economic Committee for Europe：UNECE）において，長距離越境大気汚染条約（Convention on Long-Range Transboundary Air Pollution：CLRTAP）が採択された．

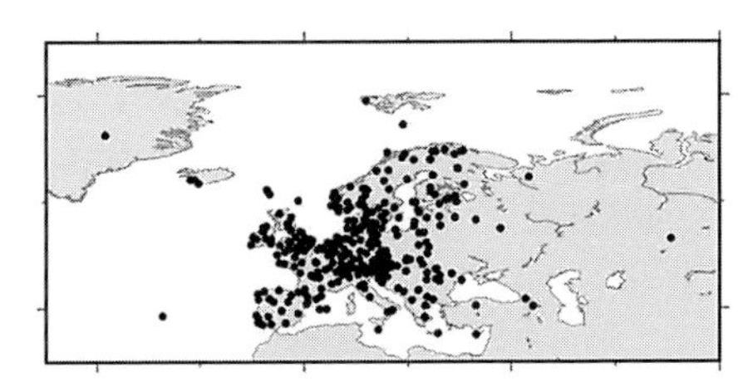

図 2　EMEP 観測所（サイトの観測所情報をもとに筆者作成）

欧州モニタリング評価プログラム（European Monitoring and Evaluation Programe：EMEP）では，酸性化物質，富栄養化物質，光化学オキシダント，重金属，残留性有機汚染物質，粒子状物質に関係する物質の観測が行われている．2017 年現在，約 350 か所の観測所が登録されている．観測データはノルウェー大気研究所（Norwegian Institute for Air Research：NILU）内に設置された化学調整センター（Chemical Coordinating Centre：CCC）に集められ，EMEP データベース（http://ebas.nilu.no/）で公開されている（図 2）．

c．大気エアロゾル観測ネットワーク

米国航空宇宙局（National Aeronautics and Space Administration：NASA）を中心として設立された，地表からのリモートセンシングによるエアロゾル観測ネットワークである[4, 5]．NASA が直接運営する観測所に加え，大学や研究機関が運営する複数のネットワークが協力し，全球規模のネットワークとなっている（図 3）．測定には主にフランスの CIMEL 社製サンフォトメータが使用され，エアロゾルの光学的

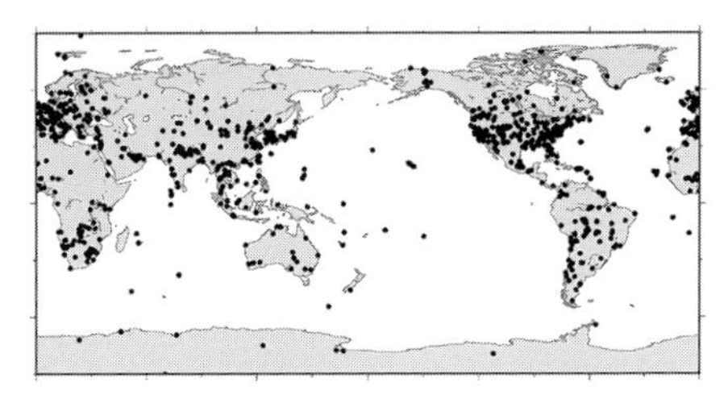

図 3　AERONET 観測サイト（2017 年 6 月現在のサイトの情報をもとに筆者作成）

厚さをはじめとするエアロゾルの光学的特性が観測されている．大気エアロゾル観測ネットワーク（Aerosol Robotic Network：AERONET）サイトにおいて，スクリーニングなしのデータ（level 1.0），雲のスクリーニングがされたデータ（level 1.5），さらに詳細な処理が施された高品質データ（level 2.0）が公開されている（https://aeronet.gsfc.nasa.gov/）．こうして得られたデータは，衛星によるエアロゾル計測の検証等に広く利用されている．

［岡本祥子］

文　献

1）World Meteorological Organization *ed.*: WMO Global Atmospheric Watch Implementation Plan: 2016–2023, WMO, 2017.
2）堤　之智：天気，**64**：77–84，2017.
3）K. Tørseth, *et al.*: *Atmospheric Chemistry and Physics*, **12**: 5447–5481, 2012.
4）B. N. Holben, *et al.*: *Remote Sensing of Environment*, **66**: 1–16, 1998.
5）国立環境研究所地球環境研究センター：放射観測機器の校正に関する技術報告書，2016.

2-3 国際比較・監視と測定の質を担保する

International comparison/Assuring the data quality in monitoring network

a. はじめに

国境を越える大気汚染に対処するために，世界の各地域で複数の国が共同で監視と評価を行っている．欧州においては1970年代に欧州モニタリング評価プログラム（European Monitoring and Evaluation Programe：EMEP）が酸性沈着の観測を開始し，スコープをオゾン，PM，水銀等に拡大しつつ，30数か国の130地点ほどで観測を継続している[1]．また，北米（米国，カナダ，プエルトリコ，バージン諸島）では1977年に米国が設立した国家大気沈着プログラム（National Atmospheric Deposition Program：NADP）により，250地点以上で酸性沈着，100地点以上で水銀沈着，約50地点でアンモニアガス濃度の観測が実施されている[2]．さらに，米国とカナダにおいては，CASTNET（Clean Air Status and Trends Network）が95地点において硫黄と窒素の大気濃度およびオゾン濃度の観測を行っている．東アジアでは東アジア酸性雨モニタリングネットワーク（Acid Deposition Monitoring Network in East Asia：EANET）が2001年から稼働し，13か国において湿性沈着（57地点），乾性沈着（49地点），土壌・植生（30森林），陸水（19湖沼・河川），集水域（1地域）の観測を実施している（地点数は2015年）[3]．一方，世界気象機関（World Meteorological Organization：WMO）は，地球規模の環境の長期的な監視等を目的に，1989年に全球大気監視（Global Atmosphere Watch：GAW）を開始し，世界各国の支援により数十か所の広域観測所と数百か所の地域観測所が運営され，オゾン，温室効果ガス，反応性ガス，降水化学成分，太陽放射，エアロゾルの観測を実施している[4]．

b. 国際ネットワークにおける精度管理・精度保証

国際ネットワークにおける観測値の比較・評価においては，それらの品質の把握が必要不可欠である．ここでは国際ネットワークにおける精度管理・精度保証について，酸性沈着モニタリングを例に紹介する．

例えばEANETにおいてはモニタリングの全体像を定めたガイドラインに加えて，湿性沈着，大気濃度，土壌・植生および陸水の各モニタリングマニュアルが整備され，さらに，観測活動が効率よく確実に実施されるように，標準作業手順書（standard operational procedure：SOP）の作成，研修の実施，地点・実験室監査の実施等が推奨されている．また，ガイドラインやマニュアルは個々の観測対象に関して，地点分類，観測方法等を示すとともに，観測地点における自動測定や実験室での試料分析について例えば以下のような管理目標値（data quality objective：DQO）を定め，観測値の品質を管理している．

- 精度（precision）：規定された同様の条件下で測定された個々の測定値の間の一致度，一般に標準偏差で表される．
- 正確さ（accuracy）：測定値と真値の一致度．
- 完全度（completeness）：測定システムから得られた有効なデータの量の尺度．

主な国際ネットワークにおけるDQO値を表1にまとめた．ネットワーク間でDQO値に大きな違いは見られず，また，観測値とともにこれらの値が公表されることにより，ネットワーク間での観測値の相互比較に大きな利便性を与えている．

また，多くのネットワークにおいて試料分析の正確さを確認する有力な手段として，分析機関間比較調査（inter-laboratory comparison project）が実施さ

表1 国際ネットワークにおける主な管理目標値と分析機関間比較調査（酸性沈着関連）

項目	EMEP[1]	NADP[2]	EANET[3]	WMO[4]
管理目標値				
精度	15-25%	10-20%	15%	0.01-0.03 mg/L
正確さ	10-15%	—	15%	7-20%
完全度	90%	90%（%PCL[5]）	80%（%PCL[5]）	90%（%PCL[5]）
		75%（%TP[6]）	80%（%TP[5]）	70%（%TP[6]）
捕集効率[7]	—	75%	90%	90%（>2.5 mm）
検出下限値[8]	—	0.002〜0.019 mg/L	0.2〜0.8 μmol/L	0.01〜0.06 mg/L
分析機関間比較調査				
実施機関	NILU, Norway	USGS	ACAP, Japan	QA/SAC-Americas
頻度	年1回	2週間ごと	年1回	年2回
項目	降水組成，ガス成分，重金属（降水）	降水組成	降水組成，ガス成分，土壌理化学性，陸水組成	降水組成
参加機関数	>52（2017）	9（2018）	39（2015）	77（2016）

1)〜4) は参考文献1) から4) に対応．5) 対象期間日数に対する有効な降水量が測定された日数の割合．6) 対象期間降水量に対する成分濃度の有効値が得られた降水量の割合．7) 標準雨量計に対する捕集装置の降水捕集効率．8) SO_4^{2-} 等主要8イオン成分の検出下限濃度の範囲．

れている（表1）．EMEPでは1977年から同調査が継続実施され，模擬降水や酸性ガス測定用の模擬濾紙等の試料が，EMEP域内のみならず，WMO-GAW，EANET，北米の機関にも配付され，分析精度の世界規模での比較に寄与している[1]．WMOは年2回の頻度で模擬降水試料を世界各地の77機関に配付し，降水組成の分析精度を管理・保証している[4]．一方，NADPは中央試験所での一括測定を実施しているために参加機関数は少ないが，米国国内に加えてEMEPおよびEANETの精度管理を担当する機関を含む信頼性の高い分析機関間での比較調査を実施しており[2]，これらを含む精度管理の主要な活動は米国地質調査所（United States Geological Survey：USGS）が担っている．また，EANETにおいては，降水組成，酸性・塩基性ガス，土壌理化学性，陸水組成の各測定に対応した共通試料を用いた比較調査により，観測値の精度評価に関する情報を取得している[3]．

このように，統一された手法により取得され観測精度の把握が可能な国際ネットワークのデータは毎年公表され[5]，他のネットワークとの相互比較，あるいは，大気汚染予測モデルのバリデーションデータとして広く使用されている．［大泉　毅］

文　献

1) EMEP化学調整センター，EMEPマニュアル他．https://www.nilu.no/projects/ccc/index.html（2018年2月19日アクセス）
2) NADP，NADPの活動．http://nadp.isws.illinois.edu/NADP/（2018年2月19日アクセス）
3) EANET，公表資料．http://www.eanet.asia/product/index.html（2018年2月19日アクセス）
4) WMO-GAW，降水化学．https://www.wmo.int/pages/prog/arep/gaw/precip_chem.html（2018年2月19日アクセス）
5) 大泉　毅他：酸性雨．環境年表平成29-30年（国立天文台編），pp.99-114，丸善出版，2017.

2-4 集中観測によって汚染発生機構を解明する

Clarification of the mechanism for atmospheric pollution by intensive field observations

大気環境問題の解明には観測，実験，シミュレーションモデルの三者が連携して歩を進めねばならないことは論を俟たないであろう．観測で現象を発見し，これに関連する個々のプロセスを実験で解析し，シミュレーションモデルを用いて総合する．特に野外観測は大気環境問題の把握には一義的な重要性を持っている．一度取り逃がしたデータは二度と手に入れることができないからである．大気汚染現象の解明には一つの物質や現象のみをターゲットにした観測では不十分な場合が多い．様々な項目について観測を行い，それらのデータを組合わせて解析を行うことにより，現象を解明することができる．このような集中観測は大気環境現象の解明にとって非常に有力な研究手法である．特に1990年代から，より広範に用いられるようになった航空機観測を含む広域かつ集中的な観測は，その後の越境大気汚染の解明を進めるための重要な観測手法，プラットフォームを提供することにつながった．

a．アジアからの大気汚染物質の長距離輸送を対象とした国際的集中観測

1）**PEM-WEST-A および-B**　日本周辺における東アジアに由来する広域大気汚染の国際的な広域・集中観測としては1991年のPEM-WEST-Aを嚆矢とする．PEM-WESTはPacific Exploratory Mission（PEM）として米国のNASAを中心に太平洋の周辺で連続的に続けられた広域観測の一環で，Phase-Aが上記のように1991年に，-Bが1994年に行われた．

アジア地域での人間活動が太平洋の大気環境に及ぼす影響を評価するため，主に航空機観測により，アジア大陸上を発生源とする窒素酸化物が西太平洋の大気に与える影響を解明した．夏季は，台風を含む強い対流活動により，大陸からの大気汚染物質が，上部対流圏まで活発に輸送されることが観測され，春季は，強い西風により，大気汚染物質が5 km以下の高度で太平洋中央部にまで輸送される．同期して行われた日本と台湾における地上観測で観測されたオゾン濃度を流跡線解析により経路別に，分類して，それぞれの平均濃度を調べた結果，オゾン濃度は，観測地にはあまり依存せず，空気塊の通過経路に大きく依存することが示され，長距離越境大気汚染の重要性が指摘された．バックグラウンドと位置付けられた北東からの気塊に比して，人為活動の活発な西からの気塊ではオゾン濃度が5～10 ppb程度増大していた．

PEM-WEST-Bにおいては，オゾン濃度に加えて一酸化炭素，酸性ガスも同様に解析・分類された．これらの化学種の経路別の濃度を調べたところ，お互いに高い相関を持っていた．また，平均濃度は風向の関数となって，西風の時にすべての化学種で最大を示し，順次西北西，北西，北／北東という順番であったことから，これらオゾン前駆体物質も大陸から長距離輸送されていることが明らかとなった．

2）**ACE-Asia**　2001年3～5月には，IGAC（International Global Atmospheric Chemistry）の下で，ACE（Aerosol Characterization Experiment）と名付けられた国際共同観測がアジアとその風下にあたる西部太平洋をターゲットにして行われた．東アジアと欧米の研究者が，海塩・燃焼起源の無機/有機のエアロゾル・炭素粒子・黄砂・生物起源の非海塩性硫酸塩や有機エアロゾル等，多種多様なエアロゾルについてその性状や，空間分布，生成・消滅のプロセス，放射特性などを明らかにし，観測とモデルの両面から解析が進められた．韓国済州島をベースにした集中地上

観測や航空機観測，日本周辺での地上観測や船舶観測などが行われ，米国NASAやNCARの観測用飛行機やNOAAの観測船も大規模な観測を行った．日本の研究者も沖縄等，主に国内の島嶼に設けられた観測ポイントにおける地上観測や，「みらい」等の観測船を用いた観測でこの国際共同研究に参加した．

3) その他の集中観測 2001年から2002年にかけてはPEACE-A，B（Pacific Exploration of Asian Continental Emission）と名付けられた日本の宇宙航空研究開発機構主導の観測，TRACE-P（Transport and Chemical Evolution over the Pacific）と名付けられた米国NASA主導の観測，ITCT-2K2（Intercontinental Transport and Chemical Transformation 2002）と名付けられた米国NOAA主導による観測などが続けざまに行われ，東アジア起源の大気汚染物質の化学過程・輸送過程に関する理解が一段と深まった．またその後も国内では戦略的創造研究推進事業（科学技術振興機構）や科学研究費補助金（文部科学省）に基づく大型の研究としてAPEX[1]，AIE[2]，ASEPH[3]と名付けられた集中観測が行われ，2013年1月の中国における$PM_{2.5}$の高濃度に端を発した微小粒子状物質を含む越境大気汚染現象の解明にも先導的な観測研究となった．

b．INDOEXとABC

エアロゾルに関するデータは大気汚染としてだけでなく，地球温暖化に関する精緻な解析にも非常に重要である．INDOEX（Indian Ocean Experiment）は米国NCARを中心として，このような観点から初めて行われた化学と気候・放射の両方に関連した大規模観測で，エアロゾルの放射強制力の解明を目的として行われた[4]．この観測の結果インド洋上空に非常に厚いエアロゾル層がかかることが見出され，さらにUNEPによるABC-Asia（Atmospheric Brown Clouds-Asia）につながっている．ABCではインド洋上空だけでなく，東アジア地域も含んでエアロゾルの気候影響や農業，水循環，人間の健康への影響等も対象にした幅広い観測と研究が行われた[5]．

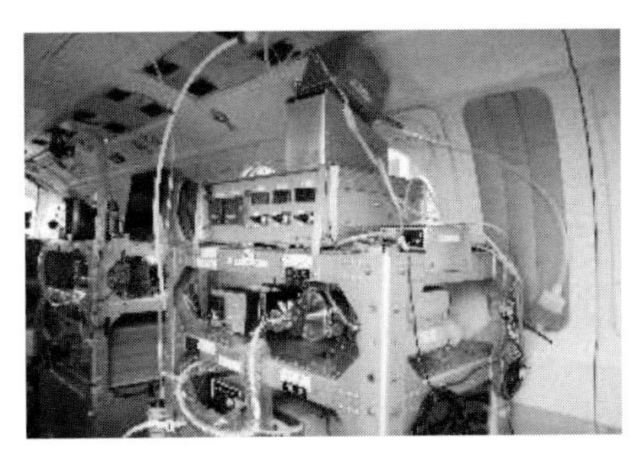

図1 観測機内に設置された測器類

c．国内の大気汚染を主対象とした観測

国内においてもこれまで数多くの集中観測が行われてきている．多くの自治体や民間の企業等が大規模な観測を進めるケースも多く，様々なデータが蓄積されてきている．種々のプラットフォームや地上観測点を用いた観測については別項に記載されているので，ここでは示さないが，大型のプロジェクトとしても，先に挙げた科学研究費補助金による研究プロジェクトのほか，環境省による環境研究総合推進費による多くの研究が大気環境問題の解明を目指して進められている．［畠山史郎］

文　献

1) T. Nakajima, *et al.*: *J. Geophys. Res.*, **108**(D23): 8658, 2003.
2) 笠原三紀夫，東野　達編：エアロゾルの大気環境影響，京都大学出版会，2007.
3) 畠山史郎編：エアロゾル研究（特集号），**29**(S1)，2014.
4) A.P. Mitra: *Indian J. Marine Sci.*, **33**(1): 30-39, 2004
5) V. Ramanathan, *et al.*: *Atmos. Environ.*, **37**: 4033-4035, 2003.

2-5 大気汚染物質の鉛直分布観測

Observation of vertical profile of air pollution materials

大気汚染物質の鉛直分布の観測にとって重要なプラットフォームとそれに搭載する軽量の機器について解説する．なお，大気汚染物質のリモートセンシングについては次の2.6項，気象観測については2-8項を参照されたい．

a．プラットフォーム

1） 係留気球（kytoon，kite balloon） テトラーなど軽量で丈夫な特殊なロープでつなぎ，任意の高さの空中に浮遊させる．風に流されないように，ヒレをつけた金魚型をしている．充填するガスの密度は小さい方が浮力を稼げるが，日本では水素ガスは使用できないので，ヘリウムガスが利用される．10 m^3 の容積の場合，およそ10 kgから気球の質量を引いた分がペイロードとなるが，風に流されないためには，浮力に余裕をもたせる必要がある．

東京理科大学グループは研究船「みらい」にて係留観測を行い，相対風を小さくするように操船し，光散乱式粒子計数器（OPC；RION KR12A）と凝結核計数器（CPC；TSI 3007）により1300 mまでのエアロゾルの鉛直分布を求めた（図1）[1]．

2） タワー（tower） タワーにある環境省の大気汚染常時監視測定局は以下の通りである．

東京タワー（地上333 m）では気温（4，64，103，169，205，250 m），風向・風速（25，107，250 m），NO・NO_2・NO_x・O_x・SPM（25，125，225 m）の観測が行われている．また，京都タワー（地上131 m）の121 mでは気温・風向・風速を，神戸ポートタワー（地上108 m）の100 mでは気温・気温差・風向・風速・垂直風速を測定している．

図1 観測船「みらい」での係留気球観測

東京スカイツリー（地上634 m）での気温・風向・風速のデータは公開されていない．電力中央研究所のグループが2013年8月から320 mでSO_2・NO_x・$PM_{2.5}$の測定を開始し，2015年12月に粒径分布の測定をした[2]．また，防災科学技術研究所・東京理科大学・国立極地研究所のグループが2016年6月から458 mでOPC，走査型移動度粒径測定器（SMPS；TSI 3034），雲凝結核計数器（CCNC；DMT CCN-100），フォグモニター（FM；DMT FM-100），ドリズル計にて計測を行っている．

3） 航空機（aircraft） 航空機は短時間に水平・鉛直方向の大気観測ができるが，電力や試料採取時間に制限がある．莫大な費用がかかるのと，移動時間が早いので広い範囲での平均的な情報のスナップショット的なデータしか取得できないという欠点がある．また，等速吸引測定をするためのインレットを必要とする．

商用航空機として例えば，国立環境研究所グループが2002〜04年に中国大陸にて，YUN-12型双発機（中国製，最大積載量1700 kg）を使用している．O_3，SO_2，NO_x，COのガス，PM_{10}，$PM_{2.5}$の捕集装置，CNC，SMPS等を搭載した．

無人航空機としては，福岡大学グループが2002〜04年に九州内陸部および福岡近郊でNIPPI III型（日本飛行機製）とカイトプレーン（スカイリモート製）による観測を行っている．温度計，湿度計，気圧計，OPC，2段カスケードインパクターを搭載した．

飛行船は空気と一緒に移動させることができるので，連続的に計測，捕集することにより，エアロゾルの反応過程の実験をすることが期待できる．岩坂は埼玉県上空で試験飛行を行い，空気・エアロゾルの採集とエアロゾルの曝露実験を行った[3]．日本で飛行船を自社保有する唯一の会社であった日本飛行船は2010年に倒産した．

ドローンはバッテリーにて一定の高度に留まることもできるので，粒子の捕集に適している．航空機の航行の安全に影響を及ぼす恐れのある空港などの周辺の上空の空域や150 m以上の高さの空域や，落下した場合に地上に危害を与える恐れがある空域において無人飛行機を飛行させる場合には，地方航空局長の許可を受ける必要がある．

近年，大気汚染の観測にも使われ，国立環境研究所[4]や早稲田大学のグループがグリーンブルーの協力により，福江島や富士山麓で観測している．

4) 山岳地域（mountain site）　比較的安価に連続的に観測するためには，山岳地域が利用される．国内では，富士山をはじめ，乗鞍岳，八方尾根，立山，木曽駒ヶ岳，榛名山，丹沢など，また海外でも多くの場所で行われている[5]．

富士山は日本最高峰でかつ孤立峰であるという立地条件の他に，旧気象庁測候所というインフラが整備されていることから，とてもよい観測所である．しかし，気象衛星の発達等により富士山頂での気象観測の必要性は低下したとの判断から1999年にレーダー観測が停止され，2004年に無人化された．その後も富士山頂で観測をしたいという研究者が集まり，2005年に「NPO法人富士山測候所を活用する会」を設立し，2006年から夏期に限られるが，多くの研究者が観測を行っている．

b．特殊ゾンデ（special sonde）

係留気球やドローンで観測する時には軽量の搭載機器が必要となる．

オゾン濃度を計測するものをオゾンゾンデという．気象庁では毎週1回水曜日の15時に行っているが，雨天や強風の場合には，曜日をずらして観測を行う．

エアロゾルを計測するものをエアロゾルゾンデという．林はOPCゾンデを開発し，インドネシア上空で観測した[6]．

福島大学グループは2台の放射能ゾンデγ線用（Centronic社製ZP1208）とγ線・β線用（Centronic社製ZP1328のGM計数管）を用い，福島県でβ線の鉛直分布を観測した[7]．

近年，韓国漢陽大学のKang-Ho AHNは，係留気球搭載用O_3計，VOC計，高感度のOPC（256 g），CPC（500 g），SMPS（不明）のエアロゾル計測器，回転盤式インパクター（302 g）を開発している．

［三浦和彦］

文　献

1) 三浦和彦他：エアロゾル研究，**19**：108-116，2004.
2) 田中清敬他：大気環境学会誌，**52**：51-58，2017.
3) 岩坂泰信：天気，**34**：59-61，1987.
4) 清水　厚他：ドローンにより計測された高度150 m以下のエアロゾル分布微細構造，第34回エアロゾル科学・技術研究討論会要旨集，p.22，2017.
5) 藤田慎一他：越境大気汚染の物理と化学，p.68，成山堂書店，2017.
6) 林　政彦：エアロゾル研究，**16**：118-124，2001.
7) 鶴田治雄他：大気環境学会誌，**51**：A11-A19，2016.

2-6 大気汚染物質のリモートセンシング

Remote sensing of air pollutants

リモートセンシング（RS）とは，「対象物から離れた場所より，対象物に関する情報を得る手段」である．利用するセンサを搭載するプラットフォームにより，衛星RS，航空機RS，地上RS等に分類することができる．いずれも大気汚染物質に関する物理化学特性や光学特性を得る手段としてきわめて重要な役割を果たしている．本章ではこういった大気汚染物質のRSのうち，代表的な観測手法・原理について概説する．具体的な適用例は2-2項，2-7項を参照されたい．

a．サンフォトメータ，スカイラジオメータ

サンフォトメータは，プラットフォームに搭載したセンサで太陽放射照度Iを計測し，大気に入射する太陽放射照度I_0との差から大気での減衰分を求め，Lambert-Beerの法則に基づいてエアロゾルの光学的厚さ（aerosol optical depth：AOD）を導出する．一般には，複数の波長での計測を行い，波長ごとのAODに加え，その波長依存性から粒径に関する情報（オングストローム指数）も導出する．スカイラジオメータ（オリオールメータとも呼ばれる）

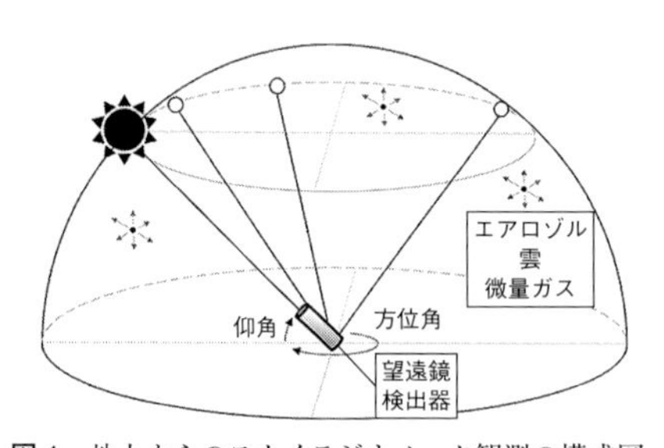

図1 地上からのスカイラジオメータ観測の模式図 簡単のため水平スキャン（方位角方向）のみを示す．太陽高度が高い場合は鉛直スキャン（仰角方向）を行う．

は，天空放射輝度の角度分布も計測する（図1）．これにより，AODだけでなく，散乱角に依存したエアロゾルの様々な光学特性（複素屈折率，単一散乱アルベド，非対称因子）も導出できる．

この種の観測として特筆すべきは，衛星RSとしてはMODIS（中分解能撮像分光放射計）センサやひまわり8号搭載の可視赤外放射計による地球規模観測[1)]，地上RSとしては世界的に展開されている観測ネットワーク（例えば，AERONET[2)]やSKYNET[1, 3)]）（2-2項参照）である．これらは，長期的な広域大気環境モニタリングだけでなく，気候モデルの検証のためにもきわめて重要な役割を果たしている．

b．ラ イ ダ

大気中にレーザ光を射出し，観測対象物からの後方散乱光を望遠鏡で受光する装置を総称してライダと呼ぶ（図2）．レーザ光を大気中に射出した時，大気中の分子による散乱（レイリー散乱）やエアロゾルや雲粒子による散乱（ミー散乱）によって後方に散乱されてくる光の強度は，射出光に比べてきわめて微弱となる．そのため，口径の大きな望遠鏡や感度の高い検出器を使う等の工夫が施され観測が行われている．

大気観測を目的とするライダでは通常，パルスレーザを利用する．レーザを射出してから受光するまでの時間から対象物までの距離が，受光強度からレーザの光路に沿った後方散乱係数の分布が得られる．これらの情報から対象物の鉛直分布が導出される．また，偏光解消度の計測も行うことで，非球形粒子の検出も同時に行い，土壌粒子のような非球形性の強いエアロゾルを判別することも可能である．他に，レーザ光が散乱体までを往復する間に大気中の分子によって受ける吸収に着目し，吸収の大きな波長と小さな波長の2波長のライダ信号の比から吸収分子の濃度の空間分布を求める差分吸収ライダ（differential

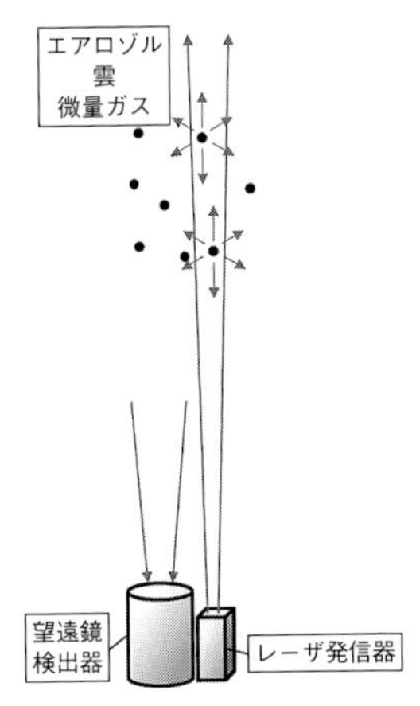

図 2　地上からのライダ観測の模式図

absorption lidar：DIAL）等の手法もある．

ライダを用いた地上からの RS 観測として特筆すべきは，アジア域に展開されている観測ネットワーク（Asian dust and aerosol lidar observation network：AD-Net）[4] である．エアロゾル組成の鉛直分布情報の導出のために，波長シフトした散乱光を利用するラマン散乱ライダや波長分解能等を改良した高スペクトル分解ライダの開発が進められている．

c．差分吸収分光法

差分吸収分光法（differential optical absorption spectroscopy：DOAS）[5] は，高波長分解能で測定したスペクトルに含まれる観測対象物（微量ガス）の特徴的な吸収スペクトル構造を利用し，Lambert-Beer の法則に基づいて微量ガスの濃度を導出する方法である．測定されるスペクトルには微量ガスだけでなくレイリー散乱やミー散乱等による影響も含まれるが，そういった微量ガスの吸収構造よりも低周波（波長方向に緩やかな構造）の影響は多項式で近似して除去する．これにより，0.1％以下のわずかな吸収をも同定し微量ガスの濃度を高精度で導出できる点が特徴である．

DOAS 法は，アクティブ DOAS 法と

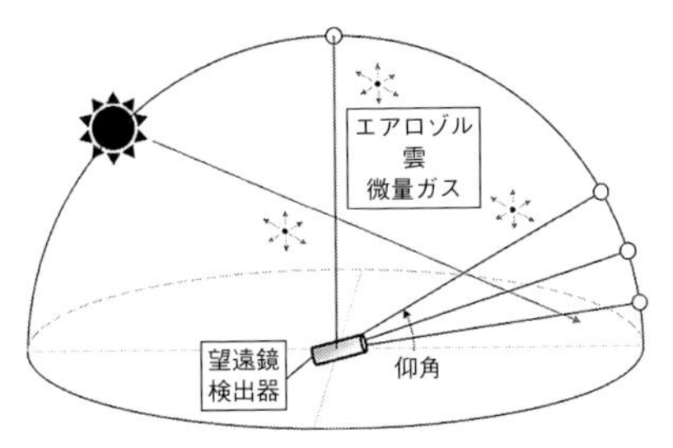

図 3　地上からの MAX-DOAS 観測の模式図

パッシブ DOAS 法に大別される．アクティブ DOAS 法はレーザ等の人工の光源を，パッシブ DOAS 法は太陽光等の自然の光源を利用する．

大気汚染の全球分布観測の代表の一つである人工衛星による二酸化窒素（NO_2）の対流圏カラム濃度（地表から対流圏界面までの高度範囲で鉛直積分された濃度）の観測（2-7 項）は，パッシブ DOAS 法を利用している．地上からのパッシブ DOAS 法としては，最近では複数の低仰角測定機能を加えた多軸差分吸収分光法（multi-axis differential optical absorption spectroscopy：MAX-DOAS）[1, 5]（図 3）の開発が世界的に盛んに行われている．比較的シンプルな装置ながら，複数の仰角で測定された天空光スペクトルを放射伝達モデルやインバージョン法を組合わせて解析し，下部対流圏のエアロゾルや微量ガスの鉛直分布情報を同時に導出できる．　［入江仁士］

文　献

1）入江仁士他：エアロゾル研究，**32**：95–100, 2017.
2）B. N. Holben, *et al.*: *Remote Sens. Environ.*, **66**: 1–16, 1998.
3）T. Nakajima, *et al.*: *J. Geophys. Res.*, **112**: D24S91, 2008.
4）N. Sugimoto, *et al.*: *SPIE*, 7153, 2008.
5）U. Platt, J. Stutz: Differential Optical Absorption Spectroscopy, Principles and Applications, Springer, XV, 597 p. 272 illus., Physics of Earth and Space Environments, 2008.

2-7

宇宙から大気汚染を測る

Measuring atmospheric pollution from space

大気汚染の空間分布を，全球やアジアといった地域スケールで把握するためには，地上観測網で埋め尽くすには限界があり，地点ごとの測定器を標準化することも場合によっては難しい．こうした課題を克服してみせたのが，人工衛星からの大気汚染観測[1, 2]である．1995 年に打ち上げられた欧州のセンサ GOME（global ozone monitoring experiment）から，対流圏の汚染ガスである NO_2 の全球分布が捉えられた．人間活動や森林火災等を含む，排出源の分布が一目でわかるようになり，全球規模のオゾン化学の理解が格段に進歩した．

a．人工衛星からの NO_2 の計測

大気汚染性の NO_2 は，衛星からの下方視観測で捉えられる（図 1）．太陽光のうち地球表面や大気によって反射され，宇宙へと折り返す紫外可視光を精密に分光計測することで，光の経路上に含まれていた NO_2 による微弱（0.05〜1% 程度）な吸収度を，波長に対する分子固有の吸収パターンを利用して定量化し，大気中の存在量を求めるものである．NO_2 は成層圏にも存在するため，大気汚染性の対流圏量を導出する際には，モデルシミュレーション等に基づく成層圏 NO_2 量が推定され，その影響が取り除かれている．また，対流圏の存在量は，地表から対流圏界面までを鉛直方向に積分した「対流圏鉛直カラム濃度」として報告されており，測定の際には傾斜していた光の経路の影響を取り除いた値となっている．測定視野に含まれる雲の影響についても合わせてデータが提供されており，一般的には，雲割合（cloud fraction）の低い（30% 以下等）条件で得られたデータが大気環境化学の解析に用いられる．

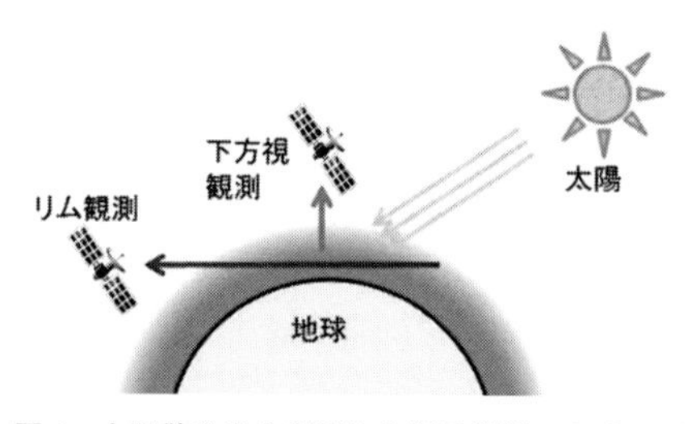

図 1　太陽散乱光を利用した衛星観測における下方視，リム観測のジオメトリ

GOME では空間解像度が 320×40 km と粗かったが，2004 年に打ち上げられた OMI（ozone monitoring instrument）センサでは，最高で 24×13 km まで解像度が改善し，都市の大きさが解像できるほどの全球観測がほぼ毎日，連続的に実施されている．図 2 は，OMI が捉えた 2015 年平均の対流圏 NO_2 カラム濃度の全球分布である．中国を含む東アジア，欧州，米国東部が NO_2 濃度の高い 3 地域であったが，2005 年以降，欧米において顕著な濃度減少が見られ，中国でも 2010 年以降には減少に転じたものの，2015 年段階では，東アジアが最大の汚染地域となっている．このような衛星観測は，大気化学輸送モデルと組合わせて利用され，逆計算等の手法によって，発生源の特定や排出量の推移の把握に用いられている．経年変化に加えて，季節変化や週内変化なども衛星観測から捉えられている．例えば欧米では日曜・祝日における NO_x 排出量の低下が衛星から捉えられ，その原因は自動車による排出量の低下であること等も議論された．

最近では，2017 年に打ち上げられた TROPOMI からの観測で解像度が 7×3.5 km にまで向上した．さらに，米国・韓国・欧州では静止衛星からの NO_2 計測が計画され，1 日 1 度に限られてきた周回衛星からの観測では捉えられなかった，NO_2 濃度の日内変化も計測される方針である．

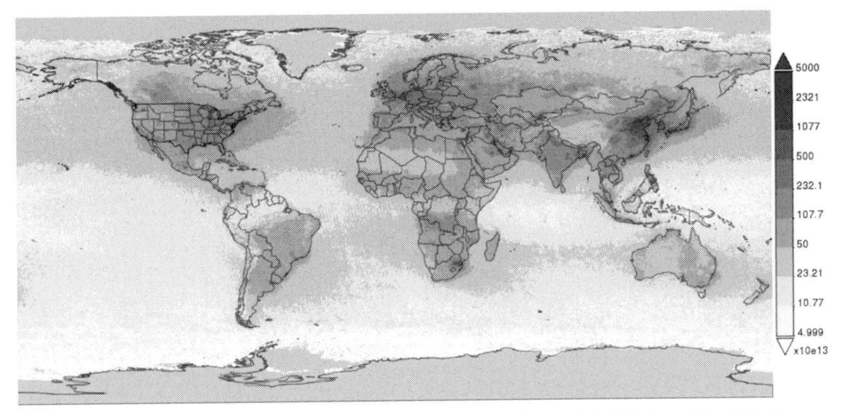

図 2　OMI センサから測定された対流圏 NO_2 鉛直カラム濃度の全球分布（2015 年の平均値，データ：NASA，$OMNO_2$ v3.0，単位：分子/cm^2）

b．衛星計測の検証とその他の分子の計測

このように，衛星からの NO_2 対流圏カラム濃度観測は革新的な情報をもたらし，その利用価値は非常に高いといえるが，その値の検証や，値の持つ意味についての十分な理解も必要となっている．検証のためには，地上に設置した分光器によって複数の仰角で太陽の散乱光を分光計測し NO_2 の高度分布まで導出できる MAX-DOAS（multi-axis differential optical absorption spectroscopy）法による計測が有用である．詳細な比較の結果，衛星データの解析アルゴリズムで仮定される高度分布の形状や，共存するエアロゾルの光撹乱効果がバイアスの要因となり得ることも指摘されている．また，衛星観測から報告される NO_2 対流圏カラム濃度値には，衛星観測が持つ感度の高度分布についても加味されていることにも注意が必要である．今後，一般的なユーザが使いやすい形で衛星データの普及が進むことが望まれる．

NO_2 以外の分子についても，衛星観測が進んでいる．GOSAT シリーズでは，近赤外などの波長で CO_2，CH_4 の観測が行われている．OMI 等での紫外可視光では，NO_2 に加え，ホルムアルデヒド（HCHO）や SO_2 の計測が行われている．ホルムアルデヒドは，揮発性有機化合物（VOC）の植物からの放出や，バイオマス燃焼による有機物排出の指標として有用である．SO_2 については，石炭などの化石燃料燃焼からの排出に加えて，火山ガスの検出にも有効である．オゾンについては，成層圏の存在割合が 9 割近いため，NO_2 の場合にも増して対流圏計測が難しいが，地球周縁（リム，図 1）方向の計測から成層圏のオゾン高度分布を測定する MLS センサによる値を，カラム全量から差し引く形で対流圏オゾン濃度が導出されている．また，紫外可視・赤外・マイクロ波などの複数の波長帯でのオゾン計測が，高度層ごとに異なる感度を持っていることを利用して，対流圏オゾンを最下層（高度約 0～3 km）・中層（3～8 km）・上層などに区分して計測する手法の開発も進んでいる．［金谷有剛］

文　献

1）竹内延夫編：地球大気の分光リモートセンシング．日本分光学会測定法シリーズ 39，学会出版センター，2001．
2）TF 地球科学研究高度化 WG 編：気象研究ノート第 234 号，日本気象学会，2017．

2-8
気象を観測する
Meteorological observation

大気環境の調査研究を行う場合，対象とする現場や周辺の気象条件を知ることは必須である．ここでは，気象官署（有人の気象台・測候所と無人の特別地域気象観測所を合わせて全国に156地点）における地上気象観測や，上空の状況を知る手段である高層気象観測（2種類の手法を合わせて全国で48地点）等，気象庁で定常的に行われている気象観測を中心に解説する．なお，以下に示す観測の結果は，いずれも気象庁のホームページでほぼリアルタイムの閲覧が可能である．

a．地上気象観測

地上気象観測は，基本的に官署の敷地内にある露場（ろじょう，observation field）と呼ばれる一角で行われる．露場は一定の面積を確保した芝生となっており，その中に測器を適切に配置する．

観測の対象となる主な種目と，使用される測器を表1に示す．なお，表にある大気現象とは，雨や雪などの大気水象，煙霧や黄砂などの大気塵象，暈（かさ）や虹などの大気光象，雷光や雷鳴などの大気電気象を指す，狭義の「現象」である．

表1　地上気象観測の主な種目と測器

観測種目	観測方法
気圧	電気式気圧計
気温	電気式温度計
湿度	電気式湿度計
風向・風速	風車型風向風速計
降水量	転倒ます型雨量計
積雪深・降雪深	光電式積雪計
全天日射量	全天電気式日射計
日照時間	回転式日照計または 太陽電池式日照計
視程	目視または視程計
現在天気	目視
大気現象	目視・聴音
雲量・雲形	目視

ここに挙げた測器で測定を行う原理として，例えば気温（atmospheric temperature）であればセンサに白金を用い，その電気抵抗が温度により変化することを利用する．その際，センサが外気と同じ温度を保ち，かつ日射や降水の影響を避けるため，温度計は強制通風筒の内部に設置する．また，雨量計の内部には二つに仕切られた枡があり，片方に0.5ミリ分の降水が溜まると次は他方へと，交互に水が入っていく仕組みになっている．切り替わりの際には電気信号が発せられるため，その回数をカウント（積算）することにより降水量（amount of precipitation）が求められる．その他，自動化された測器ではいずれも直接的にはセンサの電気抵抗や静電容量，起電力などを測定することにより，それと定量的に関連づけられた各要素を観測する．さらに詳しい原理や特性，また要求される精度については，文献[1)-4)]を参照されたい．

これら測器を用いた観測はほぼ連続して行い，目視や聴音による観測では視程・雲量等を定時に，また大気現象は発現時に行う．

各官署のほか，地上気象観測が定常的に行われる地点としては地域気象観測システム（いわゆるアメダス）が全国に1300地点弱ある．ただし，観測の種目は限られており，その数が多い所でも降水量，風向（wind direction）・風速（wind speed），気温，日照時間（sunshine duration），積雪深（snow cover depth）のみである．

b．高層気象観測

気象観測は，地上のみならず上空も対象となる．その手段が高層気象観測である．その手法には2種類あり，それぞれの長所を生かした観測が行われている．

1）ラジオゾンデ　ラジオゾンデ（レーウィンゾンデともいう）は気圧・気温・湿度のセンサを搭載し，その情報を無線で地上局へ発信する機能を持った装置である．水素またはヘリウムを充填したバルーンとパラシュートをゾンデに接続して上空へ飛ばし，その位置から風向と風速，上記のセンサにより各々の種目が観測できる．観測できる高度は，バルーンが破裂する約 30 km までである．気象庁の現業では日本時間の 9 時と 21 時（世界標準時の 0 時と 12 時）に観測が行われる．

2）ウインドプロファイラ　ウインドプロファイラは，上空に向けて電波を発射し，大気の乱流や降水粒子による散乱で戻ってくる信号をもとに，風向と風速の鉛直分布を観測する装置である．連続的に稼動できるものの，観測できる高度は条件がよい場合でも約 10 km までである．また，大気の乾燥や渡り鳥の飛行も，観測の障害となる場合がある．

c．その他の気象観測

ここまで，各気象要素をその場で観測する手段を中心に紹介したが，先に挙げたウインドプロファイラのみならず，気象レーダや気象衛星等リモートセンシングによる観測手段も活用されている．ここでは，この二つについて簡単に紹介する．

1）気象レーダ　気象レーダでは，主にマイクロ波の領域に属する電波を発信して観測を行う．降水レーダは，降水粒子により反射された電波の強度から降水強度を，また周波数の変移から電波が進んできた方向の降水粒子の速度成分（風速に対応）を観測する．対象とするのはおおむね高度 2 km 付近に存在する降水粒子である．その結果とアメダスによる観測結果を組合わせることにより，短い時間内での降水量が面的に把握できる．

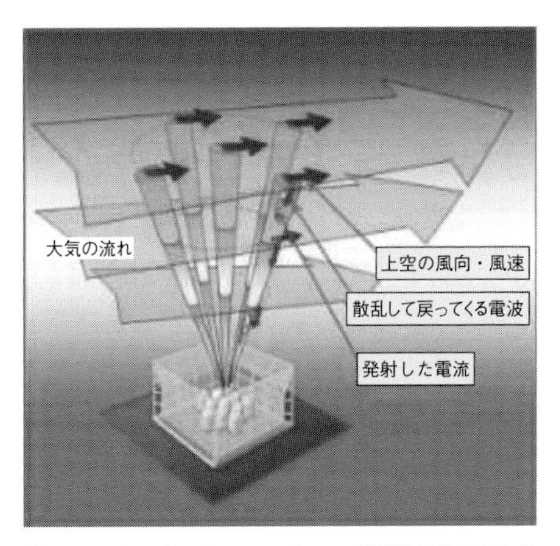

図 1　ウインドプロファイラの観測原理（気象庁ホームページより）

2）気象衛星　気象衛星では，特定の波長帯（可視域～赤外域）における放射強度を受動的に測定するセンサが主に用いられる．2015 年 7 月から「ひまわり 8 号」の運用が開始され，気象衛星を用いた観測は大きく変化した．従来はセンサが 5 種類の波長帯に対応していたのに対し，それが 16 種類にまで増え，観測の間隔も 30 分だったものが 10 分となった．観測の対象が雲や水蒸気量のみならず大気微量成分や植生などに拡がることとなり，潤沢に得られる観測データの活用が今後は期待される．　［皆巳幸也］

文　献

1）気象庁：気象観測ガイドブック，p.55，2002. http://www.jma.go.jp/jma/kishou/know/kansoku_guide/guidebook.pdf
2）気象庁：地上気象観測指針，2002.
3）気象庁：気象観測の手引き，p.81，2007. http://www.jma.go.jp/jma/kishou/know/kansoku_guide/tebiki.pdf
4）日本気象予報士会編：気象予報士ハンドブック，pp.233-237，267-289，オーム社，2008.

2-9 有機化学分析

Organic chemical analysis

大気中に存在する有機化学物質は，ガス状のものと粒子に付着した状態で存在するものとに大別される．ここでは代表的な大気中有機化学物質の一般的な分析法について，その概略を物質の様態別に述べる．

a．ガス状有機化学物質

1）揮発性有機化合物（VOCs）[1]
大気中 VOCs の分析法は，①容器採取-ガスクロマトグラフ質量分析（GC-MS）法，②固体吸着-加熱脱着-GC-MS 法，③固体吸着-溶媒抽出-GC-MS 法に大別できる．①ではキャニスタと呼ばれるステンレス製の試料採取容器を用いて大気試料を一定流量で採取後，その一定量を GC-MS に濃縮導入・分析する．②では，カーボンモレキュラーシーブおよびグラファイト化カーボンを 2 層に充填した捕集管を用いて，大気中の測定対象物質を一定流量で吸引捕集する．捕集管を冷媒により冷却したコールドトラップに接続し，ヘリウムガス等を流しながら加熱し，測定対象物質を脱着してコールドトラップに再濃縮する．このコールドトラップを加熱して，脱着する測定対象物質を GC-MS により分離・定量する．③は，カーボンモレキュラシーブを充填した捕集管に大気試料を除湿しながら通気して，測定対象物質を捕集後，適切な溶媒で抽出し，GC-MS で分析する方法である．

2）半揮発性有機化合物[1]　スチレン-ジビニルベンゼンを充填した捕集管に大気試料を通気し，対象化合物を吸着して採取する．採取した試料はジクロロメタンで抽出し，濃縮したものを GC-MS で分析する．本法により，ナフタレン，1-メチルナフタレン，2-メチルナフタレン，ビフェニル，ベンゾトリクロライド，1,2,4-トリクロロベンゼンなどの半揮発性有機化合物が分析できる．

3）アルデヒド[1]　大気試料を 2,4-ジニトロフェニルヒドラジン含浸シリカゲルを充填した捕集管に吸引し，試料中のホルムアルデヒド，アセトアルデヒドおよびその他の低級アルデヒド類をヒドラゾン誘導体として濃縮・捕集する．このヒドラゾン誘導体をアセトニトリルで抽出した後，吸光光度検出器付きの高速液体クロマトグラフ（HPLC）または高速液体クロマトグラフ質量分析計（LC-MS）を用いて測定する．あるいは，抽出液を酢酸エチルに転溶し，GC-MS を用いて測定する．

b．粒子中有機化学物質

1）水溶性有機炭素[2]　水溶性有機炭素（WSOC）の分析には燃焼酸化非分散赤外線吸収方式による全有機炭素（TOC）計がしばしば用いられる．燃焼酸化非分散赤外線吸収方式には二つの測定方法があり，全炭素（TC）と無機炭素（IC）の測定値の差から求める方法（TC-IC 法）と，試料に試薬を添加して無機炭素を揮発させてから測定する方法（non-purgeable organic carbon：NPOC 法）がある．TC-IC 法は，まず試料中の TC を分析し，次に同じ試料に酸を添加して発生した二酸化炭素を IC と見なし，両者の差を TOC とする．一方，NPOC 法は，酸の添加および通気処理により IC を揮発させた後，試料を測定して TOC を求める方法である．いずれの場合も，大気粒子を捕集したフィルタから超純水で WSOC を抽出し，その抽出液を分析に供する．

2）レボグルコサン[2]　フィルタ上に捕集した大気粒子に含まれる対象物質を有機溶媒（ジクロロメタン／メタノール）で抽出し，*N,O*-ビス（トリメチルシリル）トリフルオロアセトアミド（BSTFA）で誘導体化（トリメチルシリル化）して，GC-MS で分析する．この方法では，レボ

表1　PAHおよびその誘導体の主な分析法

分析対象	主な分析方法
PAH	GC-EI-MS，HPLC-FLD
NPAH	GC-NCI-MS，HPLC-FLD*，HPLC-CLD*
OPAH	GC-NCI-MS，GC-EI-MS*，HPLC-FLD*，LC-MS*
ClPAH	GC-NCI-MS，GC-EI-MS

*：事前に還元あるいは誘導体化を要する．

グルコサンの他にも，官能基にヒドロキシ基やカルボキシ基等を持つ多くの有機物が検出される．

3）多環芳香族炭化水素（PAH）**およびその誘導体**　フィルタ上に捕集されたPAH類をジクロロメタン等で抽出した後，必要に応じて固相抽出カートリッジやシリカゲルカラムによるクリーンアップを行う．置換基のないPAHについては，蛍光検出器付きHPLC（HPLC-FLD）あるいは電子衝撃イオン化によるGC-MS（GC-EI-MS）で測定する[2, 3]．ニトロ化PAH（NPAH）は負化学イオン化によるGC-MS（GC-NCI-MS）で測定が可能なほか，アミノ体に還元した後HPLC-FLDや化学発光検出器付きHPLC（HPLC-CLD）で感度よく測定できる[3]．酸化PAH（OPAH）の一部もGC-NCI-MSで測定が可能なほか，誘導体化することでHPLC-FLD，GC-EI-MS，LC-MS等でも測定できる[3]．塩素化PAH（ClPAH）についてはGC-EI-MS，GC-NCI-MSのいずれでも測定が可能だが，対象物質によっては感度が大きく異なるので注意が必要である．表1に，PAHおよびその誘導体の主な分析法についてまとめた．

c．ガス相・粒子相の両方に存在するもの

1）ダイオキシン類[4]　試料採取は，ポリウレタンフォーム（PUF）2個を装着した採取筒を石英繊維フィルタ（QFF）後段に配したハイボリウムエアサンプラで行う．QFFはトルエンを溶媒として，PUFはアセトンを溶媒としてソックスレー抽出を行う．抽出液は濃硫酸処理-シリカゲルカラムクロマトグラフィまたは多層シリカゲルカラムクロマトグラフィで妨害物質を取り除いた後，アルミナカラムクロマトグラフィで目的物質の分画を行う．同定と定量はガスクロマトグラフ／高分解能質量分析計（GC-HRMS）によって行う．

2）残留性有機化合物（ダイオキシン類を除く）[5]　QFF，PUF，および活性炭素繊維フェルト（ACF）を組合わせ，ハイボリュームないしミドルボリュームエアサンプラを用いて，ガス状・粒子中の残留性有機化合物（POPs）を捕集する．QFFおよびPUFで捕集された対象物質は，アセトンを用いたソックスレー抽出法で抽出する．ACFについては，アセトンに続きトルエンによるソックスレー抽出も行う．その後脱水・濃縮し，濃縮液をフロリジルカラムでクリーンアップして，GC-HRMSあるいはGC-NCI-MSにより測定する．

［亀田貴之］

文　献

1）環境省：有害大気汚染物質測定方法マニュアル，2011.
2）環境省：微小粒子状物質の成分分析 | 大気中微小粒子状物質（$PM_{2.5}$）成分測定マニュアル，2016.
3）早川和一：大気環境学会誌，**47**（3）：105-110，2012.
4）環境省：ダイオキシン類に係る大気環境測定マニュアル，2008.
5）環境省：平成16年度（2004年度）版「化学物質と環境」資料編（モニタリング調査マニュアル），2005.

2-10 無機化学分析

Inorganic chemical analysis

大気環境観測における無機成分の分析には，雨水のように直接採取した試料や，ガス状・粒子状物質をフィルタ等で捕集したのちに純水等で抽出した溶出液に含まれるイオン成分（water soluble inorganic ions）の分析と，主に粒子状物質に含まれる金属元素（elements）の分析とがある．後者は試料を酸などに溶かして均一な試料溶液としてから誘導結合プラズマ質量分析装置（inductively coupled plasma mass spectrometry：ICP-MS）や誘導結合プラズマ発光分光装置（inductively coupled plasma atomic (optical) emission spectrometry：ICP-A(O)ES）等を用いて分析する方法と，試料を直接分析する方法とがある（図1）．これにはアスベストや個別粒子をX線検出器付き電子顕微鏡により分析する方法や蛍光X線分析，X線回折分析がある．ここでは水溶性イオン分析と金属元素分析について述べる．

a．水溶性イオン分析

ガス状物質は，目的成分を捕集するための液（捕集液）を塗布したフィルタ等の捕集材を，粒子状物質は，フィルタ等に捕集した試料を超純水に浸漬し，超音波等を用いてイオン成分を溶出させることで試料液を得る．

分析対象となる成分は，液体クロマトグラフィの一種であるイオンクロマトグラフィ（ion chromatography）と呼ばれる方法で，陽イオン（cation）と陰イオン（anion）に分けて分析される．一定流速で溶離液と試料液を流すことで分離カラムを通過させ，イオン種と分離カラムの吸脱着特性の差により個々の成分が分離される．分離されたイオンは，一般に電気伝導度検出器に導入され，溶離液との電気伝導度の差として検出・測定される．溶離液と分析成分のUV吸収の差を利用するUV検出器も用いられる．陽イオンは主にナトリウムイオン(Na^+)，カリウムイオン(K^+)，マグネシウムイオン(Mg^{2+})，カルシウムイオン(Ca^{2+})，ストロンチウムイオン(Sr^{2+})，アンモニウムイオン(NH_4^+)，陰イオンは主に塩化物イオン(Cl^-)，硝酸イオン(NO_3^-)，亜硝酸イオン(NO_2^-)，硫酸イオン(SO_4^{2-})等が分析される．ギ酸(CH_2O_2)，酢酸($C_2H_4O_2$)やシュウ酸($C_2H_2O_4$)などの有機酸も分析できる．

溶離液自身も電気伝導度を持つため，検出器では溶離液と目的成分とを合わせたシグナルが得られる．溶離液の電気伝導度をサプレッサで低減することで，分析成分の感度を高めることができる．また，分離カラムで保持時間（retention time）の長い成分は溶離液濃度に勾配をつけて溶出されやすくするグラジエント分析がある．

b．金属元素成分分析

1）誘導結合プラズマ質量分析法　大気中の金属元素は，水銀を除けばほとんどが粒子体として存在しているが，雨水等に溶解していることもある．粒子体試料の場合，一般にはフィルタ上に捕集され，硝酸(HNO_3)やこれにフッ化水素酸（HF）や塩酸（HCl），過塩素酸($HClO_4$)や過酸化水素(H_2O_2)などを加えて加熱分解し溶液化されるが，近年はマイクロウェーブを用いた高温高圧分解が主流である．誘導結合プラズマ質量分析法（ICP-MS）では多元素同時分析が可能である．キャリアガ

溶液化後に分析	直接分析
・ICP-MS法	・SEM-EDX法
・ICP-A(O)ES法	・XRF(蛍光X線)法
・AAS法	・XRD(X線回折)法

その他
・中性子放射化分析

図1　粒子状物質の分析法の分類

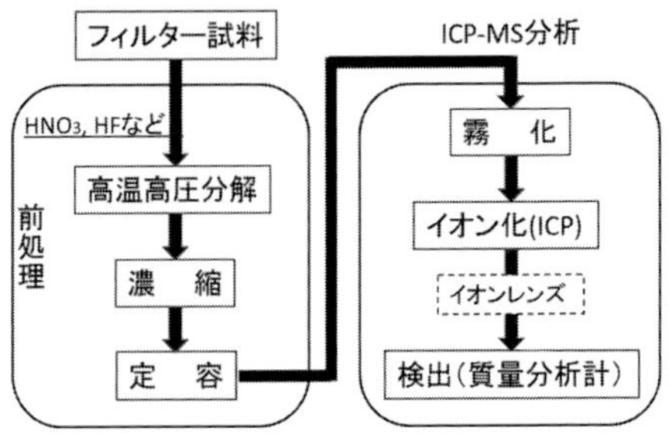

図2　粒子体試料のICP-MS法による分析

スはアルゴン（Ar）が用いられ，5000～6000 Kの超高温状態のArプラズマに霧化した溶液を導入すると，元素がイオン化され，高真空によりイオンレンズ部を経て質量分析計（一般的には，四重極型質量分析計）に導入される（図2）．ppbオーダー以下の極微量分析が可能である[1]．

ICP-MSは高感度であるが，質量スペクトル干渉を強く受ける．溶存する単原子イオンのほか，再結合により様々な多原子イオンが生成され，これらが分析目的質量と重なることで干渉が生じる．この影響を低減する手法として，He原子を衝突させて再結合した多原子イオンを乖離させるコリジョンセルやメタン，アンモニアと反応させて除外する方法などがある[2]．

2）誘導結合プラズマ発光分光分析法（ICP-AES，OES）　試料前処理は質量分析法と同じである．試料溶液がArプラズマ中に導入された際に発生する元素特有の波長の発光強度を，光電子倍増管検出器などを用いて検出するが，近年は光電変換素子を並べた半導体検出器を用いることもある．ICP-MSと同様に多元素同時分析が可能であるが，検出感度はICP-MSより1～2桁劣る．誘導結合プラズマ発光分光分析法では発光スペクトルによる干渉を受ける．実際の分析では，濃度レベルやスペクトル干渉を考慮しICP-MSを併用することも多い[2]．

3）原子吸光分析法（AAS）　アセチレン（C_2H_2）と空気の混合ガスをバーナーで燃焼させた温度2500 K前後のフレーム中に，キャピラリー管を通して試料液を導入することで生じる原子蒸気は，中空陰極ランプ（hollow-cathode lamp）を光源とする固有波長の光を吸収して，励起状態となる．この時，原子の濃度と吸光度がランバート・ベール（Lambert-Beer）の法則に従うことを利用する方法であり，フレーム原子吸光分析法とも呼ばれる．目的元素ごとに異なる光源が必要であり，多元素同時分析はできない[1]．

グラファイトチューブの中に試料を入れ電気的に加熱するフレームレス法や，ヒ素（As）やセレン（Se）等のように，フレーム法では十分な感度が出ない元素は，酸性溶液中で水素化ホウ素ナトリウム（$NaBH_4$）と反応すると水素化物を発生する性質を利用した水素化物発生法等がある．

4）金アマルガム捕集加熱気化冷原子吸光法による水銀分析法（CVAAS）　珪藻土粒子等の表面に金を焼き付けた捕集剤を充填した捕集管を用いて大気を吸引すると，大気中水銀は，金アマルガムとして捕集される．この捕集管を加熱すると原子状水銀が生じ，原子吸光分析装置で波長253.7 nmの吸収を測定する方法である[3]．

［米持真一］

文　献

1）C. Vandecasteele, C. B. Block: Modern Methods for Trace Element Determination, pp.157-236, Jone Wiley and Sons, 1993.
2）日本分析化学会関東支部：ICP発光分光分析・ICP質量分析の基礎と実際，pp.2-34，オーム社，2008.
3）星　純也，齊藤勝美：大気環境学会誌，**52**(4)：A103-A111，2017.

2-11 大気試料のサンプリング

Sampling of ambient air

大気観測を行う際，例外的な場合を除き何らかの形で大気試料の採取（サンプリング）を行う必要がある．サンプリングにおいては注意すべき点が多数あり，目的や状況に応じて取捨選択する必要がある[1, 2]．野外サンプリングの実施例を図1に示す．

a．気体サンプリング

1）容器採取　キャニスタやテドラーバッグ等の容器に試料気体を採取する方法である．一定時間の気体の平均濃度が得られる．容器の取り扱いが簡便で，洗浄すれば再利用が可能であるが，比較的高価であり，また容器の輸送や保管に大きなスペースが必要である．また，容器内壁面への目的成分の吸着に注意が必要である．

2）固体吸着　多孔体や多孔質ポリマービーズ，スポンジ状基材等の吸着剤に気体を通気し，目的成分を吸着させて採取する方法である．測定系を小型化しやすく，低濃度の物質が測定できる利点がある．一方，吸着剤による目的成分の捕集効率や脱着効率，捕集容量，ブランク等に注意が必要である．

3）試薬含浸ろ紙　吸収液を含浸させたろ紙に気体を通気し，目的成分を吸収させて採取する方法である．目的成分の捕集効率，捕集容量，ブランク，吸収液の揮散等に注意が必要である．

図1　野外サンプリングの例
ハイボリュームエアサンプラによる $PM_{2.5}$ 採取等．

4）拡散デニューダ　目的成分を吸収または吸着する壁面・界面を持つ円管，二重管，平行平板などの流路に試料気体を通気させることで，目的成分を採取する方法である．拡散係数の小さな粒子状物質は壁面に到達せず流路を通過するため，粒子状物質を含む気体試料から，気相の目的成分のみを分離し採取できる．圧力損失は小さいが，目的成分の捕集効率，捕集容量，ブランク等に注意が必要である．

5）パッシブサンプラ　特定の成分を吸収または吸着する試料採取面または溶液を環境中に静置し，通気せずに気体の拡散により目的成分を採取する方法である．動力が不要であり，小型化が容易で取り扱いが簡便であるが，試料気体の採取量を測定することができないため，動的な他の方法と比較する等の実験を別途行い，採取大気量を推定する必要がある．

6）その他　液体中に通気し気体を溶解採取するインピンジャや，凝縮成分を冷却し液滴として採取する冷却凝縮法等がある．

b．粒子状物質サンプリング

1）フィルタ　フィルタに試料気体を通気させ気体中の粒子状物質を採取する方法である．通気流量は一般に，約1～20 L/min のローボリューム，約100 L/min のミドルボリューム，約1000 L/min のハイボリュームを選択する．フィルタの材質は，主に分析対象成分により選択され，例えばフッ素樹脂は吸湿性が低く気体成分の吸着が少ないが圧力損失が大きく，石英繊維は炭素成分分析に適しているが強度的にややもろい．フィルタの性能は一般に，ある通気線速度における約0.1～0.3 μm の粒子の捕集効率として記述される．一般に，粒子の捕集効率を高くするとフィルタによる圧力損失も大きくなる．フィルタにより粒子を採取する際には，粒子採取中のフィルタ上で，気体成分の吸着や気体と粒子との化学反応，半揮発性成分の揮散等のアーティファクトが起こる可能性に注意が必要である．

2) インパクタ　ノズル等により高速の空気流を形成し，流路を遮る形で障害物（一般に，平板）を設置することで，慣性力により粒子を衝突面に採取する方法である．原理的に，採取可能な粒子状物質の粒径には下限がある．主に顕微鏡分析等のために用いられる．

3) サイクロン　気流を本体（一般に，円錐）内部でらせん状に旋回させ，遠心力により粒子状物質を壁面に衝突させて採取する方法である．フィルタと比較すると圧力損失が小さく，大流量の通気が可能であるが，原理的に採取可能な粒子状物質の粒径には下限がある．

4) その他　粒子状物質を帯電させ電極面に沈着させる静電サンプラや，壁面を冷却して温度勾配により粒子状物質を泳動させて採取する温度差サンプラ等が考案されている．

5) 粒子状物質サンプリングの注意点　最近の粒子状物質サンプリングでは，大気中の全粒子（TSP）を対象とする例は少なく，何らかの機構により粒径を選別することが多い．一般に，慣性を利用したインパクタやサイクロンを分級器として用いる．

一方で，粒子状物質はその粒径によりサンプリング時における空気流中の挙動が異なることには注意が必要である．配管が曲がっている場合，その曲率半径が小さすぎると，比較的大きな粒径の粒子は慣性により配管に衝突し付着する可能性がある．また流路が分岐する場合，特に分岐先の流量差や配管内径の差が大きい場合には，等速吸引すなわち分岐先配管内の気流の線速度を合わせる設計としないと，分岐先の粒子状物質の粒径分布が異なる可能性がある．

フィルタサンプリングの場合には前述のアーティファクトが起こる可能性があるため，必要に応じてフィルタの前段に反応性気体を除去する機構（ガススクラバ等）を設置することが望ましい．

c. サンプリング時に共通の注意点

通気流量を計測する流量計の精確さや，配管やフィルタホルダ等からの空気漏れに注意する．また，サンプリング装置を屋外に設置する際には，地表からの距離，近傍の特異な発生源，装置周辺の温度湿度，降雨や直射日光等にも注意する．さらに，試料採取準備段階から試料分析時までの汚染の有無を確認するためのトラベルブランクを採取することが望ましい．実際の試料採取操作を除くすべての操作を同様に扱い運搬したものを実際に採取した試料と同様に分析する．さらに可能であれば，同一条件で採取した複数の試料について同様に分析し，各試料の分析値の差を確認するとよい．

［奥田知明］

文　献

1) 環境省水・大気環境局大気環境課：有害大気汚染物質測定方法マニュアル，2011.
2) 長谷川就一：大気環境学会誌，**45**(4)：A61-A68，2010.

2-12 ガス状大気汚染物質の計測・分析

Measurement and analysis of gaseous compounds

大気環境問題の効果的な対策を実施するためには，原因となる大気汚染物質の挙動（いつ，どこに，どの成分が，どのくらい存在し，どのような空間分布や時間変動を示すか）の，観測に基づく把握が肝要である．対策の効果を評価する際も，大気汚染物質の観測に基づく状況把握が必須となる．汚染物質の多くは，大気中にて気体（ガス）の状態で存在する．例えば光化学スモッグ（光化学オキシダント）の主成分であるオゾン O_3 とその原料となる窒素酸化物 NO_x（NO，NO_2）や揮発性有機化合物 VOC はガス状である．

a．大気中のガス状物質を測るということ

まず，ガス状大気汚染物質を測るうえで共通する重要な点を概説する．

1）「分子」としての性質の利用　物質が気体として存在する時，各分子がまちまちに空間を飛び回るので，分子の性質がそのまま現れる（一方で液体や固体は周囲の分子との相互作用も効く）．例えば気体試料に光を照射すると，含まれる分子の性質（光吸収特性等）を反映した応答が見られる．ガス状物質の計測法では，測りたい成分の「分子」としての性質に着目する．分子の性質を活かして成分を定量するのは，分析化学や物理化学の研究における重要なテーマである．観測に用いられる装置も，実験室レベルでの試行錯誤，試作機の構築，および実大気観測試験や改良を繰り返して実用化したものである．

2）“大気ならでは”の状況　ある分析法を用いて同じ成分を定量するとしても，室内実験と大気観測では，大きな違いがある．室内実験では，目的に応じて成分の濃度や種類を任意に設定できる．一方で大気観測では，試料のあるがままの状況を測らねばならない．“大気試料ならでは”の特徴として，①大気中で汚染物質はごく低濃度しかないこと，②大気試料は多種多様な成分の混合試料であること，が特に重要である．低濃度成分の定量には，高性能の計測装置を用意する必要がある．対象以外の共存成分による影響（干渉）も，事前に検証し対策を施しておく必要がある．遠隔地での長期連続観測に計測装置を用いるには，無人自動運転の工夫が必要となる．測りたい試料の気圧や気温などの状況には事前に留意しておく必要がある．大気観測では同一試料を再度測り直すことが難しいことも忘れてはならない．

3）計測装置への大気試料の導入　対象成分を定量できる高性能な計測装置を用意するだけでは，大気中の汚染物質を正確に測ることはできない．計測装置を安定に運転できる状況を準備したうえで，大気試料を問題なく計測装置に導入して，初めて大気中の汚染物質の量を正しく定量できる．例えば計測装置を実地に持ち込んで地表大気の観測に用いる場合，装置は必要な電源等を備えた屋内に設置し，雨風をしのぎつつ安定な動作を担保し，屋外から装置まで配管（チューブ）や継手（コネクタ）を用いて大気試料を導入するのが一般的である．この時，配管や継手を通すことで試料の変質等によって計測に影響を及ぼさないように注意しなければならない．例えば，オゾンのように金属表面に接すると消失するような成分を測るには，テフロン樹脂製の配管や継手を用いる．夏季に高温多湿の大気試料を測る際は，配管内での結露による影響を予防するために，屋内の温度設定等には注意する．配管や継手を用いる際には，ガス試料の漏れ（リーク）には十分に気をつける．

b．代表的な測定法の例

次に，ガス状大気汚染物質を計測するた

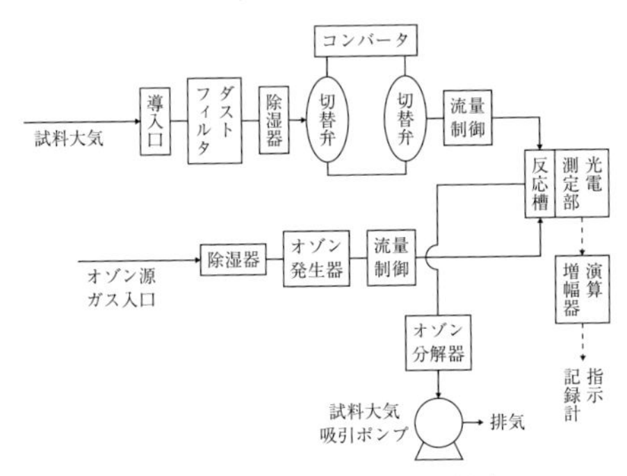

図 1　化学発光法 NO_x 計（流路切替方式）（JIS B 7953 より）

めの代表的な手法を紹介する．ここに挙げないものも含めて多様な手法や装置の中から，対象成分，試料の状況，予算，性能，測定の目的等に応じて選ぶ．

1)　化学発光法　化学反応の中には，反応の際に光を発するものがある．化学反応に伴って発せられる光を化学発光と呼ぶ．ここでは，化学発光法 NO_x 計を説明する（図 1）．一酸化窒素 NO はオゾン O_3 と反応すると，素早く二酸化窒素 NO_2 となる．

$$NO + O_3 \rightarrow NO_2 + O_2 \quad (R1)$$

反応が起こると高エネルギー（励起状態）の NO_2 分子が生じ，その一部は化学発光を発する．NO を含む試料と高濃度 O_3 を装置内にて混合し，反応 R1 を介して化学発光を生じさせる．NO 濃度に比例する化学発光強度を測れば，NO 濃度の相対的な大小がわかる（化学発光法）．絶対濃度を知るには，濃度既知 NO 試料（標準ガス）に対する装置の応答を調べ，NO 濃度と化学発光強度の関係（検量線）を決定する「較正」を実施する．

NO_2 濃度を知るには，前段にて NO_2 を NO に変換してから化学発光法 NO 計に試料を導入して NO と NO_2 の合計（NO_x）を定量し，別途測定する NO 濃度を NO_x 濃度から差し引けばよい．NO_2 の NO への高効率の変換器（コンバータ）として，加熱モリブデン触媒が広く用いられるが，NO_2 以外の窒素酸化物の一部も同時に NO に変換し NO_2 を過大評価しうる[1]．紫外光照射に基づく光解離変換器はこうした過大評価の可能性は低いが，NO_2 の NO への変換効率はやや劣る．

2)　紫外吸光法　紫外領域の光をよく吸収する対象成分の計測に有効となる手法である．ここでは，紫外吸光法オゾン計を説明する．オゾンを含む大気試料に，オゾン分子が吸収する波長の紫外光を照射すると，オゾンによる紫外光吸収が起こり，紫外光強度は試料への照射前と比べて小さくなる．試料中のオゾン濃度によって，試料に照射する前と後の紫外光強度の減衰の度合い（吸光度）が決まる．物質の濃度と吸光度の関係式は Beer-Lambert の法則と呼ばれる．試料照射前後の紫外光強度を測って法則を適用することで，試料中オゾンの濃度がわかる．なお，オゾン計では紫外光の光源として，低圧水銀ランプが用いられる．ランプが発する紫外光のうち，オゾン分子がよく吸収する波長 253.7 nm の光を測定に用いる．

オゾンは光化学オキシダントの主成分として，常時監視が必要な大気汚染物質である．紫外吸光法オゾン計は，小型軽量で，溶液や水を用いない「乾式法」であり長期的な取扱いが簡便で，1 分値 1 ppbv（体積混合比 10^{-9}）程度まで定量可能な，大気試料の自動連続観測に適した装置である．日本各地でのオゾン濃度の観測には，紫外吸光法オゾン計が広く用いられている．

3)　赤外吸光法　赤外領域の光を吸収する成分の計測に用いる．原理は紫外吸光法と同様だが，こちらは赤外光を用いる．大気汚染物質では一酸化炭素 CO 等の測定に用いられる．　［松本　淳］

文　献

1)　定永靖宗他：大気環境学会誌，**52**（2）：81-88, 2017.

2-13 粒子の計測・分析

Measurements and analysis of aerosol particles

大気エアロゾル粒子（atmospheric aerosol particles）の計測は，質量濃度（mass concentration）や個数濃度（number concentration）に加えて，粒径分布（size distribution），形状因子（shape factor），密度（density），光学的性質（optical properties），化学組成（chemical composition），混合状態（mixing state）等，粒子の性状に関する測定のほか，粒子の沈降速度（settling velocity）のような振舞いに関する項目等，多岐に渡る[1~4]．

エアロゾル状態での浮遊粒子を計測する項目は，時間的にある程度連続してデータを得られることが多いのに対し，フィルター等に集積する場合には，捕集時間に応じた平均的な様相しか捉えられない．しかし，捕集すれば物質量が多くなるので，化学分析等には有効である．

a．質量濃度

エアロゾル粒子の質量濃度は，空気をフィルタでろ過，あるいは粒子を慣性衝突などの手法により捕集面上に集積した物質量を秤量し，吸引した空気の体積で除することで得られる．捕集した粒子を特徴づけるために，粒径の上限を表示することが多い（PM_{10} や $PM_{2.5}$ など）．1日程度かけて捕集したフィルタについて精密天秤で秤量する手法の他，圧電素子（tapered element oscillating microbalance：TEOM）や β 線強度の減衰を用いる手法（beta-ray attenuation monitor：BAM）により1時間程度の時間分解能で質量濃度を測定することが可能である．吸湿成分が秤量に影響するので，測定時の湿度条件を統一する等の注意が必要である．また，粒径を分けて測定すれば，質量粒径分布が得られる．

b．個数濃度

エアロゾル粒子の個数濃度は，既知体積中の粒子について，個数を数えることで得られる．媒体上に捕集して光学顕微鏡（optical microscope）あるいは電子顕微鏡（electron microscope）により計数することもあるが，帯電させた粒子の電荷量を測定する手法もある．直径数 nm 以上の粒子について総個数濃度を測定するには，アルコールや水の蒸気を過飽和状態とし，そこへ粒子を通過させることで粒径を成長させ，散乱光パルスをカウントして計数する（凝縮粒子カウンタ，condensation particle counter）．また，粒径をある区分に分けてそれぞれ個数濃度を計測すれば個数粒径分布が得られる．

c．粒径分布

エアロゾル粒子の粒径分布は，連続する任意の粒径区分の粒子数濃度あるいは質量濃度を計測することで得られる．粒径を区分（分級）する手法としては，慣性力・遠心力を用いた手法（inertial classifier や cyclone）や電気移動度（electrical mobility）を用いる手法等がある．大きな粒子から小さな粒子へと段階的に分級捕集して秤量すると質量粒径分布を得ることができる．例えば，慣性力を使う多段式（カスケード）インパクタ（cascade impactor）や，低圧条件下でより小さな粒子まで分級できるよう工夫した低圧インパクタ（low pressure impactor）を用いて質量粒径分布を得る．また，中和器等を用いて平衡帯電状態にした粒子について，微分型電気移動度分級器の下流に CPC を接続し，分級器の印加電圧をスキャンすることで個数粒径分布を得ることができる．このような装置を走査型移動度粒径測定装置（scanning electrical mobility spectrometer）と呼び，1～1000 nm 程度の粒径範囲を高分解能で測定できる．粒子の光散乱強度が粒径に依存することを利用し，レーザ光を光源に用いるレー

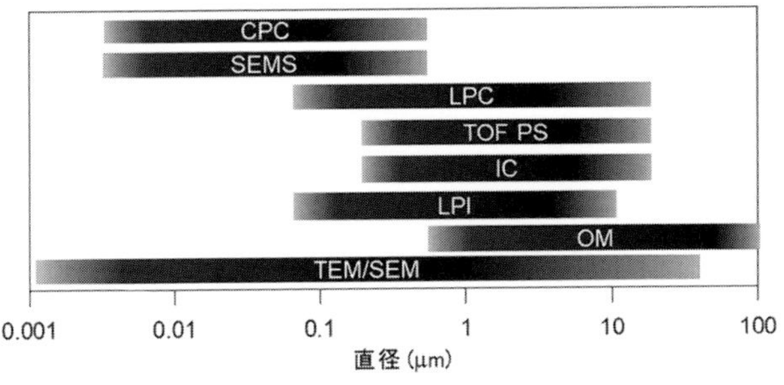

図1　エアロゾル粒子の計測に用いる手法と粒径の概略[2, 4)]
CPC：condensation particle counter（凝縮粒子カウンタ），SEMS：scanning electrical mobility spectrometer（走査型移動度粒径測定装置），LPC：laser particle counter（レーザ粒子カウンタ），TOF PS：time-of-flight particle sizer（飛行時間型粒径測定器），IC：inertial classifier（慣性分級器），LPI：low pressure impactor（低圧インパクター），OM：optical microscope（光学顕微鏡），TEM/ SEM：transmission and scanning electron microscope（透過型・走査型電子顕微鏡）．

ザ粒子カウンタ（laser particle counter）や，粒子が定距離を通過する際の飛行時間を計ることで粒径を算出する装置（time-of-flight particle sizer）もある．これらの粒径分布測定装置は，それぞれの測定原理に応じた“相当径”での粒径分布が得られる．したがって相互の比較には注意が必要である．

d. 粒径別化学組成（size-segregated chemical composition）

大気エアロゾル粒子は，個々に化学組成が異なり，粒径範囲によっても多数を占める成分が変わる．個別の組成を知るには電子顕微鏡下で蛍光X線を用いる手法のほか，個別粒子のイオン化と質量分析とを組み合わせた手法（エアロゾル質量分析計，aerosol mass spectrometer：AMS）がある．AMSでは，装置内の真空チャンバーにおける飛行時間から粒径情報が得られるので，粒径別の化学組成も測定できる[5)]．その他に，粒子をバーチャルインパクタで分級後にテフロンろ紙へ捕集し，湿式分析で測定する装置や，$PM_{2.5}$粒子を水溶させてイオンクロマトグラフ法等で自動連続分析する装置もある．　［長田和雄］

文　献

1）日本エアロゾル学会編：エアロゾル用語集，京都大学出版会，2004.
2）日本エアロゾル学会編，高橋幹二著：エアロゾル学の基礎，森北出版，2003.
3）日本エアロゾル学会編：エアロゾルペディア，2016.
https://sites.google.com/site/ aerosolpedia/
4）P. Kulkarni, *et al*.: Aerosol Measurement 3rd Edition, John Wiley & Sons, 2011.
5）萩野浩之：エアロゾル研究，**26**（3）：175-182, 2011.

2-14 電子顕微鏡による分析

Analyses using by electron microscopy

電子顕微鏡は，制御された電子線を微小な試料に照射し，その形態や物理・化学情報を得る分析機器である．電子顕微鏡は大きく分けて，走査型電子顕微鏡（scanning electron microscope：SEM）と，透過型電子顕微鏡（transmission electron microscope：TEM）に分けられる．SEMは細く絞った電子線を走査しながら試料に照射して，表面から得られる情報を結像する．TEMは電子線を試料に照射させ，その透過した電子線から像を得る．電子線は光学顕微鏡で用いられる可視光に比べ波長が短く，高い空間分解能が得られるため，ナノスケールの形態を観察することができる（図1）．加えて，電子線と物質の相互作用によって，結晶解析や組成分析等，局所領域の物理・化学分析ができる．電子顕微鏡は大気環境の分野において，アスベストの計測やエアロゾル粒子の個別粒子分析[1]など，幅広い分野で用いられている．本項では主に，電子顕微鏡を用いた大気エアロゾル粒子分析について解説する．

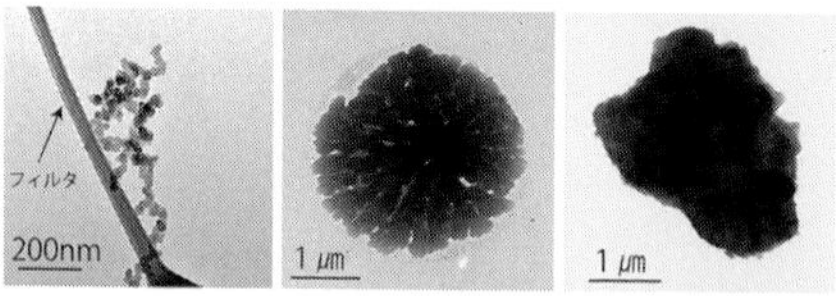

すす（ブラックカーボン）　硫酸塩　鉱物（ダスト）

フィルタ　200nm　1 μm　1 μm

図1　透過型電子顕微鏡で撮影したエアロゾル粒子の例（筆者作成）

a．電子顕微鏡の基本構造

電子顕微鏡は，高い電圧をかけた電子銃から発生された電子線が幾つかの磁界レンズによって制御された後，試料に照射される（図2）．SEMでは発生した二次電子や反射電子等を検出器で検出して結像する．TEMでは透過した電子をさらに幾つかのレンズで拡大したのち，蛍光板やCCDカメラで撮影する．電子顕微鏡分析は真空下で観察・分析を行うため，装置内は通常複数のポンプで高真空に保たれている．電子線と試料の相互作用によって生じる様々なエネルギー情報を，試料付近に配置した検出器を使って分析することで，対象物質の物理・化学情報を得ることができる．

b．エアロゾル粒子分析における走査型および透過型電子顕微鏡

SEM，TEMともにエアロゾル粒子分析に使われてきている．例えば黄砂粒子など，約1 μm以上の比較的粗大な粒子の表面状態を解析する時にはSEMが，1 μm

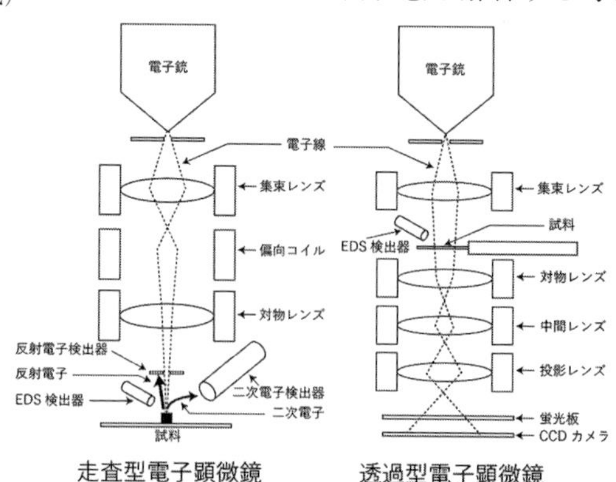

図2　走査型および透過型電子顕微鏡の構造を示した模式図（筆者作成）

以下の微小粒子の内部構造等を分析する時にはTEMが有効である．なお，粗大粒子の内部構造を解析したい時には集束イオンビーム（focused-ion beam：FIB）等を用いて粒子断面を作成したうえで，SEMやTEM分析を行う必要がある．電子顕微鏡を用いたエアロゾル粒子分析では，個別粒子の形態・サイズ・組成情報に加え，複数のエアロゾル成分が一粒子中に混在する混合状態の解析，エアロゾル粒子の表面でガス等との作用によって起こる表面反応等の分析が可能である．これらの分析によって，個別粒子単位での雲凝結核特性，放射・光学計算，起源推定，大気反応評価，健康影響等の情報を得ることができる．

電子顕微鏡を用いたエアロゾル粒子分析で注意する点として以下のことが挙げられる．①試料は真空雰囲気下にあり，水などの揮発成分は通常分析できない．②電子線による損傷を受けやすい物質は分析中に変質することがある．③試料はフィルタ等に捕集する必要があり，特にTEMを用いた分析ではグリッドと呼ばれる薄い円盤の上に炭素膜などを張った専用の板に粒子を捕集した上で分析する必要がある．TEM用のエアロゾル粒子の採取には，エアロゾルをグリッドに慣性衝突で捕集するインパクタと呼ばれる捕集装置が広く用いられている．また，SEM分析では石英繊維フィルタに付着したエアロゾル粒子等も分析可能である．④SEM分析では，電子が試料表面に帯電して粒子が白く光って観察ができなくなる現象（チャージアップ）が起こる．これを防ぐには，分析前に炭素蒸着を行う，低真空型のSEMを用いる等の方法がある．

c．透過型電子顕微鏡分析の応用技術例

透過型電子顕微鏡は様々な応用技術が開発されている．ここでは，それらの技術のうちで，大気エアロゾル分析に用いられてきた例を幾つか紹介する．

1）エネルギー分散型X線分析法（energy-dispersive X-ray spectrometer：EDSもしくはEDX）　広いエネルギー幅の特性X線スペクトルを得ることで，粒子中の多元素組成分析を行う．また，ピクセルごとの組成分析を行うことで，粒子中の元素分布等の解析ができる．TEM分析の場合には，細く絞られた電子線を走査する走査型透過電子顕微鏡法（scanning transmission electron microscopy：STEM）を用いて，特定の個所の分析を行う．

2）電子エネルギー損失分光法（electron-energy loss spectroscopy：EELS）　電子線が物質を通過する際に失われるエネルギー情報から，組成，化学結合状態，価数等の化学状態等を得る分析手法である．BCと有機物質の区別や，鉄の価数評価等に用いられる．

3）制限視野電子回折法（selected area electron diffraction：SAD）　電子線を照射した物質の回折パターンから結晶情報を得る手法で，海塩，鉱物等の結晶構造を特定することができる．

4）電子線トモグラフィ（electron tomography）　傾斜を変えて撮像し，粒子の三次元像を得る手法で[2]，BCの光学計算に用いられた例がある．

5）環境制御型電子顕微鏡（ETEM）　フォルダ先端やTEMチャンバー内の試料近傍ガス濃度や温度をコントロールして，その変化を観察する手法である．水蒸気圧と温度をコントロールすることで，個別粒子の吸湿特性分析に応用された例がある．

［足立光司］

文　献

1）岩崎みすず他：大気環境学会誌，3：200-207，2007.
2）足立光司：エアロゾル研究，29（1）：10-14，2014.

2-15 放射性物質の測定

Measurement of radioactive materials

環境中には様々なところに放射性物質が存在している．放射性物質を測定するためには，対象となる放射性物質はどこに存在しているのか（大気，土壌，水，植物，生体等），放出される放射線の種類（α 線，β 線，γ 線等）は何か，放射性物質の半減期はどれくらいなのか等を考慮する必要がある．すなわち，環境中の放射性物質を測定するためには，放射線に関する物理的な性質や特性について理解することが重要である．ここでは，放射線と放射能，放射線と物質の相互作用に関する概要を述べ，放射性物質の測定を説明する．

a．放射線と放射能

α 線，β 線，γ 線は放射性物質から放出される．放射性物質は不安定な原子核から，余分なエネルギーを放射線として放出し安定な原子核に変わる（壊変）．壊変する際に放射線を放出する能力を放射能という．放射能の単位として Bq（ベクレル）が用いられ，1 Bq は 1 秒間に 1 壊変することをいう．放射性物質の壊変は規則的に起こるのではなく，確率的にランダムに起こる．したがって，壊変によって発生する放射線も規則的ではなく，ランダムに放出される．原子核の壊変は指数関数的に起こり，放射能も指数関数的に減少する．放射能が半分になる時間を半減期という（厳密には，物理学的半減期）．これは放射性物質の種類によって異なる（例えば，I-131 では 8 日，Cs-137 では 30 年）．原子核が壊変する仕方には次の三つがある．

1）α 壊変　陽子と中性子を多く持つ重い原子核は，ヘリウムの原子核（陽子 2 個と中性子 2 個で構成）を放射線（α 線）として放出する．

2）β 壊変　中性子は陽子よりもほんの少し質量が大きいので，中性子が陽子と電子に壊れ，電子を放射線（β 線）として放出する．また，軽い原子核では，逆に陽子が中性子と陽電子に壊れ，陽電子（正電荷を持つ電子）が放出されることもある（陽電子壊変）．

3）γ 線放出　放射性物質が α 壊変や β 壊変をしても，まだその原子核が不安定な状態（励起状態）にある時，エネルギーを放射線（γ 線）として放出し，より安定な状態になることがある．

b．放射線と物質の相互作用

α 線や β 線のように重量を持ち，電荷を持った粒子は，物質中を通過する時に軌道電子と電気的に相互作用し，電離（軌道電子をその軌道から弾き飛ばす現象）あるいは励起（軌道電子がよりエネルギーの高い（より外側の）軌道に遷移する現象）を起こす．γ 線は電荷も持たないので，物質を構成する原子と直接電気的に相互作用をして電離することはないが，γ 線は周囲との物質と相互作用してそのエネルギーを電子に与え，物質から電子を放出する．

放射線には，種類とエネルギーによって異なるが，物質を透過する能力がある．α 線は物質との相互作用が強く，物質の通過中に急速にエネルギーを失っていくので，透過力はきわめて小さい．β 線は放出する放射性物質の種類によってエネルギーが異なるため，空気中では数 cm から数 m の距離まで届く．また，エネルギーの高い電子等は原子核の近くまで近づいて原子核の正電気によってブレーキをかけられて，その進行方向を曲げられて（制動作用を受けて）エネルギーを失い，失ったエネルギーを X 線（制動放射線）として放出することがある．γ 線は物質との相互作用の程度が他の放射線に比べて弱く，物質中を通過する時に，なかなかエネルギーを失わないので透過力が大きい．

γ線は物質中の透過力が大きいため，物質があっても通過して検出器まで到達するが，α線やβ線は透過力が小さいため，これらを放出する放射性物質を分離して取り出さないと他の物質と混ざったままでは周辺の物質に吸収されてしまい，正確に検出できない．したがって，α線やβ線を検出して放射性物質を測定する場合，必要に応じて化学薬品を使って分離操作をして目的の放射性物質を取り出し，放出されるα線またはβ線を適当な検出器により検出する．

c．放射性物質の測定[1)]

1) 電離を利用した検出器　電離を利用した放射線検出器には，気体と固体の電離を用いるものがある．気体型では，X線やγ線との相互作用で発生した電子，あるいは直接入射したβ線により，検出器内に充填されたガスが陽イオンと電子に電離され，この電離電荷が集められ，電気信号として取り出される．この気体型の検出器には電離箱，比例計数管，Geiger-Müller（GM）管などがある．一方，固体型では，X線やγ線との相互作用で発生した電子や直接入射したβ線，あるいはα線により固体内で電離が生じて電子と正孔の対が生成される．ここで固体として整流作用を持つダイオードを用い，電流が流れないように逆のバイアス電圧を印加すると，電子も正孔もほとんど存在しない空乏層が形成される．この空乏層内で放射線により生成された電子・正孔対は電気信号として取り出される．固体型の検出器には，α線検出のためのシリコン Si 半導体検出器やγ線検出のためのゲルマニウム Ge 半導体検出器がある．2011 年 3 月に起こった福島原発事故に起因する様々な試料中の放射性物質の同定・定量が Ge 半導体検出器を用いて行われた（図 1）．

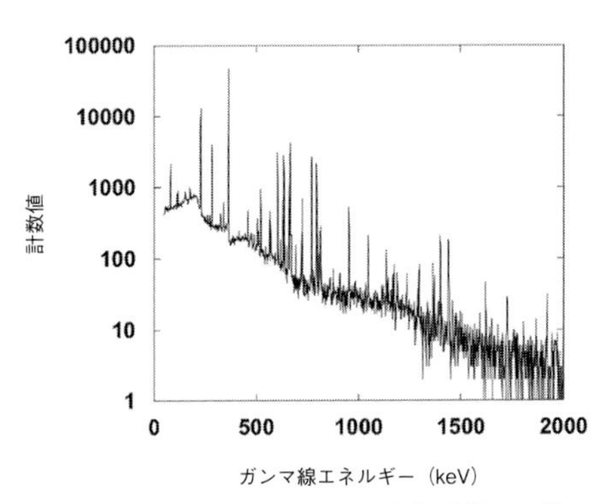

図 1　Ge 半導体検出器を用いた大気試料のγ線スペクトルの例

2) 励起を利用した検出器　一部の無機物質は，放射線により物質内部の電子がエネルギーを受け取って高いエネルギー状態（励起状態）になる．この電子はすぐに元のエネルギーの低い，安定した状態（基底状態）に戻るが，その際に余ったエネルギーを蛍光（シンチレーション）として放出する．この蛍光の量が入射した放射線量に比例することから検出器として用いられている．蛍光を発する物質を蛍光物質（シンチレータ）といい，γ線検出のためのヨウ化ナトリウム NaI（Tl）やヨウ化セシウム CsI（Tl），α線検出のための硫化亜鉛 ZnS（Ag）等がある．

特定の有機物はエネルギーを吸収すると，放射線の入射位置のごく近傍で分子の振動状態が変化する．この振動が元の状態に戻る際に，余ったエネルギーを蛍光として放出する．有機シンチレータを利用した検出器には，液体シンチレーションカウンタがあり，トリチウム H-3 や炭素 C-14 等の低エネルギーのβ線の検出に適用されている．　［反町篤行］

文　献

1) 日本アイソトープ協会：はじめての放射線測定，丸善出版，2013.

2-16 大気汚染物質の自動連続測定

Automatic continuous measurement of air pollutants

大気汚染物質の自動連続測定は，大別すると，環境大気（ambient）と固定発生源（stationary source，工場や事業場）を対象にしたものに分けられる．前者は大気汚染防止法第22条に基づき大気の汚染の状況を常時監視するもので，23条，24条と合わせて，地域の大気汚染に関する緊急時の措置や，大気環境や発生源の状況および高濃度地域の把握などを行うとともに，全国的な汚染の状況や経年変化を把握して大気汚染防止対策の基礎資料とすることを目的に自動連続測定を行っている．一方，後者は大気汚染防止法や都道府県の条例に基づき実施するもので，大気汚染物質の種類ごと，施設の種類・規模ごとに排出基準や総量規制等が定められており，排出者はこれらを守らなければならないため，自動連続測定により排出量の測定，記録を行っている．ここでは前者について解説する．

a．大気環境基準（air quality standard）と測定方法

環境基準では対象物質ごとに，測定方法を示している．詳細は，環境省発行の「環境大気常時監視マニュアル」を参照されたい．測定方法を指定する理由は，測定方法や測定条件によって，測定値そのものが影響を受けるからである．

b．湿式測定法と乾式測定法

大気汚染物質の環境基準が設定された1973年当時は，二酸化硫黄，二酸化窒素，光化学オキシダントの3項目については，一定量の吸収液に大気中から一定量の試料大気を捕集し，それぞれの物質に応じた化学反応から濃度を求める湿式測定法が公定法であった．しかし，大気汚染物質濃度の国際比較の必要性が増大している等の理由により，諸外国で採用されている乾式測定法が湿式測定法との比較試験を経て，1996年に公定法として追加されることになった．

乾式測定法は，吸収液を用いず試料大気をガス状のまま測定する方法であり，吸収液の調製，交換，廃棄が不要であるなど測定機の維持管理が比較的容易であるという特徴があり，現在の大気常時監視の主流となっている．

c．対象物質と測定方法

1）二酸化硫黄（sulfur dioxide）　JIS B 7952において，溶液導電率法（湿式），紫外線蛍光法（乾式）に基づく自動連続測定機が規定されている．現在主流の乾式について記述する．紫外線蛍光法では，試料大気に比較的波長の短い紫外線を照射すると，これを吸収して励起した二酸化硫黄分子が基底状態に戻る時に蛍光を発する．この蛍光の強度を測定することにより，試料大気中の二酸化硫黄濃度を測定する．

2）窒素酸化物（nitrogen oxides）　JIS B 7953において化学発光法（乾式），吸光光度法（湿式）に基づく自動連続測定機が規定されている．化学発光方式では，試料ガス中の一酸化窒素とオゾンの反応によって生じる化学発光強度が一酸化窒素濃度と比例関係にあることを利用して，試料大気中に含まれる一酸化窒素濃度を測定する．二酸化窒素を測定する場合は，試料ガスをコンバータに通して一酸化窒素に還元し，窒素酸化物（一酸化窒素と二酸化窒素の合量）として測定された濃度から，コンバータを通さない場合の測定値（すなわち一酸化窒素濃度）を差し引いて求める．

3）光化学オキシダント（photochemical oxidant）　JIS B 7957において紫外線吸収法（乾式），化学発光法（乾式）および吸光光度法（湿式）に基づく自動連続測定機が規定されている．国際的なデータ比較から主流の紫外線吸収法について記述する．環境大気の測定では，光化学オキシダ

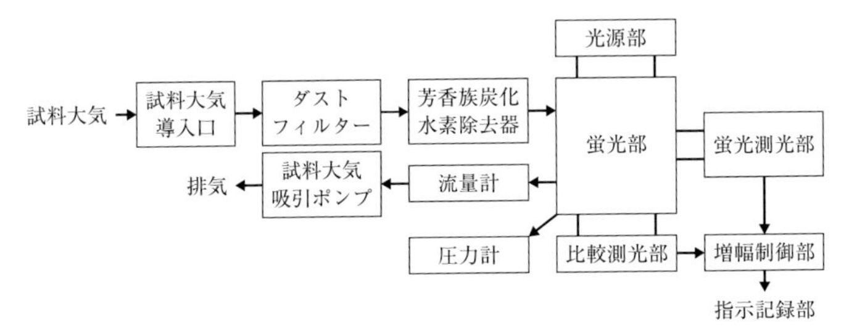

図 1　二酸化硫黄紫外線蛍光法自動測定機の測定系統図例

ントのうち，オゾンがほとんどを占めていることから，オゾン濃度をもって光化学オキシダントの濃度としてもよいことになっている．そのため，オゾンを測定している．オゾンは波長 254 nm 付近の紫外線領域に極大吸収帯を持っており，この領域には，試料大気中に共存する一酸化炭素，二酸化炭素，一酸化窒素，二酸化窒素による吸収がない．紫外線吸収法は，光源から光学フィルタを通して得られる短波長紫外線を測定光として，オゾンによる吸光度を測定する方法であり，オゾンの濃度はランベルト・ベールの法則（Lambert-Beer law）に基づき決定することができる．

4)　一酸化炭素（carbon monoxide）　JIS B 7951 において，赤外線吸収方式に基づく自動連続測定機が規定されており，非分散型赤外分析計を用いることになっている．分子はそれぞれ固有の原子間振動を持っており，この振動モードの振動数に応じた波長の光を吸収し，圧力が一定のガス体では濃度に対応した吸収を示す．非分散型赤外線分析法は，この原理に基づいて一酸化炭素の 4.7 μm 付近における赤外線吸収を計測することにより，その成分濃度を測定する方法である．

5)　浮遊粒子状物質（suspended particulate matter）　JIS B 7954 において，β 線吸収方式，圧電天びん方式，光散乱方式，フィルタ振動方式に基づく自動連続測定機が規定されている．現在では β 線吸収方式がほとんどのため，それについて記述する．β 線吸収方式では，低いエネルギーの β 線を物質に照射した場合，その物質の質量に比例して β 線の吸収量が増加する原理を利用する測定方法である．測定機では，ろ紙上に捕集した粒子状物質に β 線を照射し，透過ベータ線強度を計測することにより，浮遊粒子状物質の質量濃度を測定する．

6)　微小粒子状物質（fine particulate matter）　微小粒子状物質の自動連続測定機は，JIS に規定されておらず，環境基準に係る測定方法として，「濾過捕集による質量濃度測定方法又はこの方法によって測定された質量濃度と等価な値が得られると認められる自動測定機による方法」によることになっている．

常時監視に使用されている測定法としては，β 線吸収法とハイブリッド法（β 線吸収法と光散乱法）がある．光散乱法は試料大気に光を照射し，その散乱光の強度を測定することにより，質量濃度を測定する方法であり，直接質量濃度を測定するものではないため，換算係数（F 値）を求める必要がある．ハイブリッド法ではこの F 値を β 線吸収法にて測定した値に基づき算出する．　［三阪和弘］

文　　献

1) 環境省：環境大気常時監視マニュアル，2010.

コラム　ドローン（無人航空機）
Drone

ドローンはもともと「オス蜂」を意味する英語で，それが無人航空機（unmanned aerial vehicle：UAV）を意味するようになったのは，第二次世界大戦中に米国で標的機として利用された機体がターゲット・ドローンと呼ばれたことにある．ドローンには様々な用途，大きさ，形状の航空機が含まれており，例えば幅十数 m の主翼を持つ軍用ドローンや，幅数十 cm 程度の小型～中型機で，回転翼機（マルチコプター）のドローン，ラジコン飛行機に類する小型玩具のドローンまで存在する．マルチコプターに代表されるドローンは，空撮，測量，警備，インフラ点検，空中輸送，農薬散布のほか，大気・気象観測等での活用が開始または検討されている．

これまで鉛直方向の大気観測の方法としては，富士山測候所に代表される観測所の他に，衛星観測や航空機観測が存在する．それぞれの長短を以下に示す．富士山に代表される地上での高層大気観測の特長は，ある一点において，長期間にわたり多くの環境要因の変動を監視できる点にある．一方，短所としては，広範囲を同時に観測することができず，面的，立体的に捉えることが困難という点にある．衛星リモートセンシングの特長は，継続的な地球規模の広域観測にあり，時空間変化の大きい物質の把握に有効という点にある．一方，短所としては，距離分解能が低く，観測対象に制限があり，鉛直方向の情報も十分でないという点にある．航空機観測の特長は，短時間に広範囲をカバーした観測が可能である点や，鉛直方向の情報が得られる点にある．一方，短所としては，長期にわたる連続測定や高頻度の測定は困難であるという点にある．

図　ドローンでの $PM_{2.5}$，オゾン観測（グリーンブル（株）提供）

それらに対してドローン観測の特長は，低層大気であれば容易かつ安価に任意の緯度経度，高度で，高頻度の観測が可能という点にある．一方，短所としては，バッテリーの容量と重量による飛行時間の制約という点にある．

$PM_{2.5}$ の総合的な対策を例にとると，排出インベントリや，発生源プロファイルの整備が必要である．ドローンは環境大気中の $PM_{2.5}$ を高度別に測定できるほか（図），発生源に接近し，高度別に飛行可能なことから，$PM_{2.5}$ の一次粒子および二次生成粒子の前駆物質の鉛直分布の把握ができる可能性がある．また，排出インベントリを予測モデルのインプットデータとして活用し，得られた結果に対して，ドローンの測定データと照合することによって，予測精度に寄与する可能性もある．しかし 2019 年現在，大気観測へのドローン活用に対する課題として，①長時間飛行，②安定したデータ伝送，③サンプリング，データ評価等があり，技術的に確立していない．今後，それらに関する新技術が求められている．

［三阪和弘］

コラム 汚染起源のトレーサ

Tracer of air pollution source

大気汚染物質の発生源によっては，その発生源に特有な物質が排出される．これがトレーサである．$PM_{2.5}$ 等のように発生源が多岐にわたる汚染物質に対しては，発生源の情報を得るうえでトレーサが重要な役割を果たす．トレーサ自体の濃度は微量であることが多いが，その発生源の影響有無を知ることができ，統計的手法を用いれば発生源寄与の定量的評価も可能である（2-22 項参照）．

トレーサには様々な種類がある（表）．無機元素では，ヒ素やセレンは石炭燃焼，バナジウムは石油燃焼のトレーサである．また鉄は鉄鋼工場，カリウムは廃棄物やバイオマス燃焼，アルミニウムやケイ素は土壌，ナトリウムは海塩のトレーサとして用いられる．有機トレーサでは，その代表例としてレボグルコサン（8 章参照）が挙げられる．これは，セルロースの熱分解生成物であり，森林火災や野焼き等から発生するバイオマス燃焼粒子中に含まれる．その他にホパン（自動車排気），コレステロール（調理）等が知られる．近年では，植物起源の揮発性有機化合物から光化学反応によって生成する二次有機粒子のトレーサ（2-メチルテトロール等）も注目されている．

このほか，放射性炭素同位体 ^{14}C は，炭素分を化石燃料起源と生物起源に区別するためのトレーサとして用いられる．現生生物は ^{14}C を一定量含んでいるのに対し，石油や石炭等の化石燃料には ^{14}C が含まれないことを利用して，環境試料中の ^{14}C 濃度から化石燃料起源と生物起源の割合を見積もることができる．

［熊谷貴美代］

表　各種発生源のトレーサの例

発生源	トレーサ[1]
土壌	Al，Si，Ca
海塩	Na
石炭燃焼	As，Pb，Se
石油燃焼	V，Ni
鉄鋼工業	Fe，Cr，Ni
道路粉じん	Al，Ca，Fe
ブレーキ粉じん	Sb，Cu，Fe
自動車排気	元素状炭素，ホパン
バイオマス燃焼	レボグルコサン，K
調理	コレステロール，オレイン酸
植物起源一次有機粒子[2]	グルコース，アラビトール
植物起源二次有機粒子	
イソプレン由来	2-メチルテトロール
α-ピネン由来	ピン酸，ピノン酸

1）ここに挙げたもの以外にも有用な成分が報告されている．
2）菌類，花粉等．

2-17 排出インベントリ

Emission inventory

排出インベントリとは，大気汚染物質として排出される物質名称およびその排出量の一覧（目録，inventory）のことである．人為・自然起源にかかわらず，大気に排出される大気汚染物質の量を発生源別にリストアップした排出インベントリの作成は，大気汚染物質の環境濃度に影響を及ぼす要因を把握するための最初のステップである．

排出インベントリの内容は，どのような大気汚染問題を対象としているかで異なり，排出量の情報以外にも，地域分布や排出高度の情報，季節・時刻変化の考慮が必要な場合がある．さらにはそれら空間・時間の解像度も適切なものが求められる．以下に大気汚染現象別に紹介する．

1） 地球環境～温室効果ガス　温室効果ガスの場合は，気候変動に関する国際連合枠組条約（UNFCCC）の決定に基づき，排出・吸収量等のインベントリが作成されており，7種類の温室効果ガス（二酸化炭素（CO_2），メタン（CH_4），一酸化二窒素（N_2O），ハイドロフルオロカーボン類（HFCs），パーフルオロカーボン類（PFCs），六フッ化硫黄（SF_6），三フッ化窒素（NF_3））の排出量の報告が義務付けられている．また，強い温室効果ガスである，対流圏に存在するオゾン（O_3）の前駆物質として，窒素酸化物（NO_x），一酸化炭素（CO），非メタン揮発性有機化合物（VOC）および硫黄酸化物（SO_x）の排出量も報告している．

国際的な取組みであるため，排出インベントリ作成の手順，精度評価，データ構造などは標準化されている．対象となる発生源はエネルギー分野，工業プロセスおよび製品の使用分野，農業分野，廃棄物分野となっており，わが国においても「日本国温室効果ガスインベントリ報告書」[1]が国連気候変動に関する政府間パネル（IPCC）ガイドラインに基づき作成されている．

温室効果ガスの排出インベントリには地域分布の情報は含まれないが，日本の年間排出総量が経年的に把握され，国としての状況や排出分野ごとの取組み状況が確認できる．

2） 都市大気汚染～二次生成物質　対象となる大気汚染物質が，光化学オキシダントや$PM_{2.5}$のように大気中の反応を経て生成する二次生成物質で，さらに，その挙動や低減対策を検討する必要があるならば，大気汚染予測モデルによる解析が有効である．排出インベントリは大気汚染予測モデルの重要な入力データであり，原因となる前駆物質の排出量を，化学反応の反応時間・気象現象に応じた地域分布と時間変化の情報を持つデータとして提供する．必要な物質は，SO_x，CO，粒子状物質（PM），NO_x，VOC，アンモニア（NH_3）が挙げられる．これらの物質と，対応する主な発生源について表1に記す．

わが国の大気汚染予測モデルを念頭においた大気汚染物質の排出インベントリとしては現在，環境省が取りまとめ，継続的な取組みを開始している[2]．

3） 有害化学物質　わが国では健康に影響のあると考えられる有害化学物質（第一種指定化学物質，462種）の排出はPRTR（Pollutant Release and Transfer Register，化学物質排出移動量届出制度）にて，把握されている．PRTRでは，年間単位の業種別，都道府県単位での排出量が集計され，毎年更新されたものが公表されている[3]．

4） 発生源プロファイル　NO_x，VOCは総称であり，化学反応を考慮するためには個々の成分別の排出量が必要となる．通常，個々の成分別の排出量を把握すること

表 1 都市大気汚染の排出インベントリの項目と主な発生源

発生源区分			NO_x	CO	SO_x	VOC	PM	NH_3
燃焼系発生源	固定発生源	発電，熱供給	○	○	○	○	○	○
		製造業	○	○	○	○	○	
		家庭，業務（給湯・冷暖房）	○	○	○	○	○	
		廃棄物処理，小型焼却炉	○	○	○	○	○	
	移動発生源	自動車，建設機械等	○	○	○	○	○	○
		船舶	○	○	○	○	○	
		航空機	○	○	○	○	○	
		鉄道	○	○	○	○	○	
	農業	野焼き	○	○	○	○	○	
蒸発発生源	工業系	燃料の蒸発，漏れ				○		
		工業プロセス				○		
		塗装・印刷				○		
		溶剤使用				○		
	移動発生源	自動車，建設機械等				○		
	自然由来	植物起源				○		
その他発生源	農業	畜産						○
		肥料の施肥						○
	工業系	肥料等製造施設						○
	都市活動	下水処理施設・浄化槽						○
		人の発汗・呼吸，ペット						○
		タバコ・調理		○			○	
	自然由来	土壌					○	
		海塩粒子					○	
		火山			○		○	
		山火事	○	○	○		○	
		雷	○					
	移動発生源	巻上げ，タイヤ・ブレーキ					○	

は困難であるため，発生源における成分分析結果から構築した発生源プロファイルを用いて，個別の排出量に換算する．都市大気汚染を対象としたVOC発生源プロファイルでは，300種類以上の個別VOC成分を含んでいる．PMは発生源の特徴が微量な金属成分に現れるため，レセプターモデルによる発生源寄与解析にも使われるが，分析精度や計測データの代表性については慎重に確認する必要がある．

［森川多津子］

文　献

1) 温室効果ガスインベントリオフィス編，環境省地球環境局総務課低炭素社会推進室監修：日本国温室効果ガスインベントリ報告書，2017.
2) 森川多津子：大気環境学会誌，**52**(3)：A74-A78，2017.
3) 経済産業省製造産業局化学物質管理課，環境省環境保健部環境安全課：平成28年度PRTRデータの概要―化学物質の排出量・移動量の集計結果，2018.

2-18 プルーム・パフモデル

Plume and puff model

大気中で点源から放出された物質は風によって周囲へ流されると同時に，大気中の乱れによって三次元的に拡散する．煙突から排出される煙のように，浮力を持つ流体が連続的に放出され，風下に流れていく状態をプルームと呼ぶ（図1）．これに対し，瞬間的に放出され風下に流される煙の塊はパフと呼ばれる．大気中でのプルーム，パフの拡散の取り扱いには，それぞれプルームモデル，パフモデルと呼ばれる解析解による方法（解析解モデル）が広く用いられる．

プルームモデルでは風が吹いている有風時のプルーム内の濃度を正規分布等で近似し，煙の拡がり幅（拡散パラメータ）を与えることにより，風下の任意の地点における濃度を計算する．一方，パフモデルは無風時や弱風時の拡散を時間的に不連続なパフで表し，正規型の濃度分布式により記述する．煙突から排出された煙は，周辺大気との温度差によって働く浮力と強制的な送風による運動量により上昇する．解析解モデルで濃度予測を行う場合，煙の上昇過程は別に扱い，上空の仮想煙源から地面に平行に煙軸を設定して計算するのが一般的である．

プルームモデルやパフモデルは，式の記述が平易で計算も比較的簡便であることから，ばい煙の総量規制や道路事業，発電事業に関わる環境影響評価[1)]，発電用原子炉施設の安全解析等，大気拡散予測の実務において幅広く用いられる．

a．プルームモデル

煙突から排出された煙の水平方向および鉛直方向の濃度が正規分布に従うとし，図1に示すように風下方向を x 軸，風と直角の水平方向を y 軸，鉛直上方を z 軸の正の方向とすると，濃度は下記の正規型プルーム式により表される．プルーム式は，拡散の微分方程式をある条件のもとで解析的に解くことにより得られ[2)]，大気中での風向や風速，拡散係数が一様かつ定常で，日射や放射などの熱的な影響，山や建物などの地物の影響が小さい条件下に適用できる．

$$C(x,\ y,\ z)=\frac{Q}{2\pi\sigma_y\sigma_z u}\cdot\exp\left(-\frac{y^2}{2{\sigma_y}^2}\right)\cdot f(z)$$

$$f(z)=\exp\left(-\frac{(z-H_e)^2}{2{\sigma_z}^2}\right)$$

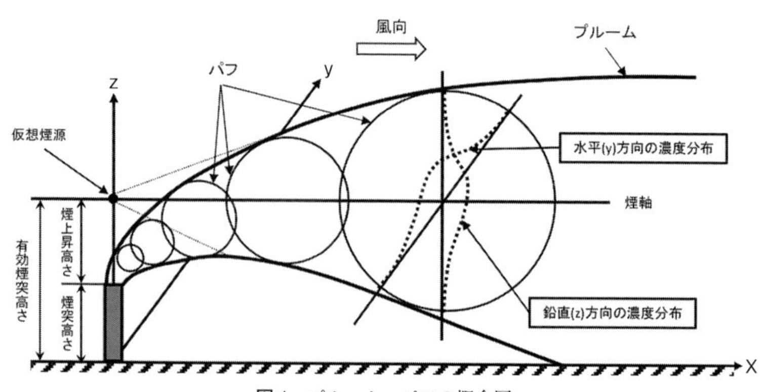

図1　プルーム・パフの概念図

$$+\exp\left(-\frac{(z+H_e)^2}{2\sigma_z^2}\right)$$

ここで，$C(x,\ y,\ z)$ は煙源の風下地点 $(x,\ y,\ z)$ における濃度，Q は汚染物質の排出量，σ_y，σ_z は有風時の水平方向および鉛直方向の拡散パラメータ，u は風速，H_e は有効煙突高さである．有効煙突高さとは，煙の中心軸の地上からの高さであり，実際の煙突高さ H_s に煙の上昇高さ ΔH を加えることにより求められる（$H_e=H_s+\Delta H$）．

大気汚染物質の総量規制や環境アセスメントに関わる濃度シミュレーションでは，年平均値などの長期平均的な濃度を予測対象とすることが多い．通常，長期平均濃度の予測は，16 方位で測定された風向を対象に行われるが，長期的には一つの方位の中に出現する風向の頻度は均等と見なすことができる．したがって，風に直角な方向の濃度は，その方位の中では一様な分布と仮定できる．正規型プルーム式において σ_y を $\pi x/8$ とし，横方向の濃度分布を積分すると，長期平均濃度を求めるための式が次のように導かれる．例えば，火力発電所の環境アセスメントにおいては，現地における気象調査結果（風向，風速，大気安定度）を用いて，本式により排ガスの年平均値濃度を予測する．

$$C(x,\ y)=\frac{Q}{\sqrt{2\pi}\,\frac{\pi}{8}x\sigma_z u}\cdot f(z)$$

b．パフモデル

無風時や弱風時を対象としたパフ式では，発生源の位置を H_e とし，風が一様に x 軸の正の方向に吹いているとすると，濃度は次式で表される．

$$C(x,\ y,\ z,\ t)=\frac{Q}{(2\pi)^{\frac{3}{2}}\sigma_x\sigma_y\sigma_z}\cdot\exp\left\{-\frac{(x-ut)^2}{2\sigma_x^2}-\frac{y^2}{2\sigma_y^2}\right\}\cdot f(z)$$

上式は瞬間的に放出された一つひとつのパフによる濃度を計算するものであるため，連続源に適用する場合には，各パフの濃度を積分して算出する．無風時の地上濃度の計算には，拡散幅 σ_x，σ_y，σ_z が経過時間 t に比例すると仮定して導かれる次のパフモデルがよく用いられる．

$$C(R)=\frac{2Q}{(2\pi)^{3/2}\gamma}\cdot\frac{1}{R^2+\frac{\alpha^2}{\gamma^2}H_e^2}$$

ここで，R は煙源と計算点の水平距離，α は無風時の水平方向の拡散パラメータ，γ は無風時の鉛直方向の拡散パラメータである．

c．拡散パラメータ

プルーム・パフモデルで濃度を求めるためには，拡散パラメータがどのように変化するかを知らなければならない．プルーム式と合わせて用いられる拡散パラメータとしては，Pasquill-Gifford 線図（P-G 線図）[3] が最もよく知られる．P-G 線図は拡散パラメータを，風速と日射量または放射収支量により分類されるパスキルの大気安定度階級別に整理し，風下距離の関数として表したものである．日常的に計測可能な気象観測結果を利用できるため，毎時の気象変化に対応した拡散予測に適している．一方，パフ式による濃度の計算においては，Turner 線図[4] による拡散パラメータをパスキル安定度に対応させたものが広く利用される．

［佐藤　歩］

文　献

1) 環境省総合環境政策局環境影響評価課監修：環境アセスメント技術ガイド 大気環境・水環境・土壌環境・環境負荷，pp.81–92，日本環境アセスメント協会，2017.
2) F. パスキル，F.B. スミス著，横山長之訳：大気拡散，近代科学社，1995.
3) F. A. Gifford: *Nuclear Safety*, **2**(4): 47–51, 1961.
4) D. B. Turner: *J. of Appl. Met.*, **3**(1): 83–91, 1964.

2-19 局地規模でのシミュレーション

Numerical simulation in a local area

局地規模での大気拡散現象には，自動車，コジェネレーションシステム，暖房機器等からの排気ガス拡散，防災やテロと関連した放射性物質や危険物質拡散等がある．これらの物質は建物や地形および大気安定度の影響を受けながら拡散するため，それらの影響を考慮したシミュレーションが必要になる．シミュレーションする方法として，野外実験，室内実験，拡散式や数値シミュレーションによる解析などが考えられる．その中でも近年のコンピュータの飛躍的な発達により，拡散式や数値シミュレーションによる解析が費用・時間の面を考えると非常に有効な手法となってきた．図1にそれらの解析手法による物質拡散再現の概略図を，表1にその特徴を示す．

a．拡散式による解析

拡散式による解析で代表的なものは，前節に記載のプルームモデルやパフモデルである．一般的によく使用されているプルームモデルでは物質濃度の鉛直および水平方向分布は正規分布に従うと仮定して解析が行われるため，計算コストが数値シミュレーションに比べ低い（図1(a)）．そのため，パソコンで実行可能で，年間予測等の長時間予測に適しており，火力発電所からの排ガス拡散などの環境影響評価で広く使用されている．大気安定度影響は大気安定度に応じて物質の拡散幅を調整することにより考慮することができる．建物影響は代表的な建物のみの影響しか考慮できないため，複雑かつ複数の建物周りや複雑な地形周りの拡散評価への適用には限界がある．また，煙源近傍で物質濃度分布が正規分布から大きく外れるような地点では再現精度がよくない傾向にある．

表1 各解析手法の特徴

	拡散式	数値シミュレーション	
		RANS	LES
予測精度	○	○	◎
年間予測	◎	×	×
建物影響	△	○	◎
地形影響	△	○	◎
安定度影響	○	△	◎
計算コスト	◎	△	×

◎：非常に優れている，○：優れている，△：やや劣っている，×：劣っている．

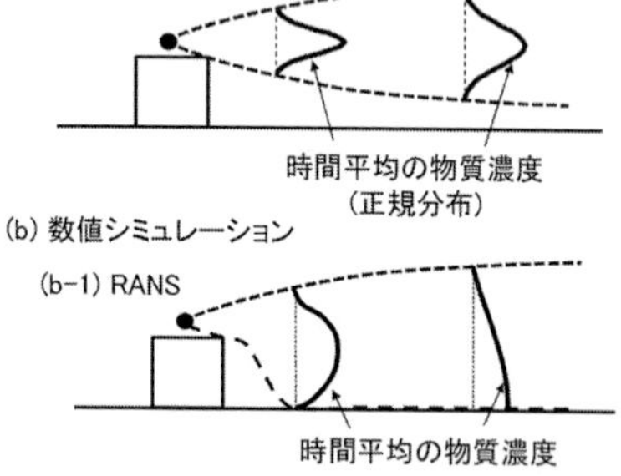

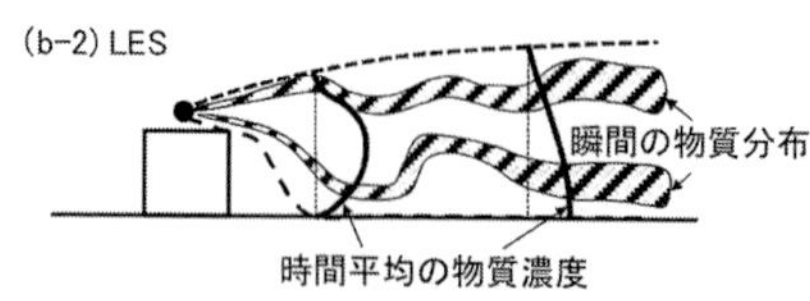

図1 各解析手法の概念図

b．数値シミュレーション

基盤地図情報数値標高モデル（国土地理院）や地理情報システムが整備されてきており，実在地形や建物形状を計算領域内に再現し，数値シミュレーションが実施可能になってきた．数値シミュレーションには，直接数値シミュレーション（DNS），レイノルズ平均シミュレーション（RANS），ラージ・エディ・シミュレーション（LES）等がある．大気中に存在する最も小さな乱流渦まで解像して解析を実施するDNSは計算格子数および計算時間が膨大になり，大気拡散に適用することは困難である．一般的にはRANSやLESが適用されることが多い．ただし，RANSやLESを適用した場合，各種パラメータの設定により，数値シミュレーション結果に違いが見られる場合があるため，解析結果の信頼性を確認することが推奨される．

1) RANS　RANSは，市販の流体解析のソフトウェアで最も多く適用されている手法であり，アンサンブル（時間）平均された物質の濃度分布を解析する（図1（b-1））．時間平均された気流・拡散場は支配方程式を離散化して解析することにより求められるが，その支配方程式中に現れる乱流による運動量輸送（レイノルズ応力）や乱流による物質輸送（乱流物質流束）には適切な乱流モデルを与えなければならない．代表的なモデルとして標準k-εモデルなどがあるが，建物後流域でのはく離領域の大きさを正確に再現できないこと，安定・不安定成層の流れの再現が難しいこと，乱流シュミット数と呼ばれるモデル定数により濃度分布が大きく変化[1]することなどに注意が必要である．後述するLESより計算負荷が小さいため，環境影響評価においても短時間の濃度評価に使用される例がでてきたが，年間予測は現在のコンピュータでは困難である．

2) LES　LESは計算格子より小さな乱流変動にモデルを与え，計算格子で再現できる大きな乱流運動を直接再現する方法である．支配方程式中に現れる計算格子より小さなサブグリッドスケール（SGS）での運動量輸送（SGS応力）や物質輸送（SGS乱流物質流束）には適切なSGSモデルを与える必要がある．代表的なSGSモデルには，標準のSmagorinskyモデル等があり，RANSに比べ，SGSモデルのパラメータの設定が解析結果に及ぼす影響は小さい．LESは瞬間速度および瞬間濃度を非定常で計算するため，RANSより計算時間が必要となるが，建物・地形影響を考慮でき，安定・不安定成層の気流・拡散場を高精度で再現可能である（図1（b-2））．そのため，今後，風洞実験の代替手法として使用されることが期待されている．

3) 解析結果の信頼性確保　局地規模に対して数値シミュレーションを実施した場合，支配方程式の離散化手法，建物や地形を解像する計算格子幅，計算格子の品質等により，解析結果が大きく異なることがある．そのため，ただ単に数値シミュレーションを実施すれば，精度よい解析結果が得られるわけではない．解析結果の信頼性を確保するために，Verification and Validation（V&V）[2]と呼ばれる検証と妥当性確認が要求されるようになってきた．Verificationは数値シミュレーションのモデルなどの設定が正しいことを検証することで，Validationは解析結果と観測や実験との比較により，解析結果が正しいかどうかを確認することである．妥当性確認の方法としては，欧州委員会EUの手引き（例えば，COST 732[3]）や日本建築学会のガイドブック[4]等を参考にするとよい．

［道岡武信］

文　献

1) 道岡武信，佐藤　歩：大気環境学会誌，**47**：119-126，2012.
2) W. H. Coleman, *et al*.: Standard for Verification and Validation in Computational Fluid Dynamics and Heat Transfer, the American society of mechanical engineers, p.42, 2008.
3) R. Britter, M. Schatzmann: COST（European Cooperation in Science and Technology）732: Model Evaluation Guidance and Protocol Document, p.28, 2007.
4) 日本建築学会：市街地風環境予測のための流体数値解析ガイドブック―ガイドラインと検証用データベース，日本建築学会，2007.

2-20 都市・地域規模のシミュレーション

Urban- and regional-scale simulation

都市・地域規模のシミュレーションでは，都市スケールから大陸スケールまでの大気汚染現象が扱われ，排出量を入力データとして各化学物質の大気中濃度や沈着量等が計算される．例えば，主に首都圏で排出される大気汚染物質の関東地方内での輸送・変質過程や東アジア大陸からの越境汚染などの現象が扱われる．このスケールで興味の中心となるのは，オゾン，$PM_{2.5}$といった主として大気中の輸送過程で化学反応により生成される物質（二次生成物質）による二次大気汚染である．

a．二次大気汚染問題と都市・地域規模シミュレーションの役割

二次生成物質の生成・分布には，各原因物質の排出量分布や気象条件のほか，複雑な反応過程が関与するため，二次生成物質濃度の各原因物質排出量に対する関係性を，実測データのみから把握して有効な対策を決定することは難しい．日本においては直接排出される物質による大気汚染は近年大幅に改善されてきたのに対し，オゾン，$PM_{2.5}$の環境基準達成率は未だ低調である理由の一つとして，そのような対策決定の困難さが挙げられる可能性がある．二次大気汚染の有効な対策を策定するには，精度の高い都市・地域規模のシミュレーションが必要不可欠であり，政策面から大きな期待が寄せられている．

b．都市・地域規模のシミュレーションで使用されるモデルの種類と構成

都市・地域規模のシミュレーションには，ほとんどの場合，三次元非定常のオイラー型化学輸送モデル（2-30 項）が使用される．このタイプのモデルでは，三次元の計算対象領域が多数のメッシュに分割され，それぞれのメッシュにおいて，2-28 項で示されている物理・化学の各過程による化学物質濃度の時々刻々の変化が計算される（図 1）．国内で使用実績が多い CMAQ（community multiscale air quality）[1, 2] をはじめ多くのオイラー型化学輸送モデルでは，これら諸過程に影響する気使要素の値には，あらかじめ別の領域気象モデルで計算した出力結果が外的に与えられるが，最近では気象要素と化学物質濃度を一体として同時に計算するモデル（気象・化学オンラインモデル）の開発も進んでいる．気象・化学オンラインモデルは，本来備わっている気象と化学物質の相互作用（例えば，粒子状物質が日射を遮る等して各種気象要素に影響し，逆にそれらの影響が光解離速度定数の値を変更させること等を通して化学物質濃度に影響する）を考慮することが可能であり，潜在的には，より現実に即したモデルとなりうる可能性を秘めている．気象・化学オンラインモデルは世界的には 2000 年代以降急速に進化しており，その代表例である WRF-Chem[3] は近年日本においても利用実績が増えつつある．

都市・地域規模のシミュレーションでは計算対象領域に限りがあるため，それ以外の領域からの影響は，通常，境界条件として加味されるが，近年ではこの境界条件に，数少ない実測データではなく，より大きい領域のシミュレーション結果が用いられることが多くなっている．例えば，数 km 程度のメッシュで行う関東地方を対象としたシミュレーションに，数十 km 程度のメッシュで行う日本規模あるいは大陸規

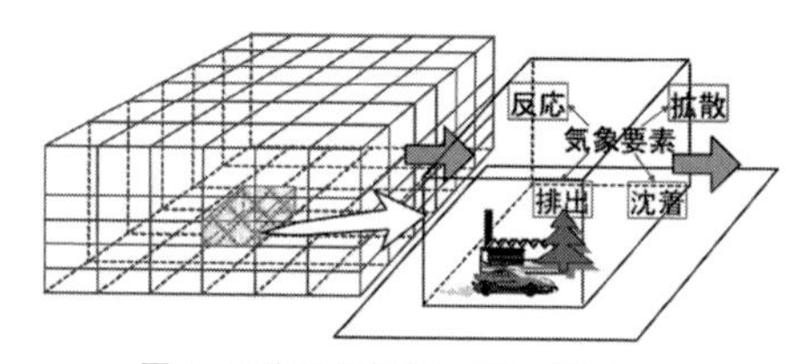

図 1　三次元非定常オイラー型モデル

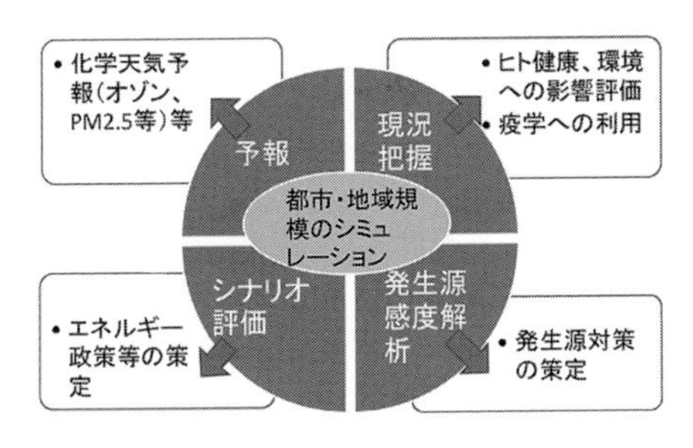

図2 シミュレーションで実現可能なこととその適用先

模のシミュレーションの結果を境界条件として取込み，越境汚染を含む関東地方以外からの影響を考慮するということが行われている．

c．都市・地域規模のシミュレーションで実現可能なこととその適用先

都市・地域規模のシミュレーションで実現可能なことと，その適用先について図2に示す．先述したように，シミュレーションでは排出量を入力データとして濃度や沈着量などが計算されるので，①濃度や沈着量の現況把握が実現可能である．また，例えば各発生源の排出量入力の有無を変更してシミュレーションを繰り返すことにより，②濃度，沈着量に対する各発生源の感度解析が可能になる．同様に，将来の様々なシナリオについてシミュレーションを行うことで，③各シナリオの濃度，沈着量を評価することも可能である．さらに，非定常モデルでは時間発展を追うので，④数日後などの予報を行うことも可能である．以下にそれぞれの概要とその適用先について示す．

1）現況把握　オゾンや$PM_{2.5}$の濃度分布，あるいは，酸性物質や活性窒素の沈着量の時空間分布を詳細に把握することが実現可能である．濃度のシミュレーション結果から，用量・反応関係のデータを利用することにより，ヒト健康への影響評価に適用できるほか，沈着量のシミュレーション結果を他の媒体モデルへ入力してさらに解析することにより，河川や海洋等における生態系への影響評価にも適用できる．また，最近では，これらの詳細な大気中濃度分布のシミュレーション結果を逆に利用して，健康影響の用量・反応関係を導出するなど疫学研究への適用例も見られる．

2）発生源の感度解析　オゾンや$PM_{2.5}$の濃度，あるいは，酸性物質や活性窒素の沈着量について，各発生源の寄与を定量的に把握することが実現可能である．これらの情報は，二次大気汚染，酸性雨，閉鎖性水域の富栄養化対策等の各環境対策の政策決定に対し重要なインプットとなりうる．

3）シナリオ評価　将来にとられる可能性がある種々の施策等について，それぞれのシナリオで起こりうるヒト健康・環境への影響を把握することが実現可能である．水素社会に変革したり，電気自動車を全面導入したりといった各エネルギー施策が導入された場合のヒト健康・環境への影響を事前に評価しておけば，それらの情報はエネルギー政策の策定に対し重要なインプットとなりうる．

4）予　報　天気予報と同様に数日後等の各化学物質濃度の予報が実現可能である．オゾンや$PM_{2.5}$等の濃度を予報する化学天気予報，放射性物質の拡散予報，花粉飛散予報等に適用されている．

［井上和也］

文　献

1）https://www.cmascenter.org/cmaq/
2）速水　洋：大気環境学会誌，**46**：A1–A5，2011.
3）https://ruc.noaa.gov/wrf/wrf-chem/

2-21 全球規模での化学輸送シミュレーション

Global simulation of chemistry and transport

大気汚染はローカルな現象・問題として扱われることが多く，その実態把握や予測には主に都市・領域スケールの大気質モデル（air quality model）による化学輸送シミュレーションが用いられる．しかしながら，このようなモデルでは，対象とする領域の境界面（典型的には東西南北の4面および上面）で気象パラメータや濃度等，いわゆる境界条件（boundary condition）を設定する必要があり，モデル領域外からの物質の流入や領域外への流出を直接的に扱うことができない[1]．そこで，大気汚染物質の領域を跨ぐ長距離輸送の評価については，主として全地球を対象とした全球の化学輸送モデル（chemistry transport model：CTM）が基本的に用いられる．一方で，オゾンやエアロゾル等の大気汚染物質は気候に与える影響も大きく，大気汚染の変動が及ぼす気候影響の定量的評価は，地球温暖化の将来予測における重要課題となっている[2]．このような目的では，全球CTMと気候モデルが一体化した化学気候モデル（chemistry climate model：CCM）が開発されてきており[2, 3]，気候・温暖化の再現や将来予測に活用されている．また，特に化学気候モデルは1990年代以降，成層圏オゾン（オゾン層）の変動解明や予測のために開発・活用されてきた背景もある．したがって，全球化学輸送シミュレーションには，図1に示すような大気にまつわる三つの主要な環境問題について，相互作用も含めて解明・予測する役割が課せられている．

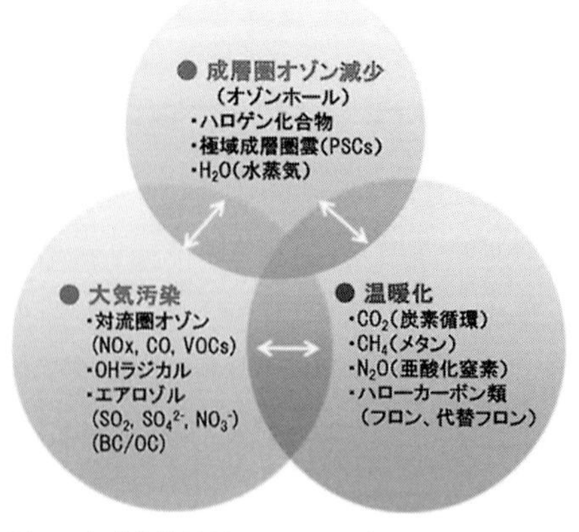

図1　全球化学輸送モデルが扱うグローバルな環境問題と相互作用

a．全球化学輸送モデル・化学気候モデル

上述の通り，全地球を対象とする大気環境シミュレーションには大別してCTMとCCMの2種がある．一般的にCTMは気候計算を含まず，風速，温度，水蒸気量などの気象変数を外部からの入力として，大気中の輸送と化学過程のみを計算する（輸送過程については，Euler的モデルが主であるが，風に乗った系で拡散を扱うLagrange的モデルもある[4]．その一方で，CCMは，大気中の物質と気候変動との相互作用を表現するため，気候モデル中の気象計算と結合し，オンラインで大気中の輸送・化学を計算する．CCMを例として，典型的なモデル計算構造を図2に示す．近年の化学気候モデル[3]では，以下のようなプロセスをできるだけ忠実に再現することが求められる．

①地表から大気への気体・エアロゾル（1次粒子）の排出（emission）

②大気中の化学反応による各種物質の酸化（分解）や二次物質（オゾン，二次粒子）の生成，および黒色炭素など疎水性粒子の水溶性粒子への変質過程

③大気中の物質輸送過程および地表・降水による沈着除去（dry/wet deposition）

④排出・生成された気体・エアロゾルの大気放射過程への影響（短波および長放射の吸収・散乱）

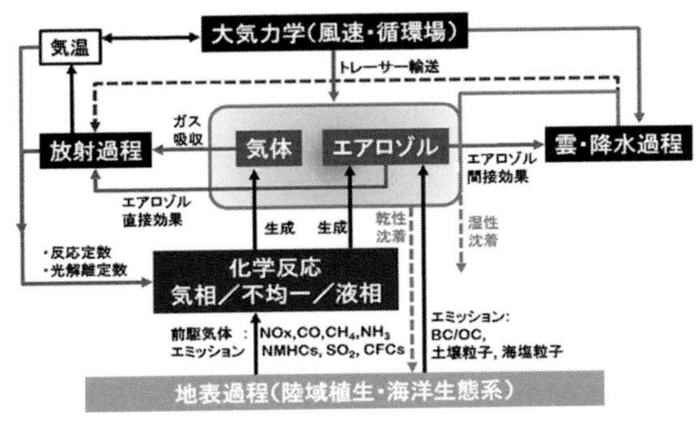

図2 化学気候モデルの構造

⑤エアロゾルの雲・降水過程への影響(エアロゾル-雲・降水の相互作用)

これらの計算過程を通じ，対流圏・成層圏のオゾンや対流圏中のエアロゾルについて，全球分布・変動を評価することがCTM，CCMの主ターゲットである．さらに，メタン等の変動に大きな影響を及ぼす対流圏OHラジカルの平均濃度（大気酸化能力，oxidation capacity）の推定も重要な課題となっている[5]．

CTM，CCMによる物質分布計算における不確定性の要因としては，特に大気中の輸送過程が挙げられる．現状では，計算資源上の制約から，比較的計算が軽いCTMでも50〜100 km程度の水平解像度を用いることが多く，精度向上の余地が大きい．

b．CTM，CCMの主な応用例

CTMやCCMは対象領域が全球であることから，汚染物質等の長距離輸送を含む起源推定によく利用される（図3）．また，CTMを利用したデータ同化（data assimilation）手法の開発も活発化しており，人工衛星による微量気体・エアロゾル観測から，地域ごとの排出源を特定する逆解析（inverse modeling）手法も発展しつつある．

また，CCMは近年の気候変動・温暖化研究では重要なツールの一つとなっており，オゾン・メタンやエアロゾル等，気候汚染物質（short-lived climate pollutant：SLCP）と呼ばれる成分の将来変動が及ぼす気候影響の評価・予測に活用されている．

［須藤健悟］

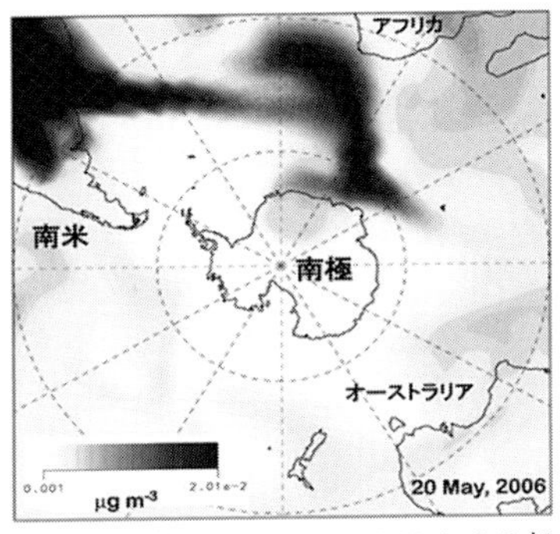

図3 化学気候モデルCHASERによる起源推定例：南米起源の黒色炭素(BC)の南極への長距離輸送

文　献

1) 速水　洋：大気環境学会誌，**46**（1）：A1-A5, 2011.
2) 須藤健悟：大気環境学会誌，**49**（2）：A25-A35，2014.
3) 気象庁訳：IPCC第5次評価報告書，2014.
4) 村尾直人：大気環境学会誌，**46**（5）：A61-A67, 2011.
5) 須藤健悟：大気化学研究，**36**：036A03，2017.

2-22 大気汚染の統計モデル

Statistical models for air pollution

大気中に含まれる汚染物質の量を知りたい場合，地球上の大気すべてをサンプリングし，目的物質の全量を計測すれば正しい情報を手に入れることができる．しかし，もちろんそのようなことは不可能である．統計は，観測によって得られた限定的なデータ（標本）をもとに，環境（母集団）全体について信頼できる知見を導くためのツールである（図1）．

a．環境統計の役割

1）記述統計　記述統計とは，ばらつきを含んだ多数のデータから，測定の対象となっている事象の特徴を客観的に導き出す方法である[1]．大気観測によるデータは，母集団特性の実現値である．まず，データを図に可視化し，情報の基本構造を明らかにすることが重要である．データの分布をヒストグラムや箱ひげ図に表してみるとよい．この作業は，データの中心位置やばらつきを捉えるのに有用であり，正規分布を前提とした諸解析への適用可能性を確認するためにも重要である．また，複数の項目について大気観測を行った場合は，データの変化を可視化しつつ，散布図により項目（変数）間の相関関係を調べておくことも有用である．記述統計では，議論すべき対象が標本に限定されていることに留意する必要がある．国や自治体から発表される大気汚染物質の年平均濃度などの情報は，得られた標本の代表値を求めたものであり，記述統計の典型といえる．

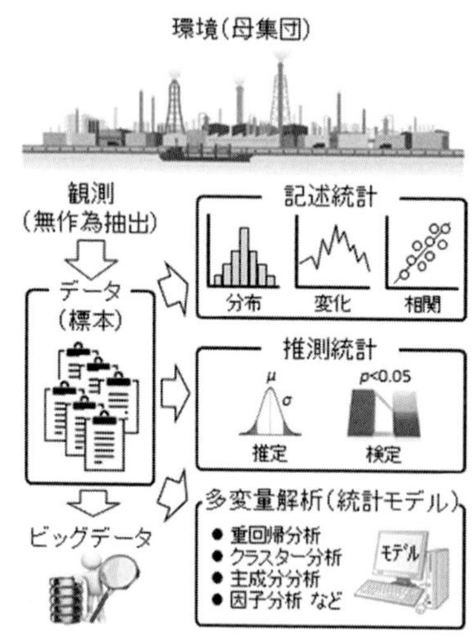

図1　環境統計の概念図

2）推測統計　推測統計とは，観測データから得られる特徴をもとに，確率的なばらつきを考慮しながら，母集団の特徴を見極めようとする方法である[1]．統計的推測の方法は，推定と検定に大別される．推定とは，母集団の特性値を具体的な一つの数値や幅のある区間で言い当てることである．例えば，ある大気汚染物質の濃度を複数回測定したデータの標本平均と標本標準偏差から，母平均（大気汚染物質の年平均濃度）が存在する区間を一定の信頼係数（95% がよく用いられる）のもとに推定することができる．一方，検定とは母集団の特徴について立てた仮説について，確率論に基づいて正しいとみなせるかどうかを検証する方法である．例えば，異なる2地点において大気汚染物質の濃度を同時に測定したデータについて，標本平均と標本標準偏差から2地点の母平均の差を一定の有意水準のもとに検定することができる．記述統計とは異なり，推測統計では議論すべき対象は母集団である．

b．多変量解析（統計モデル）

多変量解析とは，複数の変数からなる大規模なデータから，有益な知見や法則を抽出するための統計的手法の総称である．データの構造を探る視点においては記述統計のカテゴリに属するが，データに潜む法則をモデル化しようとする試みは論理の一般化を目指したものであり，母集団の理解に役立つアプローチといえる．解析の目的に応じて，異なる統計モデルを活用する．ここでは，大気汚染の解析においてよく用いられる四つの統計モデルを概説する．

1）クラスター分析　クラスター分析は，変数間の類似度または非類似度（距離）に着目して，データをいくつかの変数のまとまり（クラスター）に分類する手法である．大気汚染物質の濃度変動の類似性や，観測地点間の成分組成の類似性等を樹形図（デンドログラム）で可視化することができる．これにより，データ構造の全体像をつかむことが容易になる．また，次に概説する重回帰分析において，変数選択する際にも有用な知見をもたらす．

2）重回帰分析　記述統計の項で２変数間の相関関係について言及したが，重回帰分析はこれを多変数に拡張したものである．複数の説明変数（要因）によって一つの目的変数（結果として起こる事象）を説明するモデル式（重回帰式という）を導出する手法である．一般に，予測誤差の二乗和が最小になるように説明変数の係数が決定され，重回帰式が導かれる．説明変数間に高い相関関係があると多重共線性により適切な重回帰式を得ることが困難になる．そのため，説明変数の候補が多数ある時には，変数選択が必要となる．その際に，先に説明したクラスター分析が役に立つ．

3）主成分分析　主成分分析は，多数の説明変数から少数の新しい変数（総合指標）を合成することによって，元のデータが持つ情報を縮約する手法である．データ全体が持つ情報をできるだけ総合指標に反映させるため，元の変数の線形結合を考え，その分散が最大になるように線形式の係数を決定する．このようにして決められる総合指標を主成分と呼ぶ．一般に，複数の主成分が得られることが多く，各主成分の係数に着目して個々の意味を解釈することが必要となる．

4）因子分析　因子分析は，データの背景に存在する未知の潜在変数（共通因子）を探り出す手法であり，次の 2-23 項のリセプタモデルで詳説する Positive Matrix Factorization（PMF）モデルのベースとなる統計モデルである．先に説明した主成分分析がデータの合成であったのに対し，因子分析はデータの分解に相当する[1]．例えば，複数の大気汚染物質について経時的に濃度測定されたデータセットから，その濃度変動に影響を及ぼした複数の共通因子を分解することができる．この時，分解された共通因子は大気汚染物質の発生源に相当する情報である．因子負荷行列から，それぞれの分解因子がどのような発生源を示しているかについて解釈を加える．その際，因子負荷行列を回転させることによって解釈が容易になることが多い．

c．環境ビッグデータの活用

大気汚染に関連する情報は，化学物質の計測データに限定されない．気象や排出インベントリといった大気汚染物質の動態を規定する情報も，大気汚染に関連するデータベース（環境ビッグデータ）の要素である．また，最近では報道やソーシャルメディア等から発信される質的情報を大気汚染の原因究明に応用する研究もある[2]．環境ビッグデータを活用した研究が，これからの統計モデルの潮流となるかもしれない．

［飯島明宏］

文　献

1）片谷教孝，松藤敏彦：環境統計学入門一環境データの見方・まとめ方，オーム社，2003.
2）長谷川就一：大気環境学会誌，**52**（1）：4-50, 2017.

2-23 環境データによる発生源影響の把握：リセプタモデル

Source apportionment by observational dataset: receptor models

$PM_{2.5}$に関わる環境基準が定められ，質量濃度および成分濃度の測定が実施されている．効果的な$PM_{2.5}$対策の検討のためには，発生源と環境濃度の因果関係を定量的に把握することが重要となる．$PM_{2.5}$に含まれる化学種の測定データは，発生源を探索する際の糸口となる．

発生源と環境濃度の関係は，川の流れをイメージすると理解しやすい．図1は，上流に位置する発生源から排出された汚染物質が，様々な物理過程・化学反応を経ながら下流の観測点に到達する系を表した概念図である[1]．解析の方向の観点から，大気モデルはフォワードモデルとリセプタモデルの2種類に大別される．フォワードモデルは上流から下流に向かって解析するモデル，すなわち，排出インベントリを基に，物質の移流・拡散・反応プロセスを理論計算し，ある観測点における濃度を予測するものである．一方，本項で扱うリセプタモデルは，下流から上流に向かって解析するモデル，すなわち，ある地点で測定された成分濃度を基に，その濃度に影響を及ぼしたであろう各種発生源の寄与濃度を統計的に推定するものである．

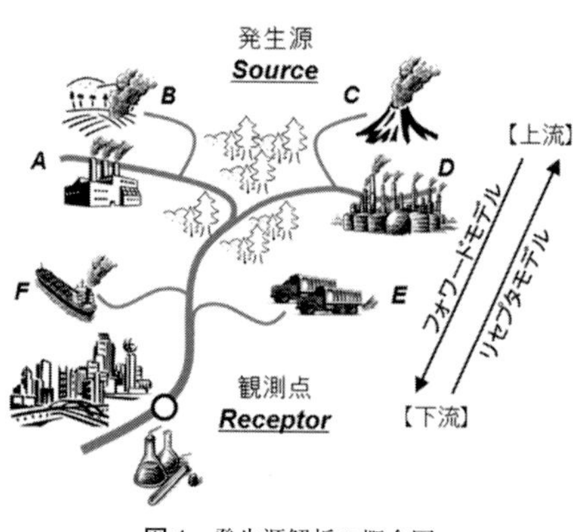

図1　発生源解析の概念図

a．代表的なリセプタモデル

1) **Chemical Mass Balance** (CMB) **モデル**　CMBモデルは，1組の観測データセットと発生源プロファイル（各種発生源からの排出粒子成分組成）をモデルに投入し，両者の質量収支から発生源寄与を推定する手法である．一般式を(1)式に示す．

$$x_j = \sum_{k=1}^{p} c_{jk} s_k + e_j \tag{1}$$

ここで，x_jは観測点における成分j (j=1, …, m) の観測濃度 (μg/m^3)，c_{jk}は発生源k (k=1, …, p) からの排出粒子に含まれる成分jの含有率 (%)（発生源プロファイル），s_kは発生源kが観測点に及ぼす寄与濃度 (μg/m^3)，e_jは成分jの観測値とモデル化された計算値の残差である．観測点における成分濃度は，発生源プロファイルと発生源寄与の積の線形和で説明され，x_jとc_{jk}を既知としてs_kを求める試みである．現在，EPA-CMB 8.2が米国環境保護庁よりフリーウェアとして公開されている．

モデルに投入する成分は，各発生源に特徴的であり，他の発生源と区別できる指標性のある成分が望ましい．フラクショネーション係数（発生源と観測点における変化率）が明らかにされている成分か，発生源と観測点の間の移流・拡散プロセスにおいて組成が変化しないとみなせる成分（例えば金属元素や元素状炭素など）を用いるのが一般的である．既往の研究等で選択されている成分を概観すると，地殻物質の指標としてAlやCa，海塩粒子の指標としてNa，石油燃焼の指標としてVやNi，石炭燃焼の指標としてAs，廃棄物焼却の指標としてKやZn，鉄鋼関連の指標としてFeやMn，ディーゼル自動車の指標として元素状炭素（EC）などが代表的である．

自動車関連の指標としては，タイヤ摩耗の指標として Zn，ブレーキ摩耗の指標として Cu，Sb，Ba 等も有用である．

2) Positive Matrix Factorization (PMF) モデル　PMF モデルは，多数組の観測データセットを幾つかの因子に分解する手法で，因子寄与および因子プロファイルと呼ばれる統計情報を同時に導出することができる．あらかじめ発生源プロファイルを準備する必要がない点が CMB 法との決定的な違いであり，PMF モデルの魅力である．一般式を (2) 式に示す．

$$x_{ij}=\sum_{k=1}^{p}g_{ik}f_{kj}+e_{ij} \qquad (2)$$

ここで，x_{ij} は観測点における試料 i ($i=1, \cdots, n$) 中の成分 j ($j=1, \cdots, m$) の観測濃度 (μg/m^3)，g_{ik} は試料 i に対する因子 k ($k=1, \cdots, p$) の相対寄与 (単位なし)，f_{kj} は因子 k のプロファイルにおける成分 j の濃度 (μg/m^3)，e_{ij} は試料 i 中の成分 j の観測値とモデル化された計算値の残差である．PMF モデルは，観測データセットに内在する変動要素を統計的にグループ化し，因子として分解する仕組みである．類似した変動要素を持つ成分グループは，同類の発生源に由来すると考えられるため，因子≒発生源とみなして発生源寄与を推定する試みである．現在，EPA-PMF 5.0 が米国環境保護庁よりフリーウェアとして公開されている．

最終的な解として得られた g_{ik} および f_{kj} 行列から発生源を推定する．まず，f_{kj} 行列の成分プロファイルに着目し，指標成分の存在から発生源を推定する．また，g_{ik} 行列も発生源の推定に役立つ．昼／夜の差，平日／週末の差，季節変化，経年推移等に着目すると，各発生源の活動量の変化，二次生成物質の大気中での動態，規制法令の強化等の事象を再現する因子を見出すことが期待できる．さらに，気象観測データや常時監視データ等との関係を考慮すると，より厳密な解釈が可能になる．

b. 有機マーカー成分を利用したリセプタモデル

近年，$PM_{2.5}$ の主要成分の一つである有機粒子 (OA) の発生源およびその寄与評価に関する研究が注目されている．OA は排出・生成形態の視点から，大気中に直接粒子として排出される一次有機粒子 (POA) と，ガス状前駆物質が大気中で粒子化する二次有機粒子 (SOA) に大別される．また，発生源の視点から，さらに人為起源 (APOA，ASOA) と生物起源 (BPOA，BSOA) に区別される．しかし，OA の総量を有機炭素 (OC) として測定する従来の成分分析では，複数ある OA の発生源を同定し，それぞれの寄与を推定することは困難であった．

今日までに OA 発生源の指標となる有機マーカー成分が特定されている．例えば，レボグルコサン (バイオマス燃焼)，ホパン類 (自動車排気)，アラビトール (植物粒子 (BPOA))，ピノン酸 (α-ピネン由来 BSOA)，2-メチルテトロール類 (イソプレン由来 BSOA)，コレステロール類 (調理) などが代表例である．これらの成分を測定し，リセプタモデルに投入することで，これまで十分に解明されてこなかった OA の発生源寄与率を推定できる．現在までに，地方公共団体が行う「微小粒子状物質に係る常時監視成分分析調査」の枠組の中で実施可能な有機マーカー成分の観測・分析プロトコル，およびそれらを用いたリセプタモデリングが確立されている[2]．

［飯島明宏］

文　献

1) 飯島明宏他：大気環境学会誌，**46** (4)：A53-60，2011.
2) 熊谷貴美代他：全国環境研会誌，**42** (2)：10-15，2017.

2-24 シミュレーションにより発生源を推計する手法

Method to identify sources with simulation

三次元大気質シミュレーションを活用し，大気中の汚染物質の濃度に対する発生源の影響を推計することができる．その手法は，発生源の寄与（source apportionment）を推計する手法と，発生源の感度（source sensitivity）を推計する手法に大別される．ある発生源Aの排出量の変化に対する汚染物質濃度の変化が関数で表される場合に定義される発生源Aの寄与と感度の模式図を図1に示す．発生源の寄与は，汚染物質濃度のうちのどれだけが発生源Aの排出量に由来するものか（図1の①），発生源の感度は，発生源Aの排出量が変化すると汚染物質濃度がどれだけ変化するのか（図1の②または③），に相当する．

a．発生源寄与推計手法

発生源の寄与を推計する手法として，タグ付きトレーサ法がある．本手法は，発生源から排出される一次排出物質または二次生成物質の前駆物質に，どの発生源から排出されたものかを示すタグをつけ，大気中での輸送や沈着等による濃度変化を別個に計算するものである．これにより，図1の①で示すように，ある発生源Aの現状の排出量を用いて計算される汚染物質濃度のうち，どれだけが発生源Aの排出量に由来するものかを区別することができる．ただし，前駆物質から大気中で生成する二次生成物質については，工夫が必要になる．

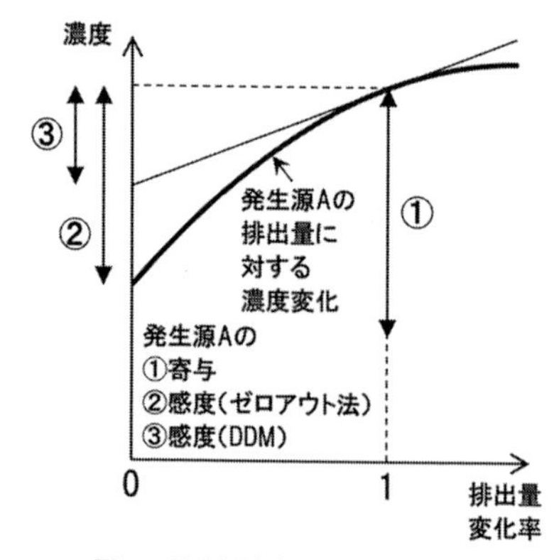

図1　発生源寄与と感度の模式図

OSAT（Ozone Source Apportionment Technology）[1]は，オゾンの発生源寄与を推計するタグ付きトレーサ法の一種である．オゾンは，主に窒素酸化物（NO_x）と揮発性有機化合物（VOC）が絡む大気中での反応により生成するが，オゾンの生成がNO_xとVOCのどちらにより強く依存するかを，シミュレーション内で計算される過酸化水素と硝酸ガスの生成速度の比で判定する．オゾンの生成分に対して，NO_x依存と判定される場合にはNO_x，VOC依存と判定される場合にはVOCに対する発生源寄与割合を割り当てる．このように，オゾンがどの発生源のNO_xあるいはVOCの排出量に由来するものかを推計する．PSAT（particulate source apportionment technology）[2]は，同様の考え方に基づき，粒子状物質に対する発生源寄与を推計するタグ付きトレーサ法の一種である．前駆ガスから大気中で生成する二次粒子成分に対し，前駆ガスの発生源寄与割合を割り当てる．

b．発生源感度推計手法

発生源の感度は，定義の通り，シミュレーション上で排出量を変化させた場合に計算される汚染物質濃度の変化として推計される．特に，発生源の排出量を0にして感度を求める方法を，ゼロアウト法やゼロエミッション法と呼ぶ（図1の②）．排出量に対する濃度変化の非線形性の影響を避けるため，与える排出量の変化を20%程度に留めることも多い．本手法では，感度を求める発生源の数だけシミュレーションを実行しなければならないため，BFM（brute force method，力ずく法）とも称

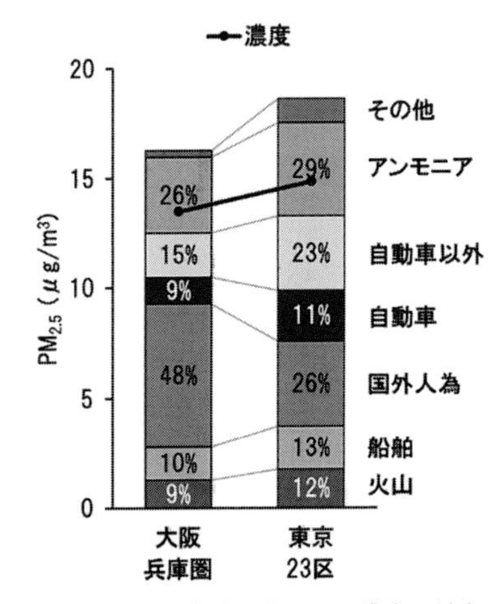

図 2　地域別 2005 年度平均 $PM_{2.5}$ 濃度に対する発生源感度計算例[3)]

される．茶谷ら[3)]は，本手法を用いて日本三大都市圏の $PM_{2.5}$ 濃度に対する国内外の発生源の感度を評価し（図 2），地域による感度の違いや非線形性の重要性を明らかにしている．

発生源の感度をより効率的に計算する手法も提案されている．DDM（decoupled direct method）[4)]は，排出量に対する汚染物質濃度の一次微分値（現状の排出量に対する発生源の感度）の時間変化が，汚染物質濃度の時間変化と同様の微分方程式で記述されることを活用し，濃度と感度の時間変化を，モデル内の同様の数値計算手法で同時に計算するものである．BFM で複数回シミュレーションを実行して感度を求めるよりも計算時間が一般的に短く，効率的である．DDM で求められる感度は，図 1 の③に示すように，発生源 A の現状の排出量における濃度変化関数の接線の傾きに相当する．しかしながら，濃度変化が非線形な関数で表される場合には，排出量の変化が大きくなると接線の傾きも変わってくる．そこで，排出量に対する汚染物質濃度の二次以上の微分値の時間変化も同様の微分方程式で記述されることを活用した HDDM（high-order, decoupled direct method）[5)]も開発されている．

c．発生源寄与・感度の解釈

発生源から直接排出される一次排出物質については，発生源寄与と感度は基本的に一致する．しかしながら，大気中で生成する二次生成物質の場合は，発生源寄与と感度が一致するとは限らない．発生源寄与は負の値をとることはなく，すべての発生源（シミュレーションの対象領域外からの輸送を含む）の寄与割合の合計は 100% に一致する．レセプタモデルの CMB や PMF で求められる発生源寄与と同様の意味合いを有するものである．一方，発生源感度は負の値もとりうる．すべての発生源の感度割合の合計は 100% に一致するとは限らない．また，想定する排出量の変化が小幅であれば，濃度は DDM で求められる接線の傾きの方向に変化するが，濃度変化が非線形な場合に，想定する排出量の変化が大きい場合には，HDDM を用いるか，あらかじめ排出量の変化率を決めて BFM で感度を求めることが必要になる．このように，各手法で推計される発生源寄与または感度はそれぞれ定義が異なるものであり，その違いを正確に把握して，目的に応じて使い分ける必要がある．　　　［茶谷　聡］

文　献

1) A. M. Dunker, *et al.*: *Environ. Sci. Technol.*, **36** (13): 2953-2964, 2002.
2) K. M. Wagstrom, *et al.*: *Atmos. Environ.*, **42** (22): 5650-5659, 2008.
3) 茶谷　聡他：大気環境学会誌，**46**（2）：101-110，2011.
4) Y. Yang, *et al.*: *Environ. Sci. Technol.*, **31** (10): 2859-2868, 1997.
5) A. Hakami, *et al.*: *Environ. Sci. Technol.*, **37** (11): 2442-2452, 2003.

2-25 環境観測データによる排出量の逆推計

Inverse modeling of emissions

排出インベントリ（emission inventory）は，大気汚染物質の排出強度・分布を見積もったもので，大気環境の理解や改善に向けた取組みだけではなく，化学輸送モデルのインプットとしても欠かせないものである．通常，排出インベントリは，エネルギー消費量といった活動量に排出係数等を掛けあわせ，データを積み重ねていくことで推計される．排出インベントリの推計方法等については2-17項を参考にされたい．大気質の解析や環境行政等広く活用される排出インベントリだが，問題点も幾つか抱えている．一つは推計された排出量に含まれる不確実性（誤差），もう一つはインベントリの整備までに生じるタイムラグである．後者は，排出インベントリ推計の基礎となる各種統計資料の公開までにかかる時間に起因し，現在時刻と最新の排出インベントリの間に数年の時間差を生じさせ，化学天気予報の精度などに大きな影響を与えている．こういった排出量インベントリの問題点を，環境観測データや数値モデル（化学輸送モデル）を応用し，補完することを逆推計・逆解析（inverse modeling）または逆問題（inverse problem）と呼ぶ．図1に逆推計のフローを示す．

大気中に放出されたエアロゾルやその前駆物質，微量気体などの大気汚染物質は，輸送や拡散，沈着や化学反応などを経て，地上または衛星観測測器によって濃度や気柱量の形で観測される．いかなる測器でも真値を観測することはできず，観測値には観測誤差が含まれている（図1の左側）．

一方，数値モデルを用いた解析は図1の右側の破線矢印で示される．排出インベントリを入力し，輸送，拡散，沈着，化学反応の影響を化学輸送モデルで計算し，濃度分布を出力する．前述の通り排出インベントリには誤差が含まれるし，化学輸送モデルの各過程にも誤差が含まれている．

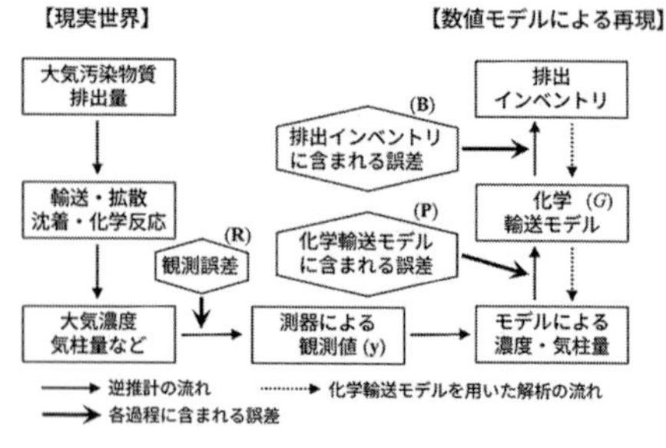

図1 逆推計の模式図

逆推計では，観測された情報から帰納的に排出量の推定を行う（図1の右側実線矢印）．すなわち，輸送等の影響を化学輸送モデルによって計算を行っておき，観測とモデル結果が整合するように，排出インベントリ（先見情報）を修正する．結果（観測）から原因（排出量）を推定する．これが逆推計と呼ばれる所以でもある．

CO_2の発生源・吸収源に対する逆推計は1990年代よりその研究が進められ，化学輸送モデルへの本格的なデータ同化の応用よりも古いが[1]，近年，四次元変分法やアンサンブルカルマンフィルタといった同化手法が排出量の逆推計に用いられることも多くなり，逆推計をデータ同化の範疇に含める見方もある．四次元変分法やアンサンブルカルマンフィルタの説明は，2-26項に譲り，ここではグリーン関数（Green's function）を使ったsynthesis inversion法（グリーン関数法）について説明する．

衛星観測から得られた一酸化炭素（CO）気柱量を拘束条件として，CO排出インベントリを逆推計するケースを考える．まず，図1の左側，現実世界を見ていく．化石燃料やバイオマスの燃焼などで放出されるCOは，大気中で輸送・拡散され，水酸化ラジカル（OH）による酸化反応を受けつつ対流圏中を広く分布していく．MOPITTやAIRSといった衛星センサでは，近・熱赤外チャンネルで得られるシグナルを利用して，このCOの気柱量（$\boldsymbol{y}$）の推定（リトリーバル）を行っている．リトリーバルには幾つかの仮定が含まれるほか，測器で得られるシグナル自体に誤差が含まれていたりするため，推定された気柱量には不確実性（観測誤差，$\boldsymbol{R}$）が含まれている．

数値モデルの世界（図1の右側）では，COの排出量は排出インベントリで与え，大気中の輸送・拡散や化学反応を計算し，COを重量濃度予測・再現する．そのため，衛星データと比較するには，濃度から気柱量への変換が必要となる（この変換作用を観測演算子と呼ぶ）．化学輸送モデルと観測演算子にも不確実性（モデルに関する誤差$\boldsymbol{P}$）が含まれている．

観測と化学輸送モデルで得られたCO気柱量の関係は次のように表される．

$$\boldsymbol{y}=\boldsymbol{G}(\boldsymbol{0})+\boldsymbol{G}(\boldsymbol{\eta})+\boldsymbol{\varepsilon}$$

$\boldsymbol{G}$は化学輸送モデルと観測演算子を表し，$\boldsymbol{\eta}$は最適化すべき不確定なパラメータで，ここではCO排出インベントリである．$\boldsymbol{\varepsilon}$には観測誤差とモデルに関する誤差が含まれている．右辺の$\boldsymbol{G}(\boldsymbol{0})$は通常の設定で行ったモデル計算から得られるCO気柱量で，$\boldsymbol{G}(\boldsymbol{\eta})$はパラメータ$\boldsymbol{\eta}$を変化させた時の気柱量の変化を表している．$\boldsymbol{G}$の$j$番目のカラムは以下の式から求めることができる．

$$\boldsymbol{g}_j=\frac{\boldsymbol{G}(\boldsymbol{e}_j)-\boldsymbol{G}(\boldsymbol{0})}{\boldsymbol{e}_j}$$

ここで，$\boldsymbol{e}_j$はj番目に$\boldsymbol{e}_j$，それ以外は0の摂動ベクトルである．$\boldsymbol{g}_j$はGのj番目の要素に対するグリーン関数で，j番目のパラメータの寄与率を表す．すなわち，CO排出量のCO気柱量への感度（ソース・レセプター関係）である．Synthesis inversion法では，この感度を用いて，観測とモデルのCO気柱量の差が小さくなるように排出インベントリを最適化する．

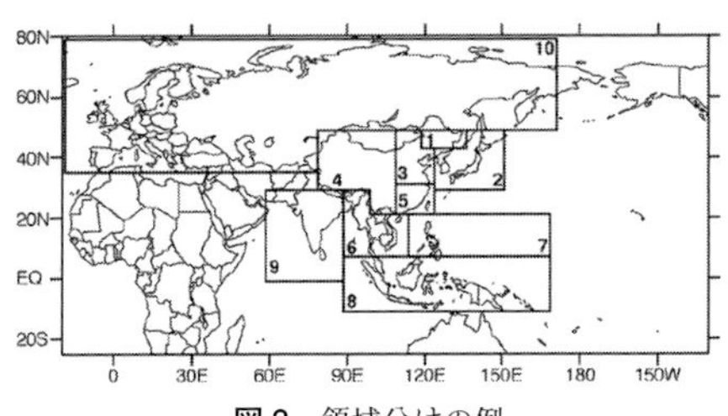

図2　領域分けの例

パラメータ（$\boldsymbol{\eta}$）には，得たい領域・期間のCO排出量を設定する．例えば，中国を幾つかの領域に分け，それぞれの領域からのCO排出量を求めたり（図2）[2]，より細かくモデルグリッドごとに排出量を最適化[3]することができる．ただし，パラメータの数だけ（対象とする領域や期間の数だけ），グリーン関数（CO排出量のCO気柱量への感度）を求めなければならない．CO排出量逆推計では，排出量に摂動を与えた感度計算を対象領域や期間の数だけ行う必要があるが，任意の領域から排出されたCOにタグを付けて計算を行うタグ付きシミュレーションなど計算コストを軽減させる工夫も考えられている[2, 3]．Synthesis inversion法の詳細については文献[1]が詳しく，黄砂の発生量[3]や一酸化炭素排出量[2]への応用研究が行われている．

［弓本桂也］

文　献

1) I. G. Enting: Inverse Problems in Atmospheric Constituent Transport, Cambridge University Press, 2002.
2) 弓本桂也，鵜野伊津志：大気環境学会誌，**47**：162-172，2012.
3) T. Maki, *et al.*: *SOLA*, 7A: 021-024, 2011.

2-26 データ同化

Data assimilation

データ同化は数値天気予報の精度向上のため，初期条件を正確に推定することを目的にその研究が始まった．統計的推定論を応用し，観測データと数値モデルの結果からより良い（より現実に則した）場を推定することを目的としたデータ同化は，観測データの拡充やモデルの発達を背景に大気中の物質輸送へと応用されるようになり，その目的も多岐に渡るようになった．物質輸送モデリングにおけるデータ同化の目的は，①予報計算に必要な初期条件を精度よく求める（初期値問題），②モデル内のパラメータや外力の推定を行う（逆推計），③欠損のない均質で高品質な四次元データセットの作成（再解析，reanalysis），④観測網の評価，の四つに大きく分けることができる[1]．

a．予報計算に必要な初期条件を精度よく求める（初期値問題）

$PM_{2.5}$や光化学オキシダントなど大気汚染への社会的な関心の高まりを受け，数値天気予報と同じように数日先の大気汚染状況を予測する化学天気（エアロゾル）予測システムが，世界中の現業・研究機関で開発・運用されている．このような大気汚染の数値予測においても，数値天気予報と同様に，観測データを同化することで初期濃度場の最適化を行い，予測の精度向上を実現する取組みが行われている．例えば，エアロゾル予測システムでは，極軌道衛星や静止衛星観測から得られたエアロゾル光学的厚さ（aerosol optical depth：AOD）を同化することでエアロゾル濃度場の更新を行いながら，毎日の予測計算を行っている（図 1）．大気微量気体に対しては，衛星で観測された CO や O_3，NO_2 の気柱量や鉛直プロファイルの同化が行われている．

b．モデル内のパラメータや外力の最適化を行う（逆推計）

前項の初期値問題では，データ同化によって予測計算に必要な初期濃度場の最適化を行った．データ同化を応用すれば，モデル内のパラメータ（例えば，沈着速度や反応速度など）や外力である排出量を推定することができる．これを特に逆推計（inverse modeling）または逆問題（inverse problem）と呼ぶ．詳細は 2-25 項を参照されたい．

c．欠損のない均質で高品質な四次元データセットの作成（再解析）

再解析プロダクトとは，データ同化システムによって作成された欠損がなく，観測結果とも整合性のとれた，均質で高精度な四次元データセットのことであり，気象や海洋の分野を中心に広く利用されている．大気微量気体やエアロゾルについても，世界中の研究機関で開発が行われ，気候や健康への影響の評価などに使われ始めている．例えば，ヨーロッパ中期予報センター（ECMWF）の CAMSiRA（CAMS interim Reanalysis）では，各エアロゾルの濃度や AOD，NO_2 や O_3 といった大気微量気体濃度の再解析プロダクトを公開している．ECMWF の他にも，米国 NASA や海軍研究所，日本では海洋研究開発機構や気象研

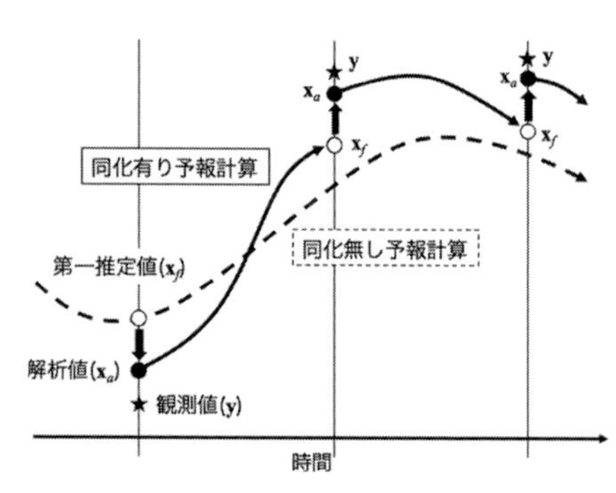

図 1　データ同化と予報計算

究所，九州大学がエアロゾルや大気微量気体に対する再解析プロダクトの整備・公開を行っている．

d．観測網の評価

データ同化システムを用いることで，観測システムのインパクトを定量的に評価することができる．これは観測システム実験（observing system experiment：OSE）と呼ばれ，既存の観測ネットワークや観測計画の評価および最適化に用いられている．このインパクト評価は実在しない仮想の観測システムにも適用可能であり，特に観測システムシミュレーション実験（observing system simulation experiment：OSSE）と呼ばれる．OSSE は，新設の観測ネットワークや計画中の衛星などの事前評価や設計の改善などに利用されている．

同化手法としては，カルマンフィルタ（Kalman filter）や，アンサンブル計算を導入することで高度化させたアンサンブルカルマンフィルタ（ensemble Kalman filter），変分法を用いた三次元変分法（3-dimensional variational method：3D-Var）や四次元変分法（4-dimensional variational method：4D-Var）等がある[2~4]．

1）カルマンフィルタとアンサンブルカルマンフィルタ　カルマンフィルタは線形最小分散推定（linear minimum mean square estimate）を基礎とし，解である解析値 $\boldsymbol{x}^a$ は次の式から得ることができる．

$$\boldsymbol{x}^a=\boldsymbol{x}^f+K(\boldsymbol{y}-H(\boldsymbol{x}^f))$$

$\boldsymbol{x}^f$ は同化前のモデル推定値（第 1 推定値），$\boldsymbol{y}$ は観測データ，H はモデルの結果を観測データの次元に変換する観測演算子である．式より，$\boldsymbol{x}^a$ は第 1 推定値と観測データによる修正項（インクリメントと呼ぶ）からなることがわかる．インクリメントの括弧の中は観測データとモデル結果の違いを表しており，イノベーションと呼ぶ．K はカルマンゲインで，次の式で与えられる．

$$K=PH^T(R+HPH^T)$$

P は背景誤差共分散行列，R は観測誤差共分散行列で，解析値は両者の誤差の重み付けで決まることがわかる．カルマンフィルタでは，背景誤差共分散を時間発展させ，過去の同化の影響を考慮しながら解析を行う．この背景誤差共分散の推定と更新をアンサンブル計算で近似するのがアンサンブルカルマンフィルタである．

2）変分法　変分法は最尤推定（maximum likelihood method）を基礎としている．最尤推定では，ある真値 x が仮定された条件下で推定値 x_1，x_2 が同時に得られる確率（尤度関数を求め，この尤度関数が最大となる（一番尤もらしい）x を解析値とする．尤度関数の最大値は，次式で表す評価関数を最小にする x によって得ることができる．

$$J(\boldsymbol{x})=\frac{1}{2}(\boldsymbol{x}-\boldsymbol{x}^f)^T\boldsymbol{P}^{-1}(\boldsymbol{x}-\boldsymbol{x}^f)+\frac{1}{2}(\boldsymbol{y}-\boldsymbol{H}(\boldsymbol{x}))^T\boldsymbol{R}^{-1}(\boldsymbol{y}-\boldsymbol{H}(\boldsymbol{x}))$$

第 1 項は第 1 推定値と解析値の差を，第 2 項は観測値との差を表している．変分法では導出した随伴方程式によって評価関数の傾きを求め，降下法を使った反復計算によって評価関数の最小値を見つけ，解を得る．

［弓本桂也］

文　献

1）弓本桂也：大気環境学会誌，**51**：97-102，2016.
2）E. Kalnay: Atmospheric Modeling, Data Assimilation and Predictability, Cambridge University Press, 2003.
3）淡路敏之他：データ同化―観測・実験とモデルを融合するイノベーション，京都大学出版会，2009.
4）樋口智之編著：データ同化入門．シリーズ〈予測と発見の科学〉6，朝倉書店，2011.

2-27 化学反応のモデリング

Modeling of chemical reactions

大気汚染物質である光化学オキシダント（主に O_3）やエアロゾルは大気中での化学反応を通じて生成されるため，大気汚染モデリングにおいて化学反応の正確なモデル化が不可欠である．大気中において無数の化学物質による反応が生じている中で，目的に応じた反応系の選択が必要となる．本項では，O_3 やエアロゾルの濃度計算を主目的とした化学反応モデルを対象として，化学反応過程と反応系のモデル化について述べる．

a．化学反応過程のモデル化

大気中での化学反応は，大きく気相反応，液相反応，不均一反応に分けられる．

1）気相反応　気相反応は気体成分のみによる化学反応で，二分子反応，三体反応，光解離反応などに分けられる（詳細は 3-14 項参照）．二分子反応の反応速度定数は温度の関数，三体反応の反応速度定数は温度と圧力の関数として定式化されており，主要な反応速度定数はデータベース化されている．一方，光解離速度定数は光化学作用フラックス（光子のフラックス）・吸収断面積（分子の光吸収特性）・量子収率（光子が分子の光解離を引き起こす確率）を基に計算する．いずれの反応においても反応速度定数と全反応物の濃度との積から反応速度を求める．反応時定数の大きく異なる多数の化学成分の時間発展方程式を数値計算するにあたっては，安定性の高さから前進差分に基づく陽解法よりも後退差分に基づく陰解法を用いられることが多く，短寿命成分の反応過程の計算手法や計算精度向上のための工夫がなされている．

2）液相反応　大気中で重要な液相反応として，気体分子が雲粒やエアロゾルに取り込まれた後に水溶液相中で引き起こす反応が挙げられる（詳細は 3-15 項参照）．液相反応過程の数値モデル化においては，気体成分の雲粒等への溶解過程，溶解成分のイオン化等の平衡反応，および酸化体による酸化反応等を考慮する必要がある．溶解過程はヘンリー定数，平衡反応は平衡係数，酸化反応は反応速度定数を基に計算しており，いずれも温度の関数として定式化されている．

3）不均一反応　不均一反応は異なる相間での反応をさし，大気中では粒子表面に吸着した気体分子とエアロゾル成分との反応などが挙げられる（詳細は 3-16 項参照）．反応速度は，粒子直径や気体分子の拡散係数・運動速度，および粒子表面・粒子中での反応確率を基に計算されている．エアロゾルの組成や形状，相状態は多様であり，エアロゾルの表面で起こる不均一反応の機構に関する知見が不足しているため，反応確率は限られた実験データを基にした経験値が利用されることが多い．

b．大気モデルで考慮すべき反応系

O_3 生成の観点では窒素酸化物や有機化合物が引き起こす水素酸化物（HO_x）ラジカルの連鎖反応，エアロゾル生成の観点では揮発性成分の酸化に伴う半揮発性・低揮発性成分の生成反応が考慮すべき反応である．

1）水素酸化物ラジカルの反応サイクルと O_3 生成　対流圏における O_3 生成は，NO_2 の光解離反応によって生成された O 原子と大気中の O_2 分子の反応による（図 1）．NO から NO_2 を生成するサイクルを回す上で，HO_x ラジカルの連鎖反応が重要な役割を果たす．HO_x サイクルの初期反応は O_3 の光解離反応による OH ラジカルの生成である．その後，OH は揮発性有機化合物（VOC）と反応して RO_2 を生成したのち，NO や O_2 と反応することで RO，HO_2，OH へと変化して HO_x サイク

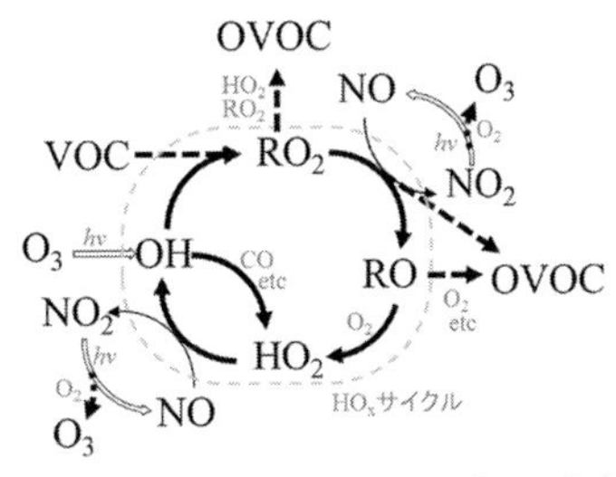

図 1　HO_x ラジカルの反応サイクルと O_3 生成過程

ルを回す．この際に，NO_x サイクルも同時に回すことで，O_3 生成に必要な NO_2 が再生成される．これらの反応過程のモデル化においては，図 1 に示した無機化合物は個別成分ごとに計算されるが，有機化合物（VOC，RO_2，RO）は無数に存在するので，計算負荷を軽くするために特徴の似た化合物をグループにまとめて計算する．

2)　窒素酸化物の反応　大気中に放出された NO_x は触媒として HO_x サイクルを回すことで O_3 生成を促進させるほか，NO_x 高濃度条件下では $NO+O_3 \rightarrow NO_2+O_2$ の反応により O_3 濃度を減少させることもある．エアロゾル生成の観点では，日中の NO_2 と OH ラジカルとの気相酸化反応，および夜間の NO_2 と NO_3 ラジカルの反応で生成した N_2O_5 の不均一反応による HNO_3 生成が重要な反応過程であり，これらの反応がモデル化されている（図 2）．

3)　有機化合物の反応　大気中に放出された VOC は，OH ラジカルとの反応を経て，RO_2 ラジカルを生成させる．その後，RO_2 と HO_2，RO_2，NO との反応により，含酸素揮発性有機化合物（OVOC）を生成して，一部はエアロゾル化しやすい半揮発性有機化合物（SVOC）や低揮発性有機化合物（LVOC）となる．すでに述べた通り，数値モデルでは有機化合物をグループ化しており，様々な O_3 生成メカニ

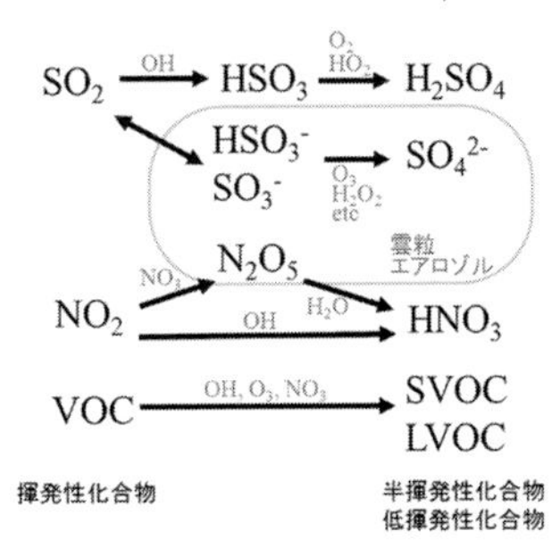

図 2　エアロゾル前駆物質の反応過程

ズムを対象としたモデルが開発されている．一方，エアロゾル生成メカニズムを対象としたモデルは，SVOC，LVOC の成分数が膨大なこともあり，特に立ち遅れている．

4)　硫黄酸化物の反応　大気中に放出された SO_2 は OH ラジカルとの気相酸化反応を経て，H_2SO_4 を生成する．また，雲粒中等での液相反応による SO_4^{2-} 生成も重要な硫酸の生成過程である．なお，HSO_3^- や SO_3^- など亜硫酸からの SO_4^{2-} 生成においては，O_3 や H_2O_2 が酸化体として働くほか，金属（Fe^{3+} や Mn^{2+}）などが触媒の役割を果たしている．そこで，これら成分の濃度を計算するために，液相への取込み過程と関連する液相反応過程を計算する必要がある．　［森野　悠］

文　献

1) D.J. ジェイコブ：大気化学入門，東京大学出版会，2002.

2) M. Z. Jacobson: Fundamentals of Atmospheric Modeling. Second Edition, Cambridge University Press, 2005.

3) J. H. Seinfeld, S. N. Pandis: Atmospheric Chemistry and Physics. Second Edition, John Wiley & Sons, 2006.

2-28 粒子化過程のモデリング

Modeling of aerosol formation

多種多様な大気エアロゾルを数値モデル化するには，表現すべき事象を明確にしたうえで，数値計算が可能となるよう単純化する必要がある．大気エアロゾルによる健康影響，気候影響，生態系影響等を数値モデルで評価するためには，少なくとも大気エアロゾルの化学成分，生成過程，粒径等を表現する必要がある．そこで本項では，これらの数値モデリングについて述べる．

a．大気エアロゾルの成分

一般に，エアロゾルは大気中に粒子として排出される一次エアロゾルと，大気中に気体として放出された後に化学反応を経て粒子化する二次エアロゾルとに分けられる．数値モデルでは一次エアロゾルとして，元素状炭素エアロゾル（EC），一次有機エアロゾル（POA），海塩粒子，土壌粒子や金属成分などを取り扱う．一次エアロゾルの変質過程として，粒子中で海塩粒子（NaCl）が HNO_3 と反応して $NaNO_3$ へ変質する反応過程がモデル化されることが多い．また最近では有機エアロゾルに関する研究の進展に伴い，POA の蒸発や多段階酸化反応が考慮され始めている．

二次エアロゾルとしては，硫酸塩や硝酸塩エアロゾル，二次有機エアロゾル（SOA）などが考慮されている．これらは，前項の化学反応モデルで計算された HNO_3，H_2SO_4，半揮発性有機化合物（SVOC）等が粒子化することで生成される．

b．エアロゾルの生成過程

大気エアロゾル濃度の数値モデル計算においては，粒子成分（液体・固体）と気体成分との分配を正確に再現する必要がある．これら分配を決定する粒子化過程は，大きく新粒子生成，凝縮・蒸発，凝集に分けられる（図 1）．

1）新粒子生成　新粒子生成とは，気体成分による核生成（分子クラスターの生成）とその後の分子クラスターの成長によって新たに粒子を生成する過程である．数値モデルでは前駆体である気体の濃度や相対湿度，温度を基に新粒子（粒径は数 nm 程度）の生成速度を計算する．これまで，硫酸と水蒸気を前駆体とする 2 成分均一相核生成を，自由エネルギー変化を基に熱力学的に計算する古典的手法が広く利用されてきた．ただ，NH_3 やアミン等の塩基の存在下において新粒子生成速度が増大するという実測的知見の蓄積を受けて，3 成分均一相核生成を計算する酸塩基反応モデルも利用されているほか，クラスターの成長を明示的に計算する動力学モデルも提案されている．

2）凝縮・蒸発　気体分子が既存粒子に取り込まれる凝縮過程は，二次エアロ

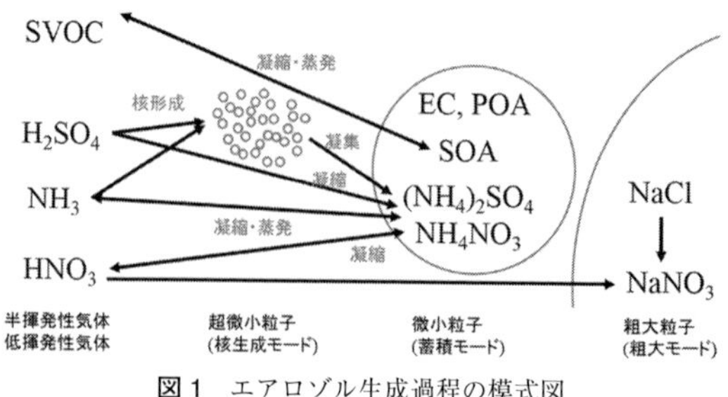

図 1　エアロゾル生成過程の模式図

ゾルの主要な生成過程である．無機化合物では，NO_xの酸化生成物であるHNO_3やSO_2の酸化生成物であるH_2SO_4，およびNH_3などが，飽和蒸気圧に応じて凝縮・蒸発過程を通じて一部が粒子化する．また，有機化合物では揮発性有機化合物（VOC）が酸化反応によってSVOCや低揮発性有機化合物（LVOC）を生成して，無機化合物と同様に飽和蒸気圧に応じて一部が凝縮する．

多くの大気モデルでは，凝縮，蒸発によるガス粒子交換は十分に短時間で起こると仮定して，熱力学平衡モデルを基に凝縮，蒸発過程を計算する．無機化合物は，硫酸，硝酸，アンモニアなど多成分系の平衡反応式に対する数値解を求めることで，凝縮，蒸発過程に伴う各相の成分の濃度変化を計算する．ここでは，各成分濃度と平衡係数を基に平衡反応式を計算すると同時に，粒子組成を基にエアロゾル水分量を計算する．

有機化合物の凝縮，蒸発過程は，無機化合物と相互作用しないと仮定して，独立に計算されることが多い．グループ化されたSVOCの飽和蒸気圧は，室内実験などから経験的に求められており，ガス粒子平衡を仮定して，凝縮・蒸発による各相の濃度変化を計算する．

なお，海塩（NaCl）などの粗大粒子においてはガス粒子平衡の仮定が成り立たないことから，明示的に凝縮・蒸発速度を計算する動力学モデルを用いることが好ましい．凝縮，蒸発速度は，各成分の濃度と飽和蒸気圧の関係，および気体分子の拡散係数と平均自由行程等から計算される．最近では，高粘性の有機粒子についてもガス粒子平衡が成立しないことが示唆されて，動力学モデルの開発が進行している．

3）凝　集　凝集は粒子どうしの衝突による成長過程である．大気中ではブラウン運動による熱凝集が支配的であり，凝集速度は粒子直径や気体分子の平均自由行程・粘性などの関数で求める．凝集過程は超微小粒子の成長を通じて，数濃度と粒径分布に影響を及ぼすが質量濃度に対する影響は限定的である．

c．数値モデルにおける粒径の取り扱い

エアロゾルの粒径はその生成・消失速度や雲凝結核活性，光学特性や健康影響を支配する重要な要素である．数値モデルにおける大気エアロゾルの粒径の取り扱いは，連続型と離散型との大きく二つに分けられる．連続型は，対数正規分布などの分布を仮定した上で各粒径モード（核生成モード，蓄積モード，粗大モードなど）の中心粒径と標準偏差などを計算する．一方，離散型では，超微小粒子から粗大粒子までを有限の区間（ビン）に区切ることで粒径分布を計算する．各ビンの下限・上限の粒径は固定の場合と可変の場合とがあり，重視するエアロゾル生成過程に応じて計算手法を選択する必要がある．　［森野　悠］

文　献

1）日本エアロゾル学会：エアロゾル用語集，京都大学学術出版会，2004.
2）M. Z. Jacobson: Fundamentals of Atmospheric Modeling. Second Edition, Cambridge University Press, 2005.
3）J. H. Seinfeld, S. N. Pandis: Atmospheric Chemistry and Physics. Second Edition, John Wiley & Sons, 2006.

2-29 乾性・湿性・霧水沈着のモデリング

Dry, wet, and fogwater deposition modeling

乾性・湿性沈着は，大気汚染予測モデルのガス・エアロゾルの大気からの主要な除去過程である．一部のモデルには，降水粒子（雨，雪，あられ，ひょう）以外の雲粒（霧粒）の地表付近での沈着過程（霧水沈着過程）も考慮される．湿性沈着は，降水・雲粒子の水分量がある閾値以上である大気層を対象に計算する場合が多い．また，霧水沈着は，大気第1層の雲水量がある閾値以上の場合にのみ計算する．以下では，2011年3月に起きた東京電力福島第一原子力発電所事故時に放出された放射性物質の大気拡散解析に用いた大気汚染予測モデル[1)]の沈着モデリングの方法を解説する．

a. 乾性沈着

1) 沈着速度　多くの大気汚染予測モデルでは，大気第1層におけるガスまたはエアロゾルの濃度Cと沈着速度V_{d}の積として乾性沈着フラックスF_{dry}を計算する．ここで，負の符号は大気層からの除去を表す．

$$F_{\mathrm{dry}}=-V_{\mathrm{d}}C$$

最も簡便なV_{d}の計算方法は，文献に基づき定数で与える方法である．モデルによっては，V_{d}をガス・エアロゾルの物理化学特性や土地利用（裸地，植生地，海面，都市等）ごとに与える場合もある．また，空気力学的抵抗R_{a}，準層流抵抗R_{b}，および表面抵抗R_{c}を直列に合成した合成抵抗の逆数に重力沈降速度V_{s}を加えてV_{d}を計算する下記の抵抗モデルも広く用いられている．

$$V_{\mathrm{d}}=(R_{\mathrm{a}}+R_{\mathrm{b}}+R_{\mathrm{c}})^{-1}+V_{\mathrm{s}}$$

R_{a}は風速や大気安定度に依存する乱流拡散による輸送抵抗であり，ガスとエアロゾルとで共通している．R_{b}とR_{c}はそれぞれの支配的な過程に基づいてモデル化される．V_{s}はエアロゾルのみに考慮される．

図1は，大気汚染予測モデルに含まれる抵抗モデルを用いて計算した森林上のガスおよびエアロゾルのV_{d}である．物質の化学特性や粒径によって，V_{d}の大きさが数オーダ異なることがわかる．植生地の場合，エアロゾルのV_{d}は，草地に比べて空気力学的粗度が大きく乱流輸送が活発な森林で大きくなる．一方，ガスの場合は，空気力学的過程よりも植物生理過程が重要になる場合が多い．

2) ガス　ガスの準層流抵抗R_{b}は，沈着表面の摩擦速度とガスの分子拡散係数で計算される．表面抵抗R_{c}は，植生地で特に重要であり，植物の生理的応答速度（気孔の開閉）とその他の表面吸収速度の逆数の並列接続の合成抵抗として計算する．表面吸収には，葉のクチクラ表面や土壌表面での吸収が考慮される．植生地への水溶性ガス（SO_2やアンモニア等）のR_{c}には，雨や露・霧による樹冠の濡れの影響も考慮される．沈着だけでなく，地表面から大気へと揮散するガス（アンモニア等）については，双方向抵抗モデルを用いて沈着と揮散の両方を考慮する場合もある．

3) エアロゾル　エアロゾルの準層流抵抗R_{b}は，捕集面（葉等）でのブラウ

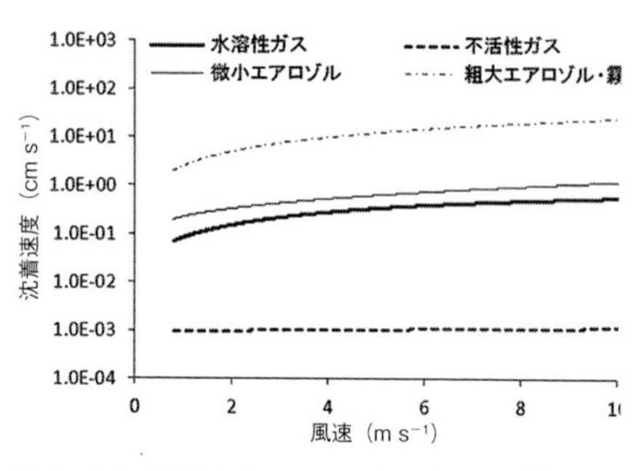

図1　大気汚染予測モデルによる日中の森林での乾性および霧水沈着速度の計算例

ン拡散，さえぎり（接触），慣性衝突，重力沈降，泳動等の捕集効率でモデル化される．捕集効率は，エアロゾルの物理化学特性（粒径，水溶性，反応性等）や捕集体の特性（葉の形状・大きさ，表面粗さ等）に基づいて計算する．R_bには，捕集面でのエアロゾルの跳ね返りや捕集された後の再飛散を考慮する場合がある．エアロゾルの場合，表面抵抗$R_c=0$と仮定される．

b. 湿性沈着

1）洗浄係数　各大気層の湿性沈着フラックスF_{wet}は，洗浄係数Λと大気中濃度Cの積で表す[1)]．

$$F_{wet}=-\Lambda C$$

洗浄係数Λは，簡易的には地上における降水強度とともに増加するとして計算される．より詳細には，Λを雲内洗浄係数Λ_{in}と雲底下除去係数Λ_{bl}の和として計算する．Λ_{in}はエアロゾルやガスが雲内で雲粒に取り込まれる過程，Λ_{bl}は，これらが雲底下で降水や氷晶粒子に取り込まれる過程をそれぞれ表す．

2）雲内洗浄　雲内洗浄の主要な過程である核洗浄は，雲生成の初期段階に雲底の付近で雲凝結核（CCN）となるエアロゾルが雲粒を形成する凝結過程である．核洗浄過程には未解明な部分も多いが，広く使われている大気汚染予測モデルでは，雲内洗浄係数Λ_{in}をエアロゾルの物理化学特性（粒径や溶解度等）や大気中水分量に基づいて定式化する．CCNの活性度をエアロゾルの過飽和度に基づいてモデル化する場合や，雪やあられ等の氷晶過程も含めて計算する場合もある．

図2は，大気汚染予測モデルにおける雲内洗浄係数の計算例である．エアロゾルのΛ_{in}は，大気中の全水分量が小さいほど雲内に取り込まれた汚染物質が速やかに洗浄されるとして定式化されている．一方，ガスのΛ_{in}は，ガスが雲粒に溶解し取り込まれる時間を考慮し，エアロゾルに比べて小

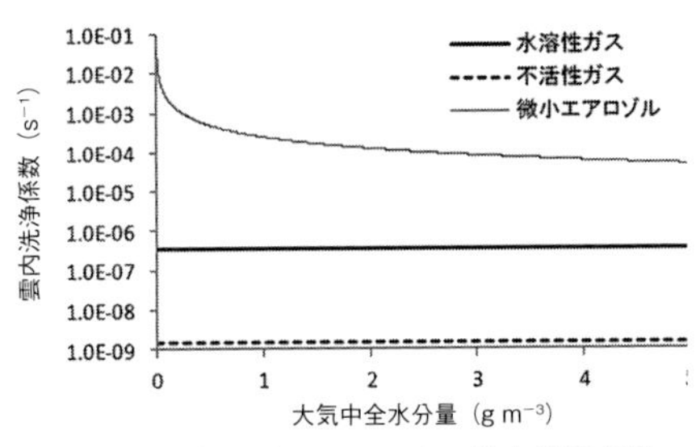

図2　大気汚染予測モデルによる雲内洗浄係数の計算例

さく計算される．

3）雲底下除去　雲底下除去係数Λ_{bl}は，エアロゾルのブラウン拡散，さえぎり，慣性衝突，重力沈降，泳動等による降水粒子への衝突効率に基づいてモデル化する．Λ_{bl}は降水強度とともに増大するが，中程度以下の降水強度（$<10\ \mathrm{mm\ h^{-1}}$）の条件では，Λ_{in}に比べて十分小さい．一方，エアロゾルの発生源の直上に発生した雨雲の下部等の条件では，雲底下除去は無視できない可能性がある．

c. 霧水（雲水）沈着

霧水沈着フラックスF_{fog}は，エアロゾルの乾性沈着の場合と同様に，霧水沈着速度V_fと大気第1層のガスおよびエアロゾルの大気中濃度Cの積で計算される．単純化のために，ガス・エアロゾルは速やかに霧水に溶解すると仮定している．

$$F_{fog}=-V_f C$$

霧粒の粒径は，5 µm以上と微小エアロゾルに比べて大きいため，慣性衝突と重力沈降が支配的な沈着過程である．植生地のV_fは，風速，植生の表面積，樹高，葉の大きさ等で定式化され，粗大エアロゾルと同程度またはそれ以上の大きさになる（図1）．　［堅田元喜］

文　献

1）堅田元喜，茅野政道：エアロゾル研究，**32**(4)：1-7，2017.

2-30 化学物質輸送モデリング

Chemical transport modeling

環境大気中の化学物質の時間・空間分布は，化学物質の流体運動を記述する基礎方程式（物質輸送方程式や拡散方程式，物質収支式などと呼ばれる）を解くことで得られる．基礎方程式に化学反応過程を付加したモデルは化学物質輸送モデルと呼ばれ，大気汚染や環境アセスメントに関わるモデリングに用いられる．

a．モデルの構成

オイラー型モデルは，地表面に固定した座標系に基づく基礎方程式を差分法等により数値的に積分計算するもので，濃度分布の時間・空間変化のシミュレーションに適している．計算量が多大となるため，高濃度エピソードのような比較的短期間（1日～数週間程度）の解析に使用されることが多かったが，計算性能の急速な進歩により，最近では数十年の長期計算も行われている．これに対して，ラグランジュ型モデルは流れとともに動く座標系（通常，流跡線にそった座標になる）のもとで移流計算を省略したものであり，例えば煙源や火山からの煙中の成分の拡散・反応過程に解析に用いられる．最近では，ほとんどのモデル解析にはオイラー型が使われることが多い．

オイラー型モデルを具体的に数式で記述すると，

$$\frac{\partial C}{\partial t} = -\nabla \cdot F + E + R + D$$

となる．ここで，C は化学物質の濃度，$\nabla \cdot F$ は輸送（移流とも言う）を意味し，後述の気象モデルの出力結果を用いる．E は化学物質発生フラックス，R は化学反応，D は沈着を表す．実際には，この方程式を必要な化学成分について連立・計算することになる．

オイラー型モデルは，多くの発生源から排出された多成分の汚染物質が大気中の化学反応で相互に影響し合う場合や気流構造が三次元的に複雑な場合にも適用できる．モデルの適用領域の大きさによって，局地から領域，さらには全球まで様々なスケールのモデルがあり，CMAQ（community multiscale air quality）[1)]と GEOS-Chem[2)] はそれぞれ，代表的な領域スケール，全球スケールの化学物質輸送モデルである．領域モデルの空間解像度は数 km～数十 km で，全球モデルの空間解像度は数十 km～数百 km 程度と粗い．領域モデルの対象とする領域外の境界濃度には，全球モデルの結果を利用することが多い．

大気汚染は様々な物理・化学過程によって支配される複雑な大気中の現象（図1）である．化学物質輸送モデリングを行うことで，①汚染物質排出量と大気濃度・沈着量との因果関係を定量化，②大気汚染の発生メカニズムの解明，③環境濃度低減のために有効な対策の効果の把握，④当日から数日先までの大気汚染の状態の予報（化学天気予報），等が可能となる．

b．サブモデルの構成

基礎方程式を数値的に解くタイプの化学物質輸送モデルは，物質濃度を計算する本体とその入力用データの生成や様々な物理，化学過程の計算をつかさどるサブモデル群（気象，排出，化学反応，沈着などのモデル）によって構成される．以下にサブモデルの概要を説明する．

①気象モデルは，物質輸送モデルとサブモデルで用いる気象データを作成する．移流・拡散計算用の三次元風速・乱流拡散係数，乾性沈着の接地層パラメータ，湿性沈着の降水，雲分布，化学反応計算用の大気圧，気温，日射等が気象モデルによって算出される．気象モデルとしては，領域スケールへの適用の場合には，客観解析デー

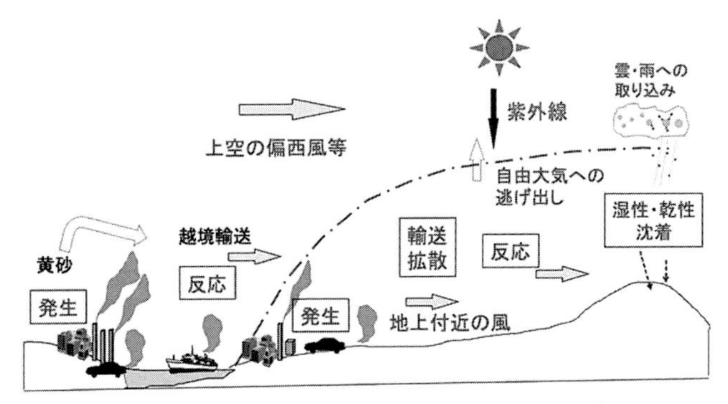

図1　化学物質輸送モデリングの物理，化学過程の概念図

タを初期値・境界値として利用する数値気象モデル（例えば，weather research and forecast：WRF[3]）が用いられることが多い．

②排出モデルは，物質輸送モデルで用いる排出量データを算出し，排出インベントリをもとに，使用するモデルの化学物質成分に合わせて入力できるように時間，空間，組成分解される．排出量としては人間活動に伴う化学成分の他に，自然起源（黄砂，海塩，森林火災）の発生も含めたモデリングが必要となることがある．

③反応モデルは，化学的，物理的反応過程をモデル化し，基礎方程式における反応変化項を計算する．反応過程としては気相化学反応のほか，酸性雨のように雲や雨での反応が重要な場合には液相化学反応が，また二次粒子をシミュレーションする場合には粒子化過程が考慮される．

④乾性沈着モデルは，粒子やガスが地表面へ大気から除去される過程を計算する．乾性沈着フラックスは沈着速度と標準高さの物質濃度の積によって表され，沈着速度は，物質，地表面性状，季節等によって異なる定数を設定したり，3種類の抵抗和（動力学的抵抗＋分子粘性抵抗＋表面抵抗）の逆数として表現し各抵抗値をモデル式から計算することによって与え，算出される．

⑤湿性沈着モデルは，降水がある場合に大気中の物質が雲粒や雨滴に取込まれ，液相で反応して，雨や雪とともに地表に落下（湿性沈着）する過程を計算する．湿性沈着効果を物質濃度の減衰式として表現する簡略モデル（減衰係数は洗浄係数と呼ばれ，降水強度やガスの性質，粒径等によって変化する）と，物質が液相に取込まれ，雲水や雨水と一緒に輸送される過程で化学変化し，最終的には地上に落下する一連の物理・化学過程をモデル化した詳細モデルに大別される．

c．今後の展開

化学物質輸送モデリングは，都市スケールから領域スケールの大気環境に係る調査研究や政策立案において大きな役割を果たしているが，依然として多くの問題・課題を抱えている．次世代のモデル解析に向けては，二次有機粒子生成や発生源寄与率推計，マルチスケール汚染機構解明などが課題として上げられる．　　　［鵜野伊津志］

文　献

1）CMAQ（https://www.cmascenter.org/cmaq）
2）GEOS Chem（http: //acmg.seas.harvard.edu/geos/index.html）
3）WRF（http://www.wrf-model.org/index.php）

2-31 地域気象モデル

Regional meteorological model

地球を覆う大気は地球全体で一つにつながっている．現在の天気予報は，この全球にわたる大気現象を一体としてスーパーコンピュータを用いて計算している．最近では水平方向に数 km 程度の格子間隔で全球の計算することも可能になってきているが，それができるスーパーコンピュータにはまだ限りがある．大気汚染の解析にあたっては，対象とする大気汚染の特徴により発生源情報などについて多くの試行計算を行う必要もあり，比較的狭い領域を対象とする場合には全球の計算をいちいち行うことは合理的ではない．

気象の分野ではスケールに応じた大気現象の分類を行うことがあり，スケールの大きいほうからグローバル（全球規模），シノプティック（総観規模，1 対の高低気圧程度のスケール），メソ（10〜1000 km 程度），マイクロ（10 km 以下）と呼ばれている[1]．大気汚染の分野での地域気象モデルの利用は，光化学大気汚染や $PM_{2.5}$ 汚染に対するものが多く，これらの汚染には，数 km から数千 km にわたる各大気汚染の前駆物質の発生源からの輸送とその経路における天気（紫外線量・雲や降水の有無等）が大きく関わってくる．このためここでいう地域気象モデルは，気象学ではメソスケール気象モデルに対応する場合が多い．一方，地域には独特の気象や気候が出現することがあり，これらを特徴づける風，雨，気温，湿度等の気象要素は山岳等の地形や，都市，森林などの土地利用・地表面状態と深い関係がある．

a．地域気象モデルの構成

地域気象モデルの構造は，基本的には他のスケールの気象モデルと大きな差はない．モデルでは計算領域を大きく大気層と陸面に分けて考える．大気層は鉛直方向に地面にごく近い接地境界層とその上の上空 2000 m 程度までの大気境界層，さらにその上の自由大気層に分ける．接地境界層は地上数十 m までの層で，熱などの上下方向の輸送量が高さによらず一定と仮定できる層である．

接地境界層の上に接続する大気境界層は，接地境界層と合わせて地表面の影響を直接的に受ける層であり，晴天日の昼間に空気の乱れの大きい状態が出現しやすい（混合層または対流境界層と呼ばれる）．また日変化が大きく，夜間は高度が低い安定層が地表付近に形成される．大気境界層の厚さはその下にたまりやすい大気汚染物質の濃度に大きく影響するため，地域気象モデルの出力では重要であり，その精度を上げるためには地表付近の鉛直方向の解像度を上げる必要がある．

地域気象モデルでは境界条件も重要である．計算領域が小さくなればなるほど境界から伝わってくる領域外部からの気象情報の影響が大きくなる．このような境界条件を与える情報として，短期間の予測値や最近のデータについては気象庁や米国大気海洋局（NOAA）等が提供しているより広域の気象予測情報（grid point value：GPV 等）データがある．また過去のデータとしては再解析データと呼ばれるデータがあり，気象庁では JRA-55[2] として整備されている．このような外部の気象データのスケールと，実際に大気汚染を解析したい地域のスケールにギャップが存在する場合には，地域気象モデル側でネスティングという手法を用い，中間的なスケールの計算を間においてダウンスケーリングを繰り返して目的のスケールの計算を実施することも多い（図 1）．また，最近では地域気象モデルの精度をさらに上げるために観測データをモデルに取り込んでいくデータ同化と

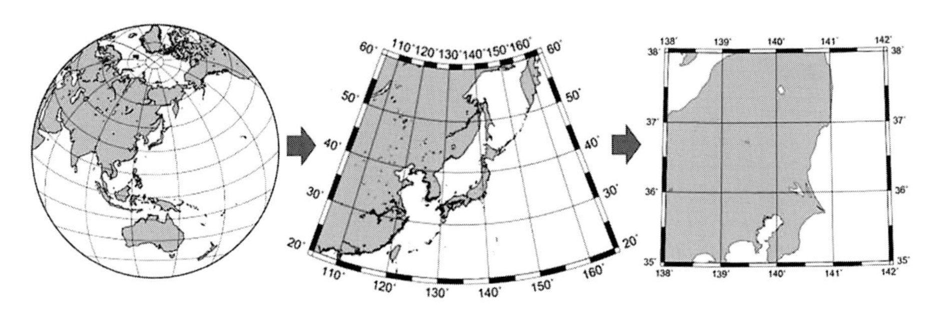

図1　全球スケールから目的の地域のスケールへのダウンスケーリング

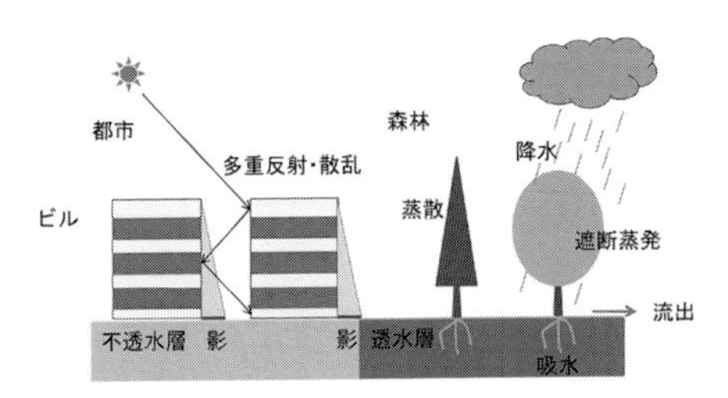

図2　陸面過程に含まれる主な要素

いう手法も開発されている．地域気象モデルとして世界で最も使用されているモデルに WRF（weather research and forecasting model）がある[3]．

b．陸面過程

陸面上には都市の建物や植生などの複雑な形状を持つ物体が多く存在する．地域気象モデルではその格子の大きさに応じた適度の分解能のこれらの情報が必要となる．

地面の上に何もない場合と異なり，建物や植物がある場合には，建物の表面による反射や赤外線の放出，植物があれば葉による日射の減衰や赤外線の放出により放射伝達過程が変わることが考慮されなければならない．また運動量や顕熱や水蒸気の交換は地面だけではなく，建物の表面や植生の表面でも起こる．特に植物の場合はその生理活動のため，呼吸と蒸散を行っていることも考慮される必要がある．地面での蒸発の計算には土壌中の水分移動が関わってくるし，植物があれば地中で根からの吸水が行われる（図2）．また大気汚染物質の発生源が多く集中する都市では地表面改変や人工排熱によりいわゆるヒートアイランドを形成することがあり，大気汚染物質の輸送や拡散に影響を与える．

このような陸面における運動量，熱，水蒸気，物質の輸送量をその上の気象条件と連動させて解くモデルを陸面過程モデル（land surface model：LSM）と呼び，非常に多くのモデルがある．

LSM を動かすためには地表面の土地利用・土地被覆（land use land cover：LULC）や植生などの分布，都市構造に関する詳細なデータが必要となる．これらの情報を得るために近年では衛星リモートセンシングがよく使用されるようになってきているが必ずしも精度はよくない[3]．

［近藤裕昭］

文　　献

1）近藤裕昭：大気環境学会誌，**36**（5）：262-274, 2001.

2）http://jra.kishou.go.jp/JRA-55/index_ja.html#about（2018年3月1日閲覧）.

3）https://www.mmm.ucar.edu/weather-research-and-forecasting-model（2018年3月1日閲覧）.

4）K. Iwao, *et al.*: *Geophys. Res. Lett.*, **33**: L23404, 2006. doi:10.1029/2006GL027768

2-32 流跡線解析

Trajectory analysis

観測地点等の場所に到達，または発生源等の場所を出発する空気塊の移動経路を，風速や気温などの気象データをもとに計算する手法をいう[1]．前者を後退（後方）流跡線（backward trajectory）解析，後者を前進（前方）流跡線（forward trajectory）解析と呼ぶ．多くの流跡線作成ツールがそれに使用できる気象データとともにオンラインで提供されており[2]，比較的簡便に大気汚染の発生源地域や輸送経路を推定できるため，近年よく使用されている．

a．流跡線の作成

流跡線は，ある時間の空気塊の位置の風向や風速を気象データの内挿から得て，時間ステップ後の位置を求める計算を繰り返すことによって求められる．流跡線の作成者が指定するのは，出発点位置（緯度・経度と高度），流跡線を作成する時間，そして使用する流跡線モデルや気象データである．

1）流跡線モデル　流跡線モデルは，鉛直運動の取り扱いによって，①気象データ中の鉛直速度を用いる三次元流跡線，②鉛直軸に温位を取る等温位面流跡線，そして③鉛直運動を無視する等圧面流跡線（または等高度流跡線）に分類できる．

気象データの質や分解能が向上してきた1990年代以降では三次元流跡線の使用が一般的であり，鉛直風の正確な場が利用できるなら，三次元流跡線は他のものより正確であるとされている．一方，等温位面流跡線は，等温位面が等エントロピー面であり，凝結や混合のない気塊の運動（断熱可逆変化）では温位が保存量になることを根拠にして作成される流跡線である．その利点は，観測から得られる温度と水平風だけを使用し，鉛直風を使用せずに流跡線を作成できることであるが，非断熱プロセスが重要な大気領域（すなわち境界層と湿潤域）ではその根拠を失う．等圧（高度）面流跡線は名前のとおり鉛直運動を無視して一定圧力（高度）のもとでの流跡線を作成するものである．それは非現実的で地形以下の高度さえ移動するが，境界層内の平均風の代替として使用されることがある．

2）気象データ　流跡線作成には，地球大気を格子点に分割して，各格子点上の気象変数（風向，風速，気温，湿度等）を記述した「客観解析データ」や「再解析

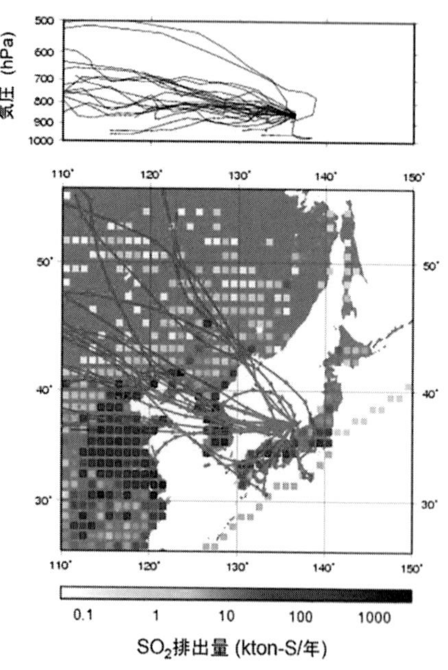

図1　流跡線作成例

輪島での観測において，ある大気汚染成分が卓越した日を対象として得た流跡線(群)である．1本の流跡線は不確実性が大きいが，複数の流跡線を得ることによって，輸送の特徴を議論できる．また，水平方向の輸送に加えて，輸送高度も解釈を助けることが多い．これを他の成分が卓越した流跡線と比較できれば，輸送の特徴についてさらに考察できる．

データ」が使用される．東アジア地域の流跡線作成を行う場合，GDAS（global data assimilation system）や NCEP/NCAR 全球再解析データ等を利用できる．近年，これらのデータの空間分解能や時間分解能が向上してきており，気象データの時間・空間内挿に由来する流跡線の誤差は小さくなってきていると考えられる．

3) 流跡線を作成する時間　流跡線は限られた期間についてのみ「気塊」の経路をある程度正しく表すものといえる．そのため，流跡線を作成する時間は3〜5日が限界と考えるべきである．また，対象とする汚染物質の大気中の寿命を超える作成も意味がないため，流跡線の作成後，それに影響する輸送経路上の降水などの確認を行うことが望ましい．

4) 出発高度　地表の影響を受ける境界層内では，機械的な乱れ（地表面の粗度に起因）や熱的な乱れ（日射による対流に起因）によってよく混合されており，「気塊」はすぐに「気塊」でなくなる．このため，流跡線計算では，出発高度を境界層の上端である 850 hPa（1300 m 程度）以上の高度に設定することが原則である．しかし，観測は地表付近で行われることが多い．その場合，850 hPa に到達する流跡線が，地表近くの観測に対応したものであるかどうかを十分吟味しなければならない．

b．流跡線の誤差

流跡線の誤差は，流跡線モデルの選択，使用する気象データ，気象データの内挿，そして入力データ（開始位置・時間の指定）により生じ，移動時間に比例して増幅する．このうち最も大きな誤差は計算に使う気象データに由来する．様々な気象条件下で見出された流跡線の誤差は様々ではあるが，流跡線の作成にあたって，気象観測が比較的豊富な北半球でさえ，移動距離のおよそ 20% 以上の誤差が起こりうることを理解しておく必要がある．

c．統計的流跡線

流跡線解析の目的として，個々の気象・大気汚染イベントと関連する輸送プロセスの解明に加えて，観測点の大気汚染濃度に影響を及ぼす発生源地域の同定が挙げられる．近年，そのような目的に対応した，多数の流跡線に基づく統計的手法が開発されてきた．PSCF（potential source contribution function），CFA（concentration field analysis），CWT（concentration-weighted trajectory）等が代表的なもので，それらを求めるツールも公開されている[3]．統計的な手法であるため，数百〜1000 個程度の測定データを必要とし，様々な検討課題はあるものの，これらの方法は，測定値を使って発生源地域を推定する有用なツールと思われる．

流跡線は空気塊の輸送経路をわかりやすく示すことができ，その作成も簡単であるが，場合によっては大きな誤差を伴う．したがって，流跡線の作成者は，結果の妥当性を十分検討するとともに，結果だけから何かを論じるのではなく，総合的な解釈を助けるツールの一つとして流跡線解析を位置づけることが望ましい．　［村尾直人］

文　献

1) 村尾直人：大気環境学会誌，**46**：A61–A67, 2011.
2) NOAA の HYSPLIT，国立環境研究所地球環境研究センターの METEX などがある．
3) HYSPLIT の場合，TrajStat が HYSPLIT のホームページからダウンロードできる．

2-33 疫学（研究デザインⅠ：長期曝露）

Epidemiology（study design I: long-term exposure）

疫学研究にはいくつかの基本的なデザインがある．大気汚染の疫学研究では，曝露の長期・短期，健康影響の急性・慢性を考慮して実施される．例えば，コホート研究やケース・コントロール研究は長期曝露と急性影響／慢性影響に向き，ケース・クロスオーバー研究では，短期曝露と急性影響に向く，というような特質がある（2-34項）．ここでは，長期曝露の影響の解明に向く研究デザインについて概説する（研究デザインの詳細については文献[1]を参照されたい）．

a．長期曝露と短期曝露の定義

大気汚染の疫学研究は，主たる要因の定義により，長期曝露の影響を検討した研究と短期曝露の影響を検討した研究に大別される（図1）．長期曝露は大気汚染濃度の平均化期間がおおむね年単位以上の曝露，短期曝露はおおむね日単位～数日の曝露とされ，それらの中間の期間の曝露は中期曝露といわれることがある．

b．長期曝露の影響の解明に向く研究デザイン

大気汚染の長期曝露影響を解明するために用いられる代表的な研究デザインとしてはコホート研究やケース・コントロール研究が挙げられる．長期曝露を扱う研究では，曝露量の空間的（地理的）な違いによるアウトカム（例えば疾患の発生）の違いを検討する．

1） コホート研究（cohort study）

コホート研究は，対象とした集団を長期追跡する形の研究デザインである．例えば，標的とする健康上のアウトカムを喘息の発生とした場合，まず，研究開始時にベースライン調査を行い，喘息ではない集団（population at risk）を同定し，高濃度の大気汚染濃度曝露している集団とそうではない集団に分ける．そして，これらの集団に対し将来に向け追跡調査を行い，二つの集団における喘息の発生割合（リスク）の違い（リスク比，risk ratio：発生割合の比やリスク差，risk difference）により関連性を評価する（図2）．

コホート研究は，曝露期間の設定により，長期曝露や短期曝露の影響を検討することが可能であるが，長期曝露の影響を検討できるということに特長がある．

コホート研究は疫学研究の最も基本的な研究デザインであり，研究の起点から終点

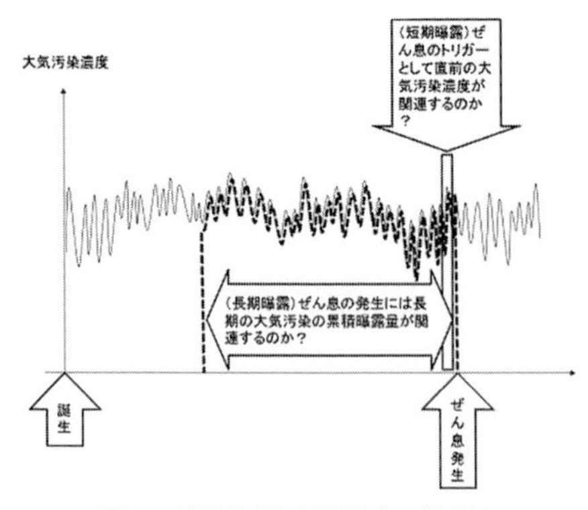

図1 長期曝露と短期曝露の模式図

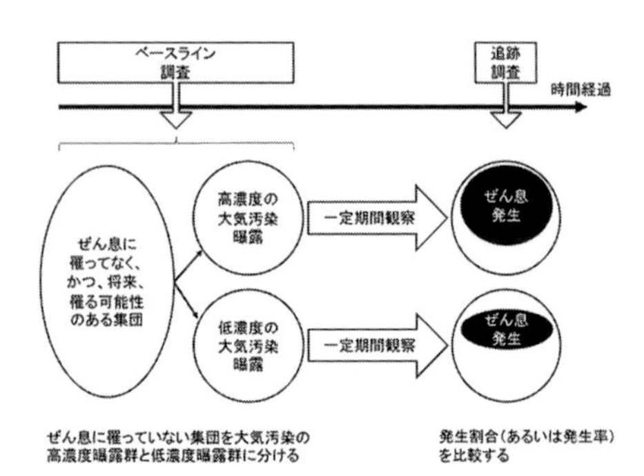

図2 コホート研究の模式図

までの曝露とアウトカムのデータを蓄積しておけば，どのような研究テーマにも対応できる．一方，大規模な例数を長期間に渡り追跡しなければならないというコスト面でのデメリットがある．

国内の研究例としては，「そらプロジェクト学童期調査」が挙げられる（2-38項）．「そらプロジェクト学童期調査」は自動車排ガスとぜん息の発生との関連性を解明するために，小学生を対象に5年間追跡したコホート研究である．この研究では，自動車排ガスの指標を元素炭素（EC）と窒素酸化物（NO_x）とし，調査年ごとの年平均個人曝露量を大気拡散モデルと時間加重モデルにより推計した．アウトカムの測定には，対象者の保護者が記入する方式の質問票を毎年行った．この質問票にはぜん息に係る国際的な質問項目であるATS-DLDを含め，これによりぜん息の発生を把握した（方法や結果については，文献[2]を参照）．

2) ケース・コントロール研究（case-control study）　症例対照研究ともいい，コホート研究と同様，曝露評価期間の設定により長期曝露の影響も短期曝露の影響も検討することができる．ケース・コントロール研究は，標的とする健康上のアウトカムが発生した者（ケース）の集団と，それ以外の者（コントロール）の集団それぞれに対して，過去の要因と疑われる事象への曝露状況を調査する研究デザインである（図3）．

例えば，喘息の患者集団と，喘息ではない集団で，過去の大気汚染曝露量を比較する，という研究デザインである．研究例としては，「そらプロジェクト」の幼児調査が挙げられる（2-38項）．ケース・コントロール研究からは，リスク比やリスク差を求めることができず，リスク比の近似となるオッズ比（odds ratio）のみが求められる．

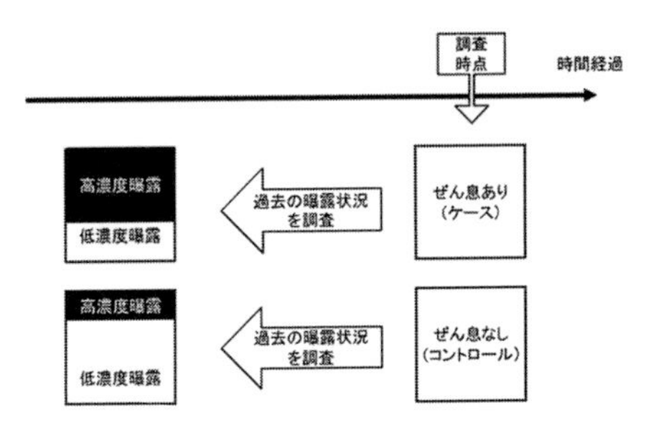

図3　ケース・コントロール研究の模式図

ケース・コントロール研究は研究開始時点から過去に遡ってデータを収集する必要があるので，そのようなデータが入手できなければ研究として成立しない．また，調査項目の記録の質に起因するバイアス（記憶違いなど）やケース集団とコントロール集団の設定方法に起因するバイアスの影響を受けやすい．

c. クロスセクショナル研究（cross sectional study）

横断研究や有病割合調査ともいう．ある集団を対象として，一時点における標的とする疾患の有病数を調査し，当該集団の中での有病割合（prevalence）を計算する．集団間で比較をすることにより，有病割合の比や差を計算することもある（2-38項参照）．

［山崎　新］

文　献

1）山崎　新：環境疫学入門，pp.93-99，107-11，157-170，岩波書店，2009.

2）S. Yamazaki, *et al.*: *Journal of Exposure Science and Environmental Epidemiology*, **27**, 372-379, 2014.

2-34 疫学（研究デザインII：短期曝露／バイアス概論）

Epidemiology (study design II: short-term exposure/bias)

大気汚染の疫学研究をデザインするうえで重要な要素である長期曝露と短期曝露について，研究デザインと関連づけて概説する．ここでは，短期曝露の影響の解明に向く研究デザインを概説する．また，疫学研究の質を評価するうえで考慮するべきバイアスについて概説する（研究デザインの詳細については文献[1]を参照されたい）．

a．短期曝露の影響の解明に向く研究デザイン

大気汚染の短期曝露影響を解明するために用いられる代表的な研究デザインとしてはケース・クロスオーバー研究や時系列研究，パネル研究などが挙げられる．これらの研究デザインは曝露量の時間的な違いによるアウトカム（例えば疾患の発生）の違いを検討する．

1）ケース・クロスオーバー研究（case-crossover study）　短期曝露とそれに引き続く急性の健康影響との関連性を分析する場合に限られ用いる研究デザインである．ケース・コントロール研究に類似しているが，ケース・コントロール研究は疾患の発生がない他人をコントロールとするが，ケース・クロスオーバー研究は疾患を発生していない時点でのケース自身をコントロールとする（図1）．つまり，ケース・クロスオーバー研究では，対象者自身内での曝露状況（量）を比較することから，疾患発生の直前の期間とコントロールとする期間では大きく変化しないような属性（例えば，性別，年齢，性格，嗜好等）については，ケースとコントロールの分布が同じになり，自動的に背景要因の調整ができる．一方，時間に依存して変化する要因（例えば，気温，服薬状況，喫煙行動，運動行動等）については，その項目について調査し，データを得ておかない限り，調整することができず，バイアスとなって結果に影響を及ぼす可能性がある．

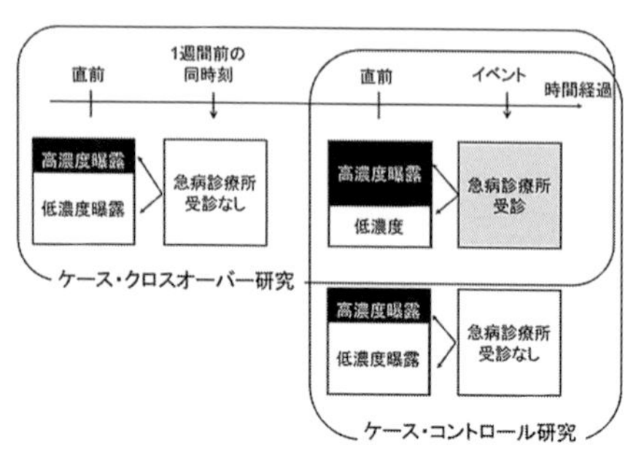

図1　ケース・クロスオーバー研究とケース・コントロール研究の違い

国内のケース・クロスオーバー研究の例としては，$PM_{2.5}$ 等大気汚染物質の日平均とぜん息による夜間急病診療所への受診との関連性を解析した研究がある．ぜん息による夜間急病診療所への受診記録をデータ化し，受診日をケース期間，受診日と同月内の同曜日をコントロール期間として大気汚染物質の日平均値データをリンケージさせて解析した研究である（方法や結果については，文献[2]参照）．

2）パネル研究　パネル研究（panel study）は，ある調査集団に対して，繰り返し曝露とアウトカムを測定し，その関連性を分析する研究デザインである．あるいは，ある個人を時系列に繰り返し測定し，そのようなデータを複数人（パネル）集積させて解析する研究デザインである．経時測定データ解析における個人内相関を考慮して解析することが必要であるために，一般化推定方程式（generalized estimating equations）等の解析方法を用いる．

国内のパネル研究の例としては，$PM_{2.5}$ 等大気汚染物質の1時間値とピークフローとの関連性を検討した研究がある．ぜん息により入院をしている児17名に対し，毎

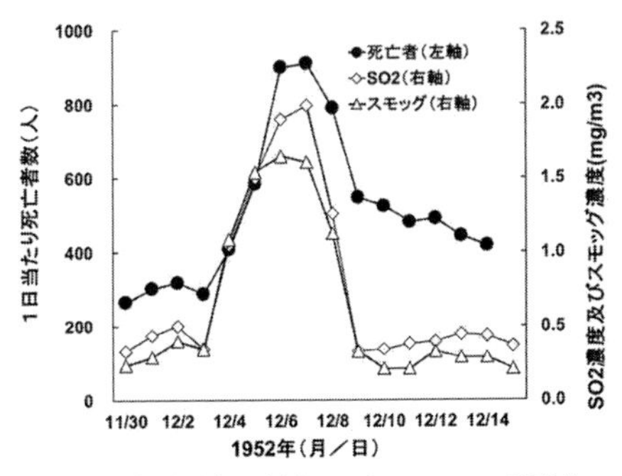

図 2　時系列研究の例（ロンドンスモッグ事件，1952 年：文献[4] を改変）

朝夕のピークフロー計測値をデータ化し，ピークフロー測定時間における大気汚染濃度とリンケージさせ解析した研究である（方法や結果については，文献[3] 参照）．

3）時系列研究　時系列研究（time series analysis）は，集団を定めたうえで，時点ごとにその集団の短期曝露濃度とその集団におけるアウトカム発生数を記録し，その相関関係を分析する研究デザインである．1952 年に発生したロンドンスモッグ事件（図 2）は大気汚染の日平均濃度と日死亡数との関連を示した時系列研究の古典的な一例である（文献[4] 参照）．

国内の時系列研究の例としては，日本の 13 大都市で，SPM の日平均濃度と死亡との関連性を検討した研究がある．5 年間の SPM 日平均濃度データと人口動態統計から得られた日死亡数データをリンケージさせ，一般化加法モデルを用いて解析した研究である（方法や結果については，文献[5] 参照）．

b. バイアス

バイアス（bias）とは研究結果を真実から乖離させてしまう偏りである．例えば，大気汚染濃度と肺がんの関連性を検討するために疫学研究を行い，高濃度曝露群は低濃度曝露群よりも肺がんが 2% 多く発生していたという結果を得たとする．しかし，肺がんの重要なリスクファクターである喫煙に関する情報を測定していなければ，観察された発生割合の差は，大気汚染濃度によるものなのか，喫煙割合の差異が影響したものなのかを区別することは困難である．もしかしたら高濃度曝露群では喫煙割合が高かったかもしれない．つまり，喫煙割合の違いを考慮せずに解析された大気汚染濃度と肺がんの発生との関連性はバイアスに影響されていると見なされよう．この例は交絡バイアス（confounding）についての説明であるが，バイアスはその類型により，交絡バイアスのほか，選択バイアス（selection bias），情報バイアス（information bias）に大別される．選択バイアスは，源泉集団に対する参加率の低さが原因となり偏った集団を対象とすることから生じる様々なバイアスである．情報バイアスは，データ収集時に起こる系統的な収集方法の偏り（真実からの乖離）が原因となるバイアスである．交絡バイアスは，その要因を測定しておけば，解析時に除去することができるが，その他のバイアスは解析により制御することはできないので，バイアスが入らないように入念に研究を計画し，データを取得していく必要がある．

［山崎　新］

文　献

1）山崎　新：環境疫学入門，pp.93-99，107-11，157-170，岩波書店，2009.
2）S. Yamazaki, *et al.*: *BMJ Open*, **5**: e005736, 2015.
3）S. Yamazaki, *et al.*: *Environmental Health*, **10**: 15, 2011.
4）E. T. Wilkins: *J. R. Saint Inst.*, **74**: 1-15, 1954.
5）T. Omori, *et al.*: *J. Epidemiol.*, **13**: 314-332, 2003.

2-35 毒性影響

Toxic effect

ここでは毒性影響を把握する方法について述べる（4-1項参照）．毒性影響については未解明の部分も含め多岐にわたると考えられる．大気汚染物質の毒性影響を把握する方法は毒性影響のリスクを評価し未然に防ぐ対策に生かす点で大変重要と考えられる．毒性影響を把握する手法には細胞，動物，場合よってはヒトに曝露し影響を観察する手法や，大気汚染物質の濃度と死亡率や不整脈の頻度や血圧といった指標との相関を検討すること等が行われている．一方，近年オーミクス（遺伝子や蛋白の発現や代謝等の検討）の莫大な情報とスーパーコンピュータを用いた相関等の情報の統合化による毒性影響を把握する新たな手法の急速な開発が進行している．毒性影響のリスク評価には曝露評価と有害性評価，対策には曝露量の低減と有害性の低減が重要である．

a．毒性影響に関わる物理・化学的性状

毒性影響評価に必要な曝露量，体内動態，有害性に関わる大気汚染物質の物理的性状には，汚染物質の存在状態（ガス状，固体，液状，固-液複合体），濃度，エアロゾルや固体（粒子や粒子と種々の物質が付着した複合体）の場合，粒径，個数，重量，表面積，粒径分布，凝集状態，剛性，表面の形状等がある．また，反応性（個々のガス状物質やガス状物質全体の持つ化学組成（官能基やラジカル様物質や過酸化物等），個々のエアロゾルや固体の場合，粒子自体の表面や粒子に付着した物質群，全体の化学組成，生体内安定性等の化学的性状がある．これらの物理・化学的性状は体内動態や動態に関わる因子（細胞との相互作用，動態過程，生体構成成分との相互作用後の化学的性状の変化，生体内安定性等）と深く関連しており曝露評価や有害性評価に関係していることから重要である．

b．曝露評価

1） 曝露量推定のため計測すべき性状　毒性影響のリスク評価には有害性と関連する可能性を持つ大気汚染物質の物理・化学的性状を選択し，その性状を有する物質群の発生や放出後から消失に至るまでの曝露量の計測や推定が必要となる．また，対象となる有害性に関わる臓器，細胞，生体構成成分等への曝露量や臓器，細胞，生体構成成分等との相互作用により生じる毒性影響に関わる成分の生成や機能の変化に関わる曝露量の推定には吸入等による体内への取込みから，吸収，移行，代謝，排泄といった体内動態，細胞内動態．毒性影響発現の推定機構からの細胞内での生体構成成分との反応による新たな成分の生成や機能の変化の計測が重要となる．

2） 曝露量の推定や計測　大気汚染物質個々のまたは全体の曝露量の計測と発生源数や発生源からの距離，排出量，気象条件等や対象となる大気汚染物質の物理・化学的性状等の情報から曝露濃度の推定と計測を行う．呼吸器，皮膚等の曝露部位から沈着，透過など細胞内動態を含む体内動態を考慮した大気汚染物質の標的部位での曝露量の推定や計測も必要である．大気汚染物質の中には物理・化学的性状により生体構成成分と相互作用や反応を引き起こすものがあり，取込後の動態も相互作用や反応により影響を受ける．ホルムアルデヒドなどの水に溶けやすいガスは粒径が大きくなりやすく上部気道に沈着するが，ディーゼル排気中の粒子など水に溶けにくい粒子は肺胞深部まで到達し沈着する．取込み後標的部位まで到達する過程においても生体構成成分との相互作用や反応が起きる．ジパルミトイルレシチン等肺表面活性物質に取囲まれたり，オゾンや過酸化物はSH基を

持つグルタチオン，DHA，EPA 等の酸化されやすい物質を酸化したり，cis 型不飽和脂肪酸を含む脂質の trans 型への異性化による細胞膜流動性の低下を引き起こす．これらの生体構成成分との相互作用や反応を引き起こす大気汚染物質，生体構成成分との相互作用や反応で生じた毒性影響に関わる物質群の曝露量の計測や推定が必要となる．

c．有害性評価

1）曝露量-有害性影響関係　有害性を有する大気汚染物質に曝露された時の健康に対する毒性影響は全身に及ぶが呼吸器系への影響に関する報告が多い．大気汚染物質の有害性と関連のある疾病や影響は精力的に検討がなされてきているが未解明な部分も多い．

2）相互作用や反応後の物質群の曝露量　気道，皮膚，消化器等の取込まれる部位や，肺胞 I 型，II 型上皮細胞，肺胞マクロファージ，線毛上皮細胞等の取込まれる部位を構成する細胞や，肺胞 I 型上皮細胞でのピノサイトウシスや，肺胞マクロファージでの貪食等の取込まれ方や，$PM_{2.5}$，や大気環境中ナノ粒子が取込まれた後に小器官のミトコンドリア周囲に行く等の細胞内動態等生体成分との相互作用や生体構成成分との相互作用や，反応で生じた毒性影響に関わる物質群の曝露量の計測や推定が有害性の評価の際に必要となる．

3）有害性と量反応関係　発がん性と非発がん性の大気汚染物質で量反応関係は異なる．発がん性は直線関係，非発がん性は個々の汚染物質により異なる量反応関係となる．

d．リスク評価

1）有害性と曝露量からリスク評価
毒性影響のリスク評価には有害性と曝露量

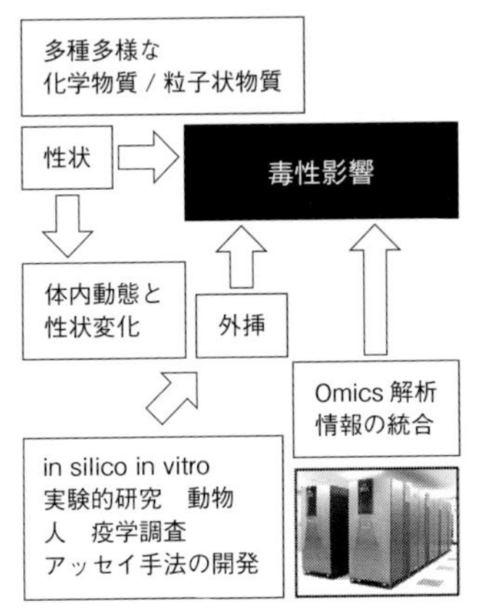

図 1　毒性影響研究の今後の課題

の評価が必要となる．リスクが生ずる時には，対策および対策における留意点として物理・化学的性状に基づく体内動態や毒性を考慮した有害性低減とライフサイクル，物理・化学性状，用量-反応関係を考慮した対策有害性の低減と曝露量の低減を考慮した検討が必要となる．

e．今後の課題

今後の課題として，オーミクス（遺伝子や蛋白の発現や，代謝等の検討）の情報とスーパーコンピュータを用いた相関等々の情報の統合化によるリスクの予測（図 1）をしながら，次の開発の方向や使い方を決定していくことが重要である．

［小林隆弘］

文　献

1）Risk Assessment for Toxic Air Pollutants, A Citizen's Guide, EPA 450/3-90-024, 1991.
2）Health risk assessment of air pollution-general principles, WHO Regional Office for Europe 2016.
3）J. A. Bernstein, *et al.*: *J. Allergy Clin. Immunol.*, **114**: 1116–1123, 2004.

2-36 大気汚染物質の植物影響の評価方法

Evaluation method of the effects of gaseous air pollutants on plants

植物に対するオゾン（O_3）等のガス状大気汚染物質の影響を評価する手法としては，指標植物の配置法，ガス暴露チャンバーを用いた方法および開放型ガス暴露装置を用いた方法等がある[1]．

a．植物指標による影響評価

植物指標とは，指標植物（indicator plants）の反応を通して，ある地域における自然環境要因の現状把握あるいは環境要因の変化の内容や程度を評価する方法である．日本においては，1970年代より公園の樹木を指標植物とした二酸化硫黄（SO_2）による大気汚染環境とその植物影響の評価が行われた．また，1974年よりアサガオを指標植物として関東地方の広域にわたって光化学オキシダント濃度と葉面に発現する可視被害の有無や程度との関係が解析された．1980年代以降においては，ハツカダイコンなどを指標植物としたO_3に注目した植物影響評価が行われた．また，ペチュニアを指標植物として，パーオキシアセチルナイトレート（$CH_3COOONO_2$）濃度と葉面可視被害の程度との関係が解析された．

オープントップチャンバー（open-top chamber：OTC）とは，天蓋部がない植物育成用の透明チャンバーである[1]．二つのOTCを野外に設置し，ファンによって，一方には野外空気をそのまま導入し（非浄化区），他方には活性炭フィルタ等によってO_3等のガス状大気汚染物質を除去した浄化空気を導入し（浄化区），両OTC内で育成した指標植物の成長量等を比較し，その場所における大気汚染状況とその植物影響を評価する．日本では，1980年代後半から1990年代にかけて，ハツカダイコンを指標植物とした小型OTCによるオゾンに注目した大気環境評価が行われた（図1）．

b．ガス曝露チャンバーを用いた影響評価

1）室内ガス曝露チャンバー　室内に設置されたガス曝露チャンバーを用いて，植物に対するガス状大気汚染物質の影響が調べられてきた．室内ガス曝露チャンバー内では，気温，光強度，大気湿度，風速およびガス状大気汚染物質の濃度を一定に保つことができるため，毎回，同一環境条件下で植物影響が評価できる．

2）ファイトトロン　ファイトトロンとは，気温，大気湿度，大気CO_2濃度およびO_3等のガス状大気汚染物質の濃度が制御できる植物育成用のガラス温室である（図2）[1]．自然光型ファイトトロン内の日射量は野外のそれに比べて数十%低いが，日照時間は同様である．

3）オープントップチャンバー　欧米や日本においては，オープントップチャ

図1　小型オープントップチャンバー（埼玉県環境科学国際センター）

図2　自然光型ファイトトロン（東京農工大学府中キャンパス）

図 3　オープントップチャンバー（電力中央研究所赤城試験センター）

図 4　ビニールハウス型オゾン曝露チャンバー（東京農工大学 FM 多摩丘陵）

ンバーを野外条件下に設置し，農作物や樹木を比較的長期間にわたって育成し，O_3 等のガス状大気汚染物質の影響を調べてきた（図 3）．活性炭フィルタなどで浄化した空気を OTC 内に導入する浄化空気区，野外空気を OTC 内に導入する非浄化空気区および人工的に発生させたオゾンを添加した野外空気を OTC 内に導入するオゾン添加区などで植物を育成し，その成長や光合成などの生理機能に対する影響を評価した研究が多数報告されている[1]．

ビニールハウス型チャンバー内で O_3 等のガス状大気汚染物質を植物に曝露し，その影響を評価する方法がある．東京農工大学のフィールドミュージアム多摩丘陵（東京都八王子市）に設置されているビニールハウス型 O_3 曝露チャンバー（図 4）では，その北側からファンによってチャンバー内に空気を導入し，南側から排気する．チャンバー内に導入する野外空気は活性炭フィルタなどによって浄化し，発生機で人工的に生成した O_3 を導入空気に添加し，チャンバー内の O_3 濃度を制御する．チャンバー内の気温，大気湿度，大気 CO_2 濃度および日射量は制御できないが，O_3 濃度は一定濃度に制御できるとともに，外気 O_3 濃度に基づいた比例追従制御も可能である．

図 5　開放型オゾン曝露装置（北海道大学農学部圃場）

c．開放型ガス曝露装置を用いた影響評価

チャンバー内で植物を育成し，ガス状大気汚染物質等の影響を評価する場合，チャンバー内の環境条件は野外のそれと異なる．そこで，近年，ガス状大気汚染物質の濃度以外の環境条件を野外のそれと同様にするために，開放型ガス曝露装置を用いて O_3 の植物影響を評価した研究結果が報告されている[1]．欧米においては，実際の森林において，開放型ガス曝露装置を用いて成木に対する O_3 曝露を行い，その植物影響を評価している．日本においては，北海道大学農学部圃場で開放型ガス曝露装置を用いて，地植えした樹木に対する O_3 曝露を行い，その植物影響を評価している（図 5）．近年，中国においては，水田に開放型 O_3 曝露装置を設置し，イネに対する O_3 の影響が調べられている．　［伊豆田　猛］

文　献

1）伊豆田　猛：大気環境学会誌，**37**：81-95，2002.

2-37 気候影響の評価

Assessment of climate change impacts

気候影響は，気候変化が，河川，雪氷，海洋等の物理システムに及ぼす変化，植物・動物等の生物システムに及ぼす変化，食料，災害，健康等の人間社会システムに及ぼす変化等，多岐にわたる．IPCC（気候変動に関する政府間パネル）第５次評価報告書[1]では，気候リスクに関わる最新知見の評価をふまえ，複数の分野や地域にわたる主要なリスク（気候システムに対する人為的な干渉に関連する潜在的に深刻な影響）として，海面上昇，沿岸での高潮被害，大都市部での洪水被害，極端現象によるインフラ等の機能停止，熱波による死亡や疾病，気温上昇，干ばつ等による食料安全保障への脅威，水不足・農業生産減による農村部の所得損失，沿岸域の生計に重要な海洋生態系の損失，陸域・内水生態系のサービスの損失の８項目が挙げられている．

産業革命以降の人為的な温室効果ガス排出による気候変化は，過去数十年の間に，すべての大陸と海洋において，物理・生物・人間社会に影響を及ぼしつつあることが，継続的な観測に基づき示されている．

一方，規模・頻度の増加が懸念される各システムへの将来影響に関しては，主として，各種の影響予測モデルを用いた計算機シミュレーションにより，その把握と対策検討が試みられている．

モデルを用いた気候影響の予測に際しては，気候モデル研究が描き出す将来気候の予測情報だけでなく，気候以外の環境条件や，影響を受ける側の諸条件の変化も適切に想定・考慮する必要がある．

a．大気環境と気候影響

大気環境と気候影響は様々な形で関わりあっている．二酸化炭素をはじめとした温室効果ガスの大気組成変化は，問題となっている人為的な気候変化の主因である．一方で逆に，気候変化による陸域，海洋の環境変化は，自然の炭素循環を変化させ，温室効果ガスの大気組成を変化させる．また，気候・気象変化により，大気中の温室効果ガス以外の物質の挙動・状態も変化しうる．すなわち，大気環境自体が温暖化影響を受けるシステムの一つと捉えることができる．

気候の変化は，自然植生，農作物栽培，人間健康等に影響を及ぼすが，例えば，二酸化炭素濃度（施肥効果），対流圏オゾン，硫酸エアロゾルなどの大気環境は，同じくそれ自体が直接的に自然植生，農作物栽培，人間健康等に影響を与えることから，気候影響の予測時にあわせて想定，考慮する必要がある．現実性のある影響予測のためには，予測に際して想定する各種因子間の整合性の確保も重要な課題であり，シナリオ分析はそのための有効なアプローチ・ツールである．

対策の側面からは，気候変化の主因たる二酸化炭素排出を軽減するために化石燃料燃焼を抑制すれば，同時に排出される大気汚染物質の緩和にもなり，これはコベネフィットといえる．一方，例えば大気汚染による健康影響回避のためのエアロゾル排出の抑制が，その冷却効果の減少により気候変化の促進につながってしまうトレードオフの関係もある．

b．空間詳細化（ダウンスケーリング）

気候影響ならびにそれに対処するための適応策評価にあたっては，予測対象の影響の空間スケールに応じた，関連因子の将来想定が必要になるが，その際に空間詳細化の手順が必要になることがあり，またその方法により影響，適応の評価結果が変化しうる．

気候予測情報に関しては，大きくは，地

域気候モデルを用いた力学的ダウンスケーリング（dynamical downscaling）と，空間詳細な観測情報を活用した統計的ダウンスケーリング（statistical downscaling）に区分でき，使途によってそれらを併用，混用することになる．気候モデル出力の観測情報との誤差に対処するためのバイアス補正（bias correction）の手順・手法とあわせ，気候影響の予測のための準備として欠かせない手順である．

社会経済条件や，その他の環境条件についても，影響予測の対象によっては同様に空間詳細化のための工夫が求められることがある．

c．影響予測モデル

影響予測モデルは，評価対象の分野や予測の目的によって多様である．例えば水資源，水利用への影響の予測の場合，供給側では浸透・蒸発散などの陸面での熱収支・水収支や河川の流入・流下等を表現する物理的な水文モデルが用いられる一方，需要側に関しては経済活動や技術進歩に関する将来想定をふまえ農業，工業，民生における水需要，水消費を推計する社会経済的な推計モデルが用いられることが多い．

食料に関しては，気温，降水，日射等の気候条件，あるいは大気中二酸化炭素濃度等の諸環境条件の変化が作物生産性に及ぼす影響について，作物の生育に関わる物理・生物学的メカニズムを記述したプロセスモデル，あるいは諸因子と作物生産性の統計的関係をふまえて構築された経験的モデル等を用いた評価が行われる．また，その作物生産性変化が食料生産，消費，市場取引等を通じて人々の暮らしぶりに及ぼす影響の評価のためには，国際，国内の交易を描く経済学的なモデルが利活用される．

陸域生態系モデルは，植生変化や炭素収支等への気候影響の把握のために単体で用いられるだけでなく，気候モデルと連結されて地球システムモデル（earth system model）を構成し，気候変化による生態系への影響が炭素循環変化等を通じてさらに気候変化の大小を左右するフィードバック過程が描かれる場合もある．

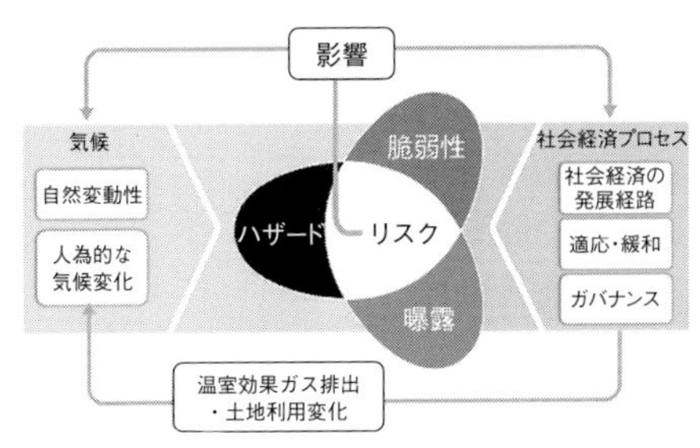

図1 リスク，ハザード，曝露，脆弱性

d．リスク管理の考え方

気候影響の把握，管理は，ハザード，曝露，脆弱性の制御を通じたリスク管理問題として説明される（図1）．ここでハザードとは「人，生物，資産等に悪影響を及ぼし得る，気候関連の物理現象やその変化傾向」をさす．一方，曝露は「悪影響を受けうる場所や状況に，人，生物，資産等が存在すること」，脆弱性は「悪影響の受けやすさ（危害に対する感受性や適応能力等）」である．この三つの要素が高い場合に，悪影響が生じやすく（リスクが高く）なる．緩和策（温室効果ガスの排出削減，吸収）によりハザードたる気候変化を抑制するとともに，適応策（悪影響への備え）により脆弱性と曝露を軽減し，リスクを許容可能な水準の下に留めておくことが求められる．また影響，リスクのモデル分析にあたっても，各要素の現況把握と将来変化の想定を精緻に行うことが求められる．

［高橋　潔］

文　献

1）http://www.env.go.jp/earth/ipcc/5th/

2-38 国内の疫学調査

Epidemiological studies within Japan

a．呼吸器症状等に関する調査

1） 国が主導した横断調査 1960年代以降，BMRC（英国医学研究協議会）質問票やATS（米国胸部疾患協会）質問票と呼ばれる呼吸器症状質問票を用いた横断調査が国内の様々な地域で実施された．これらの横断調査はある一時点での対象集団での咳や痰などの呼吸器症状を有する割合（呼吸器症状有症率と呼ばれる）を複数の地域で調査して，各地域の大気汚染濃度と呼吸器症状有症率との関係を調べるものである．

二酸化窒素の環境基準の改定（1978年）の際の重要な知見の一つとされた複合大気汚染健康影響調査[1]や公害健康被害補償法の第一種地域の今後のあり方に関する専門委員会報告（1986年）で重要な資料となった二つの横断調査など，環境庁（当時）による全国規模の調査が実施された．

2） その他の主要な横断調査 東京都や大阪府などの自治体が実施した多くの横断調査がある．1977年頃までの疫学調査については「二酸化窒素に係る判定条件等についての中央公害対策専門委員会報告」にまとめられている．また，それ以降の調査については，いくつかの報告書で紹介されている[2]．

3） 継続調査・縦断調査 横断調査とは異なり，同一集団を対象として継続的に呼吸器症状調査等を実施して，呼吸器症状の新規発症・変化と大気汚染との関連性を検討する調査も実施されている．そらプロジェクトの学童調査もこの類型の調査である．

b．そらプロジェクト

1） 概 要 局地的大気汚染の健康影響に関する疫学調査（そらプロジェクト）[3]は，環境省が2005年度から関東，中京，関西の3地域の主要幹線道路周辺において，小学生を対象としたコホート調査（「学童調査」），幼児を対象とした症例対照調査（「幼児調査」），および成人を対象とした調査（「成人調査」）の三つの調査を実施したものである．学童調査は主要幹線道路沿道の57小学校の協力を得て，2005年度から2009年度に追跡調査を実施した．初年度の対象者は約12500人であった．

幼児調査は3地域内の9市区において，1歳半健診，3歳健診の場を利用して約10万人の調査を実施した．これら二つの健診に参加し，追跡調査が可能な約43000人のうち，新たに喘息を発症した約850人を含む約4300人を症例対照研究の対象者とした．成人調査は同じく9市区において，2007年度から約24万人に対して質問票調査を実施した．

そらプロジェクトでは，自動車排ガスへの曝露指標を元素状炭素および窒素酸化物として，対象地域道路沿道での大気モニタリングや大気拡散モデルに基づく環境濃度推計を行って，調査対象者の曝露評価を実施している．

2） 調査結果 学童調査においては，元素状炭素および窒素酸化物の個人曝露推計値を指標として，自動車排出ガスへの曝露量を評価した場合に喘息発症との間に関連性が認められることが示された．一方，

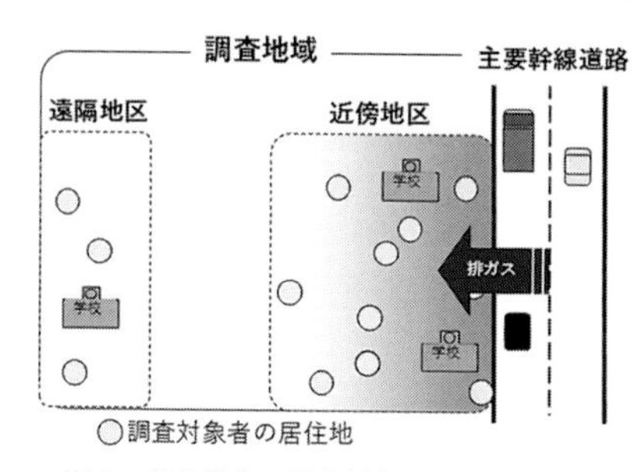

図1 学童調査の調査対象地域のイメージ

幼児調査および成人調査においては，幹線道路沿道における自動車排出ガスへの曝露と喘息発症や慢性閉塞性肺疾患（COPD）との間に関連性があるという一貫した結論は見出せなかったと報告されている．

c．種々の疫学調査

2000年代までの国内の疫学調査の多くは，国や地方自治体が実施主体となり，研究者がそれに参加する形で進められてきた．米国での$PM_{2.5}$大気環境基準設定（1997年）を契機として，世界的に大気汚染の健康影響に関する研究が大きく展開していく中で，国内においても呼吸器症状に関する横断調査だけではなく，様々な種類の健康影響に関する従来とはやや異なるデザインの疫学調査など，多様な疫学調査が行われるようになった．

1）短期曝露影響　疫学研究の中では，大気汚染の健康影響に関する疫学研究に特徴的なものである．日単位等の時間単位の大気汚染物質平均濃度と対応する健康影響指標との時系列データの統計解析による関連性の検討結果が，欧米をはじめとする各国の多くの地域から報告されている．健康影響指標としては多くの国で公的に収集されている死因別死亡や医療機関への受診，入院，救急搬送等が最も多く取り上げられている．

統計解析手法としては，近年，一般化加法モデル等の統計モデルやケース・クロスオーバー研究デザインを適用したものが多い．国内については，医療機関受診件数等の健康影響指標に関するデータベースへのアクセスが困難であったことやデータベースの整備が米国等に比べて遅れていたこともあり，諸外国に比べて研究報告は少ないが，国内複数都市で粒子状物質と死亡との関連性を検討したものや幾つかの地域で医療機関への受診との関連性を検討した結果が報告されている．

2）長期曝露影響　国内では，米国ハーバード六都市調査のような大気汚染に関する長期コホート調査の実施例は少ない．環境省が主導した3府県コホート調査はその一つである[4]．この調査は宮城県，愛知県および大阪府の3府県において，それぞれ都市地区と対象地区を選定して，40歳以上の男女，計約10万人を対象としたコホート研究である．1983～85年にかけてベースライン調査が行われ，その後10年間，15年間の追跡調査結果が報告され，粒子状物質濃度と肺がん死亡との関連性などが示されている．

長期コホート研究はその実施に多大の労力を必要とするために，近年では必ずしも大気汚染に特化しないコホート研究の中で，一つの要因として大気汚染を取り上げて，種々の健康影響との関連性を検討するという例が国内外で多くなっている．

［新田裕史］

文　献

1）鈴木武夫他：大気汚染学会雑誌，**13**（8）：310-355，1978.

2）大気環境学会史料整理研究委員会編，新田裕史著：日本の大気汚染の歴史 3.2.2 疫学調査，公害健康被害補償予防協会，2000.（同一内容が環境再生保全機構ホームページで閲覧可能）
https://www.erca.go.jp/yobou/taiki/eikyou/index.html

3）環境省環境保健部：局地的大気汚染の健康影響に関する疫学調査報告書，2011.
http://www.env.go.jp/chemi/sora/index.html

4）K. Katanoda, *et al.*: *Journal of Epidemiology*, **21**（2）: 132-143, 2011.

2-39 健康影響評価のための曝露評価方法

Methods of exposure assessment for the studies on health effects of air pollution

大気汚染による健康影響評価，特にヒトを対象とした疫学調査に基づく評価を行う際には，どのような汚染物質にどの程度曝されているかを調べる曝露評価，そしてどのような健康影響がどのくらいの人に現れるのかを調べる影響評価が必要である[1]．以下では，大気汚染による健康影響を調べる疫学調査，特に長期曝露による慢性影響を調べる場合の曝露評価方法について，その種類と近年の評価方法の特徴を整理する．

a．濃度と曝露

濃度（concentration）は，例えばμg/m^{3}のように，単位体積あたりに存在する物質の量として表し，濃度実態等について多くの観察や研究がなされている．しかし疫学調査で関心があるのは，調べたい汚染物質に実際に人がどのくらい曝されているのかを表す曝露（exposure）となる．

曝露は，発生源から生じ，環境中に移流拡散した汚染物質と生体等の影響評価の対象となる標的との接触を意味するもので，個人ごとに検討する必要がある（個人曝露，personal exposure）．接触はある曝露期間を通して曝露表面で生じ，曝露された汚染物質は体内に入り，ストレッサとなって健康影響を生じさせる（図1）．

曝露には，外部曝露（external exposure）と内部曝露（internal exposure）があり，外部曝露は，汚染物質との接触面あるいは境界面を，口，皮膚等の外表面とするもので，内部曝露は接触面を臓器表面（例えば胃壁等）とするものをさす．近年では内部曝露を取込量（量，用量，dose）と区別せずに捉える考えもある．大気汚染によるヒトへの健康影響を調べる場合，曝露と健康影響との関係を調べることが課題となる．

また現実の研究の中では，何をもって曝露と判断するかも課題の一つとなる．多くの場合，厳密に接触を調べたものではなく，ある特定の場所で屋外濃度測定を行い，特定空間内の濃度が均一であるとの仮定のもと，個人曝露濃度の推定値と見なしてきている．この場合，どの程度の範囲での濃度データを用いるのか，屋内外の空気の交換さらには人の行動パターン等によって，測定された濃度が曝露として代用可能なのかを考慮することも課題となってくる．

b．大気汚染健康影響評価での曝露評価

図2は，Brauer ら[3]によって整理された今日の大気汚染疫学研究のための曝露評価方法である．図の上の方がよりよい個人曝露の近似であると指摘している．以下，この図に基づき曝露評価方法の特徴を整理する．

1）地域比較　多くの人にとって大気汚染疫学調査のイメージは，汚染地域と非汚染地域と住む住民をいわば定性的に比較して，汚染地域の方が何らかの健康影響生起が大きいかどうかを調べるものであろ

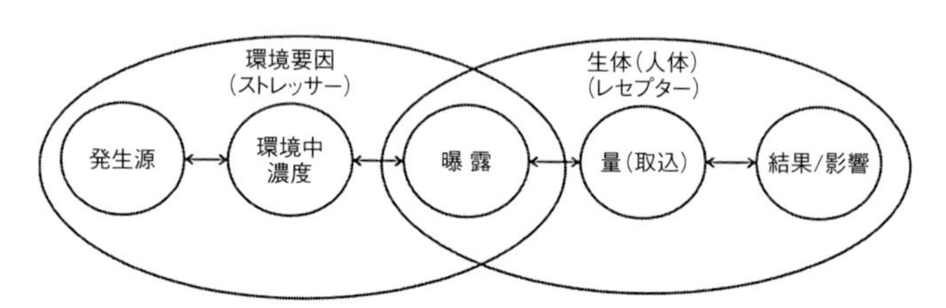

図1　発生源からの放出から健康影響に至る概念的枠組[2]

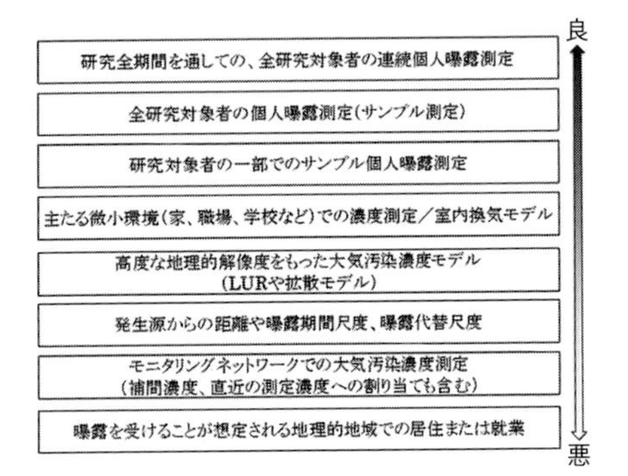

図2 大気汚染疫学研究のための曝露評価方法(文献[3]より筆者作成)

う．わが国をはじめとして多くの研究はこのような比較で行われてきた．しかし，Brauerらの整理によれば，この方法は必ずしも適切ではないとされる．

一方，地域比較であっても，測定局等での濃度測定データを用いることで，定量的な評価ができるようになることから，よりよい曝露近似として用いることができる．

2) 大気汚染濃度モデル　プルーム/パフ型の拡散モデルなどを用いることで，解像度よく汚染源（工場や道路）から距離別の濃度分布を推測することができ，多くの大気汚染研究で用いられている．しかし，疫学研究の国際的な流れからすると，拡散モデルは用いるパラメータの整理等に手間がかかるなどの理由から，慢性影響を調べるための疫学研究では拡散モデルを曝露評価のために用いられた例はほとんどない．

今日，疫学研究では，土地利用情報を用いるLUR（land use regression）モデルが多く用いられている．LURモデルは，測定局等の濃度測定地点の濃度を土地利用情報や人口密度などを予測変数として重回帰分析により予測し，予測変数が把握可能なあらゆる地点に得られた回帰式を適用し，さらにGIS上で回帰式をレンダリングして，高い解像度を持つ濃度分布図を作成する．そして対象者の住居での屋外濃度を推測し，それを対象者の曝露濃度として割り当てるものである[2]．わが国での適用例は非常に少ない．この他にも，近年では衛星観測によるAOD等も利用したモデルによる曝露推定，評価も行われている．

3) 個人曝露濃度測定　全測定期間，全対象者について連続して個人曝露濃度測定することが曝露評価としては最もよいとされる[2]．しかし現実的には，対象者の一部を対象に一部の期間の個人曝露濃度測定を行うことがほとんどである．また主に個人曝露濃度測定結果に基づいて健康影響評価研究が行われたという例はほとんどなく，地域比較を行う際の比較の妥当性を調べるために用いることが多い．

個人曝露濃度測定を実施するためには，別の観点からの課題がある．すなわち，携帯してもらえるだけの，小型で静音な機器が必要となる．

一部の期間，また一部の対象者について個人曝露測定を行うことも望ましいとはされているが，どの程度の期間，またどの程度の対象者について実施するのがよいかについてのコンセンサスはなく，実施可能性などの現実的な判断も求められる．

［中井里史］

文　献

1) 中西準子他編：環境リスクマネジメントハンドブック，pp.198-211，朝倉書店，2003.
2) National Research Council of the National Academies. Exposure Science in the 21st Century: A Vision and a Strategy. National Academy Press, Washington D.C., 2012.
3) M. Brauer, *et al.*: Models of exposure for use in epidemiological studies of air pollution health impacts. Air pollution modeling and its application XIX (C. Borrego, A. I. Miranda ed.), Springer, 2008.

2-40 室内・個人曝露測定

Measurement of indoor air quality and exposure assessment

a．室内環境中の有害化学物質測定

室内環境中の有害化学物質の測定としては，室内空気の測定，室内の建材や商品中の含有量の測定，建材や商品からの発生量の測定，ハウスダストの測定等が行われている．

室内空気は一般に容積が小さく，例えば家庭で6畳間の場合約22 m^3 であり，その空気を乱さずに測定するには，捕集する空気量は十分小さくする必要がある．このために，置いておくだけで，分子拡散等で対象物質を捕集するパッシブサンプラ（図1）や，毎分1L程度の流量で，吸着剤やフィルタに空気を通して対象物質を捕集するアクティブサンプラ等が用いられている[1, 2]．この時に用いられる吸着剤には，対象物質に応じて，活性炭，合成樹脂，分子ふるい，シリカゲルなどが使用されており，捕集した物質の分析には，溶媒抽出-ガスクロマトグラフ質量検出器（GC-MS）や，加熱脱着-GC-MS，高速液体クロマトグラフ（HPLC），誘導体捕集-HPLC，液体クロマトグラフ質量検出器（LC-MS）などが使用される．

センサを用いて対象物質の濃度をリアルタイムに測定する装置には，VOC計，においセンサ，PAH計等がある．粒子状物質濃度には光の散乱を用いて測定する装置があり，二酸化炭素，オゾン等のガス状物質には光の吸収や発光を測定する濃度計が開発されている．これらの装置は，その場でおおよその濃度がわかるが，校正に手がかかることや，妨害物質の影響の可能性が問題点として挙げられている．

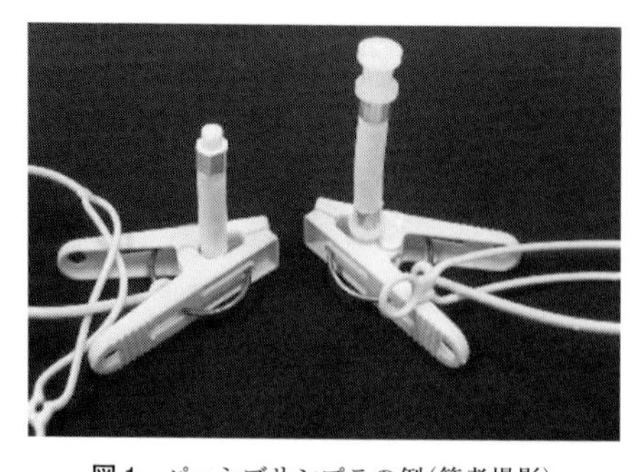

図1　パッシブサンプラの例（筆者撮影）

室内の建材や商品からの発生量の測定には，被測定物質の上にかぶせる形のフレックスサンプラやエミッションセルを用いた手法や，被測定物質の一部を小型のチャンバに入れて測定する小型チャンバ法等が開発されている．

ハウスダストは，ハンディ型の掃除機でフィルタに捕集したものをふるいに掛け，大きなゴミを除いてから分析する．抽出してGCやHPLCで分析する場合と，加熱脱着を行い，GC等で分析する場合がある．

世界保健機関（WHO）の室内空気質ガイドラインには，ベンゼン，一酸化炭素，ホルムアルデヒド，ナフタレン，二酸化窒素，多環芳香族炭化水素，ラドン，トリクロロエチレン，テトラクロロエチレンが挙げられている[3]．このうち，ベンゼン，一酸化炭素，二酸化窒素，トリクロロエチレン，テトラクロロエチレンは，日本でも環境基準が，ホルムアルデヒドは室内環境ガイドラインが設定されている．ナフタレンと多環芳香族炭化水素は2017年現在未設定であるが，多くの研究が行われており，リスクも比較的大きいが，昔から環境中に存在している物質群である．

WHO室内空気質ガイドラインには，他に，アセトアルデヒド，アスベスト，トルエン，殺虫剤，難燃剤等が挙げられている．このうち，殺虫剤や難燃剤には，生態系への影響や環境への残留性が問題になっている化合物もある．特に残留性がある物

質の場合，例えば脂溶性が高いと，一度使って置いてある天ぷら油やバターなどに溶け込んで体内に取り込まれることが考えられることから，注意が必要である．

b．個人曝露濃度の測定

個人曝露量の測定には，曝露する媒体(空気や食べ物，水，化粧品や薬品）等に含まれる対象物質の濃度を測定して曝露量とする方法や，曝露されたヒトや動植物の体内の対象物質の濃度や排泄された量を測定して曝露量を見積る方法等がある[4]．

曝露媒体ごと曝露量を測定する場合，曝露経路としては経口（食品，水，土，ハウスダスト)，経気道（空気)，経皮等が考えられている．このうち，経口曝露量の測定は，食品等の対象物質の含有量を測定するが，効率的な抽出法や分析妨害物質の除去の検討が必要となる．また，含有量のうち，利用されない部分を除くために，生物学的利用率（バイオアベイラビリティ）を問題にする場合もある．動物実験では比較的容易に行うことができる．

経気道曝露量は，正確に求めようとすると，間欠的に行われる呼吸を再現する必要があり，これは比較的難しいが，一定の速度で吸うと仮定して個人サンプラ（図 2)やパッシブサンプラを用いて概算値を求める方法もある．場合によっては大気環境測定値のデータから推定する場合もある．専用のマスクを使用する方法は，より正確であるが，水分の影響がある物質では誤差が大きくなる．動物実験による吸入曝露は専用の大型の装置が必要であるため，日本でもその実験が可能な施設は限られている．しかし，ホルムアルデヒドのように吸入曝露と経口曝露の影響が異なる場合もあり，この場合には吸入試験も必要となる．

経皮曝露は徐々に問題になりつつあるテーマである．例えばソファーなどに使用

図 2　個人サンプラの装着(筆者撮影)

される難燃剤や可塑剤が皮膚を通して体内に吸収されると考えられており，吸収面積が広く，時間が長いと他の経路より多くの対象物質を吸収する場合がある．

食品や空気等に含まれる対象物質の濃度からヒトへの曝露量を計算する場合には，例えば米国 EPA により使用されている標準摂取量（例えば成人の平均水飲量を 1.4 L とする等）をもとに計算する．また，計算に用いる標準体重，標準寿命等も提案されている．

体内への摂取量を求めるための生体サンプルとしては，呼気，血液，脂肪，爪，髪，尿などが使用されてきた．対象物質によって，VOC の場合呼気を調べる，鉛や農薬の場合血液を調べる，ダイオキシンや PCB では脂肪組織を調べる，金属の場合髪を調べる，トリクロロエチレンやテトラクロロエチレン，喫煙では尿を調べる等の使い分けがある．　　　　　　　　[雨谷敬史]

文　献

1) 雨谷敬史他：大気環境学会誌，**31**(5)：191-202，1996.
2) 雨谷敬史他：室内環境，**15**(1)：1-6，2012.
3) WHO: WHO guidelines for: indoor air quality, WHO Europe, 2010.
4) D. J. Paustenbach ed.: Human and Ecological Risk Assessment, John Wiley and Sons, 2002.

2-41 リスクアセスメント

Risk assessment

a．リスクの定義

リスクの定義には学術分野や基準，規格によって様々なものがあるが，「望ましくない事象（エンドポイント）」の発生確率およびその結果の大きさの程度という定義をここでは採用する．また，risk の語源となるイタリア古語の "risco" は「敢えて～する」という意味の "riscare" と関わりがあることから，risk は danger に比べて能動的に危険に対峙する意味を持つという指摘もある[1]．すなわちリスクアセスメントは能動的に危険に向かい合い，何らかの判断を行うために，「望ましくない事象」の発生確率やその結果の大きさの程度を数量化するための方法といえるだろう．

ここでは大気環境に関する問題でしばしば扱う，化学物質の環境経由のヒト健康に対するリスクアセスメントの用語を用いて説明する．

b．リスクアセスメントの枠組

図1にリスクアセスメントの枠組を示す．リスクアセスメントは有害性評価，曝露評価，リスクキャラクタリゼーションの三つから構成される．

有害性評価は有害性同定と用量-反応評価から構成される．有害性同定では化学物質がヒトに与える影響の種類を同定する．用量-反応評価では化学物質の量（体内への取込み量あるいは環境媒体中濃度）と影響の程度との関係を評価する．用量-反応評価で特に重要なことはしきい値の有無の判断である．化学物質に発がん性がある場合には，しきい値なしと判断する場合が多いが，毒性学の議論に立ち入ることになるので，ここでは詳細には述べない．

用量反応関係に閾値がある場合には，無毒性量（no observed adverse effect level：NOAEL），無影響濃度（no observed effect concentraion：NOEC）等の無影響レベルを意味する指標値を推定する．用量反応関係に閾値がない場合には，用量に対する反応の増加率（傾き）に相当する指標値（ユニットリスクやスロープファクタ）を推定する．

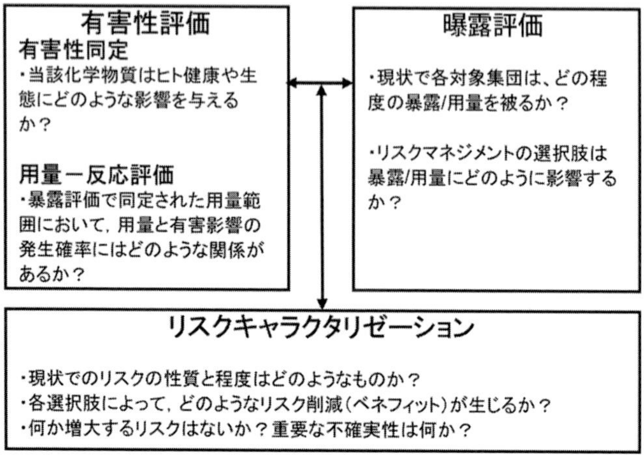

図1 リスクアセスメントの枠組（NRC[2] の図をもとに筆者作成）

曝露評価では各種の媒体（大気，河川水，土壌，飲食物等）中の物質濃度，曝露経路，媒体摂取量等について測定やモデルを用いた推定を行うことで，曝露量を推定する．また，それがリスクマネジメントの選択肢によってどのように影響されるかを評価する．

リスクキャラクタリゼーションでは，有害性評価と曝露評価の結果を受けてリスクの性質と程度を評価する．閾値のある物質については，ハザード比（hazard quotient：HQ）や曝露マージン（margin of exposure：MOE）の方法によって評価されることが多い．ハザード比は1日あたり曝露量を1日許容用量（acceptable daily intake：ADI）で除した値であり，ハザード比が1以上の場合リスクありと判断される．ここで，1日許容用量は無毒性量（NOAEL）を不確実性係数で除した値として求められ，不確実性係数は安全率や安全係数と同じ意味であり，個人差や動物実験で得られたデータをヒトに適用する際の不確実性等の大きさを表す．曝露マージンは無毒性量（NOAEL）を1日あたり曝露量で除した値であり，曝露マージンが不確実性係数以下である時リスクありと判断される．

閾値のない物質については，用量-反応関係の傾きの指標に対して曝露評価によって推定される曝露レベルを乗じてリスクレベルを推定し，許容しうるレベルとの比較を行う．また，リスクキャラクタリゼーションでは，現状でのリスクの性質と程度に加え，リスクマネジメント選択肢によるリスクの変化や不確実性について評価する．

c. リスクアセスメントの適用例

日本では現在，大気中ベンゼン濃度の環境基準値は3 μg/m^{3}と定められているが，この数値の算出にはリスクアセスメントの方法が用いられている．中央環境審議会[3]は閾値のない物質についての環境基準設定においては，生涯リスクレベルとして10^{-5}を目標とすることが適切であると提言している．また，有害性評価によりベンゼンのユニットリスク（ベンゼンが1 μg/m^{3}含まれている大気を一生涯通じて人が吸入した場合のがんの発生確率の増加分）を3×10^{-6}～7×10^{-6}と評価した．目標リスクレベルをユニットリスクで除することにより，大気中ベンゼンの大気環境基準の設定の指針となる値は1～3 μg/m^{3}であるとした．一方，曝露評価によって大気中ベンゼン濃度が指針の値の幅より高いレベルであることを述べたうえで，環境基準値を3 μg/m^{3}とし，これを当面の目標に対策を講じることが妥当としている．

リスクアセスメントを有効に意思決定に用いるためには，リスクアセスメントのデザイン段階（問題定式化），実施段階，リスクマネジメントに反映させる段階の全体にわたって，利害関係者（意思決定者，技術専門家，他の利害関係者）の関与が重要であると指摘されている[2]．　［梶原秀夫］

文　献

1) 神里達博：科学，**72**(10)：1015-1021，2002.
2) National Research Council: Science and Decisions : Advancing Risk Assessment, The National Academy Press, 2009.
3) 中央環境審議会：今後の有害大気汚染物質対策のあり方について（第二次答申），1996.

コラム　大気汚染予報
Air pollution forecast

大気汚染予報という言葉が，天気予報の「天気」を「大気汚染」に置き換えた言葉であり，数日先程度までの大気汚染状況を予測し知らせることをさすのは明白であろう．しかし，多くの人が共有できるだろうこの言葉は，正式な用語としては定着していないように思われる．類似の言葉としては化学天気予報がある．

大気汚染予報に最も関心を持つのは，各大気汚染物質に高い感受性を持つ方々や，地方自治体等で注意報等の発令判断を行う方々であると思われる．

空や自然を観察し経験的に天気を予測すること（観天望気）は，数値天気予報の精度が上がった現在でも意味を失わないが，大気汚染の場合には空を見上げて予測することは一般的に非常に難しく，計算機の助けを借りて数値予測から主に判断することになる．

大気汚染の数値予測は，それらの物質の濃度変化をもたらす「発生」，「輸送」，「反応（変質）」，「沈着」の 4 過程を取り込んだプログラムをコンピュータで走らせて物質濃度を求めることで行う．用いるプログラムは，現象解明や影響評価等の数値解析に用いるものと全く，もしくは，本質的に一緒である．

予測計算に必要な主な入力データは，気象データの予報値と原因物質の発生量データである．前者は，国内外の数値天気予報のデータを用いる．そのまま入力データとして用いるのでなく，地域スケールの気象モデルで再計算して，時間空間両方向に高い解像度を持つデータにしてから用いるのが一般的である．後者は，代表的な季節変化，日内変化等を加味した標準的な発生量データを用いることが一般的である．これはなるべく現実的な発生量を与えようとしつつも，実際の発生状況には対応しておらず，例えば，火山噴火や火災，野焼き等の影響をリアルタイムに考慮することは非常に難しい．

気象の再計算と，大気汚染の計算を 2 段階で行う（オフライン）計算がこれまでは一般的であったが，両者を同時に行う（オンライン）計算が徐々に増えており，将来はオンライン計算が一般的になると思われる．

以上で説明した計算プログラムを自動化して，一定間隔をおいて（例えば 1 日 1 回）自動計算し，結果をインターネット上で自動配信するようにしたシステムを大気汚染予報システムと呼ぶ．

天気予報では，ある程度の期間（数日から 1 週間程度）を超えると計算の不確定性が急激に増大することが知られ，原因が大気のカオス的性質にあることはよく知られているが，大気汚染予報においては，気象データの持つカオス性に加えて，流体場で輸送されるもの自体の分布が示すカオス性（ラグランジュカオス）の影響も受けるので，原理的・技術的に天気予報より困難である．それらの困難に加えて，実際に人間活動の影響等も大きく受けた発生量データと与える発生量データの誤差や，大気汚染物質の大気中反応等をより正確に理解したうえで数値手法に取込む必要があること等，様々な技術的課題が大気汚染予報には残されている．

大気汚染予報が天気予報並みの精度を持つようになるには今しばらくの時間が必要であると考えられるが，予報および派生する技術的進歩は今後も必要であると考えられる．

［菅田誠治］

3
過　　程

3-1 固定発生源

Stationary source

a. 固定発生源の分類

固定発生源（stationary source）とは大気汚染の発生源のうち，移動しないものをさし，一般には工場・事業場等のばい煙発生施設や，コンベア等の一般粉じん発生施設等をさす．この他に揮発性有機化合物（VOC）の発生施設や群小発生源等についても取り上げた．各施設からの排出抑制対策については対策編を参照されたい．

1) ばい煙発生施設　大気汚染防止法（以下，大防法と略す）に定めるばい煙発生施設には33種類の設備が挙げられている．この他にも電気事業法やガス事業法などで規定するものもあり，環境省の調査[1)]によれば平成27年度に全国で216700施設が設置されている．最も多いのはボイラで全体の62.3%，次いでディーゼル機関の17.5%となっている．一方，ばい煙の排出量が多い施設種はボイラ，焼却炉，焼成炉等である．図1に硫黄酸化物，窒素酸化物およびばいじん量の施設種別の排出量内訳を示す．これらの施設を所有する業種としては電気業，鉄鋼業，化学工業等がある．ばい煙発生施設には大防法で各種の排出基準等が定められている．

2) 一般粉じん発生施設　ばい煙発生施設以外に粉じんを発生する施設を一般粉じん発生施設と呼び，2015年度には全国で69388施設が設置されている．このうちコンベアが全体の58.6%を占め，次いで堆積場の17.2%となっている．

3) 揮発性有機化合物発生施設　VOC発生施設は全国に3435施設が設置されており，その内訳は粘着テープまたは包装材料等の製造に関わる接着用の乾燥施設が27.2%，塗装施設が21.4%となっている．

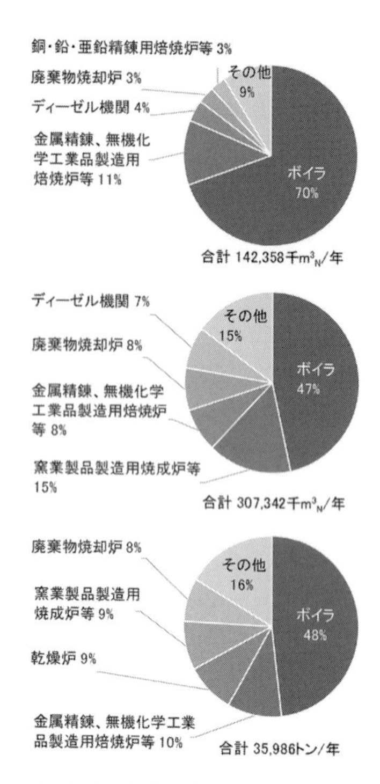

図1　ばい煙発生施設における硫黄酸化物（上），窒素酸化物（中），およびばいじん量（下）の施設種別の排出量内訳[1)]

VOCの規制基準は施設の種類ごとに，排出口におけるVOC濃度の許容限度として定められている．

4) その他　群小発生源とは固定発生源として分類されないが，大気汚染物質の発生源として重要であり，一般家庭の暖房器具等の燃焼機器，ビル暖房等の業務施設，給油所等がある．また野焼きも粒子状物質の発生源の一つとして重要である．群小発生源は個々の排出量は大きくないが，集合体としては影響が無視できず，大防法の規制対象から外れていることもあり，今後の実態解明や対策が必要となっている．

b. 大気汚染物質の発生過程

1) ボイラ　ボイラは炉，ボイラ本体等で構成される．液体燃料，気体燃料および微粉体にはバーナーが，一般の固体燃料には火格子が使用される．各種のボイラは，産業用，民生用として広く利用され，発生させた蒸気や温水の使用目的に応じて，発電用ボイラ，暖房用ボイラ，各種加熱用ボイラなどに分類される．ボイラで発生する大気汚染物質は燃焼室内での燃料の燃焼によるもので，硫黄酸化物（SO_x），ばいじんおよび窒素酸化物（NO_x）が発生する．

2）　ごみ焼却炉　ごみ焼却炉には各家庭から排出される一般廃棄物の焼却炉と，産業活動に伴って排出される産業廃棄物の焼却炉に大別される．その構造は焼却物に適するように設計されており，ストーカ方式，流動層方式，ロータリーキルン燃焼方式等の多くの種類がある．このうち都市ごみ焼却炉として多く導入されているストーカ方式は乾燥，燃焼，後燃焼のプロセスを一つの炉で処理することができ，水分が多く，発熱量が低い固形物でも焼却することができる．ごみ焼却炉から発生する大気汚染物質は，燃焼するごみの組成や炉の形式により変化するが，NO_xやばいじんの他に，プラスチックの燃焼により塩化水素が発生する．

3）　溶鉱炉（高炉）**・転炉**　製鋼プロセスでは溶鉱炉で製造された銑鉄を，転炉で加工に優れる鋼にする．溶鉱炉は熱源であるコークスを燃焼させて，鉄鉱石等を加熱還元させる．転炉は燃料を用いず空気等の酸化性ガスを銑鉄中に吹き込み不純物を除去する．この過程で発生する高炉ガス，転炉ガスは回収，再利用される．

4）　コークス炉　コークス炉は炭化室，燃焼室および蓄熱室等から構成されており，これらが隣接した100室近くのものは炉団と呼ばれる．炭化室に装入された石炭は燃焼室の熱を受け，乾留してガスやタールを発生してコークスになる．乾留で発生したガスはコークス炉ガスとして回収され，再利用される．コークス炉のばい煙は燃焼室における燃料ガス（高炉ガスやコークス炉ガス）の燃焼に伴って発生するもので，SO_x，NO_xおよびばいじんがある．

5）　電気炉　製鋼用の電気炉では屑鉄，銑鉄等を原料とし，アーク溶解，酸素吹付けの工程を経る．溶解期の後半に重油バーナー等を併用する場合もある．その後，除滓，還元の後，出鋼する．溶解期及び酸素吹付け時期に可燃性物質の燃焼や炭素や硫黄の酸化により媒煙が発生する．

6）　焼成炉　セメント製造の場合，ロータリーキルンと呼ばれる回転釜にセメント原料を乾燥，粉砕し，キルンへ供給し焼成する．燃料には石炭や重油の他，木くず等の各種廃棄物が利用され，これらの灰分も原料として利用される．発生する大気汚染物質はばいじんであり，外部への排出対策のため，各種集じん装置が用いられている．

7）　一般粉じん発生施設　一般粉じん発生施設から発生する大気汚染物質は粒子状物質であるが，粒子が比較的大きく，飛散する範囲が施設近辺に限られる等の特徴がある．

8）　VOC 発生施設　塗装施設，印刷施設等の排気は塗装ブースや乾燥チャンバー等からVOC処理装置を通り排気ダクトから排出される．石油貯蔵施設からは通気口（ベント）から直接，大気に排出される．給油所も同様に地下の貯蔵タンクのベントからVOCが排出されるほか，車両への給油の際にも燃料タンク内の蒸気が大気に排出される．　［高橋克行］

文　献

1）環境省水・大気環境局大気環境課：平成28年度大気汚染防止法施行状況調査（平成29年3月）．

3-2
移動発生源
Mobile source

移動発生源とは，大気汚染物質の発生源のうち，移動性を有するものをいい，自動車や船舶，航空機，鉄道車両等が該当する．これらの移動体のうち，燃料の燃焼を動力源としている場合，燃料の燃焼に伴い排出ガスが大気中に放出される．排出ガス以外にも，燃料の揮散や摩耗に伴う物質も大気中に放出される．交通網が発達するにつれて，移動発生源からの大気汚染物質による大気環境へのインパクトが大きくなっていったため，排出低減技術など対策が採用されるようになった．

a. 自　動　車

国内の自動車保有台数は，四輪車でおよそ 7775 万台，二輪車でおよそ 1121 万台となっている．また，国内の新車販売台数は，四輪車でおよそ 497 万台，二輪車でおよそ 33 万台となっている（2016 年 3 月末現在[1]）．これらのうち大半は，内燃機関（Internal Combustion Engine；ICE）を採用しており，化石燃料（ガソリン，軽油等）の燃焼を主な動力源としている．最近では，燃料と電気を組合わせたハイブリッド車や，電気のみで走る電気自動車等の次世代自動車の普及が進みつつあり，乗用車に関していえば，国内の新車販売台数のうちのおよそ 35% が次世代自動車となっている．このような傾向は今後も続くことが見込まれているが，将来（2050 年頃）に渡っても，燃料の燃焼が，自動車の主要な動力源となっていることが見込まれている[2]．最近では，2040 年頃を目途に，将来的な電気自動車へのシフトに向けた動きが欧州（フランス・イギリス）や中国等で議論されているが，電気自動車の本格普及の際に必要となる発電量の確保や発電の電源構成，CO_2 や大気汚染物質のトータルでの排出量（自動車からの排出量と発電に伴う排出量）等，様々な検討が必要である．

表 1　自動車排出ガスに含まれる主な成分

名　称	略称	発生由来
窒素酸化物	NO_x	高熱源由来（サーマル NO_x） 燃料中の含窒素成分の燃焼
炭化水素	HC	燃料の不完全燃焼，蒸発
一酸化炭素	CO	燃料の不完全燃焼
二酸化硫黄	SO_2	燃料中の硫黄の燃焼
粒子状物質	PM	燃料の不完全燃焼

内燃機関である自動車エンジンから排出されるガスは，吸入空気と化石燃料の燃焼に伴い生成されるため，自動車排出ガスの大部分は窒素，二酸化炭素，水蒸気で占められているが，それ以外にも表 1 に示すように様々な成分が含まれている．

国内の自動車排出ガス規制は，1966（昭和 41）年に最初に導入され，特に，1990 年代以降，順次規制強化が行われてきた．このような規制強化と並行して，排出ガス低減技術の開発が進められた．主な自動車排出ガス低減対策を分類すると，排出ガス後処理装置の設置，燃焼の改善，燃料の改善の三つに分けられ，使用する燃料や燃焼方式が異なれば，異なる低減対策が必要である．

ガソリン自動車の排出ガスは，一般に PM がほとんど発生せず，CO，HC，NO_x の低減技術が必要である．これらを浄化するために，三元触媒という後処理装置が一般的に活用されている．三元触媒を使うと，CO，HC，NO_x が，それぞれ CO_2，H_2O，N_2 に変換される．三元触媒をよりよく機能させるためには，燃料と空気の混合割合の制御や，燃料の品質（特に，燃料中の硫黄や鉛が低濃度であること）が重要である．なお，近年，燃費向上を目指し開発・導入が進んでいるガソリン直噴エンジンについては，従来のガソリンエンジンに比べ，PM の発生が多い傾向にあり，規制導入が検討されている．

ディーゼル自動車の排出ガスには，比較的酸素が多く含まれており，三元触媒を適用することができない．そのため，ディーゼル自動車の場合には，対象の排出ガス成分に応じた低減技術があり，これらを組み合わせることで，排出ガスの浄化を行っている．後処理装置としては，PM 低減のための DPF（diesel particulate filter），NO_x 低減のための NO_x 吸蔵触媒や尿素 SCR（selective catalytic reduction），CO や HC 低減のための酸化触媒が挙げられる．また，燃焼の改善として，コモンレール式高圧燃料噴射装置や排ガス再循環（exhaust gas recirculation：EGR）が採用されている．

燃料の改善については，排出ガスの要因となりうる物質を燃料中から除去するという一面もあるが，燃料中の硫黄含有量を低減させることで，後処理装置がより有効に機能するという一面もあり，自動車排出ガス対策として，燃料改善は欠かせない技術である．国内では，世界に先んじて，硫黄含有量が少ない自動車用燃料（10 ppm 以下）が製造・流通されている．

b．船舶と航空機[3, 4]

船舶の動力源としては，主に重油や軽油を燃料として活用するディーゼル機関が採用されている．したがって，船舶の排出ガスは，ディーゼル自動車の排出ガスと同様の性質となっており，排出ガス対策の基本は，燃焼の改善，燃料の改善，後処理装置の設置となっている．ただし，船舶の場合は，硫黄分が比較的高い燃料が活用されているため，排出される PM 成分としては，サルフェート（およびその結合水）が主成分となっている点が特徴として挙げられる．

航空機の動力源としては，航空機の形態により様々な種類があるが，主にジェット燃料（軽揮発油から灯油までの溜分を配合した燃料）を活用するタービンエンジンが採用されている．タービンエンジンは，燃焼が完全燃焼に近く，連続的かつ安定しているため，相対的に汚染物質排出量は低い．ただし，高温による NO_x 生成が多く，また出力自体が大きいため，絶対量としては，PM，CO，HC が多く排出される．

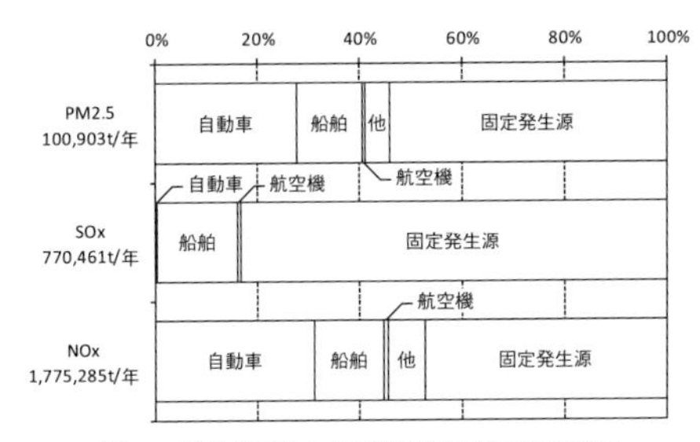

図 1　発生源別の年間排出量（2012 年度）

c．大気汚染物質の排出量[5]

国内の移動発生源からの大気汚染物質の年間排出量（2012 年度）を図 1 に示す．

$PM_{2.5}$ や NO_x については，移動発生源が，人為発生源全体の半分近くを占めている．一方，SO_x については，船舶が 2 割程度であり，移動発生源の占める割合は低くなっている．　［伊藤晃佳］

文　　献

1）日本自動車工業会：2017 年版日本の自動車工業，p.12，20，2017.
2）International Energy Agency: Energy technology perspective 2016.
3）石田悟史：日本マリンエンジニアリング学会誌，**46**（6）：46-48，2011.
4）山本　武：日本マリンエンジニアリング学会誌，**47**（6）：58-63，2012.
5）森川多津子：大気環境学会誌，**52**（3）：A74-A78，2017.

3-3 大気の鉛直構造

Atmospheric stratification

大気層は地表面をおおう対流圏から，高度 80 km 付近より上の熱圏まで 4 層に分かれ，高度 500 km 程度に及んで外気圏に接続している．この層区分は温度分布に基づいている（図 1）．地球上の生命活動に関わる大気環境の面では，主に対流圏とその上の成層圏の構造が注目される．

a. 温度成層

1） 対流圏　地表面は日射による加熱，長波放射による冷却により温度変化が激しく，大気下層にもその影響が及ぶ．表面摩擦や温度変化などの地表の直接的な影響が及ぶ層を大気境界層と呼び，中緯度の昼間では地上 1 km 付近に達する．地上起源の汚染物質による大気汚染も大部分は大気境界層内の現象として扱える．大気境界層より上の対流圏（troposphere）は自由大気と呼ばれる．大気中の水蒸気も主に地表からの蒸発により供給されるが，大気中で凝結して雲や霧を形成する時に潜熱を放出し，それは対流による地表からの熱伝達とは別の熱源となる．また，雲や霧は地表への日射を遮蔽するほか，長波放射・吸収の効果も大きい．総合的な結果として，大気の鉛直混合が比較的活発な層は大気境界層をはるかに超え，中緯度では海面上 10 km 付近まで及ぶ．これが対流圏である．熱帯域での厚さはさらに数 km 高くまで及び，極域では低いが，対流圏内の気温逓減率は約 6.5 K/km となっていて，これはかなり普遍的であるため，上端（圏界面）の気温は熱帯域の方が低い．積乱雲は大気境界層から圏界面付近まで発達し，鉛直混合に寄与する．また，火山の噴煙なども時として自由大気の上層に達する．そのようにして地上起源の汚染物質もかなりの量が自由大気に移行し，そこで大陸間などの長距離輸送が起きる．中緯度の偏西風帯では高度とともに西風の風速が増し，対流圏上端付近にジェット気流と呼ばれる極大風速の帯が存在する．

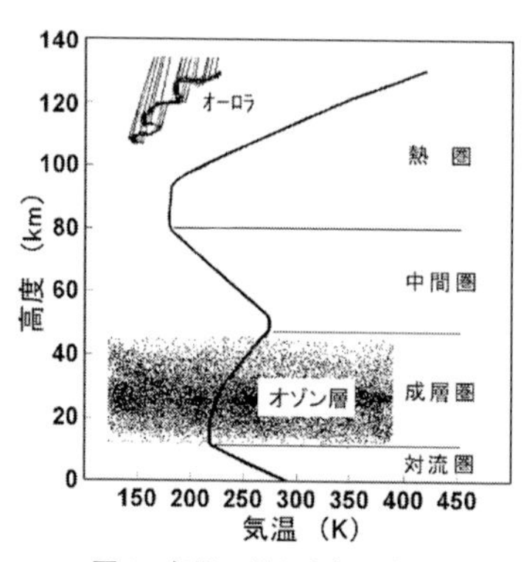

図 1　気温で見た大気の成層

2） 成層圏　対流圏上端の圏界面で気温逓減率は急変し，地上 20 km 付近まではほぼ等温となっている．それより上層の地上 50 km 付近までは高度の増加につれ気温が上昇する安定成層であり，その上端で 0℃ 前後となる．これらを一括して成層圏（stratosphere）という．成層圏の熱成層の形成には，後述するオゾン層が関わっている．成層圏でも対流圏との物質交換に注目すべきものがある．オゾンホールの原因とされた人工のフロン類や，火山の記録的な大噴火がもたらす微小粒子がその代表的なものである．

3） 中間圏・熱圏　成層圏の上端は気温が極大値をとる高さであり，そこから上方に向けて気温は再び低下する．この層は中間圏（mesosphere）と呼ばれている．気温低下は高度 80～90 km の −90℃ 程度で止まり，それより上層は熱圏（thermosphere）といって気温はまた高度とともに上昇していく．熱圏の上部では気温は 1000℃ を超える．この温度はガスや荷電粒子の運動によって決まるが，それらの粒子はきわめて低密度でしか存在しないため，温度と熱の関係は地上における概念と大きく異なる．

b．気圧の高度分布

地上の大気は上層の大気の重みを圧力として受け，ほぼ1気圧（1013 hPa）を保っている．高度 z とともに圧力 p は減少し，その変化率は

$$(dp/dz) = -\rho g \qquad (1)$$

のようになる（静力学平衡）．ただし ρ は空気密度，g は重力加速度である．これに状態方程式

$$p = \rho RT \qquad (2)$$

を組合わせた時，気温 T を z の関数として与えられれば，p を z の関数として解くことができる．仮に T を一定値とすると，上の式（1）と（2）により，p と ρ は高度の増加につれ指数関数的に減少する．実際の大気層でも T が大きく変化しない高さの範囲において，概略的にはこれが成り立つ．平均気温を0℃として0.5気圧になる高度を求めると約5.5 km となり，実際500 hPa 等圧面は地上5.5 km 付近にある．この付近の高さまで，おおむね10 m ごとに1 hPa 低下すると見なせる．高度とともに減少率は小さくなり，高度11 km では約230 hPa，高度50 km 付近で1 hPa となる．

c．大気組成の鉛直変化

地上大気の主要成分は，窒素78%，酸素21%，アルゴン1%（体積比）で，その他の微量成分はこれらより2桁以上少ない．この構成比は高度80 km の中間圏付近までほとんど変化しない（3-10項）．

ただし水蒸気を含めた湿潤空気に関しては，水蒸気量は変動が激しく，構成比は一定しない．気温30℃での飽和水蒸気圧は42.5 hPa で，地上大気圧（標準値1013 hPa）での比率は4%を超えるが，0℃では6.1 hPa であり，相対湿度100%でも比率は1%に満たない．成層圏の高度になると水蒸気の混合比は ppm（10^{-6}）のオーダである．

d．オ ゾ ン 層

地上付近を含む対流圏のオゾン混合比は通常0.1 ppm 以下であるが，成層圏に相当する高度10〜50 km 付近ではオゾン混合比が1桁から2桁も大きくなっている．単位体積中の分子数（数密度）のピークは高度25 km 付近に存在し，その付近を中心としてオゾン層という呼び方をする（6-2項）．

オゾン層は太陽紫外線による酸素分子の光解離をきっかけとする光化学反応のバランスにより成立しており，そこで吸収された紫外線のエネルギーが生み出す熱成層が成層圏を作っている．特に有害性の大きい短波長の紫外線の大部分をオゾン層が吸収することによって，地上の生物が守られている．

（補足）上層・高層などの呼び方について

上層大気とか高層風など，上層・高層という言葉がしばしば用いられるが，それらがさす高度は一定しない．多くの場合，地上での直接測定や採取する試料との対比で，何らかの手段により上空の測定や上空から採取する試料に上層の名を付し，中でも高高度のものに高層の名を付す．気象学分野の専門用語として，上層はあまり使われない．高層観測は地上観測と対比してのラジオゾンデなどによる上空の大気観測をさす（2-7項）．高層天気図は指定気圧面の等高度線や等温線を描いたもので，天気予報放送で上空の気温を報じる際は850 hPa 面（約1500 m）や500 hPa 面（約5.5 km）のものが使われる．

［吉門　洋］

文　　献

1）木田秀次：キーワード気象の事典，pp.17-22，朝倉書店，2002.
2）小倉義光：一般気象学，東京大学出版会，1999.

3-4 地表近くの気象

Meteorology near the ground

人間活動が地表近くで行われること，汚染物質等は地表近くから排出されることから，大気環境を解析する際には地表近くの気象を考慮する必要がある．地表の影響は地表から約 1000 m までに及び大気境界層（atmospheric boundary layer）[1, 2] と呼ばれる．大気境界層のうち，地表から高さ数十 m までは特に地表の影響が大きな接地境界層（surface layer），大気境界層より上空は地表の影響が大きく及ばない自由大気（free atmosphere）である（図 1）．

a．大気境界層の風

地表近くの大気の流れ（風）は地表の摩擦の影響を受け，地表に近づくに従い風の大きさが減少する傾向がある（図 1）．風の大きさや向きは時間とともに変化する非定常な現象であるものの，平地上の接地境界層では，相似則（similarity theory）による理論的な考察等により，運動量の輸送に関係した速度の次元と有するパラメータである摩擦速度 u_* を用い高さ z における風の大きさ $U(z)$ は以下の対数則（logarithmic law）により表される．なお，対数則は野外観測からも得られており，大気中の温度の変化の影響が小さい場合である．

$$U(z)=\frac{u_*}{\kappa}\ln\left(\frac{z}{z_0}\right)$$

κ はカルマン定数（Karman's constant），z_0 は地表の粗度（roughness length）であり例えば草地では数 cm，地表面の凸凹が大きな森林では数 m となる．地表の影響が小さい自由大気と接地境界層の間は，エクマン層（Ekman layer）とも呼ばれ地表の摩擦の影響に加え気圧の空間的な変化や地球の自転の影響が大きくなる．

実用的に観点から，二つの高さ z_1 と z_2 の風の大きさを示す以下の経験的なべき法則（power law）が用いられることもある．

$$U(z_2)=U(z_1)(z_2/z_1)^p$$

べき指数 p は，大気安定度や粗度等によって変化し，例えば $p=1/7$ などの経験的な値が使用されている．

b．大気境界層の温度

1）大気安定度　日射による地表加熱，地表から放射および地表冷却等によって大気境界層の温度の分布が変化する（図 1）．

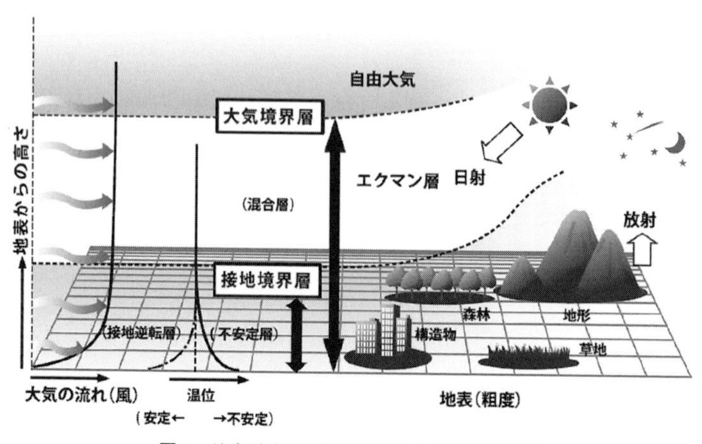

図 1　地表近くの大気境界層および接地境界層

温度の空間的な変化が小さい場合は，熱的に中立な大気安定度（atmospheric stability）である．大気安定度は，乾燥した空気が断熱的に高さ方向に移動した場合の温度の変化で示される乾燥断熱減率 Γ_d(dry adiabatic lapse rate，0.98℃/100 m）と比較で分類される．大気における温度の高さ方向の変化 γ は，中立時には $\gamma=\Gamma_d$ であり，移動した空気は周辺の大気と同じ温度で浮力の力を受けない．地表が日射の影響を受けて地表近くの温度が増加する場合には $\gamma>\Gamma_d$ となり，上方へ移動した空気は周辺大気より高い温度であるため，さらに上方に移動する力を受け不安定となる．逆に，地表が冷却され地表近くの温度が減少する場合には $\gamma<\Gamma_d$ となり上方へ移動した空気は周辺大気より低い温度であるため，下方のもとに位置に戻る力を受け，大気安定度は安定である．

ただし，実際の空気は湿分を有しておりその潜熱の影響により，高さ方向の断熱減率は上記の値よりも小さくなり，大気境界層における断熱減率は0.6〜0.7℃/100 m程度である．以上の温度の変化は，圧力の影響等により高い位置で気温が減少することを表している．この圧力の影響を同一とした場合の温度で比較することも多い．温位（potential temperature）は，ある空気を断熱的に移動させ標準圧力 1000 hPa における温度として定義される．

2）混合層　地表が日射により地表が熱せられ，地表付近に不安定な温度勾配を生じ空気の対流が発達することがあり混合層（mixing layer）と呼ばれる．混合層より上空には安定な大気が見られ（下層の空気の混合に対して“ふた”のように振る舞うためリッドとも呼ばれる），非定常な日射の影響により混合層は地表から数百mから 1 km 程度まで時間的に変化して発達する．不安定な温度分布を有する地表付近の接地境界層の上部は，対流による空気の混合が活発となり，温位等の鉛直方向の変化が小さくなる．

3）逆転層　中立の大気の温度は通常，地表から上空において低くなるものの，晴れた夜間には放射の冷却効果により地表近くの気温が下がり，上空の気温が高くなる現象が生じる．上空になるに従い気温が高くなり安定な範囲が逆転層（inversion layer）であり，地表付近で見られる場合には接地逆転層（surface inversion）と呼ばれる．不安定時と比べて空気の混合の動きが小さく，この層内の運動量や熱量の輸送の小さくなるため，接地逆転層の厚さは数十 m〜数百 m 程度と混合層よりも狭くなる傾向がある．また，逆転層は地表付近の放射冷却のほか，高気圧内部の下降気流や夜間の谷間での冷気下降等によって生じることがある．このように，逆転層が地表近くに発生すると，大気汚染や視程障害を伴うことがある．

c．地表面の状態，地形・構造物などの影響

大気境界層の風や温度などの気象は，上空の自由大気や気圧の空間的な変化以外に，地表近くでは草地，森林などの地表面の状態，地形や建物等の構造物の存在の有無により影響を受ける（図 1）．これらは相互に影響を及ぼし合っている．例えば草地・森林等の粗度によって風の大きさが変化し，その結果，温度（大気安定度）へも影響する．また，都市のように地表近くに構造物が連続する場合，地表近くの風の変化が顕著となり地表近くはキャノピー層（canopy layer）と呼ばれることもある．

［佐田幸一］

文　献

1）近藤純正：地表に近い大気の科学—理論と応用—，pp.82-192，東京大学出版会，2014.
2）R. B. Stull: An Introduction to Boundary Layer Meteorology, pp.1-27, Kluwer Academic Publishers, 2000.

コラム　都市型豪雨

Urban-induced heavy rain

20 世紀後半から，世界中で都市域における夏季の豪雨発生頻度が増加している．対流性豪雨の一種であり，都市域で突発的・局地的に発生することから都市型豪雨（マスコミ用語でゲリラ豪雨，図）と呼ばれている．都市型豪雨は短時間に大量の降水をもたらし，都市型水害を引き起こす．1990 年に東京で起きた降水強度が 130 mm/h を超える都市型豪雨では，東京都の排水処理能力（50 mm/h）を越えて都市型水害を引き起こした．都市型水害は日本だけでなく，世界中で起きている．

都市ヒートアイランド現象（UHI；次ページのコラム参照）は大気上層と下層の気温差を生み出し，上昇気流を発生させることによって，都市型豪雨をもたらすと考えられている．東京都練馬区では都市型豪雨が多発しており，過去 30 年で降水強度が 30 mm/h を超える豪雨の頻度が増加している．こうした対流性降水は，午後に都市域の風下地域で主に起こる．都市型豪雨の生成形機構は解明されていないが，UHI はダストドーム現象を起こし，大気汚染物質濃度を増加させることが知られており，大気汚染物質の影響が指摘されている．

［大河内　博］

図　早稲田大学西早稲田キャンパス 51 号館屋上からゲリラ豪雨を眺める

コラム　都市ヒートアイランド現象
Urban heat island phenomena: UHI

都市ヒートアイランド現象（UHI）とは，都市化の影響により都市域の気温が周囲よりも高くなる現象をさす．気温分布図を描くと，等温線が都市を丸く取り囲んで島のように見えることから，このように呼ばれる．

都市温暖化の主な原因は人工排出熱や建物，道路等土地利用の変化による熱の吸収，放出の変化等であり，地球温暖化の原因とは異なっている．都市化の影響の大きい大都市（札幌，仙台，東京，名古屋，京都，福岡）では100年あたりの年平均気温の上昇量はそれぞれ2.7，2.3，3.2，2.9，2.7，3.1℃である．一方，都市化による環境変化が小さい気象観測17地点の平均気温上昇量は1.5℃である．都市化の影響の大きい大都市は，都市化の影響の小さい都市と比較して上昇量が1～2℃高く，長期的に都市温暖化による大都市の高温化が進んできている．

東京都では平均気温よりも最低気温の上昇量が高く，夜間から明け方にかけて最低気温が25℃より下がらない熱帯夜の日数は増えている．東京（大手町）の熱帯夜年間発生日数は1970年代（1970～79年）では平均17.1日であったが，1995～2004年では平均30.6日であり，明らかな増加傾向がある（図）．　［大河内　博］

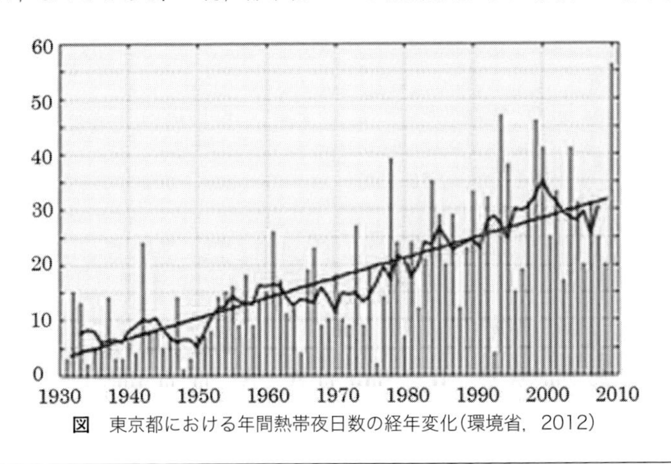

図　東京都における年間熱帯夜日数の経年変化（環境省，2012）

3-5 気象と物質輸送

Meteorology and chemical transport

対流圏（troposphere）内では，空気の対流による雲の発生とそれに伴う降水現象，低気圧や高気圧の発生，発達等，様々な現象が生じている．こうした大気中の諸現象やそれらに関連する気圧，気温，風速，降水量，日射量といった要素の変化をさして，気象と呼ぶ．気象は，大気中における一連の化学物質輸送過程，すなわち，排出（emission），移流（advection），乱流拡散（turbulent diffusion），化学反応（reaction），沈着（deposition）と深く関係している（図1）．

a．気象と排出

人間活動に伴って様々な化学物質が大気中へと排出されている．気象条件が人間活動に影響することよって，人為起源排出量は変化する．例えば，気温の変化は冷暖房需要を変化させ，結果として化石燃料消費に伴う排出量に影響する．また，気温上昇に伴う揮発性有機化合物の蒸発発生源からの排出量の増加等，気象の変化によって非意図的に排出量が変化する場合もある．

自然からも多様な経路で化学物質が排出されており，気象と関連するものも多い．例えば，植物起源の揮発性有機化合物の排出量は，気温，日射量に強く依存する．黄砂に代表される土壌性ダストは，強風によって地表面から巻き上げられる．強い上昇気流によって形成される積乱雲では，雷放電により窒素酸化物が生成される．

b．気象と移流

大気中へと排出された化学物質は，移流によって大気中を輸送される．移流は流体の平均的な流れに伴う輸送現象であり，ここでは平均的な風による物質の輸送をさす．

風は気圧傾度力（pressure gradient force）によって生じ，気圧差が大きいほど強くなる．気圧傾度力によって，空気は高圧部から低圧部に運動を始めるが，地球の自転によって，北半球では運動方向に直角右向きのコリオリ力（Coriolis force）が働き，運動方向が変化する．地表面摩擦の影響が無視できる自由大気（free atmosphere）では，気圧傾度力がコリオリ力と釣り合い，等圧線に平行な地衡風（geostrophic wind）が吹く．一方，地表面摩擦の影響を受ける大気境界層

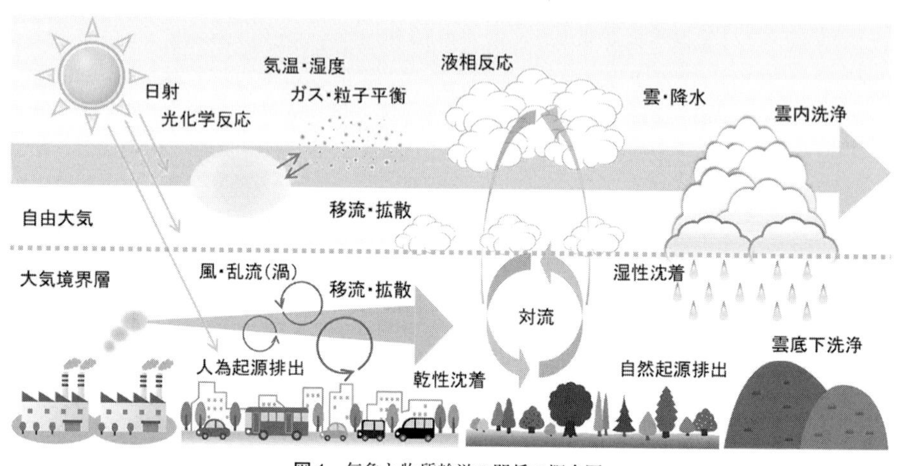

図1　気象と物質輸送の関係の概念図

(atmospheric boundary layer) 内では，気圧傾度力がコリオリ力と摩擦力の合力と釣り合い，等圧線を斜めに横切る風が吹く[1]．例えば，冬季の日本付近で典型的な西高東低型の気圧配置では，西から東に働く気圧傾度力がコリオリ力と摩擦力の合力と釣り合い，北西寄りの風が吹く．

c．気象と乱流拡散

拡散は，空間勾配を解消する輸送現象であり，乱流拡散は，流体運動の乱れ（渦）に伴う拡散作用である．大気中を移流する化学物質は，同時に乱流拡散によっても輸送される．例えば，煙突からの排煙は，移流によって風下に運ばれながら，乱流拡散によって周囲の空気と混合し希釈される．対流圏内の大気は常に運動し乱れた状態であるが，とりわけ大気境界層内では乱流拡散の影響が大きい．大気中への化学物質の排出の大部分は大気境界層内で生じるため，乱流拡散が大気汚染状況に強く影響する．

d．気象と反応

大気中を輸送される化学物質は，気相均一反応，雲中の液相反応，粒子生成反応，粒子表面での不均一反応といった様々な反応を経て，生成，変質，消滅している[2]．一般的に，反応速度は，反応に関わる物質の濃度や，温度，光量等に依存する．

大気中の光解離や熱分解は，日射量（紫外線量）や気温に依存するので，日射量が多く気温が高い夏季に反応が活発となる．代表的な反応として，ヒドロキシラジカルの生成につながる対流圏オゾンの光解離がある．ヒドロキシラジカルは大気中の様々な物質を酸化するため，気象は，間接的にも多様な反応に関わっている．

半揮発性粒子の反応は，気温，湿度に強く依存する．例えば，硝酸ガスとアンモニアガスから生成される硝酸アンモニウム粒子は，高温，低湿条件下では容易に揮発して硝酸ガスとアンモニアガスに戻る．

二酸化硫黄の酸化をはじめとする液相反応の場となる雲は，上昇気流によって形成される．空気塊が上昇すると，断熱膨張によって温度が下がり，空気は過飽和の状態となる．そこに吸湿性の粒子が存在すると，一部が雲凝結核（cloud condensation nuclei）として働き，雲粒が生成される．

e．気象と沈着

大気からの化学物質の除去は，ガス状・粒子状物質が地物に直接付着する乾性沈着（dry deposition）と，降水が関与する湿性沈着（wet deposition）に大別される．乾性沈着が生じている場合，ガス状・粒子状物質の濃度は表面近傍で減少し，濃度勾配が生じる．一方，乱流拡散には，そこに物質を輸送し，濃度勾配を解消する作用がある．したがって，大気境界層内の乱れが強いほど，乾性沈着速度は大きくなる．

湿性沈着に関わる雲は，上昇気流によって形成される．雲粒が凝結過程，併合過程，氷晶過程を経て成長すると，降水粒子として重力によって地表まで落下する[1]．湿性沈着過程の中で，雲粒の成長過程での大気中からの物質の除去を雲内洗浄（rainout），雲底下での降水粒子による除去を雲底下洗浄（washout）と呼ぶ．

f．物質輸送と気象

気象と物質輸送は，双方向に影響し合っている．例えば，大気中粒子の直接効果（aerosol direct effect），間接効果（aerosol indirect effect）がある．直接効果は粒子による日射の散乱・吸収作用，間接効果は吸湿性粒子による雲生成作用をさす．これらの効果によって気象が変化し，それによって光解離，大気境界層中の乱流拡散，湿性沈着といった物質輸送過程も変化する．

［嶋寺　光］

文　献

1) 小倉義光：一般気象学，pp.78-104，139-165，東京大学出版会，1999.
2) 藤田慎一他：越境大気汚染の物理と化学，pp.25-45，106-131，155-179，成山堂書店，2017.

3-6
大気熱力学
Atmospheric thermodynamics

熱力学は19世紀前半の西欧で発展し，カルノーによる熱機関の理論，ジュールによる熱の仕事当量探求などが続いた．エネルギー保存則に相当する熱力学第1法則は1847年にヘルムホルツによって確立された．その基礎体系を気象学に適用したのが大気熱力学（気象熱力学）である．媒体として理論上の乾燥空気，および水蒸気を含む湿潤空気を対象とし，大気運動と気温変化の関係を扱う．湿潤空気では水蒸気の相変化（水，氷へ）に伴う熱収支が重要となる．熱収支には放射も大きく影響する．ただし，一般に放射の理論は熱力学の範囲に含めない．

a．乾燥空気の熱力学

対流圏の気温範囲では乾燥空気に相変化は起きないので，気体の状態方程式（1）：$p=\rho RT$：が成立する．p，ρ，T はそれぞれ気圧，密度，気温である．R は乾燥空気の気体定数で，値は287 J/（kgK）である．気圧 p の高度にあった空気塊が気圧差 dp の高度に上昇する（$dp<0$）時の変化を考えると，気圧の低下による気塊の膨張 dv は外部への仕事 $W=pdv$ に相当し，同量の内部エネルギー減少 $C_v dT$ を生む（$dT<0$）．これは断熱膨張（$dQ=0$）による降温を意味し，熱力学第1法則で式（2）：$dQ\ (=0)=pdv+C_v dT$：と表される．式（1）の微分形と（2）との組合せから，$\theta=T(1000/p)^{R/C_p}$ が導かれる．ここで $C_p(=C_v+R)$ は定圧比熱である．θ は気塊を標準のレベル1000 hPaに移した時の気温であり，これにより温位が定義される．鉛直対流運動などにより十分混合した大気層は温位が一定である．温位が高さ z 方向に一定（$d\theta/dz=0$）の状態は気温では $dT/dz=-9.8$ K/km であり，この数値の絶対値を乾燥断熱減率（Γ_d）という．気温あるいは温位の鉛直勾配は大気安定度の指標となり，それは大気汚染物質の鉛直拡散の強弱と密接な関係を持つ．$dT/dz<-\Gamma_d$ つまり（$d\theta/dz$）が負値の時は不安定で拡散が促進され，$dT/dz>-\Gamma_d$ つまり（$d\theta/dz$）が正値の時は安定で拡散は抑制される．

b．湿潤空気の熱力学

湿潤空気は乾燥空気と水蒸気の混合物といえる．湿潤の度合を表す物理変数として，比湿，混合比，相対湿度等がある．水蒸気の相変化を伴う気温・気圧状況下では潜熱の収支が熱力学的状態変化に大きな影響を及ぼす．

1）比湿，混合比，相対湿度　比湿 s（specific humidity）は単位体積の湿潤空気の質量中の水蒸気の質量の比率である．一方，混合比 x（mixing ratio）は乾燥空気の質量に対する水蒸気の質量の比率である．両者の関係は $x=s/(1-s)$ となる．空気が包含し得る水蒸気量には上限があり，上限に達した状態が飽和である．飽和水蒸気量は温度上昇とともに増大する．相対湿度 r（relative humidity）は飽和水蒸気量に対する実際の水蒸気量の比率であり，%で表す．$r<100\%$ の湿潤空気は，降温時に飽和水蒸気量が小さくなるため，r が徐々に増大し，やがて100%に達する（飽和）．そこからさらに降温すると水蒸気の一部は凝結して霧粒（上空では雲粒）となり，固形物に付着したものは露となる．未飽和の湿潤空気に対して，仮想的な降温の結果，飽和に達する時の温度を露点（dew point）という．湿潤空気中の大気汚染粒子濃度は湿度の影響を受け，特に気温が露点以下に降下すると親水性粒子の見かけの増量が顕著に起きる．

2）湿潤断熱変化　上述のように湿潤空気が露点以下に冷えると霧や露が生成す

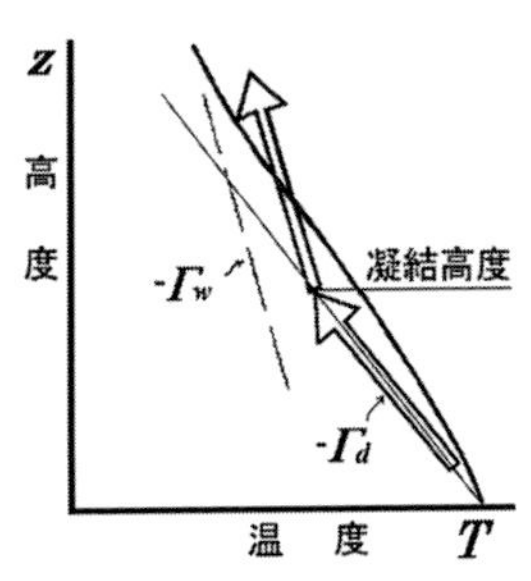

図1　条件付き不安定

るが，同時に凝結の潜熱が解放され，さらなる冷却は緩和される．そのため，乾燥空気では断熱的な上昇運動において乾燥断熱減率 $dT/dz = -\Gamma_{\mathrm{d}}$ で降温するのに対して，湿潤空気が雲の生成を伴って上昇運動する時，温度傾度 $|dT/dz|$ は Γ_{d} より小さい．数値は一定ではなく温度や気圧により変わるが，湿潤断熱減率と呼び，Γ_{w} で表す．Γ_{w} は概して Γ_{d} の半分程度である．一方，湿潤空気であっても，露点以上の温度範囲での上昇下降運動では，温度変化 dT/dz は $-\Gamma_{\mathrm{d}}$ に近い．ただ，小さな混合比で含まれる水蒸気の比熱が，乾燥空気のそれと異なることにより，わずかな差が起きる．

3)　湿潤空気の安定度　温度傾度が Γ_{w} よりも大きく Γ_{d} よりは小さい温度成層を条件付き不安定という（図1）．その状態（図中の太線）の気温分布を持つ大気中で低層の気塊が上昇運動を始めた時，水蒸気が飽和しない範囲ではほぼ $dT/dz = -\Gamma_{\mathrm{d}}$ で降温し，周囲よりも密度が増すため，上昇を抑制する力が働く．したがって乾燥空気の熱力学に関して述べたのと同様に，この成層は安定で乱流拡散も抑制される．しかし前線面の暖気側や山地の斜面上で強制された上昇風の場合等は，湿潤空気なら飽和に達することもある（凝結高度）．するとそこからは $dT/dz = -\Gamma_{\mathrm{w}}$ の湿潤過程に移る．すなわち上昇に伴う降温率は小さくなり，やがて周囲よりも暖かく，密度が小さくなって上昇運動は促進される．すでに飽和し，凝結を伴う湿潤過程であるから雲が生成し，上方に発達する．なお，初期の減率が Γ_{d} より大きい温度成層は絶対不安定，また Γ_{w} よりも小さい温度成層は絶対安定である．

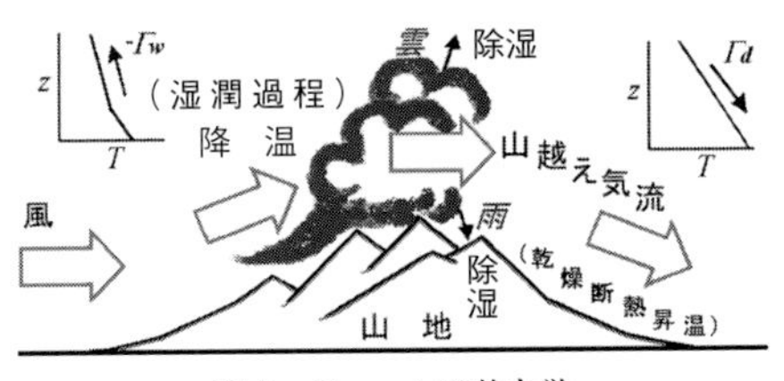

図2　フェーンの熱力学

4)　フェーン現象　湿潤空気が山地を越えて吹く風となり，山地の風下側に吹き降りる時，風上側よりも湿度が低下し気温が上昇する現象である．フェーンの名はアルプス地方の局地風に付けられたドイツ語に由来する．風上側斜面を上昇する湿潤空気は，飽和に達したあと $dT/dz = -\Gamma_{\mathrm{w}}$ で雲を生成しつつ降温する．山を越えた風が風下側斜面を下る時，雲がすべて水蒸気に戻るなら，気温や湿度は風上側の状態に戻るであろう．しかし，雲が山地での降水となったり上層に拡散することにより湿度が減ると，風下側斜面を下降する時の昇温率は Γ_{d}（$>\Gamma_{\mathrm{w}}$）となる．これがフェーンの発生機構である．顕著な発生事例には多くの場合かなりの強風も伴う．冬季の季節風が日本列島の脊梁山脈を越える時も起きるが，むしろ暖候期の発生時に異常高温と結びついて話題となることが多い．

［吉門　洋］

文　　献

1）中村晃三：キーワード気象の事典，pp.54–63，朝倉書店，2002.
2）小倉義光：一般気象学，東京大学出版会，1999.

3-7 大気中の放射過程

Radiation process in the atmosphere

大気環境に関わる問題の中で，大気中の放射（radiation）過程が関与するものとしては，①温室効果気体による気候変動への影響，②大気エアロゾルによる気候変動への影響，③ヒートアイランド現象など熱環境問題，④光化学大気汚染あるいは微量化学物質の光分解などの光化学反応，⑤視程が挙げられる．このうち温室効果気体や視程の問題は本事典の範囲からやや外れると考えられるので，ここではそれ以外の②〜④に関わる短波放射（太陽放射領域の放射）について述べる．

なお，以下では単色（monochromatic）光で話を進め波長λの添字を使わないが，実際は必要となる波長区間で積分する．

a．放射輝度，放射伝達，放射計算コード

放射の強さは，時間dt内に，微小な面dAを通して，その面の法線と角θをなす方向の立体角$d\omega$内を進む放射エネルギーをdEとする時（図1）

$$I=\frac{dE}{\cos\theta\cdot dA\cdot d\omega\cdot dt}$$

により定義され，放射輝度（radiance）Iと呼ぶ．単位は$\mathrm{W\,m^{-2}\,sr^{-1}}$である．現在は記号として$L$を使うことも多い[1]．

放射がある微小な区間を進行する間に，その気層内にある気体分子による吸収と射出，気体分子による散乱，大気エアロゾルによる吸収と散乱により，Iが微小量の変化をする．これを記述するのが放射伝達方程式である．放射が進行する区間の尺度として，幾何学的な距離ではなく，後述する光学的厚さ（optical thickness）τを使用する．大気環境問題では並行平板大気を仮定し，大気上端を$\tau=0$と定義，地表面$\tau=\tau_{\mathrm{surface}}$あるいは対流圏界面$\tau=\tau_{\mathrm{tropopause}}$での$I$を問題とする場合が多く，この場合$\tau$をoptical depthとも呼ぶ．実際には大気を均質な複数の層（数十層）に分割し，各層の境界でτを与える．

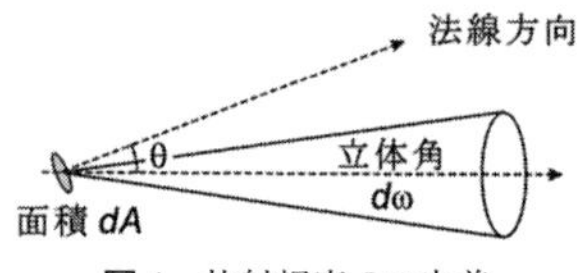

図1　放射輝度Iの定義

放射伝達方程式中には，大気エアロゾルや雲粒による散乱（Mie散乱）の角度依存を表す散乱位相関数P（scattering phase function）が含まれており，これが複雑であるため解析的に解を求めることができず，通常は近似式に変換して計算を行う．代表的なものとして，上向きIと下向きIをそれぞれ同数の角度$\pm\mu_1$，$\pm\mu_2$，...，$\pm\mu_n$（$\mu=\cos\theta$，θは天頂角）に離散したstreamとして扱い，IおよびPを含む項の$d\mu$による積分をガウス求積とするdiscrete-ordinate法が挙げられる．そのうち，上下各一方向のstreamのみを扱ったものがtwo-stream法である．領域気象モデルRAMS内の放射計算，LOWTRAN7やRRTMG（領域気象モデルWRF Ver.3の放射物理オプションの一つ）等の放射コードでtwo-stream法が使用されている．より多数のガウス分点によるdiscrete-ordinate法を採用したDISORT[2]はRRTM（RRTMGの基になったコード）やMODTRAN6内で使用されており，国内の研究者に多用されるRSTAR[3]もdiscrete-ordinate法を用いている．

b．水平面に対するフラックス

リモートセンシングではIそのものが問題とされるが，大気や地表面の加熱・冷却といったエネルギー収支の問題を考える場合，フラックス（radiant flux density）Fを扱う．下向きおよび上向きのフラックス$F^{\downarrow}(\tau)$，$F^{\uparrow}(\tau)$は，Iの鉛直成分を半球に

わたって積分した

$$F^{\downarrow}(\tau)=\int_0^{2\pi}\int_0^{\pi/2} I(\tau,\theta,\phi)\cos\theta\sin\theta d\theta d\phi$$

$$F^{\uparrow}(\tau)=\int_0^{2\pi}\int_{\pi/2}^{\pi} I(\tau,\theta,\phi)\cos\theta\sin\theta d\theta d\phi$$

であり，ϕ は方位角である．地表面における $F^{\downarrow}(\tau_{\mathrm{surface}})$ は全天日射計で測定される irradiance（W m^{-2}）に相当し，都市域の熱環境問題などにおいて重要となる．

正味（net）のフラックスはそれらの差

$$F_{\mathrm{net}}(\tau)=F^{\downarrow}(\tau)-F^{\uparrow}(\tau)$$

として与えられ，ある瞬間の2高度における $F_{\mathrm{net}}(\tau)$ と $F_{\mathrm{net}}(\tau+\Delta\tau)$ の差は太陽放射による大気の加熱率を与える．また，ある τ において，大気中の放射擾乱物質（エアロゾルや雲）の有無，あるいは現在の $F_{\mathrm{net}}(\tau, t_{\mathrm{present}})$ と産業革命以前の $F_{\mathrm{net}}(\tau, t_{\mathrm{pre\text{-}industrial}})$ について，擾乱物質量の違いによる差 $\Delta F_{\mathrm{net}}(\tau)$ が計算される．対流圏界面における正味フラックスの差 $\Delta F_{\mathrm{net}}(\tau_{\mathrm{tropopause}})$ は放射強制力（radiative forcing）と呼ばれ，気候変動問題で用いられる指標である．

c. Actinic Flux

ある点における I の全球方向の積分値

$$F_{\mathrm{act}}=\int_0^{2\pi}\int_0^{\pi} I(\theta,\phi)\sin\theta d\theta d\phi$$

を actinic flux と呼ぶ（積分内に $\cos\theta$ がないことに注意）．F_{act} は大気中の化学物質の光解離定数 j を求める際に不可欠である．光化学反応計算では，太陽天頂角や標高等に応じた表の形で利用する例が多いが，NCAR の TUV など紫外領域の F_{act} 計算に特化した放射コードもある．

領域化学物質輸送モデル内の扱いとしては，オゾン・エアロゾル濃度計算とリンクして計算するか，事前に子プログラムで計算した lookup table を使用する場合がある．エアロゾル濃度が高い場合は多重散乱により F_{act} は増大し，その影響は刻々と変わるが，lookup table 方式ではこの点は考慮されない．雲がある場合の扱いは複雑になり，領域化学物質輸送モデル内では雲底下での F_{act} の減衰は扱われるが，高い反射率を持つ雲の上側での F_{act} の増大はこれまでのところ考慮されていない．

d. 吸収係数，散乱係数，単一散乱アルベド

エアロゾルの光散乱係数を σ_{s}，光吸収係数を σ_{a} とすると，光消散係数 σ_{ext} は

$$\sigma_{\mathrm{ext}}=\sigma_{\mathrm{s}}+\sigma_{\mathrm{a}}$$

であり，σ_{ext} を鉛直距離 z で積分した値

$$\tau=\int_{z1}^{z2}\sigma_{\mathrm{ext}}dz$$

が optical thickness である．

$$\omega_0=\sigma_{\mathrm{s}}/(\sigma_{\mathrm{s}}+\sigma_{\mathrm{a}})$$

を単一散乱アルベド（一次散乱アルベド；single scattering albedo）と呼び，1回の散乱で放射エネルギーが粒子に吸収されずに残る割合である．σ_{s}，σ_{a} の値は，エアロゾルの複素屈折率を与えて Mie 散乱理論により各粒径の光吸収断面積，光散乱断面積を計算し，粒径分布により積分して求める．大気放射計算では，これらに P を加えたエアロゾル光学特性が必要となる．

領域気象モデル内では，文献値による τ の鉛直分布と類型化されたエアロゾルモデル（urban，maritime 等）の光学特性 ω_0 および P を使った放射計算がしばしば行われる．しかし，例えば $\tau>0.3$ のような汚染大気を対象として汚染物質の三次元分布を計算するような場合，気象データを提供した気象モデル内で仮定された放射場と，物質が厚く存在する状況での放射場の違いによる影響を認識しておく必要がある．

［兼保直樹］

文　献

1) 会田　勝：大気と放射過程，pp.66，東京堂出版，1986.

2) K. Stamnes, *et al.*: *Appl. Opt.*, **27**(12): 2502-2509, 1988.

3) T. Nakajima, M. Tanaka: *J. Quant. Spec. Rad. Trans.*, **40**: 51-69, 1988.

3-8

気候変化と大気汚染

Climatic impacts of air pollution

大気汚染は長期的な気候影響を持つ．これは，大気汚染の原因物質であるエアロゾルやメタン，オゾン等が，地球大気中の放射エネルギーの伝達に深く影響するためである．これには，大きく分けて直接効果と間接効果の二つのメカニズムがある．

a. 直接効果

大気汚染物質自身が光を吸収・散乱することで大気中の放射伝達過程に影響を与え，地球のエネルギー収支を変化させるはたらきのことをエアロゾル-放射相互作用(aerosol-radiation interaction)，またはエアロゾル直接効果（aerosol direct effect）という．

この効果は，大気汚染物質の種別や化学組成によって顕著に異なる．オゾンや黒色炭素は短波放射を吸収することで地球を加熱するはたらきを持つ一方，硫酸塩等は短波放射を反射することで地球を冷やすはたらきを持つ．このような種別の違いによるエアロゾル-放射相互作用の違いは，全球規模の気温や降水量に対して顕著に異なる影響をもたらすと考えられている．

光を吸収するエアロゾルは，大気の鉛直気温分布に影響して雲の鉛直分布を変化させる．これはエアロゾルの準直接効果(aerosol semi-direct effect）といわれる．

b. 間接効果

エアロゾルには雲粒が生成する際に核(雲核）となるものがあり，これによって雲を変質させることで気候へ影響する．これをエアロゾル-雲相互作用（aerosol-cloud interaction）またはエアロゾル間接効果（aerosol indirect effect）という．これには第1種間接効果と第2種間接効果の2種類がある．

1) 第1種間接効果（アルベド効果）

雲核となるエアロゾルが増加すると，単位体積に含まれる雲粒の数が増加する．大気中に含まれる雲水の総量が変わらない場合，この雲粒数の増加は，雲粒1個あたりの粒子サイズの減少を意味する．これは，雲粒で敷き詰められた断面積の増加をもたらすため，雲の短波放射に対する反射率を高め，雲が持つ冷却効果を増大させる．これを第1種間接効果，またはアルベド効果という．

2) 第2種間接効果（寿命効果）　雲核としてはたらくエアロゾルの増加に伴って雲粒のサイズが減少すると，雲粒が降水粒子に成長するまでに要する時間が長くなる．これによって，雲からの降水生成の効率が小さくなって雲水が大気中に浮遊する時間スケール（雲の寿命）が長くなる結果，雲水の総量や雲量が増大する．

このことは，雲が短波放射に対して持つ冷却効果をさらに増大させるとともに，降水量も変化させるために地球の水循環にも影響があると考えられている．これを第2種間接効果，または寿命効果という．

現在の知識によると，人間活動で排出される大気エアロゾルは直接・間接効果によって正味で地球の気候を冷やすはたらきをしており，二酸化炭素の増加による地球温暖化を部分的に相殺していると考えられている．実際，20世紀に起こった全球平均気温上昇の度合は二酸化炭素等の温室効果のみによって説明されるよりも小さく，逆向きにはたらく冷却効果の存在が示唆される．人為起源エアロゾルの直接・間接効果は，そのような冷却効果をもたらす有力候補であると考えられている．

エアロゾルのこのような気候影響の大きさを定量的に測る指標として，次に述べる放射強制力（radiative forcing）が用いられる．これには大きく分けて，瞬時放射強制力と有効放射強制力の二つがある．

c．放射強制力

1）瞬時放射強制力　エアロゾル濃度の変化に伴って，その直接・間接効果が瞬間的に引き起こす放射エネルギー収支の変化を瞬時放射強制力（instantaneous radiative forcing）という．これはエアロゾルの変化が地球の気候にもたらす外部強制力と考えることができる．上に述べた直接効果および第1種間接効果は瞬時放射強制力と見なされる．

2）有効放射強制力　上で述べた瞬時放射強制力が外部強制力として気候に与えられると，それに対して大気中で気温，水蒸気，雲等の変化が生じる．これらは比較的短い時間スケールで起こることから，大気の速い応答（rapid adjustment）と呼ばれる．

この応答が起こった後に残る正味の放射強制力を有効放射強制力（effective radiative forcing）という．長期的な気候変化を直接駆動するのはこの有効放射強制力であるため，気候変化を予測するうえで，瞬時放射強制力に比べてより直接的な重要性を持つ指標といえる．有効放射強制力を定量化するためには，瞬時放射強制力に加えて，大気の速い応答を精度よく定量化することが必要となる．準直接効果および第2種間接効果は，それぞれ直接効果および第1種間接効果に対する速い応答と見なされる．

3）強制力の efficacy　放射強制力が気候変化を実質的に駆動する強制力としてどの程度有効であるかを測る指標として，強制力の efficacy という概念が提唱されている[2]．これは，近似的には有効放射強制力の瞬時放射強制力に対する比で与えられる．

efficacy は放射強制力の特性を表す重要な指標であり，大気汚染物質の種類や組成によって様々な値を取る．

d．エアロゾル気候影響の不確実性

気候変動に関する政府間パネルの第5次評価報告書[3]によると，人為起源の大気汚染物質の放射強制力の定量化には大きな不確実性が伴っている．これは大気汚染の分布や動態の把握が不十分であることや，エアロゾル－雲相互作用の理解に著しい不確実性が存在するためである．このことは，数値気候モデルによる長期的な気温変化の予測精度にも端的に表れている[1]．大気汚染の冷却効果がどの程度であるかによって21世紀の気温変化は大きく異なるものになってしまうため，この不確実性を低減することは，気候科学における喫緊の研究課題である．　［鈴木健太郎］

文　献

1）J. E. Penner, *et al.*: Short-lived uncertainty? *Nature Geoscience*, **3**: 587–588, 2010.

2）釜江陽一，吉森正和：天気，**61**：1023–1025, 2014.

3）気象庁訳：IPCC 第5次評価報告書，第1作業部会報告書，政策決定者向け要約，2014. http://www.data.jma.go.jp/cpdinfo/ipcc/ar5/ipcc_ar5_wg1_spm_jpn.pdf.

3-9

大気の大循環

Atmospheric general circulation

太陽放射をほぼ垂直に受ける赤道付近と斜めに受ける高緯度とでは，単位面積あたりに受ける熱量が大きく異なる．この不均衡が大気大循環の駆動力であり，不均衡を是正するよう熱を効率的に輸送する．

a．子午面の循環（meridional circulation）

大気大循環は，経度方向に平均した子午面（南北鉛直断面）で見ると，南北半球のそれぞれに三つの循環からなる（図 1）．以下，北半球を例に各循環を説明する．

1）ハドレー循環　ハドレー循環（hadley circulation）は，赤道付近で上昇し対流圏上層で南西風により北に向かい，北緯 30° 付近で下降して下層で北東風により南に向かう循環である．イギリスの気象学者ハドレーは，低緯度の地表付近で定常的に吹く東寄りの風（貿易風；trades または trade winds）の存在を次のように説明した．赤道付近では加熱により空気が膨張し，下層は低圧，上層は高圧となる．逆に極域は冷却により空気が収縮し，下層で高圧，上層は低圧となる．そのため上層では北向きの流れが，下層では南向きの流れが発生する．南に向かう流れは地球の自転により西にずれて東寄りの風，すなわち貿易風となる．実際には，上層の流れはコリオリ力（Coriolis force）により東へ転向し，北緯 30° 付近で冷えて降下する．ハドレーが 1735 年に提唱した大循環は結果的に正しくなかったが，低緯度の循環はまさにハドレーが考えた循環である．なお，コリオリの登場はハドレーより約 1 世紀後である．

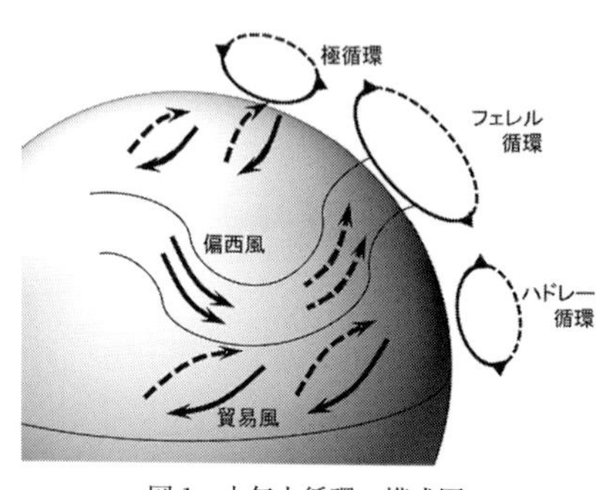

図 1　大気大循環の模式図

赤道付近では，南北両半球からの風がぶつかり合って熱帯収束帯（inter-tropical convergence zone：ITCZ）を形成する．ITCZ では上昇流が積乱雲を多数発生させ，降水をもたらしている．これに対し北緯 30° 付近は下降流により亜熱帯高圧帯（subtropical high pressure belt）が形成され，乾いた穏やかな風が吹く．

2）極循環　極地方においても，ハドレーが考えたような循環がある．すなわち，北緯 60° 付近で上昇した空気が対流圏上層を極付近まで移動し，極付近で地表付近に下降し北緯 60° 付近に戻る極循環（polar circulation）である．下層での南向きの風は転向して極東風（polar easterlies）となる．

3）フェレル循環　ハドレー循環と極循環の間にあり北緯 60° 付近で上昇して南下し，北緯 30° 付近で下降して北上する循環をフェレル循環（Ferrel circulation）という．ハドレー循環と極循環の場合，下層では東寄りの，上層では西寄りの風が吹くが，フェレル循環は上層も下層も西寄りの風（偏西風；westerlies）である．この循環域は，全層にわたって南側が北側より気圧が高い．すなわち，気圧傾度は北に下がっている．気圧傾度力により北に移動を始めるとコリオリ力により東に転向し，気圧傾度力とコリオリ力が釣り合う西風が維持される．気圧傾度は上空ほど大きく，そのため偏西風は上空で強く，圏界面付近で最大となる．特に強い偏西風はジェット気流（jet stream）と呼ばれる．

b. 偏西風と高・低気圧

フェレル循環は経度方向に平均して得られる循環であり，実際の偏西風の流れは蛇行している．この蛇行は，地表付近の高気圧・低気圧と密接な関係にある．

再び北半球で説明する．上空の偏西風が南寄りから北寄りに変わる部分は，等高度線で見ると周囲より低い（気圧の谷，trough）．逆に，偏西風が南寄りから北寄りに変わる部分は，周囲より高い（気圧の尾根，ridge）．気圧の谷の西側は高緯度側の冷たく密度の大きい空気で，東側は低緯度側の暖かく密度の小さい空気である．静水圧平衡（hydrostatic equilibrium）を考えると，高度差あたりの気圧差は密度に比例する．そのため気圧の谷は地表に近いほど東側にずれるから，上空の気圧の谷の東側に地表の低気圧が現れる．これは高気圧についても同様である．

地表付近は地面との摩擦により偏西風が弱まって高・低気圧の渦が現れるが，上空は偏西風が強く渦は隠れ気流は蛇行する．蛇行する偏西風は，気圧傾度力，コリオリ力，遠心力が釣り合った傾度風（gradient wind）である．気圧の谷の部分では，偏西風は（宇宙から見て）反時計回りに流れるので，コリオリ力と遠心力が同じ方向に働く（気圧傾度力＝遠心力＋コリオリ力）．一方の気圧の尾根では時計回りになるので，気圧傾度力と遠心力が同じ向きになる（気圧傾度力＋遠心力＝コリオリ力）．したがって気圧傾度力が同じならば，偏西風は気圧の谷で遅く，気圧の尾根で速くなる．気圧の谷の東側は偏西風が加速するので発散状態となり，地表付近から上昇気流が発生する．反対に気圧の谷の西側は偏西風が減速して収束状態となり，地表付近に降下する．この下降流は高緯度側の冷たく密度の大きい空気であるから，気圧の谷の東側の暖かい空気の下に潜り込んで押上げる形となる．これは，位置エネルギーが減少して運動エネルギーに変換され，風が強まることを意味する．なお，台風や熱帯低気圧の風（運動エネルギー）は水蒸気の凝結熱であり，温帯低気圧とは根本的に異なる．

地表付近の高気圧は中心から外側に，低気圧は外側から中心に気圧傾度力が働く．これに対し，コリオリ力と地面との摩擦力の合力が釣り合うから，それらを旋回する流れは等圧線よりやや左を向く．すなわち，高気圧の風は時計回りに中心から吹き下ろすように吹き，低気圧の風は反時計回りに中心に流れ込むように吹く．低気圧の中心に流れ込んだ空気は上昇する．

c. 大陸と海洋の影響

地球には大陸と海洋があり，その分布は大気の流れにも影響する．例えば南半球は大陸の面積が少ないため地表付近でも強い偏西風が吹く．また，地表付近の大気は大陸または海洋の影響を強く受け，気団（air mass）を形成する．

大陸の東に位置するわが国は，冬の冷たく乾いたシベリア気団，高温・湿潤な夏をもたらす小笠原気団，梅雨前線や秋雨前線を形成するオホーツク気団，春と秋の移動性高気圧となる揚子江気団により，変化に富んだ四季を享受する．また，ヒマラヤ山脈とチベット高地の存在がシベリア気団の南下を妨げ，ジェット気流を分断してオホーツク気団の形成を促し，揚子江気団の成因になっている．

d. 成層圏の循環

成層圏の夏半球ではオゾンの紫外線吸収により極地方で昇温，高圧となって東風が吹き，冬半球では西風となる．また，赤道上空では赤道を境に東風と西風が約2年の周期で入れ替わる準二年周期振動（quasi-biennial oscillation：QBO）が知られている．

［速水　洋］

文　献

1) 小倉義光：一般気象学，東京大学出版会，1991.

3-10 大気の組成・大気圏

Component of atmosphere/atmosphere

a. 惑星大気

太陽系を構成している惑星の多くは大気が存在している．金星と火星の大気は主成分がCO_2であり，木星と土星ではH_2が主成分である（表1）．天王星，海王星は木星の大気組成に近い．重力の小さい水星にはきわめて薄いガス層だけが認められている．

b. 大気圏化学の基礎

1） 大気組成の変遷　45.5億年ほど前に地球が誕生した後の原始地球の大気は水蒸気とCO_2濃度が現在よりもはるかに高かったと考えられている．地球が冷えるにつれて，大量の水蒸気が凝縮して海洋となって地表面を覆った．38億年ほど前には大陸が出現し，大気中にあった莫大な量のCO_2は海洋プレートと大陸の地中に取り込まれた[2]．その結果，大気や海洋中のCO_2は激減，地表温度も急速に下がり始めた．その後，少なくとも28億年前にはシアノバクテリア（らん藻）による光合成で，海水中でO_2が発生した．海水中のO_2はFeを始め，様々な物質の酸化に費やされた後，次第に大気中のO_2増加をもたらしたとされている．さらに6億年程前になると大気中のO_2から成層圏O_3の形成が始まり，現在の大気組成につながったと考えられている．Arを除いた地球大気の主な組成のおよその変遷を図1に示す．

2） 火山の影響　火山は原始大気の形成に大きな役割を果たしたと考えられている．特にまだ大陸が形成されていなかった頃は，海底火山や熱水活動により地中から大気へとCO_2の循環を担っていたとされている．現在の火山活動，特に大規模爆発では放出された大量のSO_2は硫酸エアロゾルとなり成層圏に滞留，数年規模にわたって日傘効果となって地表気温低下をもたらすことがある．

表1　惑星大気の主な組成（体積%）

組成	金星	地球	火星	木星	土星
CO_2	96.5	0.039	95.3		
N_2	3.5	78	2.7		
O_2		21	0.13		
Ar		0.93	1.6		
H_2				90	96
He				10	3.25

（理科年表平成27年版[1]より抜粋）

注1：地球のCO_2は2010年．

注2：微少成分は割愛．

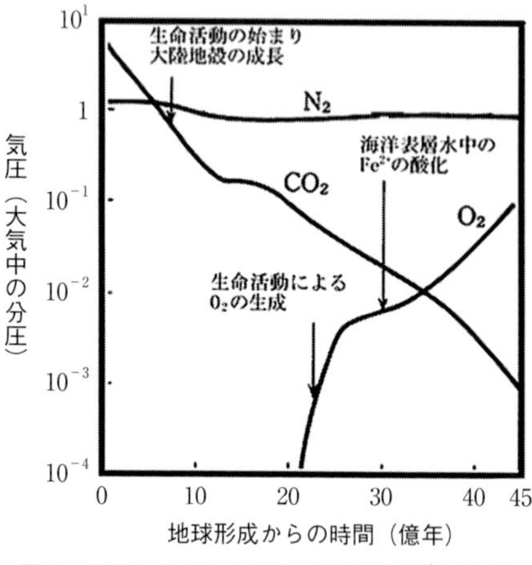

図1　地球大気の主な組成の変遷（文献[3]を改変）

3） 現在の大気組成　現在の地球大気の組成は，他の惑星の大気組成とは大きく異なっており，N_2とO_2の両気体成分で水蒸気を除いた乾燥大気の99%に達する（表1）．両気体に次ぐ成分は希ガスのArである．主成分気体（N_2+O_2）の0.1%以下の気体は「微量気体」とも称される．

大気圏の中で中間圏までの大気の組成は表1とほぼ同じである．また，対流圏には大気の全質量の約90%，成層圏まで含めれば約99.9%が含まれる．水蒸気は，地域や季節，時刻等で大きく変動し，1%以下から4%程度と変化の幅が大きい．

大気中には，微粒子（エアロゾル）も存在する．微粒子の粒径は0.01 μm以下から100 μm程度まで，微粒子の発生源や組成によって大きな幅がある．微量気体は自然起源によるもの（火山や生物起源）加えて，近年は人間の活動，例えば農業，鉱業や工業製品の製造工程で排出されるもの，工業製品使用時に排出されるもの等からの寄与が増加している．また，自然界には従来全くなく，新たに人工的に合成されたものもある．ただし，CO_2を除くほとんどの微量気体の濃度は10^{-6}(＝ppm）程度ないしそれ以下である．

対流圏に存在する微量気体で自然起源の気体は希ガス（He，Ne，Kr，Xe）である．自然起源と人為起源により大気中に発生した気体にはO_3の他に，SO_2，H_2S等の硫黄化合物，NO，NO_2，N_2O，N_2O_5，NH_3等の窒素化合物，CO_2，CO等の炭素化合物，CH_4，C_2H_6，C_6H_6等の炭化水素，HCl等がある．また，すべて人為的に合成された気体としてSF_6やフロン類（CFCs，HCFCs等），有機塩素化合物（C_2HCl_3等）がある．

微粒子の起源も自然起源と人為起源があり，自然起源の微粒子には土壌粒子や，森林火災，火山活動によるもの，海表面から発生する海塩粒子等がある．人為的起源では，鉱物の堆積場等から発生する粉じんや燃料の燃焼によって排出される微粒子（一次粒子），燃焼後に気体として大気中に排出され，その後で粒子化したもの（二次粒子：硫酸塩，硝酸塩，塩化物，炭化水素由来の粒子）等がある．

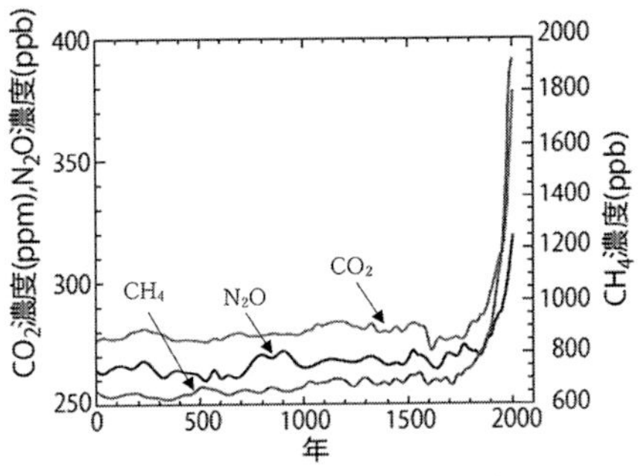

図2　温室効果気体の濃度変化
（IPCC第4次報告書[4]より）

4）温室効果気体　赤外線を吸収し，大気を暖める作用のある気体は温室効果気体（GHG：Green House Gas）と呼ばれている．主な温室効果気体としては水蒸気，CO_2，CH_4，N_2O等があり，加えて工業的に生産されたハロカーボン類（F，Cl，Brなどハロゲン原子を含んだ炭素化合物），対流圏オゾン（O_3）等がある．水蒸気は温室効果として地球大気に最も大きな影響を及ぼしているが，CO_2，CH_4，N_2Oの大気中の濃度は18世紀後半に生じた産業革命の頃からの上昇が著しいことから（図2），近年は人為起源による影響が著しいことを物語っている．　［水野健樹］

文　献

1）国立天文台編：理科年表平成27年版，天11，p.87，丸善出版，2015.
2）松井孝典：地球進化論，p.147，岩波書店，1988.
3）安城哲三，岩坂泰信編：大気環境の変化（岩波講座地球環境学3），岩波書店，1999.
4）気象庁訳：IPCC第4次報告書，2007.

3-11 地域規模の物質輸送

Local transport

海に面して発達した都市の大気汚染物質輸送は，海陸風（sea and land breeze）の影響を強く受け，山沿いに発達した都市の大気汚染物質輸送は，山谷風（mountain and valley wind）の影響を強く受ける[1, 2]．都市の気温が周囲の気温より高くなる都市ヒートアイランド現象（urban heat island phenomena）は，都市固有の都市気候（urban climate）を生じさせ，大気汚染物質輸送に大きな影響を与える．道路とその沿道のビルに囲まれた空間はストリートキャニオン（street canyon）または都市キャノピー（urban canopy）と呼ばれ，自動車排気ガスの拡散に大きな影響を与える．

a. 海　陸　風

海面と陸面では比熱に大きな違いがあるため，海面温度の日変化が1℃未満に対し，地面温度の日変化は10℃ぐらいになる．そのため，日中の地面温度は海面温度より高くなり，陸地の空気は暖められ，空気の密度が小さくなり，地上付近の陸面圧力は，海面圧力に比べて低くなる．一方，陸面で上空へ上昇した空気は断熱膨張により冷却されるため，上空の陸面圧力は，海面に比べて高くなる．この結果，地上付近では，海から陸に向かって吹く海風（sea breeze）が形成され，上空では反対に，陸から海に向かって吹く補償風が形成される（図1）．一方，夜間の地面温度は海面温度より低くなるため，日中とは反対に地上付近では，陸から海に向かって吹く陸風（land breeze）が形成される．海陸風は，暖候期の高気圧に覆われ一般風がほとんどない晴天日によく発達し，海風は高さ200〜300 m付近で風速5〜6 m/s，陸風は高さ50〜100 m付近で風速2〜3 m/sの最大風速が観測される．大気汚染物質は，日中は海風によって内陸に輸送され，夜間は陸風によって海上へと輸送される．晴天日が続くと，大気汚染物質は海陸風循環内に蓄積されて，高濃度となることがある．

b. 山　谷　風

山の斜面は，日中は日射により暖まりやすく，夜間は放射冷却により冷えやすい．このため，日中の斜面温度は谷の温度より高くなり，斜面の空気は暖められ，空気の密度が小さくなるため，上昇気流を生じる．上昇した空気は断熱膨張により冷却される．静水圧平衡を考えると，地表付近では斜面は谷よりも気圧が低く，上空では気圧が高くなる．この結果，地表付近では，谷から山に向かって吹く谷風（valley breeze）が形成され，上空では逆方向の風が吹く．一方，夜間の斜面温度は谷の温度より低くなるため，山から谷に向かって吹く山風（mountain breeze）が形成される．盆地地形では，山谷風が顕著に発達する．盆地地形では，冷たい山風が夜間に谷

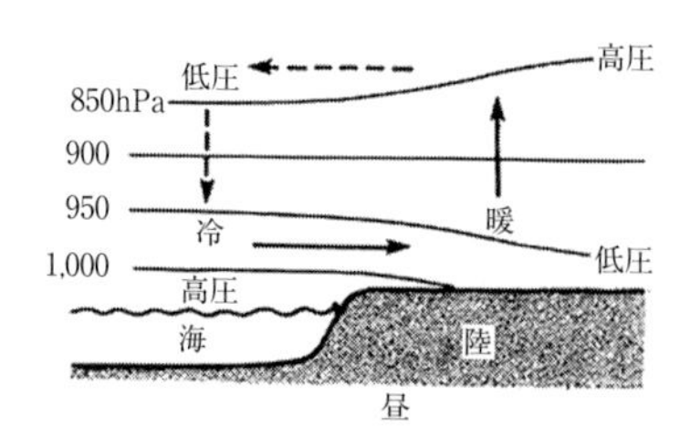

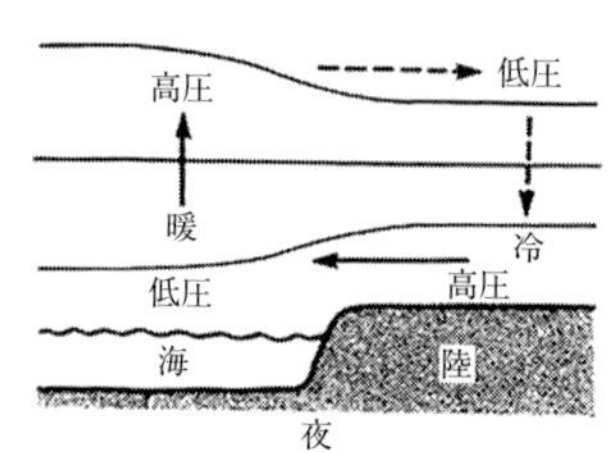

図1　海風の気圧分布[1)]

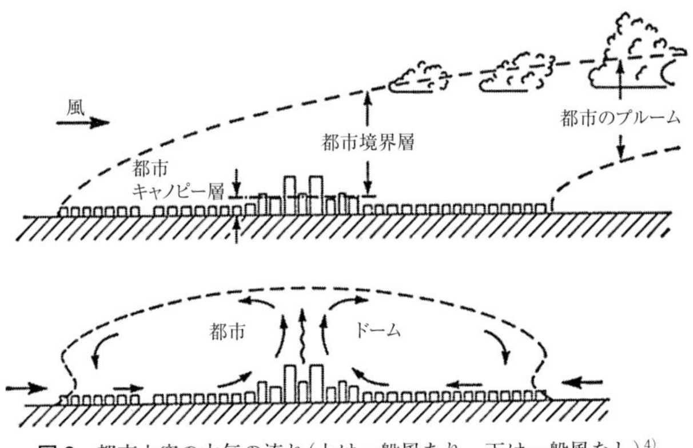

図2 都市上空の大気の流れ(上は一般風あり，下は一般風なし)[4)]

に輸送され，強い大気安定層が形成され，日の出の日射によって谷風が吹くまで，大気安定層は維持される．盆地では，大気安定層が形成される夕方から，大気安定層が解消されるまで大気汚染物質が盆地内に蓄積するため，大気汚染濃度は早朝に高濃度となることがある．その後は，混合層の発達とともに大気汚染濃度は減少することが多い．

c. 都市気候

大都市の100年間の日最高気温の上昇率が1.4℃に対し，日最低気温の上昇率は4.8℃と大きく，夏季よりも冬季の上昇率が大きい[3)]．都市ヒートアイランド現象の主な要因は，緑地の減少と舗装や建物等による人工的被覆面の拡大，密集した建物による風通しの阻害や天空率の低下，建物や工場，自動車等の人工排熱の増加等である．都市ヒートアイランド現象は，風速の減少と郊外風の発生，降雨量や降雨日数など降水の変化，水蒸気圧の変化等の都市気候を生じさせている．一般風が都市に吹くと，都市の端からビル等の人工構造物により都市境界層が形成され，大気汚染物質の移流・拡散に関与する．また，一般風がない場合は，都市中心部の気温が高いために，郊外から都市に向かう郊外風が吹き，その上空では都市から郊外へ向かう補償風が吹き，風の循環が形成される（図2)．都市から排出される汚染物質は，この循環内に直積され，高濃度となることがある．

d. ストリートキャニオン

道路とその沿道のビル群で囲まれた空間はストリートキャニオンと呼ばれる．道路沿道は，自動車排気ガスによる大気汚染物質発生源の直近のため，高濃度になりやすい．現実のストリートキャニオンは，建物高さは不均一であり，複数の高架道路が交差している箇所も多数存在する．そのような場所の気流の流れは複雑であり，大気汚染物質が高濃度となるホットスポットが存在する可能性がある．　　　　　［近藤　明］

文　　献

1) 荒川正一：局地風のいろいろ，成山堂書店，2011.
2) 小倉義光：メソ気象の基礎理論，東京大学出版会，1997.
3) 浅井富雄：ローカル気象学．気象の教室2，東京大学出版，1998，
4) https: //www.env.go.jp/air/ life/ heat _ island/ guideline/chpt1.pdf
5) 河村　武：大気環境論，朝倉書店，1990.

3-12 大陸規模の輸送

Continental transport

中緯度帯の大気上層では西寄りの風が卓越しており，これは偏西風（westerly wind）と呼ばれる．アメリカ，ヨーロッパ，アジアは中緯度帯に位置しており，偏西風のために西から東への物質輸送が起こる．このような大陸規模の輸送を長距離輸送（long range transport：LRT），あるいは国境を越える輸送であることから越境輸送（transboundary transport）ともいう．わが国は特にアジア大陸からの影響を受けることが想定される．大陸規模の輸送の概念図を図1に示す．タクラマカン砂漠とゴビ砂漠からは黄砂が発生しうる．またアジア大陸の沿岸域は大気汚染物質が過密する地域である．空間スケールにして水平方向4000 km，最大で高度8 kmにまで至る輸送である．また，時間スケールにしてアジア大陸の沿岸部から九州までは1〜2日ほどで大気汚染物質が到達する．わが国西端に位置し，かつ国内の局所的な排出量が少ない長崎県五島列島福江島における観測結果からは，大陸規模の輸送の影響があることが示されている[1)]．

より詳細には，大気上層を支配する偏西風に加え，大気下層における低気圧・高気圧の動きと，夏季と冬季に特徴的な季節風（monsoon）の働きが重要となる[2)]．まず図2には低気圧・高気圧に伴う典型的な輸送パターンを示す．(a) は寒冷前線後面の寒気の流れを，(b) は高気圧周辺の風の流れを示しており，これらの流れに伴ってアジア大陸から黄砂・大気汚染物質が輸送される．一般には (a) の寒気の吹き出しによる輸送は早く，高濃度出現の時間は短期間，空間規模としても範囲が狭い．一方で (b) の高気圧周辺の風による輸送はゆっくりとしており，時に日本全域を覆うほどの空間スケールを持つ時もある．

a. 春　季

春季は最も大陸規模の輸送が起こりやすい季節と考えられている．この時期は紫外線量も多く，光化学反応が進みやすい状況にあり，光化学オキシダントや$PM_{2.5}$の生成が進む．例えば，2007年5月8日から9日にかけては西日本一帯に光化学ス

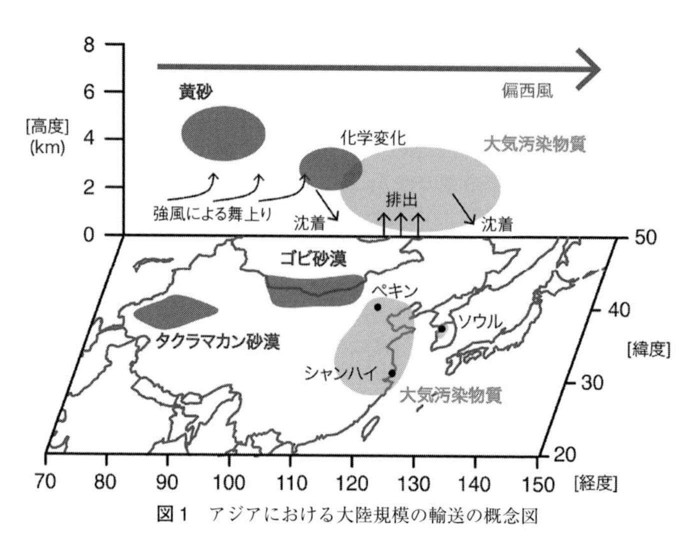

図1　アジアにおける大陸規模の輸送の概念図

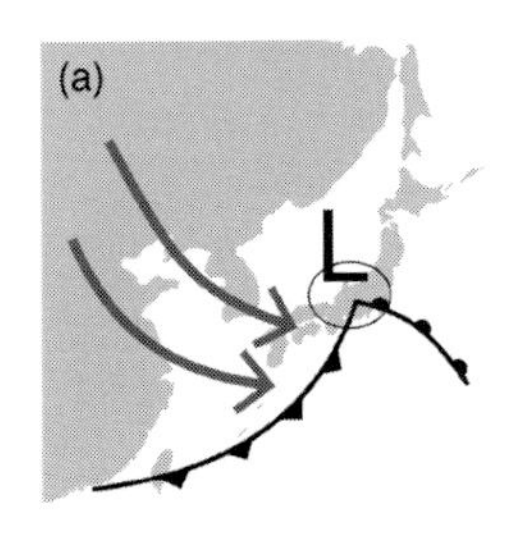

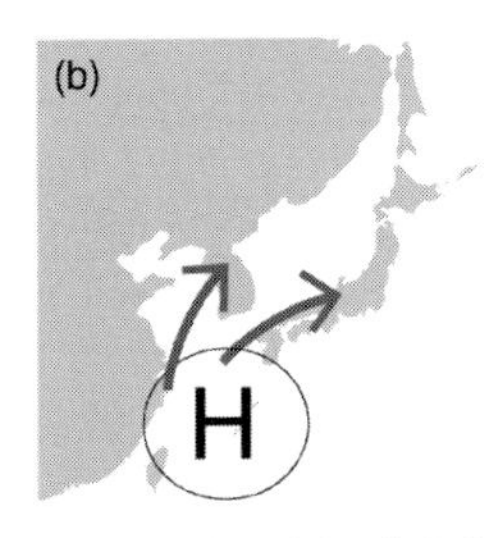

図2　低気圧(a)，高気圧(b)に伴う典型的な輸送パターンの模式図

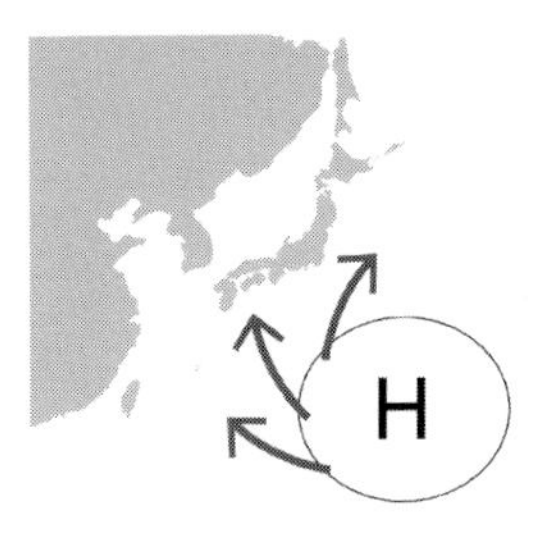

図3　夏季の季節風の模式図

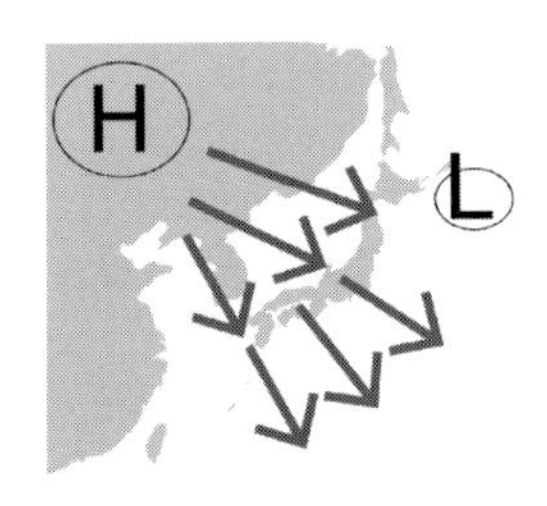

図4　冬季の季節風の模式図

モッグ注意報が発令され，社会的関心を集めた[3]．春季の天気は変わりやすいが，それは3～4日の周期で温帯低気圧と移動性高気圧が交互に西から東へと移動するためである．その移動に伴い図2に示すような大陸規模の輸送が起こる．黄砂は年間を通じて飛来しうるが，春季に最も観測され，春の風物詩ともいわれる[4]．

b．夏　　季

夏季は光化学反応が最も盛んで，光化学オキシダントや$PM_{2.5}$の生成が促進される．ところが夏季は太平洋高気圧に支配され，季節風は海洋の清浄な空気をわが国へと運ぶ（図3）．この時期は国内発生源に起因した地域規模の輸送の影響を受けやすい．梅雨期においては，九州地方が梅雨前線の北側に位置した時に大陸からの輸送の影響を受ける場合があることがわかる[1]．

c．秋　　季

秋季は，夏季から冬季への移り変わりの時期であり，春季と似た状況にある．温帯低気圧・移動性高気圧が西から東へと移動するのに伴い大陸からの輸送が生じる．

d．冬　　季

冬季は光化学反応が進みにくいことから，光化学オキシダントは低濃度となる．$PM_{2.5}$の二次生成も進みにくいと考えられるが，逆転層が生じるような安定な気象状況下では高濃度となりうる．冬は西高東低の気圧配置となり，北西の季節風が卓越し，それに伴う大陸からの輸送が起こる（図4）．冬型の気圧配置が緩むと，移動性高気圧と温帯低気圧が日本を通過し，それらに伴い大陸規模の輸送が起こる．

［板橋秀一］

文　　献

1) 兼保直樹他：大気環境学会誌，**46**：111-118，2011.
2) 小倉義光：一般気象学，pp.166-202，東京大学出版会，2003.
3) 大原利眞他：大気環境学会誌，**43**：198-208，2008.
4) 環境省地球環境局環境保全対策課：黄砂，pp.1-8，環境省，2008.

3-13 地球規模の輸送

Global-scale transport

大気中の物質は，偏西風や貿易風等の全球規模の大気循環によって，発生源から遠く離れた地域まで輸送されるため，地球規模の輸送は大気組成のグローバルな時空間変動に影響を及ぼす．二酸化炭素等の長寿命気体は，地球規模の輸送によって全球的に混合され，ほぼ一様な濃度になる．大気中での平均的な寿命が数日～数週間程度の対流圏オゾンや一酸化炭素などの中間的な寿命を持つ微量成分は発生源付近で高濃度となるが，偏西風によって風下の大陸まで運ばれる大陸間輸送（intercontinental transport）が起こる．また，気体だけでなく降水による除去を受けるため，大気中の滞留時間が短いエアロゾル粒子も地球規模で輸送される．地球規模の輸送は，発生源から遠く離れた地域の大気環境にも影響を及ぼすことから，地球規模の大気汚染と密接に関係している．また，地球規模の輸送に伴い，人や生態系にとって有害な放射性物質や水銀も長距離輸送されるため，地球規模の環境汚染の原因となる．

a．東西方向の輸送

北緯または南緯 30°から 60°の中緯度では，偏西風と呼ばれる西風が卓越しており，物質は経度方向に速く輸送される．西風の平均的な風速を 10 m/s のオーダーとすると，物質が地球を一周する輸送時間は数週間となる[1]．偏西風の風速は高度とともに速くなり，対流圏界面付近で最大となる．発生源が地表付近にある物質は，境界層から自由対流圏へ持ち上げられ偏西風に乗ることによって，地球規模の輸送が起こる．境界層から自由対流圏への上方輸送には，総観規模の擾乱（温帯低気圧）や積雲対流が重要な役割を果たす．

1）中緯度での輸送　大陸間輸送によって，オゾンやエアロゾル等の大気汚染物質が大洋を超えて風下の大陸まで輸送されるため，大陸規模を超えた越境大気汚染が生じる．中緯度での主な大陸間輸送として，アジア大陸から北米大陸へ，北米大陸からヨーロッパ大陸へ，ヨーロッパからアジアへの長距離輸送が挙げられる（図 1）．これらの大陸間の輸送時間は一般に数日か

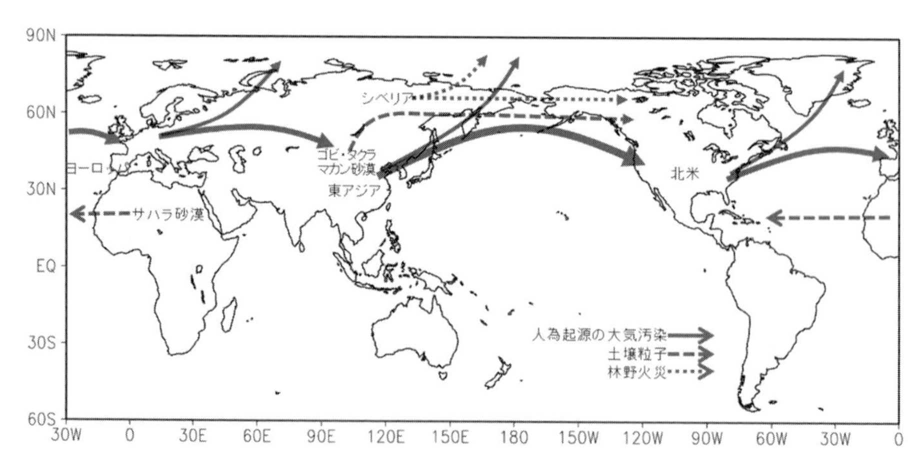

図 1　地球規模の輸送の模式図
主な大陸間輸送や北極域への輸送を示す．

ら1週間程度である．大陸間越境汚染の強度や頻度は，人為起源の発生源の分布と気象場によって決まる輸送経路の位置関係が強く影響する．例えば，主要な人為起源の発生源域であるアジア大陸や北米大陸の東岸は，ストームトラック（storm track）と呼ばれる温帯低気圧が発生・発達する地域と一致している[3]．アジア，北米大陸からの大陸間輸送は主に対流圏の中・上部で起こる一方，ヨーロッパからアジアへの輸送は境界層から対流圏下部で生じる．

大陸間輸送には，人為起源の大気汚染物質だけでなく，砂漠から発生する土壌粒子や北方森林火災起源の微量成分，エアロゾルも含まれる．アジアの内陸の砂漠（タクラマカン砂漠）から巻き上げられた黄砂が偏西風に乗って，約2週間かけて地球を一周することが衛星観測や数値シミュレーションから確認されている[4]．

2) 低緯度での輸送　赤道付近の熱帯収束帯の北と南の緯度約30°の範囲では，貿易風と呼ばれる東風が卓越している．貿易風によって，アフリカのサハラ砂漠から巻き上げられた土壌粒子は，貿易風によって大西洋を越えてアメリカ大陸へ到達する現象が観測されている．

b．南北方向の輸送

平均的な南北風速は東西風速よりも小さいため，南北方向の輸送は東西方向よりも時間スケールが長くなる．平均的な南北風速を1 m/sのオーダとすると，中緯度の大気が極域や熱帯域と交換するには1～2か月かかる．南北半球間の大気の交換には，約1年間かかると考えられている．ただし，南北風速は東西方向に均一であるわけではないので，これより短い時間スケールで物質の輸送が起こることもある．

北極域は，人間活動による大気汚染物質の排出源が少ないことから，きわめて清浄な地域であると考えられていた．しかし，冬季から早春にかけて，北極ヘイズ（arctic haze）と呼ばれる高濃度のエアロゾル等が観測される．北極域の大気汚染は，主に中緯度の人為起源の大気汚染物質が輸送されて発生する．北極域には，人為起源の大気汚染物質の他にも，アジア内陸部の砂漠起源の土壌粒子や，シベリア等北方森林火災起源のエアロゾル等も長距離輸送によって運ばれる．

北極域の冬・春季は，地表付近の温度が非常に低く安定成層となっており，鉛直混合が起こりにくく，降水が少ないことも北極ヘイズの原因となっている．また，この北極域下層の冷たい大気は，より温かい低緯度側の大気と混じりにくい特徴がある．このため，より低緯度側から排出された物質は高緯度への輸送中に上昇し，北極域への輸送は主に対流圏中・上部で起こる．

c．対流圏と成層圏の交換

対流圏と成層圏の大気の交換は，平均的に見ると低緯度で対流圏から成層圏への流入，中高緯度で成層圏から対流圏への流入が起こっており，大気交換の時間スケールの約2年である[5]．熱帯域では積雲対流が，中緯度では温帯低気圧がそれぞれ対流圏・成層圏の大気交換に重要な役割を果たしている．［池田恒平］

文　献

1) D. J. ジェイコブ著，近藤　豊訳：大気化学入門，東京大学出版会，2002.
2) 秋元　肇他編：対流圏大気の化学と地球環境，学会出版センター，2002.
3) F. Dentener, *et al*. ed.: Hemispheric transport of air pollution 2010, United Nations, 2010.
4) I. Uno, *et al*.: *Nature Geoscience*, **2**: 557-560, 2009.
5) 国立環境研究所地球環境研究センター編：地球温暖化の事典，丸善出版，2014.

3-14 気相反応

Gas phase reaction

気相反応は大気中で起こる最も基本的な化学反応であり，光化学オキシダントの生成，酸性雨，二次粒子の生成など多種の大気環境問題と深く関わる．気相反応を考える際，反応物や生成物の情報に加えて，反応の速度を把握することが重要となる．また，一般に気相反応は複雑な経路をたどるため，気相反応の機構を理解するには，経路の一つひとつの段階である素反応（elementary reaction）に関する情報を得ることも重要である．ここでは，大気中で起こる重要な気相反応機構について，基礎的な反応速度論の見地から説明する．なお，光化学オキシダントの生成等実際に大気中で起こる気相化学反応の各論については，各大気環境問題の項目等を参照されたい．

a．二分子反応

大気中の気相素反応の多くは二分子の衝突によって引き起こされる二分子反応（bimolecular reaction）である．例えば，OH ラジカルによるアルカン類 RH の水素引き抜き反応は二分子反応である．

$$OH+RH \rightarrow R+H_2O$$

二分子反応の反応速度は反応物の数密度に比例する二次反応で記述される．例えば，上記の化学反応式における RH の反応速度は以下の式により表される．

$$\frac{d[RH]}{dt}=-k[OH][RH]$$

ここで，k は反応速度定数（reaction rate constant）と呼ばれる比例定数である．上の式で，OH ラジカル濃度が一定であると仮定すると，OH ラジカルの反応による RH の大気寿命（atmospheric lifetime）τ を以下の式により求めることができる．

$$\tau=\frac{1}{k[OH]}$$

ここで，大気寿命はある物質が初期濃度の $1/e$（e は自然対数の底）になるのに要する時間と定義される．

b．三分子反応

大気中の気相反応では二分子が結合して一分子になる会合反応も多く存在する．大気中での会合反応は三つの分子が関与する三分子反応（termolecular reaction）である．例えば，分子 A と分子 B が反応し，新たに分子 AB を生成する反応は以下の式により表される．

$$A+B+M \rightarrow AB+M$$

ここで M は反応の第三体（third body）と呼ばれ，大気中では主に N_2 や O_2 である．例えば，OH ラジカルと二酸化窒素 NO_2 が反応して硝酸 HNO_3 が生成する反応は三分子反応である．

$$OH+NO_2+M \rightarrow HNO_3+M$$

なお，三分子反応の場合は，化学反応式の両辺に反応の第三体 M を記載しなければならない．例えば，OH ラジカルと NO_2 の反応では，$OH+NO_2 \rightarrow HNO_3$ と表記するのは誤りである．

三分子反応は三つの分子が同時に衝突して引き起こされるわけではなく，まず A と B が会合し，中間体 AB* を生成する．

$$A+B \rightarrow AB^*$$

AB* はエネルギーが高く不安定であり，再び A と B へ分解しうるが，

$$AB^* \rightarrow A+B$$

AB* が M と衝突すると，AB* の持つ余剰エネルギーが M に奪われ，安定な AB を生成する．

$$AB^*+M \rightarrow AB+M$$

三分子反応の速度式は M の数密度（圧力）によって異なる．圧力が十分低いとき（$[M] \rightarrow 0$）には，AB が生成する反応速度式は，

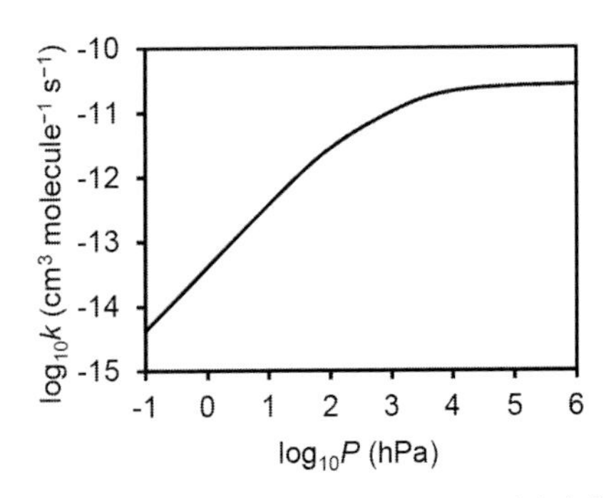

図1 $OH+NO_2+M \rightarrow HNO_3+M$ の反応速度定数 (k_s) の圧力依存性

$$\frac{d[AB]}{dt}=k_0[M][A][B]$$

となり，反応速度が A と B の濃度だけでなく，M の濃度にも比例する．k_0 は低圧極限（low pressure limit）速度定数と呼ばれる．一方，圧力が十分高いとき（$[M]\rightarrow\infty$）には，AB の生成反応速度式は，

$$\frac{d[AB]}{dt}=k_\infty[A][B]$$

となり，反応速度が A と B の濃度に比例し，M の濃度には依存しなくなる．k_∞ は高圧極限（high pressure limit）速度定数と呼ばれる．三分子反応の速度定数は，通常は k_0 と k_∞ が与えられ，実際の圧力における速度定数はトロイの式[1] などを用いて A と B の二次反応速度定数（k_s）として求める．図 1 には $OH+NO_2+M \rightarrow HNO_3+M$ についての，k_s の圧力依存性を示している．図 1 から低圧における反応速度定数は圧力に比例し，高圧では圧力によらず一定となることがわかる．

c．光分解反応

太陽光による気体分子の光分解反応（photolysis reaction）は大気中の重要な気相反応の一つである．ある気体分子 AB が太陽光 $h\nu$ により，A と B に分解する反応は以下の式により表される．

$$AB+h\nu \rightarrow A+B$$

大気中では例えば，NO_2 が太陽からの紫外線により一酸化窒素 NO と酸素原子 O に分解する反応などがある．

$$NO_2+h\nu \rightarrow NO+O$$

光分解反応は一次反応であり，AB の濃度の時間変化は以下の式により表される．

$$\frac{d[AB]}{d}=-j[AB]$$

ここで，j は光分解速度定数（photolysis frequency）である．反応速度定数は通常 k で表されるが，大気化学の分野では光分解の速度定数は k ではなく j で表されることが多い．j は反応に固有の定数ではなく，光の強度，波長によって変化する．具体的には，ある波長における分子の光吸収断面積（absorption cross section）$\sigma(\lambda)$，光分解量子収率（quantum yield）$\Phi(\lambda)$，および光の強度に相当する放射フラックス（photon flux）$F(\lambda)$ を用いて，以下の式により表される．

$$j=\int_\lambda \sigma(\lambda)\Phi(\lambda)F(\lambda)d\lambda$$

d．反応速度データベース等

これまでに紹介した気相反応の反応速度定数については，IUPAC[2] や NASAJPL[3] により，データベースとして公開されている．また，これら気相反応機構のさらなる詳細や，大気中で起こる化学反応の各論などに関しては，文献[4] 等の詳しい書籍があるので，そちらについても参照されたい．

［定永靖宗］

文　献

1) J. Troe: *J. Phys. Chem.*, **83**: 114-126, 1979.
2) https: //www.atmos-chem-phys.net/special_issue8.html よりダウンロード可.
3) https: //jpldataeval.jpl.nasa.gov/ よりダウンロード可.
4) 秋元　肇：大気反応化学（朝倉化学大系 8），朝倉書店，2014.

3-15 液相反応

Liquid-phase reactions

大気中に放出された化学種は輸送中に化学反応を受け，別の化学種に変換する．この反応は気相で進行することが多いが，液相でも重要な反応が起こる．液相反応の研究は二酸化硫黄の酸化反応から出発したが[1)]，最近は気相のラジカル濃度への影響，有機エアロゾル生成への寄与等にまで関心が広がり急速な発展を遂げている[2)]．

a．液相の化学場

大気中の液相とは雲，霧，雨やエアロゾルの表面水膜等の水溶液である．液相には気相（大気）から種々の化学種 G（O_2, OH，H_2O_2 等）が溶解しているが，さらに液相中に共存するエアロゾル粒子からの溶出した化学種 S（Fe^{3+} 等）もありうる．このような化学場に気相にある化学種 A が溶解して化学種 C に変換される．

b．液相反応のメカニズム

この反応過程を詳しく見てみよう（図 1）．まず，①気相にある A が拡散し液相表面に衝突する．②跳ね返るものもあるが，③気液界面を通過し液相に入る（溶解）．さらに④液相中を拡散し，⑤反応の相手となる化学種 B と衝突する．両者が反応すれば A＋B → C 等の反応が進行する．この時，⑥別の化学種 X が触媒として作用し，反応を促進することもある．雲の中でも太陽光強度は比較的高いので A が直接，光化学反応を受けることもある．

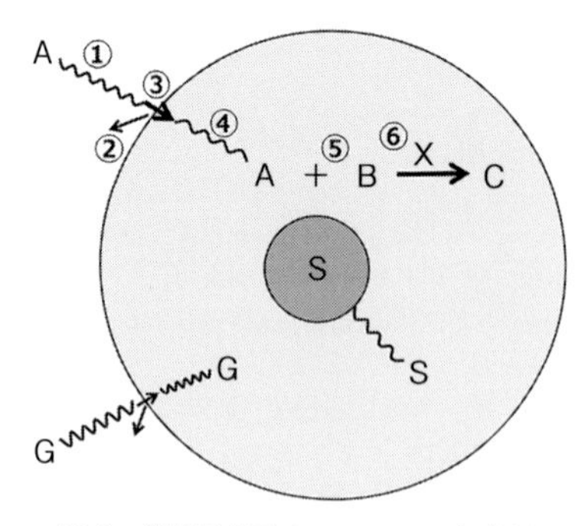

図 1　液相反応系 A＋B → C の概念図

ここで B や X は，先に述べた G や S の中の特定の化学種であり，A との反応性が高い．二酸化硫黄の酸化反応を例にとると（A：SO_2），B は OH ラジカルや H_2O_2, O_3 等の酸化性物質である．また B が溶存する O_2 の場合 Fe^{3+} 等の金属イオンが触媒 X として作用する．有機化合物が共存していると反応が禁止されることもある．

c．液相の種類

液相の系の大きさも数桁の範囲に拡がる．雨は mm レベルであり，表面に水膜を持つエアロゾルは 10 μm 以下である．特にエアロゾルの表面水膜の厚さは数分子層のレベルであり，水膜表面には有機化合物が膜状に存在すると思われる．雲が生成する時に核となったエアロゾルは，雲が成長し雨となって落下すると一緒に落下する．雲を構成する水の部分は湿度の変化に従って蒸発-凝縮をするので，雲-エアロゾルの形態変化を繰り返す．この変化は，エアロゾルが雲の核になり雨として落下するまでに，10 回程度繰り返すといわれる．この変化で溶存化学種の濃度も大きく変動しモル濃度レベルに上昇することがある．この場合イオン強度の影響の検討が必要である．

雲，霧やエアロゾル水膜の大気中の水分量と化学種濃度はそれぞれ ~1 μg m^{-3}, ~100 μM，~0.1 g m^{-3}，>10 M のレベルにある．雨での反応はその滞留時間に対して十分速い反応だけが重要である．

このように大気中の液相反応の化学場は温度，太陽光強度，共存物質の種類と濃度に規定され，その範囲は広く，かつ変動する．液相反応は大気中の変換過程として意義があるので，大気中の水分量を考慮し，

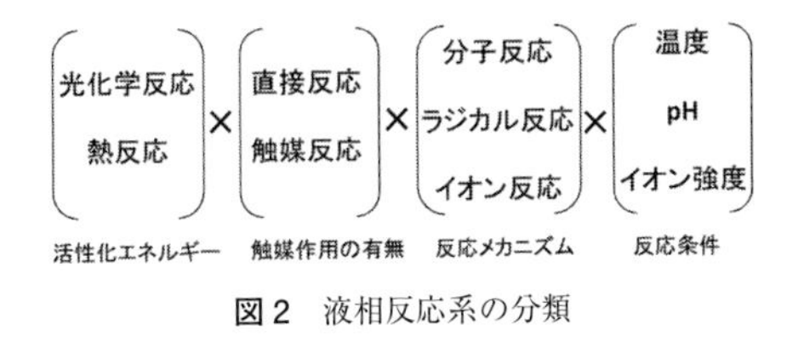

図2　液相反応系の分類

大気中での変換速度を評価し，気相反応の変換速度と比較することが大切である．

液相反応は多種，多様であるが，着目している反応は反応速度論的位置を認識することが大切である．図2に反応の分類と注意すべき反応条件をまとめる．

次に実際の反応系の主な例を挙げる[2]．

d．硫黄化合物の酸化反応

二酸化硫黄の酸化反応は広いpH範囲でH_2O_2による酸化が重要とされてきたが，Fe^{3+}やMn^{2+}による触媒反応が再認識されている．

e．液相によるHO_2ラジカルの吸収

HO_2は液相に容易に溶解しH_2O_2を生成するが，気相の$HO_x(OH+HO_2)$濃度を減少させる．

$$HO_2 \rightleftarrows H^+ + O_2^-,$$
$$HO_2 + HO_2 \rightarrow H_2O_2 + O_2,$$
$$HO_2 + O_2 + H_2O \rightarrow H_2O_2 + OH^- + O_2$$

f．OHラジカルの生成

1)　無機化合物の光分解　H_2O_2, NO_3^-, NO_2^-, HONO, HOCl や OCl, HSO_4^-/SO_5^- 等の光分解

例；$NO_3^- + h\nu \rightarrow NO_2 + OH^- + OH$

2)　遷移金属錯体の光分解

例；$FeOH^{2+} + h\nu \rightarrow Fe^{2+} + OH$

3)　フェントン反応

$$Fe^{2+} + H_2O_2 \rightarrow Fe^{3+} + OH$$

g．OHラジカルの反応

アセトン，クラウンエーテル等含酸素有機化合物を始め，不飽和化合物，カルボン酸，ハロゲン化カルボン酸，芳香族炭化水素等種々の有機化合物に対する速度定数が精密に決定されている．

h．非ラジカル反応

H_2O_2やO_3による酸化反応は二酸化硫黄等だけでなく，有機化合物に対しても重要である．アルデヒド，カルボン酸，含硫黄有機化合物に対する速度定数の精度の向上が図られている．

i．グリオキサールの反応

グリオキサールはイソプレン等種々の揮発性有機化合物（VOC）の酸化反応で生成しエアロゾルの有機成分の主要な前駆体と考えられている．雲水等稀薄水溶液ではグリオキサールが取り込まれるとグリオキシル酸が生成し，OHラジカルによりシュウ酸になる．H_2O_2あるいはO_3があるとグリオキサールはグリオキシル酸になる．また，グリオキサールやメチルグリオキサールが高濃度にあると，自己オリゴマー化する．

j．直接光分解

カルボニル化合物は$n \rightarrow \pi^*$遷移による光分解が起こる．グリセルアルデヒドとピルビン酸の液相での光分解は大気中のシンクとして重要である．フェノール類，アミン，ヒドロペルオキシ種等も液相で光分解する．有機化合物の光分解はエアロゾルの有機成分の増加に寄与するが，既存の有機成分が分解されることもある．

k．微生物が関わる反応

微生物が液相のギ酸や酢酸を消費することが見出されて以来，バクテリア，ウイルス等が関わるジカルボン酸の分解等種々の有機化合物の反応が注目されている．

［原　宏］

文　　献

1) 原　宏：大気環境学会誌，**25**：1-29，1990.
2) H. Herrmann, *et al.*: *Chemical Reviews*, **115**: 4259-4334, 2015.

3-16 不均一反応

Heterogeneous reaction

気相，液相，固相のうち少なくとも2相が関与する化学反応を不均一反応という．大気は，気体中に，雲霧雨，エアロゾル，ダスト，氷粒子等の液体または固体成分を含む．また下層大気は海洋，植生，土壌等と接する．これら液体や固体との界面（気液または気固界面）で進行する大気中の分子，ラジカル等の反応を大気不均一反応と呼ぶ[1]．広義の大気不均一反応は，界面反応だけでなく，多相反応（気液または気固界面の物質移動を伴う一連の反応）[2] を含む．また，太陽光が必要な場合，大気不均一光反応と呼び区別することがある．

a．大気不均一反応の例

1）　大気環境に影響を及ぼす条件　大気全体に占める液体や固体成分の体積が小さいこと，また気相から気液または気固界面への物質移動が必要なことにより，大気不均一反応の進行が制限される．大気不均一反応が大気微量成分の変動に有意な役割を果たし，大気環境に影響を及ぼすのは，単一相のみでは進行しない（または遅い）反応が大気不均一反応により進行する場合である．

大気不均一反応の特徴として，液相への溶解に伴う加水分解やイオン化または固相への吸着等による反応の促進，界面における水の特異な反応性，金属イオンや粘土鉱物等の触媒作用，気相ラジカル等の液相または固相反応への関与等がある．

大気不均一反応には，南極オゾンホールにおける極域成層圏雲上の塩素分子生成，酸性雨における雲粒水中の二酸化硫黄酸化，代替フロンの大気反応生成物の雲による除去，海塩粒子が関与するハロゲンサイクル，気相OHラジカルによる有機エアロゾルのエイジング，二酸化硫黄によるダスト粒子の変質や土壌汚染等がある．以下，今世紀に新たに報告された大気不均一反応と大気環境への影響について，2例を紹介する．

2）　不均一反応による亜硝酸の生成[2]
気相反応以外に，不均一反応 $2NO_2+H_2O \rightarrow HONO+HNO_3$ が，亜硝酸（HONO）の有意な生成機構となることが知られている．この反応は，様々な固体（ビル外壁など人工物も含む）の表面水上で進行する．不均一反応により夜間蓄積された亜硝酸は，日射により光分解し，朝におけるOHラジカルの主要な発生源となる．

今世紀になって，亜硝酸の大気濃度観測により，都市域の混合層内で昼間を通じて亜硝酸の光分解がOHラジカルの主要な発生源であることがわかってきた．日射下の亜硝酸大気濃度レベルは上記不均一反応を含む従来の発生機構では説明できないため，一次発生源など様々な機構の寄与が指摘されている．大気不均一反応では，土壌表面上の硝酸の光分解が気相より数桁速く進行して亜硝酸を生成することや，腐植様物質の光増感作用により二酸化窒素が亜硝酸に還元されること等が報告されている．

3）　二次有機エアロゾルへの植物起源揮発性有機化合物の寄与[3]　植物起源のイソプレン（揮発性有機化合物のうち大気への放出量が最大）が大気反応により酸化されて生成するアルデヒド類（グリオキサール等）やエポキシ基を持つ2価アルコール（IEPOX）が，二次有機エアロゾル（SOA）生成に大きく寄与することがわかってきた．このうち，IEPOXは，清浄大気条件（低NO条件）で生成し，SOA成分—4価アルコールや有機硫酸エステル等—の主要な前駆物質と考えられている．これらSOA成分の生成は，無機エアロゾル等の微小粒子にIEPOXが反応（エポキシ基のC–O開裂）を伴って取り込まれ進行する．

この取込み速度が，微小粒子の pH が低い場合に顕著に大きいことが室内実験で報告された．一方，観測では，エアロゾルの pH と上記 4 価アルコール濃度等の相関が高くない．IEPOX の SOA 生成への寄与は，IEPOX の微小粒子への取込み速度が，競合する除去過程（沈着や気相反応）よりどの程度速いかに依存する．pH 以外に，微小粒子中のアンモニウムイオンや水の濃度によって取込み速度が変化すること等が指摘されている．

b．大気不均一反応速度の定量評価

1）取込み係数[1, 4, 5]　エアロゾルなどの関与する大気不均一反応の定量評価に，取込み係数（uptake coefficient）γ が利用される．γ は，気相分子等が気液または気固界面に衝突した時に気相から正味消失する割合として定義され，室内実験等により決定できる．γ は，気相拡散係数，適応係数（mass accommodation coefficient）α，気液または気固平衡定数，液相または固相中の拡散係数と反応速度等を反映した総括的な定数である．α は，界面に衝突した分子等が界面を通過または界面に留まる割合として定義される．通過または留まった後に気相に戻る場合があるため，$0 \leqq \gamma \leqq \alpha \leqq 1$ となる．

不均一反応速度が物質移動で律速される場合，γ は室内実験条件（粒子径等）に依存する．大気化学モデル計算に γ を適用する際，γ の実験値に適当な補正を用いる，または，各過程が γ に及ぼす影響を解析して気液平衡定数等の物理化学定数を導出してから環境条件下の γ を推定することが必要になる．例えば，気相成分 X が液滴に取り込まれ溶液反応により消失する速度は，液滴の表面積または体積に依存する．溶液反応一次速度定数を k_L とし，図 1 に，定常状態における γ の k_L 依存性（液相拡散律速の場合）を例示する．依存性は無次元パラメータ $q=a(k_L/D_L)^{0.5}$ を用いて一つの式で表される[5]．ここで，a は液滴半径，D_L は X の液相拡散係数である．液滴径が異なれば，k_L 値が同じでも γ の k_L 依存性は同じとは限らない．

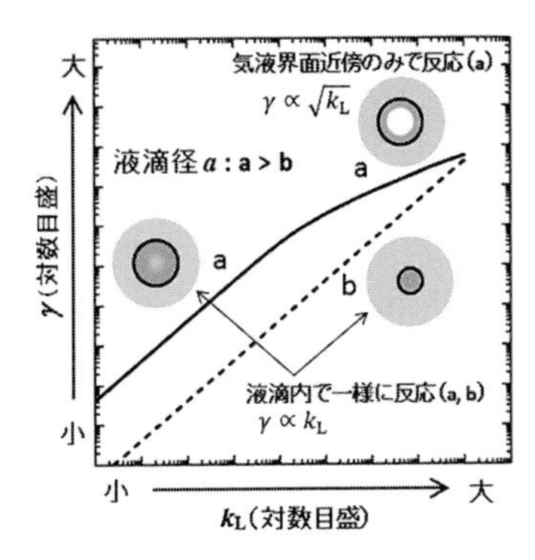

図 1　取込み係数と溶液反応速度等の関係（液相拡散律速になる場合の例）

2）沈着表面抵抗と二重境膜抵抗他

大気不均一反応のうち，地表面上の反応は，乾性沈着表面抵抗として定量評価される．また，海洋を含む多相反応は，海洋上の風速等を考慮して，二重境膜抵抗モデル等を利用して定量評価される．

大気不均一光反応は，反応機構により，光吸収断面積と反応量子収率による評価や取込み係数による評価等が用いられる．

［忽那周三］

文　献

1）A. R. Ravishankara: *Science*, **276**: 1058-1065, 1997.

2）U. Pöschl, M. Shiraiwa: *Chem. Rev.*, **115**: 4440-4475, 2015.

3）B. Nozière, *et al.*: *Chem. Rev.*, **115**: 3919-3983, 2015.

4）幸田清一郎：フリーラジカルの科学（廣田榮治編），pp.139-146，学会出版センター，1998.

5）A. R. Ravishankara, D. R. Hanson: Low-Temperature Chemistry of the Atmosphere (G. K. Moortgat, *et al.*, ed.), pp.287-306, Springer-Verlag, 1994.

3-17 無機粒子の生成

Formation of inorganic particles

ガス状の窒素酸化物（NO_x）や硫黄酸化物（SO_x）が大気中で酸化されると，硝酸アンモニウム（NH_4NO_3），硫酸（H_2SO_4），および硫酸アンモニウム［$(NH_4)_2SO_4$］等の無機粒子を生成する．これらの無機粒子やその前駆物質は，$PM_{2.5}$ や酸性雨の発生と深く関連している．本項では，無機粒子の生成過程を，硝酸系と硫酸系に分けて解説する．

a．硝酸系粒子の生成

自動車や火力発電所等化石燃料の燃焼によって発生する窒素酸化物は，主に一酸化窒素（NO）である．大気に排出された一酸化窒素の酸化によって硝酸塩の粒子が生成される（図 1）．都市およびその周辺での一酸化窒素の酸化過程は，無機粒子の生成だけでなく，光化学オキシダントおよび有機粒子の生成とも関わっている．

1）ガス状硝酸の生成　一酸化窒素は，ヒドロペルオキシラジカル（HO_2），有機ペルオキシラジカル（RO_2），またはオゾン（O_3）により，二酸化窒素（NO_2）に酸化される．大気中で硝酸（HNO_3）を生成する重要な反応は，二酸化窒素とヒドロキシラジカル（OH）の付加反応である．また，二酸化窒素がオゾンで酸化されて生成する硝酸ラジカル（NO_3）が，水（H_2O）または有機化合物（RH）から水素原子を引抜いて硝酸を生成する．さらに，硝酸ラジカルと二酸化窒素の付加反応により生成する五酸化二窒素（N_2O_5）が，粒子上の水分に取り込まれて加水分解し，硝酸を生成する．

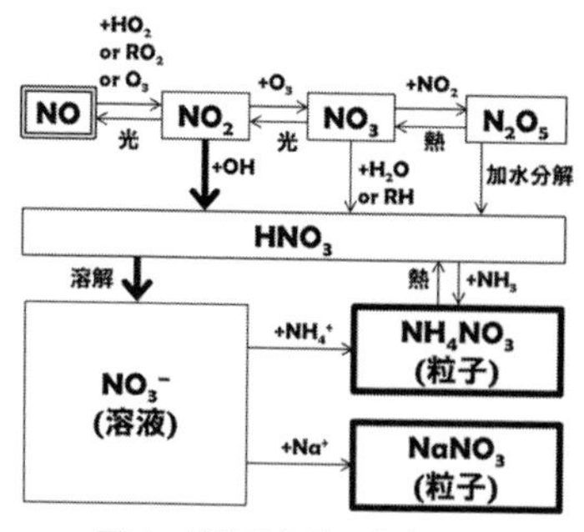

図 1　硝酸系粒子の生成過程

2）気相反応による粒子化　硝酸は室温でガスとして存在する．20℃における硝酸の蒸気圧は 6.4 kPa である．硝酸は，より蒸気圧の低い硝酸塩に変換されると粒子化する．硝酸塩は，硝酸と塩基の反応によって生成する．大気中にガスとして存在する塩基は，生物に由来するアンモニア（NH_3）である．硝酸は，アンモニアと反応して硝酸アンモニウムを生成し，既存の粒子上に凝縮する．硝酸アンモニウムは室温で，元の硝酸とアンモニアに分解する．

3）液相反応による粒子化　硝酸が粒子上の水分に取り込まれると，硝酸イオン（NO_3^-）になる．硝酸イオンとアンモニアが取り込まれて生成するアンモニウムイオン（NH_4^+）の反応は，ガス状の硝酸とアンモニアの反応より効率的に進む．したがって，硝酸アンモニウムは，湿度が高いほど生成しやすい傾向がある．

4）固体粒子への取込み　硝酸が，海塩に由来する塩化ナトリウム粒子上の水分に取り込まれると，水分の pH の低下によりガス状の塩酸が放出され，硝酸ナトリウム（$NaNO_3$）を生成する．硝酸ナトリウムは分解しないため，海上やその周辺では分解性の硝酸アンモニウムが安定な硝酸ナトリウムに変換される．硝酸ラジカルや五酸化二窒素も，海塩粒子上の水分に取り込まれて硝酸ナトリウムを生成する．

b．硫酸系粒子の生成

化石燃料の燃焼や火山から大気へ排出される硫黄酸化物は，主に二酸化硫黄（SO_2）である．大気中での二酸化硫黄の

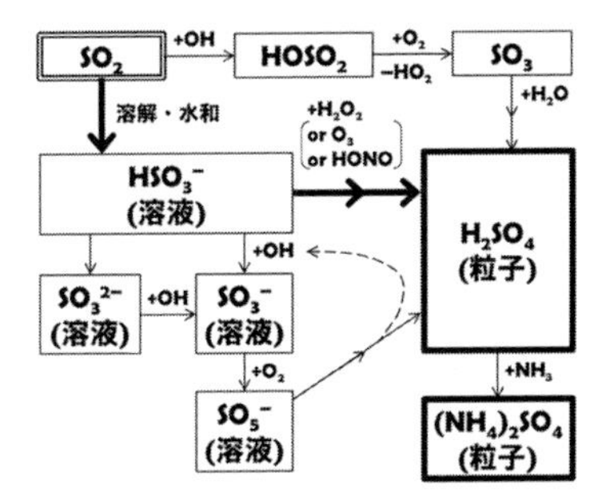

図2　硫酸系粒子の生成過程

酸化によって硫酸粒子が生成され，さらに硫酸粒子がアンモニアで中和されて硫酸アンモニウム粒子になる（図2）．

1)　気相反応による粒子化　二酸化硫黄はヒドロキシラジカルの付加反応により亜硫酸水素ラジカル（$HOSO_2$）に酸化され，亜硫酸水素ラジカルは酸素分子により水素原子を引き抜かれて三酸化硫黄（SO_3）になる．三酸化硫黄は二つの水分子と錯体を形成し，錯体が分解して硫酸を生成すると考えられている．

硫酸は，室温でも新粒子生成や既存粒子への凝縮によって粒子化する．硫酸の296 Kでの蒸気圧は1.3 mPaである．硫酸がガス状の水またはアンモニアと共存すると，硫酸のみの場合よりさらに効率的に新粒子を生成する．

2)　液相反応による粒子化　二酸化硫黄は水に溶けやすく，粒子上の水分に取り込まれて水和物になる．水和物の一部は亜硫酸水素イオン（HSO_3^-）や亜硫酸イオン（SO_3^{2-}）に解離する．大気中で硫酸を生成する重要な反応は，過酸化水素（H_2O_2）による亜硫酸水素イオンの酸化である．オゾンや亜硝酸（HONO）も亜硫酸水素イオンを酸化して硫酸を生成する．

上に述べた気相および液相の過程に基づいて硫酸粒子の生成を予測すると，予測値が観測される濃度を下回る場合がある．予測の不足分を説明するために，液相のラジカル連鎖反応が提案されている．この連鎖反応は，ヒドロキシラジカルの反応によって開始される．ヒドロキシラジカルは気相から取り込まれるか，液相内の光化学過程によって生成される．亜硫酸水素イオンおよび亜硫酸イオンは，ヒドロキシラジカルとの反応によりSO_3^-ラジカルに変換され，さらに，酸素分子の付加反応によってSO_5^-ラジカルに変換される．SO_5^-ラジカルと亜硫酸水素イオンおよび亜硫酸イオンとの反応ならびにその後続反応によって，ヒドロキシラジカルが再生されるとともに硫酸が生成される．反応の詳細については文献[1]を参照されたい．

液相反応で生成した粒子成分は，大気が乾燥して溶媒である水分が蒸発すると粒子化する．そして，再び高湿度になると粒子が水分を取込み，液相反応による粒子成分の生成が始まる．同様なサイクルは，沈着によって粒子がなくなるまで繰り返される．

3)　固体粒子への取込み　二酸化硫黄の固体粒子への取込みによっても硫酸が生成される可能性がある．例えば，空気中の二酸化硫黄はスス粒子によって酸化される．この反応は，水蒸気が存在すると特に起こりやすい．［佐藤　圭］

文　献

1) B. J. Finlayson-Pitts, J. N. Jr. Pitts: Chemistry of the Upper and Lower Atmosphere, pp.264–435, Academic Press, 2000.
2) 日本エアロゾル学会編著：エアロゾル用語集，pp.58–61，京都大学学術出版会，2004.
3) 秋元　肇：大気反応化学．朝倉化学大系 8，pp.60–381，朝倉書店，2014.

3-18 有機粒子の生成

Formation of organic particles

大気中に浮遊する粒子態の有機物は有機エアロゾルと呼ばれ，大気微粒子（大気エアロゾルとも呼ばれる）の20～90%を占める[1]．大気有機エアロゾルの供給源には，微粒子の状態での大気への放出と，大気中の気体成分の化学反応による生成がある．前者の過程で供給されるものを一次有機エアロゾル（primary organic aerosol：POA）と呼び，後者の過程で生成するものを二次有機エアロゾル（secondary organic aerosol：SOA）と呼ぶ．これらの有機エアロゾルの生成・変質過程を図1に示す．

a．POAの起源

POAのうち人為起源のものには，農業残渣の焼却等のバイオマス燃焼により放出されるもの，自動車排ガス等の形で化石燃料の燃焼に伴って排出されるもの等がある．また，自然起源のPOAには，花粉等のバイオエアロゾルや，海水の飛沫から生成する微粒子に含まれる有機物等がある．Hallquistら[2]による推定では，全球において年間16 TgC（炭素換算の質量，最良推定値）のPOAの放出が見積もられている（注：元の報告では，一次放出される気体成分の酸化による再凝縮で生成する有機物はPOAとして扱っているが，ここではSOAとして扱う）．

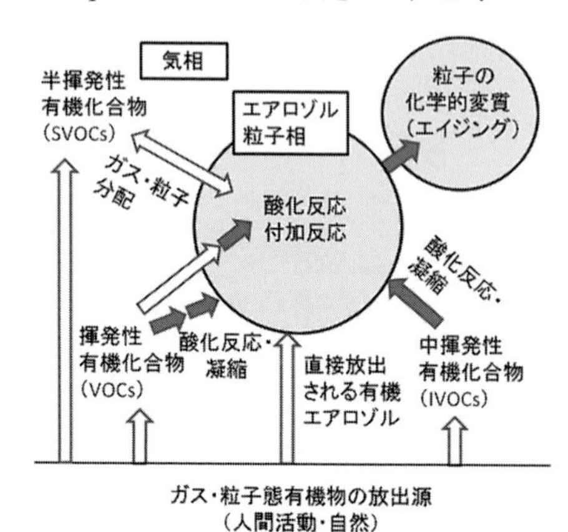

図1　大気有機エアロゾルの生成と変質

b．SOAの起源

SOAは，大気中に存在する種々な揮発性有機化合物（volatile organic compounds：VOCs）を出発物質とする化学反応によって生成する．Hallquistら[2]による推定の報告から，全球におけるSOAの生成量は年間でおよそ134 TgCと計算される．

SOAは，その生成の出発物質であるVOCsの発生源に応じて，人為起源のものと自然起源のものに大別することができる．人為起源のSOAの例として，自動車等から排出されるトルエンなどの単環の芳香族炭化水素を出発物質として，光酸化によって生成するものが挙げられる．また，ディーゼル排ガス中の中揮発性有機化合物（intermediate-volatility organic compounds：IVOCs）と呼ばれる中間的な揮発性を持つ有機物からSOAが生成することが報告されている．生物起源のSOAの例としては，植生から放出されるVOCsの一つであるイソプレンとヒドロキシルラジカル（OHラジカル）の反応や，同じく植生由来のモノテルペン類とオゾン，OHラジカルの反応に伴って生成するものが挙げられる．

c．SOA成分

単環の芳香族炭化水素とOHラジカルの反応により開始される反応過程では，芳香族アルデヒド類，芳香族カルボン酸類，ニトロフェノール類等などがSOA成分として報告されている．また，多環芳香族炭化水素の一つであるナフタレンの光酸化で生成するSOA成分としては，芳香族のカルボン酸類，フェノール類，ニトロ化合物などの報告がある．

イソプレンとOHラジカルの反応では，2-メチルテトロールなどのポリオール類が，また，モノテルペンの一つであるα-ピネンとオゾンの反応では，ピン酸，ピノンなどが生成するSOA成分として報告されている．また，α-ピネンとOHラジカルとの反応では，ピノン酸の生成を経て3-メチル-1,2,3-ブタントリカルボン酸がSOA成分として生成する機構が提案されている．イソプレン，α-ピネンの反応ともに，出発物質よりも炭素の数が大きなSOA成分である二量体の生成について報告がある．

大気エアロゾル試料を対象とした有機組成解析では，シュウ酸に代表されるジカルボン酸が検出されている．このジカルボン酸に関して，観測された相対濃度の時間変化などから，二次的に生成した成分であると指摘がなされている．

d．SOAの生成機構

これまで，凝縮性のSOA成分が生成するまでの段階における，様々な気相反応の機構が提示されている．イソプレンとOHラジカルの反応により開始される酸化過程では，イソプレンエポキシジール（IEPOX）の生成が，SOA成分の生成につながる中間的な生成物として考えられている．また，α-ピネンとオゾンの反応の系では，自動酸化により超低揮発性有機化合物（extremely low-volatility organic compounds：ELVOCs）が生成する可能性が指摘されている[3]．

SOAの生成機構としては，気相の化学反応によって凝縮性成分が生成して粒子相に移行し，SOAとなる過程が考えられる．また，近年には，気相のVOCsが粒子相に取込まれた際に化学反応が進行し，SOA成分が生成する機構の重要性が認識されるようになった．このような過程には，グリオキサールとOHラジカルの反応から始まる水相反応によるシュウ酸やオリゴマーの生成などがある．光の照射により生成する三重項励起状態の有機化合物によって引き起こされる反応が，SOAの生成をもたらす可能性も指摘されている．

有機エアロゾル成分には，気相の前駆物質から生成するものに加え，もともと粒子に存在する化合物から生成するものも考えられる．このような粒子成分の変質の機構として，オゾン等の反応性を持つ気体分子がエアロゾル粒子に衝突し，その表面や内部で粒子相の有機化合物と反応して別の化合物が生成する過程が挙げられる．粒子内部での反応の進行には，気相から取込まれた分子の拡散に関わる，有機エアロゾルの相が影響することが指摘されている．

e．気相・粒子相の間の有機物の分配

大気エアロゾルを構成する有機化合物は，必ずしもそのすべてが粒子相に存在するわけではなく，半揮発性有機化合物（semi-volatile organic compounds：SVOCs）と呼ばれる，気相・粒子相の両方に分配するものがある[4]．したがって，VOCsを前駆物質として生成するSOAの収率には，各生成物の揮発性に応じた，気相・粒子相間の分配が関与する．このような分配を扱うモデルの一つに，揮発性を表す飽和濃度に応じて有機成分を分類したうえ，それらの粒子相への分配を見積もるVBSモデルがある[5]．

［持田陸宏］

文　献

1）M. Kanakidou, *et al.*: *Atmos. Chem. Phys.*, **5**: 1053–1123, 2005.

2）M. Hallquist, *et al.*: *Atmos. Chem. Phys.*, **9**: 5155–5236, 2009.

3）M. Ehn, *et al.*: *Nature*, **506**: 476–479, 2014.

4）藤田慎一他：越境大気汚染の物理と化学，pp.124–125，成山堂書店，2017.

5）N. M. Donahue, *et al.*: *Environ. Sci. Technol.*, **40** (8): 2635–2643，2006.

3-19 沈着過程

Deposition process

沈着（deposition）は，エアロゾルやガスの地表面への輸送過程であり，大気中に粒子態・ガス態として存在している様々な化学種の重要な除去過程である．地表に沈着したエアロゾルは再飛散（resuspension）により，再び大気に供給される．

大気中化学種の除去過程としては，別化学種への変質（transformation），ガス-粒子変換（gas-to-particle conversion）がある．関わる化学反応として気相均一反応（homogeneous gas-phase reactions），雲粒内での水相均一反応（homogeneous aqueous-phase reactions），エアロゾルおよび雲粒粒子表面での不均一反応（heterogeneous reactions）がある．

a．沈着過程の分類

沈着過程は，大きく分けて，湿性沈着（wet deposition，3-20 項）と乾性沈着（dry deposition，3-21 項）に分類される（図 1）．湿性沈着のうち，雨量計で計測できない雲（霧），露，霜を湿性沈着と区別してオカルト沈着（occult deposition）と呼ぶ場合がある（3-22 項）．

ガスの除去過程としては，変質，ガス-粒子変換，沈着ともに重要である．エアロゾルでは沈着が重要な除去過程であるが，粒径によって沈着機構は異なる（1-13 項，図 1）．0.1〜2 μm の蓄積モード（accumulation mode）の微小粒子（fine particle）では，雲底下洗浄（below-cloud scavenging または washout）によっても，乾性沈着によっても除去されにくく，雲内洗浄（in-cloud scavenging または rainout）によって除去される．一方，0.1 μm 以下の核生成モード（nucleation mode）の微小粒子では，凝集による蓄積モードへの成長，乾性沈着（ブラウン拡散），湿性沈着によって除去される．2 μm 以上の粗大粒子（coarse particle）は，乾性沈着（重力沈降）と湿性沈着（雲底下洗浄）によって除去される．

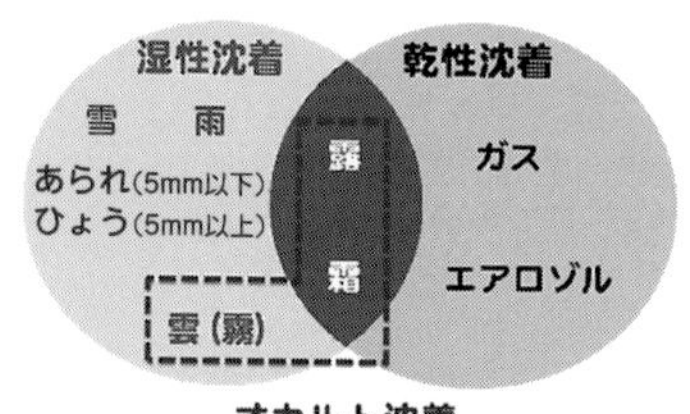

図 1　大気沈着の分類

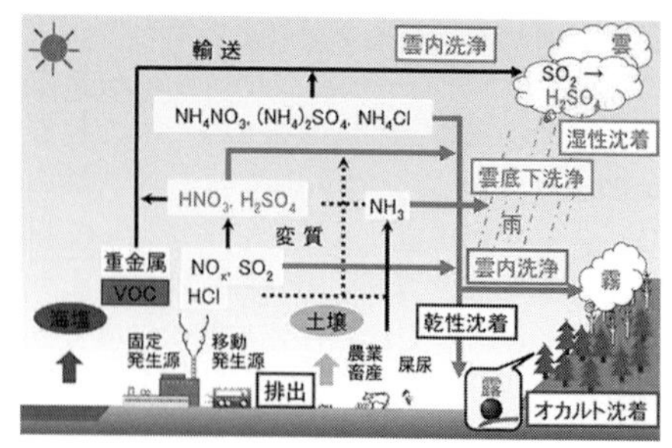

図 2　大気汚染物質の排出・輸送・変質・沈着過程

図 2 には，主要な大気汚染物質の排出・輸送・変質・沈着過程を模式図として示している．大気中へ放出された NO_x(g) は酸化反応により HNO_3(g) に変質し，NH_3(g) との中和反応により NH_4NO_3(p) を生成する（ガス-粒子変換）．同様に，SO_2(g) も酸化反応により H_2SO_4(p) を，さらに中和反応により NH_4HSO_4(p)，$(NH_4)_2SO_4$ (p) を生成する（ガス-粒子変換）．これらは大気中を輸送され，最終的には地表面に沈着して大気から除去される．

b．沈着機構[1)]

1） 雲内洗浄　エアロゾルやガスが雲内で雲粒に取り込まれる過程である．エアロゾルの雲内洗浄は，核洗浄（nucleation scavenging）と衝突洗浄（impaction scavenging）からなる．核洗浄は雲生成

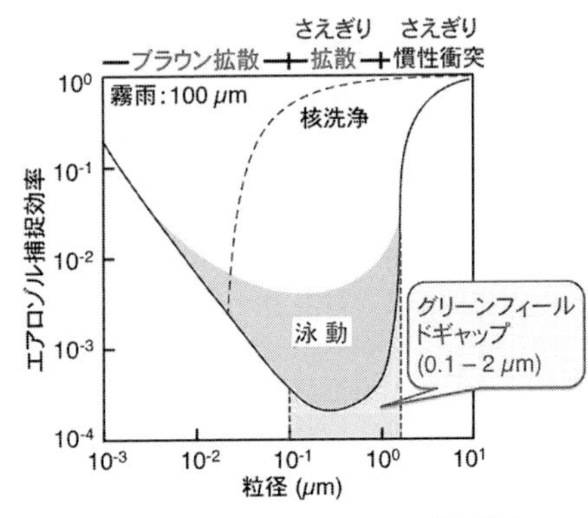

図3　霧雨によるエアロゾルの捕捉効率

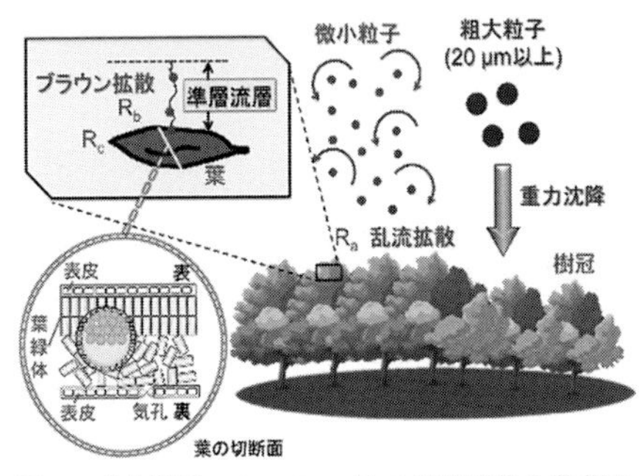

図4　森林樹冠へのエアロゾルの乾性沈着の模式図
R_a：空気力学抵抗，R_b：準層流抵抗，R_c：樹冠抵抗（表面抵抗）．

初期に雲底付近で生じる洗浄過程であり，雲凝結核（cloud condensation nuclei：CCN）となるエアロゾルが雲粒を形成する凝結過程である．衝突洗浄はCCNとしての活性化能が低く，核洗浄されなかった雲間隙粒子（cloud interstitial aerosol：CIA）と雲粒との衝突併合過程である．

2）雲底下洗浄　エアロゾルやガスが雲底下で降水粒子に取り込まれる過程であり，衝突洗浄である．衝突洗浄は，ブラウン拡散（Brownian diffusion），さえぎり（interception），慣性衝突（inertial impaction），泳動（phoresis）による．図3には霧雨によるエアロゾルの捕捉効率をブラウン拡散と慣性衝突から求めた理論曲線を示す．粒径が小さいほど（0.1 μm 未満），粒径が大きいほど（2 μm 以上），エアロゾルの捕捉効率は増加する．0.1 μm 未満の核生成モードの微小粒子ではブラウン拡散が支配的であり，2 μm 以上の粗大粒子ではさえぎりと慣性衝突が支配的である．

0.1〜2 μm の蓄積モードの微小粒子は，エアロゾル捕捉効率が最も低い．このように，エアロゾルの捕捉効率が低い領域をグリーンフィールドギャップ（greenfield gap）という．この領域ではブラウン拡散とさえぎりが主な捕捉機構であるが，ブラウン拡散は 0.05 μm 以上では低く，さえぎりの効果も小さい．グリーンフィールドギャップでは泳動の寄与が大きくなる．

3）乾性沈着　乾性沈着は，非降雨時における大気エアロゾルと微量ガスの地表面（植生，土壌，海洋）への輸送過程である．図4には森林樹冠へのエアロゾル粒子の乾性沈着を示す．森林では，空気力学抵抗と準層流抵抗は風速，植生の高さ，葉の大きさ，大気安定度に依存し，表面抵抗は気孔の開閉，表皮の湿潤度や沈着物との反応性に依存する．一般に，風速が強く，大気が不安定であり，樹高が高いほど抵抗が小さく，乾性沈着速度は大きくなる．

［大河内　博］

文　献

1）エアロゾルペディア 4.1 大気エアロゾル．https://sites.google.com/site/aerosolpedia/yong-yurisuto/risuto-jue-ding-ban

3-20 湿性沈着

Wet deposition

a．湿性沈着とは

大気中の物質が地表に降下して大気中から除去される現象を沈着といい，液相としての沈着を湿性沈着（wet deposition）と呼んでいる．湿性沈着は降水による沈着であり，雨による沈着が最も典型的なものである．霧は地表近くで水蒸気が凝結して生じたものであり，湿性沈着に分類される．露は物体の表面が放射冷却で冷やされること等により生じたもので，乾性沈着を促進する場であるが，湿性沈着に分類することは可能であろう．

b．湿性沈着過程

湿性沈着については，古くから多くの研究がなされている[1-3]．主には海水の蒸発により生じた水蒸気が上空で冷やされてエアロゾルを雲凝結核（cloud condensation nuclei：CCN）として水滴となり，さらに水滴どうしの衝突併合により成長し，およそ直径0.2 mm以上になると上空にとどまることができず，雨滴として地表に落下する．落下の過程で雨滴同士の衝突と水蒸気の凝結と蒸発により雨滴のサイズは変わるが，雨滴直径は0.2～6 mmであるとされ，その粒径分布は気象条件により異なる．

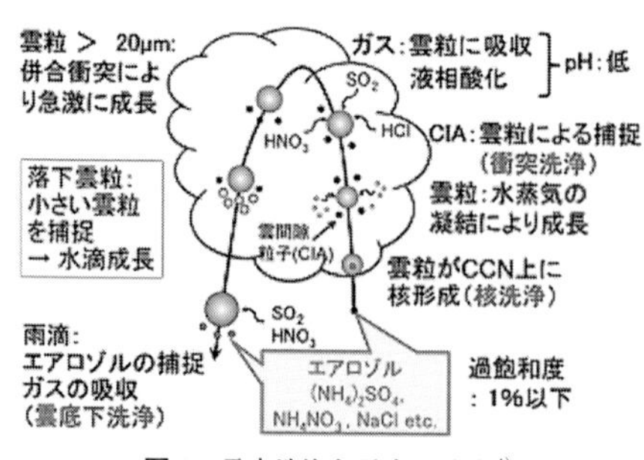

図1　雲内洗浄と雲底下洗浄[4]

様々な大気中成分が雨滴や雲滴に取込まれることにより大気中成分濃度が減少する過程を洗浄という．洗浄には，図1に示すように雲内洗浄（rainout）と雲底下洗浄（washout）に大別される．雲内洗浄とは上空に雲として存在する時の取込み過程であり，雲底下洗浄は雲滴が雨滴となった後に落下する時の取込み過程である．雲は水滴が上空に浮かんでいるものだが，微小水滴からなる雲として移動する間に水滴に接する空気は入れ替わり，水滴自体も乾燥して固相に変わることもある．雲の液滴が上空に存在する時間は長いが，水蒸気の供給が多く，短時間に雨滴となる場合もある．上空から地表まで落下する時間は短いので，雨滴成分濃度への影響は一般に雲底下洗浄より雲内洗浄の方が大きい．

雲底は約300 mから10000 m以上まで様々であるが，雲底から落下した液滴は空気の抵抗のために地表に届くまでに一定の落下速度になる．その終端落下速度は粒径が小さくなるほど遅くなる．小さい雨滴は大気中での滞留時間が長いため，洗浄効果は大きい．

c．湿性沈着試料の採取法と分析法

湿性沈着試料は一般には雨の採取として行われる．雨の採取には幾つかの手法がある．乾性と湿性を区別するために降水を感知するセンサと蓋を移動するアームをつけ，雨が降り始めると乾性採取器に蓋をかぶせ，雨が止むと湿性採取器に蓋をかぶせる装置が使われることがある．また，降水成分濃度の経時変化を調べるため，一定量の試料ごとにターンテーブル上のボトルに試料を集め，降水の開始，ボトルの交換，終了時を記録する自動雨水採取装置も使われる．ただし実際の採取では，電源を要しない常時開放型，あるいは採取された雨水の蒸発や乾性沈着の影響を極力さけるためにフィルタを装着したろ過式採取器などの使用例が多い．この装置は手作りで容易に

作成できるが，長期間採取時の成分の変質や，植物や昆虫等が混入することに注意が必要である．なお，寒冷時の降雪や試料の凍結への対処は難しい問題であり，色々な工夫がなされている[5]．

試料成分の一般的な分析では溶解成分を対象とするため，孔径 0.45 μm のメンブランフィルタでろ過した後に，pH メータで pH，電気伝導度計で電導度，イオンクロマトグラフで各イオン成分濃度を測定する．イオン成分としては pH から求めた水素イオン濃度のほか，NH_4^+，Na^+，K^+，Ca^{2+}，Mg^{2+}，Cl^-，NO_3^-，SO_4^{2-} の 8 種のイオンのみが分析されることが多い．これらの分析値の妥当性を，陽イオン濃度の総和と陰イオン濃度の総和が等しいかどうか，各イオン濃度から予想される電導度と測定される電導度が等しいかどうかにより確認する．なお，濃度は当量濃度（eq/L）で表すことが望ましく，上記の確認時にもこの単位を用いる[6]．

降水中にはこの他にも様々な物質が含まれる．空気中に浮遊する粒子状物質で不溶性の成分，微生物，大気中の有機物，粒子状物質から溶解した重金属イオン等，様々であるが，試料中の降水時から分析までの間の変質には注意が必要である．特に液相成分から気相成分に変化しやすい炭酸塩や分解されやすい有機物等の分析では保存法に注意しなければならない．

湿性沈着は，降水量が多くなれば濃度低下するので，降水量の把握が重要である．このためには，試料液量を採取時間と採取器口面積で割ればよいが，保存時の蒸発や採取口が水平であるかどうか，さらには近傍にある構造物からの跳ね返りはないかといったことにも気をつけなければならない．なお，湿性沈着は，濃度と単位時間あたりの降水量の値を，単位を合わせて乗じることにより得られる沈着量（正確には沈着の流束）として報告されることが多い．

d．湿性沈着の現状と酸性雨

湿性沈着は酸性雨問題と見なされることが多い．酸性は pH 7.0 以下であるが，大気と平衡にある水は大気中の二酸化炭素を吸収するために pH 5.6 となる．大気中にはこの他にも酸性ガス成分があるので，酸性雨とは pH 5.0 以下の雨を呼ぶ．

日本の雨の平均 pH は，場所によって異なって pH 4.5〜5.2 でありヨーロッパに比較して高いが，降水量の違いによるもので沈着量としては同レベルである，とこれまで説明されてきた．しかし，わが国の大気汚染状況の改善は著しく，酸性度が高い雨や霧の発生頻度は低下している．近年，特に中国からの越境汚染が問題になっているが，中国は大気汚染が激しいわりに雨の pH が低くなることは少ない．これは雨に含まれる粒子状物質濃度が高く，これによる中和作用が強く働いているためである．

e．湿性沈着による環境影響

湿性沈着による環境影響は大きい．これは，液相が汚染物質を吸収しやすいことと，沈着した固体表面を濡らすことによる．水が介在すると汚染物質による表面への侵食，腐食等をより起こしやすくなるので，湿性沈着による環境影響を低減するために大気環境のさらなる改善が必要である．

［井川　学］

文　献

1) J. H. Seinfeld, S. N. Pandis: Atmospheric Chemistry and Physics 2nd Ed., pp. 932–979, John Wiley & Sons, 2006.
2) 水野　量：雲と雨の気象学．応用気象学シリーズ 3，朝倉書店，2000.
3) 武田喬男：雨の科学，成山堂，2005.
4) 大河内　博，Aerosolpedia 編集委員会編：エアロゾル用語集 4.1.(1) 雲内洗浄，2016.
5) 酸性雨調査法研究会編：酸性雨調査法，ぎょうせい，1993.
6) 原　宏：大気環境学会誌，**26**：A1–A7，A33–A40，A51–A59，1991.

3-21 乾性沈着

Dry deposition

ガスや粒子が，植生，土壌，水面等様々な地上の表面に取り込まれ，大気から除去される過程のことを乾性沈着という．これらの物質は，乾性沈着する表面（沈着面）と接触して付着，反応，溶解等の過程を経て取り込まれる．湿性沈着は，降水の重力落下により地表面へ沈着するが，乾性沈着における重力落下の役割はごく一部に過ぎない．なぜなら，ガスや粒子への重力の影響は，大気中でこれらに働く様々な拡散の力に比べて小さく，乾性沈着のメカニズムは重力以外によるところが大きいからである．本項目では，乾性沈着の主要なメカニズムと物質ごとの特徴について解説し，その測定法について紹介する．

a．乾性沈着のメカニズム

大気中の物質は，風とともに水平方向へ移動するが，同時に乱流による拡散で鉛直方向にも移動している．特に，地表面に近い接地境界層では，地表の凹凸の影響により大気は攪拌されて物質は拡散し，一部は沈着面付近まで移動する．一方，沈着面のごく近傍は，準層流層と呼ばれる乱流の力が及ばない層に覆われている．この準層流層の中では，ガスは分子拡散，粒子はブラウン拡散によって移動することができる．これらの拡散の力により沈着面に到達した物質は，付着，反応，溶解等により沈着面へ取り込まれる．

抵抗モデル[1]（図1）は，上記の乾性沈着過程をモデル化したものであり，大気中の物質が沈着するまでのそれぞれの過程において，通過のしにくさを抵抗で表したものである．接地境界層における乱流拡散による抵抗を空気力学的抵抗（R_a），準層流層における分子拡散等による抵抗を準層流層抵抗（R_b），沈着面との相互作用による抵抗を表面抵抗（R_c）と定義し，電気回路におけるオームの法則に見立ててモデル化がなされている．ここでは，乾性沈着量（F）を電流，濃度を電位と同様とし，接地境界層の濃度（C）は各抵抗を通過する度に減衰し，沈着面でゼロになると考え，以下の式で表す．

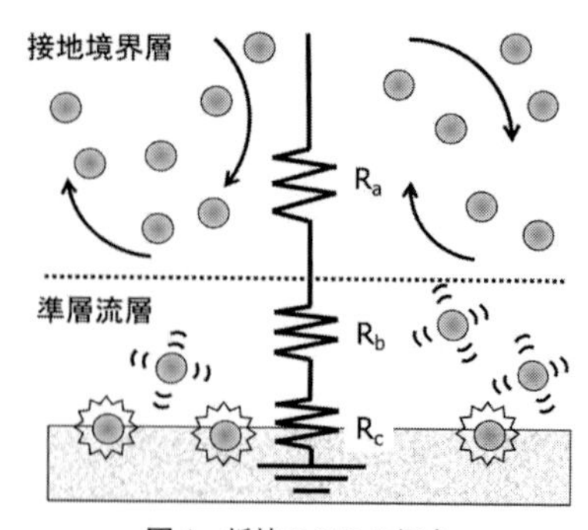

図1　抵抗モデルの概念

$$F=\frac{C}{R_a+R_b+R_c} \tag{1}$$

ここで，三つの抵抗の合成抵抗の逆数は，沈着のしやすさを表す量であり，その量は速度の次元を持つことから沈着速度（deposition velocity：V_d）と定義し，以下の式で表す．

$$V_d=\frac{1}{R_a+R_b+R_c} \tag{2}$$

上記は，分子拡散や沈着面との反応を考慮するガスを想定した抵抗モデルであるが，粒子の場合，沈着面近傍でのブラウン拡散や沈着面との慣性衝突，さえぎり等の動態が粒径に大きく依存するため，粒径に依存する表面沈着速度（V_{ds}）を導入して式（3）が用いられることが多い．ここで，粒径1 μm以上では粒径が大きいほど重力沈降の影響が無視できなくなるため粒径に依存した重力沈降速度（V_s）の項が加わっている．

$$V_{\mathrm{d}}=\frac{1}{R_{\mathrm{a}}+V_{\mathrm{ds}}^{-1}}+V_{\mathrm{s}} \tag{3}$$

b. 沈着速度

乱流拡散が大きくなると空気力学的抵抗が小さくなり，ガス，粒子ともに沈着速度は大きくなる．ガスの場合，反応性が高い成分ほど表面抵抗が小さくなり，沈着速度は大きくなる．また，水溶性が高い成分の場合，沈着面が濡れていると表面抵抗が小さくなり，沈着速度は大きくなる．硫黄および窒素化合物の中で，SO_2，HNO_3，NH_3 等の反応性および水溶性が高い成分は，そうでない成分に比べて沈着速度が大きく，乾性沈着量への寄与が大きい．一方，粒子の場合，粒径 0.1 μm 以下においては粒径が小さいほどブラウン拡散が特に大きく，かつ，1 μm 以上においては粒径が大きいほど重力沈降速度が特に大きくなり，いずれも沈着速度は大きくなる．0.1～1 μm の粒子の沈着速度は，上記の粒径に比べ相対的に小さくなるが，別の要因で高い値を示す場合がある．例えば，吸湿性粒子の高湿度下における粒径成長や，半揮発性粒子の沈着面近傍の揮発の影響により沈着が促進される可能性が示唆されている[1]．

c. 乾性沈着測定法

乾性沈着量を大気中の鉛直方向の物質の移動量と捉えて直接測定する方法として，渦相関法，緩和渦集積法，濃度勾配法等がある[1]．一方，沈着面に付着した物質を抽出して測定することにより乾性沈着量を求める方法として，林内雨・樹幹流法，代理表面法等がある．これらの直接測定法は，特殊な装置が必要であったり，測定可能な物質や対象表面が限られていたりするため，長期，広域における沈着量アセスメントには向いていない．東アジア酸性雨モニタリングネットワーク（EANET）では，

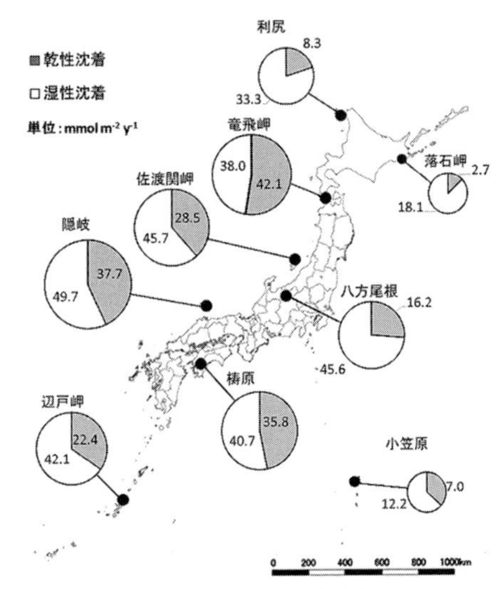

図2 EANET 遠隔局における窒素化合物の沈着量分布（平成 20～24 年の年平均値）（環境省[2]より作成）

式（1）と（2）から得られる式（4）に基づき，乾性沈着量を間接的に測定する乾性沈着推定法（Inferential 法）が用いられている．

$$F=CV_{\mathrm{d}} \tag{4}$$

この方法は，乾性沈着への寄与が大きいガス・粒子成分の濃度を測定し，各成分の沈着速度を抵抗モデルから計算して，式（4）から乾性沈着量を求める．EANET において Inferential 法を適用した沈着量評価事例を示す（図 2）．日本の遠隔域において窒素化合物（酸化態および還元態窒素）の乾性沈着量が湿性沈着量に匹敵している地域があることが見てとれる．［松田和秀］

文　献

1）松田和秀他：越境大気汚染の物理と化学，pp.181-200，成山堂書店，2017.
2）環境省：越境大気汚染・酸性雨長期モニタリング報告書（平成 20～24 年度），pp.48-50，2014.

3-22 オカルト沈着

Occult deposition

オカルト沈着は，降水粒子（雨，雪，あられ，ひょう）以外の地表面への輸送過程であり，山岳森林生態系にとって重要な水文過程である．オカルト（occult）は“隠された（hidden）”という意味であり[1]，重力沈降（gravitational settling）に基づく，転倒ます型雨量計や wet-only sampler では観測できない．降水量をさす場合にはオカルト降水（occult precipitation）といい[1]，山岳森林生態系では霧降水（fog precipitation），水平降水（horizontal precipitation）と同義である．雲粒（霧粒）による化学種の沈着も含める場合にオカルト沈着（occult deposition）と呼び，雲沈着（cloud deposition）または霧沈着（fog deposition）ともいう．

a．オカルト沈着の分類

オカルト沈着を引き起こす大気水象（hydrometeor）としては，雲（cloud），霧（fog），もや（mist），露（dew），霜（hoarfrost），霧氷（rime ice）があるが，雲（霧）が最も重要である．ただし，冬季の高山では霧氷が重要となる．霧は接地した雲であり，気象学的には視程 1 km 未満の大気水象である．山岳では雲と霧の区別は困難である．視程が 1 km 以上 10 km 未満の場合がもやである．霧発生時の相対湿度は100％に近いが，もや発生時の相対湿度は低く，75％以上である．視程 10 km 未満であり，相対湿度 75％未満の場合は煙霧（haze）という．

b．雲沈着（cloud deposition）[1]

山岳域では斜面に沿った上昇風とともに水蒸気が輸送され，凝結によって地形性雲（orographic cloud）または滑昇霧（upslope fog）が頻繁に発生する．雲粒

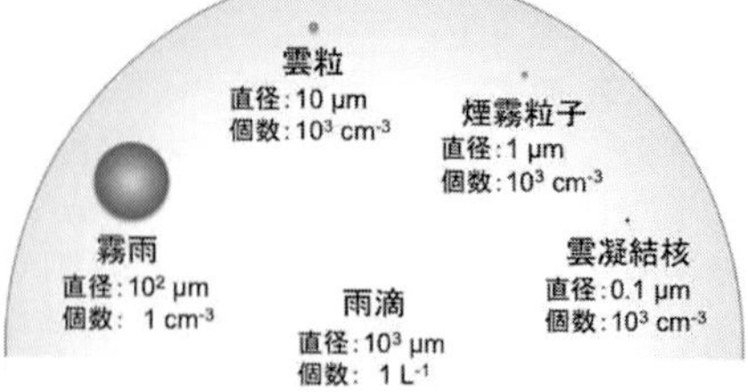

雲粒
直径：10 μm
個数：10³ cm⁻³
煙霧粒子
直径：1 μm
個数：10³ cm⁻³
霧雨
直径：10² μm
個数： 1 cm⁻³
雨滴
直径：10³ μm
個数： 1 L⁻¹
雲凝結核
直径：0.1 μm
個数：10³ cm⁻³

図 1　大気水滴の比較（雨滴は半分で表示）

（霧粒）の水滴径は数～50 μm 程度（平均水滴径，約 10 μm）である（図 1）．

森林樹冠（forest canopy）は，乱流拡散（turbulent diffusion）により輸送されてきた雲粒（霧粒）を，さえぎり（interception）と慣性衝突（inertial impaction）によって捕捉する（図 2）．20 μm を超える雲粒（霧粒）は重力沈降によって樹冠へ沈着する．樹冠に捕捉された雲粒（霧粒）はやがて大粒の水滴となって滴下する．この現象は樹雨（きさめ；fog drip）と呼ばれている．

オカルト沈着は山岳森林生態系で重要であり，雲水量，雲発生時間，風速，植生の表面積，樹高，形状に依存する．米国北部ニューイングランドでは標高 1200 m 以上の高所域で年間降水量の 20％（450 mm/y），オレゴン州ダグラスモミ林では年間降水量の 30％（880 mm/y），大台ヶ

風速
乱流拡散
風で輸送
された雲粒
さえぎり
慣性衝突
オカルト沈着（樹雨）
オカルト沈着
雲粒数濃度
林端からの距離

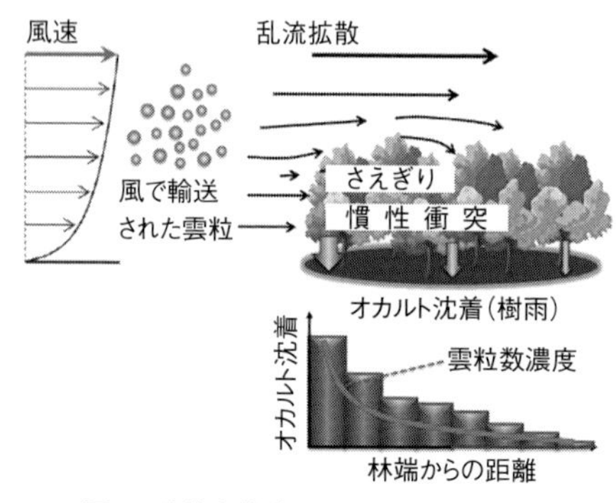

図 2　森林生態系におけるオカルト沈着

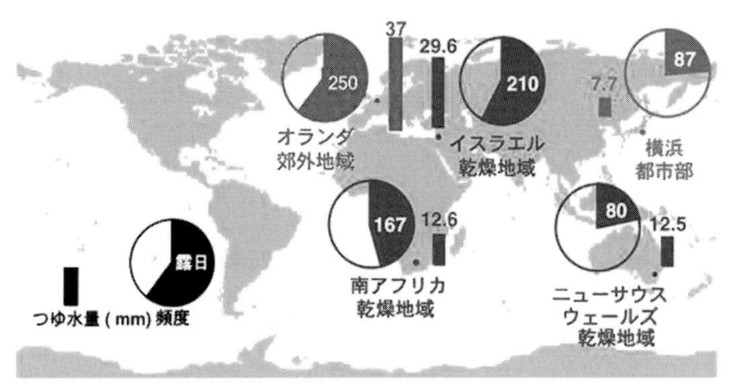

図 3　露発生日数と露水量の比較(徳島大学・竹内政樹博士作成)

原では 6 月から 11 月下旬までの半年間で林外雨量の 30% (100 mm/y) のオカルト降水が観測されている. 主要イオン種の湿性沈着量もオカルト沈着により 4～5 倍増加する.

雲・霧沈着の採取法・計測法は, 文献[2]に詳しく解説されている.

c. 露沈着 (dewfall)

露は地物が放射冷却 (radiation cooling) 等により露点温度 (dew point) 以下となり, 大気中水蒸気が凝結して生成した水滴である. 言い換えれば, 大気中水蒸気が地物表面に乾性沈着して, 地物に生成した水滴が露である. 露により水溶性大気汚染物質の乾性沈着速度が増加し[3], 地物に対して湿性沈着と同様な機構により影響を及ぼすことから, 乾性沈着と湿性沈着の中間として分類される (沈着過程, 図 1). 霜は大気中水蒸気が昇華して地物に生成した氷の結晶であり, 露点温度が氷点下の場合に霜となる.

非降雨時に植物葉上に水滴がある場合, 大気中水蒸気の凝結 (dewfall), 土壌から蒸発した水蒸気の凝結 (dewrise), 植物葉内から水の滲出 (guttation) があるので注意が必要である. なお, gutta はラテン語で drop の意味である. オカルト沈着は大気中水蒸気の地表面での凝結・昇華であり, 露沈着である.

日本では秋に露の発生が多いが, 降水量に対する寄与は小さいため露に対する関心は低く, 露水量や露水化学に関する観測は限られる. 例えば, 横浜市の露発生日数は 87 日, 露水量は 7.7 mm (年間降水量の 1/250) であり, 露水 pH および総無機イオン濃度は雨水や雲水よりも高く, 弱酸成分が多いことが明らかにされている[3]. 一方, オランダの露発生日数は年間 250 日, 露水量 37 mm, 半乾燥地域であるイスラエルの露発生日数は年間 210 日, 露水量 30 mm であり, この地域では露は重要な水資源であり, オカルト沈着として露が重要である (図 3).　　　　[大河内　博]

文　　献

1) エアロゾルペディア 4.1　大気エアロゾル. https://sites.google.com/site/aerosolpedia/yong-yurisuto/risuto-jue-ding-ban
2) 大河内　博, 堅田元喜：大気環境学会誌, **45**：A1–A12, 2010.
3) 竹内政樹他：大気環境学会誌, **35**：158–169, 2000.

3-23 侵入・換気・シンク

Penetration／Ventilation／Sink

a. 大気と室内空気の交換

大気中の化学物質や粒子状物質は，住宅の隙間や換気口や窓等を通して，室内に取り込まれる．また，逆に，室内空気中の化学物質や粒子状物質も住宅の隙間や窓，換気口等を通して屋外に排出される．室内に取り込まれた化学物質や粒子状物質は，室内において壁面や床面に吸着したり沈着したりして空気中から取り除かれる．

b. 侵　　入

1) 概　論　大気中の化学物質や粒子状物質が，建物の隙間を通って室内に取り込まれることを侵入（penetration）と呼ぶ．大気汚染の深刻な地域や沿道では，この影響が大きく，建物の密閉性を上げることや建物の修復をするなどの対策がとられることが多い．

室内空気中の粒子状物質の濃度は，0.08～0.5 μm の粒子で大気中濃度の 80～100%，0.5～1.0 μm の粒子で大気中濃度の 60～80%であり，この範囲より大きい粒子や小さい粒子では外気濃度に対して室内空気中の濃度が低くなる傾向がある[1]．室内のオゾン濃度は，大気中濃度の 20～70%とされており，その多くが侵入により室内に入ったものとされている[2]．

2) メカニズム　大気中の化学物質や粒子状物質は，建物のヒビ・隙間等から室内に侵入する．建物のヒビ・隙間の内部における空気の流れは，屋外の風，室内外温度差，偏った換気風量などに起因するわずかな室内外の圧力差（一般的に 10 Pa 以下）によって生じる[3]．

建物のヒビ・隙間の内部において，粒子は，ブラウン運動，重力沈降，衝突によりヒビ・隙間の中に沈着しながら，空気の流れに乗って室内側に流されていく．そのため，ヒビの径が大きいほど，ヒビの深さが短いほど，屋外から粒子が室内に侵入しやすくなる．また，0.1～1.0 μm の粒子は室内に侵入しやすいが，それより大きい粒子は大きくなるほど，それより小さい粒子は小さくなるほど，室内に侵入しにくくなる[3]．

また，SO_2 やオゾン等の反応性ガスは，ヒビ内部の壁面で不可逆的な反応で失われていきながら，空気の流れに乗って室内側に流されていく．粒子と同様に，ヒビの径が大きいほど，ヒビの深さが短いほど，屋外からガスが室内に侵入しやすくなる．また，壁面とガスの反応性が高いほど室内に侵入しにくくなる[3]．

3) 侵入係数　建物のヒビの大きさによって侵入係数（penetration factor）は異なり，ヒビの幅が広いほど，深さが短いほど，室内外の圧力差が大きいほど，侵入係数は大きくなる[3]．複数の文献において，0.02～2.5 μm の粒子の侵入係数（0.5～1.0）[1,4] は，2.5～10 μm の粒子の侵入係数（0.25～0.6）[1,4] よりも大きい．0.1 μm 以下の超微小粒子に関しては，換気回数が大きいほど侵入係数も大きい[4]．また，侵入係数は，冬より夏の方が高い[1]．

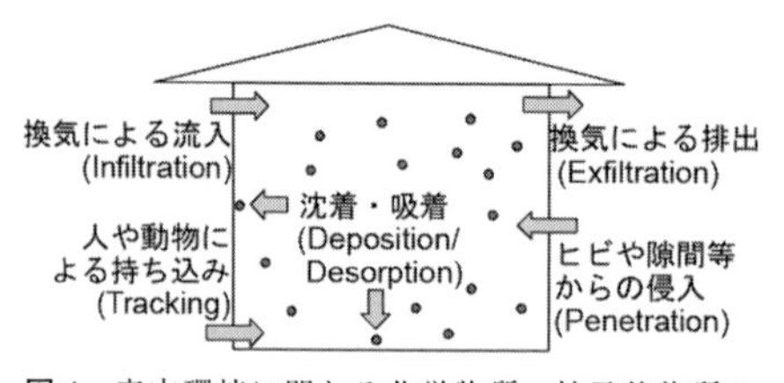

図1　室内環境に関わる化学物質・粒子状物質の挙動

c. 換　　気

1) 概　要　換気（ventilation）は，室内の空気を屋外の空気と入れ替えることをさし，室内に発生源のある化学物質や粒子状物質の室内濃度を低減させるのに効果がある．換気には自然換気と機械換気があり，換気の定義の一部は前述の侵入と重なる部分がある．

2) メカニズム　自然換気は，屋外の風と室内外温度差により生じる．屋外の風の風速が大きいほど換気量は大きくなる．また，室内外温度差が大きいほど，吸気口と排気口の高さの差が大きいほど，換気量は大きくなる．

機械換気の方式としては，給排気ともに機械で行う第1種換気，排気は自然換気で給気を機械換気で行う第2種換気，給気を自然換気で排気を機械換気で行う第3種換気がある．シックハウス問題の顕在化により改正された建築基準法では，新築住宅では0.5回/h以上の能力を有する24時間強制換気システムの導入が義務付けられている．

外気を取込む換気口にはフィルタが取付けられていることが多く，外気の粒子状物質が換気により室内に流入しないようにされている．ただし，一般的な1パスのフィルタには粒径に依存した除去効率の違いがあり，0.1〜0.5 μmの粒子に対する除去効率は20%程度とされている[5]．

3) 換気回数　換気を定量的に示すものとして，換気回数（換気率）がある．これは，1時間あたりに部屋の空気がどの程度外気と交換されたかを示すもので，0.5回/hは，1時間で部屋の半分の空気が外気と交換されることを意味する．換気回数が大きくなると，前述の侵入係数も大きくなると報告されている[4]．

関東地方の26軒の住宅での測定された換気回数は，夏や春に高く（1.6，1.2回/h），秋や冬に低い（0.57，0.61回/h）傾向が見られている[6]．これは，窓を開ける頻度が夏春に高く秋冬に低いことが原因とされている．東北地方の25軒の住宅での換気回数が0.3〜2.6回/h[7]，東京近郊の5軒の住宅での換気回数が0.1〜1.0回/h[8]という報告もある．

d. シンク

1) 概　要　室内空気中の化学物質や粒子状物質は，吸着や沈着や反応によって徐々に空気中から減少していく．減少分の行方をシンク（sink）と呼んでいる．屋外に発生源のある物質については，大気環境において，建物（住宅）自体がシンクとして働いている．

2) メカニズム　室内空気中の化学物質は，壁面等への吸着や気中での反応等により室内空気中の濃度が減衰する．室内空気中の粒子状物質は，ブラウン運動，重力沈降，空気の流れに乗って起こる衝突等により室内の表面に沈着し，室内濃度が低下する．

3) 沈着係数，吸着係数　室内空気中の粒子状物質が，1時間で沈着する割合を示す沈着係数は，粒径依存性が高く，0.8〜1.4，1.5〜2.5，4.7〜9.6 μmに対して0.27，0.53，1.0/hである[9]．吸着係数は，化学物質の特性や内装材の特性によって大きく異なる．［篠原直秀］

文　献

1) C. M. Long, *et al.*: *Environ. Sci. Technol.*, **35**: 2089-2099. 2001.
2) C. J. Weschler, H. C. Shields: *Indoor Air*, **10**: 92-100, 2000.
3) D. L. Liu, W. W. Nazaroff: *Atmos. Environ.*, **35**: 4451-4462, 2001.
4) H. Zhao, B. Stephens: *Indoor Air*, **27**: 218-229, 2017.
5) W. W. Nazaroff: *Indoor Air*, **14**: 175-183, 2004.
6) N. Shinohara, *et al.*: *Atmospheric Environment*, **45**(21): 3548-3552, 2011.
7) 三原邦彰他：日本環境管理学会誌，**52**：166-169，2004.
8) 石川　寛他：日本建築学会計画系論文集，**467**：47-54，1995.
9) C. Y. H. Chao, *et al.*: *Atmospheric Environment*, **37**: 4233-4241, 2003.

3-24 室内発生源

Indoor sources

室内環境中には大気環境とは異なる様々な汚染物質の発生源があり，シックハウス症候群等（4-13 項）の建物内における健康被害の原因となる．ここでは，汚染物質の室内発生源として代表的な建材，塗料，暖房，厨房器具，日用品等について紹介する（図 1）．

a．建　　材

木質建材や壁紙，または使用される接着剤，塗料等が主な室内発生源となる．

無垢材からも化学物質は放散し，室内濃度指針値物質（5-21 項）のうち，ホルムアルデヒドやアセトアルデヒドの放散が確認されている．放散速度は樹種により異なるが，ホルムアルデヒドの放散は少ない．また，針葉樹は広葉樹に比べ総揮発性有機化合物（TVOC）の放散量が多い傾向があり，主に α-ピネン等のテルペン類が発生する[1]．気密性の高い住宅ではテルペン類が高濃度となり，オゾンとの反応によりホルムアルデヒド等アルデヒド類や二次有機エアロゾルを生成する可能性がある．

複合材は，単材と接着剤等を用いて製造したものであり，単材からの化学物質に加え，接着剤由来の化学物質が発生する．複合材の種類は，合板，パーティクルボード，中質繊維板（MDF）等がある[1]．合板の接着剤としては，ユリア樹脂，フェノール樹脂，メラミン樹脂等が使用される．これらはホルムアルデヒドを反応させて作られるため，完全に反応せずに残った場合や，空気中の水分などで加水分解することで，ホルムアルデヒドが気中に放散し，空気質汚染の原因となることがある[1]．また，フェノール-レゾルシノール樹脂（PRF）接着剤で接着した集成材からは，アセトアルデヒドが顕著に発生することが報告されている．これは一部の PRF 接着剤に溶剤として含まれているエタノールが木材の中や表面のアルコール脱水素酵素（ADH）により酸化されて生成する可能性が示唆されている[2]．

近年のシックハウスの原因物質として注目されている 2-エチル-1-ヘキサノールは，床材の裏打ち材中のフタル酸ジ-2-エチルヘキシル（DEHP）や接着剤中アクリル酸 2-エチルヘキシルなど 2-エチル-1-ヘキシル基を持つ化合物がコンクリート中の強アルカリ性水分により加水分解し，生成すると考えられている[3]．以上のように，建材からは，直接発生する物質と材料内ま

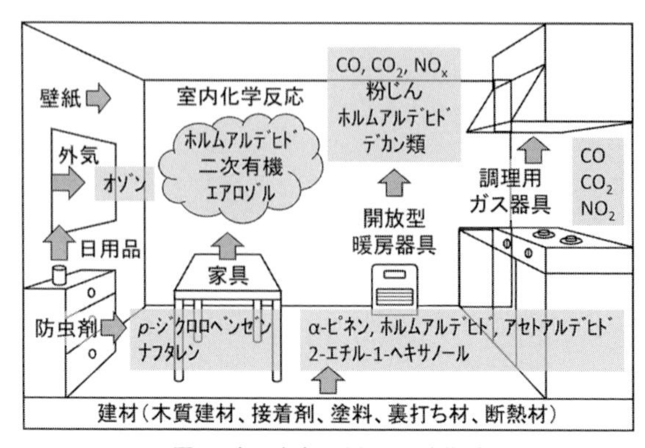

図 1　主な室内発生源と汚染物質

たは室内において化学反応によって生成する物質があることに留意する必要がある.

b. 塗　　料

塗料は，樹脂，顔料，添加剤，溶剤からなり，溶剤が揮発して室内に放散することで，室内汚染の原因となる.

現在，揮発性有機化合物（VOC）対策として，溶剤の代わりに水を用いた水性塗料への変換が進んでいる．水性塗料は，塗装作業性，乾燥性などを考慮して，少量のVOCが含まれていることがある[4]．主なものとして，造膜助剤があり，2,2,4-トリメチル-1,3-ペンタンジオールモノイソブチレート等が用いられる[4]．近年，これらの物質によるシックハウスの事例も報告されている．また，天然の素材を原料として作られる自然塗料も，硬化乾燥時に化学反応によりホルムアルデヒド等が発生することがある[4]．したがって，塗料の使用時とその後は，十分に換気を行う必要がある.

c. 暖　　房

石油（ガス）ストーブ，石油（ガス）ファンヒータ等の開放型暖房器具を使用すると，熱とともに様々な燃焼生成物が室内に排出される．代表的なものとして，一酸化炭素（CO），二酸化炭素（CO_2），窒素酸化物（NO_x），粉じん，VOC，ホルムアルデヒドが挙げられる．特に，石油ファンヒータは多くのNO_xを排出することが知られており，野崎ら[5]の実測調査によると，器具使用50分後に二酸化窒素（NO_2）濃度は大気環境基準（日平均40～60 ppb）の6.6倍となる395 ppbに達した．また，チャンバー試験によると，器具使用時にデカン類を中心としたVOC濃度が上昇した．なお，デカン類は器具非使用時にも測定され，使用灯油由来と考えられる.

その他の暖房として，床暖房使用時に，フローリング材や床下の断熱材に含まれる化学物質が発生する可能性がある.

また，調理用ガス器具の使用時にもCO，NO_2，CO_2が発生する.

d. 日 用 品

室内で使用される殺虫剤，防虫剤，芳香剤，消臭剤，洗剤，化粧品等の日用品も室内発生源となる．2013年に行われた国立医薬品食品衛生研究所の首都圏実態調査によると，防虫剤から放散する化学物質に関して，*p*-ジクロロベンゼンは室内濃度指針値（240 μg/m^3）を5%の住宅で超過し，ナフタレンは世界保健機関（WHO）欧州の室内空気質ガイドライン値（10 μg/m^3）を6%の住宅で超過していた．なお，この調査ではベンゼンが10%の住宅において大気環境基準値（3 μg/m^3）を超過していることがわかった．ベンゼンの発生源として大気のほか，たばこや線香等からの煙が考えられている[6]．また，独立行政法人国民生活センターは，柔軟仕上げ剤のにおいに関する相談件数が増加傾向にあり，家庭での危害情報が多いことから，情報提供している[7]．　　　　　　　　　　　［水越厚史］

文　　献

1) 東　賢一他：建築に使われる化学物質事典，pp.18-29，風土社，2006.
2) S. Tohmura, *et al.*: *Forest Products Journal*, **65** (1-2): 31-37, 2015.
3) 上島通浩他：日本公衆衛生雑誌，**52**（12）：1021-1031，2005.
4) 日本建築学会：シックハウス対策マニュアル，pp.77-91，技報堂出版，2010.
5) 野崎淳夫他：室内環境，**18**（1）：33-44，2015.
6) 厚生労働省：第18回シックハウス（室内空気汚染）問題に関する検討会議事録・資料，2014.
7) 国民生活センター：柔軟仕上げ剤のにおいに関する情報提供，pp.1-6，2013.

コラム　エルニーニョ・ラニーニャ現象

El niño and La niña

この現象は，エルニーニョ・南方振動（el niño southern oscillation：ENSO）ともいう．太平洋赤道域の日付変更線付近から南米沿岸にかけて海面水温が平年より高くなる（エルニーニョ現象）もしくは低くなる（ラニーニャ現象）状態が 1 年程度持続し，それぞれ数年おきに発生する．気象庁では，エルニーニョ監視海域（北緯 5～南緯 5°，西経 150～90°）の月平均海面水温の基準値（前年までの 30 年間平均値）からの差の 5 か月移動平均値が 6 か月以上連続して+0. 5℃以上になる状態をエルニーニョ現象，−0. 5℃以下になる状態をラニーニャ現象と定義する．エルニーニョ・ラニーニャ現象の発生時は，世界各地で気温や降水が異常値を示す傾向がある．例えば，図に示すように，太平洋熱帯域では積乱雲の発生場所やその強度が，エルニーニョ現象時とラニーニャ現象時で異なる．

大気汚染は，風や雲・降水と密接に関連するため，エルニーニョ・ラニーニャ現象の影響を受ける．例えば，エルニーニョ現象時はインドネシアで旱魃傾向となり森林火災が大規模化する傾向がある．また冬季のエルニーニョ現象時は，中国・華北平原で風速，降水ともに弱まることにより，大気汚染がより深刻化する傾向がある．

［梶野瑞王・安田珠幾］

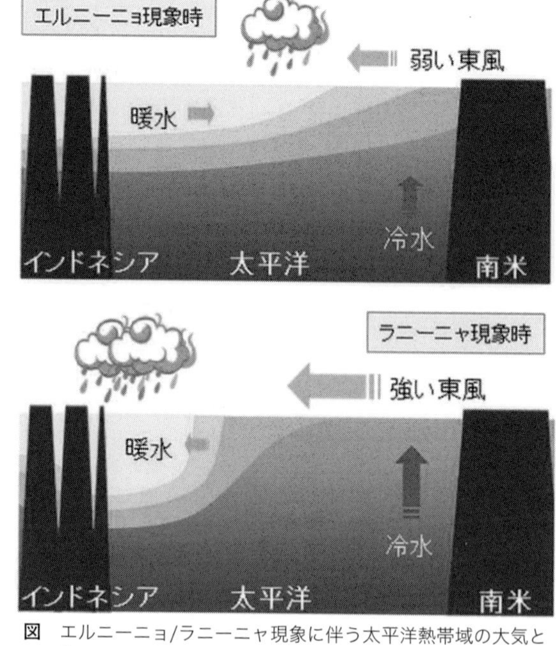

図　エルニーニョ/ラニーニャ現象に伴う太平洋熱帯域の大気と海洋の変動（気象庁ホームページより）

4

影　　響

4-1 急性影響と慢性影響

Acute or chronic health effects

大気汚染物質の健康影響を観察する場合には，様々な視点があるが，まず急性影響と慢性影響（短期的影響と長期的影響と表現することもある）に分けて考えることが多い．実際には各臓器や組織系に対する急性，慢性の影響をそれぞれ検討し，適切な指標から環境基準や指針値を策定する．健康影響は，用量（曝露濃度×曝露期間）に依存することが多いので，急性影響は比較的高濃度で起こるが，一般環境中の大気汚染物質の濃度が急性影響を引き起こす可能性がある場合には，1時間値が環境基準として策定されているものもある（二酸化硫黄，光化学オキシダント）．

a．急性影響とは

1）動物実験による急性影響の評価

動物実験による急性吸入毒性試験は，OECDテストガイドライン[1]では「吸入可能な物質に1回，短時間（24時間またはそれ以下）にわたり連続吸入曝露することにより生ずる好ましくない影響のすべて」（従来法）と定義されている．汚染物質に少なくとも4時間曝露し，曝露後原則14日間の観察を行うことにより，LC_{50}（半数致死濃度）を算出するとともに，長期曝露実験の適切な濃度や標的臓器等を決定するのに使用されることが多い．わが国の化審法（化学物質の審査及び製造等の規制に関する法律）では新規の化学物質の検査法として28日間曝露，90日間曝露の実験を行うことになっているが，OECDのテストガイドラインでは，90日間曝露は，亜慢性試験と定義されている．後に述べるわが国の有害大気汚染物質の指針値を策定する際には，慢性曝露試験と同等に扱ってよいとされている．

2）疫学調査による急性影響の評価

一方，わが国の大気環境基準は原則として人の疫学調査から求められた知見を優先的に用いて策定することとなっている．このため，人の疫学調査から得られた知見が重要視されるが，動物実験と異なり，人の急性影響は，特に時間的な定義はされていない．主に呼吸器系への影響を調査することが多く，評価指標としては，呼吸機能検査（肺活量，1秒率，ピークフロー）などが用いられる．実際の大気汚染では，二酸化硫黄の吸入による喘息発作の誘発，光化学オキシダントにより目がチカチカしたり，喉がいがらっぽくなるなどの粘膜の刺激症状が短時間の曝露で起こる急性影響として知られている．

一方，ロンドンスモッグ事件では，数日間の高濃度の汚染の継続が死亡数の上昇につながり，微小粒子状物質（$PM_{2.5}$）では$PM_{2.5}$濃度が上昇した当日よりは，1，2日のタイムラグの後に日死亡率が上昇するが，これらも急性影響と考えられる．

3）ヒト志願者実験による急性影響の評価　ヒト志願者を対象とした曝露実験では，大気汚染物質の厳重な濃度管理や，志願者の医学・健康管理のもとに行われなければならないため，制限が厳しいが，二酸化窒素の数分間～数時間曝露による気道抵抗の測定や，オゾンの間欠曝露（15分の運動中の曝露と15分休憩の繰り返し）による呼吸機能，循環機能への影響の検討等が急性影響をみる研究として行われている．

b．慢性影響とは

1）動物実験による慢性影響の評価

実験動物を用いた慢性曝露実験は，経口，経皮，吸入による長期（6か月以上にわたる）反復曝露をいい，12か月曝露が望ましいとされる．これらの実験の目的[2]は，①化学物質の慢性毒性の検出，②標的器官の検出，③用量反応関係の確認，④無毒性

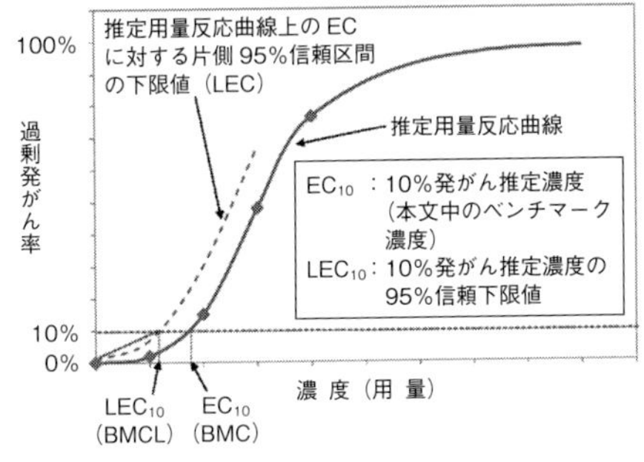

図1　観察データの用量反応関係とベンチマーク濃度の模式図

量（NOAEL）またはベンチマークドーズ（BMD）確立のための開始点の決定，⑤ヒトの曝露量における慢性毒性影響の予測，⑥作用機序に関する試験仮説へのデータ提供である．

ただし，がん原性を目的とする場合は，げっ歯動物では曝露期間は24か月，生殖毒性や催奇形性を目的とした実験の場合は曝露期間や手法が異なるので注意が必要である．

動物実験から得られたデータは，作用機序の解明，影響の妥当性等を判断する補助的な役割を果たしてきたが，後述する有害大気汚染物質の指針値策定の際には，動物実験の発がんデータも積極的に使用されている．

2)　疫学調査による慢性影響の評価

長期曝露による慢性影響を評価するために最も信頼性のある手法は一般集団を対象としたコホート研究であるが，時間と費用がかかるためになかなか行えないのが実情である．そのため，産業現場で得られた疫学調査を利用せざるを得ないことが多いが，産業現場では健康な成人男性の集団が対象であること，1日8時間，週5日間の曝露であること等に注意する必要がある．

$PM_{2.5}$の環境基準策定の際には，わが国の3府県コホート調査[3]における$PM_{2.5}$濃度と肺がんによる死亡の増加との関連が慢性影響の根拠知見の一つとして採用されている．

また，古くは，四日市公害において気管支喘息や慢性気管支炎の発症率と石油コンビナートから排出された二酸化硫黄ガスとの因果関係を認めた疫学調査が大気汚染物質曝露による呼吸器系の慢性影響を明らかにしたものとして有名である[4]．

c．有害大気汚染物質の発がん性評価

1990年代になると，従来型の大気汚染物質とは異なり，一般環境中に存在する発がん性，あるいは発がん性の恐れのある微量の化学物質が問題となり，有害大気汚染物質と定義された．これらの化学物質は，微量であっても長期に曝露されると発がんの恐れがあることから，影響の未然防止が求められた．

この際，閾値のない発がん性物質に関しては，無毒性量（NOAEL）が求められないため，生涯過剰発がん確率を推計して，生涯発がんリスクレベルを10^{-5}（10万人に1人）以下となるように環境基準を定めている．したがって，有害大気汚染物質に関しては，主に慢性影響である発がんを評価指標としている．

しかし，実験動物での発がん試験や，産業現場での疫学調査の曝露濃度は一般環境中の濃度に比較して高いため，低濃度への外挿を行う必要がある．米国環境保護庁などが推奨しているのは，図1に示す方法であり，低濃度では直線外挿を行っている．

［内山巌雄］

文　献

1) OECDの化学物質の試験に関するガイドライン　急性吸入毒性試験403，2009. 9. 7.
2) OECDの化学物質の試験に関するガイドライン　慢性毒性試験452，2009. 9. 7.
3) 大気汚染に係る粒子状物質による長期曝露影響調査検討会：大気汚染に係る粒子状物質による長期曝露影響調査報告書，2009.
4) 吉田克己：労働の科学，**28**：4-7，1973.

4-2 自動車排出ガス由来の汚染物質による健康影響

Health effects of pollutants from automobile exhaust

1950 年代以降の高度経済成長による輸送需要の増加に伴い，都市部の自動車交通量が急激に増加し，幹線道路沿道の住民が自動車排出ガスによる健康被害を訴え，自動車排出ガスによる健康影響が社会的に大きな関心を集めるようになった．

自動車排出ガスは化石燃料の燃焼生成物であり，複合混合物である．その組成は，ガス状物質と粒子状物質（particulate matter：PM）に大きく分けられる．健康影響が懸念される物質としては，ガス状物質では主に二酸化窒素（NO_2），PM では“すす（soot）”および可溶有機成分（soluble organic fraction：SOF），さらに，ガス状物質中の炭化水素である揮発性有機化合物（volatile organic compounds：VOC）の大気中での化学反応により生成される二次有機エアロゾル（secondary organic aerosol：SOA）が挙げられる（図 1）．

自動車排出ガスは，燃焼由来の発がん性物質を含むことから発がん影響，呼吸により身体に取込まれることから気道炎症（喘息や花粉症等）への影響が主に指摘されている．また，自動車排出ガスの PM の多くは，粒径が 100 nm 以下の超微小粒子（ultra fine particle：UFP）であることから，体内に取り込まれやすく，心血管系，生殖器系，脳神経系等，全身に影響を及ぼす可能性がある．

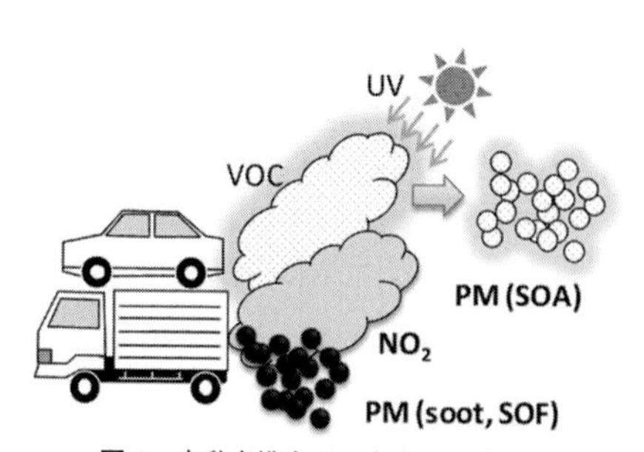

図 1 自動車排出ガス由来の汚染物質

a．発がん影響

バスやトラック運転手を対象とした複数の疫学調査の結果から，ディーゼル排出ガスによる肺がんや膀胱がんへの影響が報告されている．また，動物実験の結果からは，ディーゼル排出ガスの長期曝露により，ラットの腫瘍発生率が増加することが報告されている[1)]．PM を除去したディーゼル排出ガスの曝露は発がんを促進しないことから，主要な原因はガス状物質ではなく，PM にあることが示唆されている．また，ディーゼル排出ガス中の PM（diesel exhaust particles：DEP）の SOF には多環芳香族炭化水素（polycyclic aromatic hydrocarbon：PAH）等の発がん性物質が含まれており，これらがディーゼル排出ガスによる発がんの原因物質と考えられている．ただし，カーボンブラックも DEP と同じ曝露量でラットの発がんを促進することから，非特異的な粒子の曝露が発がんに重要である可能性がある．

これらの疫学調査や動物実験の知見から，世界保健機構（World Health Organization：WHO）の下部機構である国際がん研究機関（International Agency for Research on Cancer：IARC）は，ディーゼル排出ガスの曝露が肺がんのリスク増加と関連している十分な証拠があると判断し，ディーゼル排出ガスを人に対して発がん性があることを示す「グループ 1」に分類している．一方で，ガソリン排出ガスについては，人に対する発がん性が疑われることを示す「グループ 2B」に分類している．

b．気道炎症への影響

1）喘　息　高度経済成長期の都市部において，大気汚染が悪化したことにより，主要幹線道路近くの住民を対象とした複数の疫学調査が実施された．それらの結

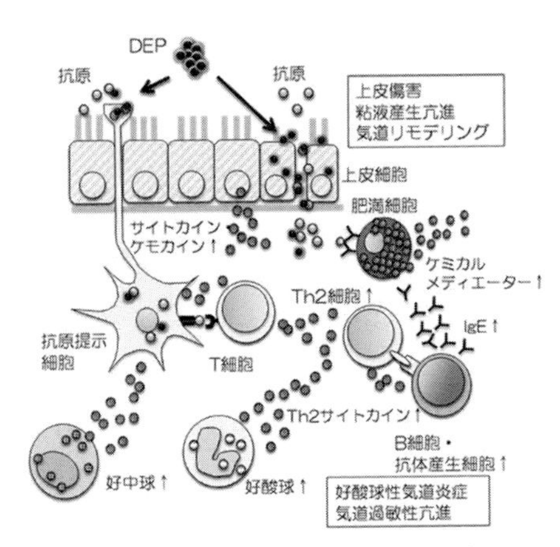

図2 DEPによる抗原誘発気道炎症の増悪メカニズム

果，自動車排出ガス曝露と，呼吸機能低下，持続性の咳と痰，喘息発症等との関連性が示唆された[2]．さらに，大規模疫学調査「そらプロジェクト」が実施され，自動車排出ガス曝露（ECと NO_x 個人曝露）と喘息発症の関連性が調べられた結果，学童調査においてその関連性が認められた[3]．また，喘息様病態モデル動物を用いた実験からDEP中の活性酸素や生体内で発生した活性酸素が酸化ストレスを誘導し，ダニや卵白アルブミン等の抗原誘発の気道炎症（上皮傷害，好酸球浸潤，粘液産生，炎症性サイトカイン産生，気道過敏性亢進，気道リモデリング等）を増悪すると考えられている（図2）．

2）花粉症　1960年代以降，花粉症患者が急増した．戦後のスギの植林事業推進によるスギ花粉飛散量の増加がその主な原因と考えられているが，大気汚染との関連性も指摘されている．自動車交通量の多い日光杉並木沿いでは，スギ花粉飛散量が同等だが交通量が少ない地域に比べ，スギ花粉症患者が多いことが報告されている[4]．また，動物実験により，ディーゼル排出ガスとスギ花粉の同時吸入により，マウスのスギ花粉特異的IgEの産生が亢進し，DEPにアジュバント効果があることが指摘されている．

c．心血管系への影響

1990年代以降の疫学調査により $PM_{2.5}$ 濃度と心血管系疾患死亡率の関連性が示されたことから，$PM_{2.5}$ の発生源の一つである自動車排出ガスの心血管系疾患への影響に対する関心が高まった．

主要道路近くの居住者を対象にした疫学調査やディーゼル排出ガスのヒトや疾患モデル動物への曝露実験の結果からは，血圧，心拍，血管収縮，血管内皮機能，心筋血流，血栓，アテローム形成等への自動車排出ガスの影響が示唆されている．

d．そ　の　他

交通関連大気汚染（traffic-related air pollution：TRAP）の健康影響が注目されており，主に疫学調査の結果から，TRAPと早産，低体重児，さらには，認知症，パーキンソン病，自閉症等との関連性が示されている．

DPF（Diesel Particulate Filter）や触媒等，自動車排出ガス低減技術により，旧型と新型のエンジンの排出ガスの間には，量だけでなく質に違いが認められている．自動車排出ガスの健康影響を議論するうえでは，その構成成分に留意する必要がある．

［伊藤　剛］

文　献

1）K. J. Nikula: *Inhal Toxicol.*, **12**: 97–119, 2000.
2）田中良明他：大気環境学会誌，**31**：166，1996.
3）環境省環境保健部：局地的大気汚染の健康影響に関する疫学調査報告書，2011.
4）石山康子他：アレルギー，**35**：892，1986.

4-3 呼吸器疾患（気管支喘息，慢性閉塞性肺疾患，肺がん）

Respiratory diseases (bronchial asthma, chronic obstructive pulmonary disease (COPD), lung cancer)

大気汚染物質は呼吸によって人体に取り込まれるため，まず呼吸器系に影響を及ぼす．大気汚染と関連がある代表的な呼吸器疾患として，気管支喘息，慢性閉塞性肺疾患（COPD），肺がん等が挙げられる．

a．気管支喘息

気管支喘息（喘息）の特徴は気道の慢性的な炎症であり，様々な刺激に対して発作的に気道狭窄による喘鳴（ゼーゼー・ヒューヒューという音を伴う呼吸），呼吸困難，咳などの症状を繰り返す．小児では，ダニやカビ等へのアレルギーによるもの（アトピー型）が多いが，成人では非アトピー型も多く，ウイルス感染などが誘因となる．日本における有病率は小児では8～14%，成人では4～5%と報告されている[1]．

1）四日市喘息　日本では，第二次世界大戦後の高度経済成長期に重化学工業が急速に拡大し，工場や発電所等から大量の大気汚染物質が排出されて，周辺住民に呼吸器疾患が多発した．代表的なものとして四日市喘息があげられる．三重県四日市市では1960年頃から大規模な石油コンビナートが操業し，その後に喘息様の症状を訴える住民が増加した．疫学調査では，工場周辺の二酸化硫黄（SO_2）濃度が高い地域ほど喘息による受診率が高く，SO_2の週平均濃度が高くなるに伴って喘息発作数の増加が認められた[2]．同様に，SO_2をはじめとする大気汚染と喘息の有病率の増加，症状の増悪との関連は全国の多くの工業都市で報告されている．

2）ガス状物質への短期曝露による影響　主なガス状物質が喘息患者の呼吸器系に与える短期的な影響を表1に示した[3]．喘息患者がSO_2に曝露されると，気管支収縮が起こり，吸入アレルゲンに対する反応が増強する．また，光化学スモッグの代表的な原因物質であるオゾン（O_3）は強い酸化力を有しており，喘息患者の気道炎症，気道過敏性亢進，肺機能低下等を引き起こして病態を悪化させる．二酸化窒素（NO_2）の酸化作用はO_3に比べて弱いため，一般大気環境レベルのNO_2曝露による呼吸器系への影響について一致した結果は得られていない．しかし，疫学研究では，NO_2への曝露と喘息の発症，症状の増悪，肺機能低下，気管支拡張剤への反応低下との関連が認められている．

表1　喘息患者のガス状物質への短期曝露の影響[3]

	二酸化硫黄	オゾン	二酸化窒素
気管支収縮	＋	＋/－	－
FEV_1およびFVCの低下	－	＋	－
気道反応性の亢進	－	＋	＋
気道炎症	－	＋	＋
吸入アレルゲンに対する反応増強	＋	＋	＋

FEV_1：forced expiratory volume in 1 second（1秒量）
FVC：forced vital capacity（努力性肺活量）

3）微小粒子状物質への曝露による影響　大気中の微小粒子状物質（$PM_{2.5}$）濃度が高くなると，当日または数日以内に喘息による救急受診や入院が増加することが報告されている．また，毎日測定している肺機能値が低下し，気道炎症の指標である呼気一酸化窒素濃度の増加が認められている．一方，喘息患者以外の健常者ではこうした関連性がほとんど認められていないことから，喘息患者は$PM_{2.5}$に対する感受性が高いことが示唆される．

4）自動車交通由来の大気汚染との関連　自動車交通量の増加に伴って，自動車から排出される粒子状物質やNO_2等への曝露による喘息への影響が懸念されている．

欧州10都市で行われた疫学研究では，自動車交通量の多い道路近傍の大気汚染は小児の喘息発症の14%，喘息症状増悪の15%に関与していた[2]．わが国で環境省によって行われた大規模な疫学調査では，全国3大都市圏の幹線道路周辺に居住する小学生の自動車排出ガスへの曝露量が高くなるほど喘息の新規発症リスクが高くなることが認められた[4]．幼児を対象とした調査では，1歳6か月から3歳までの間の喘息の新規発症との関連は明らかではなかったが，この間の喘息症状の持続に影響を及ぼす可能性が示された．成人を対象とした症例対照研究では，全体の解析では自動車排出ガス曝露と過去4年以内の喘息発症との関連は有意ではなかったが，非喫煙者に限定すると有意な関連が認められた．

b．慢性閉塞性肺疾患（COPD）

COPDは，従来，慢性気管支炎や肺気腫と呼ばれてきた疾患の総称である．タバコ煙などの有害物質を長期に吸入することで生じる肺の炎症性疾患であり，肺機能検査で気流閉塞が示される．臨床的には徐々に生じる労作時の呼吸困難や慢性の咳，痰が特徴である．わが国では40歳以上の人口の8.6%がCOPDであると推定されており，その25%は非喫煙者である[1]．

1）大気汚染と慢性閉塞性肺疾患　わが国の高度経済成長期に多くの工業都市で行われた疫学調査では，居住地域の大気汚染濃度が高いほど慢性気管支炎や肺気腫の有病率が高いことが報告されている．四日市市では大気汚染対策によるSO_2濃度の改善に伴って，慢性気管支炎による死亡率が低下したことも示されている[2]．

2）大気汚染の短期的影響　ガス状および粒子状の大気汚染物質への短期的な曝露によって，COPD患者の急性増悪がもたらされ，当日または数日以内に呼吸困難等の呼吸器症状が増加し，救急受診や入院のリスクを高め，さらに呼吸器疾患による日単位の死亡が増加することが多くの疫学研究によって認められている．

3）大気汚染の長期的影響　$PM_{2.5}$などの大気汚染物質に長期的に曝露することによって肺機能値が低下し，気流閉塞が増加するとした報告はあるが，COPD発症との関連についての一致した結論は得られていない．環境省による疫学調査では，自動車排出ガスへの曝露と40歳以上の成人におけるCOPDとの関連は全体の解析では統計学的に有意ではなかった．

c．肺　が　ん

肺がんは肺の気管，気管支，肺胞の一部の細胞ががん化したもので，進行に伴って周囲の組織を破壊して増殖し，血流に乗り全身の臓器に転移する．わが国ではがんによる死亡の中で肺がんが最も多い．

肺がんの最大の危険因子は喫煙であるが，多くの疫学研究では大気汚染と肺がんとの関連が報告されている．複数の疫学研究を統合した解析では，$PM_{2.5}$への曝露による肺がん発症リスクは既喫煙者で最も高く，非喫煙者でも有意であった[5]．国際がん研究機関（International Agency for Research on Cancer：IARC）は，2013年に大気汚染および粒子状物質をグループ1（ヒトに対して発がん性がある）と分類した．ディーゼル排気ガスもグループ1に分類されている．　　　　［島　正之］

文　献

1）玉置　淳監修：全部見える呼吸器疾患，成美堂出版，2013.
2）島　正之：*THE LUNG perspectives*, **23**（4）: 333-338, 2015.
3）M. Guamieri, J. R. Balmes: *Lancet*, **383**（9928）: 1581-1592, 2014.
4）島　正之：大気環境学会誌，**50**（2）：67-75, 2015.
5）G. B. Hamra, *et al*.: *Environ Health Perspect*, **122**（9）: 906-911, 2014.

4-4 循環器疾患に対する影響

Effects on Cardiovascular diseases

大気汚染物質が循環器疾患に及ぼす影響について，粒子状物質については数多く報告されている．一方，他の大気汚染物質（オゾン／光化学オキシダント，二酸化硫黄，二酸化窒素，一酸化炭素）についての知見は限られている．

a．影響メカニズム

1） 粒子状物質　呼吸を介して肺に吸入された粒子状物質が，循環器疾患の発症や既存の循環器疾患の増悪を引き起こすに至るまで，以下の三つの生体反応の経路（図1）が考えられている[1)]．

①肺組織での酸化ストレスと炎症を介する経路：粒子状物質への曝露が，肺局所において，酸化ストレスや炎症反応を惹起する．この反応には，粒子径，電荷，可溶性，化学特性などが関わっている．局所の肺細胞から放出された炎症誘発物質（サイトカイン等）や生理活性物質が血流を介して全身循環に広がり，血管の内皮機能障害を引き起こし動脈硬化を進展させる可能性がある．また，凝固系機能の亢進や線溶系機能の低下により，血栓ができやすくなることにより，心筋梗塞などのトリガーとなり得る．

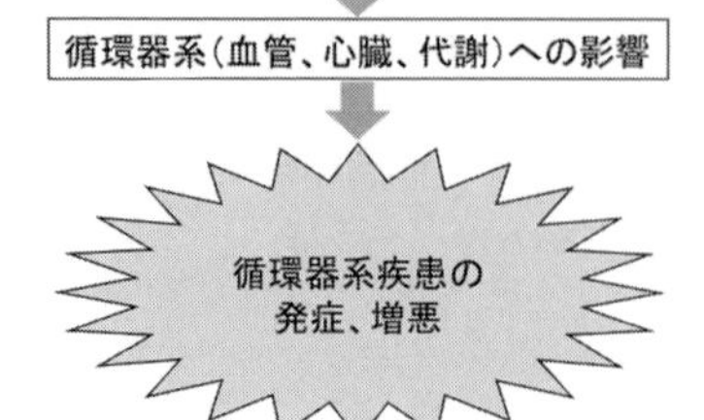

図1　粒子状物質曝露から循環器疾患発症に至る三つの生体内の経路

②肺の知覚神経終末や受容体から自律神経系のバランス変化を介した経路：正常の心拍（心臓の鼓動）は自律神経系の調整を受けて周期的に変化する心拍変動が見られるが，粒子状物質への曝露により，心拍変動が低下することが観察されている．自律神経（交感神経と副交感神経）のアンバランスを介して，不整脈が起こりやすくなったり，血管収縮，血圧や心拍数の上昇，内皮機能不全，血小板凝集の亢進をもたらす経路が考えられている．

③直接血管内へ移行する経路：粒径が0.1 μmよりも小さい超微小粒子や特定の粒子成分が直接肺胞から血液中に移行して，動脈硬化の進展，プラークの脆弱化，血栓形成を介して循環器疾患発症に寄与する経路も示唆されている．

2） オゾン　動物実験の結果から，オゾン曝露は，血管における酸化ストレスや炎症誘発性メディエータを介して作用し，心拍変動への影響，不整脈，心拍数の増加，血圧の上昇，内皮機能障害をきたすと考えられている．人への曝露実験においても，同様の変化が見られた．

b．疫学研究による知見

1） 短期曝露影響（数時間から数日間，時に数週間）　粒子状物質や交通由来あるいは燃焼由来の大気汚染物質への曝露により，循環器疾患による死亡や入院が曝露当日から数日後にかけて増加することは日本を含む世界各国からの疫学知見で示されている．疾患別の検討では，虚血性心疾患（心筋梗塞）との関連を示すものが多い．近年では，心不全，虚血性脳卒中についても影響があるとする報告が増えてきている．一方，血管疾患，不整脈／心停止などの疫学知見は比較的限られている．

オゾンの短期曝露により，循環器疾患による死亡が増えることは，一貫して報告されている．一方，循環器疾患による入院や救急外来受診，心拍変動，不整脈，脳卒中，心筋梗塞，心不全が検討されているものの，一貫した結果は得られていない．

また，二酸化窒素（NO_2），二酸化硫黄（SO_2），一酸化酸素（CO）などのガス状汚染物質の短期曝露の影響についての報告も散見されるが，報告数自体が少なく，結果も一致していない．

2）長期曝露影響（数か月から数年間以上）　循環器疾患は，喫煙，食生活，高血圧や糖尿病の有無等の様々な個人の要因（リスクファクタ）に影響を受ける．そのため，大気汚染物質の長期曝露の影響を調べるためには，対象集団を一定期間追跡するコホート研究を行い，個人のリスクファクタも考慮することが一般的である．欧米を中心に，コホート研究が報告されており，そのほとんどは，粒子状物質との間に正の関連を認めている．循環器疾患の内訳をみると，虚血性心疾患の発症やそれによる死亡については正の関連が一貫して示されている．一方，日本で行われたコホート研究（三府県コホート[2]，NIPPON DATA[3]，JPHC 研究[4]）では浮遊粒子状物質（SPM）と循環器疾患死亡との間にはいずれも負の関連が見られた[5]．欧米の疫学知見と違いが見られた理由として，いくつか考えられている．まず，日本は欧米に比較して，循環器疾患死亡に占める脳卒中死亡の割合が高く，逆に虚血性心疾患による死亡の占める割合が低い．また，高血圧の有病率は欧米に比較して高いなど，循環器疾患死亡のリスクファクタの分布が，欧米とは異なる．日本において，脳卒中による死亡は，人口規模の小さい地区，特に東北地域で多いことが報告されており，これらの地域は，概して大気汚染物質濃度が低く，大気汚染物質の影響というよりは，地域間の食生活の違い等が強く結果に反映されている可能性がある．

オゾンの長期曝露については，循環器疾患死亡，虚血性心疾患，脳卒中を健康アウトカムとしたコホート研究が複数報告されており，一部に有意な正の関連が見られているものの，一貫した結論は得られていない．

交通由来の大気汚染物質（粒子状物質，炭素状元素，NO_2 等）と循環器疾患死亡の増加との関連を示した報告が複数あるものの，疾患別（虚血性心疾患，脳卒中）の検討は少ない．　［上田佳代］

文　献

1）R. D. Brook, *et al.*: *Circulation*, **121**(21): 2331-2378, 2010.

2）K. Katanoda, *et al.*: *J. Epidemio.*, **21**(2): 132-143, 2011.

3）K. Ueda, *et al.*: *J. Atheroscler Thromb.*, **19**(3): 246-254, 2012.

4）Y. Nishiwaki, *et al.*: *J. Atheroscler Thromb.*, **20**(3): 296-309, 2013.

5）上田佳代：医学のあゆみ，**247**(8)：678-683, 2013.

4-5 アレルギー（花粉症を中心に）

Allergy (focused on hay fever or pollinosis)

現在，室内や室外において，花粉，菌類，バクテリア，ウィルス，原虫類，チリダニ，昆虫害虫，藻類等が飛散している．それらにはアレルギー反応の原因となる特定の物質（抗原，アレルゲン）が含まれている．特に近年，花粉由来の吸入性抗原（アレルゲン）を原因とするくしゃみ・鼻水・鼻づまり等のアレルギー性鼻炎に代表される花粉症の患者数が増加している．アレルギー反応は即時型のⅠ型，細胞障害型のⅡ型，免疫複合体型のⅢ型，遅延型のⅣ型に分類されるが，花粉症はⅠ型アレルギーの代表的なものである[1]．花粉症の発症メカニズムを図1に示す．東京都では，スギ花粉症有病率は48.8％と推定している．交通量の多い地点において有病率が高い傾向となることが報告されており，スギ花粉と大気汚染物質の同時曝露によるアレルギー反応の増強作用（アジュバント作用）が確認されている．

a．花粉アレルゲン微粒子の生成

花粉粒は20～100 μmの粗大粒子に分類されており，気道上部の鼻腔に沈着されると考えられてきた．しかし，近年，花粉症患者のうち，咳や喘息の発症例が多く見られていることから，大気中でアレルゲンが微小粒径へ移行し，鼻腔より深部の気管支や肺胞等の下気道への侵入が生じていることで，そのアレルゲンによる咳，喘息等の一連の症状が生じたと考えられている．例えばスギ花粉の場合，都市部大気中では山間部よりも多くのアレルゲンが1.1 μm以下の粒径範囲に高い割合で存在することが観測されている．図2に示すように，アレルゲンの微小粒径への移行要因は，花粉粒の表面に付着しているオービクル（1.0 μm以下）が剥離すること，花粉粒が高湿度や降雨によって水分を吸収，膨潤して破裂することで花粉内部のアレルゲンが大気中へ放出されることと考えられているが，アレルゲンの放出は大気汚染物質によって増強される[2]．なお，スギ花粉の主たるアレルゲンとして，*Cryj* 1（スギ花粉表面に局在）と *Cryj* 2（スギ花粉内部に局在）が同定されている．

b．花粉症の発症機構

人体内に侵入した花粉は異物，しかも体に害を加える可能性のある物質として特殊な細胞がこれを受け取り，一連の免疫応答系が起動する．特異的なナイーブT細胞は樹状細胞からの抗原提示を受けてエフェ

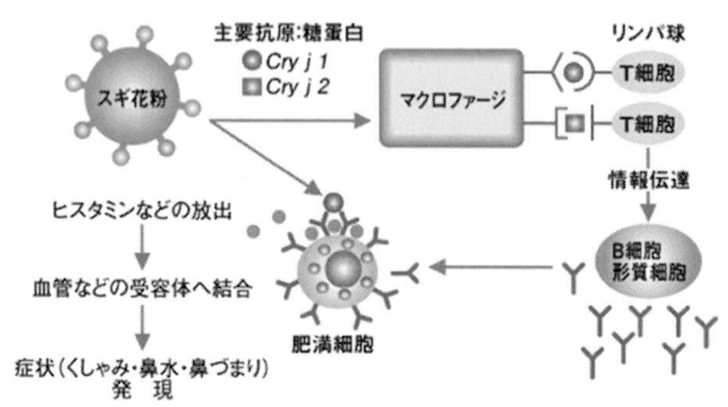

図1　スギ花粉症の発症メカニズム（厚生労働省資料より）
Cryj 1（クリジェイ）：日本スギの学名，Cryptomeria japonica（クリプトメリアジャポニカ）の略称．

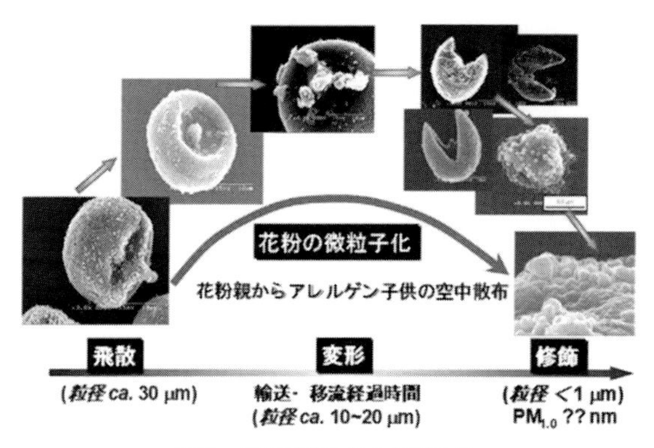

図2　花粉飛散に伴う微粒子化

クターT細胞へと分化し，その後一部がメモリーT細胞となり，人体内のいずれかに潜んで残る．繰り返す抗原曝露によって抗体産生B細胞に分化し，lgE抗体が産生されるというこれら一連の道筋が現段階では想定されている．抗原と特異的に結合する物質を抗体と呼ぶ．この場合の樹状細胞は従来型樹状細胞であり，獲得免疫を誘導してアレルギー疾患発現へと進むが，もう一つの形質細胞様樹状細胞はウイルス感染等感染防御を担っていることがわかっている．読み取られた侵入異物の情報は，記憶されて身体に潜んで待機することになる．一方，産生された抗体は，肥満細胞の表面の受容器に結合した段階で感作（特定の抗原に過敏状態になること）が成立したことになる．花粉症では，いったん発病すると免疫系の反応性が亢進し，起因抗原花粉のそのヒト固有の限界量以上の曝露を受けるたびに発症を繰り返すことになる[3]．

c．アレルギー疾患としての花粉症

近年，花粉症は従来の呼吸器系の症状に加え，中耳炎，皮膚炎，下痢等の消化器症状，睡眠時無呼吸症候群悪化，不眠症，抑うつ状態，口腔アレルギー症候群等も深刻化しつつある．花粉・食物アレルギー症候群と呼ばれるようになり，予防法や新しい薬剤の開発が進められている．［王　青躍］

文　献

1) 日本花粉学会：花粉学事典，pp.10–11，p.52，p.129，朝倉書店，2011.
2) 王　青躍：空気清浄，**53**(5)：318–331，2016.
3) 宇佐神　篤他：日本花粉学会会誌，**62**(2)：93–103，2017.
4) 王　青躍：予防時報，**257**：14–21，2014.
5) 王　青躍他：エアロゾル研究，**29**(S1)：197–206，2014.

4-6 その他の健康影響

Effects on other organs

大気汚染は，呼吸器疾患，肺がん，循環器疾患の発症を増やし，また病状を増悪させることが，これまでの研究から明らかになっている．大気汚染への曝露は，上記以外にも様々な健康影響，例えば中枢神経系への影響や糖尿病など慢性疾患，胎児への影響等に対して影響を及ぼす可能性が疫学研究で報告され，そのメカニズムを明らかにするたけの実験的研究も行われてきた．一方で，これまでの疫学研究では，対象者数が少ないために有意な結果が得られず結論に至らないものも多かった．近年，様々な健康アウトカムと大気汚染との関連を検討した疫学研究は増えてきており，それらの研究結果を統計的に統合するメタ解析も見られるようになってきた．本項では，ある程度の研究報告が蓄積されているもの，メタ解析がなされている健康影響を中心に説明する．

a．神経系への影響

大気汚染物質（粒子状物質，オゾン，ディーゼル等）の吸入曝露実験では，脳内のサイトカインや酸化ストレスが上昇したとする報告があり，神経炎症がメカニズムの一つと考えられている．また曝露経路も，呼吸を介した肺からの経路以外に，鼻部の嗅覚上皮関門を介した経路が示唆されている[1]．

疫学研究では，ディーゼル排ガス，粒子状物質（PM_{10}，$PM_{2.5}$），二酸化窒素（NO_2），窒素酸化物（NO_x），オゾン，ブラックカーボン等の長期曝露について検討したものが報告されており，認知機能の低下と関連があったとする報告が多い[2]．また，粒子状物質や交通由来の大気汚染とうつ症状との関連については，動物実験では，粒子曝露によりうつ様行動がマウスに見られたとする報告がある．疫学研究も複数報告されているが，結果は一致していない．

交通由来の汚染物質との関連については，沿道からの距離を曝露指標として用いている疫学研究があり，大気汚染そのものだけでなく，交通に由来する騒音の影響も含まれている可能性が指摘されている．

b．インスリン抵抗性，糖尿病への影響

ヨーロッパや北米の疫学研究（コホート研究，横断研究，症例対照研究）においては，$PM_{2.5}$ や NO_2 の濃度上昇が２型糖尿病の増加との関連を示している[3]．これらの研究を統合したメタ解析では，いずれも女性における関連が男性より強かった．しかし，これまでのところ，大気汚染と糖尿病との関連について検討した研究は，数も限られており，欧米以外の知見がほとんどない．

実験的検討では，メカニズムについての複数の可能性が示唆されている．例えば，粒子状物質の曝露が，肺や全身の慢性炎症を介して，脂肪組織に影響を与える経路，内皮機能に影響を与えて末梢における糖の取り込みを抑制する経路，肝臓におけるインスリン抵抗性の増悪をきたす経路が示唆されている．いずれの経路においても，炎症と酸化ストレスが大きく関与していると考えられている．

c．妊娠中の大気汚染物質曝露に対する影響

最近，妊娠中の大気汚染物質濃度と早産，低出生体重との関連を検討した報告[4]が多くなされ，母親の妊娠中における大気汚染物質への曝露が，胎児の発育・発達，妊娠中の合併症（子癇前症，胎盤早期剥離等）のリスクを増加させる可能性が示唆されている．このような影響を引き起こすメカニズムとして，大気汚染が酸化ストレスや全身炎症を介して，胎児への酸素と影響の供給に必要な胎盤や胎盤形成に対して影

響を与える可能性が考えられている．特に，粒子状物質（PM_{10}，$PM_{2.5}$）への曝露により，早産や低出生体重のリスクが増加することを示す報告が多く見られる．

また，妊娠中あるいは出生後の NO_2，$PM_{2.5}$，オゾン濃度と自閉症スペクトラム症候群との関連を示す疫学研究[5]も報告されており，妊娠中の高濃度の大気汚染物質への曝露が，妊娠中の合併症だけでなく，出生後の子供の発達にも影響を与える可能性がある．

これらの研究は，報告数が増えてはいるものの，不明な点が多い．例えば，妊娠中のどの時期の曝露が，その後の影響により重大な影響を与えるかについても，研究ごとの結果は一貫しておらず，今後の研究が望まれる．

d．嗅覚障害に対する影響

高齢者における嗅覚障害の頻度は比較的高く，しかも，嗅覚障害は認知症やパーキンソン病などの神経変性疾患の早期に見られることも多い．環境因子が嗅覚に及ぼす影響について，過去には職場環境での高濃度有害物質への曝露と嗅覚障害との関連について報告がされていた．一般の環境において，比較的低濃度の大気汚染物質が嗅覚に及ぼす影響はどうであろうか．

一般住人を対象とした疫学研究では，大気汚染レベルの異なる地域での嗅覚機能を比較し，高大気汚染地域に居住する住人が，そうでない地域の住人より嗅覚が低下したとする報告がなされている[6]．特定の大気汚染で物質として，オゾン，鉛（Pb），マンガン（Mn）等との関連が示されている．人へのオゾン曝露実験において，一時的に嗅覚が低下したことが報告された．

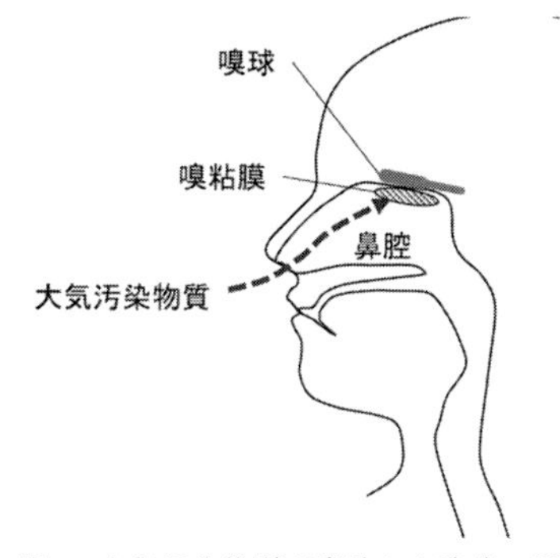

図 1　大気汚染物質が鼻腔から嗅球へ至る経路（予想図．文献[6]をもとに筆者作成）

また，動物や人の嗅粘膜を検討した結果から，呼吸により吸入された大気汚染物質は，肺から全身循環を経る経路ではなく，鼻腔の奥にある嗅粘膜に作用したり，鼻粘膜から嗅球に移行し，そこで直接，炎症や細胞傷害を引き起こす可能性が示唆されている（図 1）．嗅粘膜に直接作用する経路は，中枢神経系への影響を引き起こす可能性があるとして注目されつつある．

［上田佳代］

文　献

1）嵯峨井　勝，ウィンシュイ ティンティン：日本衛生学雑誌，**70**(2)：127-133，2015.
2）R. M. Babadjouni, *et al.*: *J. Clin. Neurosci.*, 2017.
3）I. C. Eze, *et al.*: *Environ Health Perspect*, **123**(5): 381-9, 2015.
4）K. Hettfleisch, *et al.*: *Environ Health Perspect*, **125**(4): 753-759, 2017.
5）M. C. Flores-Pajot, *et al.*: *Environmental research*, **151**: 763-776, 2016.
6）G. S. Ajmani: *Environ Health Perspect*, **124**(11): 1683-93, 2016.

4-7 炎症反応と免疫応答

Inflammatory and immune responses

生体は，自分の身体と同じものを「自己」，異なるものを「非自己」と認識し，非自己であると判断したものを排除しようと様々な防御機構を働かせる．この仕組みを免疫応答という．非自己として認識された病原体などは抗原と呼ばれる．免疫応答の過程で，生体（細胞や組織）に何らかの刺激や傷害が加えられた時に生じる反応が炎症であり，自己の恒常性を維持するためには不可欠な機能である．大気汚染物質も，生体に非自己と認識されることにより，免疫機能に対して様々な影響をもたらす可能性がある．

a．生体の防御機構

生体における病原体などの防御機構は，①物理的な防御，②自然免疫，③獲得免疫の3段階に分けられる．物理的な防御は，皮膚や粘膜により，病原体の体内への侵入を防ぐ機構である．自然免疫は，身体が生まれつき持っている免疫反応であり，病原体が体内に侵入すると，好中球，ナチュラル・キラー（NK）細胞，マクロファージや樹状細胞といった白血球が攻撃し，排除するシステムである（図1）．

しかし，自然免疫では防御しきれない場合，感染した病原体を記憶することで，再び同じ病原体に出会った時，効率よく排除できる仕組みが備わっている．これを獲得免疫という．病原体などの抗原が体内に侵入することにより，樹状細胞やマクロファージが活性化されると，ヘルパーT（Th）細胞にその情報が伝達される．これを抗原提示といい，情報伝達の機能を有する樹状細胞やマクロファージは抗原提示細胞と呼ばれる．Th細胞は提示された抗原を認識し，抗原提示細胞が分泌するサイトカインという様々な化学伝達物質の刺激によって，異なる機能を持つTh細胞に分化する．Th1細胞は，細胞傷害性T細胞を活性化し，病原体に感染した細胞を攻撃・排除する．Th2細胞は，interleukin（IL）-4，IL-5，IL-13などの化学伝達物質（Th2サイトカイン）を分泌することにより，好酸球などの細胞を活性化したり，B細胞を刺激することで抗体産生を促し，病原体に感染した細胞を攻撃・排除する．抗体には5種類あり，その中のIgE抗体は，肥満細胞という細胞の表面に結合することにより，血管の透過性を高めて細胞が血管内から組織へ通りやすくする物質を放出させ，アレルギー反応を引き起こす．サイトカインの中には，白血球を炎症局所に遊走させる働きを有するケモカインという化学伝達物質も存在する．これらの化学伝達物質が相互に作用することにより，炎症反応が制御されている．最近，Th17細胞という新たな機能を有するTh細胞が見つかり，自己免疫疾患だけでなく，アレルギー疾患においても重要な役割を果たすことが明らかになりつつある．

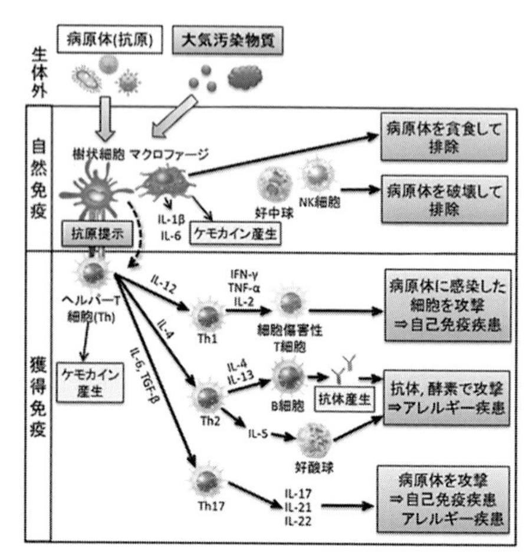

図1　生体内における免疫機構（食の安全ホームページより改変）

b. 大気汚染物質と免疫応答[1, 2]

大気汚染物質の最初の標的臓器の一つは呼吸器である．本項では，呼吸器系への影響が報告されている，硫黄酸化物，窒素酸化物，浮遊粒子状物質，光化学オキシダントについて，免疫系に関するメカニズムを中心に概説する（酸化ストレスについては4-8項参照）．

1) 硫黄酸化物　硫黄酸化物（SO_x）の主な成分は，二酸化硫黄（SO_2）と三酸化硫黄（SO_3）である．石炭や石油の燃焼によって発生し，水溶性が高いため，吸収されると大部分は上気道で吸収され，鼻粘膜，喉頭，気管支を刺激し，慢性気管支炎や気管支喘息の原因になる．そのメカニズムについては不明な点が多いが，ラットに対する SO_2 の吸入曝露により，肺胞へのマクロファージや好中球の集積，IL-1β，IL-6，transforming growth factor-beta（TGF-β）等のサイトカインが上昇するという報告がある．

2) 窒素酸化物[3]　窒素酸化物（NO_x）の主な成分は，一酸化窒素（NO）と二酸化窒素（NO_2）である．NO は大気中ですみやかに酸化されて NO_2 になることから，生体影響に関する知見は多くない．一方，NO_2 は水溶性が低く，容易に肺胞まで到達し，そこで亜硝酸や硝酸になり，慢性気管支炎や肺気腫の原因となる．NO_2 の慢性曝露により，経気道感染に対する抵抗力が低下することが報告されている．その原因として，肺胞マクロファージの貪食能の低下，interferon gamma（IFN-γ）産生や抗体産生能の低下が考えられている．一方，アレルギー性の呼吸器疾患を増悪するという報告もある．

3) 浮遊粒子状物質[4]　浮遊粒子状物質の中でも，粒径2.5 μm 以下の微小な粒子状物質（$PM_{2.5}$）は，肺の深部まで到達し様々な呼吸器疾患の原因になるといわれている．大都市における $PM_{2.5}$ の主要成分であるディーゼル排気微粒子（DEP）は，アレルギー性喘息の増悪にも関与しており，IL-4 等の Th2 サイトカインの増加，好中球や好酸球の集積，抗体産生の上昇，気道反応性の亢進等を引き起こすことが報告されている．最近では，Th17 細胞の関与も指摘されている．

4) 光化学オキシダント[5]　光化学オキシダントの大部分はオゾンである．オゾンは，水溶性が高く，酸化作用の強いことから，眼の痛み，咳，皮膚の発赤等を引き起こす．肺胞マクロファージに対するオゾン曝露により，NO や TNF-α 産生が増加する．気道上皮細胞に対するオゾン曝露においても，TNF-α，IL-6 等が誘導される．アレルギーとの関連については，アレルギー性喘息モデルマウスにオゾン曝露により抗体産生，Th2 サイトカインの産生，気道への好酸球等の増加が認められている．また，感染症への影響に関しては，オゾン曝露後の細菌感染時における自浄・排除機能の低下，TNF-α，IFN-γ 等の上昇が認められている．

大気汚染物質は，自然免疫，獲得免疫いずれにも影響を及ぼし，生体の免疫応答をかく乱し得る．また，抗原との共存により，感染症やアレルギーといった呼吸器疾患をさらに悪化させる可能性がある．

［柳澤利枝］

文　献

1) https://katei-igaku.jp/（2018 年 2 月 13 日アクセス）．
2) M. Guarnieri, J. R. Balmes: *Lancet*, **383** (9928): 1581–1592, 2014.
3) 中島泰知他：生活衛生，**7** (12)：32–43，1973.
4) 高野裕久：*EICA*，**19** (4)：45–48，2015.
5) 藤巻秀和：*Immunotox. Letter*，**15** (1)：3–5，2010.

4-8

酸化ストレス

Oxidative stress

ディーゼル排出微粒子（DEP）に代表される大気中汚染物質の曝露は，喘息のような肺疾患が示唆されており，その一部は酸化ストレスに起因する．本項では，大気汚染物質による酸化ストレスの一因として，DEP や $PM_{2.5}$ 中に含まれている 9,10-フェナントレンキノン（9,10-PQ）を例に挙げ，大気中汚染物質が酸化ストレスを生じる分子メカニズムについて解説し，毒性との関係を紹介する．

a．酸化ストレスとは

分子状酸素（O_2）は ATP 産生にとって必要である一方で，その一部が反応性の高い活性酸素種（reactive oxygen species：ROS）になる．生体内では ROS およびその産生系（NADPH オキシダーゼやミトコンドリアの電子伝達系等）と，それらに対する抗酸化物および抗酸化タンパク質群との酸化還元（レドックス）平衡が制御されている．ROS を過剰産生する物質の摂取，抗酸化物の枯渇，抗酸化酵素の機能破綻等により，レドックスが酸化側に傾くことを酸化ストレスという（図 1）．軽度の酸化ストレスは細胞内シグナル伝達等に関与し，恒常性維持に重要な働きを担っているが，重度のそれはタンパク質，脂質や DNA のような生体高分子を不可逆的に酸化修飾することから，動脈硬化や心筋梗塞をはじめとする循環器疾患，パーキンソン病などの各種疾患との関連が懸念されている（図 1）．

b．酸化ストレスを生じる大気汚染物質

1） DEP に含まれるキノン体　DEP をマウスに気管内投与して生じる肺水腫に起因する急性致死効果がスーパーオキシド（$O_2^{\cdot -}$）の消去酵素である SOD を前処置することで軽減されることから，DEP と酸化ストレスとの関連が示唆された[1]．

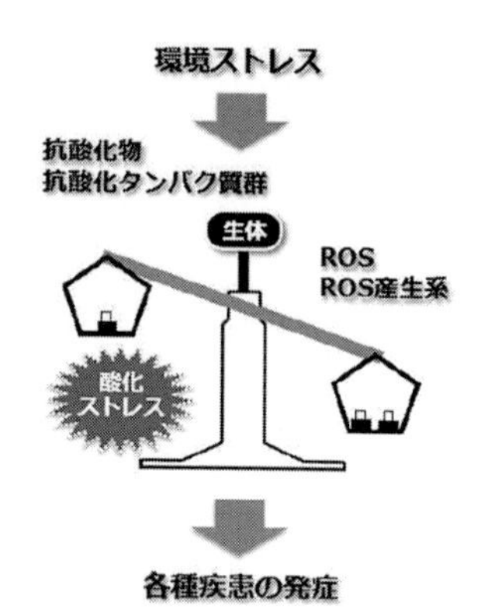

図 1　酸化ストレスと疾患

酸化ストレスの原因として，DEP に含有される鉄や銅のようなレドックス活性のある金属やエンドトキシンによる間接的な ROS 産生が考えられた．しかしその後，肺に高濃度存在するシトクロム P450 還元酵素（P450R）が DEP 含有成分であるキノン体を基質として，触媒的な O_2^- およびヒドロキシラジカル（・OH）を産生することが示された[1]．

以上の結果を受けて，DEP の酸化ストレスの原因物質としてキノン体が注目され，米国環境保護局の支援組織である Southern California Particle Center が多環芳香族炭化水素キノン体の定量法を確立した．その結果，DEP（国立環境研究所より譲渡）中の 9,10-PQ（24 μg/g），1,2-ナフトキノン（1,2-NQ，14 μg/g）および 1,4-NQ（8 μg/g）の存在量が明らかとなった[2]．これらのキノン体はカリフォルニア・リバーサイド地区で採取された $PM_{2.5}$ 中および種々の地域の大気サンプル中からも見出されている[1,2]．

2） 光酸化および生体内代謝活性化によるキノン体の産生　大気中には多環芳香族炭化水素であるナフタレンやフェナントレンが多く含まれている．例えば，アメ

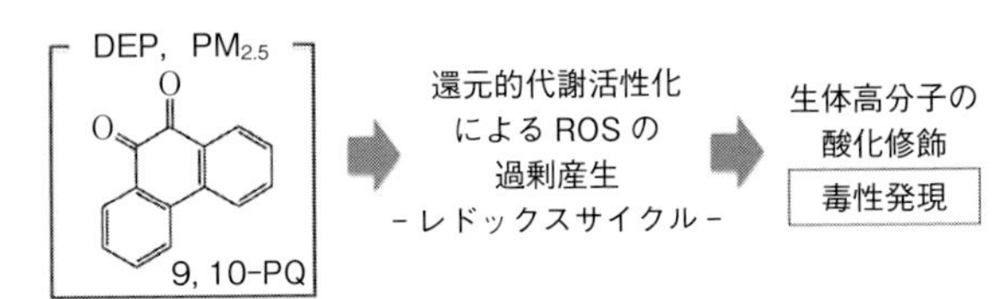

図2　9,10-PQ による酸化ストレス

リカ標準技術研究所の提供する都市で採取された微粒子成分 SRM1649a 中には，4.14 μg/g のフェナントレンが存在し，交通量が多いロサンゼルスの大気中には 6 μg/m^3 のナフタレン類が含まれる[3]．これらの多環芳香族炭化水素は大気中で光酸化を受けてナフトキノン類や 9,10-PQ へと変換される[4]．また，多環芳香族炭化水素類は，生体内に取り込まれると薬物代謝酵素群により代謝活性化されてそれぞれのキノン体に代謝される．

c．キノン体で生じる酸化ストレス発生機序

9,10-PQ は化学的および酵素的なレドックスサイクルを生じて触媒的な ROS 産生に関わる．すなわち，9,10-PQ はジチオール化合物により 1 電子還元され，9,10-PQ セミキノンラジカル（$9,10\text{-PQ}^{\cdot-}$）へ変換される．$9,10\text{-PQ}^{\cdot-}$ は O_2 と反応して $O_2^{\cdot-}$ および 9,10-PQ を生成する[1]．9,10-PQ はシトクロム P450R の良好な基質となり，上記の 1 電子還元反応を介して過剰の ROS を産生する[1]．また，NADPH:キノンオキシドレダクターゼおよびアルドケトレダクターゼも 9,10-PQ を基質とするが，この場合は 2 電子還元体である 9,10-ジヒドロキシフェナントレン（$9,10\text{-PQH}_2$）が生成される．これは 9,10-PQ との不均化反応により $9,10\text{-PQ}^{\cdot-}$ を生じる[1]．したがって，酵素的な 9,10-PQ の 1 電子還元反応および 2 電子還元反応は，ともにレドックスサイクルを介して ROS 産生に寄与する．このような 9,10-PQ の還元的代謝活性化は，DEP 曝露で観察された肺水腫に起因する急性毒性に関与している可能性が高い（図 2）．ヒト肺上皮 A549 細胞での検討により，9,10-PQ 曝露で生じた ROS はタンパク質の不可逆的な酸化修飾を生じて，アポトーシスを引き起こすことも報告されている．

上述したように，DEP や $PM_{2.5}$ 中には 9,10-PQ 以外にも 1,2-NQ や 1,4-NQ のようなキノン体も存在し，9,10-PQ と同様なレドックスサイクルを介して過剰の ROS 産生を生じる．1,2-NQ や 1,4-NQ は粒子状画分より大気中揮発相画分に多く存在する．したがって，キノン体を酸化ストレスに関わる大気成分マーカーとして考える際には，両方の画分を考慮する必要がある．

◆ 9,10-フェナントレンキノン（9,10-Phenanthrenequinone）9,10-PQ

分子式：$C_{14}H_8O_2$，分子量：208.21，融点：206～207℃，沸点：360℃[1]，分配係数：18.6[2]．大気汚染物質の一つ．レドックスサイクルにより ROS を産生させることから，DEP や大気中粒子状成分曝露により生じる酸化ストレスの一因となり得る．　［安孫子ユミ・熊谷嘉人］

文　献

1）熊谷嘉人，安孫子ユミ：別冊「医学のあゆみ」レドックス UPDATE，312-317，2015．
2）A. K. Cho: *Aerosol Sci. Tech.*, **38**: 68-81, 2004.
3）J. M. Delgado-Saborit: *Anal. Methods*, **2**: 231-242, 2010.
4）B. David, P. Boule: *Chemosphere*, **26**: 1617-1630, 1993.

4-9 変異原性・発がん性

Mutagenicity, carcinogenicity

物質がヒトに対して発がん性を持っているかを判断するには，ヒトにおける因果関係を明らかにした疫学的知見を重視している．国際がん研究機構（IARC）によるヒトに対する発がん性の分類グループ1，2A，2B，3では，疫学的知見，実験動物での発がん性，微生物や培養細胞の変異原性の順に高い根拠として判定されている．化石燃料の燃焼生成物が発がん性を持つことは煙突掃除従事者の皮膚がん発生で知られたが，その後の動物実験で発がん性が明らかになり，含まれる多環芳香族炭化水素はサルモネラ菌を用いた変異原性試験（Ames 試験法）で薬物代謝酵素系（S9mix）による活性化を経て陽性を示すことが明らかになった．変異原性は細胞の突然変異を検出できる実験系を用いることで，短期間に発がん性をふるい分ける（スクリーニング）試験法として，数多くの化学物質の評価を可能にした．

a．変異原性（遺伝子障害性）

都市大気汚染の要因として大きな割合を占める化石燃料の燃焼生成物には，変異原性のある多環芳香族炭化水素（PAHs）が含まれている．都市大気粒子の変異原性は，含まれるPAHsの変異原性総和よりも高く，他の変異原物質の寄与も大きいといわれる．ディーゼル排気粒子からも検出されPAHsの二次生成物であるニトロ化PAHsにも強い変異原性が知られている．（IARC 評価グループ 2B：発がん性が疑われる）変異原性を含む遺伝子障害性は，発がん性評価の指標として重要であり，変異原性に加えて，PAHsとDNA中の塩基が結合したDNA付加体，活性酸素種とDNA塩基が結合した酸化的DNA損傷，遺伝子発現性に影響するDNAメチル化によるエピジェネティック変化などとして検出され，世界保健機関（WHO）の国際がん研究機構（IARC）による屋外大気汚染の発がん性評価でも参照されている（表1）．

b．発がん性

1）発がん物質　がん研究の起源として英国ロンドンの煙突掃除人（少年）に陰嚢（いんのう）がん（皮膚がん）が多いことを報告したPercivall Pott（1714-88）が知られている．これは，その後の日本人研究者（山極勝三郎，市川厚一）によるウサギ耳へのコールタール塗布による世界初の動物発がん実験（1915），発がん物質としてベンゾ［a］ピレンなどPAHs発見へとつながっている．

表1　ヒトおよび実験系での屋外大気汚染による遺伝子障害性のまとめ（文献[3]より筆者作成）

観察項目／対象	ヒト	実験動物	哺乳動物細胞	植物	微生物	無細胞系
突然変異	+	+	+	+	+	−
細胞遺伝学的損傷（CA，SCE，MN）	+	+	+	+	NA	NA
DNA付加体	+	+	+	NE	NE	+
DNA鎖切断	+	+/−	+	NE	NE	+
酸化的DNA損傷	+	+/−	+	NE	NE	+
酸化的損傷，ストレス	+	+	+	NE	NE	+
細胞形質転換	NA	NA	+	NA	NA	NA
エピジェネティック変化	+	+	NE	NE	NE	NA

CA：染色体異常，MN：小核，SCE：姉妹染色分体交換，NA：データなし，NE：評価なし．

重大死因となっていた結核が，近代になって克服され，寿命が延長したことで喫煙と肺がんの関係が重視され，吸入物質による発がんがヒトの生涯におけるがんリスク要因として研究されてきた．その結果，大気汚染物質にはPAHsの他にも，発がん要因となる有機化合物，無機化合物が，多くは粒子中に存在していることが明らかとなった．吸入粒子の一部は長期間呼吸器内に沈着し，発がん過程に寄与する可能性がある．不燃性建材等として利用されてきたアスベスト（石綿）も都市大気中に存在し，経年的な測定では様々な対策によって低減化しているが，大規模災害（阪神淡路震災，東日本震災）時には建物崩壊により曝露量の増加が懸念されてきた．$PM_{2.5}$曝露と肺がんとの関連を示唆する報告は数多く知られている．先進国では大気汚染対策が進んでいる反面，$PM_{2.5}$とその健康影響に関心が集まっている背景として，粒子濃度（mg/m^3，$\mu g/m^3$）が低減しているものの，同じ濃度のPM_{10}等と比べれば粒子数や表面積が格段に大きいこと，吸入後の肺内沈着がより深部に達し，場合によっては，肺を透過してしまうことが関係しているといわれる．さらに，ディーゼル排気またはその微粒子を用いた研究からは，粒子自体が細胞内DNAに酸化的損傷を与えることが明らかとなり，それによって発がんに寄与することも示されている．

2）発がんメカニズム　大気汚染と肺がんの発生機構として，遺伝子障害性とバイオマーカーの変化について報告されている．DNA付加体，DNA酸化的損傷（8OHdG），遺伝子変異（*HPRT*，*TP53*，*K-ras*），エピジェネティックな変化（DNAメチル化）などが実験的にもヒトから採取された細胞で，室内または屋外空気への曝露と関係している．表1にIARCモノグラフ[3]にまとめられている発がんメカニズムに関する知見を示した．

3）ヒトにおける発がん性　国際がん研究機構は，屋外大気汚染と，その主成分である粒子状物質についてグループ1（ヒトに対する発がん性あり）と結論づけ2013年10月に発表している．この結論の根拠としては，疫学的調査，実験動物における発がん研究，発がん関連のメカニズムの研究において，屋外大気汚染の発がん性に関する知見には一貫性が高いとしている．特に，欧州，北米，ならびにアジアの数百万人のコホート研究，数千の肺がん症例を含む症例・対照研究において，肺がんリスクの上昇が一貫して観察されている．大気汚染の地理的分布は，世界規模での濃度分布に非常に大きな開きがあり，季節性の変動も大きい．WHOが2004年に実施したプロジェクトの結果によると，世界中の肺がん（死因分類上は気管・気管支および肺のがん）死亡の3〜5%が大気汚染に起因し，死亡数は年間62000人，室内空気汚染によって年間16000人と見積もった．肺がん以外に，尿路系がんについては，屋外大気汚染曝露との関連を見出している疫学調査結果があり，IARCはヒトへの発がん性評価書にあたるモノグラフ109巻[3]の中で，屋外大気曝露と尿路系がんに有意な関連性ありと記載している．　［安達修一］

文　献

1）環境省：微小粒子状物質健康影響評価検討会報告書，2008.
2）K. Straif, *et al*. eds.: Air pollution and cancer, IARC Scientific Publication No.161, IARC, WHO, 2013.
3）Outdoor air pollution, IARC monographs on the evaluation of carcinogenic risks to humans, IARC, WHO, 2016.

4-10 生殖・発生毒性

Reproductive and developmental toxicity

生殖・発生毒性は妊娠中に妊婦が何らかの因子の曝露を受け，その因子により胎児の発生・分化，出生後の発育・機能発達に悪影響を及ぼす場合の毒性のことである．つまり，生殖・発生毒性は，生殖細胞の形成から受精，着床，胎児発育，出生・発生，成長および性成熟のいずれかあるいは複数に影響を与える毒性のことである．大気汚染物質による生殖・発生毒性はその中でも，胎児発育段階に生じる催奇形性（teratogenicity）や胎児発育不全等の発生毒性（developmental toxicity）が問題となる可能性がある．また影響因子として様々な化学物質が挙げられ，内分泌かく乱作用（endocrine disruption）を有する内分泌かく乱物質もその一つである．

a. 発生毒性

大気汚染物質による発生毒性として影響が認められているものに，低出生体重児があり，SO_2や粒子状物質の濃度が高くなると，低出生体重児の出生リスクが上昇することが北京における出生児の症例対照研究で明らかにされている（表1）[1]．SO_2や粒子状物質濃度が，1 m^3あたり100 μg上昇すると，低出生体重児の出生リスクがともに1.10倍に増加する．

さらに，日本においても，SO_2，NO_2および浮遊粒子状物質が低出生体重児の出生リスクを上昇させることが縦断研究から明らかにされている[2]．このような影響は疫学研究だけでなく，動物を用いた毒性研究も行われており，妊娠中のSO_2曝露が低出生体重仔の出生リスク上昇に寄与することが示されている．

低出生体重児の出生リスク上昇は，この他にもたばこの影響が示されている．妊婦

表1 大気汚染物質（SO_2と粒子状物質）と低出生体重児の出生リスク

曝露濃度（μg/m^3）	SO_2	
	オッズ比	95%信頼区間
9-18	（対照群）	
18-55	1.09	0.94-1.26
55-146	1.12	0.97-1.29
146-239	1.16	1.01-1.34
239-308	1.39	1.22-1.60
100 μg/m^3 上昇時	1.10	1.06-1.16
曝露濃度（μg/m^3）	**粒子状物質**	
	オッズ比	95%信頼区間
211-280	（対照群）	
280-361	0.91	0.78-1.05
361-437	1.08	0.94-1.25
437-498	1.15	1.00-1.32
498-618	1.24	1.08-1.42
100 μg/m^3 上昇時	1.10	1.05-1.14

自身の喫煙による影響は多数の研究で明確にされており，受動喫煙によるリスク上昇を示す研究報告もある．ただし，受動喫煙による低出生体重児の出生リスク上昇については，否定的な報告もあり，今後の研究により影響解明が待たれるところである．

さらに，大気中の多環芳香族炭化水素類（PAHs）が低出生体重児の出生リスクを上昇させることが示唆されており，その影響メカニズムとして，PAHsが内分泌系をかく乱すると推測されている[3]．

広義の発生毒性に含まれる，生殖細胞の形成に与える影響として，NO_2や自動車排ガスや排ガス中の鉛が精子性状を悪化させるという知見もある．マウスやラットにディーゼル排ガスを吸入させると精子性状が悪化すること，精子形成能が低下するという生殖細胞への影響が認められている．大気汚染物質の生殖細胞への影響に関する知見は男性（雄性）の生殖細胞である精子に対し影響を与えることが明らかにされている．

表2　ヒトで生じる先天異常の要因

因　　子	割合（%）
遺伝的要因	
遺伝子異常	15〜20
染色体異常	5
不明	65
環境要因	
母体環境	4
感染症	3
妊娠過程における機械的要因	1〜2
化学物質，医薬品，放射線，高温	＜1

b．催奇形性（teratogenicity）

催奇形性は，発生毒性の中の一つであり，胎児期に生じる形態発生の異常である．出生後に先天異常として最も認識されやすい「奇形」であり，催奇形性を有する物質として知られている医薬品「サリドマイド」等の知見によりヒトにおける各種形態発生異常が生じる臨界期が明らかになった．妊娠4〜7週が最も強く影響を受ける感受性期である．催奇形性は，全出生児の2〜3%に生じるとされ，遺伝子・染色体異常といった先天的な要因と，環境要因等の後天的な要因により生じる．要因が不明であるとされる割合が高く，遺伝的要因と比較すると環境要因の寄与はそれほど大きくはない（全催奇形性発生のうち10%程度と推測されている）．環境汚染物質等による影響（化学物質，医薬品，放射線，高温）は1%程度であると推定されており（表2）[4]，影響は限定的なものである．

しかし，PM_{10}やNO_xが循環器系等の奇形発生リスク要因となる知見が最近，報告されている．

c．内分泌かく乱作用

大気汚染物質の中には，生体内に取り込まれるとホルモン同様の作用を示す化学物質や，生体のホルモンの阻害作用を示す化学物質もある．これらの化学物質のことを内分泌かく乱物質と称し，低出生体重児の出生リスク上昇に関与することが示唆されている．PAHsには内分泌かく乱作用（endocrine disruption）を有する化学物質も存在する．内分泌かく乱作用を有する内分泌かく乱物質は女性ホルモン様作用，男性ホルモン様作用，甲状腺ホルモン様作用，成長ホルモン様作用およびそれぞれの阻害作用等を示す．大気汚染物質の中には，女性ホルモン様作用や抗女性ホルモン様作用，抗男性ホルモン様作用を示す化学物質が含まれることが知られており，特に水酸化されたPAHsは女性ホルモン様作用あるいは女性ホルモン阻害作用を有することが明らかにされている（例えば，4-ヒドロキシベンゾ［a］アントラセンは女性ホルモン様作用を示し，8-ヒドロキシベンゾ［a］ピレンは，女性ホルモン阻害作用を示す）．

また，ディーゼル排気中に含まれる微粒子には，女性ホルモンが結合する受容体（エストロゲン受容体）そのものを減らす作用があり，このような作用も生体内では内分泌系の機能をかく乱する可能性がある[5]．　［吉田成一］

文　　献

1）X. Wang, *et al.*: *Environ Health Perspect,* **105**(5): 514-520, 1997.
2）T. Yorifuji, *et al.*: *Environ Int.,* **74**: 106-111, 2015.
3）環境省：平成19年度 粒子状物質の健康影響に関する文献調査 報告書.
4）武田　健，太田　茂：環境．ベーシック薬学教科書シリーズ12，p.57，化学同人，2008.
5）S. Yoshida, *et al.*: *Environ Toxicol Pharmacol,* **24**(3): 292-296, 2007.

コラム 受動喫煙
Passive smoking

たばこから生じる煙には，主流煙，副流煙および呼出煙がある．主流煙は，喫煙者本人が吸入する煙であり，能動喫煙がもたらす健康障害は広く知られている．副流煙は，火のついた紙巻たばこの先端から立ち昇る煙であり，燃焼温度が低いため，不完全燃焼に伴う有害化学物質を多く含む．呼出煙は，喫煙者によって吐き出された煙であり，副流煙と合わせて環境たばこ煙（environmental tobacco smoke：ETS）と呼ばれる．ETS に曝露される状態を受動喫煙あるいは二次喫煙（second-hand smoke）という．受動喫煙は，本人の意図にかかわらず喫煙行為の影響を受ける点で問題である．

さらに ETS が壁，床，頭髪，衣服，ダスト等に付着した後，空気中に再放散され，これら再放散した成分に曝されることがある．これは三次喫煙（third-hand smoke）と呼ばれ，たばこ煙特有の臭気を伴うことがある．また吸入したたばこ煙成分の一部は血液中に移行した後，皮膚表面から放散することがある．受動喫煙者の皮膚からも微量ニコチンの放散が認められており，ヒトの身体自体もたばこ煙の発生源になり得る．

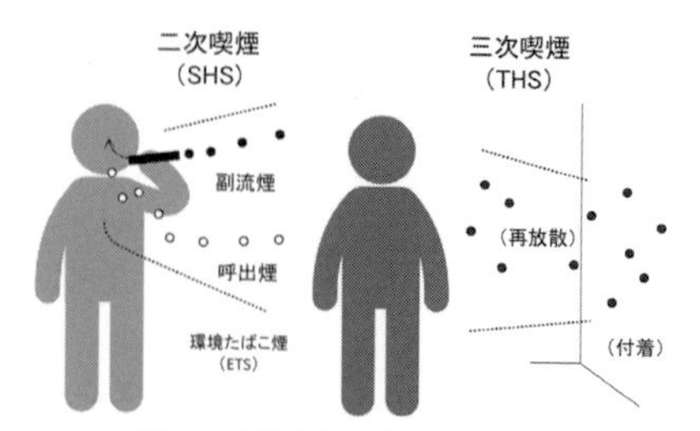

図 1 受動喫煙の様式(模式図)

東京オリンピックを控え，国や自治体では受動喫煙防止に対する取組みを強化している．健康増進法の一部を改正する法律（2018 年）では，「望まない受動喫煙」をなくすため，飲食店等の多数の人が利用する施設では喫煙所を除き原則屋内禁煙，子供や患者のいる学校や病院等では原則敷地内禁煙などが定められた．一方，副流煙が発生しない電子・加熱式たばこが急速に普及しており，受動喫煙を取り巻く環境は大きく変化している．［関根嘉香］

図 2 喫煙専用施設と次世代たばこ

コラム 環境リスク・化学物質のリスク
Environmental risk, risk of chemical substances

スルホンアミド，ペニシリンの臨床利用が始まったのは，DDT の使用開始とほぼ同時期の 1940 年前後である．以降，世界人口と平均寿命は飛躍的に向上した．1899 年には有機合成による最初の医薬品としてアセチルサリチル酸が発売されている．医薬品に限らず有機合成技術の進歩により多くの生命が救われ，農業生産が向上し，人々の生活が豊かになったことは事実である．その反面，化学物質が当初意図した目的以外の局面で，あるいは目的とは異なるあわせ持った機能の影響で，ヒトの健康や生態系へ悪影響を及ぼす事象も多く発生してきたのもまた事実である．したがって，化学物質が人の健康と環境にもたらす著しい悪影響を最小化する方法で化学物質を管理していくことは，世界の共通認識であり，ヨハネスブルグサミットで採択されたWSSD2020 年目標や，SDGs（持続可能な開発目標）のターゲット 12. 4 にも掲げられている．

リスクという言葉は学際的に使われる言葉であり，またその概念も様々であるが，環境リスクという場合の，特に化学物質のリスクとは，避けたい事象の生じる程度のことを意味する．リスクの大きさは，物質そのものが持つ毒性（ハザード）と曝露量の積で示されるとするのが一般的である．リスク評価の場合にはこれに不確実性と事象の重大性を考慮する．

私たちは生活の中でも多種類のリスクと向き合い，コストとベネフィット（便益）と見比べて日々判断を下している．ベネフィットが大きい場合，許容されるリスクは大きくなる．多くの事象はトレードオフの関係にあり，その場合リスクは，どこまで許容できるか，という点が論点になる．

図 判断の根拠にできる精度の高いリスク評価が求めらる

殺虫剤である DDT が好例である．わが国でもかつては大量の DDT が使用されたこともあるが，難分解性かつ高濃縮性であること，また様々な健康影響を引き起こすことが明らかになり，現在では多くの国で使用禁止になっている．しかし世界保健機関（WHO）では，一部途上国においてマラリアによる被害と DDT による健康影響を比較し，使用を許容している．このように化学物質のリスク管理の判断は，状況によって異なる結果になる．トレードオフ関係にある他のリスクが異なる場合や，新たに別のハザードが明らかになった場合等である．いずれにしても，判断の根拠になるのは定量的なリスク評価である．それを支える不確実性のより小さい毒性評価と，精度の高い曝露評価のための研究が求められている．

[中島大介]

4-11 地球温暖化に伴う影響—節足動物媒介感染症

Global warming and its effects—Arthropod-borne infectious diseases

地球温暖化に伴って，熱中症の増加，感染症の拡大，温暖化と大気汚染の複合影響等，健康影響が懸念されている．ここでは，節足動物媒介感染症（マラリア，デング熱，日本脳炎）について紹介する．

a. マラリア

1) 現在の流行状況　WHO によると，2016 年の流行国は 91 か国で，罹患者数は 2 億 1200 万人，死亡者数は 42 万 9000 人とされている．流行地域は，熱帯から亜熱帯地域で，一部温帯地域に及んでいる．地球温暖化に伴う流行拡大は非常に確度が高いとされている．

2) 温暖化に伴う流行の拡大

①マラリアが流行するための必要条件：マラリアは，マラリア原虫を病因とし，患者の血を吸った蚊が別の人を刺すことによって移る．マラリア流行に必要な要素は，ⅰ）患者，ⅱ）媒介蚊，ⅲ）人と蚊の接触（刺される）である．温暖化との関係から見ていく．

ⅰ） 患者：現在の日本のマラリア患者はすべて国外で感染して，国内に持ち込まれたもの（輸入マラリア）である．したがって，患者が増える要因としては，海外旅行者の増加，現地滞在期間の長期化，訪問先の多様化，来日外国人観光客の増加，に加えて，温暖化によるマラリア流行地域の拡大が挙げられる．

ⅱ） 媒介蚊：日本における主要マラリア媒介蚊は 2 種であり，シナハマダラカは日本全国に分布している．一方，悪性の熱帯熱マラリアを媒介するコガタハマダラカは沖縄の宮古・八重山地方に生息しているが，沖縄本島では確認されていない．温暖化が進めば，沖縄本島から，奄美，九州南部，四国の太平洋地域まで拡がるとされている．

もう一つ，暖かくなると媒介蚊の成長速度が速まり（卵から幼虫・蛹を経て成虫になるまでの時間が短くなる），生存期間も延長する．そのため，温暖化が進めば，これまで比較的密度の低かった温帯地域でも媒介蚊の密度が高まると考えられている．

ⅲ） 人と蚊の接触（刺される）：マラリア媒介蚊，特にコガタハマダラカは山裾の小川，渓流を好んで棲み，飛翔距離も短いため，都市化の進んだ現在では，一部，農作業や牧畜，山仕事などに従事している人が刺される危険性はあるが，多くの市民にとってはコガタハマダラカに刺される危険性は非常に小さい．

②マラリアが流行するための追加条件：「媒介蚊が患者の血を吸って，別の人に移す」．ここには，微妙なバランスがある．媒介蚊が患者から吸血した後，10 日間程度経つと病原体は活性化し，その後に刺された人は感染する．一方，マラリア媒介蚊の寿命は 2 週間程度である．

では，温暖化が進むとどうなるのか．暖かくなるとマラリア病原体の成長速度が速くなり短期間で活性化し，一方で媒介蚊の寿命が延びる．これは，患者から吸血した蚊が，マラリア病原体が活性化するまで生き延び人を刺す，言い換えると 1 人の患者から次の感染が起きる可能性が高まることを意味する．

③日本で再びマラリアの流行が起きるのか？：実際に日本でマラリアが再流行するのか，患者→媒介蚊→人という環の中で考える必要がある．媒介蚊については，温暖化により日本でも流行を引き起こすのに十分な条件（生息密度）が整うことになる．あわせて，マラリア流行地域が拡大し，かつ，日本と海外の人的交流が増加すれば，輸入マラリア患者が急増し，国内での二次感染の潜在的リスクは高まると考えられ

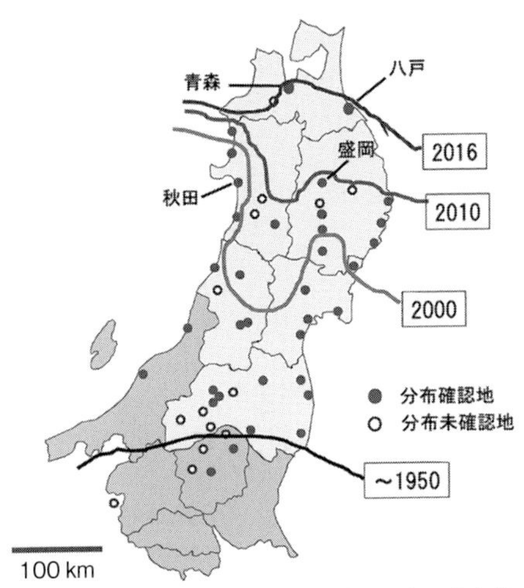

図1 東北地方におけるヒトスジシマカの分布北限の移動[3)]

る．ただし，人の生活圏がどこまで蚊の生息地域に近づくかは不明である．

b．デング熱

蚊が媒介するもう一つの重要な感染症・デング熱は，マラリアと同様に患者はすべて国外で感染し持ち込まれるものであったが2014年に代々木公園で数十年ぶりに国内感染が起きた．

媒介蚊の分布についてもヒトスジシマカは国内に広く分布し，ネッタイシマカは台湾まで生息域を持つなどマラリアと似た状況にあるが，大きく異なる点が一つある．デング熱媒介蚊（ネッタイシマカ，ヒトスジシマカ）は都市型で，私たちの身のまわりにある水たまり（バケツの水，古タイヤの水，草花用の水桶等）を好んで卵を産み付ける．自然環境を好むマラリア媒介蚊とは異なり，デング熱媒介蚊は都市化の進行した現在の日本でも私たちのまわりに生息しており，温暖化が進みデング熱媒介蚊の生息域が拡がると，輸入患者からの二次感染の危険性が増すと考えられている．

図1にデング熱媒介蚊の一種であるヒトスジシマカの分布北限の移動状況を示したが，1950年代には関東地方までであった分布域が，最近では東北地方北部まで拡大しており，温暖化の影響と考えられている．

c．日本脳炎

日本脳炎はマラリア，デング熱と異なり国内発生が続いている．発症数は最近20数年間1桁で推移しているが，抗体陽性ブタは，北海道を除く国内全域で観察されており，猛暑の年には陽性率が高くなる傾向も見られる．抗体陽性ブタが広範囲に存在するにもかかわらず，少数例の発症で収まっているのは，予防接種に加えて，ブタが集中管理（養豚業）されていることも大きな役割を果たしていると考えられる．

d．今後の対応

温暖化により媒介蚊の生息域が拡がり，密度が高くなるのを防ぐのは非常に難しい．しかしながら，マラリア，デング熱の常在しない島国日本にとって幸いなことに，海外での感染を予防することで将来のリスクを減らすことができる．海外へ出かける時，現地の安全情報だけでなく，感染症情報にも注意し，不用意に感染しないよう心がけることが，自分の健康を守るだけでなく将来の日本のリスクを減らすことにもつながる．ただ，輸入患者低減にのみ注目するのではなく，国外の流行地域での対策に協力していくことも，結果的には国内の流行を抑えるのに効果的である．

［小野雅司］

文　献

1) https://www.niid.go.jp/niid/ja/from-idsc.html
2) https://www.env.go.jp/earth/ondanka/pamph_infection/full.pdf
3) 小林睦生：保健の科学，**60**(3)，杏林書院，2018.

4-12 熱　中　症

Heat illness

熱中症とは，高温環境下で体温調節等の適応ができずに生じる様々な身体異常の総称である．脱水，めまい，発汗など軽度のものから意識混濁，意識喪失など重度のものまであり，対応を誤ると死に至ることもある．熱射病や日射病は重症例の代表である．予防策は過度の暑さを避けることに尽きるが，激しい運動や作業を控える，あるいは運動中や作業中，日常生活の中で十分な休憩をとることや水分（塩分）補給も有効である．

a．熱中症患者数，死亡者数の年次推移

図 1 には全国主要政令市における救急搬送者数の年次推移を示したが，2010 年を境に急激に増加している．ただし，死亡者数の年次推移（図示せず）と比較すると，2010 年以降の増加率は救急搬送者数で大きく，比較的軽症の患者の救急車利用が増加したためと考えられる．

この図からだけでは，地球温暖化との関連性を議論することはできないが，近年の世界各地における熱波について見ていくと地球温暖化の影響をうかがわせる事象が数多く報告されている．具体例を挙げると，1995 年にアメリカを襲った熱波では，シカゴで 700 人強，中西部全体で 3000 人強の超過死亡が報告されている．さらに，2003 年にヨーロッパを襲った熱波では，フランスの約 15000 人を筆頭に，ヨーロッパ全体で 52000 人を超える超過死亡が報告されている．また最近でも，アフリカ，東南アジアなどで，40℃，45℃を超える猛暑日と，それによる被害がたびたび報道されている．

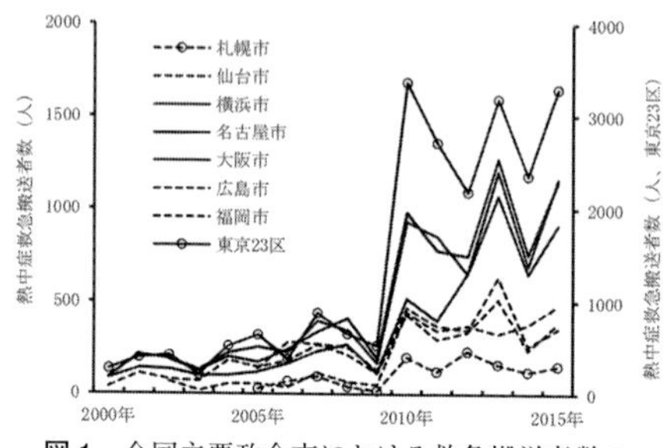

図 1　全国主要政令市における救急搬送者数の年次推移

b．都市別熱中症発生率

図 2 に都市別の熱中症発生率（救急搬送者率）を示した（沖縄県は県内全域の指定医療機関受診率）．札幌市が他都市と比べて発生率が低いことを除けば，東北（仙台市）から九州・沖縄まで，都市間差は見られるものの一定の傾向は認められず，すべての地域で熱中症のリスクがあると考えられる．

c．性別・年齢階級別熱中症発生率

年齢階級別（0～6 歳，7～18 歳，19～39 歳，40～64 歳，65 歳以上の 5 区分）の患者数についてみると，男性では 19～39 歳，40～64 歳，65 歳以上が比較的多く，女性では 65 歳以上が過半数を占めている．

図 3 に全地区合計の性別・年齢階級別発生率を示した．全年齢階級を通して男性の発生率が高く，年齢階級別にみると，高齢者（65 歳以上）が最も高く，次いで小中高校生（7～18 歳）であった．

d．年齢と発生場所・発生原因

熱中症の発生場所・発生原因は年齢に

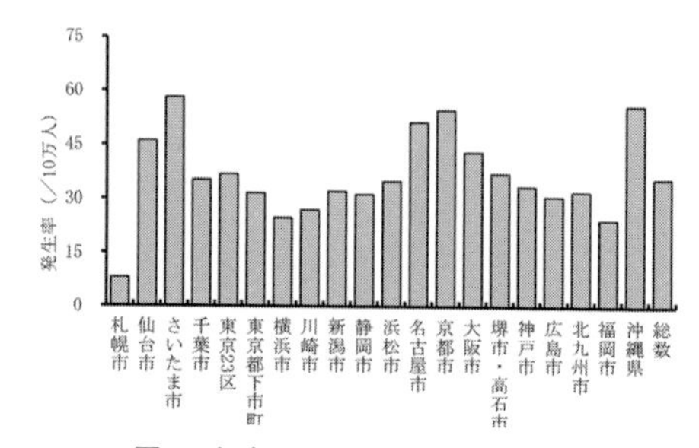

図 2　都市別熱中症発生率(2015 年)

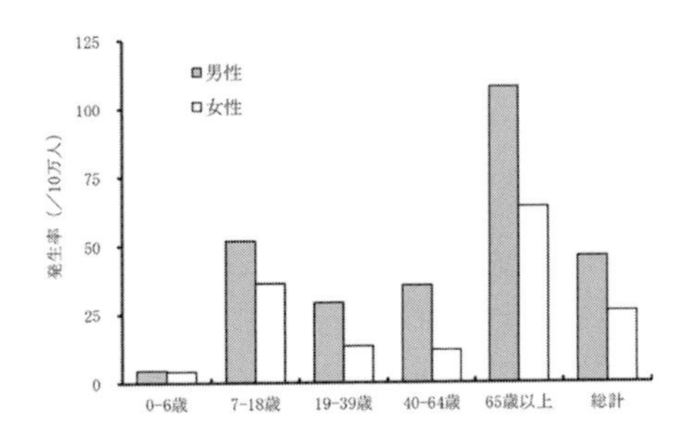

図3　性別・年齢階級別熱中症発生率（2015年，全地区合計）

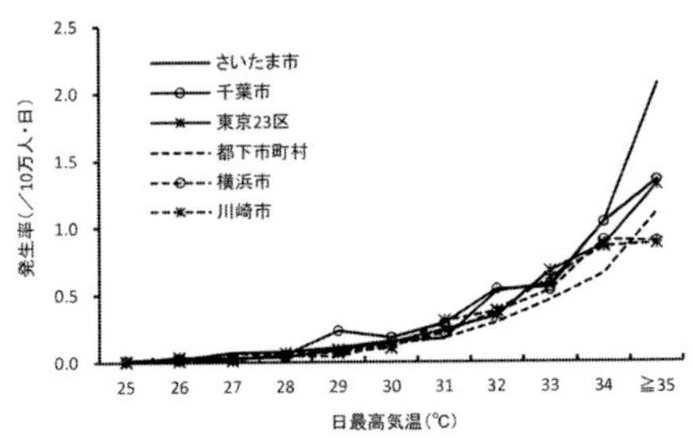

図4　日最高気温別熱中症発生率（2015年）

よって大きく異なる．20代から50代にかけては，特に男性で，作業中に熱中症になる人が多く，中学生・高校生では運動中に熱中症になる人が多い．これは，暑さに加えて，激しい作業・運動をすることにより身体へ負荷がかかるためである．暑い日には激しい作業・運動を控え，いつも以上に休憩をとり，水分補給をすることが予防にとって重要になる．ただ，作業中，運動中の熱中症は本人の心がけだけでは予防は難しく，管理者・監督者の配慮が重要になる．

高齢者では半数近くが自宅室内で発症している．熱中症は暑さの中，屋外で動き回ることで発症すると思いがちだが，屋外と同様に屋内も危険である．特に高齢者は暑さを感じにくくなっていることなどが原因でエアコンを上手に使えない人が多く，気付かないうちに暑い部屋で過ごし熱中症になってしまうと考えられる．予防には周囲の方々の積極的なサポートが重要である．

e．温度環境と熱中症

日最高気温と熱中症発生率（1日あたりの患者数）の関係をみると，27℃，28℃あたりから発生が見られ，32℃，33℃を越えると急激に上昇し，気温が高くなると熱中症の危険性が高まることがわかる（図4）．

ただ，多くの人が経験しているように，同じ気温でも，湿度が低い時には比較的過ごしやすく，逆に湿度が高い時には蒸し暑く，不快に感じることが多くなる．これは熱中症についても当てはまり，熱中症の発生には気温だけでなく湿度も強く関係している．気温と湿度は天気予報でもわかるが，もっとわかりやすい情報がある．これは，気温に湿度や輻射熱，風速などを組合わせて計算した，熱中症発生の危険性を示す暑さ指数（wet-bulb globe temperature：WBGT）で，環境省のホームページから「熱中症予防情報」として提供されている．当日の速報値に加えて翌日，翌々日の予報値が公表されているだけでなく，登録した人にはメール等で配信するサービスが行われており，自治体，企業等で広く活用されている．　［小野雅司］

文　献

1）環境省・熱中症予防情報．
http://www.wbgt.env.go.jp/
2）環境省・熱中症環境保健マニュアル．
http://www.env.go.jp/chemi/heat_stroke/manual.html
3）消防庁・熱中症情報．
http://www.fdma.go.jp/neuter/topics/fieldList9_2.html
4）日本救急医学会：熱中症—日本を襲う熱波の恐怖，へるす出版，2011．
5）澤田晋一編：熱中症の現状と予防，杏林書院，2015．

4-13 シックハウス症候群

Sick house syndrome

シックハウス症候群とは，室内空気汚染により生じる健康被害の総称である．欧米において，1970 年代のオイルショック後に，省エネのため，建物の気密性の向上が進み，換気量が減少したことにより室内空気質が悪化した．その結果，建物内で様々な不調を訴える人が現れるようになり，シックビルディング症候群として社会問題となった．日本では，1990 年代に住宅の高気密化・高断熱化が進むと同時に，化学物質放散量の多い新建材の普及が進んだ結果，シックビルディングと同様の問題が起こり，シックハウス症候群と言われるようになった．本項では，シックハウス症候群の定義，症状，室内空気環境との関係，現状，関連する話題について解説する．

a. 定　　義

シックハウス症候群は，室内空気質の悪化に伴う様々な健康被害の総称であり，広義には，中毒，アレルギー，未解明の病態を含む．要因は，ホルムアルデヒド，有機溶剤等の化学物質や，カビ，ダニ等の生物要因がある．発生場所は，住宅，職場，学校，その他建物内を含む[1)]．したがって，シックオフィス，シックスクール等もシックハウス症候群に分類される．

厚生労働科学研究費補助金による合同班会議では，狭義のシックハウス症候群を，中毒，アレルギーなどの疾患以外で，微量の化学物質により発生する病態未解明の状態とし，「建物内環境における，化学物質の関与が想定される皮膚・粘膜症状や，頭痛・倦怠感等の多彩な非特異症状群で，明らかな中毒，アレルギーなど，病因や病態が医学的に解明されているものを除く」と定義している．また，診断基準として表 1 の項目を挙げている[1)]．

表 1　狭義（化学物質による）シックハウス症候群の診断基準（案）

①発症のきっかけが，転居，建物*の新築・増改築・改修，新しい備品，日用品の使用等である．
②特定の部屋，建物内で症状が出現する．
③問題になった場所から離れると，症状が改善する．
④室内空気汚染が認められれば，強い根拠となる．

*：建物とは，個人の住宅の他に職場や学校等も含む．

b. 症　　状

シックハウス症候群の症状のうち，訴えが多いものとしては，皮膚や眼，咽頭，気道などの皮膚・粘膜刺激症状や全身倦怠感，めまい，頭痛，頭重などの不定愁訴が挙げられている[2)]．

c. 室内空気環境との関係

定義にある通り，シックハウス症候群は，室内空気中の化学物質により引き起こされる健康被害である．シックハウス症候群の症状を引き起こす主な化学物質は，揮発性有機化合物（VOC）と考えられている．室内空気中の VOC は，建材（木質建材，壁紙，塗料，接着剤），家具，暖房・厨房機器，日用品（殺虫剤，防虫剤，芳香剤，消臭剤，洗剤，化粧品）等，様々な発生源がある（3-24 項）．

シックハウス症候群を予防するためには，室内において化学物質への曝露を低減することが重要である．室内空気質の改善方法には，大きく分けて発生源のコントロール（ソースコントロール）と換気がある（3-23 項）．具体的には，化学物質の放散量の少ない建材や家具，日用品等を選択して使うこと，適切な換気を行うことが有効である．特に，新築時は化学物質の放散量が多いため，可能な限り換気をして，建物を養生してから入居することが望ましい．また，室内空気中の VOC 等の化学物質は，入室時の臭気や空気質の違和感として感じられることもあるので，居住者の感覚による，化学物質濃度低減のための換気行動も有効であると考えられる．

d．現　　状

シックハウス症候群の問題を受け，厚生労働省により，1997 年から 2002 年にかけて，13 種の室内汚染物質について室内濃度指針値物質が策定された（5-21 項）．また，2003 年には建築基準法が改正され，建材へのクロルピリホスの使用禁止，ホルムアルデヒド放散建材の使用制限，毎時 0.5 回換気が実現できる機械換気設備設置の義務化がされた．その結果，ホルムアルデヒドやトルエン等指針値物質の室内濃度は劇的に減少した．しかし，住宅リフォーム・紛争処理センターにおけるシックハウス関連相談件数は，2010 年度以降横ばいのまま年 100 件前後で推移しており，シックハウス症候群は引き続き室内における環境問題となっている．これは，指針値物質の代替として使われるようになった化学物質を含め未規制物質による健康被害によるものと考えられている．個別の物質の規制による対策は，代替の未規制物質による健康被害を引き起こす可能性があるため，これに対処するには，室内空気中の VOC の総量（総揮発性有機化合物（TVOC）濃度等）を規制することが重要である．また，極低濃度でも健康被害を及ぼす化学物質も存在するため（ポリウレタン樹脂の原料となるイソシアネート類等），代替物質の安全性を確認し，安全性が証明された化学物質のみを使用するなど，行政の規制による誘導や業界の自主的な取組みが必要である．

e．関連する話題

シックハウス症候群と類似の疾病として，化学物質過敏症（multiple chemical sensitivity：MCS）がある．MCS は，1987 年に Cullen により「一般の人々に有害影響が出る濃度よりはるかに低い濃度で，多くの化学的に関連性のない化合物への明らかな曝露に反応して起きる，多種器官での再発性症状を特徴とする後天性障害である．症状との関連が見られる広く受け入れられた単独の生理機能検査はない．」と定義されている．また，米国においては，MCS の診断基準として，表 2 の 6 項目を提示し，専門家の検討のもと合意が得られている．

表 2　MCS のための合意基準

①症状は（化学物質への繰り返し）曝露により再現される．
②状態が慢性的である．
③低レベルの曝露（以前には，または一般的には症状を示さない量）によって症状が出現する．
④症状は原因物質の除去により改善または治癒する．
⑤化学的に関連性のない多種類の化学物質に対して反応が生じる．
⑥症状が多種類の器官系にわたる．

このように化学物質過敏症は，化学物質により様々な症状が出現するという点で，シックハウス症候群と類似しているが，発症のきっかけや症状の発現が，建物内に限らないこと，極微量の化学物質によっても症状が発現するという特徴がある．したがって，このような化学物質による健康被害を予防するためには，室内環境だけでなく，大気環境，作業環境も含め様々な環境での化学物質濃度の低減と化学物質への曝露をできるだけ避ける工夫が必要である．

［水越厚史・柳沢幸雄］

文　　献

1）日本臨床環境医学会編：シックハウス症候群マニュアル―日常診療のガイドブック，pp.5-6，東海大学出版，2013.
2）厚生労働省：「室内空気質健康影響研究会報告書：～シックハウス症候群に関する医学的知見の整理～」の公表について，2004.

4-14 森林衰退

Forest decline

a．各地の森林衰退

1）ヨーロッパ　森林や樹木の衰退現象そのものは特に新しい問題ではないが，1970年代の初め頃から旧西ドイツにおいてヨーロッパモミ（Silver fir，*Abies alba*）やドイツトウヒ（Norway spruce，*Picea abies*）に衰退現象が見られるようになり，1970年代後半には中央ヨーロッパ各国において広域的に様々な樹種に異常症状が見られるようになったことから世界的に関心が高まった．

異常症状のうちでも特に典型的なものは，ドイツトウヒの樹冠下部から上部へ，

図1　ドイツトウヒ針葉の黄化現象

図2　白骨化したドイツトウヒ林

あるいは枝の内側から外側へと葉の黄化症状が進行する現象と，落葉や枝枯れによって樹冠が透ける現象である．旧東ドイツやポーランド，チェコスロバキアの国境地帯は黒い三角地帯（Black Triangle Region）とも称され，ドイツトウヒ林の衰退が特に深刻で，白骨樹林化した様子が社会体制の崩壊後に次第に明らかになり，酸性雨の影響が考えられるようになった．

2）北　米　北米東海岸のアパラチア山脈でアカトウヒ（Red spruce，*Picea rubens*），フレーザーモミ，バルサムモミ（Fraser fir，*Abies frazeri*；Balsam fir，*A. balsamea*）の衰退が1960年代から記録されている．ヨーロッパと同様に，北米における森林衰退も決して新しい現象ではない．アパラチア山脈の標高の高い部分の植生はモミ-トウヒ林であるが，南部の衰退はモミ類が中心であり，北部はトウヒ類となっている点に特徴がある．

北米西海岸では，1950年代初期にカリフォルニア州のポンデローサマツ等の旧葉に白色斑点の発生，生長低下や，枯死などの衰退症状が発生していることが指摘され，1970年代の中頃からマツ類の衰退状況に関する本格的な調査がシエラネバダ山脈などで実施されている．

カナダではNew Brunswick地方のシラカンバや針葉樹の異常症状，アメリカ北東部～カナダ南東部のカエデ類の葉の矮小化と変色，葉量の減少，枝の枯損などが報告されている．

3）日　本　日本国内においても各地で樹木の衰退現象が観察されている．全国的に分布しているマツ枯れ，関東地方を中心としたスギ衰退，関西地方を中心としたナラ枯れ，丹沢山地のモミ・ブナの衰退等がある．また，亜高山帯に分布するシラビソ・オオシラビソの立ち枯れ現象などに加え，最近では北海道摩周湖周辺におけるダケカンバの衰退現象などにも関心が寄せ

られている.

b. 衰退原因

樹木の衰退には様々な要因が関係するが，それぞれの地域において衰退現象の見られる樹種の違い，大気質や気象，地形条件などの違いなどがあるため，衰退原因を特定するのは実際には非常に難しい．これまでに，大気汚染説，酸性雨説，土壌酸性化説，オゾン＋酸性ミスト説，マグネシウム欠乏説，窒素過剰説，ストレス複合説など，大気側に関連した様々な仮説が提唱されている．また，オゾンの影響や旱魃に伴う乾燥ストレスあるいは多雨が原因の過湿，強風被害，これらが引き金となった病虫害などの影響等も指摘されている．

1) 二酸化硫黄の影響　黒い三角地帯のドイツトウヒ林は山麓で排出された高濃度二酸化硫黄（SO_2）の直接影響によって衰弱し，これに病虫害が発生したことにより急速に被害が拡大したと考えられる．チェコの国境地帯では1995～96年の冬季とはいえ30分間値が150 ppbを超えるSO_2濃度が記録されている．また，夏季でも100 ppbを越える高濃度エピソードが報告されていることから，この地帯の森林に対して高濃度SO_2の直接影響が相当期間あったことが容易に推察される．

2) 土壌関連要因の影響　外観は正常に見えてもドイツトウヒ林内に入ると古い葉が黄化症状を呈している林分では，黄化した葉が早期に落葉し，樹幹が透けて見えるようになる場合もある．この原因として，酸性降下物（酸）の沈着により土壌中からCa，Mg溶脱され，特にMgが欠乏状態になっていることが想定される（土壌酸性化説）．これらの症状を改善するために欧米では石灰質資材の散布が行われている場所もある．

3) オゾンの影響　わが国のみならず世界的にオゾン濃度が高いことが指摘されているが，現在観測されているようなオゾン濃度では直接的に樹木類を枯死させるようなことはない．しかし，長期間の曝露影響として成長抑制や分配率の変化が起こるなど，オゾンは様々な植物に対して潜在的な影響を与えていることが指摘されている．また，窒素負荷によってオゾンの影響が悪化しやすい傾向にあること等も指摘されている．

4) 病虫害の影響　わが国のマツ枯れはマツノマダラカミキリが媒介するマツノザイセンチュウが直接的な枯死原因である．また，ナラ枯れについてもカシノナガキクイムシが媒介するナラ菌の感染症であるが，オゾンなどの潜在的な影響により樹木の活力が低下し，昆虫の食害を受けやすくなっていることも考えられる．ブナはオゾンに感受性ではあるが，観測される程度のオゾン濃度では枯死に至ることは考えにくい．しかし，オゾンの影響に加えて温暖化による気温上昇と乾燥化がブナの生育環境を複合的に悪化させていることも考えられる．これらの複合ストレス下で，ブナハバチの大量発生による葉の食害が枯死率を上昇させている可能性が考えられている．

［河野吉久］

文　献

1) 梨本　真，河野吉久：ヨーロッパにおける森林衰退とその研究の現状，電中研報告 U89015，1989年11月.
2) 河野吉久：大気環境学会誌，**39**(1)：A1–A8，2004.
3) 相原敬次他：大気環境学会誌，**39**(2)：A29–A39，2004.
4) 伊豆田　猛，小川和雄：大気環境学会誌，**39**(3)：A65–A77，2004.

4-15 樹木に対するオゾンの影響

Effects of ozone on trees

光化学オキシダントの主成分であるオゾン（O_3）は，植物に対する毒性が高いガス状大気汚染物質である．近年，世界各国の森林で樹木の枯損などが観察されているが，その原因の一つとしてオゾンが指摘されている．大気中から気孔を介して葉内に吸収されたオゾンは，樹木に対して様々な悪影響を発現する（図1）．

a．樹木に対するオゾンの影響

1）可視障害　比較的高濃度のオゾンが樹木に曝露されると，葉表面に存在する気孔から葉内にオゾンが吸収され，クロロフィルなどの色素が分解され，葉面にクロロシスや細胞が死に至った結果であるネクロシスなどの可視障害（visible injury）が発現する．一般に，オゾンによる葉面の可視障害の症状は，樹種によって異なる．また，葉面における可視障害発現の有無やその程度を指標としたオゾン感受性は，樹種間や系統間で異なる．

2）光合成　オゾンが樹木の葉内に気孔を介して吸収されると，光合成（photosynthesis）が阻害される[1]．純光合成速度におけるオゾン感受性には樹種間差異が存在し，ブナ，アカマツおよびケヤキなどは比較的高感受性であるが，スギやヒノキ等は低感受性である．日本の森林を構成する樹木の純光合成速度は，実際の森林で観測される濃度レベルのオゾン曝露によって低下する．オゾンによる純光合成速度の低下の原因として，主に葉緑体（chloroplast）における生化学的 CO_2 同化能力の低下等が考えられるが，その詳細なメカニズムは明らかにされていない．

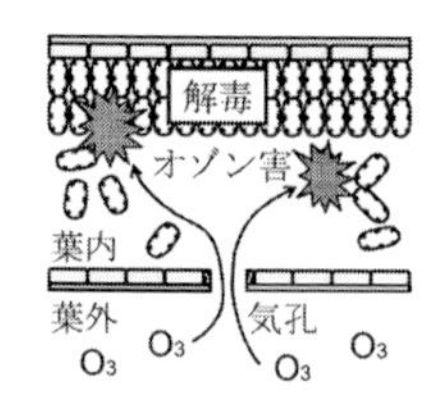

図1　気孔を介した葉内へのオゾンの吸収とその影響に関する模式図

3）フェノロジー　オゾンは，落葉広葉樹における秋の落葉や翌年の出葉時期に影響を与えることがある[1]．ブナ苗に2成長期間にわたってオゾン曝露を行った結果，前年のオゾン曝露によって翌年の春の出葉時期が遅れ，1芽あたりの出葉数が低下したことが報告されている[1]．このようなオゾンによる樹木の出葉遅延や落葉促進は，着葉期間を減少し，1成長期間の光合成量を低下させる．

4）成　長　オゾンによって樹木の葉面積成長，乾物成長，樹高等の伸長成長および幹直径等の肥大成長が低下する[1]．一般に，落葉樹の成長におけるオゾン感受性は常緑樹のそれに比べて高い．ただし，落葉樹や常緑樹においても，成長におけるオゾン感受性には樹種間差異が存在し，ブナやアカマツなどは比較的高感受性であるが，スギは低感受性である．オゾンによる樹木の個体乾物成長の低下の原因として，光合成阻害，呼吸増大および葉面積の減少等が考えられる．また，オゾンは葉から他の植物器官への同化産物の転流を阻害し，根の成長を低下させる．

樹木の成長に対するオゾンの影響は，他の環境要因によって変化する[1]．土壌の養分・水分状態や大気 CO_2 濃度は，気孔開度や葉の活性酸素消去能力等を変化させるため，樹木の成長に対するオゾンの影響程度を変化させる．例えば，土壌への窒素負荷によって，ブナの個体乾物成長におけるオゾン感受性は高くなるが，カラマツのそれは低くなる．

1990年代後半から，欧米の森林を構成する樹木の個体乾物成長に対するオゾンの

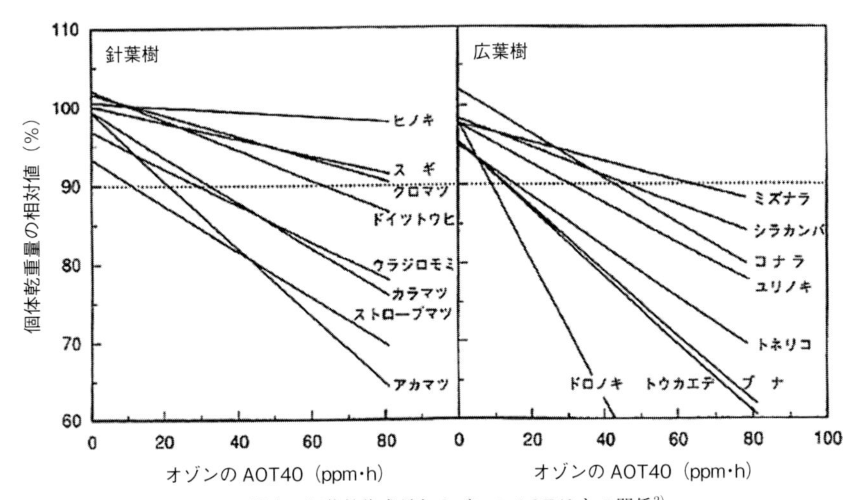

図2 樹木の個体乾物成長とオゾンのAOT40との関係[2)]
個体乾重量の相対値(%)＝(オゾン区の個体乾重量)/(浄化空気区の個体乾重量)×100.

影響を評価する際に，大気オゾン濃度に基づいた指標が用いられてきた．日本においても，日中平均オゾン濃度やAOT40（40 ppbを超えるオゾンの積算暴露量）と樹木の個体乾物成長との関係などが解析された(図2)[2)]．オゾンは葉に存在する気孔から葉内に侵入し，様々な影響を引き起こすため，近年では気孔を介した葉のオゾン吸収量に基づいてオゾンの樹木影響を評価している．気孔を介した葉のオゾン吸収速度は大気オゾン濃度，気孔コンダクタンス，葉幅，風速および気温から算出され，その時間積分値を葉のオゾン吸収量としている．現在のところ，日本の樹木の成長と気孔を介した葉のオゾン吸収量との関係に関する研究例は限られているが，葉のオゾン吸収量の増加に伴ってブナ等の落葉広葉樹の成長や葉の光合成能力は低下し，それらの低下程度は葉内に同量のオゾンが吸収されても樹種によって異なる[1, 4)]．

b. 日本の森林を構成する樹木に対するオゾンの影響評価

AOT40と個体乾物成長との関係から日本の森林を構成する樹木に対するオゾンの広域リスク評価が行われている[1)]．また，気孔を介した葉のオゾン吸収量に基づいて，日本におけるブナ，コナラ，ミズナラおよびシラカンバの葉の積算純光合成量（葉の積算CO_2吸収量）のオゾンによる年平均低下率（最低低下率～最高低下率）を推定したところ，それぞれ12%（1～32%），10%（2～17%），12%（1～32%）および16%（9～58%）であった[4)]．さらに，近年，日本の森林において，フラックスタワーを用いた微気象学的手法を応用し，樹木に対するオゾンの影響が評価されている[3)]．

［伊豆田　猛］

文　献

1) M. Watanabe, *et al.*: Air Pollution Impacts on Plants in East Asia, pp.73-100, Springer, 2017.
2) 伊豆田　猛，松村秀幸：大気環境学会誌，**32**：A73-A81，1997.
3) M. Kitao, *et al.*: *Scientific Reports*, **6**: 32549, 2016.
4) 伊豆田　猛：平成23～25年度環境省環境研究総合推進費終了成果報告書（5B-1105），2014. http://www.env.go.jp/policy/kenkyu/suishin/kadai/syuryo_report/h25/pdf/5B-1105.pdf

4-16 農作物に対するオゾンの影響

Effects of ozone on agricultural crops

光化学オキシダントの主成分であるオゾン（O_3）は，酸化力が強いという化学的特性を持つため，人間の健康被害だけでなく，植物に対しても様々な悪影響を及ぼす．

オゾンの農作物被害は，アメリカにおいて1940年代半ばより発生したと考えられており，1944年のロサンゼルス地域のスモッグによる植物被害においてオゾンの関与が指摘された．その後，1950年代にノースカロライナ州などで生産していたタバコの白色斑点症状の原因がオゾンであることが人工オゾン曝露実験によって確認され，オゾンが農作物へ及ぼす悪影響について認識されるようになった．一方，ヨーロッパでは1970年台にオゾンによる葉の可視的被害が確認されるようになった．日本においては，1965年頃より近畿，中国，四国地方でタバコの葉に原因不明の斑点状の可視害が確認され始め，1969年頃に，関東地方から南の地域のタバコの葉に同様の可視被害が発現し，その被害程度とオゾン濃度との関連性が確認されたのが，日本で最初のオゾン（光化学オキシダント）の農作物被害であるとされている[1]．

a．葉の可視障害

農作物が比較的高濃度のオゾンに曝されると，葉面に可視障害が発現することがある[2]．日本の都市域での調査によると，オゾン感受性の高い農作物は，日最高のオゾン濃度が60〜90 ppbを記録した時に，しばしば可視障害の発生が観察されている．この可視障害は，一般に成熟葉や比較的古い葉に生じやすく，主に葉の上表面に発生する．症状は農作物の種類によって異なっており，ハツカダイコンやホウレンソウ等の草本植物では，葉脈間に微小な白色斑点や漂白班を生ずる．この症状は，オゾンにより主に葉の柵状組織細胞が攻撃を受け細胞壁が変化し，細胞が崩壊し，その崩壊した部分に空気が充満したためと考えられている．一方，イネ科やマメ科の植物の多くに発現する可視障害は，褐色や赤褐色の斑点である．これは，柵状組織の壊死した細胞に赤褐色などの色素が蓄積し，細胞内が着色して生じたと考えられている．このような可視障害の発現に対するオゾン感受性は農作物の種類や品種によって異なっている（表1）．

b．葉の生理機能への影響

オゾンは気孔から葉内に入り，海綿状組織等の細胞壁と細胞膜の間に存在する細胞外空間（アポプラスト）の水溶液に溶ける．溶け込んだオゾンは分解によって過酸化水素等の活性酸素種を生成する．この活性酸素種は生体内で酸化剤として作用し様々な悪影響を及ぼす．アポプラストに入ったオゾンの多くはさらに葉緑体やミトコンドリア等に流入し，電子伝達鎖における酸素還元によっても活性酸素種が生成される．このような活性酸素種は主に，カタ

表1　オゾンによる農作物の葉の可視被害の発現に対する種間差[3]

オゾン感受性※	農　作　物
高（日最高：100 ppb）	タバコ，オクラ，ホウレンソウ，ハツカダイコン，サトイモ，ラッカセイ，インゲン等
中（日最高：100〜150 ppb）	イネ，キュウリ，トマト，バレイショ，ミツバ，レタス，トウモロコシ等
低（日最高：150〜200 ppb）	ニンジン，ソバ，ゴマ，パセリ等

※：オゾン感受性は，括弧内の日最高オゾン濃度で可視障害が認められたことにより判断している．

図1　コマツナに及ぼすオゾンの影響[2)]
清浄空気の昼間の平均オゾン濃度：10 ppb，野外の空気の昼間の平均オゾン濃度：52 ppb．

ラーゼやペルオキシダーゼ等の酵素によってある程度消去されるが，オゾンの過剰流入による活性酸素種の蓄積は，クロロフィルなどの色素や，タンパク質の分解，膜脂質の過酸化による分解やDNAの開裂等を引き起こす．さらに，オゾンは葉緑体における光合成機能を阻害する．オゾンに曝された植物で観察される初期反応として，純光合成速度が低下するが，葉緑体における光合成系の損傷によるものである．また，オゾンによって葉緑体での光合成活性が低下すると，葉内の二酸化炭素濃度が高くなり，気孔閉鎖が引き起こされる．この光合成系のオゾンによる損傷として，二酸化炭素を固定する重要な酵素であるルビスコ（Rubisco）の含量や活性等の低下が多くの農作物で認められている[2)]．このようなオゾンの影響は，農作物だけでなく植物全般で認められる．

c．成長や収量への影響

オゾンによる光合成活性の低下によって同化産物量が低下するため，農作物の成長や収量も低下する[2)]．図1は，コマツナを「オゾンを除去した清浄空気」と「オゾンを除去しなかった屋外の空気」で1か月間育成した結果であり，外気中のオゾンによって成長が抑制されている．このようなオゾンによる農作物の成長や収量の低下は，ハツカダイコン，コマツナ，イネ，ダイズ，コムギ等多くの農作物で報告されている．また，一般にオゾンは農作物の葉や茎などの地上部に比べて地下部（根）の成長を著しく阻害することが知られている．このような農作物の成長や収量に対するオゾンの影響は，葉の可視障害へのオゾン影響と同様に農作物の種類だけでなく品種間によっても異なっている．例えば，イネやトウモロコシに比べコムギやダイズはオゾン感受性が高く収量が低下しやすいとの報告がある[4)]．さらに，生育段階においてもオゾンの感受性が変化し，イネやコムギ等のオゾン感受性は栄養成長期よりも生殖成長期の方が高いと考えられている．一方で，オゾンによる葉の可視害の程度と，成長や収量の低下程度とは必ずしも一致せず，オゾンによる可視被害の程度が低いにもかかわらず成長や収量が大きく阻害されている場合もある．

イネの収量に対するオゾンによる減収率を関東地方について推定を行ったいくつか研究によると，1980～2000年代のオゾンにより平均減収率は2～10%と推定されており，関東地方の現状レベルのオゾンは，清浄空気と比較してイネの収量を最大で10%程度低下させている可能性が示唆されている[2)]．

また，オゾンの成長などへの影響は，気温，光条件，水分条件や二酸化炭素濃度等の生育環境要因によっても変化するため留意する必要がある．　［米倉哲志］

文　献

1）T. Yonekura, T. Izuta: Air Pollution Impacts on Plants in East Asia, pp.57-72, Springer, 2017.
2）米倉哲志：大気環境学会誌，**51**：A57-A66, 2016.
3）野内　勇他：大気汚染学会誌，**23**：355-370, 1988.
4）小林和彦：大気環境学会誌，**34**：162-175，1999.

4-17 樹木に対する酸性降下物の影響

Effects of acid deposition on trees

酸性降下物（acid deposition）とは，二酸化硫黄（SO_2）や窒素酸化物（NO_x）などを起源とする酸性物質が大気降下物に溶け込み，通常より強い酸性を示す物質として，大気から地表面に沈着する物質である．森林を構成する樹木は，pHが低い酸性雨や酸性霧による直接的な影響や酸性降下物による土壌の酸性化や窒素過剰による間接的な影響を受ける可能性がある．

a．樹木に対する酸性降下物の直接影響

一般に，pH 3.0以下の人工酸性雨を樹木に散布すると，葉に可視障害が発現することがある（図1）．葉面における可視障害発現に基づいた酸性雨感受性には樹種間差異があるが，落葉広葉樹＞常緑広葉樹＞針葉樹の順に高い[1]．

モミやウラジロモミは酸性雨感受性が比較的高く，pH 3.0以下の人工酸性雨によって成長が低下する[1]．また，シラビソ苗にpH 2.5の人工酸性雨を処理すると，針葉からのCaやMgの溶脱量の増大や耐凍性の低下が引き起こされる[1]．しかしながら，日本の現状レベルのpHの降雨が数か月から数年にわたって降り注いでも，ほとんどの樹木の葉に可視障害は発現せず，光合成などの生理機能や個体乾物成長は低下しない．現在，日本の降雨の平均pHは4台であるため，森林を構成している樹木に対して直接的な影響を及ぼさないと考えられる．

図1 pH 2.0の人工酸性雨によるコナラ(左)とサクラ(右)の葉の可視障害(電力中央研究所・松村秀幸博士提供)

b．樹木に対する酸性降下物の間接影響

1）土壌酸性化 酸性降下物の沈着によって土壌が酸性化すると，土壌溶液中にアルミニウム（Al）やマンガン（Mn）が溶出し，樹木の成長や光合成等の生理機能が低下する[2]．硫酸溶液によって酸性化させた褐色森林土で育成したブナ苗においては，土壌溶液のpHが4.0以下になると個体乾物成長が低下する．この時，土壌酸性化によって，葉のCa濃度は低下するが，Al濃度は増加する．土壌溶液の（Ca＋Mg＋K)/Alモル濃度比とブナ苗の個体乾物成長との間には正の相関があり，同モル比が1.0の時，個体乾重量は約30%低下する．

同量の水素イオン（H^+）を褐色森林土に添加した場合，硫酸溶液による土壌酸性化によるブナ苗の個体乾重量の低下程度は，硝酸溶液によるそれに比べて著しい[2]．土壌酸性化によってブナ苗の葉のAlおよびMn濃度は増加するが，特に硫酸溶液で酸性化させた土壌で育成した個体における葉のAl濃度が著しく増加する．また，土壌溶液の(Ca＋Mg＋K)/(Al＋Mn）モル濃度比とブナ苗の個体乾重量の相対値との間に正の相関が認められる（図2）．この結果は，酸性降下物によって酸性化した土壌で生育している樹木の個体乾物成長は，土壌溶液中のAlのみならず，Mnにも影響を受けており，AlとMnによる害作用の程度は土壌溶液におけるCa，Mg，Kなどの植物必須元素との存在バランスによって決まることを示している．

樹木の生理機能に対する土壌酸性化の影響やその程度は，主要な酸性物質によって異なる[2]．同量の水素イオン（H^+）を硫酸溶液または硝酸溶液で土壌に添加した場合，硫酸溶液による土壌酸性化によるブナ苗の純光合成速度の低下程度は硝酸溶液に

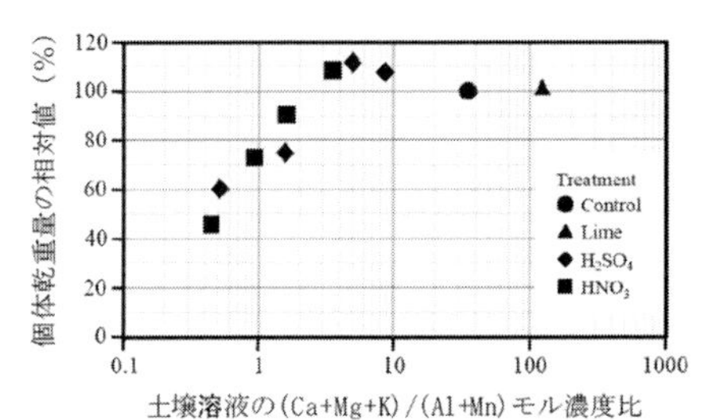

図 2 ブナの個体乾重量の相対値と土壌溶液の(Ca+Mg+K)/(Al+Mn)モル濃度比との関係[2)]
硫酸溶液または硝酸溶液で酸性化させた褐色森林土で2年間にわたってブナを育成した.

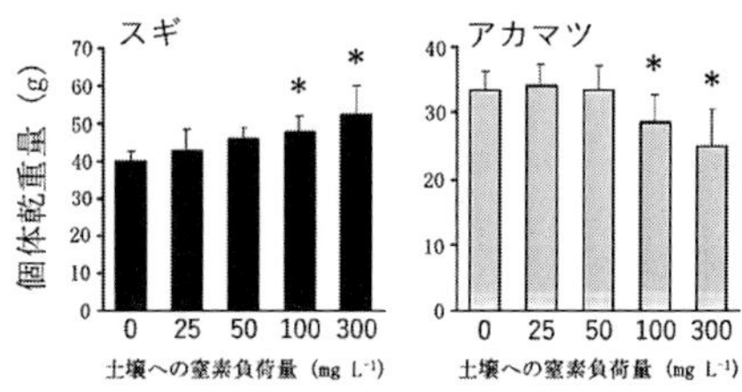

図 3 スギとアカマツの個体乾重量に対する土壌への窒素負荷の影響[1)]

よるそれに比べて著しい．この時，硫酸溶液によって酸性化させた土壌で育成したブナ苗の葉のRuBPカルボキシラーゼ／オキシゲナーゼ（Rubisco）濃度は低下するが，硝酸溶液によって酸性化させた土壌で育成した個体のそれは低下しない．この原因として，硝酸溶液に含まれる窒素（N）による施肥効果によって葉の可溶性タンパク質濃度が増加したため，Rubisco濃度が低下しないことが考えられる．

2) 土壌窒素過剰　人為起源の窒素放出量の増加に伴い，大気から地表面への窒素沈着量が増加している．そのため，森林生態系への窒素供給量が植物や微生物の要求量を超えた状態になる窒素飽和（nitrogen saturation）が森林衰退の一因として注目されている．

硝酸アンモニウム溶液（NH_4NO_3）によって土壌1Lあたり0，25，50，100，300mgの窒素を添加した褐色森林土でアカマツとスギの苗木を2年間にわたって育成すると[1)]，土壌への窒素添加量の増加に伴ってアカマツ苗の針葉におけるP濃度が低下し，最も窒素を土壌に添加した300 mg N·L^{-1}区では針葉のMg濃度も低下するため，針葉のN/P比とN/Mg比が増加する．アカマツ苗においては，土壌への窒素添加によって細根における菌根菌の感染率が低下するため，菌根を介した養分吸収が阻害されたことが考えられる．純光合成速度の低下が認められた300 mg N·L^{-1}区で育成したアカマツ苗においては，Rubiscoの濃度と活性の低下が認められ，300 mg N·L^{-1}区で育成したアカマツ苗の個体乾重量は対照区（0 mg N·L^{-1}区）のそれに比べて約35％低下する（図3）．これに対して，スギ苗の個体乾重量は，土壌への窒素添加量の増加に伴って増加する（図3）．これらの結果は，土壌への窒素負荷に対する感受性に樹種間差異があり，スギに比べてアカマツの感受性は比較的高いことを示している．また，常緑広葉樹の土壌への窒素負荷に対する感受性に樹種間差異があり[2)]，硝酸アンモニウム溶液による褐色森林土への窒素負荷によってスダジイ，マテバシイおよびアラカシの個体乾物成長は低下するが，アカガシのそれは増加する．

［伊豆田　猛］

文　献

1) 伊豆田　猛：大気環境学会誌，**37**：81-95，2002.
2) 伊豆田　猛：大気環境学会誌，**51**：85-96，2016.

4-18 植物に対する地球温暖化の影響

Effects of global warming on plant

地球温暖化は現在最も深刻な環境問題の一つである．植物はその長い歴史の中で数多くの環境変動に適応してきた．しかし現在問題となっている地球温暖化は，植物が経験したことのない速度で進行しており，その影響が懸念されている．植物影響を考えるうえでは，温暖化に伴う気候変動の影響も大きい．特に降水量の減少は植物の生死にかかわる重要な問題である．温暖化の主要な原因物質は二酸化炭素（CO_2），メタンおよび亜酸化窒素（N_2O）であるが，このうち CO_2 は光合成反応の基質であり，植物の成長に必要不可欠なものである．そのため，大気 CO_2 濃度の増加は直接的に植物活性に影響を及ぼす．

a．気候変動の影響

1）植物個体レベルでの影響　気候変動によって降水量が減少すると植物に乾燥ストレスが引き起こされる．また，気温上昇も乾燥ストレスの原因になり得る．これは蒸散の温度依存性によって説明される．植物体内の水分が大気に放出される現象を蒸散という．この蒸散は基本的には水の蒸発現象であるため，気温が高くなるにつれて蒸散が促されるようになる．その結果，植物の水分損失が促進され，乾燥ストレスが引き起こされる．

植物が乾燥環境に曝されると，主要な蒸散経路である葉の気孔を閉鎖することによって，過度な蒸散を抑制する（図1）．しかしながら，気孔は光合成に必要な CO_2 の取込み口でもあるため，気孔閉鎖が起こると，大気から葉内への CO_2 の供給が抑制される．その結果として光合成速度が低下し，植物の成長阻害や農作物の収量低下が引き起こされる．

乾燥環境で育成した植物は，通常の水分環境で育成した植物よりも地上部乾重量と地下部乾重量の比率（地上部／地下部）が低くなる．つまり，根が相対的に大きくなる．これは，水を吸収する器官である根を増やすことによって，土壌中の限られた水分を効率よく吸収するための順化応答と考えられている．

2）生態系レベルでの影響　植生の分布は気候条件と密接に関係している．北半球における植生の分布は，温暖化に伴って北上すると予想されているが，植物の移動速度は温暖化の進行速度よりも遅いた

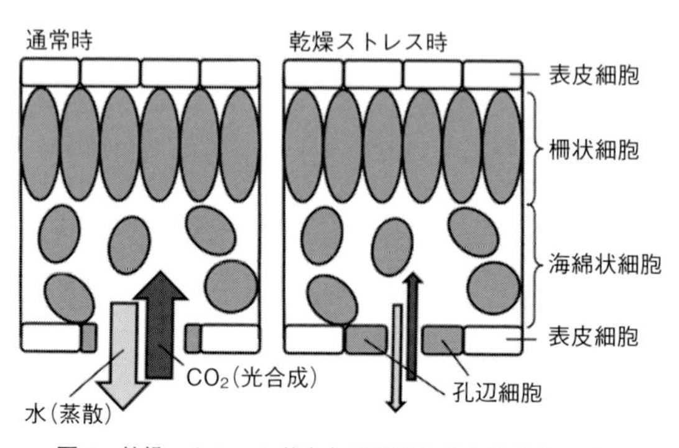

図1　乾燥ストレスに伴う気孔閉鎖と光合成速度の低下
乾燥時には孔辺細胞に囲まれた気孔が閉鎖し蒸散が抑制される．しかし葉内への CO_2 の取込みも阻害されるため，光合成速度が低下する．

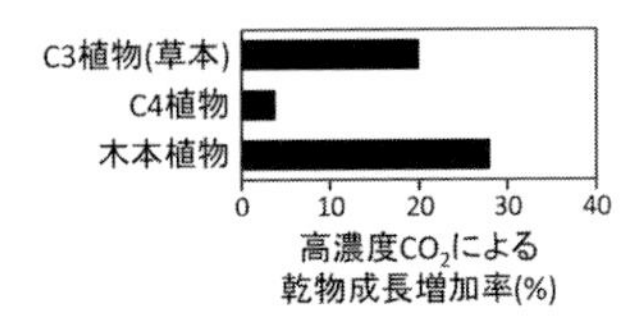

図2　高濃度 CO_2 による植物の乾物成長増加率（文献[1]より作図）

め，植物の生育適地と実際の気候が一致しなくなる可能性がある[3]．また，春先に気温が高いと桜の開花が早くなるというように，気温の上昇は開花・開葉・落葉などの生物季節（フェノロジー）の変化を引き起こす．一方で，昆虫の活動時期等，動物のフェノロジーも温暖化の影響を受ける．もし植物の開花時期と，花の蜜を吸い，その代わりに花粉を運ぶ昆虫の活動時期が温暖化の結果で同調しなくなった場合（フェノロジカルミスマッチ），両者の生存が困難となる可能性がある．

b．大気 CO_2 濃度増加の影響

CO_2 は植物の光合成反応の基質であるため，一般に CO_2 濃度の増加に伴って光合成速度は増加し，その結果として植物の成長も促進される（図2）．しかしC4植物においては高濃度 CO_2 による成長促進作用はあまり起こらない．これはC4光合成機構の中に CO_2 の濃縮機構が存在するため，大気 CO_2 濃度の増加が光合成の基質供給量の増加に直結しないためである，と考えられている[1]．一方で，C3植物内においても高濃度 CO_2 による成長促進の程度に種間差異があり，草本植物と比較して木本植物の方が高濃度 CO_2 による成長の促進が顕著である．

C3植物の高濃度 CO_2 に対する成長応答が種間で異なる要因の一つとして光合成の負の制御（down regulation of photosynthesis）が挙げられる．前述の通り，CO_2 濃度の

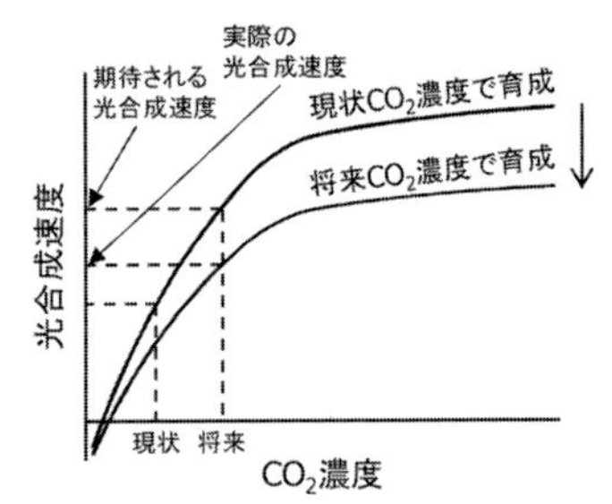

図3　CO_2 濃度と光合成速度の関係
将来予想されている高濃度 CO_2 環境で植物を育成すると，光合成の負の制御により期待した程，光合成速度の増加が見られないことがある．

増加に伴って光合成速度は増加する．しかし，実験的に高濃度 CO_2 環境で植物を数週間から数か月間育成すると，増加していた光合成速度が徐々に減少することがある（図3）．この現象を光合成の負の制御と呼ぶ．このような光合成の負の制御は，大気 CO_2 濃度の増加に伴う農作物の収量や森林の生産量の増加率の推定における不確実性を増加させる要因となっている．光合成の負の制御が起こる原因として，①葉における窒素等の養分濃度やその利用効率の低下，②光合成速度の増加に伴って増加した光合成産物（炭水化物）が，根や茎といった他の器官に十分輸送されず，葉に過剰蓄積すること等が考えられている[2, 4]．

［渡辺　誠］

文　　献

1）E. A. Ainsworth, S. P. Long: *New Phytologist*, **165**: 351–372, 2005.
2）小池孝良：植物と環境ストレス（伊豆田　猛 編），pp.88–144，コロナ社，2006.
3）松井哲哉他：地球環境，**14**：165–174，2009.
4）M. Watanabe, *et al.*: *Tree Physiology*, **31**: 965–975, 2011.

4-19 植物に対するエアロゾルの影響

Effects of aerosol particles on plants

エアロゾルが植物に及ぼす影響は，粒子の植物への沈着の有無によって直接影響と間接影響に分けることができる．間接影響とは，エアロゾルが太陽光を吸収または散乱することによって植物の光環境を変化させて及ぼす影響である．このような間接影響に関しては，エアロゾルによる光環境の変化やその変化への植物応答が単純ではないことから，不確実な点が多い．これに対してエアロゾルが植物の葉に沈着して及ぼす影響を直接影響と呼ぶ．本項では，この直接影響に関する知見を解説する．

a．植物に対するエアロゾルの直接影響

エアロゾルの直接影響として，道路粉じんやセメント工場からの粉じん，自動車や火力発電所からのばいじん等の粒径の大きい粒子の影響が，短期間の曝露実験によって数多く報告されている[1]．本項では，物理的影響と化学的影響に分けて紹介する．

1）物理的影響　ブラックカーボン等の光吸収性のエアロゾルが葉面に沈着すると，その遮光作用によって葉に到達する光量が低下し，純光合成速度が低下する．純光合成速度は光強度の増加に伴って高くなるが，ある一定以上の光強度では飽和する（図 1）．そのため，純光合成速度に対するエアロゾルの遮光影響は弱光条件で著しく，強光条件ではわずかである．しかしながら強光条件では，葉に沈着した粒子が光を吸収することによって葉温の上昇が引き起こされる．光合成には適温があり，適温より低いまたは高い葉温の時の純光合成速度は適温時のそれよりも低い．したがって葉に沈着した粒子による葉温上昇は，光合成の適温以下の条件では純光合成速度を増加させるのに対し，適温以上の条件ではそ

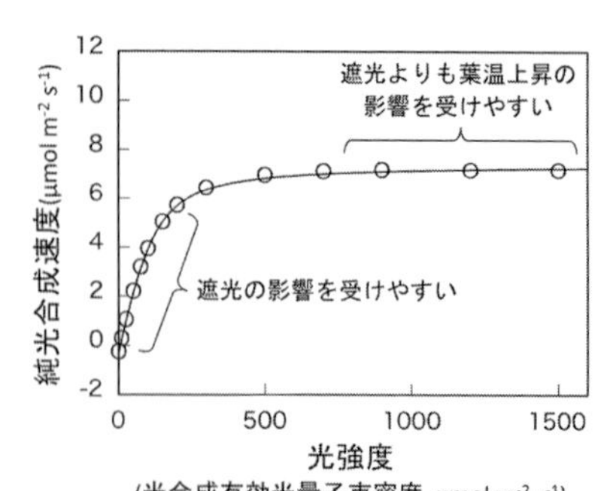

図 1　光強度の変化に対する純光合成速度の応答（スダジイ当年葉の測定例）

れを低下させる．さらに葉温上昇は，葉内の絶対湿度を上昇させることから，大気の絶対湿度との差を著しくさせ，蒸散速度を上昇させる．またその他の物理的影響として，大気と葉の間のガス交換の場である気孔にエアロゾル粒子が詰まることによって葉のガス交換能力を低下させる気孔閉塞作用も知られている．

2）化学的影響　エアロゾルの化学的影響として，火力発電所からのばいじんを用いた実験では，ばいじんの水溶液の pH が低く，電気伝導度が高いとインゲンマメの葉に生じる可視障害（褐色斑点）が著しかった．一方，アルカリ性を示すセメント粉じんを用いた実験では，インゲンマメの葉に著しい形態異常が発現した．このような害作用の程度は，粉じんやばいじんの主成分の単独影響だけでは説明できないことから，その他の成分との相乗的な作用も指摘されている．光合成に対する化学的影響に関する実験では，サブミクロンサイズの硫酸アンモニウム粒子および硝酸カリウム粒子を野外の数十倍以上の濃度で数時間曝露すると，トウモロコシおよびバーオーク（落葉広葉樹の一種）の純光合成速度がそれぞれ低下した（表 1）．これに対してダイズでは，同様の実験系において，硝酸アンモニウム粒子の曝露によって純光合成速度が増加した．このように，エアロゾルの

化学的影響はその成分や植物種によって異なっており，未だ解明されていない点が多い．

b．植物に対する微小粒子状物質（$PM_{2.5}$）の長期曝露実験

これまで述べてきた曝露実験で用いられた粒子の粒径は数 μm のものが多く，その曝露期間は短い．これに対して粒径がサブミクロンサイズである $PM_{2.5}$ の植物に対する長期的な影響に関する研究は限られている[2]．本項では，日本の代表的な樹木であるブナ，スダジイ，カラマツおよびスギに対するサブミクロンサイズのブラックカーボン粒子または硫酸アンモニウム粒子の長期曝露実験を紹介する．

樹木に対するブラックカーボン粒子の2成長期間にわたる長期曝露実験では，a-1）で述べたような物理的影響は認められなかった．その理由として，葉に沈着したブラックカーボンの量が，物理的影響が認められた短期曝露実験よりも少なかったことが挙げられている．一方，野外で生育する樹木の葉に沈着したブラックカーボンの量は，短期曝露実験のそれよりも著しく少ないが，長期曝露実験のそれよりは多い[2]．したがって，野外で生育する樹木に対するブラックカーボンの影響を評価するためには，野外レベルの沈着量での長期的な影響を明らかにしていく必要がある．

樹木に対する野外濃度レベルの硫酸アンモニウム粒子の長期曝露実験では，ブナ，スダジイおよびカラマツの純光合成速度に対する影響は認められなかった（表1）．しかし，スギの旧年葉の純光合成速度は硫酸アンモニウム粒子の曝露によって低下し，当年葉のそれは増加した．スギの針葉が影響を受けやすかった理由として，スギの針葉への粒子の沈着速度が高く，葉面沈着量が多かったことが挙げられている．硫酸アンモニウム等の潮解性の粒子が葉面で潮解すると，その溶質がクチクラや気孔を介して葉内に吸収されると考えられている．したがってスギの当年葉では，葉面に沈着した硫酸アンモニウム粒子が潮解して葉内に吸収され，アミノ酸等に代謝された結果，純光合成速度が増加したと考えられる．この結果は，潮解性のエアロゾル粒子が葉面に沈着すると，潮解後にその溶質が葉内に吸収され，葉内成分を変化させて生理機能に影響を及ぼすことを示している．

表1　純光合成速度に対するエアロゾルの化学的影響

粒子	曝露期間	植物	光合成影響
$(NH_4)_2SO_4$	2時間	トウモロコシ	低下
KNO_3	2時間	バーオーク	低下
NH_4NO_3	5時間	ダイズ	増加
$(NH_4)_2SO_4$	2成長期間（約500日）	ブナ，スダジイ，カラマツ	なし
		スギ	当年葉で増加，旧年葉で低下

c．野外で生育する植物に対するエアロゾルの影響評価に向けて

野外で生育する植物に対する $PM_{2.5}$ 等のエアロゾルの影響の実態は明らかになっていない．これまで述べてきたように，エアロゾルが植物に及ぼす直接影響はその成分や植物種によって異なっており，影響の程度を決める要因は葉面への沈着量である．したがって，野外で生育する植物に対するエアロゾルの影響を評価するためには，野外での葉面沈着量の測定や成分分析，そしてそれらに基づいて設計された曝露実験を行っていく必要がある．　［山口真弘］

文　献

1）平野高司：生物環境調節ハンドブック（日本生物環境調節学会編），pp.174-175，養賢堂，1995.
2）山口真弘，伊豆田　猛：大気環境学会誌，**51**（3）：A30-A36，2016.

4-20

成層圏オゾン層の破壊と UV-B 照射が植物に及ぼす影響

Disruption of stratospheric ozone layer and effects of ultraviolet-B radiation on plants

紫外線（ultraviolet light）は，波長により UV-A（315-400 nm），UV-B（280-315 nm），UV-C（280 nm 以下）に分類され，短波長になるほど生物に有害である．太陽光紫外線のうち 290 nm 以下は成層圏オゾン層（stratospheric ozone layer）で吸収され，地上へ到達しない．しかしながら，近年特定フロン等のオゾン層破壊物質の大気中への放出による成層圏オゾン減少が観測されており，UV-B 領域の紫外線の地上到達量の増加による生物への悪影響が懸念されている．UV-B は，核酸やタンパク質により吸収されてこれらを不活化し，生物に重大な影響を及ぼし得る[1]．

a．植物への UV-B 影響

1）個体レベルの影響　植物に対して強い UV-B を人工的に照射すると，成長量（biomass）の減少，生育阻害（growth retardation）に伴う葉面積・背丈の減少，葉の肥厚，葉縁部の巻き上がり（curling），クロロシス（chlorosis），光合成活性の低下などが観察される（図 1）．これらは，後述する UV-B の細胞レベルでの様々な影響の結果表れるものと考えられるが，未だに不明な点が多い．

これまで野外における UV-B による植物への影響に関する報告はほとんどないが，オゾンホールが一過的に上空を通過する南米フエゴ諸島において，6 年にわたり陸生植物への影響を調べた結果，人為的に太陽光 UV-B をカットした場合に比べて，自生するミズゴケ属植物と維管束植物の成長に若干の影響が見られたことが報告されている[2]．

また多くの農作物で，UV-B 照射により生育阻害が起こり，その程度には植物種・

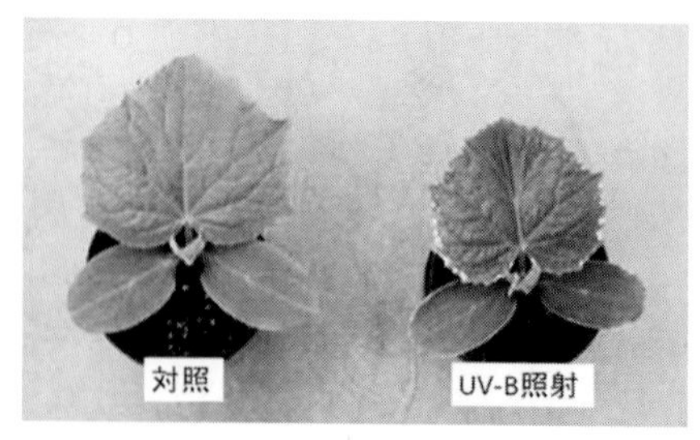

図 1　UV-B によるキュウリの生育阻害

品種間で差があることが報告されている．野外において 6 年間にわたり，成層圏オゾン量が 25% 減少した時の UV-B 量をシミュレートして照射したダイズでは，品種により種子の収量低下が起こることが報告されている[3]．またイネでは，野外での UV-B 照射実験により，玄米の品質が変化する可能性が指摘されている．一方，農作物に対する適切な量の UV-B 照射は病虫害を抑制するなどのプラスの効果があることも明らかになっている．

2）細胞レベルの影響　UV-B 照射によって，植物細胞内では直接的・間接的に生体成分が攻撃を受ける．DNA は UV-B から直接エネルギーを付与されることで損傷（DNA damage）を受け，ピリミジン二量体（pyrimidine dimer），6-4 型光産物（6-4 photoproduct）等が形成される．これにより，DNA 複製や転写阻害が起こり，細胞分裂停止や，深刻な場合には細胞死を引き起こす．また，UV-B 照射により生成する活性酸素種（reactive oxygen species：ROS）によって，生体膜等が損傷を受ける．

b．UV-B に対する防御メカニズム

1）UV-B 吸収色素の蓄積　植物は UV-B 照射に対する防御メカニズムを持つ．代表的なものとして，フラボノイド類（flavonoids）やフェニルプロパノイド類（phenylpropanoids）などの UV-B 吸収色素（UV-B absorbing pigment）の蓄積が

ある．このうちフラボノイド類はカルコンシンターゼ（Chalcone synthase：CHS）等の酵素による反応を経て生合成される．フラボノイド類はUV-Bの波長域に吸収を持ち，表皮細胞の液胞内に蓄積されることで，UV-Bの葉組織内部への浸透を防ぐ．植物へのUV-B照射により，*CHS*遺伝子発現が誘導されることが知られている．これは，UV-Bを刺激として防御効果のあるフラボノイド類産生を促すメカニズムであると考えられる．一方，*CHS*遺伝子を欠損するシロイヌナズナ変異体はUV-B感受性（UV-B sensitivity）を示し，UV-B照射下での生存が困難になることが報告されている．また，表皮組織の外側に蓄積したクチクラワックス（cuticular wax）もUV-B防御に関与すると考えられている．これらの防御メカニズムにより，約90%のUV-Bが遮蔽されるという報告がある[4)]．

2) DNA修復・活性酸素除去　UV-Bによりダメージを受けた細胞内の生体成分もまた様々なメカニズムによって修復される．UV-B照射により生成したDNA損傷は，DNA修復機構（DNA repair system）により修復される．植物では，光回復酵素（photolyase）によるピリミジン二量体・6-4型光産物の直接修復が主要な機構として知られる．光回復酵素はUV-Aおよび青色光によって活性化され，速やかにDNA修復を行う．光回復酵素遺伝子を欠損した変異体はUV-B感受性を示し，UV-B照射下での生存が著しく困難になる[5)]．光回復酵素以外の除去修復機構やDNA損傷乗り越え複製機構に関わる遺伝子の欠損によってもUV-B感受性が増加することから，これらもまたUV-B耐性獲得に重要であると考えられる．

UV-B照射により活性酸素種消去酵素（ROS scavenging enzymes）が誘導されることが知られている．一方，抗酸化物質であるアスコルビン酸の合成酵素欠損変異体がUV-B感受性を示すことから，アスコルビン酸がUV-B照射による影響回避に機能していると考えられる．

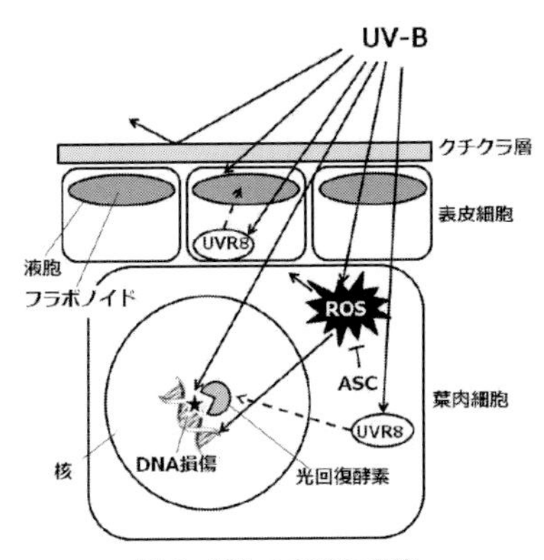

図2　植物のUV-B応答
実線および破線の矢印はそれぞれ直接的および間接的な反応を示す．ASC：アスコルビン酸，ROS：活性酸素，UVR8：UV-B光受容体．

c．UV-B応答の分子メカニズム

植物はUV-Bを感受すると，種々の防御反応を誘導して障害を防ぐ．この応答を司る実体であるUV-B光受容体（UV-B photoreceptor）としてUVR8タンパク質が報告されている．UVR8タンパク質はUV-B照射による*CHS*やDNA修復関連遺伝子等の発現誘導や，気孔閉鎖等の生理的応答をはじめ，様々な防御反応に関わっていることが明らかになりつつある（図2）．

［高橋真哉・佐治　光］

文　献

1) 寺島一郎：環境応答．朝倉植物生理学講座5，pp.57–64，朝倉書店，2001．
2) T. M. Robson, *et al.*: *New Phytol.*, **160**: 379–389, 2003.
3) A. H. Teramura, *et al.*: *Physiol. Plant.*, **80**: 5–11, 1990.
4) Y. -P. Cen, *et al.*: *Physiol. Plant.*, **87**: 249–255, 1993.
5) L. G. Landry, *et al.*: *Proc. Natl. Acad. Sci. U.S.A.*, **94**: 328–332, 1997.

4-21 植物の大気浄化機能

Atmospheric purification function of plants

植物の大気浄化機能は植物の持つ多様な環境保全機能の一つである．植物は光合成の過程で気孔から CO_2 等のガスを取り込むので，地球の炭素循環の中では海とならぶ主要な吸収源となっている．一方，局所的には植物・緑地の持つ大気浄化機能によって，大気汚染を改善する効果が期待されてきた．日本では1982年に道路構造令の改正，2007年には自動車 NO_x・PM法によって大規模道路の建設時や，高濃度沿道に緑地を中心とした環境施設帯を設けること等が行われてきた．

a．植物のガス吸収機能[1]

一般に，植物は日中に気孔を開いて CO_2 を吸収し，炭水化物を生産している．また，植物の葉面はクチクラ層で覆われ，水分放出を抑制するとともに，一部の大気汚染物質をその表面に吸着する．気孔を介した葉内へのガス吸収速度は，おおむね大気中のガス濃度と気孔底部のガス濃度との差に比例し，気孔開度によって変化する気孔拡散抵抗に反比例することが知られており，日射や気温などの環境条件が影響する．

b．緑地の大気汚染低減効果のメカニズム

緑地で大気汚染を低減しようとする場合，ガス吸収能力は冬期や夜間に著しく低下する．自動車排ガスの多い大規模沿道では，植栽面積に限りがあるで，植物による推定吸収量はわずかであり，濃度低下はほとんど期待できない．しかし，現実の緑地は局所的には大気汚染を低減する機能を有している．それは緑地が空気を吸収，吸着して浄化するだけでなく，遮蔽，拡散効果[2]を持つからである（図1）．

遮蔽効果は緑地によって大気の流れが物理的に阻まれることによって生じる，道路際等では重要な機能で，緑地帯の構造・密度等によって効果は異なる．拡散効果は大気の流れが緑地に遮蔽されて緑地の上空へ拡散することで，緑地後方の地表付近の大気汚染物質濃度は低下する．特に高密度の緑地で拡散効果は大きい．空隙の多い緑地では内部にガス等が進入しやすいので上空への拡散効果は低下する．ただ，緑地内では O_3 濃度も低下するので[2,3]，進入した NO の NO_2 への反応が緑地外に比べて抑制され，相対的に緑地内の NO_2 濃度が低下するものと思われる．緑地の設置で道路から離れることによる自動車排ガスの距離減衰効果も大きい．ただし，大気が拡散しやすい気象条件下では緑地内部の方が，より高濃度になることも少なくない．あくまで長期平均的には緑地が大気汚染の低減効果を持つということである[3]．

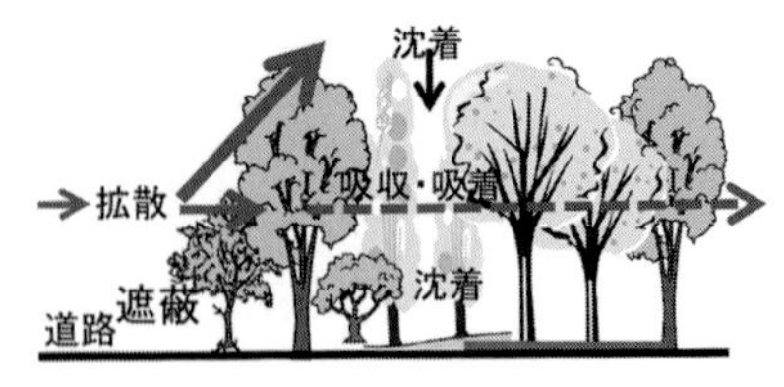

図1　沿道緑地による大気汚染物質の低減

c．緑地による大気汚染低減効果測定例[3]

緑地の局所的な大気汚染低減効果は一様ではないので，以下に測定事例を示す．

1）　都市の雑木林内外の NO_x 濃度　高密度で一部薮化した 0.3 ha の雑木林と，下草刈り等の管理の行き届いた 4.7 ha の雑木林内外で NO_x 濃度を比べてみると，予想に反して前者の NO_2 の低減率（(対照濃度－緑地内濃度)/対照濃度×100(%)）は平均22%（7～8月）で，通風の良い後者の雑木林の 12.5%（7～8月）を上回った．NO 濃度では後者の低減はわずか1%（6～12月では 6.7%），前者では緑地内が外部より 9.5% も高かった．一般に植物は

表1　沿道緑地帯内外のNO_2濃度等測定結果（単位：NO_2，NO（ppb），SPM（μg/m^3））

		対照	緑地内	濃度差	低減率
上尾	NO_2	29.1	25.0	4.1	14.1%
	NO	41.9	37.6	4.3	10.3%
	SPM	64.6	58.0	6.6	10.2%
与野	NO_2	38.3	35.6	2.7	7.0%
	NO	62.5	61.1	1.4	2.2%
	SPM	68.9	64.8	4.1	6.0%

備考：上尾は国道17号4車線，日交通量4.3万台，与野は同6車線8万台．調査は上尾1986年，与野1987年．緑地帯の幅は上尾が14 m，与野は13.6 m．道路端から緑地帯内外の測定点までの距離は両地点とも15.5 m．測定はザルツマンNO_x計による．

日射が強く気温が高いと活発なガス交換を行うが，野外では同条件が大気の拡散を促して一次汚染質濃度を低下させる．1時間値の変動の特徴からも，緑地内外の濃度差の変化には，大気拡散に影響する気象条件と植栽構造の影響が大きいことが確認されている．

2）沿道緑地帯内外のNO_x濃度　6月から12月にわたって高密度で壁状の緑地帯（上尾）と，空隙の多い一般的な緑地帯（与野）を調査した事例（表1）では，道路端から等距離の外部対照地点に対する緑地のNO_2濃度低減率は上尾が平均14.1%，与野が7.0%であった．いずれも道路から緑地帯方向への風向時に樹冠上部の濃度が上昇しており，その大きさは異なるが，遮蔽・拡散効果が確認されている．

14.1%の低減が見られた上尾運動公園の道路端のNO_2濃度は40.1 ppb，14 m離れた対照地点は29.1 ppbなので，対照地点での前面道路を走行する自動車からのNO_2濃度の寄与分は差し引き11 ppbとなる．そのうち4.1 ppbが低下したので，道路から14 mの地点では緑地帯が自動車排ガス寄与分の37%（4.1 ppb/11 ppb×100）を低減させたことになり，局地的対策としての効果は明らかである．

沿道緑地帯の遮蔽・拡散効果は気象条件で変化し，汚染物質の分布を変えることで局所的にはNO_2濃度を低下させている．同様にSPM濃度でも上尾で10.2%，与野で6%の低減効果が認められている．

3）都市公園内外のNO_2濃度分布　沿道緑地帯のある3か所の公園内外で1日曝露のPTIO-NO_xサンプラによる濃度分布調査を各1年間実施した事例（月2回，30数か所）でも，年平均値では公園内のNO_2濃度が確実に低減している．日平均値では，その時の主風向等によって濃度分布が様々に変化していた．公園内では自動車排ガスは発生せず，沿道緑地帯による遮蔽，拡散効果でその後方のNO_2濃度が低下し，公園内のNO_2濃度は平均的には外部に比べて低下することになる．なお，この遮蔽効果は高めの防音壁や建物等によっても見られることが確認されている．

d．大気汚染対策としての沿道緑地帯

高濃度大気汚染の対策だけ考えれば，沿道緑地帯は，遮蔽，拡散効果が発揮されるような植栽が望ましいが，近年，日本のNO_2，SPM等による沿道大気汚染は改善されつつある．$PM_{2.5}$の汚染は続いているが，現状では沿道環境と一般環境との濃度差はあまり大きくないので，遮蔽・拡散効果を活用すべき場面は少なくなっている．今後は緑地本来の大気浄化機能（吸収，吸着）を生かした，地域環境に配慮した植栽が求められよう．　［小川和雄］

文　献

1）戸塚　績，三宅　博：大気環境学会誌，**26**(4)：A71-80，1991.
2）荒木眞之他：林試研報，**321**：51-87，1983.
3）戸塚　績他：みどりによる環境改善，pp.26-42，朝倉書店，2013.

コラム　大気汚染の文化財への影響

Impact of Air pollution on cultural properties

文化財（cultural properties）および文化遺産（cultural heritage）は，人類の歴史を偲ばせてくれる世界共通の財産である．1972年のユネスコ総会において「世界の文化遺産及び自然遺産の保護に関する条約」が採択され，歴史上，芸術上あるいは学術上顕著な普遍的価値があるものを文化遺産と認定して保護している．しばしば世界文化遺産と呼ばれる．

人類が保護すべき文化財ではあるが，1960年頃からパルテノン神殿（ギリシャ），ケルン大聖堂（ドイツ），ウェストミンスター寺院（イギリス），自由の女神像（アメリカ）等で大気汚染（酸性雨）による被害が報告され始めた．これを受けて，大気環境学会の前身である大気汚染学会では，第33回の年会（大阪，1992年）に文化財関連のセッションが初めて設けられ，1993年から文化財影響分科会が発足した．日本では，文化財ではないが，1990年代に“コンクリートつらら”として話題となった．石像文化財のみではなく，鉄や銅等の金属からなる文化財の腐食の被害も報告されている．世界遺産登録はされていないが，鎌倉大仏では悪性さびであるアントレライト（$CuSO_4 \cdot 2(OH)_2$）が検出されている．

文化財の大気汚染被害は先進国で深刻であったが，今後は経済発展が著しく，大気汚染対策が十分ではない途上国において深刻化していくことが懸念される．

［大河内　博］

図1　アジアの至宝ともいうべきアンコール遺跡（写真はアンコールワット，筆者撮影）
観光客の急増に伴う自動車，二輪車の増加により，大気汚染の影響が懸念される．

5

対　　策

5-1 大気環境の保全政策

Institutional measures for air pollution control

本項では，大気汚染対策のための法制度を中心に紹介する．

a．ばい煙規制法

わが国の大気環境問題に対する政策的な取組みは，第二次世界大戦後の経済復興期に立地操業した工場を抱える大都市自治体が独自に公害防止条例を制定したり，個別工場と公害防止協定を締結したりしたことに端を発する．

その後の高度経済成長期において，産業構造が重化学工業化し，全国各地で国民の健康や生活環境への影響が深刻化していった．そうした状況を背景に，各自治体の対応に任せていたのでは限界があり，全国的な規模で対策を実施していくための制度の制定が叫ばれ，1962 年に大気汚染防止に関する最初の立法である「ばい煙の排出の規制等に関する法律」（以下，ばい煙規制法）が制定された．

ばい煙規制法では，排出規制の対象となる指定地域と対象施設を指定し，地域ごとに規制基準を定めて遵守を義務づけ，都道府県知事が規制基準の遵守状況を取り締まる仕組みとなっている．具体的な規制方法としては，対象施設の新設・改造時の届出制度を設けるとともに，知事による立入検査・報告聴取を定め，基準を遵守していない時は知事が改善命令，さらに一時使用停止命令を発することが主眼である．このほか，事故と緊急時措置を規定し，大気汚染紛争への知事による和解仲介制度を定めている．

b．公害対策基本法

高度経済成長による全国的な工業立地と重化学工業化の進展に伴い，大気汚染や水質汚濁を始め様々な公害問題が複合的に発生し，深刻化していった．そのため，ばい煙規制法等の個別の法律で対応するのでは限界があるとの認識から，公害対策を総合的に推進するための制度化が求められた．そして，1967 年に公害対策基本法が制定された．

この法律は，個別の公害事象を規制するものではなく，公害対策を政府が一丸となり，地方公共団体と連携して，総合的・計画的に推進していくことを狙ったものである．この基本法の下に，個別の公害事象の規制法や公害健康被害の救済，公害紛争処理等に関することが位置づけられるという制度体系が整備されていくこととなる．

この法律の多くの特徴のうち二つを挙げると，まず，「環境基準」を規定したことである．環境基準は「国民の健康を保護し，生活環境を保全する上で維持されることが望ましい」基準と規定されており，総合的な公害対策を計画的に推進するための行政目標という性格を持っている．この目標を達成するために，この法律に規定されたその他の施策を推進するとともに，個別の規制法等を施行するという仕組みである．

もう一つは，公害の著しい地域を定めて公害対策を総合的・計画的に進めていく「公害防止計画」を知事が策定して，政府が財政支援するという仕組みである．

こうした規定や措置は，1993 年に制定された「環境基本法」にも基本的に継承されている．

c．大気汚染防止法

ばい煙規制法の制定・施行後は，降下ばいじん量は減少し，目に見える煙は大幅に改善された．しかし，硫黄酸化物による目に見えない大気汚染は一層進み，自動車交通量の増加に伴って問題化した自動車排出ガス対策には手がつけられていなかった．そこで，公害対策基本法の制定を受けて，1968 年にばい煙規制法は廃止され，「大気汚染防止法」が制定された．

この法律の概要は，次の通りである．

1) 固定発生源の排出規制　工場に代表される固定発生源からの大気汚染物質については，ばい煙（ばいじん，有害物質等）の対象物質の種類を特定し，発生施設ごとに排出基準を定めるという方式をとっている．ばい煙規制法との大きな違いは，排出規制の内容が格段に拡充・強化されたこと，一般排出基準は全国一律に適用されることである．加えて，一般基準では大気汚染の十分な改善が見られない地域では，新設施設に対するより厳しい特別排出基準，都道府県知事による上乗せ基準が適用される．

以上の規制は，施設ごとの濃度基準を基本としているが，1970 年の法改正により，従来の規制だけでは環境基準の達成が困難な地域では，大規模工場に対して工場ごとの排出総量を定める総量規制も適用されている．

2) 移動発生源の排出規制　自動車からの排出ガス対策としては，従来は，道路運送車両法に基づく保安基準の行政運用により，新型車の型式認定の一環として排ガス中の一酸化炭素の濃度規制が行われていた．大気汚染防止法では，排出ガスの許容限度を定めることが規定された．これを受けて，一酸化炭素に加え，炭化水素，窒素酸化物，粒子状物質等について，許容限度が定められ，その後の汚染動向，自動車台数の増加，自動車単体技術の進展等に応じて，逐次規制が強化されていった．

また，自動車の燃料に含まれる硫黄，鉛等の物質の許容限度も定められた．

3) 新たな汚染物質に対する規制　過去に石綿を断熱材等として使用して建設された建築物の解体が増加し，その飛散による健康影響が懸念されたため，石綿を特定粉じんに指定して，建築物の解体等工事に関わる作業基準等を定めている．

また，光化学オキシダントや浮遊粒子状物質の原因物質である有機溶剤等の揮発性有機化合物について，排出基準が定められた．

さらに，長期的な曝露により発がん等の健康影響が懸念される物質を有害大気汚染物質と定義し，未然防止の観点から国や自治体による環境調査や排出抑制技術情報の普及により，事業者の自主的な対策を促進している．

d．その他の法制度

1) 自動車 NO_x・PM 法　自動車交通量が多く，交通渋滞の著しい大都市地域（首都圏，愛知・三重圏，大阪・兵庫圏）では，この法律に基づいて特別に厳しい排出基準が設けられて，車検時に適合しない車は使用できなくなる．

また，国は総量削減基本方針を策定して 2020 年度までに環境基準を達成することを目標としている．関係する 8 都府県は，総量削減計画を策定して対策を計画的に進めている．

2) オフロード法　油圧ショベルやフォークリフト等で公道を走行しないオフロード特殊自動車については，2005 年に制定されたこの法律に基づいて，新たに排出ガスの規制が行われるようになった．

［石飛博之］

文　献

1) 大気環境学会史料整理研究委員会（氷見康二ほか）：日本の大気汚染の歴史，第 1 章 日本の大気汚染の歴史概要，第 8 章 大気保全政策の推進，公害健康被害補償予防協会，2000.

5-2 大気環境を守る基準や指針

Standards and guidelines for preserving air quality

大気環境を守る基準や指針には，大きく分けて，大気環境中の望ましい物質濃度の基準と，発生源から排出される物質の濃度や量を規制する排出基準に分けられる．

a. 大気環境基準等

1) 大気環境基準　環境基準は，環境基本法第16条に，「政府は，大気の汚染，水質の汚濁，土壌の汚染及び騒音に係る環境上の基準について，それぞれ，人の健康を保護し，及び生活環境を保全する上で維持されることが望ましい基準を定めるものとする」とされており，環境行政上の目標である．環境基準はこの法律に基づき，環境庁告示（環境省告示）により，汚染物質等の種類ごとに基準値，測定方法，達成期間等が設定されている．なお，ダイオキシン類については，ダイオキシン類対策特別措置法第7条に基づき，大気環境基準が設定されている（付表1参照）．

環境基準は疫学調査等による汚染物質の人への健康影響等の知見に基づき設定されているが，常に適切な科学的判断が加えられ，必要な改定がなされなければならないとされている．これまでには，SO_2の「年平均値が0.05 ppmを超えないことなどの諸条件（1969年設定）」が1973年に，NO_2の「1時間値の1日平均値0.02 ppm以下（1973年設定）」が1978年に現行の値に改定されている．

図1にわが国におけるSO_2，NO_2，SPMの環境基準適合率の推移を示した．SO_2は1980年代以降は達成率がほぼ100%となっている．NO_2とSPMは特に自排局で達成率が低かったが2000年代に改善が進み，近年では達成率もほぼ100%になっている．

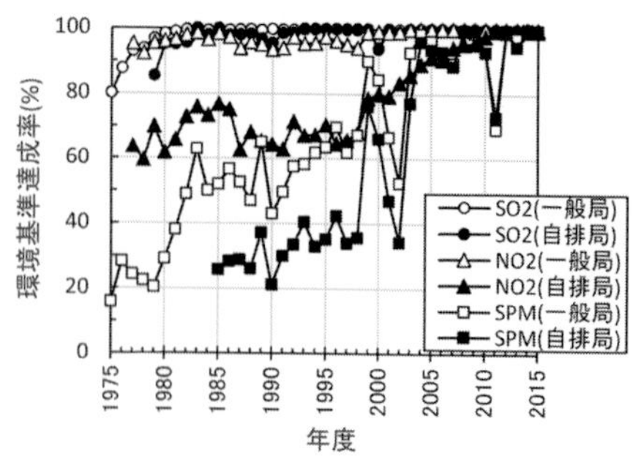

図1　環境基準達成率の推移(環境省ホームページデータおよび環境白書より作成)

表1　$PM_{2.5}$の環境基準（μg/m^3）

国	年平均値	日平均値
米国	12	35
EU	25	-
韓国	25	50
中国	35	75
WHO（指針値）	10	25

環境省，中国における$PM_{2.5}$に関する説明・相談会資料より．

大気環境基準は世界的には各国の実情によって異なっている場合が多い．表1に一例として$PM_{2.5}$の環境基準を示した．

2) 指針値　環境省が規定している指針値には，光化学オキシダント（Ox）関連のものと，有害大気汚染物質関連のものがある（付表2参照）．

非メタン炭化水素（NMHC）は，Ox生成の原因物質であり，Oxを日最高1時間値0.06 ppm以下にするための指針値として「午前6時から9時までのNMHCの3時間平均値は0.20 ppmCから0.31 ppmCの範囲にある」とされている（1976年）．

Oxについては，昼間の日最高1時間濃度等の指標は気象要因による変動が大きいため，環境改善効果を適切に示すための指標として，8時間値の日最高値の年間99パーセンタイル値の3年平均値が設定された（2016年）．

有害大気汚染物質関連では，環境中の有害大気汚染物質による健康リスクの低減を図るための指針となる数値として，9物質の指針値が設定されている．

b．排出基準等（付表3参照）

1）法律に基づく排出基準　大気環境基準の達成・維持のため，大気汚染防止法（ダイオキシンについてはダイオキシン類対策特別措置法）により，固定発生源（工場・事業場）からのばい煙，揮発性有機化合物（VOC），水銀，ダイオキシン，粉じん，有害大気汚染物質について排出規制等が規定されている（5-7項参照）．

ばい煙は，硫黄酸化物等の7種類の物質と定義されており，ばい煙発生施設を対象に排出基準が定められている．ばい煙の排出基準には，ばい煙発生施設ごとに国が定めた一般排出基準のほか，大気汚染が深刻な地域に適用する特別排出基準（硫黄酸化物，ばいじん），一般排出基準や特別排出基準では汚染防止が不十分な地域において都道府県が条例で定める上乗せ排出基準（ばいじん，有害物質），施設ごとの一般排出基準等では環境基準の確保が困難な地域において大規模な工場等に適用される総量規制基準（硫黄酸化物，窒素酸化物）がある．硫黄酸化物の排出基準はK値規制によって定められている（総量規制とK値規制については5-18項参照）．

ばいじんおよび窒素酸化物の排出は濃度規制方式であり，ばい煙発生施設の種類および規模ごとに定められている．排出ガスの濃度を空気で希釈して排出基準以下にすることを防ぐため，ばいじんおよび窒素酸化物濃度は標準酸素濃度での状態に補正することになっている．

窒素酸化物以外の有害物質の排出基準は，物質の種類，施設の種類ごとに排出ガス中の濃度で規定されている．

VOCは光化学オキシダントや浮遊粒子状物質の原因物質として，VOC排出施設を対象に排出ガス中の濃度で排出基準が規定されている．VOC対策については，排出規制と自主取組のベストミックス方式が導入されており，規制対象施設は大規模なものに限られたものとなっている．

水銀については，水俣条約が採択されたことから排出濃度規制が規定された（6-19項）．

粉じんについては排出形態が煙突等ではないため，排出規制ではなく構造基準等が規定されている．

有害大気汚染物質3物質（指定物質：ベンゼン，トリクロロエチレン，テトラクロロエチレン）については，規制ではなく，指定物質排出施設からの排出の抑制に関する濃度基準（抑制基準）が設定されている．

ダイオキシン類については，廃棄物焼却炉等の5種類の大気基準適用施設について，毒性等価換算濃度による排出基準が設定されている（7-8項）．

2）自治体の条例に基づく排出基準

法律で規定されていない施設や物質について，自治体が条例で排出基準を定めて規制をしている場合がある．

3）協定に基づく排出基準　法令に基づく規制以外に重要な対策として，自治体や地元住民団体等と排出企業との公害防止協定が挙げられる．一般的に協定では，法令よりも厳しい自主的な排出基準を設定し，環境保全に努めている．　［上野広行］

文　献

1）環境省ホームページ（大気汚染対策）．

2）公害防止の技術と法規編集委員会：新・公害防止の技術と法規，大気編，大気概論，産業環境管理協会，2017．

5-3 固定発生源の監視と測定

Monitoring and measurements for stationary source emission gas

大気汚染物質の排出源には，固定発生源と移動発生源（自動車）があり，それぞれに対して規制や基準値が定められている．

a．固定発生源の大気汚染防止法の概要

1）ばい煙排出規制[1]　ばい煙とは物の燃焼等に伴い発生する①硫黄酸化物，②ばいじん，③有害物質（カドミウムおよびその化合物，塩素および塩化水素，フッ素・フッ化水素およびフッ化ケイ素，鉛およびその化合物，窒素酸化物），をいい，33の項目に分けて，一定規模以上の施設がばい煙発生施設として定められている．

ばい煙の排出基準には，一般排出基準，特別排出基準（汚染が深刻な地域で新設施設に適用されるより厳しい基準；硫黄酸化物，ばいじん），上乗せ排出基準（都道府県が条例によって定めるより厳しい基準；ばいじん，有害物質），総量規制基準（大規模工場に適用される基準；硫黄酸化物，窒素酸化物）があり，量規制，濃度規制および総量規制の方法がある．規制方式の概要を表1に示す．

表1　ばい煙の規制方式の概要

物質名		規制方式概要
硫黄酸化物		①排出口の高さ（He）および地域ごとに定める定数Kの値に応じて規制値（量）を設定 ②季節による燃料使用基準（燃料中の硫黄分を地域ごとに設定） ③総量規制（地域，工場ごと）
ばいじん		施設・規模ごとの排出基準（濃度；標準酸素濃度補正方式） 一般排出基準；0.04～0.7 g/Nm^3 特別排出基準；0.03～0.2 g/Nm^3
有害物質	窒素酸化物以外	施設ごとの排出基準（濃度）
	窒素酸化物	①施設，規模ごとの排出基準（濃度；新設，既設） ②総量規制（地域，工場ごと）

2）常時監視　固定発生源施設を設置している者は排出濃度や量を測定し，その結果を記録する義務があり，管轄都道府県職員は排出基準の遵守の点検のために，工場等に立入ることや必要な事項の報告を求めることができる．法律上，総量規制地域以外は常時監視の義務はないが，大部分の施設で常時監視が行われている．

b．排ガス中の大気汚染物質測定方法

1）監視項目　発生源の監視には，ばい煙排出規制で定められている成分以外に，燃焼管理のための一酸化炭素（CO），窒素酸化物を除去するための脱硝設備に使用されるアンモニア（NH_3）や地球温暖化ガスである二酸化炭素（CO_2），一酸化二窒素（N_2O）等が常時監視されている．

2）監視の対象　発生源の監視対象施設は，電力発電における燃焼管理や公害防止のための脱硝・脱硫管理および最終的に煙突から排出される排ガスの濃度管理や廃棄物焼却設備における燃焼管理や煙突からの排出ガス監視等がある．

3）排ガスサンプリング方式　大気汚染の防止のためには，固定発生源からの汚染物質の抑制を効果的に行う必要があり，固定発生源対策の実効性を確保するためには，排出量を正確に把握することが不可欠である．

排出源のモニタリングを的確に行うためには，多種多様な施設の類型に対応した検討が必要である．試料採取点の決定から，計測器の選択・設置，維持管理，精度管理が必要となる．排出源の測定方法には，化学分析法（手分析法）と連続測定が可能な自動計測器がある．

自動計測器には試料採取方法の違いにより，試料ガス吸引採取方式（図1），試料ガス非吸引採取方式（図2）がある．試料

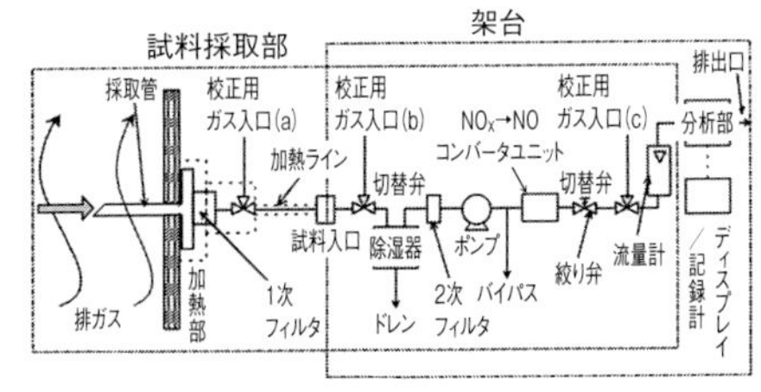

図 1　試料ガス吸引採取方式[2)]

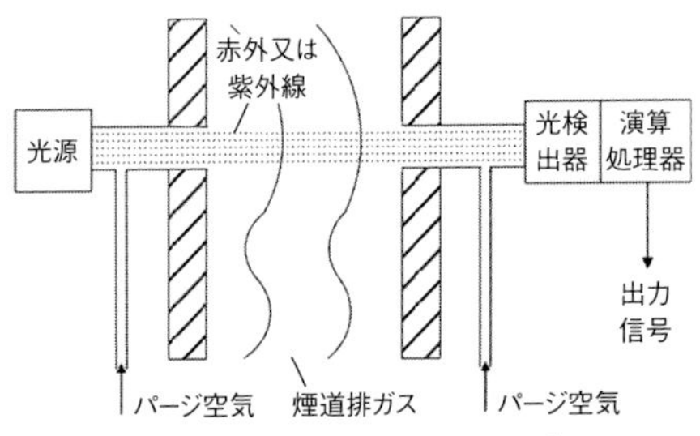

図 2　試料ガス非吸引採取方式[2)]

ガス吸引採取方式の試料採取部は，自動計測器の干渉影響成分の除去（水分等）や，各種部品の寿命や交換周期に影響する成分の除去（例えばダスト，ミスト）等のために使用される．また試料採取部は，測定対象成分である，二酸化硫黄（SO_2）や二酸化窒素（NO_2）等の溶解損失を最小限に抑えるとともに，硫酸アンモニウムや硝酸アンモニウム等の化合物生成による損失や結晶化による閉塞を防止する必要がある．このため，各測定対象施設（ボイラ排ガス，廃棄物焼却，鉄鋼，ガラス溶融炉等）に応じた最適なサンプリングシステムを選定する必要がある．

4)　分析計[3)]　分析計の測定原理としては，各測定成分に応じて以下の方式がある．NO_x の計測では，主に赤外線吸収方式，化学発光方式，紫外線吸収法方式が，SO_2 の計測では，主に赤外線吸収方式，紫外線吸収法方式が，O_2 の計測では，主に磁気風方式，磁気圧力方式，ジルコニア方式やガルバニ方式が，CO_2 や N_2O では，赤外線吸収方式が用いられている．

測定原理，測定精度，性能試験方法や分析計の構成等についてはJIS規格で定められている．

5)　酸素換算　O_2 自体は大気汚染物質ではないが，汚染物質の排出の際，空気で薄めて出すことを防止するためや，排出ラインへの空気の漏れ込みによる希釈を考慮に入れる必要から，汚染物質を濃度により規制する場合は，施設の種類によって定められた酸素濃度に換算して測定濃度を示す方法が用いられている．

例；窒素酸化物の量 C の計算式

$$C=\frac{21-O_{\mathrm{n}}}{21-O_{\mathrm{s}}}\times C_{\mathrm{s}}$$

ここで，O_{n} は施設の種類により定められた酸素濃度（%），O_{s} は排出ガス中酸素濃度（%）(20% を超える時は 20% とする)，C_{s} は窒素酸化物の実測濃度（標準状態換算）である．

6)　特定計量器（計量法）　日本では計量法による検定制度があり，特定計量器を用いて，取引または証明のための計量をする者に対して正確な計量ができることを，公的機関で確認された検定済計量器を用いるよう義務付けられている．

特定計量器では，国際的にトレーサブルな標準ガスによる校正を含めた，体系的な精度管理ができるため，試料ガス吸引採取方式が主流であり，精度管理がされている．

［藤原雅彦］

文　　献

1) 大気汚染防止法（環境省ホームページ）.
2) 日本工業規格 JIS K0095 排ガス試料採取方法.
3) 日本電気計測器工業会編：環境計測器ガイドブック，2006.

5-4 大気環境の監視と測定

Monitoring of air quality

a. 大気汚染防止法に基づく常時監視

大気汚染を防止し，住民の健康の保護等を図るためには，大気環境の管理が必要である．つまり，大気汚染防止法に基づく排出規制等の効果や環境基準の達成状況を絶えず把握することが必要である．

大気汚染の常時監視とその結果の公表は，大気汚染防止法第 22 条，24 条により，都道府県知事に義務付けられている．また，大気汚染防止法施行令第 13 条により，政令指定都市，中核市，13 条に定める政令市は都道府県に代わって常時監視を行うことになっている．

大気環境基準項目の測定方法については，それぞれの環境基準において指定されている（付表 1，2-15 項参照）．また，常時監視測定局の配置の考え方等の測定の詳細については，「大気汚染防止法第 22 条の規定に基づく大気の汚染の状況の常時監視に関する事務の処理基準」により規定されている．以下には，主に事務の処理基準に示されている測定の概要を記す．

1）測定対象　常時監視の測定項目は，基本的に環境基準項目と有害大気汚染物質の中の優先取組物質である．その他に光化学オキシダント生成の原因物質である非メタン炭化水素，大気汚染状況を適切に評価するために一酸化窒素および風向・風速などの気象要素の測定を行う．

2）測定局の数および配置　測定局の数については，人口および可住地面積による算定方法（次の a と b の算定数のうち数の少ない方；a：人口 75000 人あたり一つの測定局を設置，b：可住地面積 25 km^2 あたり一つの測定局を設置）が基本的な測定局数とされているが，その他，環境濃度レベル，測定項目の特性，地域の自然環境，社会的状況等を勘案して都道府県が政令市と協議のうえ決定する．

測定局の配置についても地域の実情に応じて決定されるが，測定局は大気汚染状況を監視するための一般環境大気測定局と，自動車による大気汚染状況を監視するための自動車排出ガス測定局に区分している．有害大気汚染物質の測定地点については，一般環境，固定発生源周辺，沿道に区分される．

参考として，表 1 にわが国における 2015 年度の有効測定局数と環境基準達成率，表 2 に環境基準が設定されている有害大気汚染物質の測定地点数と環境基準超過地点数を示す．有効測定局の数は一般大気環境測定局が最も多い SPM で 1300 程度，自動車排出ガス測定局が最も多い NO_2 で 400 局程度である．

有害大気汚染物質の測定地点数は，一般環境で 200 地点強，固定発生源周辺と沿道は最も多いベンゼンで 80 地点程度となっている．

3）測定頻度　有害大気汚染物質以外は原則として年間を通じて連続的に測定を行う．有害大気汚染物質は原則として月 1

表 1　わが国における 2015 年度の有効測定局※数および環境基準達成率

	一般環境大気測定局		自動車排出ガス測定局	
	局数	達成率	局数	達成率
NO_2	1253	100	400	99.8
SPM	1302	99.6	391	99.7
Ox	1144	0	29	0
NMHC	329	-	153	-
SO_2	974	99.9	51	100
CO	57	100	230	100
$PM_{2.5}$	765	74.5	219	58.4

※：年間測定時間数が 6000 時間以上の測定局．

環境省：平成 27 年度大気汚染状況についてより作成．

表2　わが国における2015年度の測定地点数および環境基準／指針値超過地点数（有害大気汚染物質）

物　　質	一般環境		固定発生源周辺		沿　道		沿道かつ固定発生源周辺	
	地点数	超過地点数	地点数	超過地点数	地点数	超過地点数	地点数	超過地点数
ベンゼン	216	0	83	0	88	0	11	0
トリクロロエチレン	248	0	43	0	61	0	1	0
テトラクロロエチレン	253	0	38	0	60	0	1	0
ジクロロメタン	235	0	58	0	57	0	5	0

環境省：平成27年度　大気汚染状況について（有害大気汚染物質モニタリング調査結果報告）より筆者作成.

回以上の測定を実施し年平均値を求める．サンプリングは連続24時間とし，実施する曜日が偏らないようにすることが望ましい．

4）試料採取口の高さ　試料採取は，人が通常生活し，呼吸する面の高さで行うという考えから，地上1.5 m以上10 m以下が基本となっている．ただし，SPMと$PM_{2.5}$については，地上からの土砂の巻上げの影響を排除するため，地上3 m以上10 m以下とされている．

5）測定方法，精度管理および保守管理　測定方法，精度管理および保守管理については，環境大気常時監視マニュアル，有害大気汚染物質測定方法マニュアルによるものとする．

6）測定値の評価　測定対象項目ごとに短期的評価，長期的評価，さらにそれぞれの評価方法（1日平均値の98%値等）等が規定されている．

7）成分分析　$PM_{2.5}$については，$PM_{2.5}$とその前駆物質の大気中での挙動についての知見が十分でなく，効果的な対策を検討するため，成分分析を行うこととされている．測定の詳細は微小粒子状物質（$PM_{2.5}$）の成分分析ガイドライン，大気中微小粒子状物質（$PM_{2.5}$）の成分測定マニュアルに規定されている．

8）結果の公表　常時監視結果は各自治体が取りまとめて冊子や電子媒体，ウェブ上で公表するとともに，環境省が全国のとりまとめをして公表している．自治体のウェブサイトや環境省のウェブサイト「そらまめ君」ではリアルタイムの測定値も見ることができるが，これらは速報値であり，後で修正される可能性もある．異常値のカットなど，データの確定には時間がかかるため，確定値が公表されるのは測定からかなり後になるのが普通である．

b．越境大気汚染・酸性雨長期モニタリング

東アジア地域では，東アジア酸性雨モニタリングネットワーク（EANET）によるモニタリングが行われている（詳細は6-7項参照）．

国内では，環境省がEANETや自治体と連携し，越境大気汚染・酸性雨長期モニタリングを実施している．また，全国環境研協議会による国内を網羅した酸性雨調査も1981年から行われている．［上野広行］

文　　献

1）環境省ホームページ（大気汚染対策）．http://www.env.go.jp/seisaku/list/air.html

2）入門講座「大気環境モニタリング」，大気環境学会誌，**52**（3）～（6），2017，**53**（1），2018.

5-5 大気環境の緊急時情報

Criteria for issuing alerts and corresponding countermeasures

a．緊急時の措置等

大気汚染防止法（大防法）第23条では都道府県知事等が，政令（大防法施行令第11条）で定める場合にとるべき緊急時の措置等を定めている．付表5のように硫黄酸化物，浮遊粒子状物質，一酸化炭素，二酸化窒素およびオキシダントについて，緊急時の措置をとるべき場合が定められている．この措置とは，「各発生源が排出規制値を遵守していても，気象条件等によって，著しい大気の汚染が発生し，人の健康または生活環境に被害を生じるおそれがあるような緊急の事態が発生した時に，その事態について一般に周知するとともに，ばい煙を排出する者または自動車の使用者若しくは運行者に対して，ばい煙の排出量の減少または自動車の運行の自主的制限について協力を求めなければならない」と規定されている[1)]．

都道府県等では大防法で定める場合に加えて，条例または実施要綱により予報および警報（注意報と重大緊急報との中間の濃度）の区分を設けるほか，発令・解除にあたっての必要事項等を定めている．

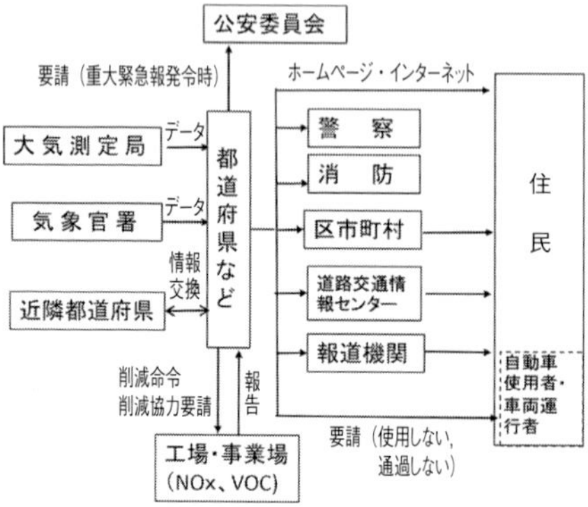

図1 緊急時措置発令の情報の流れ

緊急時の措置はこれまで硫黄酸化物およびオキシダントについて発令された．

1) 硫黄酸化物　前日または当日の午前中に発令が予想される場合に予報が発令され，また現に付表5の濃度に達しており気象条件からみてその状態が継続すると認められる場合に注意報，警報，重大緊急報が発令される．発令と同時に，報道機関，市区町村，ホームページ等を通じその事態を一般に周知する．同時に，ばい煙排出者に対しては硫黄酸化物の排出量の減少について一般的協力を求め，さらに一定規模以上の協力工場等に対しては燃料転換，操業短縮などにより硫黄酸化物排出量を減少するよう要請する．重大緊急報発令の場合は減少命令とする．

注意報の発令状況を付表6に示した．1971年，1972年にはそれぞれ12府県，13都府県に合計267回と146回注意報が発令された．1971年以前にも旧ばい煙の排出の規制等に関する法律および条例等に基づき注意報，警報が発令されていた．例として，5都府県における発令回数を付表7に示した．

その後燃料転換，燃料の低硫黄化および脱硫装置の設置等の発生源対策が進んだことにより，硫黄酸化物濃度が低下したため，1976年度以後緊急時の措置の発令はない．また，重大緊急時の発令は一度もない．

2) オキシダント　予報および注意報等の緊急時の措置の発令条件は硫黄酸化物と同様である．緊急時発令情報の流れを図1に示す．

発令と同時に，事態を一般に周知するとともに，①屋外になるべく出ないようにする，②屋外運動はさしひかえるようにする，③光化学スモッグの被害を受けた人は保健所に連絡するように注意喚起する．発生源への対策として，光化学オキシダントの原因物質の一つである窒素酸化物に関しては，ばい煙を排出するものに対してばい煙の排出量の減少について協力を求める．さらに，一定規模以上の協力工場等に対しては，燃料使用量減少の自主協力（予報発令時）および削減協力（注意報発令時，警報発令時）を求め，重大緊急報発令時には削減命令を行う．また，もう一つの原因物質であるVOC（揮発性有機化合物）排出施設を設置している一定規模以上の工場等に対しては，VOC排出抑制の自主的協力を求め（注意報発令時），排出削減のための施設などの使用制限を求めまたは勧告し（警報発令時），および排出削減のための施設の使用制限を命令（重大緊急報発令時）する．自動車等の使用者もしくは運用者に対しては，不要不急の目的により，自動車を使用しないことについて協力を求め（予報発令時），当該地域を通過しないよう協力を求め（注意報発令時，警報発令時）および公安委員会に対し，道路交通法の規定による措置を取るべきことを要請（重大緊急報発令時）する．注意報，警報の発令状況を付表8に示した．注意報は1970年以降毎年発令され，最大では28都府県に広がっているが，主に大都市域およびその周辺域での発令が多い．年ごとの発令日数は気象条件の影響を受けて変動する．長期的な経年変化を見ると2007～2009年頃から発令延べ日数は減少傾向で推移している．

警報発令の濃度は多くの都道府県等では0.24 ppmに設定されている．警報は2002年8月までに合計16回発令されたが，それ以後の発令はない．また，1970年以来重大緊急時の発令は一度もない．

b．微小粒子状物質（$PM_{2.5}$）に対する注意喚起のための暫定的な指針

2013年1月中国で$PM_{2.5}$等による深刻な大気汚染の発生と西日本を中心とした$PM_{2.5}$濃度の上昇が観測されたことによる社会的な関心が高まっていた．このことを踏まえて，環境省は都道府県知事等に対して，$PM_{2.5}$について法令に基づかない「注意喚起のための暫定的な指針」（付表9）[2]の対応について検討を要請した（2013年2月）．この指針の位置づけ[3]は，環境基準とは別に，その時点の疫学的知見を考慮して，健康影響が出現する可能性が高くなる濃度水準（日平均）値を70 μg/m^{3}と定めたものである．

注意喚起の行動のめやすとしては，①不要不急の外出をできるだけ減らすこと，②屋外での長時間の激しい運動をできるだけ減らすこと，③換気や窓の開閉を必要最小限にすること等である．また，呼吸器系や循環器系に疾患のある人，子供や高齢者は影響を受けやすく個人差も大きいと考えられるため特に体調の変化に注意すること，自動車の運転や屋外で物を燃やすことは汚染を悪化させるおそれがあるためできるだけ控えることも注意喚起される．

2013年11月～2014年7月までの道府県別注意喚起回数を付表10に示す．延べ注意喚起回数は38回であり，季節的には2月を中心とした冬期に多かった．また，大陸から移流する汚染物質の影響を受けやすい九州西部および日本海側での発令が多かった．

［石井康一郎］

文　献

1）大気汚染防止法令研究会：逐条解説大気汚染防止法，pp.228-248，ぎょうせい，1984.
2）微小粒子状物質（$PM_{2.5}$）専門家会合：最近の微小粒子状物質（$PM_{2.5}$）による大気汚染への対応，2013.
3）内山巖雄：大気環境学会誌，**49**：A9～A12, 2014.

5-6 自動車排出ガスによる大気汚染の削減対策

Reduction measures of vehicle exhaust emissions

一般に，大気汚染物質や温室効果ガスの排出量は，次式で算出される．

排出量＝活動量×排出係数　　(1)

ここで，活動量は生産量や使用量等排出活動の規模の指標，排出係数はこれらの活動量あたりの汚染物質排出量である．自動車の場合には，活動量に，走行量（1台あたりの走行距離：km）が使われることが多い．また，排出係数は自動車1台からの排出量で，走行距離あたりの質量（g/km）で表される．自動車排出ガスによる大気汚染を低減するためには，走行量または排出係数を低減する対策が必要である．

a．排気管対策

1）自動車排出ガス規制（単体規制） 自動車排出ガス規制は，大気汚染防止法により自動車1台ごとの排出ガス量の許容限度が定められ，道路運送車両の保安基準により確保されている．単体規制は，自動車から排出される汚染物質を直接低減するため，最も効果のある対策である．

単体規制については，1973年の規制開始以降，中央環境審議会の答申に基づき，これまで累次にわたり規制が強化されている．ガソリン乗用車規制強化の推移を図1に，ディーゼル重量車の規制の推移を図2に示す[1)]．日本の自動車排出ガス規制および低減技術は世界でも最高水準である．

2）燃料規制　自動車用燃料の成分については，燃料に含まれる成分の直接的な健康への有害性，触媒を使用する排出ガス低減技術への対応という二つの観点から規制が実施されている．大気汚染防止法に基づく自動車燃料の許容限度[2)]を表1に示す．ベンゼン，MTBEは，健康への有害性に基づいて許容限度が設定されている．鉛については，ガソリン車への三元触媒適用，低硫黄軽油は，ディーゼル車へのDPFや酸化触媒の適用に必要な条件である．

b．大都市における自動車排出ガス対策

1）自動車 NO_x，PM 法の車種規制等　単体規制等のみでは環境基準の達成が困難である大都市地域（対策地域）については，自動車 NO_x，PM 法が施行されており，その概要は，以下の通りである．

①総量削減基本方針・総量削減計画策定
②車種規制（対策地域のトラック，バス等に適用される自動車の使用規制）
③事業者排出抑制対策（自動車使用管理計画の作成等により NO_x・PM の排出抑制を行う仕組み）

②は，新車代替を促す対策であり，排出係数の低減効果がある．③は，効率的な自動車の使用を図ることにより排出を抑制する対策で，走行量の低減効果がある．

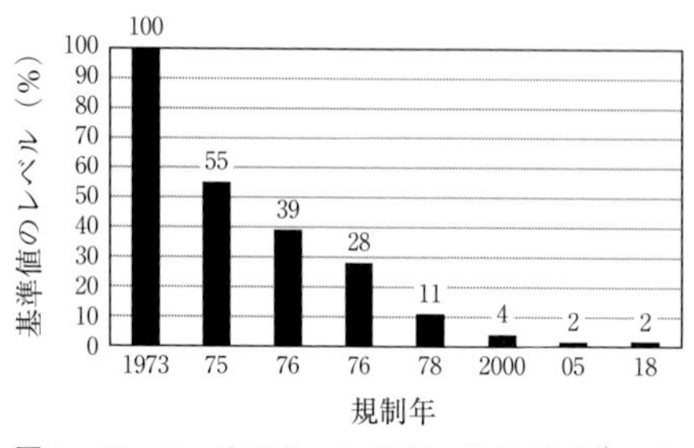

図1　ガソリン乗用車 NO_x 規制の推移（文献[1)]より改変）

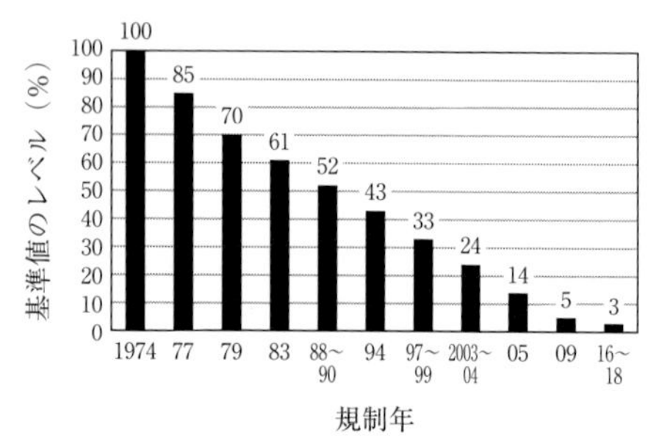

図2　ディーゼル重量車 NO_x 規制の推移（文献[1)]より改変）

表1　自動車燃料の許容限度（抜粋）

燃料種類	物　質	許容限度
ガソリン	鉛	不検出
	硫黄	0.001%以下
	ベンゼン	1%以下
	MTBE	7%以下
軽油	硫黄	0.001%以下

2)　自治体によるディーゼル車走行規制　2003年10月，首都圏の1都3県が条例を制定し，条例によるPM排出基準を満たさないディーゼル車の走行を禁止した．この規制の主な内容は以下の通りである．

・PM排出基準設定（「横出し規制」）
・基準不適合車両の地域内走行禁止
・知事指定PM減少装置（DPF，酸化触媒）の使用過程車への装着

これらの規制は，最新規制適合車への代替促進，使用過程車へのPM減少装置の装着義務付け等により，排出係数の減少効果があり，また，地域内走行禁止による不適合車両の走行量減少と合わせて，大きな効果があった．2007年度には，SPMの環境基準を達成している．

c．低公害車の普及促進

1)　低公害車の定義　低公害車とは，「大気汚染物質の排出が少ないか，まったく排出しない，燃費性能が優れている等の環境性能に優れた自動車」とされている．排出量削減の効果は，既販車に代替して市場に流通すること，すなわち走行量が見込めるほど普及するか否かにかかる．

2)　低公害車の種類

①指定低公害車：既販の自動車の中から排出量の少ない自動車を指定し，より低公害な自動車の普及を図るものであり，現実的には最も効果が高いといえる．自治体による指定制度と国の認定制度がある．現在，実用化が急速に進んでいるハイブリッド，プラグインハイブリッド自動車は，すでに指定，認定を受けている．

i) 9都県市の低公害車指定制度：首都圏の九都県市では，1996（平成8）年3月に低公害車指定制度を発足させた．

ii) 国の低燃費・低排出ガス自動車認定：9都県市同様，省エネルギー法の燃費基準を早期達成し，かつ国交省の低排出ガス車認定を受けている自動車を認定している．

②その他の低公害車：燃料電池自動車，電気自動車等があるが，将来的に走行量が見込めるほど普及するかは現時点では不明である．

d．交通流対策

バイパス整備，交通管制の高度化等により交通の分散や交通流を円滑化することで，渋滞を緩和し，自動車排出ガスを抑制する対策である．これらの対策は，走行量の低減により，排出量削減を図るものであるが定量的な効果の把握が難しい面がある．

e．局地汚染対策

幹線道路交差点周辺等の限定された範囲（局地）では，上述の対策だけでは環境改善が困難な場合があり，地域の実情に応じた有効な対策を講じていく必要がある．

局地的に自動車からの排出係数を低減するのは難しいので，走行量の低減を図ることが中心となる．道路ネットワークの整備，ロードプライシングの適用，流入車対策等の実施が検討されている．

土壌浄化システムや光触媒を用いたNO_x浄化建材等により，直接的に大気を浄化する対策が研究されているが，交差点等の開放空間では，ほとんど効果は認められていない．　［横田久司］

文　　献

1) 平成29年版環境白書・循環型社会白書・生物多様性白書．
2) 自動車の燃料の性状に関する許容限度及び自動車の燃料に含まれる物質の量の許容限度，平成18年11月30日　環境省告示第142号．

5-7 自動車以外の移動発生源の対策

Emission reduction measures and techniques for other mobile sources than vehicles

本項では，自動車以外の移動発生源として船舶，航空機，オフロード特殊自動車（オフロード車）の対策を取り上げる．

表1に示した2010年度の年間排出量に占めるこれら発生源の割合を見ると，船舶（ここでは港湾内のみ）は主要発生源であり，航空機は排出量が少ないものの空港周辺の大気環境に影響している可能性があり，オフロード車はNO_xおよび$PM_{2.5}$(一次粒子）の発生源として無視できないといえる．

a．船　　舶

1）船舶排出ガスの規制策　船舶は航行時と停泊時にエンジンとボイラから大気汚染物質を排出する．船舶排出ガスは，国際海事機関（IMO）の排出基準（1973年の船舶による汚染の防止のための国際条約に関する1978年の議定書（MARPOL条約）附属書VI）を踏まえ，海洋汚染等及び海上災害の防止に関する法律（昭和45年法律第136号）により規制されている[2)]．NO_xとSO_xに関する段階的な規制を図1に示す．

表1　わが国の年間排出量に占める自動車以外移動発生源の排出割合[1)]

	NO_x	SO_x	$PM_{2.5}$
船舶	15.0%	20.8%	14.6%
航空機	1.1%	0.0%	0.7%
オフロード車	4.6%	0.0%	4.3%

NO_x規制値は，新造船に搭載されるエンジンの定格回転数で決められている．2011年以降の新造船はそれ以前の一次規制よりも約15～22%の排出量削減が課せられ（二次規制），さらに指定海域（emission control area：ECA）においては，2016年以降の新造船に対し一次規制より約80%削減の三次規制が適用されている．

SO_xについては，燃料中の硫黄分濃度で規制されている．現在の規制値は3.5%（C重油）であるが，2020年以降は0.5%に強化されることが決まっている．指定海域においては，2015年より1.0%（A重油相当）から0.1%（軽油相当）に強化された．

PMについては，SO_xの規制により排出量の削減が期待されている．BCについては，IMOは北極圏に及ぼす影響について調査を行い，規制の必要性について検討するとして，技術的検討を進めている．

CO_2については，排他的経済水域を越えて航行する総トン数400t以上の船舶に対し船舶エネルギー効率マネージメントプラン（SEEMP，船舶の省エネ運航計画）の策定が義務付けられ，新造船に対してはエネルギー効率設計指標（EEDI：1tの貨物を1マイル輸送する際のCO_2排出量を評価する指標）が導入されている．

2）指定海域　指定海域とは，NO_x，SO_x，PMについて一般海域よりも厳しい規制を課す海域である．指定海域を航行す

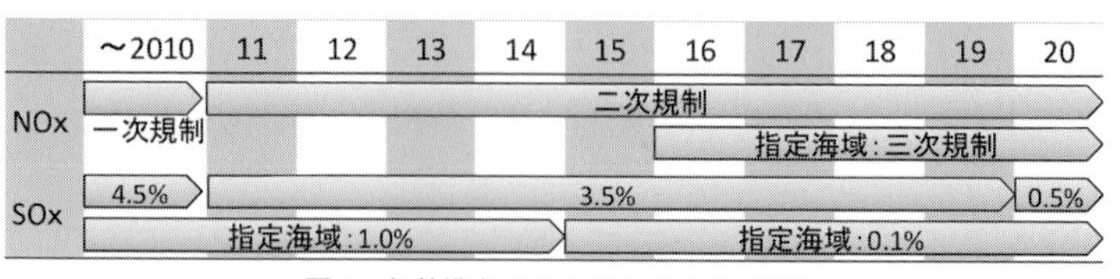

図1　船舶排出ガスのNO_xとSO_x規制
SO_xの規制値は燃料油中の硫黄成分濃度．

る外航船にも適用されるため，海域は限定的でも規制への対応は世界的である．各国の提案をIMOが審議し設定するが，これまでに2016年からの北米・米国カリブ海と2021年（予定）からの北海・バルト海が設定された．わが国は2013年時点で設定の必要性なしとして提案を見送った．

3) 船舶の排出対策技術　NO_x 二次規制は燃焼制御等により対応可能であったが，三次規制には NO_x 低減装置が必要で，選択触媒還元（SCR）脱硝装置などの技術開発が進められた．

SO_x に関しては，指定海域では硫黄分濃度0.1%の燃料油が使用される．2020年からはすべての船舶が0.5%の燃料油を使用するか，同等の効果のあるLNG等の代替燃料油の使用，または湿式脱硫装置等の排気ガス洗浄装置を使用する必要がある．

b．航空機の対策

わが国では，国際民間航空機関（ICAO）の排出基準を踏まえ，航空法（昭和27年法律第231号）により規制している[2)]．

現在，規制が設けられている物質は，炭化水素（HC），CO，NO_x，Smoke（すす）である．HCとCOの規制値はエンジン定格出力あたりの質量で設定されている．NO_x は高度3000フィート（約914 m）までのLTO（landing and take off：離陸：0.7分100%推力，上昇：2分85%推力，進入：4.0分30%推力，地上走行：26分7%推力）サイクルの総排出量で規制される．規制値は近年強化されており，ICAOの航空環境保全委員会（Committee on Aviation Environmental Protection：CAEP）は2016年までに2004年比45%減，2026年に同60%減を目標としている．Smokeは，一定量の排気ガスをフィルタに通気し，反射率の変化量（smoke number：SN）で規制される．

CAEPは現在，不揮発性PMを個数濃度で規制することを検討している．また，CO_2 については2020年から新たな規制が設けられる見込みである．

NO_x 排出対策には，燃料を薄い状態で燃焼させる希薄燃焼技術が有効である．CO_2 の排出対策は，エンジンと機体の改良による燃費向上が有効である．

c．オフロード車の対策

オフロード車とは，公道を走行しない特殊自動車のことで，建設機械（ブルドーザ，油圧ショベル，ロードローラ等），農業機械（トラクタ，コンバイン，耕耘機等），産業機械（フォークリフト）がある．

2005年に「特定特殊自動車排出ガスの規制等に関する法律」（いわゆるオフロード法）が制定され，2006年10月から原動機の燃料の種類と出力帯ごとに順次使用規制が開始された．規制は順次強化されており，基準適合車への買い換えを促進するため税制の特例措置等が講じられている[2)]．

現在の規制は，CO，NMHC，NO_x，PMとディーゼル黒煙について定められている．ディーゼル黒煙の規制値は2014年にオパシメータによる排気ガスの光吸収係数値に変更されたが，これは未燃焼成分である青煙等も対象に含めるためである．

［速水　洋］

文　献

1) 福井哲央他：大気環境学会誌，**49**：117-125，2014.
2) 早乙女拓海：日本マリンエンジニアリング学会誌，**49**：86-91，2014.
3) 環境省：特定特殊自動車排出ガス規制法，2014.
http://www.env.go.jp/air/car/tokutei_law.html

5-8 自動車排出ガスを浄化する

Automobile exhaust gas purification

a．自動車排ガスと浄化技術の概要

大気環境の観点からは，電気自動車や燃料電池車など燃焼排ガスを全く放出しない自動車が優れている．しかし，低価格，高出力，長い航続距離という長所から，内燃機関，すなわちガソリンエンジンあるいはディーゼルエンジンを搭載した自動車は今後も使われ続けると考えられる．両エンジンとも炭化水素類（HC），一酸化炭素（CO），窒素酸化物（NO_x：NO と NO_2 の総称）等のガス状有害成分を排出し，ディーゼルエンジンではさらに粒子状物質（PM）も排出する．これらの有害成分は，燃焼改善と排ガス処理を組合わせた技術により除去することができる（図 1）．最新の排ガス処理技術を利用するためには，触媒の劣化を防ぐため，燃料中の硫黄を 10 ppm 以下にしておくことが必要であるが，先進国ではすでにこのレベルの燃料品質規制が導入されている．

b．燃 焼 改 善

NO_x を除く HC，CO，PM の 3 成分については，燃料が完全燃焼すれば発生しない．したがって，完全燃焼にできるだけ近づけるための燃焼改善が排ガス浄化技術の基本となる．その要は，エンジンへの燃料供給制御技術である．ガソリンエンジンでは，燃料を蒸発させて空気との混合気を作る必要があり，どのような運転条件でも望ましい混合気を得るため，エンジン各シリンダの吸気口付近に取り付けた各噴射ノズルからきめ細かく供給する方式（マルチポイントインジェクタ），あるいは各シリンダ内に直接噴射する方式（筒内噴射）が実用化されている．一方，ディーゼルエンジンでは，電子制御式コモンレールと呼ばれるシステムが普及している．これは，200 MPa 以上に達する超高圧燃料ポンプを使って，各気筒に取り付けたインジェクタで燃料の噴射を電子制御するものである．いずれの技術も，他の要素技術とともにマイクロコンピュータを組み込んだエンジン制御ユニット（engine control unit：ECU）で一括制御されている．

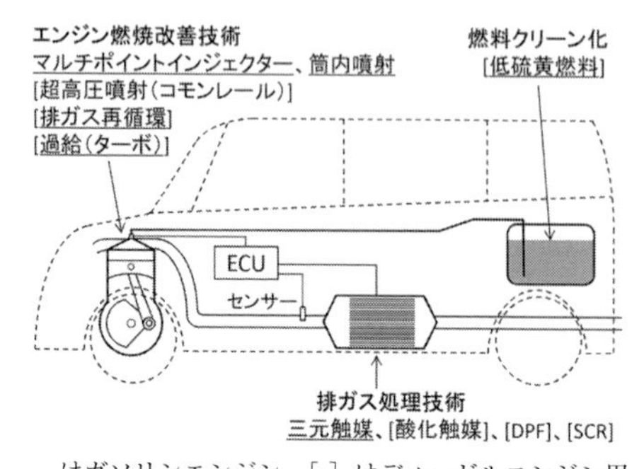

__はガソリンエンジン，[ ] はディーゼルエンジン用

図 1　自動車排ガス浄化技術の概要

排ガスの一部をエンジンの吸気側に戻す排気再循環（exhaust gas recirculation：EGR）も燃焼改善には不可欠な技術である．特にディーゼル車では，燃焼の際の O_2 濃度が低くなることにより NO_x の発生が大幅に抑えられる．吸入空気圧を高める過給（ターボ）技術や，使用材料を金属からプラスチックなどに代替する車体軽量化技術も進展しており，排ガス浄化とともに燃料消費率の改善にも寄与している．

c．排ガス処理

1） ガソリン車　ガソリン車の排ガス処理には，三元触媒方式が使われている．三元とは HC，CO，NO_x の 3 成分を同時に処理するという意味であり，ガソリンエンジンで空気と燃料の混合比（A/F）がほぼ互いに過不足のない割合（当量比）になっていることを活用した処理方法である．これには，酸化還元反応を促進する Pt，Pd，Rh の白金族系触媒を担持したハニカム触媒を使用する．ここに排ガスを通

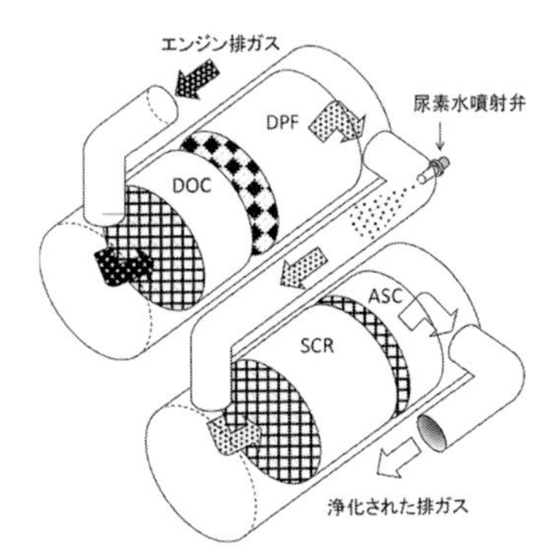

図2 大型ディーゼル車の排ガス浄化システム

して還元成分（HC, CO）と酸化成分（O_2, NO_x）を互いに反応させ，HC と CO は酸化して CO_2 および H_2O に，NO_x は還元して N_2 に転化して無害化する．高い浄化率を発揮するためには A/F を常に正確に当量比付近に保つ必要がある．このため，触媒コンバータの上流に O_2 センサを備えつけ，その出力を ECU を介して燃料噴射システムにフィードバックすることにより A/F をほぼ一定値に維持している．さらに，酸素を吸蔵したり放出したりする特性を備えた酸化セリウムを助触媒成分として用いることにより，触媒周辺を当量混合比条件に保つよう工夫している．

2） ディーゼル車　わが国では，大型のディーゼル車に対してポスト新長期規制と呼ばれる厳しい規制が 2009 年から施行された．このため，NO_x 低減を行う尿素を用いた選択的触媒還元システム（selective catalytic reduction：SCR）と PM を除去するディーゼルパーティキュレートフィルタ（diesel particulate filter：DPF）を組合わせた排ガス浄化システム（図 2）が普及しつつある．システム全体は S 字型の流路を二重に重ねた形になっている．エンジン排ガスは，第 1 の S 字型部分において，まず Pt，Pd 微粒子を担持した酸化触媒（diesel oxidation catalyst：DOC）で処理する．これにより HC と CO が無害な H_2O と CO_2 に変えられる．同時に NO のかなりの部分が NO_2 に酸化される．次の DPF では，フィルタ機能を持つ多孔質のセラミック壁を排ガスが通過する．これにより PM を 99% 以上濾し取る．捕集された PM は，前段の DOC で作られた強い酸化作用を持つ NO_2 により 200～300℃ の排ガス温度条件で徐々に酸化除去させるか（連続再生），間欠的に DPF 全体を 600℃ 以上に加熱して O_2 で短時間に焼却させる（強制再生）．強制再生を行うため，燃料のポスト噴射という技術が使われている．DPF の下流にある第 2 の S 字型部分では，まず尿素水が噴霧される．水が蒸発した後，残った尿素が熱分解および加水分解して NH_3 と CO_2 になる．このうちの NH_3 と NO_x を SCR 触媒上で反応させ無害な N_2 と H_2O に転化する．この反応で NH_3 が余った場合には，最も下流に設けたアンモニアスリップ防止触媒（ammonia slip catalyst：ASC）で N_2 と H_2O に酸化分解する．

尿素 SCR システムでは尿素水を常に補充する必要がある．一方，尿素が不要な NO_x 吸蔵還元触媒と呼ばれる触媒を DPF に担持した排ガス浄化システム（diesel particulate and NO_x reduction system：DPNR）や，燃料そのものを NO_x の還元剤として使用する SCR システム（HC-SCR）などの方式も実用化されている．

［小渕　存］

文　献

1） カーク・オスマー著，日本化学会監訳：化学技術・環境ハンドブック II，pp.96-118，丸善出版，2009.

5-9 固定発生源からの汚染を減らす方法

Reduction of air pollution from stationary emission sources

固定発生源は，発電所，工場，事業所等の位置が定まった発生源のことで，大気汚染防止法[1]によって，施設の種類，規模に応じて，大気汚染物質の種類と，排出口における許容限度である排出基準（emission limit values）が定められている．

ボイラや廃棄物焼却施設のような燃焼施設では，主に窒素酸化物（NO_x），硫黄酸化物（SO_x），ばいじんが規制されており，廃棄物焼却炉にはダイオキシン類対策特別措置法によるダイオキシン類の排出規制が加わる．その他には，金属精錬や化学製品工場等の燃焼施設に向けたカドミウム，塩素，フッ素，鉛の規制，塗装施設等の揮発性有機化合物（VOC）を扱う施設のVOC規制，水俣条約に定められた施設に対する水銀排出規制等がある．これらの規制の下で，事業者は，基準値以上の排出濃度または量の汚染物質を排出しないよう，対策を行うことになる．

温室効果ガスは，大気汚染防止法とは別に，地球温暖化対策推進法のほか，各種の計画の下で，削減に取り組まれており，2030年度の削減目標，2050年の長期的目標が設定されている．対象としてCO_2，CH_4，N_2O，代替フロン等4ガス（HFCs，PFCs，SF_6，NF_3）が指定され，最も影響が大きいのは，排出量が多いCO_2とされる．

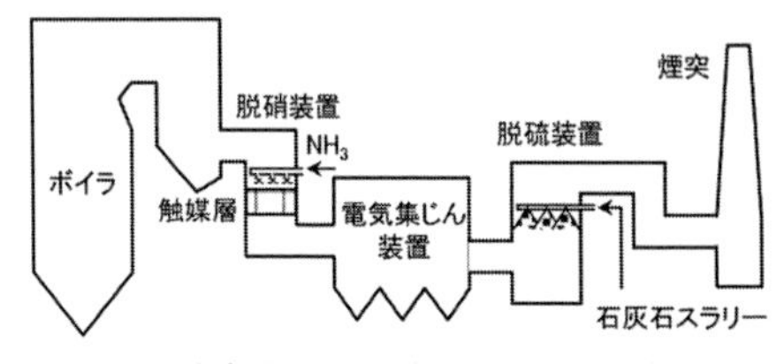

図1　火力発電所の排煙処理装置の構成例

a．排出抑制対策（air pollution control）[2]

大気汚染物質の排出抑制は，物質の生成を抑える方法と，生成したものを大気に排出される前に排ガス処理装置によって除去する方法の2通りからなる．

燃焼施設の場合，汚染物質のもととなる窒素化合物，硫黄，重金属等の含有率が低くなるよう燃料や焼却物の性状を管理するほか，燃焼過程で生成する物質については適切な運転管理による生成抑制が必要になる．後者の例では，ダイオキシンは不完全な燃焼の場合に発生しやすくなるため，焼却炉の燃焼温度を高める等の対策がとられる．化石燃料の燃焼でNO_xの発生を抑制するには，強い酸化雰囲気の高温場が生じないよう，燃焼領域の過剰酸素の低下，燃焼用空気をバーナ部と下流側に分けて供給する二段燃焼，燃焼用空気に排ガスを混合し酸素濃度を調整する排ガス循環などを行うほか，バーナ構造を改善した低NO_xバーナが用いられる．

ばいじん，NO_x，SO_2，ダイオキシン，VOC，水銀等を高度に除去するために排ガス処理装置は開発され，集じん装置，脱硝装置，脱硫装置，酸性ガス処理装置の他に，各種ガスの除去装置が実用されている．火力発電所のような大型の燃焼施設では，脱硝装置，集じん装置，脱硫装置を一式で備えたものが多くなっている．

1）集じん装置　排ガス中のばいじんを除くには，重力，遠心力，静電気力などの外力を用いる方法，気流の通り道に障害物や隔壁を設け，流れに追従できない粒子を捕集する方法等がある．大型の施設では静電気力を用いる電気集じん装置が多い．電気集じん装置は，針状の電極にコロナ放電を発生させ排ガス中のばいじん粒子を荷電し，対向する集じん極板に捕集する．また隔壁タイプのバグフィルタは，先端を封じた円筒状のろ布で排ガスをろ過し，ばいじんをろ布上に捕集するもので，中小規模の施設に用いられることが多い．

2) 脱硝装置 燃料あるいは空気中の窒素が酸化されて生成するNO_xの無害化には，還元剤を用いたN_2への還元，吸収剤を用いた排ガスからの除去技術等が開発されている．火力発電所ではNO_xとアンモニアを反応させ，触媒上で窒素と水に分解する選択的触媒還元脱硝（selective catalytic reduction）が普及している．その他に，触媒を使わずに高温下でNO_xとアンモニアを反応させ，NO_xを還元する無触媒脱硝，NO_xの還元剤に尿素を使う方法など，NO_xの分解だけでも各種の技術が開発されている．

3) 脱硫装置 化石燃料中の硫黄分の多くは，燃焼過程でSO_2に転換する．排ガスからSO_2を除去するには，アルカリ水溶液に排ガスを接触させ，SO_2を吸収する湿式スクラバ方式がよく用いられる．湿式スクラバは塩化水素のような水溶性のガスも除去可能であり，排ガスの脱塩装置としても利用される．排ガスに固体吸収剤を注入し，下流の集じん装置で回収する乾式スクラバ，高温の排ガスに吸収剤スラリを噴霧し，乾燥固体として集じん装置で回収するスプレードライヤなども実用されている．

火力発電所のような大型の施設では，石灰石スラリとSO_2を反応させ，副製品として石膏を製造する石灰石石膏法の湿式スクラバを採用することが多い．石灰石の代わりに水酸化マグネシウムを使う方法，水酸化ナトリウム水溶液で吸収する方法等もある．その他，活性コークスの充填層に排ガスを通気しSO_2を化学吸着させる方法，流動床ボイラ向けの燃料とともに石灰石等を吹き込む炉内脱硫なども用いられている．

4) その他の成分の除去技術 水銀，ダイオキシン，VOC 等のガス状物質の吸着剤として，各種の活性炭やゼオライトが開発されている．この吸着剤を充填した層に排ガスを通気して有害成分を除き，飽和に近づいた吸着剤は交換または再生する．VOC 等の有機成分では，排ガスを加熱し分解を促すことも行われる．

水銀向けには，煙道の排ガスに粉末活性炭等を吹き込みバグフィルタで回収する乾式スクラバも実用化されている．石炭等の燃焼排ガスでは，水銀はガス状の元素状水銀ならびに塩化水銀，ばいじん粒子に吸着した粒子状水銀として存在することが多い．塩化水銀は水溶性のガスであることから，集じん装置と湿式脱硫装置が設置されていればある程度の排出削減が期待できる．また，ガス状水銀はばいじん中の未燃炭素に吸着しやすいため，バグフィルタが用いられる場合には，フィルタ上のばいじん層によって除去が進む場合もある．

温室効果ガスの場合，排出量が多く影響が大きいCO_2削減のため，エネルギーの使用の合理化等に関する法律，エネルギー供給構造高度化法によって，省エネ基準の達成，再生可能エネルギーのような非化石エネルギーの導入が促されている．CO_2排出量が多い火力発電所向けには，発電所の燃焼排ガスからCO_2を回収する方法，燃料ガス中のCOをCO_2に変換し回収する方法等が検討されている．CO_2の分離技術としては，比較的低温下で排ガスと吸収液を接触させ，CO_2を分離する化学吸収法または物理吸収法が実用段階にあるほか，分離膜を用いる方法等が開発中である．実現に向けては，回収したCO_2の処分方法，コストの負担，法整備等，多くの課題を解決する必要がある． ［伊藤茂男］

文　献

1）http://www.env.go.jp/air/osen/law
2）入門講座［火力発電所の環境保全技術・設備］．火力原子力発電，**65**：26-49，2014.

5-10 固定発生源の硫黄酸化物を減らす

Reduction of SO_x emission from stationary sources

a．固定発生源からの硫黄酸化物の排出

燃料中の硫黄分の燃焼によって硫黄酸化物（SO_x：大部分は二酸化硫黄 SO_2，一部が三酸化硫黄 SO_3 等）が生成する．したがって，燃料消費量の低減，低硫黄燃料の使用量増加，石炭，重油等の燃料中の硫黄分低減（脱硫），燃焼排ガスからの SO_x 除去（排煙脱硫），等の対策が取られてきた．環境省調査[1]では，主要な固定発生源からの SO_x 排出量は1978年度の約132万tから約41万t（2014年度）に減少している．

b．燃料の硫黄分低減

輸入原油の常圧残油中硫黄分が3～4%であり，硫黄分の低減（脱硫）は有効な排出抑制対策である．原油中の有機硫黄化合物は水素（石油の水蒸気改質で製造）で還元されて，硫化水素（H_2S）と炭化水素になる（水素化脱硫反応）．H_2S はさらに処理されて，単体硫黄（S）として回収される．

S分＋H_2 → H_2S → S（回収）

水素化脱硫反応は，触媒（Mo/Co/Niを活性アルミナに担持）を用いて，温度350～400℃，水素分圧40～150気圧という高温・高圧の条件で進行する．本プロセスのエネルギー消費低減には，温和な反応条件で高い反応効率を得ること，コスト低減には触媒の長寿命化と回収硫黄の市場確保等が重要である．

1）間接脱硫　間接脱硫は脱硫しやすい留分（減圧軽油）を処理し，脱硫しにくい留分と混合して製品とするものである．温和な反応条件で触媒の寿命も長く，エネルギーとコストの面で有利であるが，硫黄含有量の低減には限界がある．

2）直接脱硫　直接脱硫は常圧蒸留残油中の硫黄分を除去するもので，残留炭素が多いため高い水素分圧での運転が必要となり，水素消費量が増加する．また，残油中のアスファルテンに含まれるNi，V等による触媒活性の低下等が起こる．なお，ディーゼルエンジン車の排出ガス対策のために，軽油中の硫黄分低減（2005年に50 ppm，現在10 ppm）が求められ，脱硫されにくい4,6-ジベンゾチオフェン等を除去するために高い水素分圧と触媒濃度で脱硫装置が運転されている．

c．排煙脱硫

重油，石炭等の燃焼施設排ガス中の SO_2 を除去する排煙脱硫技術は，湿式法，半乾式法と乾式法に大別される（表1）．湿式法は最も汎用されており，安定した脱硫性能，大量に入手可能で安価な吸収剤，副生品の市場確保，システムのエネルギー消費，コストの節減，設備の大きさ等の最小化，排水等による二次公害の防止等が，実用装置として重要である．

1）石灰スラリー吸収法　発電所等の大形ボイラでは，石灰スラリー吸収法（石灰石-石こう法）が主力プロセスである．図1にフローを示すが，SO_2 を石灰石スラリーで吸収し，生成した亜硫酸カルシウム（$CaSO_3 \cdot 1/2H_2O$）を空気で酸化して石こう（$CaSO_4 \cdot 2H_2O$）にする．石こう乳液はシックナーで濃縮され，液相と分離されて石こう粉末として回収される．この方法では様々な技術改良が進められてきた．図1の酸化塔を省き，吸収塔の下部に空気を吹き込んで $CaSO_3$ を $CaSO_4$ に酸化する方式が開発され，設備と運転のコストがかなり節減される．

2）水酸化マグネシウムスラリー吸収法　本法は中・小形のボイラーによく用いられる．この方法の特徴は，脱硫後の副生品である硫酸マグネシウム（$MgSO_4$）の溶解度が大きく，装置内でスケールトラブルが発生しにくい（運転・保守が容易），$MgSO_4$ を含む排水を放流できる（排水処

表1 排煙脱硫プロセスの方式と種類[2)]

方　式	脱硫の方法	吸収剤／吸着剤	副生成物（回収／廃棄）
湿　式	石灰スラリー吸収法	石灰石，$Ca(OH)_2$，ドロマイト	石こう
	水酸化マグネシウム吸収法	水酸化マグネシウム	石こう 硫酸マグネシウム
	アルカリ溶液吸収法	水酸化ナトリウム，亜硫酸ナトリウム等	亜硫酸ナトリウム 硫黄／硫酸
	酸化吸収法	希硫酸＋触媒	石こう
半乾式	スプレードライヤー法	$Ca(OH)_2$，炭酸ナトリウム，石炭灰	亜硫酸カルシウム，石こう
	炉内脱硫＋水スプレー法	石灰石	亜硫酸カルシウム，石こう
乾　式	活性炭吸着法	活性炭	硫酸等

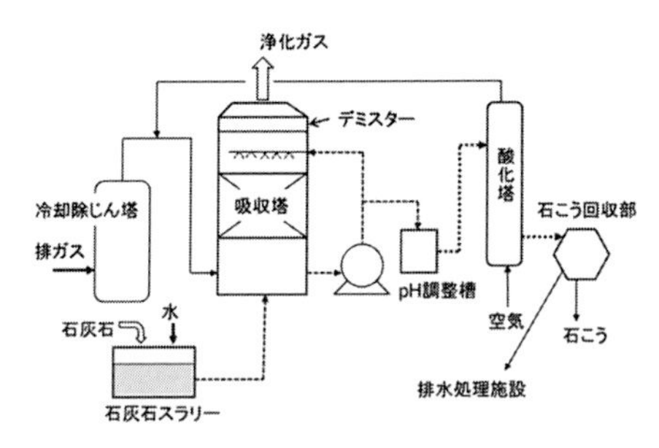

図1 排煙脱硫法(石灰スラリー吸収方式)のフロー[2)]

理の省略)，装置全体の小型化等である．$MgSO_4$ を含む溶液を吸収塔に戻し，$Ca(OH)_2$ を加えて $Mg(OH)_2$ の再生と石こうを回収する装置もある．

3) 半乾式脱硫法　開発途上国等では，脱硫率は若干低いが，安価で運転が容易な装置に需要がある．炉内脱硫水スプレー法，スプレードライヤー法等の水使用量が少なく設備・運転コストの低い簡易脱硫装置が開発されている．

炉内脱硫水スプレー法は，石灰等の脱硫剤粉末をボイラ火炉内に直接吹き込んで SO_2 を吸収酸化し，集じん装置の前に冷却塔を設置して水スプレーにより脱硫率を上げる方法である（脱硫率80%程度).

スプレードライヤー法は，アルカリ性吸収剤の溶液またはスラリーを吸収塔内にスプレーし，生成した $CaSO_3$ 等を乾燥・固化して集じん装置で捕集する．排水が発生しないが，捕集物には亜硫酸塩，石炭灰等が混在しており大半が埋立て処分される．

4) 乾式脱硫法　乾式脱硫法の代表として活性炭吸着法がある．活性炭には SO_x だけでなく，NO_x，ダイオキシン類等の吸着能力があり，これらの汚染物質を同時に除去できる．

排ガスにアンモニア（NH_3）が添加され，SO_x は活性炭に硫酸または硫酸アンモニウムとして吸着される．脱離塔では活性炭を加熱して硫酸およびその塩を SO_2 として脱離し，高濃度の SO_2 が回収される．再生された活性炭はダストと分離され，吸着塔に戻されて再使用される．SO_2 は洗浄・酸化され，硫酸あるいは石こうとして回収される．活性炭は比較的高価であり，その再生使用率を高く保つことがコスト節減に重要であり，吸着能力の向上や機械的強度の改良等が図られている．［指宿堯嗣］

文　献

1) 環境省：大気汚染物質排出量総合調査結果（平成26年度実績），2016.
2) 産業環境管理協会編：新・公害防止の技術と法規，大気編，技術編，p.71，p.73，産業環境管理協会，2018.

5-11 固定発生源の窒素酸化物を減らす

Reduction of NO_x emission from stationary sources

a. 固定発生源からの窒素酸化物排出

化石燃料等の燃焼により窒素酸化物（NO_x）（大部分は一酸化窒素（NO），一部が二酸化窒素（NO_2）等）が生成する．NOは大気中でオゾン等によって酸化されてNO_2に変換される．健康への影響がNOよりも強いNO_2について環境基準が設定されている．

工場等の固定発生源からのNO_x総排出量（推定値）は，1970年頃に年間約250万tであったが，1973年にNO_x排出抑制が開始され，順次強化された結果，2016年には約63万tまで減少した[1]．2016年におけるNO_x排出の割合は，業種別では，電気業（37%），窯業・土石製品製造業（16%），鉄鋼業（14%），化学工業（10%）の順であり，施設別ではボイラ（47%），焼成炉（16%），ディーゼル機関（7%）であった．

b. 燃焼技術によるNO_x排出低減

1）燃焼で生じるNO_x　燃焼で生じるNO_xには，燃料中の窒素分の燃焼で生じるNO_x(フューエルNO_x）と燃焼空気中の窒素と酸素の反応で生成するNO_x(サーマルNO_x）の二つがある．石炭は窒素分が多く，生成NO_x中のフューエルNO_xの割合は70%内外になるが，油，ガスの燃焼ではサーマルNO_xが多い．低窒素分燃料の使用はNO_x低減に有効である．サーマルNO_xの生成は，①燃焼室の熱負荷低減，②燃焼温度の低下，③低空気比での燃焼，等によって抑制される．

2）燃焼技術によるNO_x排出低減　サーマルNO_xの生成を抑制する①～③の要素を取り入れた様々な低NO_xバーナーが開発され，ボイラー等に使用されている．また，排ガス再循環燃焼，二段燃焼，濃淡燃焼，水吹込み燃焼，高温空気燃焼等の燃焼方法が開発，使用されている．

排ガス再循環燃焼は，燃焼排ガス（酸素濃度が空気より低い）の一部を燃焼用空気に加えて，酸素濃度と燃焼温度を低下させてNO_x生成を抑制する（10～20%程度）．

二段燃焼ボイラでは，1段目の燃焼で理論空気量の80～90%の空気を供給し，第2段階でその不足分を供給する．火炎温度は通常の燃焼よりも下がり，局所的な高温領域の出現が抑制され，酸素濃度も低下するのでNO_x生成が抑制される．この方法では，サーマルNO_xとフューエルNO_xの両方を低減できる．

高温空気燃焼は比較的最近，開発された[2]．燃焼排ガスの顕熱を蓄熱体で回収し，次に燃焼用空気をこの蓄熱体に通して予熱し，希釈空気で燃焼する方法である．酸素濃度が低下しても火炎が安定し，炉内の温度分布が平滑化されるので，省エネルギーで低NO_xの燃焼が実現する．

c. 排ガス中のNO_xを処理する技術

燃焼技術によるNO_x排出低減には限界があり，厳しい排出抑制基準を達成するために，排ガス中のNO_xを処理する排煙脱硝技術が開発された．還元剤でNO_xを窒素に変換する乾式法（選択的接触還元法，無触媒選択還元法，活性炭法）およびNOを酸化してからアルカリ性の水溶液で吸収する酸化吸収法などの湿式法がある．

1）選択的接触還元法　乾式法の代表として，アンモニア（NH_3）を還元剤に用いる選択的接触還元法（SCR法）がある．この方法に使用される触媒等はわが国で開発されたもので，海外へのプラント，技術輸出が盛んである．触媒の主成分は，酸化バナジウム（V_2O_5）に酸化モリブデンや酸化タングステンを添加したものである．これらの触媒成分を担持する担体には，排ガス中に共存するSO_xによる影響が小さ

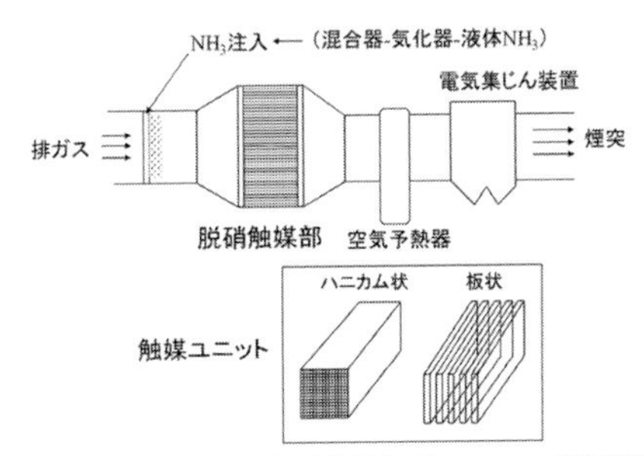

図 1　排ガス中の窒素酸化物処理システム(排煙脱硝装置と触媒ユニット)(筆者作成)

い酸化チタン（TiO_2）が主に用いられる．実用触媒の形状は，図 1 に示すように，触媒成分を一体で押出し成形したハニカム（格子）状あるいは平行平板状のものが一般的である．反応温度は，およそ 200～450℃ の範囲であり，NO，NH_3 と O_2 の間で下記の反応が起こり，NO と NH_3 は窒素と水になる．

$$4NO + 4NH_3 + O_2 \rightarrow 4N_2 + 6H_2O$$

反応温度が高いほど脱硝率は高くなるが，400℃ を超えると NH_3 の N_2O，NO_x への酸化，SO_2 の SO_3 への酸化が起こりやすくなる．NH_3 と NO の比は量論的には 1 である．高い脱硝率を得るには 1 以上がよいが，余剰 NH_3 の放出を防ぐには 1 以下での運転が望ましい．

空間速度（SV：処理するガス量を触媒容積で除した値）が小さいほど脱硝率は高くなるので，排ガス中の NO_x 濃度等を考慮して SV が設定される．通常，実際の装置における SV は，ガス燃焼＞油燃焼＞石炭燃焼排ガスの順である．触媒の性能は脱硝率に直結しており，価格も高いので，触媒の長寿命化は，脱硝プロセスの信頼性確保と運転コスト低減に重要である．

触媒性能の低下は，触媒の焼結や排ガス中ダストの触媒表面への付着，アルカリ分による被毒等で起こる．従来，石炭燃焼排ガス等ダスト濃度が高い条件では，燃焼装置の次にダストを除去する高温型電気集じん機を通してから，排ガスを脱硝装置に導入する方式が使用された．

その後，前述した触媒，担体の成分や形状等の改良に加えて，排ガス温度の管理，アルカリ分の洗浄除去，ダスト除去などの対策が進められた．現在の多くの排ガス処理システムでは，排ガスの持つ熱を利用できるように，燃焼装置の次に脱硝装置が設置されている（図 1）．なお，ごみ焼却炉等，排ガス中に触媒を劣化させるアルカリ成分が多い場合には，バグフィルタ等の後に脱硝装置を設置する方式がとられている．また，温度が 200℃ 程度に低下した排ガスを処理するために，低温活性の高い脱硝触媒の開発も進められている．SCR 法では，高エネルギー物質である NH_3（水素と窒素の高温・高圧反応で製造）を大量に消費する．さらに，毒性の強い NH_3 の取扱いに制約があることから，装置は大型になり，その設置・運転は容易ではない．中小形ボイラでは，NH_3 の代わりに尿素などを用いた脱硝装置が使われている．燃料である炭化水素を還元剤として使用する触媒，プロセスの開発も進められている．

2)　無触媒選択還元法　SCR 法に次いで設置数が多いのが，無触媒選択還元法による装置であり，石油精製用加熱炉，廃棄物焼却炉などに導入されている．この方法では，燃焼炉や煙道に NH_3 を噴霧して NO_x と選択的に反応させて，窒素と水にする．前項の接触還元法に比べると設備は簡単になるが，高い脱硝率を維持するためには，高い反応温度（850～1000℃），NH_3 と NO_x の比，NH_3 と排ガスの混合などを適切に制御する必要がある．　［指宿堯嗣］

文　献

1) 環境省：大気汚染物質排出量総合調査結果（平成 26 年度実績），2016.
2) 日本機械学会編：機械工学便覧，丸善出版，2008.

5-12 固定発生源の蒸発VOCガスを減らす，浄化する

VOC control in stationary sources

VOCは光化学オキシダントやPMの原因物質の一つと考えられ，2004年の大気汚染防止法の改正（公布）により，2010年度までに固定発生源からの排出量を2000年度に対して3割程度削減するという目標が掲げられた．排出対策は，法規制と自主的取組を適切に組合わせることにより実施された．法規制では，塗装，接着剤使用，印刷，化学製品製造，工業製品洗浄，貯蔵の関係施設に対して，規模・要件に沿って排出基準が設けられた[1)]．なお削減率は，目標年に4割を超え，対策の継続により2014年度には5割（自主的取組みに関しては7割弱）に達している．業種，規模等によって有効な対策技術は異なるが，おおむね吸着法，燃焼法，代替法に大きく分類できる．

a. 吸 着 法

吸着法は，非常に多くの微細な細孔を持つ物質（吸着剤）を用い，VOCをこれらの細孔内に吸着（凝集）させることにより取り除く方法である．吸着剤として，活性炭やゼオライトと呼ばれるわずか1g程度でも150～1500 m^2 というきわめて大きい表面積を持つ物質が用いられている．

この吸着剤を活用するための装置の形態は，大きく交換式，再生式に分けられる．前者は臭気対策には有効だが，吸着剤使用後の廃棄処分等の問題から，VOC対策としては適当といえない．一方，再生型は飽和吸着量に達した吸着剤を装置（吸着塔）内で，連続的に再生利用するものである．一般に，同装置は吸着剤が充填された二つの吸着塔を持ち，それらへ交互にVOCを含んだガスを通じて連続的に浄化を行う．未処理ガスを通じた吸着塔では，飽和吸着量に達するまでVOCが除去される．一方，飽和吸着に達した吸着塔では，再生スチームの吹き込み（熱スイング型，TSA）や減圧（圧力スイング型，PSA）により，吸着剤に捉えられているVOCを脱離・回収するとともに，吸着剤の再生を行う．

濃縮を主な目的に吸着部，再生部，冷却部を一体化したハニカムロータを用いた装置も開発されている[2)]．

b. 燃 焼 法

燃焼法は，VOCを酸化分解し除去する方法で，直接燃焼法，触媒燃焼法，蓄熱燃焼法に大別できる．

1) 直接燃焼法 本法は，VOCを含むガスを600～900℃の高温で酸化分解する．装置は，燃焼室と滞留室（および熱交換器）から構成されている．燃焼室では，燃焼装置（バーナ）の火炎によって未処理ガスを酸化分解するため，VOCの発火点以上の温度が保たれている．後段の滞留室は，VOCが水と炭酸ガスに分解するのに必要な反応時間を確保するために設けられている．

長所は，除去効果が高く，可燃性の物質全般に適用できること，処理ガスの流量およびガス濃度の変動による影響が少ないこと，初期の分解効率が経年劣化しないことである．

2) 触媒燃焼法 本法は，触媒の働きにより低い温度（150～350℃）でVOCを酸化分解する．装置は，ガス加熱器（補助加熱），触媒反応器，熱交換器から構成されている．補助加熱で触媒が加温され，VOCは触媒反応器内で酸化分解を受ける．浄化ガスは，熱交換器でその熱を室温の未処理ガスに受け渡す．VOC濃度が高い場合には，未処理ガスが熱交換器部で触媒反応に十分な温度に達するため，補助加熱がなくとも自己燃焼反応を維持しながらVOCを処理することができる．本法で最も重要な役割を果たす触媒としては，一般

表1 吸着法，燃焼法の特徴

	装置	長所	短所
吸着法	再生式回収装置	・歴史が古く実績大 ・操作が容易 ・単一成分の回収では経済メリット大	・排水が多量に発生（TSA） ・水溶性溶剤は不適（TSA）
	ハニカムローター式濃縮装置	・大風量のガスも経済的に処理 ・装置がコンパクト ・保守・保全が容易	・活性炭劣化物質が多量に含まれる時は不可（活性炭） ・本装置単体では液として回収不可
燃焼法	直接燃焼装置	・広範囲の有機物質を除去可能 ・保守・保全が容易 ・装置コスト低	・運転費高 ・NO_x の発生
	触媒燃焼装置	・低濃度処理が可能 ・直接燃焼法より運転費低 ・NO_x 発生量少	・触媒交換コスト（劣化時）が発生 ・触媒劣化物質の対策が必要
	蓄熱燃焼装置	・中濃度の排ガスは経済的に除去 ・NO_x 発生量少 ・熱効率高	・装置コスト高

的に白金，パラジウム等の貴金属系[3]や鉄，マンガン，銀，銅等の遷移金属系触媒が用いられる．

長所は，比較的低い温度で運転できるため高温燃焼で生じる NO_x の生成がないこと，低発熱ガスの安定燃焼が可能であること，低酸素条件下でも安定な燃焼を維持できることである．

3) 蓄熱燃焼法 本法の最大の特色は，直接燃焼法で課題となっている燃料消費量を大幅に改善できる（廃熱利用）ことである．装置は，基本的に燃焼室と蓄熱体（塔）からなっている．高い脱臭効率（99％以上），高い熱交換効率（約 90％），NO_x の発生が少ないこと等が長所として挙げられる．こちらも VOC 濃度が高い場合には，蓄熱体からの熱交換によって未処理ガスの温度が高められるため，補助加熱がなくとも自己燃焼反応を維持しながら VOC を処理することができる．

代表的な吸着法，燃焼法の特徴を表1に要約する．この他にも脱臭技術として，オゾン脱臭法，光触媒脱臭法，プラズマ脱臭法等があり，これらの VOC に対する応用が検討され，その一部は実施されている．

c．代替法および適正管理

上記のような発生源対策の他に，大気への VOC 排出そのものを抑制する目的で，各業種・現場で様々な取組みがなされている．例えば，洗浄剤，塗料，印刷インキ，接着剤については，水またはアルカリ系物質への代替，あるいは揮発性の低い物質への代替が進められている．また，工場内ではパイプ接続部のシール等による密閉化，乾燥温度・洗浄温度の適正管理，溶剤・原材料の使用量の適正管理等も進められている．

［尾形　敦］

文　献

1) 公害防止の技術と法規編集委員会編：新・公害防止の技術と法規 2019 公害総論，p.101，産業環境管理協会，2019.
2) 竹内　雍 監修：最新吸着技術便覧—プロセス・材料・設計，pp.74-82，エヌ・テー・エス，1999.
3) 岩本正和 監修：環境触媒ハンドブック，pp.626-632，エヌ・テー・エス，2001.

コラム　バイオディーゼル燃料
Bio-diesel fuel: BDF

バイオディーゼル燃料（BDF）は，植物油脂や動物油（脂肪酸のグリセリンエステル）をアルカリ触媒存在下でアルコール（主としてメタノール）とエステル交換反応させて生成する脂肪酸のアルキルエステルである．大気中の二酸化炭素を固定して成長した植物から合成するため（動物も植物を食して成長），大気中の二酸化炭素の増加に寄与しないとされる再生可能エネルギーである．BDF 自身に酸素を含んでいるため燃焼効率がよく，未燃炭化水素，一酸化炭素，粒子状物質等の汚染物質の排出が軽油排ガスに比べて少なく，大気汚染を軽減するといわれている．また，軽油排ガスの発がん性が指摘されている多環芳香族炭化水素類の濃度も著しく減少し，変異原性も大きく低減されることが報告されている[1]．しかし，燃焼効率がよく高温となるため窒素酸化物濃度は微増し，元々揮発性有機化合物濃度の高い地域で使用した場合に，軽油排ガスと比べてオゾン濃度が高くなる可能性が指摘されている．純度 100%でも使用可能であるが，種類によっては冬期に粘度が高くなることもあり，B5 や B20 といった軽油との混合燃料として使用されている（数値は軽油との混合燃料に占める BDF の重量%）．しかし，混合燃料にすると排ガス中の汚染物質濃度が高くなることもあり，また，BDF は原料によってその成分が様々に異なるため（図），どの BDF をどの程度混合するのが最もよいかはまだわかっていない．ディーゼルエンジンはバス，トラック，船舶，トラクターなどのすべてが電気に変わるのは相当時間がかかることが予想され，BDF の開発は持続的な発展のためにも必要である．また，将来的には電気に置き換えることが困難な船舶用や改質してのジェット燃料への利用が期待されている．

図　種々の原料から共溶媒法で製造した BDF（左から，獣脂，ナマズ油，ジャトロファ，パーム油，ゴムの実油，広東アブラギリ）

合成法として一般に用いられている機械撹拌法では，反応に数時間，分離に 1 日近くかかるうえに副生物のグリセリンには多量の石鹸が混ざるために使用できず廃棄物も増えるため，現状では軽油と競合できるだけの価格での供給は難しい．国内でもこの方法で作られた BDF が幾つかの都市で使用されているが，採算は合わないのが現状である．しかし，近年開発された共溶媒法[2]では数時間で高純度の BDF が精製でき，高純度のグリセリンを化学製品として使用可能であるため，原料供給しやすい東南アジアではかなり安価となってきている．原料としては食料と競合しない，*Pongamia pinnata*，ゴムの実，獣脂等が期待されている．この方法で作られた BDF は現在，ベトナム・ハロン湾の観光船で使われているほか，ベトナム国内のバスでの利用も始まっている．　［竹中規訓］

文　献

1）亀田貴之他：分析化学，**56**（4）：241-248, 2007.

2）Y. Maeda, *et al.*: *Green Chem.*, **13**: 1124-1128, 2011.

コラム　ベーパーリターン
Gasoline vapor recovery system

自動車ガソリン（以下，ガソリン）は炭素数 4〜10 程度の炭化水素からなり，揮発性が非常に高くベンゼン・トルエン等の有害物質を含むことから労働安全衛生法による取扱いが定められている．またガソリン蒸気は VOC 発生源としても重要である．

製油所で精製され油槽所に貯蔵されているガソリンは，主にタンクローリーでガソリンスタンドに配送される．タンクローリーから地下タンクへの受入時，ガソリンスタンドから車両の燃料タンクへの給油時に，タンクの空隙に溜まっているガソリン蒸気が，満たされてくるガソリンに押し出されて大気中に放出される．それぞれガソリンの受入ロス（図 1），給油ロス（図 2）と呼ぶが，これらのガソリン蒸気を回収するのがベーパーリターン装置である．

受入ロスに対応するベーパーリターン装置は，地下タンクから押し出されて発生したガソリン蒸気をタンクローリーで回収するもので Stage Ⅰ（ステージワン）といわれる．国の規制はないが，東京都など七つの都府県の条例で義務化されている．

給油ロスへの対応は給油の際に発生するガソリン蒸気をどこで回収するかにより，大きく二つの方法がある．一つが自動車の給油口に回収装置をつける ORVR（オーアールブイアール，onboard refueling vapor recovery）で主に米国で普及している．もう一つがガソリン給油機に回収装置をつけるもので Stage Ⅱ（ステージツー）と呼ばれ，主に欧州，アジアで普及している．日本では業界による自主的取組みにより Stage Ⅱ の導入を促進する方針が出されている[1]．　［森川多津子］

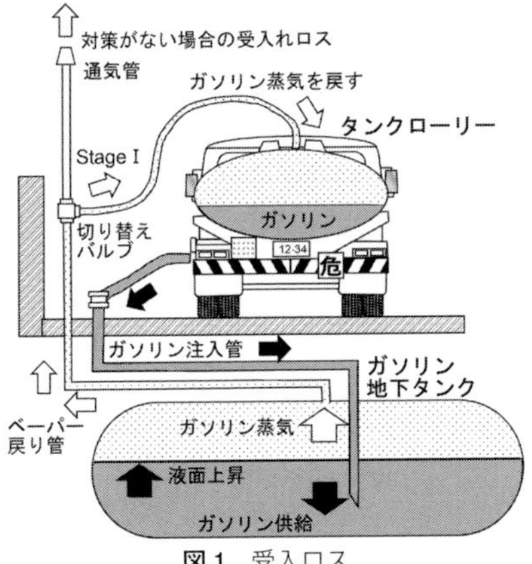

図 1　受入ロス
（http://www.pecj.or.jp/japanese/report/reserch/report-pdf/H15_2003/03cho4-3.pdf を参考に筆者作成）

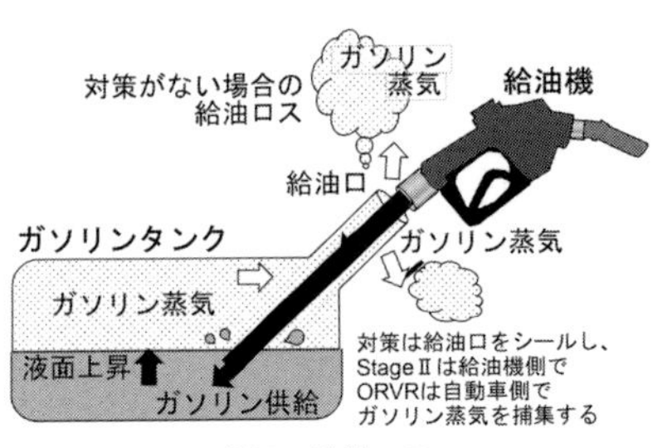

図 2　給油ロス

文　献

1) 環境省中央環境審議会：今後の自動車排出ガス低減対策のあり方について（第十三次答申），2017.

5-13 固定発生源のばいじんを減らす

Reduction of the dust emissions from stationary sources

産業活動を通して発生する固体の粒子は一般にダストと総称され，大気中に排出されると大気汚染の原因となる．ダストには，燃焼や加熱等の工程から発生するばいじんと，破砕や選別等の機械的工程から発生する粉じんとがあり，人の健康にきわめて有害な特定粉じんとしての石綿（アスベスト）も含まれる．

環境基準として浮遊粒子状物質（SPM）に加えて微小粒子状物質（$PM_{2.5}$）が定められ，その対応のためにも高性能集じん装置の一層の活用が求められる．

a．ばいじん対策の概要

固定発生源から発生するダストを処理するには，図1に示すように，まず工程・施設から発生する処理対象のガスおよびその中に含まれるダストの諸条件の検討から始める．次いで施設に対する法的規制などの外的条件を考慮して最適の集じん装置を選定した上で，最終的にシステム全体の設計を完成させる．

b．集じん（dust collection）

気流中に含まれるダストを分離，除去する集じん操作では，粒子の持つ重力や慣性力，遠心力，静電気力等を利用するほか，液滴・液膜を利用したり，ろ布を用いたろ過作用を集じんの原理とするもの等がある．一般に，1 µm 以下の微小粒子まで十分に処理できるバグフィルタ（bag filter/fabric filter）と電気集じん装置が厳しい法規制にも対応でき，高性能集じん装置として信頼されて広範な産業分野で活用される[2]．

1) バグフィルタ　処理ガスがろ布を通過する時，ろ布表面にダストの層が形成され（一次付着層という），以降はダスト自身の層によってろ過捕集が行われて高い集じん率が確保される．ろ布にはポリエステル，ナイロン，アクリル等の化学繊維のほか，耐熱性に優れるガラス繊維等，各種のろ材が活用される．ろ布の形状として，従来の円筒状（バグ）の他に封筒状の形式も採用される．ろ布上に形成されたダスト層は厚みが増すほどに圧力損失が増加するので，一定時間間隔で払い落としを行う．近年は不織布の封筒形ろ布を用いたパルスジェット形払い落とし装置が比較的多く採

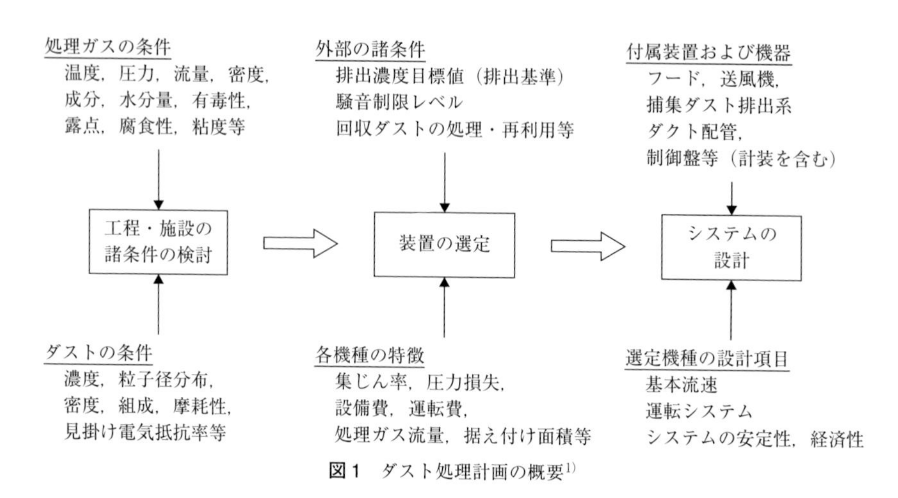

図1　ダスト処理計画の概要[1]

用される．

2）電気集じん装置（electro-static precipitator）　粒子に電荷を与えると，帯電した粒子は不平等電界中でクーロン力により移動し，集じん電極に捕集される．一般の産業用では，放電電極に数万ボルトの負の直流高電圧を印加してコロナ放電を発生させ，帯電した粒子を正極の集じん電極板上に分離し，これを槌打ちして落下させる．電極形式として，平行平板を集じん電極とした平板形が一般的であるが，円筒を集じん電極に用いた円筒形もある．

電気集じんでは，圧力損失がバグフィルタに比べて1桁低く，電流密度も小さいので運転費が安い利点がある．しかし高電圧印加装置を含めた設備費が高くなる．

c．ばいじん（ダスト）測定

固定発生源施設では，法規制による排出基準を遵守するため，また設置される集じん装置の性能を維持・管理するためにも，ばいじん濃度等の測定が行われる．

1）ばいじん濃度（dust concentration）ばい煙発生施設の煙道，ダクトの適切な位置で，規定による測定点に測定孔を通して吸引ノズルを挿入し，等速吸引（排ガス流速と同じ速度で吸引ノズルを通して排ガス試料を吸引する）を行い，ダスト捕集器でろ過捕集したダストの質量および同時に吸引した試料ガス量とから，ダスト濃度を計算する．

この方法[3]は法の排出規制に基づく測定の公定法として広く採用される．

2）粒子径分布（particle size distribution）　現場でダクト内を流れている状態で測定する方法には，測定器内に吸引した上で粒子の慣性力を利用して捕集板上に衝突させてダストを分離捕集するカスケードインパクタ法[4]がある．

3）$\mathbf{PM_{10}/PM_{2.5}}$　$PM_{2.5}$の環境基準の制定に伴い，固定発生源における$PM_{2.5}$の排出実態の把握と対策が求められ，試料ガス中ダストの持つ慣性力や遠心力を利用した二段式のカスケードインパクタ法，サイクロン法，そしてバーチャルインパクタ法[5]が用いられる．　［田森行男］

文　献

1）産業環境管理協会編：新・公害防止の技術と法規，大気編，技術編，p.217，産業環境管理協会，2018.
2）金岡千嘉男，牧野尚夫：はじめての集じん技術，日刊工業新聞社，2013.
3）JIS Z 8808：排ガス中のダスト濃度の測定方法.
4）JIS K 0302：排ガス中のダスト粒径分布の測定方法.
5）JIS Z 7152：バーチャルインパクタによる排ガス中のPM10/PM2.5質量濃度測定方法.

5-14 水銀に関する対策技術

Control technologies on mercury emission

世界における大気環境中に排出される水銀は，年間 5500～8900 t であり，そのうち人為的排出は約 30％の 1960 t（零細小規模金採掘 37.1％，石炭燃焼 24.2％，非鉄金属 1 次生産 9.9％，セメント製造 8.8％，廃棄物関連 4.9％，鉄鋼 1 次生産 2.3％，その他 12.8％），一度放出され土壌の表面や海洋に蓄積された水銀の再放出・再移動によるものが約 60％と推計されている．

a．水銀排出規制

水銀に関する水俣条約[1]では，水銀発生源として石炭火力発電所，産業用石炭燃焼ボイラ，非鉄金属（鉛，亜鉛，銅および工業金）製造に用いられる製錬およびばい焼の工程，廃棄物の焼却設備，セメントクリンカの製造設備を対象としている．国内では上記五つの発生源に加えて鉄鋼製造施設の自主管理を求めている．その技術的内容は国連環境計画の利用可能な最良の技術／環境のための最良の慣行（best available techniques /best environmental practices：BAT/BEP）のガイダンス文書に記述されている[2]．

b．水銀排出挙動

石炭火力発電向けの技術を例に記述する[3]．原燃料中の水銀（Hg，HgS，HgCl，HgO 等）は熱処理（燃焼温度＞800℃）中に分解し，元素水銀（Hg^0）として揮発し，その後ガス状の元素水銀，酸化水銀（Hg^{2+}）あるいは微粒子に結合して粒子状水銀（Hg^P）の 3 種類の形態に分かれる．ガス中に共存する臭素や塩素等のハロゲン元素は水銀酸化に強い影響を与え，他の反応性化学種，触媒および活性吸着サイトも水銀酸化に寄与する．煙道の 400～300℃温度域では $HgCl_2$ のような酸化水銀で安定する．さらに $HgCl_2$ は Hg^0 に比べて揮発性が低いことから，200℃以下の低温域ではダスト粒子に付着し，粒子状水銀へと導かれ，電気集じん機やバグフィルタなどの集じん装置により回収される．残存のガス状あるいは灰付着凝集した酸化水銀化合物は湿式脱硫装置の溶液に吸収される．その吸収量は脱硫溶液の pH 値に依存し，一部 Hg^0 に還元され，排ガス中へ放出する．以上の水銀排出挙動を図 1 に示す．

c．水銀排出抑制技術

大気水銀排出抑制技術は，大別すると，前処理や混焼を含む原燃料の組成転換，燃焼等熱処理条件の改善，集じん装置の強化，湿式あるいは乾式排煙脱硫装置の設置，吸着剤利用，低温回収等であるが，基本は三つである．一つ目は集じん機の温度を下げ水銀凝縮を促進して回収する方法，二つ目は水銀を酸化して水溶性に変換し湿式脱硫装置やスクラバ溶液により吸収させ，水処理系で回収する方法，三つ目は元素水銀を中心に活性炭などにより捕捉して固体吸着処理系で回収する方法である．

1）相乗的水銀除去　脱硫，脱硝，脱じんなどを装備した 3 点セットを有する日本の石炭燃焼プロセスでは，この組合せで 73％の平均水銀除去効率，1.2 μg/Nm^3 の水銀排出濃度濃度を達成している．さらに 90℃の低低温の電気集じん機を採用した場合には，平均 86.5％の水銀除去，0.88 μg/Nm^3 の水銀濃度を達成している．

2）添加物による水銀酸化　低塩素濃度の燃料に対して水銀捕捉を促進には臭素または塩素塩のようなハロゲン添加が有効である．ハロゲン単体に代わって HCl または塩化アンモニウム（NH_4Cl）を添加してもよい．ハロゲン添加剤は，酸化水銀および粒子状水銀の生成を促進し，後段湿式脱硫装置での捕捉を容易にする．臭素は塩素に比べて，水銀との相互作用が強く，酸

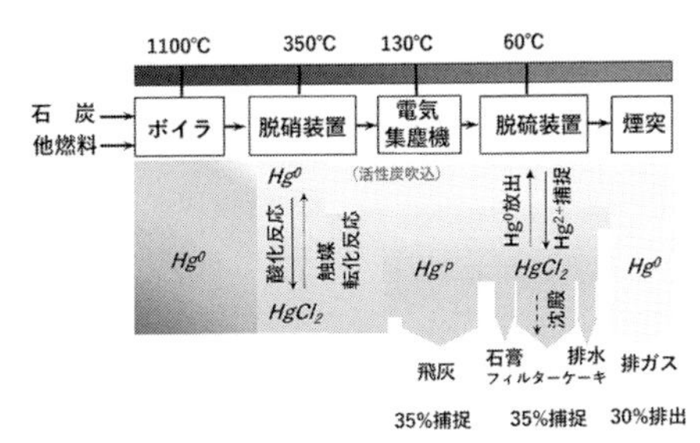

図1　水銀排出挙動

化能力が高い．

3）湿式脱硫装置からの水銀再放出抑制　湿式脱硫装置において吸収された水溶性の酸化水銀は，その大部分が石こうに移行し固定されるため，石こう側から水銀が溶出することはなく，安全かつ安定して固定化される．一方，湿式の脱硫装置やスクラバでは一部，酸化水銀が還元されて Hg^0 で再放出するため，溶液中水銀イオンの積極的沈殿，活性炭による吸収，あるいは吸収塔内での酸化還元電位制御による酸化雰囲気保持などの技術が適用される．

4）吸着剤吹き込み　活性炭吹き込みによる水銀吸着除去は欧米の石炭火力発電所で多く採用されている．ただし，集じん機前に吹き込む場合には飛灰に水銀付着活性炭が混ざることからセメント等に利用する場合には水銀の再放出が課題となる．そのため，既存の電気集じん機の下流に専用のバグフィルタを追加するあるいは湿式脱硫装置で回収する等の方法がある．国内では廃棄物焼却施設からの水銀（水銀濃度は 100 から 1000 $\mu g/m^3$）やダイオキシン捕捉用に使われているが，石炭の場合は水銀濃度（20 $\mu g/m^3$）が低く，硫黄，ヨウ素，あるいは臭素を含浸させた活性炭による捕集向上が求められる．

活性炭あるいは活性コークスによる乾式脱硫・脱硝システム（移動層）は国内の大型石炭火力発電所で稼働しており，水銀捕捉効果も期待できる．

5）非炭素系による水銀吸着剤　非炭素系吸着剤として酸化チタンのような金属酸化物を UV 照射しながら水銀吸着する方法や Al_2O_3 に CuO_x を含浸させ触媒酸化を促進する方法，さらに，これらを活性炭に混合して，元素水銀を除去する方法が提案されている．カルシウム系吸着剤は SO_2 が存在する反応系では脱硫反応と Hg^0 吸着反応が競合し，時間とともに水銀捕捉性能が低下する欠点を有する．天然のケイ酸塩やセピオライトおよび硫黄含浸化合物の例もある．

また，非熱プラズマにより生成する活性 O，OH，HO_2O_3 により元素水銀の酸化と同時に NO，SO_2 の除去を促進する方法や高分子複合吸着剤を既存の排ガス処理装置下流に設置し，元素水銀と酸化水銀の両方を吸着させる等の方法の提案もある．

6）燃焼系以下外の水銀排出抑制技術　燃焼以外の水銀発生源となる非鉄金属製造施設での排ガス処理ではサイクロンや電気集じん等による高温集じんと残留ダストおよび揮発性元素捕捉のための湿式電気集じんが組合わされるほか，SO_2 が含まれることから硫酸第二水銀（$HgSO_4$）を生成しスクラバや電気集塵機での回収やセレンが含まれる場合にはセレン化水銀（HgSe）での回収される．排ガス処理から抜けた水銀は濃硫酸により吸収させ，スラッジとして排出させる．国内ではこの硫酸法が主流であるが，海外では塩化第二水銀溶液で水銀を酸化して塩化第一水銀で除去する Boliden Norzink 法が一般的である．

［守富　寛］

文　献

1）環境省：水銀に関する水俣条約，2017. http://www.env.go.jp/air/suigin/post_11.html
2）BAT/BEP 専門家会合，UNEP，2017.
3）高岡昌輝監修：水銀に関する水俣条約と最新対策・技術，シーエムシー出版，2017.

5-15 二酸化炭素の排出を減らす技術

Technological options for reduction in CO_2 emissions

二酸化炭素（CO_2）は，主に化石燃料等のエネルギー利用に伴い排出され，それを減らす技術は，CO_2 排出量を減らす技術（削減技術）と，排出された CO_2 を大気中に出さないようにする技術（回収・隔離技術）に大きく分類される．削減技術はさらに，エネルギー需要の削減技術（需要削減技術），エネルギー利用効率の向上技術（省エネルギー技術）と，より CO_2 排出量の少ないエネルギー源へ転換する技術（燃料転換技術）に整理できる．

a．削減技術：需要削減技術

エネルギーは，室内を暖めたりお湯を沸かしたり等，何らかの目的（エネルギー需要）を達するために消費される．そのため，必要とするエネルギー需要の水準を抑えることができると，投入されるエネルギー量とともに CO_2 排出量も削減できる．

エネルギー需要削減技術には，ライフスタイル，ワークスタイルの変更や，住宅・ビル等の建築物における断熱強化等が含まれ，特に前者についてはクールビズやウォームビズとして普及と定着が進んでいるものもある．近年は，これらに加えて情報技術もしくは情報通信技術（information communication technology：ICT）を活用した技術の開発と普及が進められている．例えば，タスクアンビエント照明は，室内全体（アンビエント）の照明と手元・机上（タスク）の局所照明を組合わせてオフィス等での必要照度を確保する技術であり，照明に要する電力のほか，照明機器からの熱放散抑制により冷房効率も向上できる．

また，技術を個々に導入するだけではなく，組合せにより建築物全体で大胆な需要削減を目指す取組みとして，ネット・ゼロ・エネルギーハウス（net zero energy house：ZEH）やゼロ・エネルギー・ビル（zero energy building：ZEB）がある．ZEH/ZEB においては，断熱強化や ICT・AI を活用した需要削減技術のほか，後述する省エネ技術や燃料転換技術も組合わせて，建築物全体でのエネルギー収支をゼロにすることで CO_2 排出量を大きく削減することを可能としている．

b．削減技術：省エネルギー技術

エネルギー利用や熱・電力等への転換における損失（エネルギー損失）を低減できる省エネルギー技術の導入により，CO_2 排出量を減らすことにつながる．

冷蔵庫やエアコン等の需要側機器については，年々効率向上が進んでおり，例えば住宅用エアコンの効率の尺度である期間電力消費量は，1995 年の 1492 kWh/ 期間から 2017 年度には 821 kWh/ 期間と 45%[1)]も改善されている．

需要側機器での省エネルギーとともに，エネルギー供給側，特に発電における効率向上・省エネルギーも重要である．日本の電力部門では，エネルギー転換時に 57.07%（2015 年度汽力発電所発電端，10 社平均）のエネルギーが失われている．供給側の省エネルギーについては，単体技術の効率向上とともに，排熱を再度発電に利用する仕組みも有効である．この方式は複合発電（コンバインドサイクル，combined-cycle）と呼ばれ，天然ガスボイラー発電と組合わせた天然ガス複合発電（combined-cycle gas turbine：CCGT）は広く普及している．

c．燃料転換技術

燃料転換技術には，化石燃料の中でより CO_2 排出の少ないものへの転換と，利用時に CO_2 の出ないエネルギー源への転換がある．うち後者については，特に再生可能エネルギーに絞って説明する．

1）化石燃料間の燃料転換技術 発熱

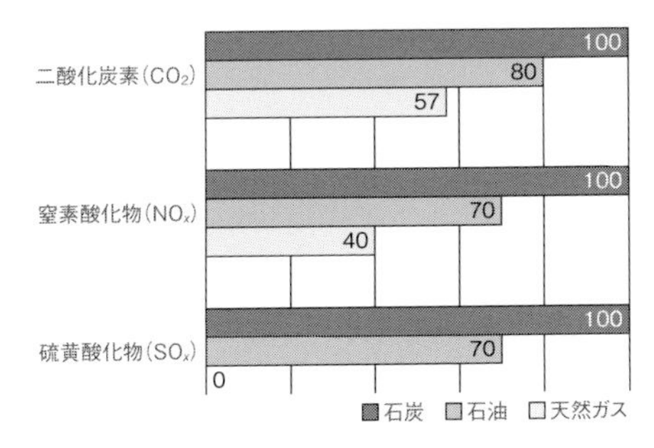

図1 化石燃料の環境負荷比較(石炭を100とした場合(燃焼時))[2)]

量あたりのCO_2排出量を石炭を100とすると，天然ガスは57と4割ほど低い（図1）．2015年度の電力部門CO_2排出量は日本全体（1156.3 MtCO_2）の46.1%を占め，内訳では石炭起源が293.2 MtCO_2，石油起源が77.2 MtCO_2，天然ガス起源が162.6 MtCO_2である．仮に石炭火力発電所を平均的な効率の天然ガス火力に転換すると129.6 MtCO_2削減でき，日本全体のCO_2排出量削減への寄与も少なくないが，長期的な脱炭素化の視点では効果は限定的であるといえる．

2) 再生可能エネルギー技術　再生可能エネルギー（renewables）は，太陽光や風力など自然由来のエネルギー源である．利用に際してCO_2を排出しないため，再生可能エネルギーへ転換することで大幅なCO_2削減が期待できるものの，利用可能な量は自然条件に左右される．最大利用可能量（潜在量，ポテンシャル）は，設備に関する想定によって異なるものの，発電量に換算して300～10000 TWh程度が利用可能とされており，2015年の発電電力量（1024 TWh）と比較すると，少なくとも現在の電力需要の3割を賄うことが可能といえる．

d. 回収・隔離技術

回収・隔離技術とは，CO_2を排出源から回収して隔離することで大気中に放出しないようにする技術であり，炭素隔離貯留（carbon capture and storage：CCS）が代表例である（図2）．

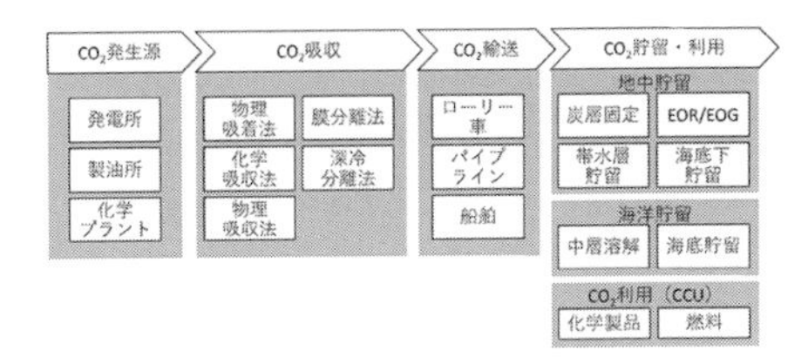

図2 CCS技術の構成例

CCSは，火力発電所や製鉄所等のCO_2濃度が高い（7%～50%）排気ガスからCO_2を分離・回収して，パイプライン等で輸送し，地下や海中へ圧入・貯留する．回収技術には，物理吸着法（固体吸着剤に吸着させる），化学吸収法（吸収液に溶解させる），物理吸収法（吸収液に高圧のCO_2を物理的に吸収させる），膜分離法（CO_2だけが透過する膜で選り分ける），深冷分離法（極低温で液化後に沸点の差を利用して分離する）等がある．

輸送したCO_2は，海底下も含む地下や，海底，海中に貯留される．地下の場合には，枯渇した石油・天然ガス井やキャップロックに囲まれた深地下帯水層などが候補となり得る．また，生産中もしくは生産量が低下しつつある油田や天然ガス田に圧入してCO_2を貯留するとともに内部の原油や天然ガスを得る技術（石油・天然ガス増進回収法，enhanced oil recovery or enhanced gas recovery；EOR/EGR）もある．これらに加え，近年は回収したCO_2を化学製品や燃料とする炭素回収・有効利用技術の開発も進められている．［芦名秀一］

文　献

1) 日本エネルギー経済研究所：エネルギー経済統計要覧，2017.
2) 資源エネルギー庁：エネルギー白書，2012.

5-16 CO_2 以外の温室効果ガスの排出を減らす

Reduction of emission of GHGs except CO_2

a. 温室効果ガス（GHGs）排出量の推移

表1に示すように，2013年度のGHGs総排出量は14億800万t（CO_2換算，以下同じ）であり，その約1割は非エネルギーCO_2(セメント製造等）に加えて，メタン（CH_4），一酸化二窒素（N_2O）と代替フロン等4ガスの排出による．2005年比で排出量が若干増えたのは，エネルギー起源CO_2の微増とハイドロフルオロカーボン（HFC）の顕著な増加による．

b. CH_4 と N_2O の排出低減

1) CH_4 の排出と対策　2015年度のCH_4排出量は3140万tであり，1990年度比で29.2%減少した[2]．2015年度の排出量内訳は，稲作（44%），家畜の消化管内発酵（23%），固形廃棄物処分（10%）等である．この減少には，廃棄物処分での排出量減少（1990年度比58.3%減）の寄与が大きい．家畜の飼料利用効率の改善，ほ場管理の改善等が図られている．

2) N_2O の排出と対策　2015年度のN_2O排出量は2100万tであり，GHGs総排出量の1.6%であった[2]．1990年度比約34%の減少には，アジピン酸製造に伴うN_2O排出の削減（1990年度比83.7%減）が寄与している．2015年度のN_2O排出量内訳は，農用地土壌（26%），燃料燃焼（22%），家畜排せつ物（19%）等である．農用地での施肥量低減，分施，緩効性肥料の利用等，下水汚泥や一般廃棄物の焼却施設での燃焼高度化，下水汚泥固形燃料化施設の普及等が図られている．

表1　GHGs排出量の推移と2030年排出量の目標

温室効果ガス	GWP	2005年実績	2013年実績	2030年排出量の目標
エネルギー起源CO_2	1	1219	1235	927
非エネルギー起源CO_2	1	85.4	75.9	70.8
CH_4	25	39.0	36.0	31.6
N_2O	298	25.5	22.5	21.1
代替フロン第4ガス		27.7	38.6	28.9
HFC	1430[a]	12.7	31.8	21.6
PFC	7390[b]	8.6	3.3	4.2
SF_6	22800	5.1	2.2	2.7
NF_3	17200	1.2	1.4	0.5
GHGs総排出量		1397	1408	1079

a）HFC-134a，b）CF_4．　［単位：百万t-CO_2］

c. 代替フロン等4ガスの排出低減

モントリオール議定書が1989年に発効し，オゾン層破壊物質（ODS）であるクロロフルオロカーボン（CFC-11等），ハロンなどの生産は全廃，HCFC-22等のハイドロクロロフルオロカーボン，臭化メチルの生産・使用も規制されている．一方，HFCはODSではないが，地球温暖化係数（GWP）はCO_2の2～3桁も大きく，PFC（パーフルオロカーボン），SF_6(六フッ化硫黄)，NF_3(三フッ化窒素）と同様に排出量の削減が求められている．

1) HFCの排出と対策　2015年度のHFC排出量3920万t（CO_2換算）は，GHGs総排出量の3.0%に相当し，1990年から約150%増加した[2]．ODS規制によって，冷凍空調機器の冷媒CFCとHCFCがHFCに代替されたためである[3]．

2016年10月のルワンダ・キガリでの会合で，HFCがモントリオール議定書に追加された（キガリ改正）．先進国は，国ごとにHFCの生産量と消費量（生産量＋輸入量－輸出量）を基準年のそれに対して段階的に削減（2019年に－10%，2029年に－70%，2036年に－85%）することになった[4]．

フロン回収・破壊法等により，冷凍空調

表 2　冷凍空調機器の冷媒（使用中および代替候補）[3]

冷凍空調機器	使用中の冷媒（化合物，GWP）	代替候補化合物（化合物，GWP）
家庭用空調	R410A（HFC-32/125，2090）（HFC125：CHF_2CF_3，3500）	HFC-32（CF_2F_2，675）HFO-1234yf（CH_2=$CFCF_3$）（<1）
業務用空調	R410A R407C（HFC-32/125/134a，1770）	HFC-32 HFO-1234yf
カーエアコン	HFC-134a（1430）	HFO-1234yf
大型冷凍空調	HFC-134a（1430）	HFO-1234ze（trans-CHF=$CHCF_3$）（1）
大型冷凍機	HFC-134a NH_3(3)/CO_2(1)	NH_3/CO_2
ショーケース	R404A（143a/125/134a，3920），CO_2	CO_2

機器等使用済み冷媒（表 2）の回収と破壊（焼却炉等による高温分解）が実施されてきたが，最近の調査で，フロン廃棄時の回収率は 3 割程度で推移し，機器使用時の相当量の漏えいが明らかになった．フロン排出抑制法（略称）が 2015 年に施行され，フロン類の回収，再生，破壊や漏えい防止を担保する制度整備に加えて，①代替物質の開発（低 GWP），使用済みフロン類の再生等によるフロン類の新規製造の抑制，②フロン類使用製品のノンフロン化・低 GWP 化の促進等が進められている[4]．

これらの対策でもキガリ改正の 2029 年以降の HFC 削減目標達成は困難であり，表 2 に示す冷凍空調機器に使用中の混合冷媒等を一層低 GWP 化，ノンフロン化する必要がある．代替候補のハイドロフルオロオレフィン（HFO）は，大気中寿命が 10 日程度と短く GWP が 1 程度であるが，微燃性，化学的不安定性の課題がある．また，家庭用冷蔵庫のノンフロン冷媒であるイソブタン（GWP は 4）等の炭化水素や NH_3 については，使用量の最少化，漏えいしない構造等の安全対策が求められている．

2）PFC（CF_4，C_2F_6 等）の排出と対策

2015 年の PFC 排出量は 330 万 t（CO_2 換算）であった（1990 年比で半減）．排出量内訳は半導体製造（48%），金属洗浄等（46%），PFC 製造（3%）であり，PFC の回収・再利用の促進，分解処理等が進められている．

3）SF_6 の排出と対策　2015 年の SF_6 排出量は 210 万 t（CO_2 換算）であり，1990 年比で 84% 減少[2] した（変圧器等からの回収等取扱管理の強化等が寄与）[2]．SF_6 排出量の内訳は，加速器等の使用 40%），電気絶縁ガス使用機器（29%）等であり，SF_6 使用機器，設備からの漏えい防止，回収・再利用の促進，分解技術の開発が求められている．

4）NF_3 の排出と対策　2015 年の NF_3 排出量は 60 万 t（CO_2 換算）であり，1990 年比で 1650% 増加した[2]．NF_3 製造での排出量が 1990 年比で約 1.5 万倍増加したことによる．NF_3 製造工程に加えて，半導体や液晶等の製造工程の管理，改良が今後，重要である．　［指宿堯嗣］

文　献

1）平成 28 年 5 月 13 日閣議決定，地球温暖化対策計画，2016.
2）国立環境研究所温室効果ガスインベントリオフィス（GIO）編，環境省監修：日本国温室効果ガスインベントリ報告書，2017.
3）産業構造審議会化学・バイオ部会地球温暖化防止対策小委員会資料，今後のフロン類等対策の方向性について，2013.
4）産業構造審議会・中央環境審議会資料，モントリオール議定書キガリ改正を踏まえた今後の HFC 規制のあり方について，2017.

5-17 固定発生源からのダイオキシン類を減らす

Technology for decreasing dioxins from stationary sources

a．ダイオキシン類の発生源

ダイオキシン類とは，正確には，塩素が結合したポリ塩化ジベンゾ-パラ-ジオキシン類（PCDDs）とポリ塩化ジベンゾフラン類（PCDFs）をいい，コプラナーポリ塩化ビフェニル類（co-PCBs）はダイオキシン類似化合物という．しかし，ダイオキシン類対策特別措置法では，特定の位置に塩素が付いた7種類のPCDDs，10種類のPCDFs，12種類のco-PCBsがダイオキシン類とされ，毒性が最も強い2,3,7,8-テトラクロロジベンゾ-パラ-ジオキシンに毒性を換算する係数（毒性換算係数：TEF，1～0.00003）が各物質について定められ，各物質の濃度にTEFをかけて合計した毒性等量（TEQ）で表示，評価されている．

また，全部の塩素の代わりに臭素がついたものを臭素化ダイオキシン類といい，これらについてもTEFが定められているが，塩素と臭素が混合して付いている化合物については考慮されていない．

なお，ダイオキシン類には内分泌（ホルモン）かく乱作用がある．

これらのダイオキシン類の発生源には，廃棄物の焼却施設を始め，各種の工業施設や火葬場，自動車，たばこ等がある．

環境省によると，これらのうち，固定発生源からのダイオキシン類の2015年における年間排出量は，廃棄物焼却施設からが64.5 g-TEQで，全体の約55%とされ，このうち一般廃棄物焼却施設からが24 g-TEQ，産業廃棄物焼却施設からが19 g-TEQ，法規制対象の小型廃棄物焼却炉からが12 g-TEQ，法規制対象外の小型廃棄物焼却炉からが9.5 g-TEQとされている．

また，工業施設からの年間排出量は，製鋼用電気炉からが25.2 g-TEQ，アルミニウム合金製造施設からが8.1 g-TEQ，鉄鋼業焼結施設からが7.1 g-TEQ，亜鉛回収施設からが3.2 g-TEQ，その他の施設からが6.4 g-TEQ，火葬場からが1.3～3.2 g-TEQ，下水終末処理施設からが0.2 g-TEQとされている．なお，自動車から0.9 g-TEQ，たばこから0.1 g-TEQ排出されているとされている．

また，合計では，年間118～120 g-TEQの排出があり，1997年の7676～8129 g-TEQに比べて約98.5%削減，約1/67になり，特に，一般廃棄物焼却施設からの排出量が約1/208に減ったとされている．

このため，大気中のダイオキシン類濃度も，1997年度の平均0.66pg-TEQ/m^3から，2015年度の平均0.022 pg-TEQ/m^3まで，約1/30に下がっている．

なお，排出量の削減率に比べて大気濃度の低減率が低いのは，測定場所が排出場所に対応していないこと，および海外からのダイオキシン類の流入があるためである．

b．排出低減対策

ダイオキシン類の排出には，主に，以下の三つがある．

① PCB等のダイオキシン類を含む物質の排出
② 金属の製造や熱処理，化学合成工程等での生成による排出
③ 廃棄物焼却施設等の排ガス中での再合成による排出

これらへの対策をまとめて表1に示す．

なお，本来，排ガスや排水の基準は，特定施設ごとに適用されるが，実際には個別の特定施設についての測定が困難であることから，幾つかの特定施設の排ガスや排水が合わさって環境中に排出されるところで測定や規制が行われている．このため，特定施設で発生したダイオキシン類が，ダイオキシン類を含まない大量の排ガスや大量の冷却排水等で希釈され，環境中に排出さ

表1 主なダイオキシン類低減対策

対　策	概　要
ダイオキシン類を含む物質の排出抑制	ダイオキシンを含む灰やPCB等の取扱方法を厳格にする.
金属の製造や熱処理, 化学合成条件の最適化	アルミニュウム製造や金属の焼きなまし等, および化学品の合成をダイオキシン類の生成しにくい条件で行う.
廃棄物焼却施設での焼却物投入の均一化	廃棄物を粉砕・混合し, ほぼ一定速度で連続的に焼却炉に投入する.
廃棄物焼却施設での排ガスの急冷	排ガスに水を散布する等をして急冷し, ダイオキシン類が生成しやすい温度での滞留時間を短くする.

れる時点では, 濃度が基準値以下になっていることも多いという指摘もある.

したがって, ダイオキシン類のように環境中での寿命が比較的長く, 生物等に蓄積性がある汚染物質については, 濃度と排ガス量または排水量との積による総量規制を行うことも必要であると考えられる.

また, ①〜③の排出への対策とともに, 排ガス中のダイオキシン類をバグフィルタ等で除去する方法や, 排水中のダイオキシン類を活性炭等で除去して環境中への排出量を減らす方法もとられている.

これらのうち, ①への対策は, 環境省が高濃度PCBの所在調査と日本環境安全(株)(JSCO)での処理を進め, また, 低濃度PCB廃棄物の認定施設での焼却処理等を進めている. しかし, 高濃度PCB廃棄物の所在を確実に把握するのには様々な課題があり, さらに, 意図せずにPCBで汚染された絶縁油等を含む低濃度PCB廃棄物(使用中の機器も多数ある)の所在を確実に把握することはきわめて難しい.

有害物質を含む機器等が一度社会に広がると, それらの所在を完全に把握し, 対策をとることは不可能に近いので, 有害性が疑われる物質については, 予防原則による措置をとることがきわめて重要である.

②への対策は, かなりの経費負担をして関連企業が実施している.

③への対策は, 産業廃棄物処理関係の企業がかなりの経費負担をして実施しているほか, 一般廃棄物処理関係の地方自治体や協同組合等が実施している.

また, 排ガスのバグフィルタ処理等や排水の活性炭処理等も, 関連企業のほか, 一般廃棄物処理をしている地方自治体や協同組合等が経費負担をして実施している.

なお, 上記のような対策が十分にできないために, 施設の廃止または廃業を余儀なくされた地方自治体や企業も少なくない.

c. 測定方法

ダイオキシン類は, 多種多様な類似物と共存し, 濃度も非常に低いので, 測定には確実な捕集と精製, 分画, 濃縮が必要になり, きわめて煩雑な方法になる. このため, 環境省が個別のダイオキシン類の正確な測定方法の他に, 簡易測定法マニュアルを提示しており, それ以外にも様々な簡易測定方法が開発・利用されている.

[浦野紘平]

文　献

1) 関係省庁共通パンフレット, ダイオキシン類. https://www.env.go.jp/chemi/dioxin/pamph/2012.pdf
2) 環境省, ダイオキシン類簡易測定法マニュアル. http://www.env.go.jp/chemi/dioxin/manual/edr_sim-method/ia_manual.pdf, https://www.env.go.jp/chemi/dioxin/manual/edr_sim-method/bio_manual.pdf, http://www.env.go.jp/chemi/dioxin/manual/dojo_smm-manual/main.pdf, http://www.env.go.jp/chemi/dioxin/manual/teishitsu-smp/main.pdf
3) 宮田秀明：ダイオキシン, 岩波書店, 1999.
4) 浦野紘平, 加藤みか：化学と教育, **47**：656-659, 1999.
5) 浦野紘平, 浦野真弥：えっ！そうなの？！　私たちを包み込む化学物質, コロナ社, 2018.

5-18 発生源を規制する方法

Emission regulation

発生源を規制する法には，汚染物質濃度を規制する濃度規制と排出量を規制する量規制がある．ここでは硫黄酸化物に対するいわゆる K 値規制と，硫黄酸化物と窒素酸化物の両方に適用された総量規制について述べる．

a. *K* 値規制

ばい煙発生施設の１本の煙源から排出される硫黄酸化物の量を規制するものであり，1968 年に施行された[1]．排出できる硫黄酸化物の量の上限は，排煙の有効煙突高さと K 値と呼ばれる定数より計算される．K 値は１本あたりの煙突からの硫黄酸化物の最高地上濃度を規定するように定められており，汚染の状態により，また，既設あるいは新設・増設，地域により異なる値が定められている．

煙突１本あたりの排出量の上限 q は以下の式により計算される．

$$q=K\times10^{-3}H_e^{\,2}$$

ここで，q：温度 0℃，１気圧に換算した１時間あたりの硫黄酸化物の排出量 (m^{3N}/h)，K：地域，既設あるいは新増設によって異なる値，H_e：実際の煙突高さにボサンケＩ式[2] による煙の上昇高さを考慮して計算される煙の有功高さである．

なお，K の値はプルーム式の一つであるサットン式から計算される地上最大濃度を与える以下の式

$$C_m=\eta\cdot\frac{2}{e\pi}\cdot\frac{C_z}{C_y}\cdot\frac{Q_s}{U\cdot H_e^{\,2}}$$

で風速 U，１本の煙源あたりの１時間最大着地濃度 C_m およびその他のパラメータを与え q を求めることにより定まる．ここで，風速 U は 6.0 (m/s)，Q_s は 15℃，１気圧に換算した１秒あたりの硫黄酸化物排出量 (m^3/s) であり，K は以下の式となる[2]．

$$K=0.584\cdot C_m\cdot H_e^{\,2}$$

K の値は規制の開始以来何度も改訂されているが，2016 年度時点で既存の施設については全国を 16 のランクに分類し 3.0～17.5 の範囲で，また，新・増設施設（特別排出基準）については３ランクで 1.17～2.34 の範囲で定められている[1]．

b. 総量規制

排出規制や K 値規制など排出源に対する規制が行われたにもかかわらず，多数の工場，事業所が密集する工場地域や都市域では環境基準の達成が容易ではなかった．このため，政府は地域全体から排出される汚染物質の量を規制する総量規制を導入した．硫黄酸化物を排出する特定工場に対する総量規制は 1974 年に[3]，また，窒素酸化物を排出する特定工場に対する総量規制は 1981 年に導入された[4]．総量規制は自治体が主体となって行われている．

1） 硫黄酸化物総量規制 地域全体として許容される排出量は，地域全体の排出量を用いた地上濃度予測を行い，その結果からすべての地点で環境基準値が満足されるように設定された．環境濃度の予測にはプルームモデル，パフモデル等を用いる数値シミュレーションや風洞実験手法などが用いられた．その結果から１工場，あるいは１事業所あたりに許容される１時間あたりの硫黄酸化物排出量が割り当てられた．許容排出量は原・燃料の使用量に基づく方法と最大着地濃度に基づく方法があるが，ここでは原・燃料に基づく方法について述べる．許容される事業所あたりの許容排出量は以下のように計算される[1]．

$$Q=a\cdot W^b$$

ここで，Q：排出が許容される硫黄酸化物の量（温度 0℃，気圧１気圧の状態に換算した立方メートル毎時 (m^{3N}/h)），W：特定工場に設置されているすべての硫黄酸化

物を排出するばい煙発生施設において使用される原料および燃料の量（重油の量に換算したキロリットル毎時（kl/h）），a：削減目標量が達成されるように都道府県知事が定める定数，b：0.8 以上 1.0 未満の範囲内で，都道府県知事が当該指定地域における特定工場等の規模別の分布状況および原料または燃料の使用の実態等を勘案して定める定数である．

上記の排出規制における定数や最大重合濃度の許容値は，規制実施後に設置される新設や増設施設の排出量も念頭において定められており，新・増設施設の排出許容量は上述の原・燃料使用量に基づく方法で既存の施設より厳しい数字を与えることにより計算される．

硫黄酸化物の総量規制は，第 1 次指定（1974 年，千葉・市原等（千葉県），東京特別区（東京都），横浜川崎等（神奈川県）など 11 都府県），第 2 次指定（1975 年，岸和田等（大阪府），姫路等（兵庫県）等 8 府県），第 3 次指定（1976 年，川口等（埼玉県）等 5 府県）と順次拡大した[5]．これらの規制の結果，原・燃料の低硫黄化，排煙脱硫設備の普及等により昭和 60 年代には長期的評価による環境基準の達成率は 99%に達している[6]．

2）窒素酸化物総量規制　窒素酸化物に対する総量規制はばい煙発生施設を対象として，硫黄酸化物の総量規制とほぼ同じ手法で行われている．窒素酸化物の総量規制は東京都特別区等，大阪府大阪市等，神奈川県横浜市川崎市等の 3 地域が指定された[7]．しかしながら，窒素酸化物の排出は工場，事業所だけでなく自動車，特にディーゼルエンジントラックなど広範囲にわたっており，ばい煙発生施設だけの規制では環境基準の達成は困難であった．そのため，総量規制と並行して自動車排ガス規制，特に，ディーゼルトラックの排出規制も順次強化され，1992 年には，自動車からの NO_x，粒子状物質を対象とした自動車 NO_x・PM 法も導入された．

［北林興二］

文　献

1）産業環境管理協会：新・公害防止の技術と法規，大気編，大気概論，2015.
2）横山長之他：環境アセスメント手法入門，オーム社，1975.
3）環境庁大気保全局大気規制課編：総量規制マニュアル，1985.
4）公害研究対策センター：窒素酸化物総量規制マニュアル，1987.
5）環境省ホームページ　https://www.env.go.jp/policy/hakusyo/img/152/tb2.2.2.7.gif
6）環境省：環境白書　昭和 63 年版，1988.
7）環境省ホームページ　https://www.env.go.jp/air/osen/law/t.kisei-3.html

5-19 汚染された大気を浄化する技術

Purification technology for polluted atmosphere

a. 浄化技術の必要性と要件

環境問題の解決は発生源での排出抑制が原則であるが，不十分な対策技術，局地的な高濃度汚染，自然界由来の物質等の場合には，低濃度の汚染物質を大気から直接除去する必要が生じることがある．

室内のような閉鎖的な空間であれば吸着やろ過といった手法もとれるが，開放系の大量処理では適用できる技術が限定される．すなわち，濃縮なしの低コスト，持続的・省力的な方法が求められる．湖沼や土壌の浄化では生物的手法が適用されているが，大気では汚染物質の拡散が速いことが問題となる．大気は常温であるため，一般に触媒反応は適用できない．

b. 開放系の大気浄化

1) 植物による浄化　植物は葉の気孔でガス交換を行う際に汚染物質をも取り込むので，大気浄化にも役立つ[1]．SO_2，NO_2，O_3 といった比較的溶解度の高い気体が吸収されやすく，NO の吸収は遅い．汚染物質は植物にも有害であるため，吸収および解毒能力の高い植物を選定する必要がある．NO_2 は植物体内での代謝でアミノ酸となるため，よく吸収される．

草地よりも植栽面積あたりの葉の表面積が大きい樹林の浄化能力が高く，樹種としては常緑樹よりも落葉樹の方が高い．沿道緑地帯で10%を超える NO_2 低減率も報告されている[2]．植物ゆえの季節変化，空間確保や維持管理の問題があり，また緑化は景観や生態系にも影響するので，都市計画の一環として実施する必要がある．

2) 光触媒技術（photocatalysis）
光化学スモッグのような大気化学反応は二次汚染物質を生成する一方で，汚染物質の除去機構でもある．その実態は OH ラジカル等による酸化的分解反応である．

大気粒子状物質にはこの酸化反応を促進する働きがあり，含まれる金属酸化物による光触媒作用が確認された．酸化チタン（TiO_2）のような酸化物は紫外線照射下で表面に OH ラジカルを生成し，NO_x 等を酸化する[3]．VOC も同様に酸化分解される．紫外線は太陽光エネルギーの4%程度であるが，屋外で ppm レベルの NO_x および SO_2 を除去するには十分であった．NO_x は硝酸となって光触媒表面に保持されるが，水洗で機能は回復し，自然エネルギーだけで大気浄化が可能となる（図1）[4]．

3) 光触媒建材　TiO_2 を含む塗料やセメントを塗布した各種の建材・道路材料が製造されている．TiO_2 は従来，白色顔料として用いられてきたが，光触媒としては多孔質化など材料面での工夫が必要である．大気浄化では表面に希薄な硝酸や硫酸が生成するので，アルカリ性のセメント系材料が有効である．

光触媒の防汚（セルフクリーニング），防曇，抗菌，防藻効果等を利用する場合は，一般に緻密な表面が適している．光触媒の性能は，目視確認が難しいため，試験方法の標準化が進められた．JIS R 1701，

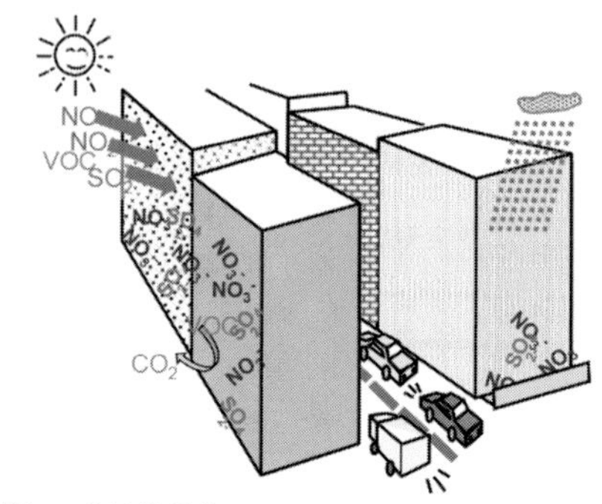

図1　光触媒材料のストリートキャニオンへの適用イメージ

ISO 22197 等が発行されている．

4) 土壌脱硝（earth air purification）　土壌の吸着作用や土壌微生物の代謝機能を利用する浄化技術で，50 cm 程度の黒ぼく土層を通して大気を吸引する．NO は除去されないので，通気前に O_3 を加えて酸化する．通気速度 4 cm/s で平均 NO_x 除去率 80%，VOC 除去率 50%程度が得られる[5]．通気および O_3 発生に電力が必要なほか，大面積の土壌層の水分管理が必要である．

5) 吸着除去（adsorption）　遮音壁やフェンスに活性炭素繊維を用いて吸着除去する方法も提案されている．NO_2 の除去率は高い．繊維上で各種の酸化還元反応も起こるようであるが，詳細は明らかではない．基本的に吸着剤には飽和があることがネックとなる．

c．光触媒材料の実証試験

大阪府など多くの自治体で，数千 m^2 の規模で光触媒材料の実証試験が行われた（1995～2001 年）．施工された遮音壁を流下する降水の回収や，材料片の定期的な持ち帰り試験により，性能が評価された．

その結果，条件がよければ材料 1 m^2 あたりの NO_x 除去速度は 0.5～3.0 mmol/d で，性能は 3 年近く維持された．流下水の pH は 5～7 であり，大気粒子中のアルカリ成分が中和するものと考えられた．動力不要の経済的優位性も明らかになった[5]．

ディーゼル自動車による NO_x 汚染を低減したい欧州では，PICADA（2002～05 年），PhotoPAQ（2010～14 年）等多くの EU プロジェクトで実証試験がなされた．沿道または模擬空間での除去率として数%～数十%が報告されている[6]．

d．半閉鎖系：トンネルでの低濃度脱硝

道路トンネルではばい煙と一酸化炭素の濃度を換気によって低減するよう，国土交通省が技術基準を定めている．大都市域では道路の地下トンネル化が数多く見込まれることから，1992 年から低濃度脱硝の技術実証試験が行われた．当初は乾式吸着-NH_3 選択還元や電子線照射方式も提案されたが，その後，同省は除去対象を NO_2 に限定し，吸収剤を用いる方法を採用した．首都高速中央環状線山手トンネルには，世界初の大規模低濃度脱硝設備（換気量約 80 万 m^3/h，NO_2 除去率＞90%）が延長 18.2 km の 13 換気所に設置されている．

光触媒方式でも，紫外線ランプ付の除去装置（2000 m^3/h）を実際のトンネルで試験し，NO_2 を含む NO_x として定常的に 80～90%除去できることを実証している．

e．ま と め

開放系での浄化性能は環境条件に依存することもあり，本技術への評価は定まっていない．沿道の構造物に接触した空気だけが浄化されるので，全体の NO_x 除去率は 10%を超えない．それでは意味がないとする見解[7] もあれば，代替技術と比べて有用との意見もある[6]．健康リスクの観点からは，生活環境での曝露量を減らす意味はある．可視光応答形光触媒の開発とともに，屋内空間への適用も進められている．

［竹内浩士］

文　献

1）菅原　淳，相賀一郎編：植物の大気環境浄化機能に関する研究，国立公害研究所研究報告，p.108，1987.

2）環境再生保全機構：大気浄化植樹マニュアル 2014 年度改訂版，2015.

3）T. Ibusuki, K. Takeuchi：*J. Mol. Catal.*, **88**: 93-102, 1994.

4）竹内浩士：大気環境学会誌，**33**（3）：139-150, 1998.

5）公害健康被害補償予防協会：各種技術を用いた局地汚染対策設計手法に関する調査～土壌・光触媒を用いた大気浄化システム，2002.

6）M. Gallus, *et al*.: *Environ. Sci. Pollut. Res*., **22** (22): 18185-18196, 2015.

7）Rijkswaterstaat: Dutch Air Quality Innovation Programme concluded, 2010.

5-20 大気汚染と地球温暖化をともに抑制する

Mitigation of global warming and air pollution

地球温暖化は，影響が世界各地で徐々に顕在化しつつある地球規模の問題である．一方で，大気汚染は，人体，生態系，建造物に被害を及ぼしてきた地域規模の問題である．大気汚染と温暖化の双方を抑制することは喫緊の課題であり，現状の問題や将来の対策について，以下に整理する．

a．地球温暖化と大気汚染の課題

1）地球規模の課題 国連気候変動枠組条約に加盟する国々が，2015 年の第 21 回気候変動枠組条約締約国会議（COP21）において「産業革命前と比べた地球全体の平均気温上昇を 2℃未満に抑える」ことに合意した．しかし，すでに産業革命前と比べて約 1℃上昇しているため，2℃上昇未満を実現するには，あと 1℃上昇未満に抑える必要があり，地球全体で協力し合い，温室効果ガスを大幅に削減することが急務である（6-13 項参照）．

2）地域規模の課題 1950 年代から大気汚染が人体，生態系，建造物に悪影響を及ぼす環境問題として関心を集め，1970 年代以降，わが国を含め先進国諸国において大気汚染物質が大幅に削減された．しかし，経済成長が著しいアジア諸国では，化石燃料をエネルギー源とした工業化により，CO_2 や大気汚染物質の排出量が急増し，技術的な対策や規制が十分に整備されていない（1-20 項参照）．

また，九州や西日本の広い範囲で，大気汚染物質の大気中濃度が減少しないのは，わが国における発電所，工場，自動車等からの排出だけでなく，アジア地域から西風に乗って長距離輸送される越境大気汚染が要因である（1-7 項参照）．

したがって，大気汚染物質の削減にはアジア諸国がお互いに協力し合い，アジア全体の大気環境の改善に貢献することが重要である．

b．温室効果ガスと冷却効果ガス

地球温暖化に影響を及ぼす温室効果ガスには，二酸化炭素（CO_2），メタン（CH_4），亜酸化窒素（N_2O），フロン類（CFCs, HCFCs，HFCs，PFCs，SF_6，NF_3）等がある．また，大気汚染物質も気候変動に影響を与えているが，ブラックカーボン（BC），対流圏オゾン（O_3）等温室効果を持つものと，硫黄酸化物（SO_x），窒素酸化物（NO_x），粒子状物質（PM）など冷却効果を持つ大気エアロゾルに分類される（3-8 項参照）．

地域的には，化石燃料の燃焼によって排出される大気汚染物質による冷却効果があるが，世界全体でみれば，化石燃料燃焼に由来する温室効果ガスや温室効果を持つ大気汚染物質による温暖化への影響の方が大きいといわれている．そのため，温暖化の抑制のためには，温室効果ガスと大気汚染物質の双方の削減が必要とされる．

c．対策の組合せとコベネフィット

温暖化対策として，主な温室効果ガスである CO_2 削減対策が以前から注目されてきた（5-15 項参照）．しかし，CO_2 と大気汚染物質（SO_x，NO_x，PM，BC 等）の発生源を考えると，共通して化石燃料燃焼に由来する排出量の割合が多い．そのため，温暖化対策を取れば大気汚染対策となり，大気汚染対策を取れば温暖化対策になる，という共便益（コベネフィット）に注目して対策を進めることが重要になる．

ガスの種類別に主な発生源が異なるため，発生源の特徴に応じて適切な対策を組合せる必要がある．ただし，対策の組合せによってはコベネフィットではなく，削減効果を相殺し合う場合も見られる．温暖化対策と大気汚染対策には様々なものがあるが，大きく分類して表 1 に示す四つに特徴

表1　主な対策の種類とそれらの削減効果[1)]

対策の種類	対策の効果
環境汚染物質の排出源への除去装置の設置	環境汚染物質の排出源において回収・除去装置を設置する対策．直接的に特定のガス種を排出削減する際に有効である．例えば，脱硫装置ではSO_xが削減され，脱硝装置ではNO_xが削減され，集塵装置ではPM，BCが削減される．
燃料の品質の向上	燃料の品質を向上することにより不純物を除去し，燃焼起源の排出量を削減する対策．これも特定のガス種の削減に有効であり，例えば，高硫黄含有の化石燃料から低硫黄含有の化石燃料へ燃料の品質を改善することでSO_xが削減される．
省エネ技術の導入	高効率機器の導入によってエネルギー消費量を削減し，化石燃料由来で生じる複数のガス種の排出量を同時に削減できる対策．例えば，従来型自動車から高効率ハイブリット自動車に代えると，CO_2，NO_x，BC，PM，CO等が同時に削減される．
大規模な燃料転換	化石燃料から再生可能エネルギーへ燃料転換する対策．また新たなエネルギー源の一つである水素燃料を，化石燃料からではなく再生可能エネルギーから生成する対策．例えば，石炭火力発電から太陽光・風力発電に代えると，複数のガス種（CO_2，SO_x，NO_x，BC，PMなど）が同時に大幅削減される．

を整理することができる．例えば，アジア途上国でガソリン自動車，二輪車から電気自動車，二輪車に乗り換えた場合，CO_2，NO_x，BC，PM等が削減され，沿道大気汚染は大幅に軽減される．しかし，アジア途上国では石炭火力発電が大きく占めているため，電気消費量の増加に伴い，石炭火力由来のCO_2，SO_2，BC，PM等の排出量が逆に増え，地域全体でみた時に，電気自動車，二輪車の普及による削減効果が相殺されてしまう．一方で，電気自動車，二輪車の普及と発電部門における再生可能エネルギーの普及を組合せると，CO_2，SO_2，NO_x，BC，PM等を同時に大幅に削減できる．そのため，大気汚染と地球温暖化をともに抑制することが可能となる．

他にも，アジア途上国の農村地域の家庭では，調理，給湯，暖房の用途でバイオマス，木炭，石炭が多く使用され，CO_2排出だけでなく，屋内大気汚染による健康影響が問題となっている．農村地域でも電気機器が普及していけば，屋内大気汚染は大幅に軽減される．そして，発電部門における再生可能エネルギーの普及と組合せることで，大気汚染と地球温暖化をともに抑制することができる．

d．気温上昇「2℃未満」の実現に向けて

世界各国が掲げている温室効果ガスの削減努力の数値目標を合計しても，COP21で合意した「2℃上昇未満」の実現に必要な削減量には大幅に足りず，削減努力目標が十分ではない（6-13項参照）．

各国において高い削減目標が掲げられにくい理由の一つに，自国の社会・経済事情を最優先として数値目標が設定される点にある．また他の要因として，温暖化の影響が世界各地で徐々に顕在化しつつあるものの，温室効果ガスを排出する国と温暖化の影響を受ける国が異なり，温暖化が身近な問題として実感しにくい点も挙げられる．

「2℃上昇未満」の実現に向けて各国の温室効果ガス削減目標を深堀するためには，温暖化と大気汚染の双方に効果的な対策に注目し，健康影響への身近な問題として実感できる大気汚染の視点も含めて，温暖化対策の効果を議論することが重要だろう．

［花岡達也］

文　献

1）花岡達也，増井利彦：第34回エネルギーシステム・経済・環境コンファレンス講演論文集，pp.497-502，2018.

5-21 室内汚染対策

Regulatory approach for indoor pollution

室内汚染は，化学物質などの化学的因子，カビやダニなどの生物的因子などが複雑に関与している．これらの発生源は，建材，生活用品，暖房や調理器具，居住者の生活行為など多数存在する．日本では1990年代に入り，いわゆるシックハウス症候群等，化学物質による室内空気汚染が原因とされる居住者の健康問題が社会的に大きく取り上げられ，厚生労働省は13の物質に対して室内濃度指針値を策定した．

その後，関係省庁による関係法規の改正等の対策が実施されてきた．

a．室内濃度指針値

室内汚染には，建物側だけの規制では十分対処できないほど様々な因子が複雑に関与する．また，居住環境の管理は，労働環境とは異なり一般住民の居住者が中心となること，室内濃度は温度や発生源からの減衰の影響を受けて大きく変動するため単一の測定結果では判断できないこと等から，室内汚染に対する法的拘束力のある規制は容易ではない．そのため，対策等の行動を起こすべきかどうかの判断をするための濃度や室内空間の設計目標や室内濃度の低減目標となる濃度として汚染物質濃度の指針値を定め，その指針値に基づき建材や家具等の汚染源に対する放散基準を設定する取組みが適切だとされている．

厚生労働省の室内濃度指針値は，現時点で入手可能な化学物質の有害性に関する科学的知見をもとに，有害性の量反応評価から，人がその濃度の空気を一生涯にわたって摂取しても有害な影響が生じないであろうと判断された値である[1]（付表4）．

一方，シックハウス症候群は，症状発生の仕組み等において未解明な部分が多く，体調不良と室内濃度指針値との間に明確な因果関係はない．しかしながら，因果関係が明確になっていなくても，現時点で入手可能な科学的知見をもとに指針値を策定し，それを下回る室内空気質を確保することによって，より多くの人に対してシックハウス症候群様の体調不良をはじめ，有害な健康影響を生じさせないようにすることができるはず，というのが指針値の概念である．したがって，室内濃度指針値は，化学物質による有害な影響を生じさせないうえで，それ以下が望ましいと判断された値である．室内濃度指針値は，原則としてすべての室内空間に適用される[1]．

b．建築基準法

建築基準法は，建築物の敷地，構造，設備および用途に関する最低基準を定め，国民の生命，健康および財産の保護を図り，公共福祉の増進に資することを目的とした法律である．厚生労働省が策定した室内濃度指針値をきっかけに，全国規模での室内空気中の化学物質濃度の実態調査を行い，ホルムアルデヒドとクロルピリホスに対する規制を2002年に導入した[2]．

c．住宅の品質確保の促進等に関する法律

住宅の品質確保の促進等に関する法律（品確法）は，住宅取得時における取得者と供給者の双方における問題を解消するうえで，住宅の生産から購入後まで一貫した品質を確保するために2000年に制定された．この法律には住宅性能表示制度が策定されており，空気環境に関わる項目の表示を選択できる．この項目としては，ホルムアルデヒド対策（内装および天井裏），換気対策（局所および居室），室内空気中の化学物質濃度（ホルムアルデヒド，トルエン，キシレン，エチルベンゼン，スチレン）等がある[2]．

住宅性能表示制度の利用は，住宅供給者，住宅取得者，既存住宅の取引者等による任意の選択であり，都道府県に設置され

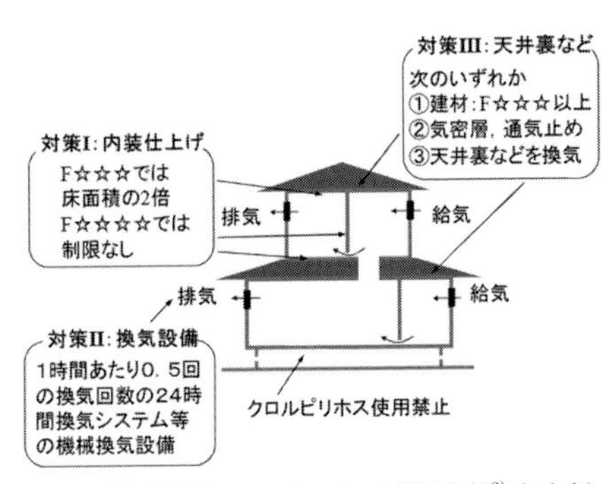

図1　建築基準法のシックハウス対策（文献[2] を改変）

表1　ホルムアルデヒド発散材料の分類

ホルムアルデヒド発散速度 [μg/(m²·h)]	建材区分	対応規格[a]	内装仕上げの制限[b]
5以下	規制対象外	F☆☆☆☆	なし
5～20	第3種発散材料	F☆☆☆	使用面積
20～120	第2種発散材料	F☆☆	使用面積
120超	第1種発散材料	F☆	使用禁止

a）日本工業規格（JIS）および日本農林規格（JAS）．
b）建築物に使用して5年以上経過したものは使用制限なし．規制対象となる建材は，木質建材（合板，木質フローリング，パーティクルボード，MDF等），壁紙，ホルムアルデヒドを含む断熱材，接着剤，塗料，仕上げ塗剤等．原則としてJIS，JASまたは国土交通大臣認定による等級付けが必要．

た指定住宅性能評価機関により性能評価が行われる．また，その機関から交付された住宅性能評価書を添付して住宅の契約を交わした場合等は，その記載内容が契約内容として保証される仕組みとなっている[2]．

d．建築物衛生法

建築物における衛生的環境の確保に関する法律（建築物衛生法）は，戦後，都市部を中心に大規模な建築物が数多く建設される中で，不適切な建築物の維持管理に起因する健康影響の事例が幾つも報告されたことをきっかけに，1970年に制定された．

この法律は，興行場，百貨店，集会場，図書館，博物館，美術館，遊技場，店舗，事務所，旅館に用いられる延べ床面積3000 m^2 以上の建築物および延べ床面積8000 m^2 以上の学校に適用される．二酸化炭素，一酸化炭素，温湿度，気流，浮遊粉じんの環境衛生管理基準が定められている．

厚生労働省が策定した室内濃度指針値を踏まえ，2003年にホルムアルデヒドの管理基準（100 $\mu g/m^3$）が追加された[2]．

e．学校環境衛生の基準

日本では，1958年の学校保健法から学校環境衛生に対する取組みを行ってきた．1964年に学校環境衛生の基準が定められ，1992年の改正を経て二酸化炭素，一酸化炭素，温湿度，気流，浮遊粉じん，落下細菌，熱輻射，教室の換気に関する基準値が定められた．

その後，厚生労働省の室内濃度指針値を基に，全国規模で室内空気中の化学物質濃度の実態調査を行い，その結果を踏まえて2002年にホルムアルデヒド，トルエン，キシレン，パラジクロロベンゼン，2004年にエチルベンゼン，スチレン，二酸化窒素，ダニまたはダニアレルゲン（ダニ数100匹/m以下，またはこれと同等のアレルゲン量以下）の基準を追加した．化学物質の基準値は厚生労働省の室内濃度指針値と同じである．2009年4月に施行された学校保健安全法では，学校環境衛生の基準がより明確に法律で規定された[3]．

［東　賢一］

文　献

1）厚生省：シックハウス（室内空気汚染）問題に関する検討会中間報告書―第1回～第3回のまとめ，2000.
2）東　賢一：季刊チルチンびと別冊6，pp.102-122，風土社，2003.
3）文部科学省：学校環境衛生管理マニュアル，2010.

5-22 室内空気質の制御技術

Control techniques for indoor air quality

近年，エネルギー消費の効率化の観点から，高気密化，高断熱化住宅の建築が進んでおり，この場合，室内空気の換気量は著しく制限される．先進国の現代人は生活の8割以上の時間を室内環境で過ごす．そのため，室内空間での大気汚染物質による曝露は決して無視できない．

室内空気中には様々なガス状物質，粒子状汚染物質が存在し，これらは，室内発生源を持つ以外に，外気から流入するものもある．室内空気質の制御技術を考える場合には，これら両方の汚染物質を対象とする必要がある．新築住宅では，建材から揮発する化学物質への対策として，部屋全体を加熱する「ベイクアウト」を実施する場合もあるが，既存住宅では換気を行うか，空気清浄機を用いるのが一般的である．

a．換気（ventilation）

換気は最も容易で，すべての汚染物質の低減に効果のある室内浄化技術といえる．シックハウス症候群の問題への対策として，2003年7月に建築基準法が改正され，新築住宅に対する機械換気設備（換気回数0.5回/h以上）の設置が義務づけられた．

1）自然換気（natural ventilation）　自然換気とは，窓や壁，床等，建物の隙間から自然に空気が入れ替わることをさし，温度差により生じる温度差換気と，風圧差により生じる圧力差（風力）換気に分類される．隙間の面積だけでなく位置や形状によっても換気量が変動するため注意が必要である．また，自然換気はあくまで室内外で空気を交換するだけであり，外気の大気汚染状況に左右されることを忘れてはならない．なお，室内温度の制御のために，窓を開けるなどの意図的な通風換気も行われるが，これも自然換気の一種として取り扱われる．

2）機械換気（mechanical ventilation）　機械換気とは，動力（送・排風機：ファン）を用いて強制的に外気を室内に取り入れる方法であり，自然換気における換気量の変動を改善し，計画的な換気が行える．機械換気は給排気のどちら（または両方）にファンを使用するかで，第1種から第3種までに分類され，用途は異なる．

b．空気清浄機（portable air cleaner）

換気を行っても汚染物質を十分に低減できない場合には，空気清浄機の使用が挙げられる．空気清浄機は室内の空気を取り込み再び室内に戻すため，換気に比べ空調のロスは少ない．しかし，すべての物質を効率よく除去できない場合には，換気と併用する．

内閣府の消費動向調査によれば，2017年の2人以上の世帯の空気清浄機の普及率は42.6%であり，調査を開始した2007年の35.8%から増加傾向にあるが，ここ数年は横ばいで推移している．空気清浄機の購入目的は，花粉，ハウスダスト，ウイルスなどのアレルギー対策が上位を占める．

1）構造と原理　図1に空気清浄機の分類と構成例を示す．現在市販されている空気清浄機は基本，ファンを内蔵している．対象物質がガス状か粒子状かで，その構成が異なる．空気清浄機はプレフィルタ，主フィルタ，ファンが基本構成となっており，これを機械式と呼ぶ．主フィルタの部分が荷電部と静電フィルタに置き換われば電気式となり，物理吸着式や化学吸着式では，この部分が活性炭などの吸着剤，あるいはケミカルフィルタとなる．また，複合式は，上述の幾つかの構成に，光触媒やバイオフィルタ等の付加機能を組合わせたものである．これらフィルタは定期的な交換が必須であり，怠ると十分な性能が期待できない．

原理	方式	対象物質	浄化機構
物理	機械式	粒子状	ろ過作用による粒子の捕集
	電気式	粒子状	イオン化部を通った空気中の粒子を荷電させ、その後方にある電気集じん部により粒子を捕集
	物理吸着式	ガス状	活性炭あるいは多孔質無機物質などの吸着剤を使用
化学	化学吸着式	ガス状	薬剤を添着した添着活性炭やイオン交換樹脂、繊維などを使用
物理・化学	複合式	粒子・ガス状	上記の物理原理と化学原理を併用

方　式	構成例	備　考
機械式	⇨ ①②③ ⇨	①プレフィルタ ②主フィルタ ③ファン ④イオン荷電部 ⑤静電フィルタ ⑥活性炭または多孔質無機物質吸着剤 ⑦ケミカルフィルタ ⑧光触媒フィルタ ⑨バイオフィルタ
電気式	⇨ ①④⑤③ ⇨	
物理吸着式	⇨ ①⑥③ ⇨	
化学吸着式	⇨ ①⑦③ ⇨	
複合式	⇨ ①④⑤⑧⑨③ ⇨	

図 1　種空気清浄機の分類と構成例
（文献[3] を改変）

2）　粒子捕集（particle collection）　粒子状物質はフィルタの網目に詰まる形で捕集されるのではなく，繊維 1 本 1 本に慣性，拡散，さえぎり，重力といった様々な機械的捕集機構により捕集される．その捕集効率を図 2 に示す．慣性と重力は粒径が大きいほど，拡散は粒径が小さいほど有効に作用するため，フィルタの捕集効率は 0.1～0.3 μm 付近で最小の値を持つ．

一方，電気式のように静電気力でも粒子状物質を捕集することができる．静電気力の場合も捕集効率に粒径依存があり，誘起力は大粒径に，クーロン力は小粒径に働く．しかし，その最小値は 100 nm 以下に現れることが多く，機械式と電気式を組合わせることで，効果的に全粒径の粒子状物質を捕集することができる．

3）　高性能フィルタ　　空気清浄機の

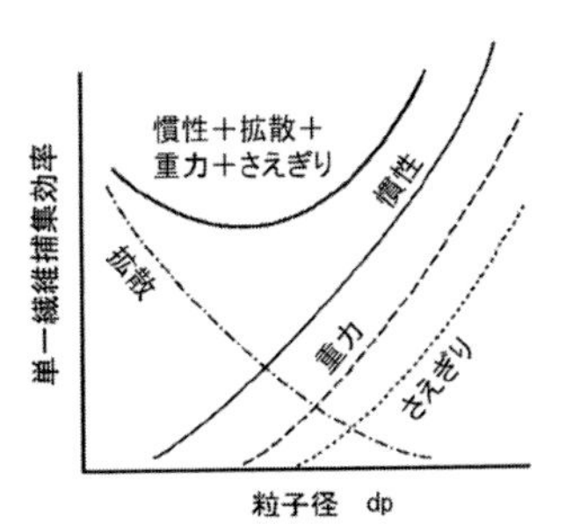

図 2　捕集効率の粒子径への依存性
（文献[4] を改変）

主フィルタに用いられる高性能フィルタには，HEPA（high efficiency particulate air）フィルタや ULPA（ultra low penetration air）フィルタがある．HEPA フィルタは 0.3 μm の粒子状物質に対して 99.97% 以上（90% 以上で準 HEPA フィルタ），ULPA フィルタは 0.15 μm の粒子状物質に対して 99.9995% 以上の捕集効率を持つ．

4）　特殊フィルタ　　ケミカルフィルタは，ろ材としてイオン交換体や触媒，表面を化学処理した活性炭等が用いられ，ガス状汚染物質を中和，酸化，イオン交換等の反応により除去する．バイオフィルタは浮遊菌やウイルスを不活化させるためのフィルタであり，抗菌物質や抗体等がフィルタ上に保持されている．

5）分解処理　　ガス状汚染物質の分解や吸着剤の再生に光触媒や放電などが用いられる．主としてラジカルにより有機成分を酸化分解するものであるが，オゾンや NO_x，分解生成物の二次生成には十分注意する必要がある．　　［関口和彦］

文　　献

1）C. J. Weschler: *Atmos. Environ.*, **43**: 153-169, 2009.
2）日本空気清浄協会編：室内空気清浄便覧，pp.313-314，239-245，オーム社，2000.
3）柳宇：空気清浄，**46**(6)：40-45，2009.
4）大谷吉生：空気清浄，**52**(2)：69-74，2014.

5-23 環境アセスメント

Environmental impact assessment

工場や道路などの新設，拡張は，大気環境に限らず，様々な形で環境への影響をもたらす可能性がある．それらの事業（開発行為）による環境への負の影響は，実際に事業が行われた後になって認識されても，すでに対策が困難である可能性が高い．環境アセスメント制度は，そのような事業について，実施前の段階で環境への影響を予測，評価し，必要な環境保全措置を計画立案して，環境への影響を最小化することを目的としている．なお，環境アセスメントという通称も多く用いられているが，法的には環境影響評価である．ただし本項では，アセス制度等の略称を用いる．

a．法　　令

現在の日本におけるアセス制度は，法と条例が共存した，若干特殊な形態となっている．これは，日本では法律上のアセス制度の整備が遅れ，地方公共団体による条例の整備が先行したという歴史的経緯が影響している．国の環境影響評価法は1970年代から準備が始まったものの，国会をなかなか通過できず，ようやく1997年に制定され，2011年に一部改正されて現在に至っている．この法律は，主として大規模な事業を対象としている．都道府県や政令指定都市の環境影響評価条例は，1976年の川崎市に始まり，2017年5月現在で47都道府県のすべてと，政令指定都市のうち17市で制定されている．法の対象事業となる場合は条例の対象事業とならないため，条例の対象事業には，法対象よりも規模が小さい事業と，法対象以外の種別の事業が含まれる．アセス制度の対象となる規模の下限値を規模要件というが，この規模要件や対象事業種別，さらには予測評価対象とする環境項目の指定は，地方公共団体ごとに異なっている．ただし大気環境は，名称はばらつきがあるものの，法とすべての地方公共団体の条例において，予測評価項目として取り上げられている．

b．制　　度

しばしば誤解されているが，アセス制度は事業を規制するものではない．事業による環境影響を最小化するように，事業者の努力を促すための制度というのが正しい．そのため，多くの環境関連法規に見られるような禁止規定や罰則規定は，環境影響評価法や環境影響評価条例にはほとんどない．これは，アセス制度の最大の特徴といえる．

日本のアセス制度では，アセスを実施するのは事業者自身である．事業者は法や条例の定めに従って手続きを進めるが，その過程で調査，予測，評価した内容と，環境保全措置をまとめた環境影響評価書を最終的に提出することが義務づけられる．

法対象事業の手続きの流れとしては，まず事業の計画段階において検討した環境配慮事項を記載した配慮書を提出することが，2011年の法改正で追加された．ただし一部の条例では，配慮書の手続きが免除されている．次いで事業対象地域の現況の調査と，事業による影響の予測評価の方法等を記載した，方法書の提出が義務づけられている．そこに記載された内容と，方法書に対する首長意見と担当大臣意見を反映させた方法に沿って，現地調査，予測，評価が行われ，それらの結果をまとめて準備書が作成される．この準備書に対しても，首長意見と担当大臣意見が出され，準備書を加筆修正して評価書が作成・提出される．これらの流れを示したのが図1である．

c．調　　査

アセス制度における調査は，文献調査と現地調査に大別される．現地調査には多大な費用と時間を要することから，既存の

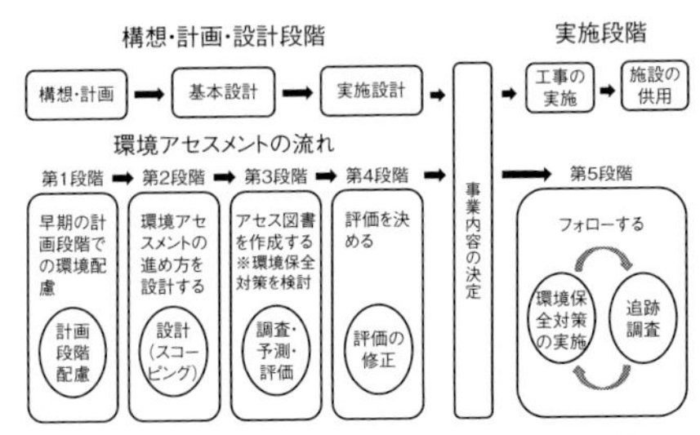

図1　環境アセスメントの手続きの流れ[3)]
条例対象事業の場合の手続きは地方公共団体ごとに多少異なるが，大枠の流れは法対象事業と共通である．

データが得られる場合には，その活用も重要となる．大気環境の場合は常時監視測定網が整備されているため，特に既存データが活用される割合が高い．一方で，現地調査でなければ把握できない情報も確実に存在するため，現地調査の実施も必須といえる．

大気環境の現地調査に用いられる手法は，本書の別項で詳述されている種々の測定手法がそのまま適用されており，技術的にはすでに十分なレベルにあると見てよい．むしろ重要なのは，測定地点や測定時期，測定回数などの設定であり，前項の方法書段階での検討が非常に重要な意味を持っている．

d. 予 測 評 価

アセス制度の根幹は，事業による環境影響を予測，評価することにある．そのため環境省は環境影響評価技術ガイドを作成し，公表している．また事業種別ごとに担当官庁が作成する主務省令にも，予測評価手法に関する技術的事項が記載されている．また条例を制定している地方公共団体では，条例に付属する形で技術指針を策定しており，予測評価手法については，かなり詳細に記載されている．大半のアセス事例では，技術ガイドや技術指針に沿って予測評価が行われるため，画一的アセスという批判の原因ともなっている．

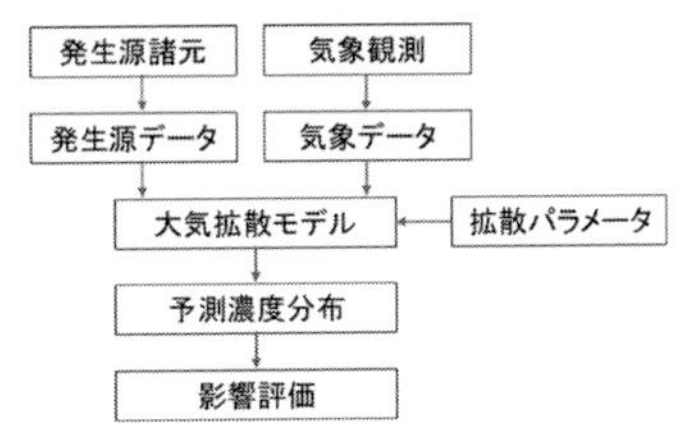

図2　アセスにおける大気環境予測の流れ

大気環境に関する予測は，学術的・実務的にある程度確立された方法が用いられる．予測の手順は図2に示すような流れになっており，発生源推定と大気拡散予測を組合わせた形が一般的である．

拡散モデルとしては，従来からプルーム・パフ式が多く用いられてきたが，近年は三次元数値モデルを用いた事例も見られるようになってきている．ただし，アセス制度は学術研究と異なり，環境影響の程度を把握することが目的であることから，精度だけを追求することは必ずしも目的に合致しない．必要十分な精度を確保することが重要であり，より簡易な手法の採用も検討されてよいことに注意する必要がある．

評価手法としては，環境基準等の法的な基準値と予測結果を比較する方法が最も多く用いられる．ただし環境基準を満たすことは，環境影響の最小化にはつながらず，現況と比較して環境を悪化させないことをより重視しなければならないことが，近年ようやく理解されるようになってきた．

なお，技術的な手法を知りたい方は文献[2),3)]等を参照されたい．　　　　［片谷教孝］

文　　献

1) 環境アセスメント学会編：環境アセスメントを活かそう～環境アセスメントの心得 Ver.2, 2014.
2) 環境アセスメント学会編：環境アセスメント学の基礎，恒星社厚生閣，2013.
3) 環境アセスメント学会編：環境アセスメント学入門，恒星社厚生閣，2019.

コラム　クールビズ
Cool biz

クールビズの公式の命名・使用開始は2005年の小池百合子環境大臣によるとされている．夏季の高温環境下での暑熱負荷を軽減し，熱中症を防ぐため，作業場やオフィスの温度制御（目標28℃）に加えて，暑さ対策に適した軽装を呼びかけたものである．代表的なものとして，サラリーマンの制服であるスーツ＆ネクタイの着用廃止（不着用？）を勧めたことがあげられる．環境省が各省に呼びかけて率先実施したこともあって，官公庁を先頭に，スーツとネクタイが必須であった民間企業にもノーネクタイ・ノースーツが広まった．代表的な例として，沖縄県，特に沖縄県庁では夏季に地元特産のかりゆしが準制服に近い形で多くの人々に利用されている（図）．

クールビズの実施期間については表に示したとおりである．気象条件等により開始日の繰り上げ，終了日の延長が行われているが，2011年については東日本大震災後の電力不足による節電要請への対応も考慮されたと考えられている．官公庁においては，公式のクールビズ開始発表を待ってから実施されているようであるが，民間企業等においては，企業独自の期間設定，あるいは1人ひとりの判断でクールビズが利用されている．どのような服装かはさておき，スーツ＆ネクタイから解放されたのは暑熱対策として非常に大きな効果をもたらした．ただ，一つ気を付けたいのは，通勤電車やオフィスでの空調とのバランスである．思い切って軽装にしたところ，通勤電車やオフィスの空調が強すぎ，寒さを感じるといった事態も少なからず起きているようであり，注意が必要である．

表　クールビズの実施期間

年　度	クールビズ期間（環境省）
2005年～2010年	6月1日～9月30日
2011年～2015年	5月1日～10月31日
2016年～2018年	5月1日～9月30日

2020年に開催される東京オリンピック・パラリンピックにおいても，現場スタッフ等にクールビズが拡がることを期待したい．　　　　［小野雅司］

図　沖縄県庁でのクールビズ

6

地球環境

6-1 地球環境問題の概観と根源にあるもの

Driving forces of global environmental problems

a．地球環境問題とは何か

地球環境問題（global environmental problem）とは，一つの国家という枠に収まらない環境問題の総称である．地球環境問題の典型は，気候変動（地球温暖化）（climate change/global warming）やオゾン層破壊（ozone depletion），生物多様性（biodiversity）損失等，原因も結果も地球規模で生じるタイプの問題である．

酸性雨（acid rain）や渡り鳥の生息地減少のように越境（transboundary）あるいは地域（regional）環境問題と呼ばれるものも地球環境問題の中に包含されることが多い．その他，途上国での先進国企業による熱帯林伐採のように，問題自体は一国内に留まっていても，その原因が貿易や投資等国境を越えた人間活動を起因とする場合，あるいは，砂漠化のように，原因も結果も国内で収まるが，その解決に他国の支援を不可欠とする場合も，地球環境問題として取り上げられることが多い．

地球環境問題の共通点は，一国だけの取組みでは解決しないという点である．問題解決のためには，関係国間の協調が不可欠である．そのため，地球環境問題への取組みは，主に国連が先導してきた．

b．地球環境問題の根源

地球環境問題は，人間活動が地球に及ぼす負荷が地球の容量を超えることによる．地球の容量は，近年「プラネタリー・バウンダリー」という言葉で表現される[1)]．

人間活動が地球に及ぼす負荷の大きさは，「人口×1人あたり活動量」で示される．世界人口は今でも伸び続けている[2)]．今から200年ほど前（1800年頃）に10億人程度だった世界人口は，特に第二次世界大戦以降急速に増え，1970年代には40億人，1990年代には60億人を超え，2011年に70億人を超えた．今後，伸びの速度が弱まるとはいえ2050年までに90億人を超えると予想されている．

1人あたり活動量は，人間1人が生活する際に消費するエネルギー等の自然資源や，大気中や水中，地中に廃棄する汚染物質の量で示される．いずれも生活が豊かになるにつれて急速に増加する．

以上を踏まえると，地球環境問題を改善するためには，人口を減らすか，1人あたりの活動量を減らすしか選択肢がないように思われる．しかし，環境問題を克服する究極の目的が人類の幸福にあるのだとすると，安易に人口減少や原始的な生活への回帰を訴えるべきではないだろう．このことから，第3の選択肢として，技術革新が提起されることになる．新しい技術の誕生により，同じ量の資源からより多くの効用を効率的に取り出せるようになる．また，汚染物質を害のない状態にまで処理してから環境中に廃棄できるようになる．このような工夫を十分に取り込めば，人類は，豊かな暮らしを手放すことなく，地球の容量内で生活できる，つまりは，持続可能な発展（sustainable development）が可能ということになる．

c．持続可能な発展の歴史

地球環境問題が提起され始めたのは，1970年代である．先進国での高度成長に伴う公害の悪化，資源の大量消費，そして戦後独立したアフリカ・アジア諸国での人口急増等の帰結として地球環境の悪化を懸念した有識者が構成したローマクラブが1972年に公表した『成長の限界』[3)]では，この状態が続けば100年以内に世界の成長は限界に達すると警鐘を鳴らした．同じく1972年，国連人間環境会議が開催され，国連環境計画（UNEP）がケニアに設立された．

表1　持続可能な発展に関する国際動向

年	主なできごと
1972	ローマクラブ『成長の限界』国連人間環境会議（ストックホルム）
1987	国連「環境と開発に関する世界委員会」最終報告書
1992	国連環境開発会議（地球サミット）（リオ・デ・ジャネイロ）
2000	国連ミレニアムサミット
2002	持続可能な開発に関する世界首脳会議（WSSD, ヨハネスブルグ）
2012	国連持続可能な開発会議（リオ＋20）（ニューヨーク）
2015	国連総会 SDGs 採択

1980 年代に入ると，酸性雨やオゾン層破壊，気候変動等，特に大気分野での問題が契機となり，複数の国の協力が不可欠な地球環境問題が注目されるようになった．同時期に起きた東西冷戦の終結は，対立が主であった国際関係に新たな協力の芽を育む機会となった．

1992 年の国連環境開発会議（リオ地球サミット（UNCED））では，問題解決のために経済成長を諦めるのではなく，環境対策を取り込みながら同時に豊かになっていくという概念が共有された．これを「持続可能な発展（または開発）」と呼ぶ．国連では以降，持続可能な発展の実現に向けて，定期的に会合を開催し，具体的な目標を掲げて行動し始めた．

持続可能な発展の最も知られた定義は，1987 年の世界環境開発委員会（通称ブルントラント委員会）最終報告書「われら共有の未来」で用いられた「将来の世代の欲求を満たしつつ，現在の世代の欲求も満足させるような開発」である[3]．この概念の下，特に途上国において，環境問題の根源は，貧困にあるという考えが広まった．

2000 年に国連ミレニアムサミットにて採択されたミレニアム開発目標（MDGs）は，2015 年を目標年として，「1 日 1 ドル未満で生活する人口比率を半減させる」等の数値目標を含め，貧困撲滅を優先課題として掲げた．掲げられた目標のうち多くは達成できた．例えば上記の貧困人口半減目標は 2010 に達成し，2015 年時点では 3 分の 1 にまで減らすことができた．

d．持続可能な開発目標

国連は，2015 年 9 月の総会にて，新たに持続可能な発展を目指すために，17 の目標（貧困，飢餓，健康，教育，ジェンダー，水と衛生，クリーンなエネルギー，仕事と経済成長，産業とインフラ，不平等解消，持続可能な都市，責任ある消費と生産，気候変動，水域生態系，陸域生態系，平和と正義，パートナーシップ）と 169 の具体的なターゲットで構成される持続可能な開発目標（SDGs）を設定した[4]．「誰一人取り残さない（leaving no one behind）」社会を目指し，国ごとに独自の指標検討が推奨されている．また，近年では，国だけでなく，自治体や企業といった多様な主体の参画が以前に増して重視されており，各主体の自律的な行動変容が求められている．

［亀山康子］

文　献

1）J. Rockström: *New Perspectives Quarterly*, **27** (1): 72–74, 2010.
2）United Nations Department of Economic and Social Affairs: Population Division, 2017. http://www.un.org/en/development/desa/population/
3）メドウズら：成長の限界―ローマ・クラブ「人類の危機」レポート，ダイヤモンド社，1972.
4）World Commission on Environment and Development: Our Common Future, Oxford University Press, 1987.
5）United Nations: Sustainable Development Goals, 2017. http://www.un.org/sustainabledevelopment/

6-2 オゾン層とは

Ozone layer

オゾン層は地球大気における高度10～50 kmにかけて存在する[1)](図1). 全球的な収支としては成層圏でのオゾンの生成・消滅と対流圏への流出がバランスしている. 濃度の9割は成層圏に存在し(残りの1割が対流圏), 太陽紫外放射から地上の植物・生物を保護している. 以下, 成層圏での化学反応, 輸送過程, 放射過程について詳述する.

a. オゾンの化学反応

オゾンの生成・消滅は直接的には気相の化学反応により決まっている[2)].

(R1) $O_2 + h\nu \rightarrow O + O$

(R2) $O_2 + O + M \rightarrow O_3 + M$

(R3) $O_3 + h\nu \rightarrow O_2 + O$

(R4) $O_3 + O \rightarrow O_2 + O_2$

ここで$h\nu$は光子の入射により分子の化学結合が切れることを意味する. Mは反応で励起された生成物を衝突によって安定化させる第3体(窒素や酸素等の大気)を意味する.

R4によって二つの酸素分子になることで奇数酸素類(O_x=酸素原子とオゾン)

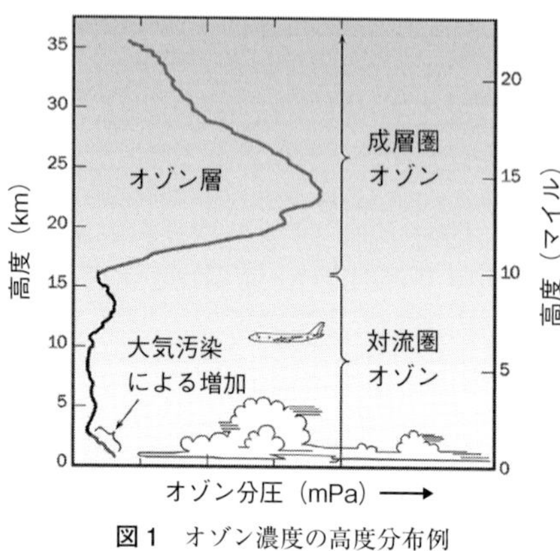

図1 オゾン濃度の高度分布例

は消滅する. O_xの消滅過程は他に, 窒素, 水素, 塩素, 臭素の酸化物を介したいわゆる触媒反応が重要である. これら各反応の強さのバランスの結果として化学的なオゾン分布が決まる. また, これら酸化物の元となる気体は対流圏内で化学的に安定な亜酸化窒素やメタンなどである. また水蒸気は熱帯の対流圏界面における気温に依存して成層圏内への流入量が決まる. 加えて人為的なフロンガスなどのオゾン破壊物質などが塩素・臭素の酸化物の元として重要である.

R4の反応においてその速度は酸素原子密度に比例するため, O_xの光化学反応に対する寿命は1/(2*k4*[O])となる(k4はR4の反応速度定数で[O]は酸素原子の数密度). 圧力の高い成層圏の下部では[O]/[O_3]比([O_3]はオゾンの数密度)が非常に小さくなるため, オゾンの寿命は1年程度以上となる. このためオゾンの緯度・高度分布は化学のみならず大気輸送の影響も加味しなくてはならない. なお太陽紫外放射が強い赤道域の成層圏の上部においてオゾンの生成は最大となる.

b. オゾンの輸送

赤道域で効率よく生成されたオゾンは中高緯度方向, 下方に大気の大循環により輸送される. 冬半球の成層圏ではロスビー波と呼ばれる波活動が卓越し, 熱や物質を極向きに輸送する性質を持っている. したがって冬の期間中, 高緯度の成層圏の下部に向けて輸送が生じ, オゾンが蓄積される. その結果として, オゾンの全量として見ると春先の北半球高緯度域において最大値を示す. 一方, 南半球では北半球ほど大規模山岳や海陸コントラストの影響がないため, ロスビー波の振幅は北半球よりも小さく, 輸送の効果は南緯60°付近までとなる. また, 南極の方がより強固な周極渦が形成される. それはオゾンホール形成の原因の一つとしても知られる. また高度20

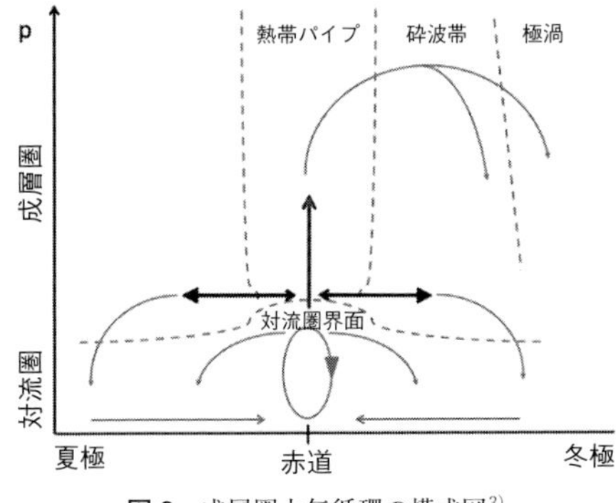

図2　成層圏大気循環の模式図[3)]

km付近では熱帯域から両極の中高緯度に向けての物質の流れが通年存在している．以上のような物質の子午面循環をブリューワー・ドブソン循環と呼んでいる．模式図を図2に示す[3)]．さらに，この循環の下降流に続く形で成層圏最下層の大気が，対流圏の中緯度の高・低気圧渦の引き込み効果と相まって，対流圏に侵入していると考えられている．

c．放射におけるオゾン

オゾンは成層圏の大気の熱構造を決める主要な物質の一つである．R3の反応で光分解したオゾンは太陽紫外放射を熱に変換する役割を果たしている．またR2の反応の際に生じる余剰なエネルギーを除去するために反応の第3体Mが必要となり，熱として大気に受け渡す効果がある．上空ほど紫外放射が強い一方で酸素分子濃度は薄くなるために，一般に中緯度では高度20〜25 km付近でオゾン濃度の極大が形成される．これに対応してオゾンによる太陽放射の吸収率（/km）もこの高度で最大となるが，大気密度の高度分布との兼ね合いから加熱率（K/day）は高度50 km付近で最大となり，成層圏界面を形成する．そのため，成層圏内では高度とともに気温が上昇し，文字通り成層状態となる．実際には加熱率とバランスする冷却率が二酸化炭素等による赤外放射によって生じており，さらに大気の循環に伴う上昇流・下降流による大気の断熱圧縮・膨張を考えたうえで成層圏の気温分布が決まる．一方，対流圏界面付近のオゾン濃度は地表面気温に影響を与えることから，その変動を把握することは別の観点から重要である．

d．オゾン層の歴史

地球上の酸素分子濃度は24.5〜20億年前と8〜6億年前に上昇し，前者で現在の1/100レベル（0.01 PAL）まで，後者で0.01 PALから現在とほぼ同じレベル（1 PAL）にまで上昇したと考えられている．こうした酸素分子濃度の状況下でオゾンの全量がどの程度になるかというと，0.25 PALで300 DUになり，現在と1割ほどしか変わらない[4)]．0.1 PALを超えるとオゾン層は太陽紫外放射を十分に吸収し，生物の陸上進出を可能にしたとされる．

［杉田考史］

文　　献

1) D. W. Fahey: Twenty Questions and Answers About the Ozone Layer, UNEP/WMO, 2002.
2) D. J. ジェイコブ著，近藤　豊訳：大気化学入門，東京大学出版会，2002.
3) T. Flury, *et al.*: *Atmos. Chem. Phys.*, 13: 4563-4575, 2013.
4) M. B. J. Harfoot, *et al.*: *J. Geophys. Res.*, 112: D07308, 2007.

6-3 オゾン層の破壊：メカニズムと変化

Ozone depletion: the mechanism and change

a．オゾン層破壊のメカニズム

成層圏のオゾン（O_3）の破壊には，オゾンと酸素原子が反応して酸素分子に変換される反応（$O_3+O \rightarrow O_2+O_2$；チャップマン反応（Chapman reactions）のうちの一つ）が基本の破壊反応として知られているが，その他に，HO_x，NO_x，ClO_x，BrO_x との反応によっても破壊が進む．オゾン層の存在する成層圏大気中でのこれらの大気微量成分の濃度は，オゾンの濃度に比べるとかなり小さく（例えば，塩素原子（Cl）や一酸化塩素（ClO）等の ClO_x および臭素原子（Br）や一酸化臭素（BrO）等の BrO_x は，オゾンに比べると10〜100万分の1程度の濃度），普通に1対1でオゾンと反応していたのでは，オゾン濃度を大きく変えることにはならない．しかしながら，図1に示される1番目の反応に2番目の反応が続けて起こった場合，X は消費されずに再生され，実質的には O_3 と O が O_2 に変換されるので（図中の最下段“正味”で示された反応式），この二つの反応が連鎖的に起こると，濃度の小さい X によってオゾン破壊が進み，その結果，オゾン濃度の減少を引き起こす．このような反応において X は触媒的に働くので，この反応サイクルをオゾン破壊の触媒反応サイクルと呼ぶ．大気中には上述のような二つの反応からなるオゾン破壊の触媒反応サイクルの他に，三つまたは四つ以上の反応からなる触媒反応サイクルが幾つも見つけられており，それらは高度によってオゾン破壊の効率が異なる．緯度によっても多少異なるが，おおよそ20 km以下では HO_x による触媒反応サイクル，20〜40 km で NO_x による触媒反応サイクル，40 km付近で ClO_x による触媒反応サイクル，それ以上の高度で HO_x による触媒反応サイクルが主にオゾン破壊を起こす．これらの触媒反応サイクルのオゾン破壊効率の高度による違いは，その高度における紫外線スペクトルと大気微量成分の濃度構成でおおよそ決まっている．

	$X+O_3$	→	$XO+O_2$
	$XO+O$	→	$X+O_2$
正味：	O_3+O	→	$2O_2$

図1 成層圏上・中部で有効に働くオゾン破壊の触媒サイクルの例

X は，O，OH，NO，Cl，Br などを表す．

b．極域のオゾン層破壊

1980年代から顕著となった南極オゾンホールに見られるような，極域における急激なオゾン層破壊のメカニズムには，さらに複雑な要素が関わっている．オゾンホールはオゾン全量（地表から大気上端までのオゾン濃度の積算値）が極端に少なくなった状態をいうが，主に下部成層圏（10〜25 km）のオゾンが極端に破壊される．南極春季に高度10〜20 km のオゾン濃度がほとんどゼロに近くなった事例が過去に観測されている．下部成層圏で効率的に働くオゾン破壊触媒反応サイクルは HO_x サイクルであるが，近年，クロロフルオロカーボン（フロンガス）の大気中への放出が増加したことによって成層圏の塩素化合物濃度が上昇し，極域では ClO_x サイクルが特に有効に働いて大きなオゾン層破壊を起こした．極域下部成層圏で ClO_x サイクルが有効に働く理由は，極夜の成層圏の極端な気温低下によって，極成層圏雲（polar stratospheric cloud：PSC）と呼ばれる硝酸，硫酸，氷の成分からなる雲ができ，その表面上で不均一反応と呼ばれる反応によって，通常では塩酸（HCl）や硝酸塩素（$ClONO_2$）等の速い反応を起こさない塩素や臭素を含む分子（リザボアまたは貯留物質と呼ばれる）が，冬の極夜の間に塩素分子（Cl_2）や次亜塩素酸（HOCl）等のより早い反応を起こす物質に変化するからである．Cl_2 や HOCl は春の極夜明けの弱い太陽光でも容易に光解離して塩素原子を放出し，ClO 二量体が関わる触媒反応サイクルによってオゾン破壊が急速に進む．これがオゾンホール生成のメカニズムである．ClO_x サイクルの他に BrO_x サイクルもオゾン層破壊に対して有効に働くことが知られていて，近年のハロン類の生産と使用による大気中の BrO_x の増加が原因である．オゾンホールは南極渦と呼ばれる成層圏大気の大規模な低気圧内で生じる．オゾンホールが生じている極渦の内側は，極渦の外の高濃度のオゾン，高濃度の NO_x，高い気温から遮断され，ClO の濃度が異常に高く，オゾンと NO_x 濃度が低く，気温が低いのが特徴である．成層圏の極渦内の NO_x 濃度が低いのは，不均一反応によって硝酸（HNO_3）が極成層圏雲に取り込まれ，重力落下によって下層大気へ運ばれ除去されるためである．これによって，ClO と二酸化窒素（NO_2）との反応が抑えられ，ClO が高濃度で存在することができる．北極域にも冬季～春季にかけて大規模なオゾン破壊が起こることがあるが，オゾン破壊の場となる北極渦は南極渦ほど安定しておらず，移動や変形を頻繁に起こして極渦の内側と外側の間で微量成分や熱の輸送が比較的活発に行われ，南極オゾンホールに見られるような 2～3 か月間の長期にわたる大規模なオゾン破壊現象には達しないのが特徴である．

c．オゾン層破壊の長期的な変化

近年のオゾンホールに見られるような大規模なオゾン破壊の原因は大気中の塩素量や臭素量が増加したことによる．その理由はフロンガスやハロンガスなどの人工的物質の大気中への放出である．モントリオール議定書によるフロン規制により，成層圏の塩素濃度は 2000 年頃をピークにその後減少に転じてきたが，その減少速度は 1980～90 年代の増加速度のおおよそ 1/5 程度である．したがって，このまま塩素濃度の減少が続けば，大気中のオゾン濃度はゆるやかではあるが少しずつ回復（増加）していくことが期待される．ただし，オゾン層の変化は温室効果ガスによる気候変化の影響も受ける．オゾンの生成および消滅の化学反応速度に温度依存性があることと，オゾン量の最も多い下部成層圏のオゾンは極域の春季以外は化学反応の影響を受けにくく，オゾンの生成域である上・中部成層圏大気からのオゾンの輸送の影響を受けやすいことがその理由である．つまり，温暖化が進み，地表や対流圏のみならずオゾン層の存在する成層圏の気温も変化し，地球規模の大気循環が変化するとオゾン量が変化する．ハイドロフルオロカーボン（HFC）はオゾン層を破壊する塩素原子や臭素原子を含まないが，温暖化を起こす物質であり，この点から 2016 年 10 月のモントリオール議定書キガリ改正によって生産および消費量を段階的に削減することが合意された．また，将来，化学肥料の使用の増加によって大気中の NO_x が増加した場合，それがオゾン層の変化を支配する要因になる可能性も指摘されている．

［秋吉英治］

文　献

1）秋元　肇：大気反応化学．朝倉化学大系 8，朝倉書店，2014．
2）環境省：平成 29 年度オゾン層等の監視結果に関する年次報告書，2018．
3）G. P. Brasseur, S. Solomon: Aeronomy of the Middle Atmosphere, Springer, 2005.
4）A. R. Ravishankara, *et al.*: *Science*, **326**: 123-125, 2009.

6-4 オゾン層の破壊：モントリオール議定書

Ozone depletion: Montreal protocol

a．モントリオール議定書とは

1）環境問題に関する枠組条約と議定書　環境問題についての国際的な取組みは，まず，枠組条約を締結・発効させ，具体的な対策は議定書等によって実施することが多い．オゾン層保護に関しては，1985年に採択されたオゾン層保護のためのウィーン条約が枠組条約であり，具体的な規制は1987年に採択されたオゾン層を破壊する物質に関するモントリオール議定書によって実施される仕組みになっている．1979年に締結された長距離越境大気汚染条約，1992年に採択された国連気候変動枠組条約も同様に枠組条約と議定書等の形をとっている．

2）オゾン層保護のためのウィーン条約とオゾン層を破壊する物質に関するモントリオール議定書　オゾン層保護のためのウィーン条約（以降，ウィーン条約）は，

・オゾン層の変化により生ずる悪影響から人の健康および環境を保護するために適当な措置をとること
・研究および組織的観測等に協力すること
・法律，科学，技術等に関する情報を交換すること

等について規定している．オゾン層を破壊する物質に関するモントリオール議定書（以降，モントリオール議定書）の主な規制措置は，

・各オゾン層破壊物質の全廃スケジュールの設定
・非締約国との貿易の規制
・最新の科学，環境，技術および経済に関する情報に基づく規制措置の評価および再検討

である．上の措置を実施するための一つの仕組みとして，科学アセスメントパネル（SAP），技術経済アセスメントパネル（TEAP），環境影響アセスメントパネル（EEAP）が設置されている．モントリオール議定書採択時には5種類の特定フロン（CFC-11，12，113，114，115）と3種類のハロン（ハロン-1211，1301，2402）が規制物質であったが，議定書の改正によって2017年8月現在，96種類のオゾン層破壊物質と18種類の温室効果ガスHFCが規制物質となっている．

b．オゾン層破壊に関する科学的知見とモントリオール議定書の歴史

1）フロンによるオゾン層破壊の発見からウィーン条約の採択まで　1974年に，ローランドとモリーナによってフロン（CFC）によるオゾン層破壊の可能性に関する論文が発表されたが，将来のオゾン層破壊や影響の程度の予測等についての論争は容易に収束せず，国連を中心とする対応が本格化するのは1980年代に入ってからであった．1985年には最初の国際的な科学アセスメント報告書が出版された．この報告書等の科学的知見を基に，1985年3月には「オゾン層保護のためのウィーン条約」が採択された．この年の12月には，英国のFarmanらによる南極上空のオゾン減少（オゾンホール）に関する論文が出版され，オゾン層保護のための国際的取組みが加速した．

2）オゾン層破壊に関する科学的知見の進化とモントリオール議定書の下での規制の強化　モントリオール議定書によるアセスメントパネルは専門家のみによって構成されている点で気候変動に関する政府間パネル（IPCC）と異なっている．このため，アセスメントパネル報告書，とりわけ，Scientific Assessment Panel（SAP）報告書が短期に取りまとめられ，1年ごとに開催されるモントリオール議定書締約国会合における規制強化（改正・調整）に迅速に

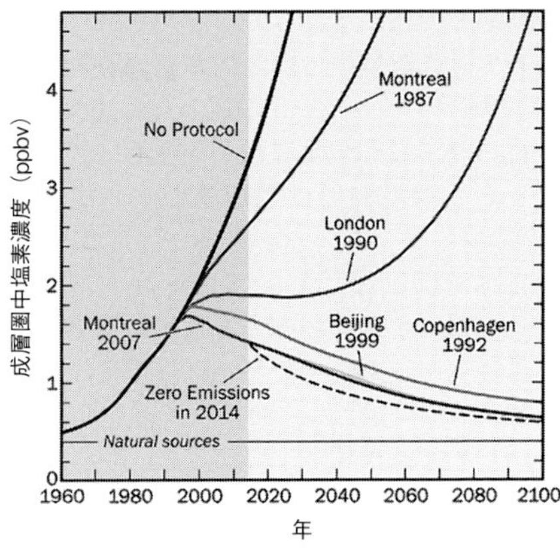

図1　モントリオール議定書規制の効果
（SAP2010 Figure Q15-1 より筆者作成）

反映されてきた．初めてオゾン層の減少トレンドを報告した「International Ozone Trend Panel 1988」に続く 1989 年，1991 年の SAP 報告書（以降，SAP1989 等と略記）に取りまとめられた科学的知見を基礎として実施された 1990 年のロンドン，1992 年のコペンハーゲン締約国会議による規制強化によって，オゾン層破壊の原因であるフロンから解離された塩素原子の濃度が減少に向かい，オゾン層が回復することが見込まれるようになった（図 1）．SAP1994，SAP1998 に基づく 1999 年の北京締約国会議で，さらに規制が強化された．これ以降，4 年ごとに出版される SAP 報告書の新たなテーマとして，オゾン層破壊・オゾン層破壊物質（およびその代替物質である HFC 等）と気候変動の関係の問題が浮かび上がってきた．

c．温室効果ガスとしてのフロン

気候変動枠組条約の究極の目的は「気候系に対して危険な人為的干渉を及ぼすこと」（第 2 条）とされているが，「温室効果ガス（モントリオール議定書によって規制されているものを除く）」とあり，オゾン層破壊物質であるフロンは地球温暖化をもたらすにもかかわらず，条約が対象とする温室効果ガスから除かれている．他方，HFC はオゾン層破壊物質の代替物質であるがオゾン層を破壊しないためにモントリオール議定書の規制対象になっていなかった．これらの問題についての科学的知見は，IPCC と技術経済アセスメントパネル（TEAP）が協力して，「IPCC/TEAP 特別報告書（2005）」にまとめられた．この報告書の中の，フロンの温室効果の議論の中で最も引用される図（図 2）によると，モントリオール議定書によるフロン（主に CFC）の削減によって，2010 年には京都議定書の目標の約 5 倍もの温室効果の削減を実現したが，対策を講じなければ今後の HFC の増大によって上の効果の大半が失われる．

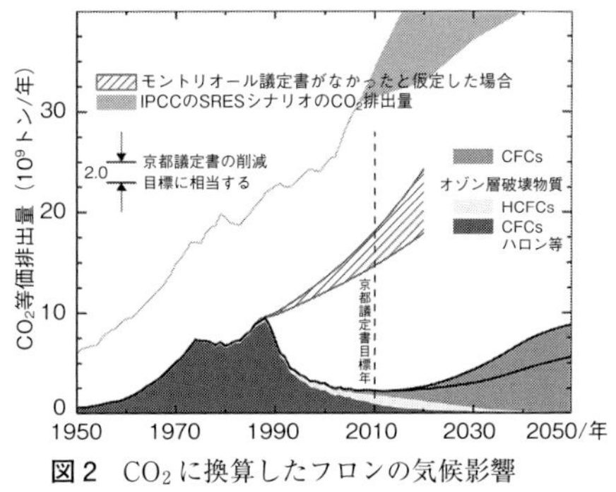

図2　CO_2 に換算したフロンの気候影響
（SAP2010 Figure ES-1 より筆者作成）

上記のような背景をもとに，2016 年 10 月にルワンダのキガリにおいて開催されたモントリオール議定書第 28 回締約国会合で，「HFC 改正（キガリ改正）」が採択された．　［中根英昭］

文　献

1）環境省：平成 28 年度オゾン層等の監視結果に関する年次報告書，2017．http://www.env.go.jp/earth/report/h29-04/index.html

6-5 酸性沈着と酸性雨：メカニズム

Acid deposition and acid rain: mechanism

酸性雨は硫酸や硝酸等の酸が地表に沈着する問題であり酸性沈着ともいう．酸がガスや粒子の形で直接沈着する乾性沈着と雨や雪に取込まれた形で沈着する湿性沈着がある．湿性沈着のうち取込む媒体が霧の場合を霧沈着，露・霜の場合をオカルト沈着ともいう（図1）．

酸性雨の認識は1872年に遡ることができる．R. A.スミス（英）がその著書でacid rain（酸性雨）の語を導入し，化学工業が地域の雨を酸性化していると指摘した[1, 2]．

その後，酸性雨は大陸規模の長距離越境大気汚染と捉えなおされた．1967年，S.オーデンがスカンジナビアの湖沼の酸性化は長距離輸送される硫黄化合物による降水の酸性化が原因であると警告した．酸性雨は欧州の国際問題になり，1972年の国連人間環境会議（ストックホルム会議）の開催につながった．この会議をきっかけに諸国で環境省/環境庁が設置され環境問題が社会的な問題にもなっていった．酸性雨については大陸規模の観測網が整備され，欧州（1977），カナダ（1976），米国（1978）と続いた．こうして現在，社会的に認識されている環境問題は酸性雨がルーツである．

日本ではこれに先立つ1973年，静岡，山梨で霧雨が眼を刺激する人体影響事件が起こり，湿性大気汚染と呼ばれ環境庁は関東地方を中心とする降水の調査を実施した．この経験をもとに環境庁は1983年に酸性雨の全国監視網を展開し，今日に至っている．その後，関東地方でのスギ枯れ等が懸念され，中国からの越境大気汚染の影響も認識され，1998年の東アジア酸性雨測定網（EANET）の発足に発展していった．

大気中に放出された硫黄酸化物や窒素酸化物は気流に乗って輸送される間に光化学反応の影響を受け，それぞれ硫酸や硝酸に変換される．これらの酸が雲水に取り込まれると雲水の酸性度は増加し，酸の指標であるpHの値は低く（酸性度は高く）なる．大気中には肥料等に由来するアンモニア，海水飛沫由来の海塩粒子や，風で巻き上げられた土壌粒子等が存在している．海

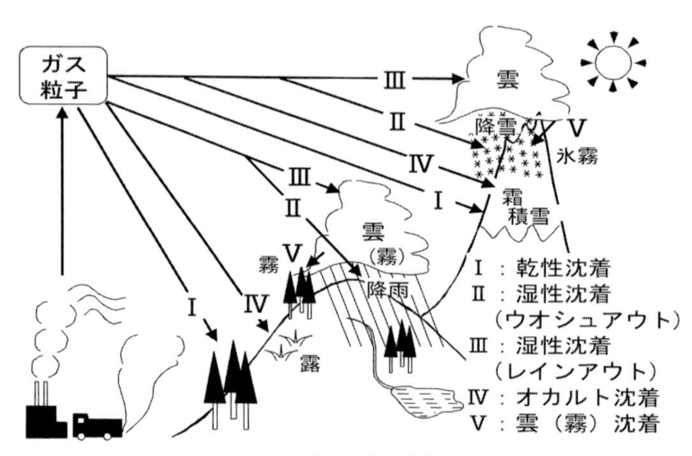

図1　酸性沈着の形態

表1　大気沈着物質の分類

<table>
<tr><td colspan="3" rowspan="4"></td><td colspan="6">化学的分類</td></tr>
<tr><td colspan="4">酸</td><td>塩基</td><td>中性塩</td></tr>
<tr><td rowspan="2">水素</td><td rowspan="2">硫黄</td><td colspan="2">窒素</td><td rowspan="2">土壌</td><td rowspan="2">海塩</td></tr>
<tr><td>硝酸態</td><td>アンモニア態</td></tr>
<tr><td rowspan="4">物理的分類</td><td rowspan="2">乾性沈着</td><td>ガス</td><td></td><td>SO_2</td><td>NO, NO_2, HNO_2, HNO_3</td><td>NH_3</td><td></td><td></td></tr>
<tr><td>粒子</td><td></td><td>SO_4^{2-}</td><td>NO_3^-</td><td>NH_4^+</td><td>Ca^{2+}, HCO_3^-</td><td>Na^+, Cl^-, Mg^{2+}</td></tr>
<tr><td colspan="2">雲沈着</td><td>H^+</td><td>SO_4^{2-}</td><td>NO_3^-</td><td>NH_4^+</td><td>Ca^{2+}, HCO_3^-</td><td>Na^+, Cl^-, Mg^{2+}</td></tr>
<tr><td colspan="2">湿性沈着</td><td>H^+</td><td>SO_4^{2-}</td><td>NO_3^-</td><td>NH_4^+</td><td>Ca^{2+}, HCO_3^-</td><td>Na^+, Cl^-, Mg^{2+}</td></tr>
</table>

注）目的物質を捕集するガス成分以外は，評価対象のイオンで標記．なお，HNO_2 や HNO_3 は HONO，$HONO_2$ と表記されることもある．

塩にはナトリウム，マグネシウム，カルシウム，塩化物，硫酸イオン等が含まれ，土壌は炭酸カルシム等が多く含まれる．雲水は硫酸や硝酸だけでなくこれらの物質も取り込むので，酸はアンモニアや炭酸カルシウム等の塩基性物質と中和反応を起こし，酸性が緩和され pH は高くなる．黄砂時の降水の pH が上昇し中性に近くなる場合が多いのも，主成分の炭酸カルシウムによる（表1）．

降水滴が粒子やガスを取り込む時，水滴が雲や霧を形成している時に取り込むレインアウトと，雨滴となって落下中に取り込むウォッシュアウトがある（図1）．レインアウトは長距離輸送を反映しやすく，ウォッシュアウトは地域の汚染の影響が大きい．また露や霜，氷霧では，生成時に特にガスの取込みが起こる．

酸は水溶液中で水素イオン（H^+）を生ずる化合物であり，H^+ 濃度を表す指標が pH である．純水に大気中の二酸化炭素（400 ppm）だけが溶けた時，pH は 5.6 になる．これより低い pH は大気汚染物質由来の酸によるので，pH 5.6 は酸性雨の目安とされたこともある．また，pH や各種のイオン濃度は大気化学的な重要指標であるが，その酸性雨の影響は，各種のイオン濃度と降水量の積である沈着量での評価も重要である[3]．　　　　［野口　泉，原　宏］

文　献

1）化学史学会編：化学史事典．化学同人，p.286，2017.

2）藤田慎一：酸性雨から越境大気汚染へ．気象ブックス 036，pp.3–81，成山堂，2012

3）原　宏：大気汚染学会誌，**26**：A33–39，1991.

6-6 酸性沈着と酸性雨：現状，影響

Acid deposition and acid rain: Current situation and possible effects

a．酸性沈着の現状

欧州では1979年に調印された長距離越境大気汚染条約（Convention on Long-range Transboundary Air Pollution）に基づく一連の議定書，米国では1970年に改正された大気浄化法（Clean Air Act）や1990年の大幅改正を通じて，地域レベルでの排出量削減が進んだ．21世紀初頭の2003年時点での欧米における湿性沈着量（降水による沈着量）は，窒素（N）は米国ではわが国の約50%，欧州では約70%，また主に人為由来と考えられる非海塩性（nss）硫黄（S）は欧米ともわが国の約30%である[1]．国内発生源対策が進んでいたわが国以上に，上記の排出量削減の効果が降水の化学性に十分に反映されているように見受けられる（表1）．

日本を含むアジアでの状況は，東アジア酸性雨モニタリングネットワーク（Acid Deposition Monitoring Network in East Asia：EANET）によるモニタリングデータで確認できる．例えば，2015年における非海塩性硫酸イオン（$nss\text{-}SO_4^{2-}$）の年間湿性沈着量は，中国，ベトナム，マレーシア，インドネシア等の地点で，50 mmol $m^{-2}y^{-1}$（16 kg S $ha^{-1}y^{-1}$に相当）以上と報告されており，特にマレーシアのプタリン・ジャヤ（Petaling Jaya）では70 mmol $m^{-2}y^{-1}$（22.4 kg S $ha^{-1}y^{-1}$）を超えていた（図1）．欧米やわが国に比較して，まだ相当に人為起源のS酸化物の沈着が多いことが示される．一方で，ガス状・粒子状物質の乾性沈着も考慮する必要があり，（湿性＋乾性の）総沈着量の推計が求められている．例えばSでは，ガス・粒子による乾性沈着が，総沈着量の50%以上を占めると推計される地域も見受けられ[3]，生態系影響の評価のためには，乾性沈着も含む総沈着量の推計が重要である．

表1　日本，欧州および米国における湿性沈着量[1]

国・地域（地点数）	元素	湿性沈着量 kg ha^{-1} y^{-1}
日本（82）	N	7.86
	S	9.43
	nss-S	8.01
欧州（81）	N	5.19
	S	3.24
	nss-S	2.57
米国（254）	N	3.61
	S	3.08
	nss-S	2.85

b．酸性沈着の影響

土壌は強酸の負荷により酸性化が進むことが指摘されており，その過程においては，カルシウム（Ca），マグネシウム（Mg），

図1　EANET地点における非海塩性硫酸イオンの年間湿性沈着量[2]

カリウム（K）等の栄養塩が溶脱する一方で，植物に有毒なアルミニウム（Al）やマンガンなどが溶け出すことにより，樹木の成長が抑制されると考えられる．そのため，欧州での議定書議論においては，土壌溶液中での（Ca+Mg+K）/Alのモル比を指標とした酸の臨界負荷量（critical load）を用いた評価に基づき排出量削減が進んだ．土壌の酸性化は欧米各地で報告され，回復には時間がかかることが指摘されている．東アジアでは，岐阜県の伊自良湖集水域内で，1980年代後半から1990年代半ばまで急激な土壌の酸性化が報告されたが[4]，2000年以降に実施されたEANETの土壌モニタリング結果では酸性化の進行は認められていない[5]．一方で，中国重慶のチンインシャン（Jinyunshan）や西安の調査林分では，過去十数年間に酸中和能の指標となる塩基飽和度の低下が報告されている．特に西安ではpHも有意に低下していた．

森林地域の陸水の化学性は，それらが流れ出す集水域内の土壌・植生系における生物地球化学的循環を反映している．北欧を中心に湖沼の酸性化が深刻化したのは，土壌の母材となる表層地質が酸に対する緩衝能が低い花崗岩であったことが一因とされている．実際，わが国の中部地方で確認された河川水の酸性化傾向も，花崗岩，流紋岩，チャートなどの酸緩衝能が低い岩石が分布する地域で顕著であった[1, 4]．上述の伊自良湖集水域はチャートが分布する地域に位置するが，1990年代半ばから2000年代初頭までは河川水の顕著な酸性化が見られた[4]．伊自良湖の湿性沈着量は近年低下傾向に転じており，集水域内の河川水でも酸性化からの回復が見られている[5]．一方で，重慶のチンインシャン湖やロシア沿海地域（Primorskaya）のコマロフカ川では，pHの低下とともに，硫酸イオンや硝酸イオン濃度の上昇が確認された（図2）．これらの地域では大気沈着との関連性も指摘されているが[5]，東アジアではS酸化物やN化合物の排出量・沈着量が低下に転じた地域もあり，今後の回復過程も含め注意深くモニタリングする必要がある．

［佐瀬裕之］

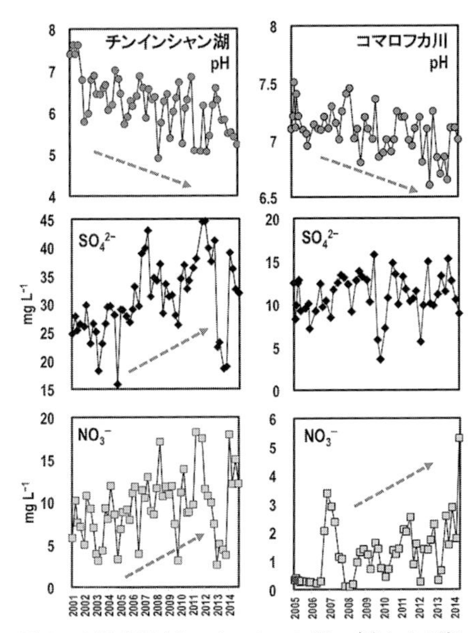

図2　中国重慶（チンインシャン湖：左）および極東ロシア（コマロフカ川：右）の陸水酸性化（文献[5]を改変）
矢印は有意な上昇あるいは低下傾向を示す．

文　　献

1) H. Matsubara, *et al.*: *Water Air Soil Pollut*, **200**: 253–265, 2009.
2) EANET: Data Report 2015.
3) 藤村佳史他：エアロゾル研究，**26**：286–295, 2011.
4) 佐瀬裕之：酸性沈着の動態・影響．環境毒性学（渡邉　泉，久野勝治編），pp.25–31，pp.39–43，朝倉書店，2011.
5) EANET: The Third Periodic Report on the State of Acid Deposition in East Asia, 2016.

6-7 酸性沈着と酸性雨：国際対策

Acid deposition and acid rain: International strategy

酸性雨等の酸性沈着の原因となる硫黄酸化物や窒素酸化物は，気流とともに長距離輸送されて国境を越え，数千 km 離れた場所へ被害を及ぼすこともある．この問題への取組みは 1 国だけの対策では解決には至らないため，国際的な対策が求められる[1]．例えば，ヨーロッパではこれらの汚染物質が長距離輸送されて国境を越え，湿性または乾性沈着して生態系へ被害をもたらすという深刻な問題となっており，その国際対策として長距離越境大気汚染条約が締結されている．北米においても，米国とカナダの間で同様な問題が起こっており，両国間で，酸性雨被害防止のための二国間協定が結ばれている．現在，酸性雨等の酸性沈着の問題が懸念される東アジアにおいては，欧米のような条約等は締結されていないが，国際的な協力による東アジア酸性雨モニタリングネットワーク（Acid Deposition Monitoring Network in East Asia：EANET）が稼働している．本項目では，東アジアにおける国際対策を考えるうえで参考となるヨーロッパにおける取組みについて解説し，EANET の活動について紹介する．

a．長距離越境大気汚染条約

1960 年代終わり頃，ヨーロッパにおいて，国境を越えてきた酸性物質の沈着によりスカンジナビア半島の森や湖が被害を受けているという科学的根拠が示された．この問題は，1972 年にストックホルムで開催された国連人間環境会議の議題となり，その後，1979 年に国連ヨーロッパ経済委員会（ECE）によって長距離越境大気汚染条約が採択されるに至った．この条約のもと，1984 年には観測体制の資金負担に関する議定書（EMEP 議定書）が採択され，参加国が協力して越境大気汚染の監視および評価を行うためのプログラム Co-operative Program for Monitoring and Evaluation of the Long-Range Transmissions of Air Pollutants in Europe（EMEP）が稼働することとなった．EMEP では，モニタリング，モデリング，アセスメント，排出量推計の分野を担当するセンターがそれぞれ設けられ，国際的に排出量を規制するための対策作りに不可欠な科学的な根拠を与える活動を行っている．

EMEP が稼働した後，1985 年には硫黄酸化物の排出を 30% 削減するための議定書，1988 年には窒素酸化物の排出を削減するための議定書，1991 年には揮発性有機化合物の排出を削減するための議定書，1999 年には酸性化，富栄養化，地上レベルオゾンの低減に関する議定書が順次採択されて，国際的に協力して排出量を削減する取組みが進められている．実際，ヨーロッパ全域における大気中および降水中の硫黄酸化物（図 1）と窒素酸化物濃度は 1990 年以降減少しており，対策の効果が表れている[2]．

b．EANET

EANET は，東アジア地域における酸性雨等の酸性沈着問題へ国際的に取り組むために日本のイニシアティブによって組織された政府間の活動である．1998 年 4 月から試行稼動が実施され，この実績を踏まえ，2001 年 1 月から本格稼動が開始された．2017 年の時点で，13 か国（日本，中国，韓国，モンゴル，ロシア，インドネシア，カンボジア，タイ，フィリピン，ベトナム，マレーシア，ミャンマー，ラオス）が参加している．EANET のモニタリングは，湿性沈着，乾性沈着，陸水，土壌植生の 4 分野において統一のマニュアルに基づいて実施されており，東アジアの広範囲においてモニタリングが実施されている．

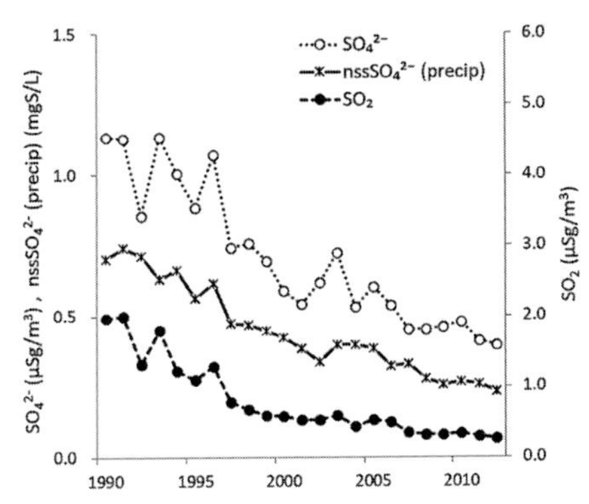

図 1　EMEP における硫黄酸化物濃度(粒子：SO_4^{2-}，降水：nssSO_4^{2-}，ガス：SO_2)の経年変化(全測定局の中央値)(文献[2] をもとに筆者作成)

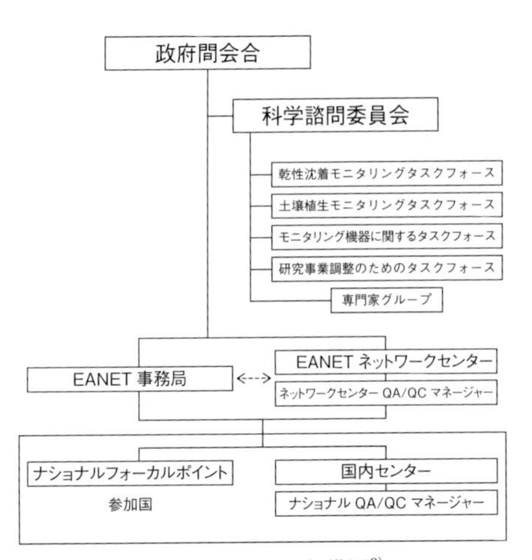

図 2　EANET の組織図[3]

EANET では政府間会合を意思決定機関とした実施体制が組まれている(図 2)．EANET のネットワークセンターとしてアジア大気汚染研究センターが指定されており，参加各国のモニタリング活動を束ねている．本格稼動後，ネットワークセンターのリーダーシップのもと，モニタリングのさらなる整備や精度保証・精度管理の充実化が進められ，モニタリングデータをもとにした東アジアの酸性沈着の状況に関する定期報告書も発表されている．これらのマニュアル，モニタリングデータ，精度保証・精度管理報告書，定期報告書等は，EANET のウェブサイト[3] に公開されている．特に，モニタリングデータは，統一の手法で測定され，精度保証・精度管理を経て公開されたものであることから，多くの研究者に活用されるようになってきている．

2010 年 11 月，EANET の第 12 回政府間会合において「EANET の強化のための文書」が採択され，後にすべての参加国の署名がなされた．この文書は，法的拘束力はもたないが，資金の拠出を含め，参加国がより積極的に EANET の活動へ貢献することが明記されている．これは，長距離越境大気汚染条約のもとで初期の段階で観測体制の資金負担に関する EMEP 議定書が採択されたことに類似している．この文書は 2012 年 1 月に運用が開始され，今後の活動の方向性に関する検討が本格化し，2015 年 11 月の第 17 回政府間会合で採択された EANET 中期計画（2016～20 年）には，その活動を酸性雨から越境大気汚染へと拡大すること目的とした $PM_{2.5}$ およびオゾンモニタリングの推進等の新規活動が盛り込まれた．しかしながら，国際的に協力して排出量を削減するためには，その活動を排出量推計や数値モデルシミュレーションの活動にまで拡大する必要があり，今後の課題となっている．現在，EANET は科学的な知見を積み重ね，国際的な合意形成を一つずつ積み重ねている．

［松田和秀］

文　　献

1) 地球環境研究会：地球環境キーワード事典，pp.40–49，中央法規，2008.
2) EMEP: Air pollution trends in the EMEP region between 1990 and 2012, EMEP/CCC-Report 1/2016, pp.26–30, 2016.
3) EANET (web site): http://www.eanet.asia/

6-8 地球温暖化：気温上昇と地球システムへの影響

Global warming: temperature rises and the impact on the Earth System

a. 気温上昇

1) 地表面温度の上昇傾向　地球表面では，1850年から近代的な観測器によって気温・水温が観測されてきている．その結果から，1970年代以降，地表面温度の上昇傾向が観測されている（図1）[1]．近年に観測された地球温暖化の支配的な原因は，人間活動による影響と考えられる．

2) 地球の熱収支　温室効果気体が存在しないと仮定して宇宙から地球を眺めると，地球が受け取る太陽光は地球表面へと到達し，地表を加熱する．その後，暖められた表面から大気中に放出された熱は，そのまま宇宙へと戻される．しかし，地球の大気中には温室効果気体が存在する．そのため，地表から放出された熱は温室効果気体により吸収される．そして，吸収された熱は周囲へと放出される．その結果，地球表層の大気は暖められることになる．

実際の地球表面の7割は広大な海に覆われている．海は大気より多くの熱を蓄えることができる．そのため，大気が過渡的に暖められる間，その熱の多くは海洋へと運ばれ，長期間，海洋で蓄積される．

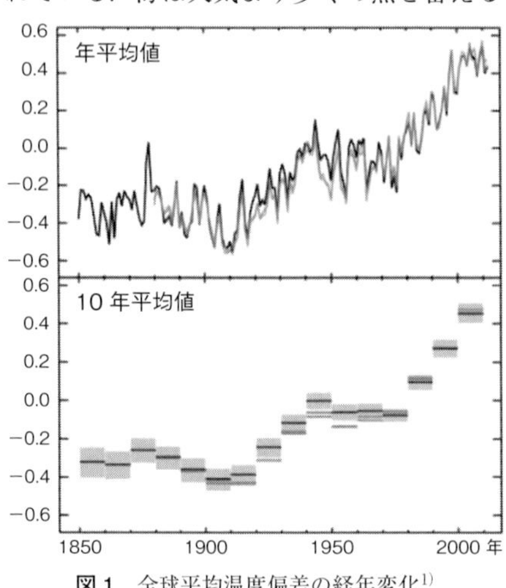

図1　全球平均温度偏差の経年変化[1]

b. 地球システムへの影響

地球表層環境は大気，陸，海洋および海氷等の構成要素が互いに影響を及ぼし合い構成されるシステムとして認識される．それ故，現在進行中の地球温暖化がこれらサブシステムへ与える影響を本質的に理解するためには，同時期に起きている環境変化がサブシステムへ与える影響を統合的に評価すべきである．そのため，地球温暖化の地球システムへの影響を定量的に評価する手法として，生物学的，化学的な要素を含んだ地球システムモデルが用いられる（図2）[2]．そのモデルで取り扱われる個々の大気中物質と温暖化に関する詳細は次項以降で説明される．

1) 大　気　気温が上昇すると，水（H_2O）は液体の状態から気体へと相変化し，大気中の水蒸気量が増加する．水蒸気は温室効果気体であり，気温はさらに高くなる．この効果は水蒸気による正のフィードバックと呼ばれる．一方，水蒸気が増加すると，オゾン（O_3）の消失反応が促進される．オゾンも温室効果気体であり，気温を低下させる方向に働く．この効果は温暖化に対する負のフィードバックと呼ばれる．他にも炭素や窒素循環などを介したフィードバックが働く．

2) 陸　気候変動は地球規模で水循環に影響を与える．その結果，数年間干ばつの影響を受けた牧草地では植物がほとんど育たない土壌の状態へ移行する．さらに，半乾燥地域における過放牧や植生燃焼等の土地利用変化の要因が重なることで，砂漠化は引き起こされる．このようにいったん砂漠化された状態から再び植生に覆われた状態へ回復されにくいのは，以下のような正のフィードバックが働くことによると考えられる．

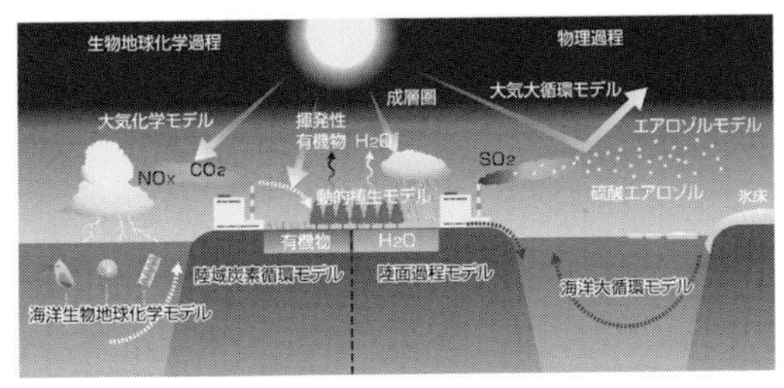

図 2　地球システムモデルの構成要素[2)]

大気中に浮遊するダスト粒子は，ある風速を超えた時に発生し，その発生量は土壌水分量，植生被覆率，地表面土壌粒径分布等によって大きく左右される．土壌水分量および植生被覆率の低下は，強風による土壌粒子の巻き上げを引き起こす．その結果，砂漠化する土壌表面の栄養塩は失われ，栄養塩を含んだダスト粒子は遠方へと運ばれる．さらに，土壌粒子は粒径が小さいほど，大気中に巻き上げられやすい．そのように植生や細粒土を失った土壌では，土壌中に水分を保持する能力が低下する．土壌中水分量が減ることで，大気への蒸発量が減る．他にも，砂漠化による日射反射率の増加，地表面粗度の減少，鉱物エアロゾルの増加などにより，大気・陸面相互作用を介した正のフィードバックが働く．

3)　海洋および海氷　水温が低いほど水の密度は大きいため，表層水が大気により冷やされると海水は沈み込む．また，塩分が高いほど密度は大きい．淡水に近い海氷が形成されると，まわりの海水の塩分濃度が高くなり，海水は沈み込む．したがって，気温の上昇に伴い，表層の水温が上昇し，海氷の形成が減少すると，海洋の鉛直循環は弱められると考えられる．その結果，下層から表層へと輸送される窒素等の栄養塩が減少し，表層の海洋生物にとって必要な栄養塩が不足するようになる．そのため，生物ポンプの働きが弱まり，海洋による大気中の CO_2 吸収量は減少する．

栄養塩の中でも重要な物質が，溶存鉄である．海洋の初期段階では酸素濃度が低く，海水は還元状態にあり，鉄は二価の陽イオンとして溶存できた．その後，生物活動により酸素濃度が上昇し，鉄は酸化物として海底に沈殿した．そのため，鉄は海洋の生物にとって必須元素でありながら，現在の海水中の溶存鉄濃度は低い．その結果，多くの海域で鉄が植物プランクトンを起点とした食物連鎖へ影響を与える．

4)　エアロゾルの物質循環における役割　エアロゾルは放射・雲過程により気候へ影響を与えるのみでなく，物質循環の役割を担い，陸域・海洋生態系へ影響を与える．本項 b.2) で述べた砂漠化は遠隔地で鉄等の栄養塩の負荷を生態系へもたらす．一方，化石燃料消費による温室効果気体の排出は，他の気体やエアロゾルの排出を伴う．その人為起源エアロゾルに含まれる鉄は，大気汚染の影響で化学的性質を変えて，エアロゾル中で水に溶けやすい鉄が多く含まれる要因となる[3)]．それ故，温暖化の地球システムへの影響を考える際，それら大気汚染物質が生態系へ与える影響を同時に考慮に入れた地球システムの統合的な理解が重要となる．　　［伊藤彰記］

文　　献

1) IPCC AR5 WG I Fig SPM-01(a), 2013.
2) T. Hajima, *et al.*: *Prog. Earth and Planet. Sc.*, 1: 1-25, 2014. doi:10.1186/s40645-014-0029-y
3) A. Ito, *et al.*: *Sci.Adv.*, 5: eaau7671, 2019. doi: 10.1126/sciadv.aau7671

6-9 放射強制力と長寿命温室効果気体の濃度変化

Radiative forcing and long-lived greenhouse gases

a．放射強制力

地球上における人為起源物質の排出や森林伐採等の人間活動とそれに対する自然界の応答は地球のエネルギー収支を変化させ気候変動の駆動要因となる．そのようなエネルギー収支の変化を定量化する指標として放射強制力（radiative forcing：RF）が用いられる．対流圏界面における下向きを正とした正味の放射フラックスを単位 Wm^{-2} で表す．

大気中の温室効果気体の濃度が増加すると，温室効果気体は太陽放射に対してほぼ透明なので，下向き放射の変化はほとんどない．しかし地表から上向きに射出される地球放射は，濃度が増加した分以前よりも強く対流圏中の温室効果気体に吸収されるために，対流圏界面における上向き放射は減少する．下向きを正とするのでこの場合正味の放射強制力は増加したことになる．IPCC では，産業化以前の 1750 年の放射強制力を基準とした変化量を用いている．

放射強制力はこれまで大気中の温室効果気体濃度に基づき推定されてきたが，IPCC AR5 では新たに排出量に基づく推定値も用いられている．観測や数値モデル計算を組合わせることで，排出された物質ごとの直接および間接的な影響による放射強制力の推定が可能である．それらを主な物質について図 1 にまとめた．正，負の放射強制力はそれぞれ地表面を温暖化あるいは寒冷化させることを意味する．

本図において放射強制力の合計は 2.29 Wm^{-2} と正になっており，1750 年以降温暖化してきたことがわかる．そのうち 3.00 Wm^{-2} が長寿命温室効果気体によるもので，他の物質に比べて推定値の信頼度は高く不確かさも小さい．なかでも二酸化炭素の強制力は 1.68 Wm^{-2} と合計値の半分以上を占め全物質中最大の寄与を示す．メタンの強制力も 0.97 Wm^{-2} と大きいが，二酸化炭素と異なりその 1/3 以上は，化学的に成層圏で壊されて水蒸気となることやオゾンの前駆物質濃度に影響すること等による間接的な寄与である．ハロカーボン類は，オゾン層の破壊を通して負の強制力を示すが，それら自体による正の放射強制力が大きいため，正味で正の効果を示す．短寿命気体も温暖化に寄与している．一酸化炭素は地球の赤外放射は吸収しないが，排

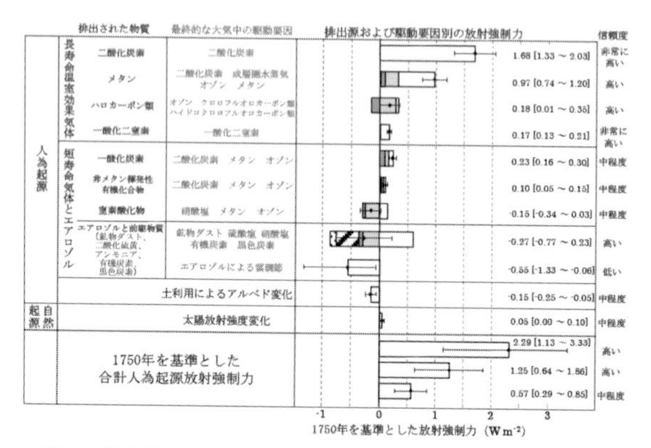

図 1　排出源および駆動要因別の放射強制力とその不確実性[1)]
グラフとその左側に記載の物質名の並び順は一致する．

出が増加すると，対流圏での酸化を通じて二酸化炭素やオゾンの濃度が増加し，間接的に温暖化に寄与する．一方で，窒素酸化物の排出増は対流圏オゾンの増加と，水酸基ラジカルの増加によるメタンの寿命短縮という正と負の変化を生み出す．二次的に生成する対流圏オゾンの寄与を足し合わせると放射強制力は $0.40\ \mathrm{Wm^{-2}}$ となる．

多くのエアロゾルは太陽放射を散乱するため負の強制力を持つが，黒色炭素は逆に吸収するために正の効果を持つ．これら直接効果の信頼度は高い．一方で，エアロゾルが雲核となり雲量増加ひいては太陽放射の散乱による負の放射強制力をもたらす間接効果の不確かさは大きい．この効果は人為起源放射強制力の推定上最大の不確かさ要因となっており今後の改善が待たれる．

b．温室効果気体の濃度変化

温室効果気体には様々な種類が存在するが大きく二つに分類される．自然・人為両起源のものと，完全に人為起源のものである．前者は温室効果気体の主要な種であり，二酸化炭素（CO_2），メタン（CH_4），亜酸化窒素（N_2O）等の主要な種であり，後者としてはハロゲン類が挙げられる．

図2に主な温室効果気体の大気中濃度変化を示す．主要3種は工業化以前より存在するため1750年以降，それ以外は多くは20世紀に入ってから生産され始めたため1920年以降について示す．濃度の表現には一般的にモル比が用いられ，ここではppm（1/100万），ppb（1/10億），ppt（1/1兆）で表す．

主要3種は元来自然起源であるが，産業化以後人為発生源が新たに加わることで濃度が大きく増加した．産業化以前は自然界の炭素循環はほぼ定常状態にあったために，二酸化炭素濃度も約280 ppmで一定であったが，18世紀後半の産業革命以降，石炭を中心に化石燃料の使用が広まり，炭素循環の均衡が崩れることで濃度も徐々に

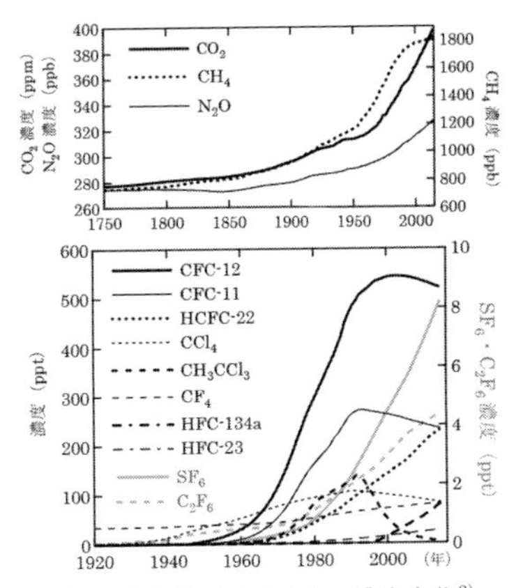

図2　主な温室効果気体の濃度変化[2)]

増加し始めた（図2）．それは，第二次大戦以降の世界的な石油消費の増大により加速し，21世紀に入っても平均 $2\ \mathrm{ppm\ yr^{-1}}$ 以上の速度で鈍ることなく増加し続け，現在の濃度は400 ppmを超えている．メタンや一酸化二窒素も同様に産業化以後それぞれ水田，畜産，化石燃料採掘や窒素肥料の開発，利用からの排出が加わり濃度が増加してきた．一酸化二窒素の濃度増加率は最近でも落ちていないが，メタンは1990年代に入って顕著に鈍っている．一酸化二窒素と異なり10年程度と短めの大気寿命がそのような変化の一因であるが，発生源の変化の原因については未解明である．

ハロカーボン類はほぼ完全に人為起源である．そのうちクロロフルオロカーボン（CFC-11，12）等のオゾン破壊物質はモントリオール議定書発効後の撤廃によって濃度の減少が顕著である．　　　［石島健太郎］

文　献

1）M. Meinshausen, *et al*.: *Geosci. Model Dev*., **10**: 2057-2116, 2017.
2）T. F. Stocker, *et al*.: Technical summary, IPCC, 2013.
3）中澤高清他：地球環境システム．現代地球科学入門シリーズ5，共立出版，2015.

6-10 長寿命気体の収支と炭素循環

Long-lived gases budgets and carbon cycle

近年，人為起源 CO_2 の放出量が増加し大気中濃度の上昇による地球温暖化が懸念されている．地球表層において炭素はその化学形態を変えながら大気，陸上生物圏，海洋の三つの炭素貯蔵庫（carbon reservoir）を移動するが（炭素循環，carbon cycle），その循環を定量的に把握することは将来の大気中 CO_2 濃度を推定するうえで重要である．一方，大気の主成分であり長寿命気体でもある酸素の大気中収支は炭素循環について制約条件を課すことができる．

a．地球表層の炭素循環

IPCC 第5次評価報告書（IPCC AR5）をもとに，2000年代（2000～09年）における炭素貯蔵庫の炭素量と貯蔵庫間の平均的な移動量を図1に示す[1]．なお，ここでは簡単のために岩石の風化や火山活動に伴う CO_2 の供給や河川を介した移動，さらに海洋における物質の移動等は省略する．炭素量を表す単位としては PgC（ペタグラムカーボン）を用い，1 PgC は炭素量で 1×10^{15} g を意味し，1 GtC とも表記される．

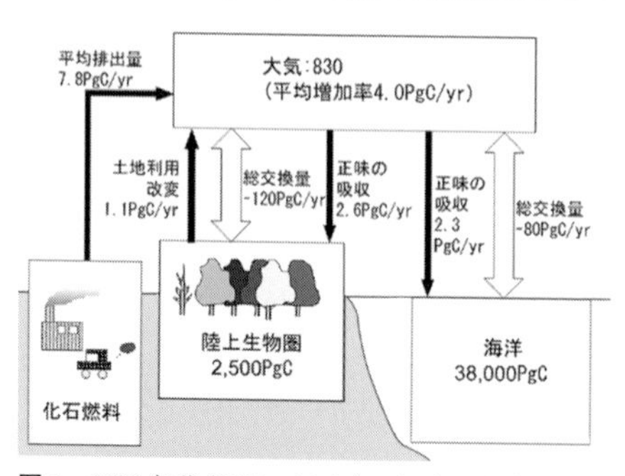

図1　2000年代（2000～09年）における地球表層での炭素循環の模式図（文献[1]より作図）
各貯蔵庫内の数字は炭素量もしくは炭素増加率を，白抜きおよび黒矢印は各貯蔵庫間の炭素の総交換量および正味の交換量を表す．

地球表層における最大の炭素貯蔵庫は海洋で，約 38000 PgC の炭素が存在すると推定されている．海水に溶けた CO_2 は炭酸（H_2CO_3），炭酸水素イオン（HCO_3^-），炭酸イオン（CO_3^{2-}）に解離し，平衡状態では溶存する無機炭素の約90%は炭酸水素イオンが占める．陸上生物圏の炭素存在量は約 2500 PgC と推定されており，バイオマスや土壌有機物として存在している．大気-陸上生物圏間，および大気-海洋間ではそれぞれ約 80 PgC/yr および約 120 PgC/yr で絶えず CO_2 が交換している．

産業革命以前の大気中 CO_2 濃度は約 280 ppm と現在の濃度よりも 100 ppm 以上低かったことが氷床コア試料の分析からわかっており，その当時はそれぞれの貯蔵庫間の炭素交換量もバランスしていたと考えられる．しかし，現在では人為起源 CO_2 の放出量増加に伴い炭素循環も変化している．例えば，2000年代の化石燃料消費および森林伐採等の土地利用改変に伴う CO_2 の平均放出量はそれぞれ 7.8 PgC/yr および 1.1 PgC/yr と推定されており，合計 8.9 PgC/yr が大気に放出された．一方，大気観測から同期間の大気 CO_2 の平均増加率は 4.0 PgC/yr（CO_2 濃度増加率 1.9 ppm/yr に相当）とされていることから，人為起源 CO_2 の残り 4.8 PgC/yr は海洋および陸上生物圏によって吸収されたことになる．IPCC 第5次評価報告書では海洋および陸上生物圏のそれぞれの炭素吸収量は 2.3 PgC/yr および 2.6 PgC/yr と推定されている．

このように，現在の海洋・陸上生物圏はともに CO_2 の吸収源として働いており，特に陸上生物圏は土地利用改変による放出を考慮しても正味で吸収源となっていると考えられている．海洋は，大気中の CO_2 濃度増加により大気-海洋間で CO_2 の分圧差が生じ，全球平均で海洋の分圧の方が低

いため CO_2 を吸収する．一方，陸上生物圏は CO_2 濃度増加によって光合成が活発化する効果（CO_2 fertilization effect，CO_2 施肥効果）や，温暖化による成長促進効果（climate effect，気候効果）等が CO_2 吸収量増加の理由として挙げられる．

ところで，1980 年代までは陸上生物圏は土地利用改変によって CO_2 の発生源とはなり得るが吸収源にはなり得ないと考えられ，海洋の年間吸収量にも限界があることから，吸収源不在（いわゆるミッシングシンク（missing sink））の状況が続いた．この吸収源不在の問題に決定的な回答を与えたのが大気酸素の観測である．

b．酸素収支を利用した炭素循環の解明

化石燃料の消費による CO_2 放出量を F，陸上生物圏および海洋の正味の吸収量を B，O とすると，大気中の CO_2 の変化量 ΔCO_2 は次式によって表される，

$$\Delta CO_2 = F - B - O$$

一方，現在の化石燃料の種類別消費量から全球を平均すると化石燃料起源 CO_2 の排出量のおよそ 1.4 倍（モル比）の酸素が消費される．また，陸上生物圏の光合成（呼吸）では CO_2 に対して約 1.1 倍の酸素が放出（吸収）される．近年，地球温暖化に伴って海水温が上昇し酸素の溶解度が低下する効果や，海水の鉛直混合が抑えられる効果によって海洋から大気に酸素が放出されていると推定されている．この海洋からの酸素フラックスを Z と表すと，大気中の酸素の収支式は次式となる．

$$\Delta O_2 = -1.4F + 1.1B + Z$$

F はエネルギー統計等から推定され，Z についても海洋貯熱量の変化から推定可能である．したがって，大気中の CO_2 濃度および酸素濃度の変化を観測できれば上述した二つの式を連立することで B と O を求めることができる．なお，図 2 に大気中の CO_2 および酸素濃度観測に基づく炭素収支推定の概念図を示す．

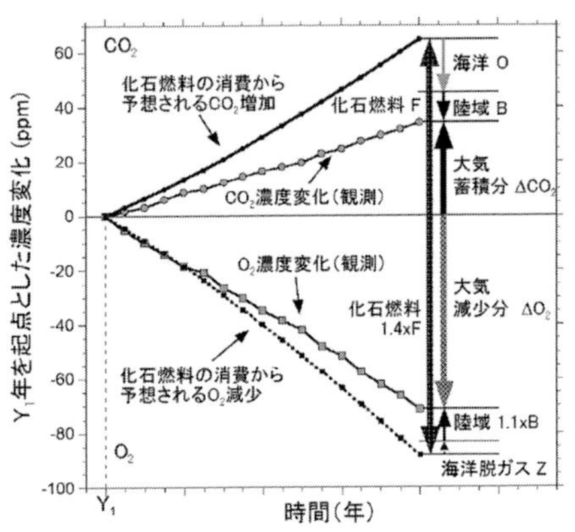

図 2　大気中の CO_2 と酸素濃度観測に基づく炭素収支推定方法の概念図

現在，世界中の複数の研究機関で大気中の酸素濃度の観測が実施されているが，いずれの観測でも酸素濃度の減少量は化石燃料の消費から予想される量より明らかに少ないことが示されている[2]．このことは，海洋からの酸素放出量を考慮したとしても，陸上生物圏から正味で酸素が放出されている，つまり土地利用改変に伴う CO_2 の放出を上回る炭素の固定（光合成）が行われているということを意味し，ミッシングシンクの問題は解決されたことになる．

［遠嶋康徳］

文　献

1) IPCC AR5: Climate Change 2013: The Physical Science Basis, Contribution of Working Group I to the Fifth Assessment Report of the Intergovernmental Panel on Climate Change (T. F. Stocker, *et al.* eds.), Cambridge University Press, 2014. doi: 10.1017/CBO9781107415324

2) 中澤高清他：地球環境システム．現代地球科学入門シリーズ 5，共立出版，2015.

6-11 地球温暖化：排出シナリオと将来予測

Emission scenarios and future forecasts

地球温暖化問題は，二酸化炭素やメタン，亜酸化窒素をはじめとする温室効果ガスの蓄積によって引き起こされることから，その解決には，温室効果ガス排出量の削減（緩和策）が必要となる．一方，将来における温室効果ガス排出量の予測は，想定される将来の人口や経済成長，利用可能な資源や技術，人々の選好等の社会経済状況によって大きく変化する．さらに，気候の安定化には100年を超える長期的な視野が必要となり，きわめて大きな不確実性を考慮する必要がある．こうした状況では，シナリオアプローチと呼ばれる方法が有効とされている．シナリオアプローチとは，ドライビングフォースと呼ばれる現在から将来を記述する要素について，不確実性の大きいものや他への影響の大きいものを幾つか取り上げ，それぞれについて将来の可能性を幾つか設定し，それらを組合わせることで，将来の起こりうる状況をシナリオとしてとりまとめ，対策等を議論する方法である．シナリオは，定量的なものと定性的なものに大別されるが，地球温暖化問題を対象としたシナリオでは，両方を組合わせたシナリオが用いられることが多い．このほか，多様な将来像を幅広く記述する探索的なシナリオと，将来の目標を実現する道筋を明らかにする規範的なシナリオに分けることも可能である．

地球温暖化問題では，気候変動に関する政府間パネル（IPCC）が1990年代にIS92と呼ばれるシナリオ群を用いて，温室効果ガス排出量に関する将来予測の検討を行った[1)]．また，IPCCは2000年には特別報告書としてSRES（Special Report on Emissions Scenarios）と呼ばれる四つの社会経済シナリオと，それぞれの社会における温室効果ガスの排出シナリオを報告し[2)]，IPCC第3次評価報告書では，SRESをもとにした対策シナリオが分析，評価された[3)]．また，2011年には気候目標に対する温室効果ガスの排出シナリオRCP（Representative Concentration Pathways）が[4)]，2016年には新たな社会経済シナリオSSP（Shared Socio-economic Pathways）が公表された[5)]．

a．社会経済シナリオ

温室効果ガスの排出量は，想定される社会経済活動によって大きく変化する．具体的には，人口，経済成長のほか，省エネや再生可能エネルギー，炭素隔離貯留をはじめとした技術の利用可能性等である．

図1はSRESにおける四つの将来像を示したものである．SRESでは，(A) グローバル化が進展するか，(B) 地域がブロック化するか，という軸と，(1) 経済発展を重視するか，(2) 環境と経済の調和を目指すか，という軸の2軸からなる四つの将来の姿が描かれている．なお，グローバル化が進展し，経済発展を重視するA1の社会では，化石燃料依存社会（A1FI），省エネや再エネ等新技術を指向する社会（A1T），様々な技術が調和して導入される社会（A1B）にさらに細分化されている．

また，図2はSSPにおける将来像の関係を示したものである．SSPでは，緩和

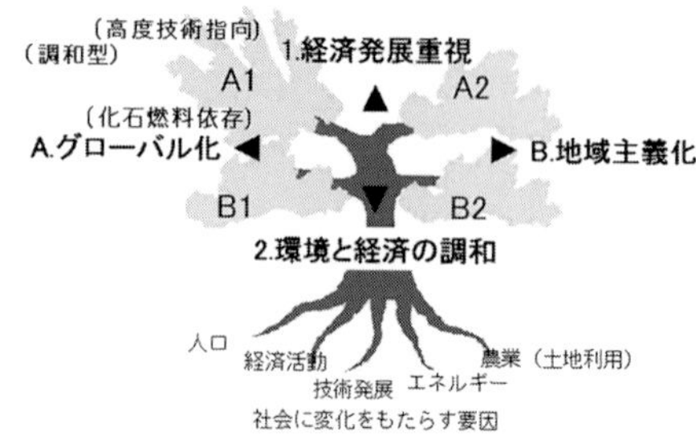

図1　SRESが示す将来像の区分[1)]

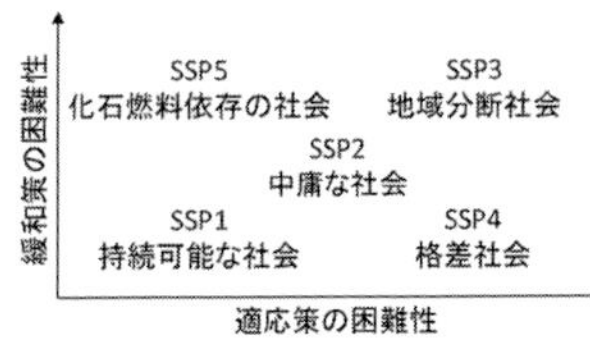

図 2　SSP が示す将来像の区分[5)]

策，適応策の導入がそれぞれどの程度困難かを縦軸，横軸にとり，SSP1 から SSP5 までのあわせて五つの社会像が定義されている．

b．排出シナリオ

社会経済シナリオをもとに，将来の温室効果ガス排出量を定量化したものが排出シナリオである．排出シナリオは，追加的な温暖化対策をとらない「なりゆきシナリオ(Business as Usual：BaU)」と，将来の温室効果ガス排出量や温度上昇等の気候に対する目標を実現する「対策シナリオ」に大別される．前述の SRES や SSPs はなりゆきシナリオの例である．一方，RCP は将来の放射強制力を想定した対策シナリオである．図 3 に，RCP を含む IPCC 第 5 次評価報告書で取りまとめられた排出シナリオ（RCP の後の数字は安定化する放射強制力を示す），長期の CO_2 換算濃度に対する排出シナリオを示す[6)]．RCP では，全球を対象とした排出シナリオのほか，気候モデルへの入力を目的として，0.5° 四方のグリッドにダウンスケールされた排出シナリオも推計されている．

c．統合評価モデルと予測

地球温暖化問題では，社会経済シナリオや排出シナリオとして，叙述的（定性的）なシナリオと定量的なシナリオを組合わせて示されることが多い．叙述的なシナリオはストーリーラインとも呼ばれ，将来像をわかりやすく説明することを目的に作成されている．これに対して，定量的なシナリオは，統合評価モデルと呼ばれるツールを用いて，叙述的なシナリオが整合的かどう

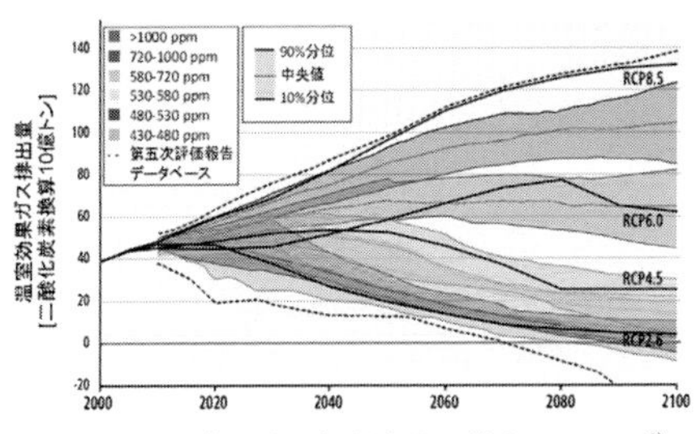

図 3　IPCC 第五次評価報告書の排出シナリオ[6)]

かを示すとともに，気候モデル等の他の分析のための情報を計算する．

温暖化対策に関する議論では，様々な学問領域の知見が必要となるとともに，得られた結果を政策決定者と共有することが求められる．様々な分野のモデルを統合したものが統合評価モデルであり，統合評価モデルを用いることで，想定される社会経済状況下でのなりゆきシナリオや，将来の温暖化対策の目標を実現する対策シナリオについての整合的かつ定量的な情報を得ることができる．こうした定量的な情報は，どのような施策や技術が目標達成に有効となるか，また，社会経済シナリオそのものが変化することで必要となる取組みがどのように変化するか等について科学的な議論を行うための材料として用いられている．

［増井利彦］

文　献

1) 増井利彦他：気象ハンドブック，pp.746-751，朝倉書店，2005.
2) IPCC: Emissions Scenarios, Cambridge University Press, 2000.
3) IPCC: Climate Change 2001: Mitigation, Cambridge University Press, 2001.
4) D. van Vuuren, *et al.*: *Climatic Change*, **109**: 5-31, 2011.
5) K. Riahi, *et al.*: *Global Environmental Change*, **42**: 153-168, 2017.
6) IPCC: Climate Change 2014: Synthesis Report, IPCC, 2014.

6-12 短寿命気候汚染物質：SLCP

Short-lived climate pollutants: SLCP

a．短寿命気候汚染物質とは

短寿命気候汚染物質（short-lived climate forcer：SLCF とも呼ばれる[1, 2]）とは，長寿命温室効果ガス（long-lived greenhouse gases：LLGHG）以外の地球温暖化物質に対して，2010 年頃から用いられるようになった用語である．長寿命温室効果ガスは，正の放射強制力（radiative forcing）を有し，その大気中寿命（大気中に放出されてから消失するまでの大気中での平均滞留時間）が短くとも数十年，多くは 100 年以上あるような気体を意味しており，二酸化炭素（CO_2），一酸化二窒素（N_2O），クロロフルオロカーボン（CFCs），六フッ化硫黄（SF_6）等がこれに含まれる．これに対し短寿命気候汚染物質とは，LLGHG と同様に正の放射強制力を有し地球温暖化を促進する物質であるが，その大気中寿命が短いメタン（CH_4），対流圏オゾン（O_3），ブラックカーボン（BC），ヒドロフルオロカーボン（hydrofluorocarbons：HFC）等を意味している．これらの中でメタンは大気中寿命が 8〜10 年と比較的長く，従来 LLGHG の中に含めて議論されていたが，SLCP の概念が生まれてからは後に述べる理由から LLGHG ではなく SLCP として議論されることが多くなった．HFC の寿命は分子によって大きく異なるが，SLCP の対象となるのは HFC-134a（大気寿命約 13 年）等大気中の濃度が比較的高く，寿命が数年〜10 年程度のものである．O_3，BC は大気中寿命が数週間以内と短く，典型的な大気汚染物質である．

b．中期未来の温暖化防止に対する SLCP 排出削減の重要性

SLCP という概念の重要性が認識されるようになったのは，地球温暖化による気候変動の影響が顕在化し，長期未来だけでなく中期未来（20〜30 年後）の温暖化抑止対策がより急務となってきたこと，また長期未来についても，二酸化炭素のみの排出抑制では例えば産業革命以来の気温上昇を 2℃ 以内に抑えることが容易でないことが判明してきたためである．地球温暖化はその主因物質である CO_2 の大気中寿命が 100 年以上と長いため，その影響は子孫にまで及ぶことがこれまでの環境問題とは異なる大きな特徴として強調され，そうしたつけを子孫に残さないために，CO_2 の排出削減の重要性が強調されてきた．しかしこのことは逆にいうと，いま CO_2 排出を厳しく削減したとしても，CO_2 大気中濃度は中期未来にはほとんど変わらず，温暖化抑止効果が現れるのは 2050 年以降になることを意味している．

一方，最近，大雨による洪水，干ばつ等の極端気象の高頻度での出現や，台風，ハリケーンの強大化が地球温暖化に伴う気候変動によるものであることが認識されつつあり，その人的被害，経済的損失を少しでも低減するためには，2050 年以前の 2030〜50 年の中期未来の温暖化抑止対策がより重要となりつつある．このような中期未来における温暖化を抑止するためには，大気寿命が 10 年以下の SLCP の排出削減を行うのが唯一の対策となる．

図 1 は 20 世紀初頭を基準にした 2009 年までの実測による全球気温偏差の変化と，2010〜30 年に SLCP と CO_2 の排出削減を行った場合の，地球の平均気温の変化予測を模式的に表したものである[1]．図では CO_2 対策を強化しない参照ケース（reference）に対して CO_2 排出削減の強化対策のみを実施した場合は，それによる気温上昇抑制効果は 2040〜50 年以降になって初めて現れることが示されている．これに対して CH_4 と BC の排出削減を

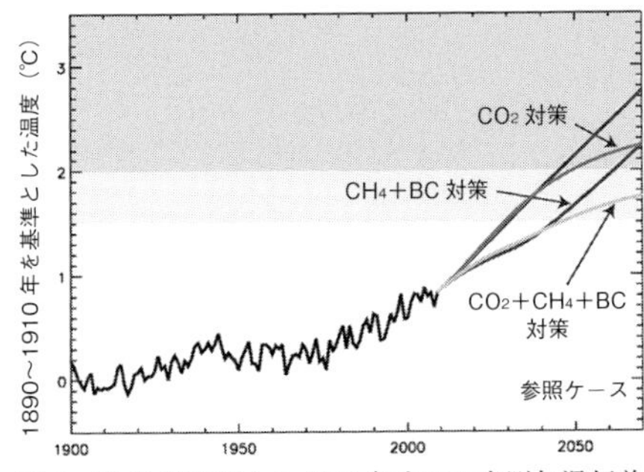

図1 20世紀初頭から2009年までの実測気温偏差の変化と，2010～30年にCO_2とBC，CH_4の排出削減を行った場合の気温偏差の変化予測の模式図[1)]
UNEP/WMO[2)]の排出シナリオに基づく．

2010年から開始した場合には，気温上昇速度の低減は2010～30年にすぐに現れ，2030～50年の中期未来温暖化防止にきわめて有効であることがわかる．

また特にCO_2対策のみでは長期的気温上昇を2℃以内に抑えうることが困難であるが，CH_4，BC対策を同時に行って初めてこれが可能になり得ることが模式的に示されている．

c．SLCP 排出削減による気候変動と大気汚染の共制御・共便益

SLCP削減については，地球温暖化・気候変動抑止の観点からCO_2との同時排出削減が重要であるが，大気汚染対策を温暖化対策と同時に進めることの社会的・経済的メリットの観点からもその重要性が議論されている．

SLCPの中の対流圏オゾンについては，自由対流圏オゾンは温室効果ガスとして気候変動の面から注目されるが，境界層内のオゾンは$PM_{2.5}$とともに最も重要な大気汚染物質であり，大気質の面からその抑止が重視される．オゾンは二次汚染物質であり，境界層オゾンの前駆体物質としては，窒素酸化物（NO_x）と非メタン揮発性有機化合物（NMVOC）が最も重要であることが確立されており，大気汚染対策の面から多くの議論がなされてきた．一方，メタンも特に自由対流圏オゾンに対してはその前駆体物質としての寄与が大きく，SLCPとしてのオゾンの削減のため，CH_4の削減の有効性が議論されることが多い．メタンはそれ自身がよく知られた温室効果ガスであり，CH_4の排出削減は，自身の温暖化効果の低減による放射強制力の低減により有効である[3)]．一方，SLCPとしてのオゾン濃度低減のためのNO_xの排出削減は，NO_xのみを削減した場合は，OHラジカルの減少によるCH_4の増加をもたらす可能性があるが，NMVOC，COと同時にNO_xを削減した場合には，CH_4への影響はほとんどなく，大気質，気候変動の両面から有利である[3)]．

これらの大気汚染対策は燃料転換等の気候変動対策と同時に実施する方が，経済的利便性があり，特にアジアにおいては気候変動対策への社会的インセンティブが弱いことから，大気質改善との共便益をもたらすSLCPとCO_2との共制御が政策オプションとして重要である．　　［秋元　肇］

文　献

1) UNEP: Near-term Climate Protection and Clean Air Benefits: Actions for Controlling Short-Lived Climate Forcers, UNEP, Nairobi, Kenya, 2011.
2) UNEP/WMO: Integrated Assessment of Black Carbon and Tropospheric Ozone, UNON/Publishing Services Section, Nairobi, Kenya, 2011.
3) H. Akimoto, *et al.*: *Atmos. Environ.*, **122**: 588, 2015.

コラム　高温災害
Disaster by extreme temperature

2018年7月中旬以降，東日本から西日本までの広範囲で平年値より3℃以上高い気温が続いた．7月23日に埼玉県熊谷市で観測史上最高となる41.1℃を記録し，都心部でも39℃まで気温が上昇し，東京都青梅市で40.8℃を記録している．7月9日から22日までに熱中症による搬送者は3万人を越え，このうち77名が亡くなられている．

このような異常高温に対して，気象庁は災害という認識を示している．開幕まで1年に迫った東京五輪・パラリンピックでは，暑さ対策が重要な課題となっており，開催時期の変更についても指摘されている．

記録的猛暑は海外でも報告されている．米国では，2018年7月8日にカリフォルニア州デスバレー国立公園で52℃，ロサンゼルス近郊でも48.9℃を記録している．欧州でも，平年値より3℃から6℃高い気温が続いた．北極圏に位置するノルウェーのテュスフィヨール市で7月18日に33.7℃を記録した．スウェーデンでは記録的な猛暑と乾燥により50地点以上で森林火災が発生している．

世界気象機構（WMO）によると，2018年7月上旬に西日本を襲った歴史的な豪雨災害とともに，一連の異常気象は温室効果ガスの増加による長期的な地球温暖化による傾向と一致している．　［大河内　博］

図1　スウェーデン中央部における森林火災
（http://copernicus.eu/news/copernicus-ems-rapid-mapping-activated-forest-fires-central-sweden）

コラム　北極の温暖化と大気汚染
Arctic warming and air pollution

北極の平均気温は，世界の他の地域に比べても速い速度で上昇していることが，この 50 年間の地上気温観測などから指摘されている．これは主に，気温上昇によって氷床や雪が融けることにより太陽からの光を反射する効果が弱まることによる「アイス–アルベドフィードバック」によるものと考えられている．太陽からの光を反射する割合（アルベド）は，氷・雪が 80〜90% である一方で，土壌は 25%，海は 10% 程度である．このため，氷などが融けることにより宇宙に逃がすエネルギーの量が減り，土壌や海洋が太陽からの熱を吸収することにより温暖化を加速させる仕組みが，他の地域よりも効果的に働いてしまうことになる．また，北極温暖化は局所的にはホッキョクグマをはじめとする生態系に影響するだけでなく，永久凍土の融解によるメタン放出量の増大や植生変化，全球的には海面上昇などにも影響すると考えられている．

温暖化そのものにはオゾンやメタンをはじめとする短寿命気候汚染物質（SLCP，6–12 項）の影響が考えられるが，アイス–アルベドフィードバックにも直接影響しうる大気汚染物質としてはブラックカーボン（黒色炭素粒子）や土壌粒子などが挙げられる．これらは降雪に混じることにより雪や氷床表面のアルベドを低下させ，温暖化を加速させる可能性がある．極域におけるブラックカーボンの起源としては，森林火災や油田・ガス田などのガスフレアなどの域内の放出と中国やヨーロッパ，北米など域外からの流入が考えられる．また土壌粒子についてはタクラマカン砂漠など域外からの流入だけでなく，域内のローカルダストの影響も近年指摘されている．SLCP の域内発生源としては，北極海沿岸や湿地帯域でのメタン放出も重要であると考えられている．

［滝川雅之］

6-13 温暖化防止のための国際的取組み

International agreements for climate change mitigation

地球温暖化は各国から排出される温室効果ガスを原因とし，その被害はすべての国に生じるため，問題への取組みには必然的にすべての国の参加を必要とする．問題への関心が高まった1980年代以降，国連を中心に国際制度作りが始まった．

a．気候変動に関する政府間パネル

科学的知見の集積が求められたため，1988年，国連環境計画（UNEP）と世界気象機関（WMO）が共同で「気候変動に関する政府間パネル（Intergovernmental Panel on Climate Change：IPCC）」を設立した．IPCCの役割は，関連論文の知見を収集し，情報を客観的に整理することであり，政策提言ではない．

第1次評価報告書を1990年に公表して以来，ほぼ5年ごとに評価報告書が公表されている[1]．その他，政策側からの要望に応じ，特定テーマ別の特別報告書や技術報告書，方法論報告書を公表している．

b．国連気候変動枠組条約

1992年5月，国連気候変動枠組条約（United Nations Framework Convention on Climate Change：UNFCCC）が採択された．当時は先進国と途上国との間の経済格差が顕著であり，温室効果ガスの多くは先進国から排出されていたため，附属書I国（Annex I Parties，先進国）と，非附属書I国（non-Annex I Parties，途上国）に分類し，前者だけに2000年を目標年とした排出抑制努力を求めた．この要求はあくまで努力義務だったため，実際には多くの先進国で温室効果ガス排出量が増加し続けた．

その他，最高意思決定機関として締約国会議（Conference of the Parties：COP）設置を規定するなど，具体的な義務の履行を参加国に求めるというより，手続き的な基盤を構築した内容で，名実ともに枠組（framework）を提供した条約といえる．

c．京都議定書

1）採択まで　枠組条約には2000年以降の排出量に関する記載はなかったため，先進国に対して2000年以降の具体的な排出削減目標を義務付ける目的で，1997年12月，京都で開催されたCOP3にて採択されたのが，京都議定書（Kyoto Protocol）である．枠組条約では排出量削減を義務としなかったために先進国が真摯に取り組まなかったという反省から，京都議定書では，先進国の排出削減目標が法的拘束力を持つものとして記載された．温室効果ガス排出量は，時々の気候や景気動向等で増減するため，2008～12年の5年間の平均が目標排出量以下となるよう規定され，1990年比で日本は6%，米国は7%，欧州連合は8%など，削減目標が定められた．

また，目標達成が困難となった場合に取れる手段として，排出量取引制度など，排出枠を売買できる制度（京都メカニズム）や，森林等による吸収量を勘案できる計算方法が認められた．

2）発効とその後　採択後の京都議定書の道のりは苦しいものとなった．2001年には，米国がG. W. ブッシュ大統領の下，京都議定書への不参加を表明した．京都議定書は2005年に発効したものの，最大排出国の米国が不参加で，先進国以外の国に排出削減義務を規定しないままでは，温暖化対策の実効性も乏しく，早期に状況を改善する必要性が生じた．

京都議定書に代わる新たな国際枠組への合意を目指したが，2009年のCOP15では決裂し，コペンハーゲン合意（Copenhagen Accord）という政治合意にとどまった[2]．

d. パリ協定

1) 採択まで　コペンハーゲン合意の失敗を踏まえ，国際社会は新たな国際枠組の合意に向けて挑戦し，2015年のCOP21で，パリ協定（Paris Agreement）を採択した．

パリ協定は，2020年以降の国際的取組みに関する規定である．その中では，まず，長期目標として，産業革命前比で2℃以内に抑えること，できれば1.5℃以内を目指すこととする．また，この長期目標達成に向けて，今世紀後半までに排出量実質ゼロを目指す．途上国を含めすべての国は，5年に一度の頻度で将来の排出量目標を設定し，その達成に向けて政策を講じることが義務である．

すでに生じつつある温暖化影響の被害を抑えるため，適応計画を策定し実施することが求められている．また，適応策を講じても回避できなかった損失・損害への対応を支援するための協力を始める．

先進国並びに途上国は，途上国での緩和策，適応策の実施を支援するための資金を供給する．

これらの努力の効果を確認するために，5年ごとにグローバルストックテークという評価手続きを実施する．パリ協定下で第1回目を2023年に実施する．

先進国と途上国とで二分していた今までの制度と異なり，すべての国に共通した手続きフローを提供した点が，パリ協定の画期的な特徴となった．

2) 発効とその後　パリ協定は，翌年，2016年に発効した．2017年6月には，米国トランプ大統領がパリ協定からの離脱を宣言したが，パリ協定の規定上，実際に離脱が可能となるのは2020年11月である．

京都議定書の時代と異なり，米国の離脱表明は，中国を含め多くの国から批判され，パリ協定に関連する国際的な議論は遅滞なく進んでいる．

他方で，現在大半の国が2030年近辺の排出削減目標を提出しているが，それをすべて合計しても長期目標2℃達成には不十分なことから，今後，さらなる目標の深堀が急務とされている．

3) ステークホールダーの役割重視

パリ協定は，政府に対して厳しい対策をとることを義務付けているわけではない．その代わり，今後は政府以外のステークホールダーの自発的な取組みが期待されている．例えば，都市等の自治体は，市民の要望をより直接的に政策に反映しやすい．米国に見られるように，連邦政府よりもカリフォルニアなど一部の州や自治体が，先駆的な取組みを進めている場合がある．

また，産業界の動向も急激に変わりつつある．今世紀末までに排出量実質ゼロを目指すということは，今後化石燃料の消費量を急速に減らすということである．その結果，世界の投資の流れが，再生可能エネルギーに大幅にシフトしてきている[3]．

国際的取組みのガバナンスは，40年ほどの間に，条約締結と国の遵守という国際制度型から，自治体や産業界，市民団体，科学者等ステークホールダーのネットワークが世界中に広がる草の根型に遷移した．今後この傾向はさらに強まると予想される．　　［亀山康子］

文　献

1) IPCC: Climate Change 2014: Synthesis Report, Contribution of Working Groups I, II and III to the Fifth Assessment Report of the IPCC. IPCC, Geneva, Switzerland, p.151, 2014.

2) 亀山康子，高村ゆかり編：気候変動と国際協調—京都議定書と多国間協調の行方，p.407，慈学社，2011.

3) International Renewable Energy Agency (IRENA): Renewable Energy Statistics 2017. http://www.irena.org/menu/index.aspx?mnu=Subcat&PriMenuID=36&CatID=141&SubcatID=3866

6-14 地球規模の大気汚染物質の現状

Global scale air pollution

大気汚染物質の分布範囲は，大気中での化学的な寿命により大きく異なる．近年の人工衛星による観測からは，大気中での寿命が1日程度と短い二酸化窒素（NO_2）の分布はその排出領域の近傍に限局される一方，寿命が数日から数週間となる粒子状物質（particulate matter：PM）や，場合によっては寿命が数か月にもなるオゾンや一酸化炭素（CO）のような物質の場合，その分布は排出領域だけにとどまらずより広域に広がり，大陸や大洋をまたぐ半球規模にまでなり得ることが明らかになっている．本項ではこれらのうち，大気汚染物質として重要なオゾンと PM に焦点を当てる．

a. オ ゾ ン

オゾンは対流圏において，太陽光の存在下，窒素酸化物（NO_x），CO，メタン，非メタン炭化水素化合物等のオゾン前駆物質から光化学反応によって生成される．そのため，自動車の利用や工業活動等から大量に前駆物質が排出される，北米，欧州，東アジア，南アジア等においては，特に域内大都市部での深刻な大気汚染（光化学スモッグ）の原因となってきた．さらに，生成されたオゾンは風下の地域に輸送され，前駆物質の発生地域よりも広い範囲に分布する．図1に，人工衛星によって観測された，地表から対流圏界面までに含まれるオゾンを鉛直方向に積算した対流圏カラムオゾン濃度（tropospheric column ozone：TCO）の全球分布を示す．北半球では夏季（6～8月）の中緯度に TCO の高濃度帯が形成される．これは，前駆物質の排出域が北半球の中緯度に集まっており，そこから生成されるオゾンが偏西風によって遠方まで運ばれることに加えて，偏西風帯に沿って成層圏から流入してくるオゾンの影響も受けるためである．化学輸送モデルによる評価では，欧州と東アジアの TCO は，北米や南アジアに比べて，風下領域での排出量変化の影響を受けやすいとされている[1]．一方南半球では，北半球と同様に成層圏からのオゾン流入による中緯度の高濃度帯に加えて，バイオマス燃焼や雷活動による NO_x の発生が活発な低緯度のアフリカから南アメリカにかけての地域で，高濃度の TCO が南半球の春季（9～11月）を中心に観測される．

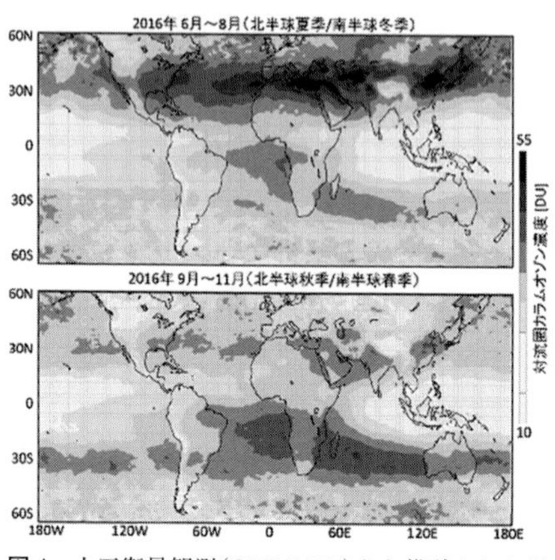

図1 人工衛星観測（OMI/MLS）から推計された対流圏カラムオゾン濃度の季節平均分布（上：2016年6～8月，下：同年9～11月）

大気汚染の観点からは，TCO よりも地表のオゾン濃度が重要になるが，これを人工衛星から観測するのは難しい．また，地表における観測地点は地域的な偏りが大きく，地球規模の地表オゾン観測は現在においてもまだ十分ではない．ただし，比較的大気の清浄な地点におけるこれまでの観測結果からは，地域代表性は十分ではないものの，地表オゾン濃度が南半球の熱帯海洋上で最も低く（～15 ppbv），次いで南半球中高緯度の海洋大気中（～25 ppbv），北半球中緯度の海洋大気中（30～50

ppbv）の順に濃度が高くなり，また高度が高いほど高濃度になる傾向が知られている．さらに，幾つかの地点では1950〜70年代以降など長期にわたるデータの蓄積があり，その間，北半球では中緯度を中心に，約0.5〜1 ppbv/年の濃度増加トレンドがあり，南半球でも数地点で約0.2 ppbv/年の濃度増加トレンドが認められている[2]．

b．粒子状物質（PM）

PMは，雲や雨に取り込まれて大気中から除去（湿性沈着）されやすいため，大気中の寿命はオゾンよりも短く，分布範囲はオゾンに比べて狭くて地理的により不均一な分布を持つ．また，硫酸塩，硝酸塩，有機物，黒色炭素（すす），土壌粒子，海塩など多くの成分があり，それぞれに異なった発生源を持つため，一口にPMといっても濃度レベルや成分間の比率は，地域ごとに大きく異なっている．

地球上の様々な地点で観測され，成分別のPM_{10}質量濃度を取りまとめた報告[3]によると，アジアにおけるPM_{10}の濃度レベルは，いずれの成分に関しても全体的に他の地域よりも高く，特に南アジアや中国の都市域におけるPM_{10}濃度は世界中で最も高く，これらの地域では，土壌粒子，有機物，硫酸塩の占める割合が高い．また，濃度レベルは異なるものの，欧州，アフリカの都市域，南アメリカの観測地点でも同様な傾向が見られる．北アメリカの都市域でも比較的高い濃度のPM_{10}が観測されており，有機物が最も主要な成分となっている．一方，インド洋や北大西洋の海洋大気では，上述した陸上の大気に比べて濃度レベルが1桁程度低く，半分以上が海塩で占められている．

このような地域的な特徴，特に全体的な濃度レベルに関しては，対流圏におけるPMの鉛直積算カラム濃度の指標となるAOD（aerosol optical depth：エアロゾル光学的厚さ）の人工衛星による観測結果とも整合的である．図2に，人工衛星や地上観測ネットワークによるAOD観測値と化学輸送モデルの計算値を組合わせて導出された地表$PM_{2.5}$濃度の全球分布を示す[4]．中国と，インドを中心とした南アジアにおける$PM_{2.5}$濃度が約50 μg/m³と非常に高く，これは主に土壌粒子と人為起源の$PM_{2.5}$によるものである．これに次いで，西アフリカ（約40 μg/m³），北アフリカ・中東（約30 μg/m³）で，主に土壌粒子やバイオマス燃焼による高濃度の$PM_{2.5}$が見られる．こうした地域の影響により，世界平均の$PM_{2.5}$濃度は，約33 μg/m³とWHOによるガイドライン値（10 μg/m³）の3倍にも達している．［永島達也］

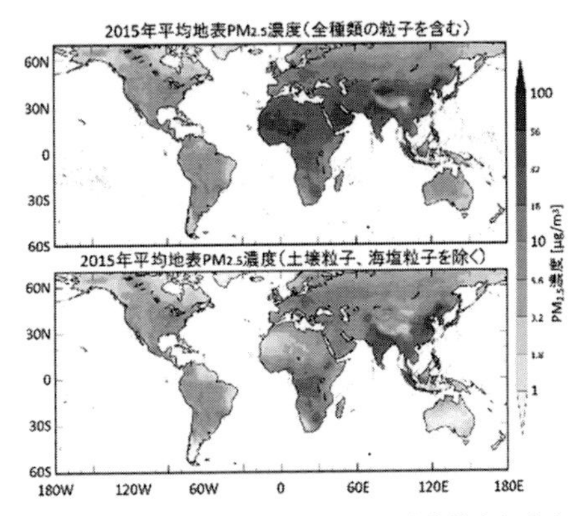

図2　観測データと数値モデルの計算値を組合わせて導出された2015年の年平均地表$PM_{2.5}$濃度（上：全粒子，下：土壌粒子と海塩粒子を除いた場合）

文　献

1) HTAP: Hemispheric Transport of Air Pollution 2010: Part A, pp.135–198, United Nations Publication, 2010.
2) O. Cooper, *et al.*: *Elementa*, **2** (000029): 1–28, 2014.
3) O. Boucher, *et al.*: Climate Change 2013: The physical science basis, pp.571–657, 2013.
4) A. van Donkelaar, *et al.*: *Environmental Science and Technology*, **50**: 3762–3772, 2016.

6-15 大気汚染物質の地球規模での排出実態

Global emissions of air pollutants

大気汚染，気候変動等の大気環境問題は，大気中の大気汚染物質，温暖化関連物質が増え過ぎたために生じた問題であり，主に人間活動によって関連する物質が大量に排出されてきたことに起因する．よって，大気環境問題を緩和するには，それら原因物質を効果的に削減する必要があるが，そのために第1に必要なことは，過去から現在に至る排出状況を把握することである[1]．ここではまず，地球規模，アジア規模での大気汚染物質の排出実態を概観する．次に，アジアおよび全球を対象とした代表的な排出インベントリを紹介する．

a．排出実態

1) 地球規模の排出量長期トレンド

大気汚染物質の主要な発生源は，人間活動に必要となる燃料の燃焼である．1850年頃の燃料燃焼は，主に家庭における調理や暖房を目的とするものであり，燃焼温度が比較的低いため，一酸化炭素（CO）や微小粒子状物質（$PM_{2.5}$）等の排出が相対的に大きく，二酸化硫黄（SO_2）や窒素酸化物（NO_x）の排出量は$PM_{2.5}$と同程度以下であった[1]．その後，化石燃料の消費量が徐々に増え始め，二十世紀の中頃から北米や欧州の先進国を中心に発電，産業，自動車を起源とする排出が急増し，1970年のSO_2，NO_xの全球排出量は，1850年のそれぞれ約60倍，30倍に増加した[2]．

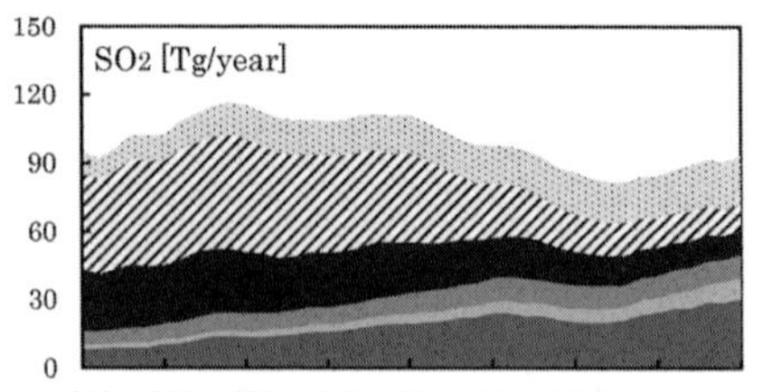

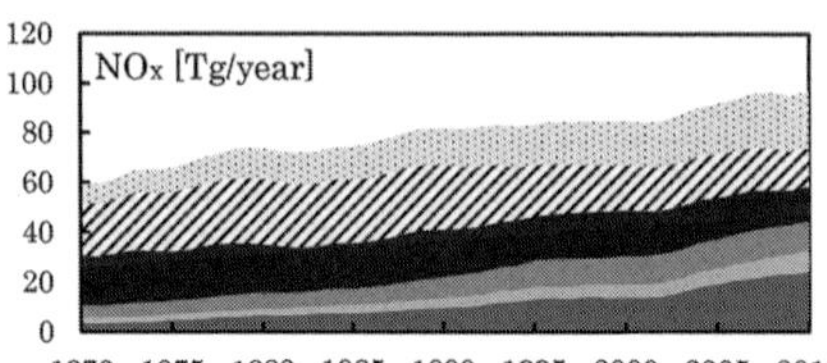

図1 全球領域別SO_2(上段)，NO_x(下段)排出量の長期トレンド[3, 4]

図1は，1970年以降のSO_2，NO_x排出量のトレンドを，主要領域別に積み上げて示したグラフである[3, 4]．1970年頃は，SO_2，NO_xそれぞれ欧米からの排出が大部分を占めているのが見て取れる．その後，固定発生源，自動車排ガス等への対策効果によって欧米からの排出は徐々に減少し，全球排出量に占める割合も2010年には約3割以下となった．その一方で，アジア諸国からの排出が欧米と入れ替わるように増加し，2010年にはSO_2，NO_xそれぞれ全球排出量の約半分をアジアが占めている．なお，日本の大気汚染物質の排出量は，高度経済成長に伴って1960年代に急増した後，発生源対策によって減少しており，その推移は他のアジア諸国よりも欧米に近い．

2) アジアにおける近年の排出実態

近年，アジアはその急速な経済成長，人口増加に伴ってエネルギー，自動車輸送，工業製品等への需要が急増した．その結果，アジアは世界で最も大気汚染物質を排出する地域となっており，発生源近辺での汚染のみならず，大陸間越境汚染や全球規模の気候変動への影響も懸念されている．

ほぼすべての物質について，アジアにおける最大の排出国は中国，次いでインドである．例えば，2010年におけるアジアのSO_2，NO_x，ブラックカーボン（黒色炭素，BC）排出量に占める中国の割合は，それぞれ約56%，56%，50%，インドの割合はそれぞれ18%，18%，29%となっている[5]．近年は東南アジア，インド以外の南アジア諸国の排出量も増加傾向にあり，一方で，日本，韓国の排出量は減少もしくは横ばいで推移している[4]．

中国では，2000年代前半から大規模発電所における石炭燃焼量が急増し，それに伴ってSO_2，NO_x排出量が大きく増加した．2000年から2010年までの排出量増加率は，SO_2，NO_xそれぞれ約45%，140%となっている[6]．SO_2については，第11次5ヵ年計画（2006～10年）に基づく大規模発電所への排煙脱硫装置の導入が進み，2006年を境に排出量は減少に転じている[4,6]．NO_xについても第12次5ヵ年計画（2011～15年）に基づく排煙脱硝装置の導入により，2011年頃から排出量が減少に転じたと推定されている[6]．また，自動車排ガスについても2000年頃から段階的に規制が強化され，CO排出量は減少傾向にあるが，NO_x排出量の増加傾向は収まっていない[6]．

図2は，アジアにおけるNO_x，BCの発生源の構成を示したものである[5]．NO_xは化石燃料が高温で燃焼された場合に多く排出されるため，規模の大きい発電所，工場，自動車が主要な発生源となっている．一方，BCは化石燃料や植物性燃料の不完全燃焼，ディーゼル車が主要な発生源であるが，アジアでは家庭が最大の発生源となっている．これは，アジアの都市以外の家庭では石炭や薪などが多く燃料として使用されているためであり，天然ガスなどクリーンな燃料への代替を進めることが課題となっている．

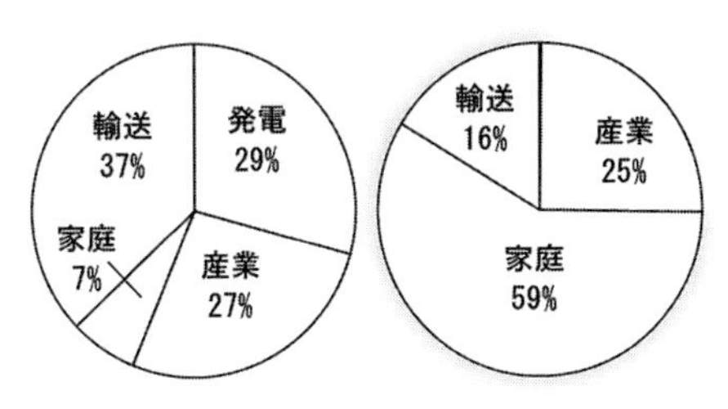

図2　アジアにおけるNO_x（左）およびBC（右）の発生源別排出量比[5]

b．代表的な排出インベントリ

1）REAS（Regional Emission inventory in Asia）　REASは[1,4]，アジア全域の人為発生源を対象とした排出インベントリである．発電，産業，輸送，家庭，農業等から排出される大気汚染物質・温暖化関連物質の国・地域別排出量，グリッド分布データが開発・公開されている．

2）EDGAR（Emissions Database for Global Atmospheric Research）　EDGAR[3]は，全球の人為発生源を対象とした大気汚染物質・温暖化関連物質の排出インベントリである．欧州委員会共同研究センターおよびオランダ環境評価庁により維持・更新されている．

3）CEDS（Community Emissions Data System）　CDES[7]は，世界に存在する様々な排出インベントリの情報をベースに，首尾一貫した排出インベントリを作成するシステムである．近年，複数の排出インベントリを組合わせることで，信頼性の高いデータを作成する研究が進められている[5,7]．　［黒川純一］

文　献

1）黒川純一：大気環境学会誌，**49**：167–175，2014.
2）J. -F. Lamarque, *et al.*: *Atmospheric Chemistry and Physics*, **10**: 7017–7039, 2010.
3）M. Crippa, *et al.*: *Atmospheric Chemistry and Physics*, **16**: 3825–3841, 2016.
4）J. Kurokawa, *et al.*: *Atmospheric Chemistry and Physics*, **13**: 11019–11058, 2013.
5）M. Li, *et al.*: *Atmospheric Chemistry and Physics*, **17**: 935–963, 2017.
6）Y. Xia, *et al.*: *Atmospheric Environment*, **136**: 43–53, 2016.
7）R. M. Hoesly, *et al.*: *Geoscientific Model Development*, **11**: 369–408, 2018.

6-16 東アジアの広域大気汚染：観測的視点から

Regional air pollution in East Asia: From observational point of view

東アジアでは，主に中国における経済活動の急速な伸びによって，2000 年頃から発電所，自動車等から排出される大気汚染物質の量が急増した．特に中国中東部（図 1）は，北京・済南・上海等の多くの大都市が集まる平原地域で，面的に巨大な排出源となっている．一次物質として排出される窒素酸化物（NO_x），二酸化硫黄（SO_2），一酸化炭素（CO），メタン等の炭化水素は，大気中での光化学反応等を経て，二次生成物であるオゾン（O_3）や硝酸ガス，硝酸塩，硫酸塩，有機エアロゾル粒子を含む微小粒子状物質（$PM_{2.5}$）に変化する．それらの二次物質は，偏西風などの影響で 1000〜10000 km 離れた日本や米国等の上空にまで輸送され，健康や気候にも影響を及ぼす．このような広範囲の現象は，従来の都市大気汚染とスケールが異なることから，広域大気汚染と呼ばれるようになった．そして，東アジアの現場観測から，排出過程，化学反応による変質過程，輸送・沈着過程等，広域大気汚染のメカニズムを明らかにする取組みが進んだ．

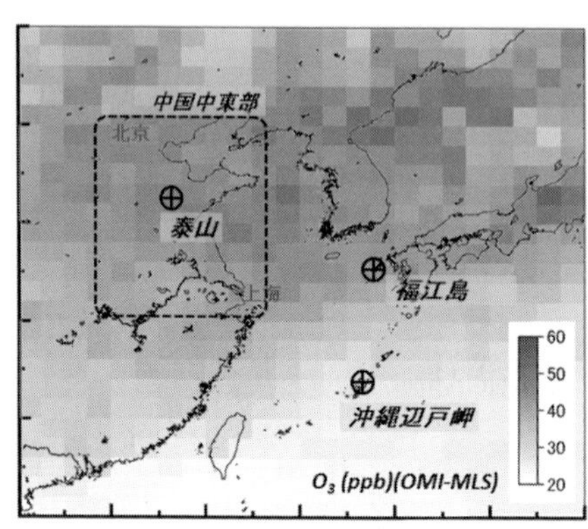

図 1 中国中東部および各観測地点（泰山，福江島，沖縄辺戸岬）
背景は衛星データの差分（OMI-MLS）として NASA が導出した，2006 年 6 月の対流圏オゾン濃度（ppb）．

a．中国での集中観測例

2006 年 6 月には，80 ppb を超える O_3 月平均濃度の季節極大の原因を追究するため，中国中東部の中央に位置する山東省の泰山山頂（1534 m）において，日中共同チームによる集中観測が実施された[1]．6 月上旬は，華北平原一帯で冬小麦の収穫期を迎える時期であり，収穫後の農業残渣の大規模な野外燃焼が大気成分濃度に大きく影響していることが明らかとなった．農業残渣の燃焼地域は人工衛星から高温点（ホットスポット）として捉えられており，そうした地域の上空を通過した空気塊が観測点に流れ込んだ場合（図 2）に，ブラックカーボンなどの指標成分と同時に O_3 濃度が上昇する様子が示された．大規模農業とそれに伴う慣習が地域的な大気環境に大きな影響を与えている証拠が，現地観測に赴いて初めて明らかとなった．農業残渣の野外燃焼は $PM_{2.5}$ 対策で都市政府等によって禁じられているものの，過去 25 年間で 6 倍近くに上昇したとする報告[2]もあり，引き続き注視が必要と考えられる．

b．日本での越境大気汚染の観測

日本国内では，秋，冬，春にかけて，アジア大陸からの長距離輸送の影響を受け，$PM_{2.5}$ 濃度が上昇すること，また，5 月前後には紫外線量も増加して光化学反応が進み，O_3 濃度も合わせて上昇することが指摘されてきた．特に 2007 年以降，光化学オキシダント注意報が九州や北陸等の広域で発令されるようになり，九州では運動会が中止となるなど，社会的な影響も見られた．さらに 2009 年にわが国の $PM_{2.5}$ 環境基準が告示されたことからも，越境大気汚染への関心が高まった．

国内では，国立環境研究所が運営する沖縄県辺戸岬大気・エアロゾル観測ステーションや，長崎県福江島大気環境観測施設

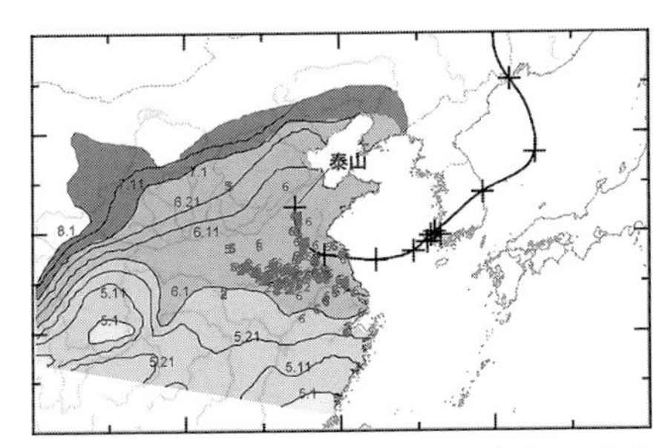

図2　2006年6月6日12時における泰山への後方流跡線解析（黒：1500 m，＋は12時間ごと）衛星から検出されたホットスポットが数字（日にち）で，冬小麦の収穫時期を塗りと等高線で示す．

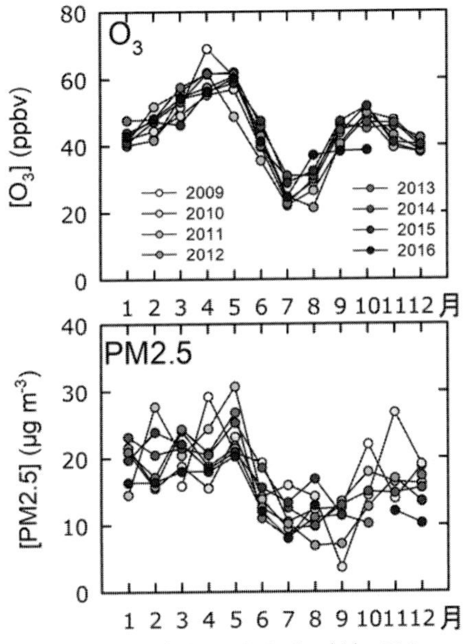

図3　福江島で計測されたオゾン（上），$PM_{2.5}$（下）月平均濃度の推移

等において，長期観測が実施されてきた[3]．例として，福江島での O_3，$PM_{2.5}$ 濃度の推移を図3に示す[4, 5]．O_3 は春，秋に極大を示し，春には100 ppb超の1時間平均値が計測されることもある．オゾン生成速度の解析からは，中国から東シナ海を渡って日本へ到来する空気塊では主に NO_x 制限の条件でオゾン生成が続いており，そのような空気塊に対して，わが国での排出による追加的なオゾン生成を抑制するためには，基本的には NO_x の削減が有効であることが示された．また，$PM_{2.5}$ については2009年からの1年間において，日平均濃度が35 μg/m^3 を上回る日数が26日にも上り，ローカルな汚染源のない離島でさえ，越境大気汚染の影響で，短期環境基準を満たせていないことが示された．その後，国のモニタリングが拡充し，西日本広域に広がる越境汚染の実態が明らかとなるとともに，2013年1月には中国での $PM_{2.5}$ 高濃度が社会的な話題となり，関心が一挙に高まった[5]．2016年には，中国や西日本での $PM_{2.5}$ 濃度には減少傾向が見られるようになったが，排出削減が功を奏しているかどうか明らかにするためには，降水や風の年々変動の影響についても解析を加える必要がある．

このように，現場観測は，アジア広域大気汚染の問題に対しても，農業残渣燃焼などのプロセス発見，化学状態の診断，大気汚染の推移の把握などに関して，重要な知見を提供してきた．　　　　［金谷有剛］

文　献

1) Y. Kanaya, *et al.*: *Atmos. Chem. Phys.*, **13**, 8265-8283. 2013.
2) J. Li, *et al.*: *Atmos. Environ.*, **138**: 152-161, 2016.
3) 畠山史郎：越境する大気汚染　中国の $PM_{2.5}$ ショック，PHP新書，2014.
4) Y. Kanaya, *et al.*: *Aerosol Air Quality Res.*, **16**: 430-441, 2016.
5) 金谷有剛：大気環境学会誌，**50**(2)：A19-21, 2015.

6-17 東アジアの広域大気汚染：モデル的視点から

Regional air pollution in East Asia: From modeling point of view

今日，大気汚染物質の影響は発生源地域に限定されるものではなく，国境を超えて広範囲に及ぶことが知られている．このような広域的な大気汚染の現状把握のためには，地上と衛星からの観測と合わせて，排出，大気中での化学反応による発生・変質・消失，輸送，および沈着過程を表現し得るモデルシミュレーションの活用が不可欠となりつつある．さらに，この種のモデルシミュレーションは，環境影響評価，大気汚染予測，ならびに環境対策評価において広く利用されることが期待されている．

a．広域大気汚染の状況を知る

国内外にて大気汚染物質濃度の常時観測体制の整備や取得された観測データの公開が進み，今日では，主要都市の大気汚染の状況はインターネットなどを通してほぼリアルタイムにて知ることができる．さらに，これらの大気観測データに基づく，数時間〜数日先までの予報情報も入手可能である．

2013 年冬季，中国の高濃度 $PM_{2.5}$ が話題となった[2, 3]が，日本各地でも，同年 1 月から 2 月初めにかけて，微小粒子状物質（$PM_{2.5}$）の濃度上昇が見られた．図 1 には，2013 年 1 月 29 日〜2 月 1 日（各日 12 時），わが国の大気測定局にて観測された $PM_{2.5}$ 濃度を示す．1 月 30 日，九州，瀬戸内，北陸地方にて，$PM_{2.5}$ 濃度の上昇が確認できる．翌 31 日には，九州・瀬戸内地方において $PM_{2.5}$ 濃度はさらに上昇し，また同日には，東海地方でも高濃度が観測された．さらに，2 月 1 日には，関東や東北の多く大気測定局でも $PM_{2.5}$ の上昇が認められ，全国的に $PM_{2.5}$ 濃度が高い状況にあったことが，観測データからうかが

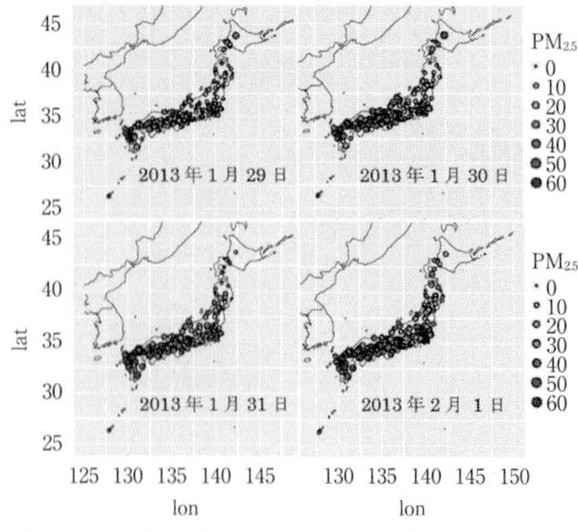

図 1 2013 年 1 月 29 日〜2 月 1 日(12 時)の $PM_{2.5}$ 濃度(μg/m^3)

国立環境研究所「環境数値データベース」大気環境データファイルより筆者作成．

える．このように，広域的な大気汚染の状況は，現場観測により確かめることが可能である．しかしながら，同一期間に全国各地にて観測された高濃度 $PM_{2.5}$ が，同時多発的に複数の地方にて生じた都市大気汚染であるのか，同一の汚染地域からの流入影響，いわゆる広域大気汚染であるのか，もしくは，これらの複合要因であるのかなど，発生要因の判断を現場観測データのみから読み取ることは難しい．

図 2 には，観測（図 1）と同時間帯のモデルシミュレーション結果を示す．大気質モデルにて計算された $PM_{2.5}$ の地上濃度と地上風の結果から，この期間，排出量が集中するアジア大陸にて発生したと考えられる高濃度 $PM_{2.5}$ を含む気塊が気流に乗って北東アジアの広域を覆い，その一部が日本列島の一部に到達する様子がわかる．同種の数値モデルは $PM_{2.5}$ 濃度，特に，大気中にて二次的に生成する有機物を過小評価する問題を内在している[1]が，モデルは観測された $PM_{2.5}$ の時間空間的な変動の基本的な特徴を，おおよそ捉えることが可能である．そこで，広域的な大気汚染物質濃度の上昇の原因を明らかにする取

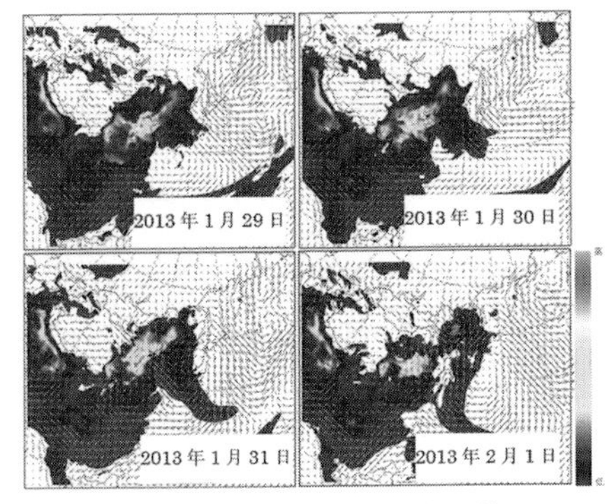

図 2　2013 年 1 月 29 日～2 月 1 日(12 時)の $PM_{2.5}$ 濃度(μg/m^3)
矢印は風向風速を示す.

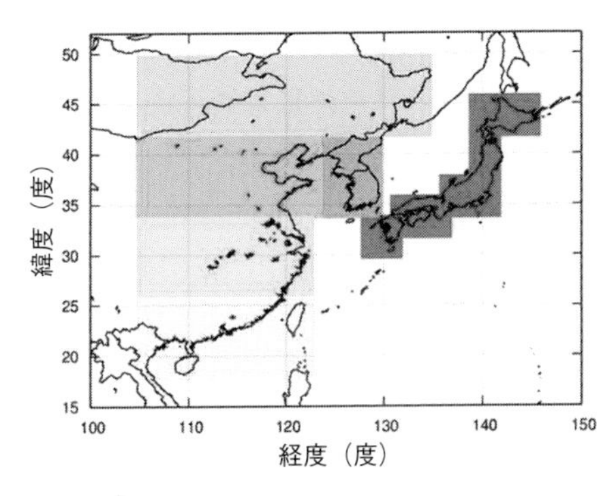

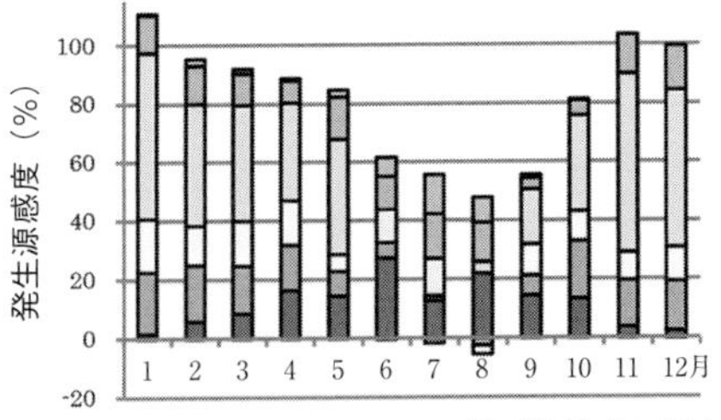

図 3　2010 年福江島の $PM_{2.5}$ の月平均濃度に対する各発生源地域(上)の排出量変化に対する物質濃度応答感度(下)(文献[3] より改変)

組みにおいては，多くの場合，現場観測とモデルの複合的な解析によって進められている[2].

b．モデルによる発生源感度解析

大気汚染物質の濃度上昇の原因を明らかにすることは，広域大気汚染を抑制するために重要なことである．モデルシミュレーションにおいては，各発生源からの影響を定量的に求めることを目的とした種々の仮想実験が行われている．最も単純な方法は，通常のモデル計算に加えて，各発生源からの排出量を一定量変化させた実験（発生源感度法）を行うことで，各発生源の排出量変化が大気中の汚染物質濃度に与える影響感度を求める方法である．この場合，仮想的に排出量を変化させるため，大気中にて二次的に生成される成分を評価する際には，特に注意が必要であるとされている．

図 3 は，各発生源地域からの大気汚染物質の放出による長崎県福江島の大気中 $PM_{2.5}$ 濃度への影響量を応答感度にて評価した結果を示す．福江島は近傍に汚染源のない離島にもかかわらず，環境基準を満たせていないことが観測結果により指摘されている．モデルでは，暖候期に国内の影響量が増加するものの，年間を通して国外からの越境輸送の影響が国内寄与を上回る結果が示された[3].

大気質モデルシミュレーションは，定量的な物質濃度の表現にはまだ不十分な点は残るものの，広域大気汚染の状況把握や原因特定のための利用が期待されている．

［山地一代］

文　献

1) 森野　悠他：大気環境学会誌，**45** (5)：212-226, 2010.
2) 鵜野伊津志他：大気環境学会誌，**48**(6)：274-280, 2013.
3) I. Kohei, *et al.*: *J. Air Waste. Manag. Assoc.*, **64** (4): 445-452, 2014.

6-18 東アジア大気環境保全の国際的取組み

International initiative for atmospheric environment preservation in East Asia

東アジア地域は近年の急激な経済成長に伴い，大気汚染物質の排出量が増加しており，その大気環境に及ぼす影響の深刻化が懸念されている．東アジア地域が現在直面している大気汚染に関わる問題として，オゾン，$PM_{2.5}$等二次生成物質による汚染，黄砂，酸性雨，残留性有機化合物（POPs）や低濃度水銀等重金属による汚染，大気汚染物質が気候変動に与える影響が挙げられる．これらの大気汚染は国境を越えた広範囲にわたって影響を及ぼしており，国際的に連携して対策を講じる必要がある．

a．東アジアにおける国際協調の枠組

1990年代から，東アジアにおける大気環境管理に関する国際協調の枠組が立ち上げられている．その結果，大気汚染問題に関する科学的知見が蓄積され，大気汚染対策の立案のための知見提供がなされてきた．以下に東アジア地域における主要な枠組の概要を示す．

1）東アジア酸性雨モニタリングネットワーク（EANET）　1993年に当時の環境庁が，東アジア各国において統一された方法に基づく酸性雨モニタリングの実施およびそのネットワーク化を図るEANET（Acid Deposition Monitoring Network in East Asia）構想を提唱し，1998年から約2年半の試行稼動を経て，2001年から本格稼動を開始した．2016年時点で，湿性沈着：57地点，乾性沈着：48地点，土壌：21林分，植生：18林分，陸水：18湖沼・河川，集水域：2地点においてモニタリングが行われ，各年のデータが年次報告書として毎年公表されている[1]．

EANETは5年ごとに中期計画を作成し，モニタリングの継続・拡充，精度保証・精度管理活動の継続，酸性雨状況の評価・分析，能力構築，越境大気汚染に関わる調査研究の推進，酸性雨に関する普及啓発，大気環境問題に関する理解の共有，EANETの活動範囲拡大の検討等が計画に含まれている．また，政策決定者のための報告書を出版して，政策決定者に必要な情報提供を行っている．第3次報告書[2]では，酸性雨問題に対する共通認識の形成から，オゾン，$PM_{2.5}$をはじめとする新たに直面している課題に対応していくためのスコープ拡大の検討，東アジアにおけるより清浄な大気環境確保のために他の地域枠組と協力して，評価対象物質を広げていくこと等が記載されている．

2）北東アジア越境大気汚染（LTP）**プロジェクト**　LTPプロジェクトは，韓国のイニシアティブにより，日中韓の3か国における大気汚染物質の長距離輸送に関して理解を深めることなどを目的として1996年に開始されたものである．

2013～2017年の期間で第4ステージとして調査を行っており，$PM_{2.5}$および関連物質の通年観測，集中観測，大気モデリングによる$PM_{2.5}$の発生源寄与，越境状況の定量的評価をテーマとして研究を行っている．

3）日中韓の政府間による環境協力　1999年より日中韓3か国環境大臣会合（TEMM）を毎年開催しており，この枠組の中で大気環境改善に向けた協力を推進している．

$PM_{2.5}$対策は大気汚染問題における優先課題として位置づけられており，大気汚染に関する日中韓3か国政策対話を毎年行っている．また，2015年には対策に関する科学的な研究，大気モニタリング技術および予測手法を検討する二つのワーキンググループが設立され，VOCs対策に関する政策や技術，$PM_{2.5}$の化学成分分析，オゾン，$PM_{2.5}$の濃度測定方法および精度管

理，大気汚染シミュレーションモデルおよび国の排出インベントリに関する情報共有を進めている．

黄砂対策については，共同研究運営委員会および二つの作業部会を設置し，黄砂モニタリングデータの共有，シミュレーションモデルの改善，中国の砂漠化進行地域の現地視察等の共同研究が実施されている．これらの成果は，黄砂モニタリング・早期警報システムの確立，黄砂発生源対策に有効な手法の確立につながることが期待されている．

4）越境煙霧汚染に関する ASEAN 協定
東南アジアでは野焼きによる煙霧汚染問題が深刻化している．この煙霧汚染問題に対してモニタリング体制および排出規制を強化するために，2002 年に越境煙霧汚染に関する ASEAN 協定が採択されており，ASEAN10 か国が協定書に署名している．

本協定下で，各国は火災発生地域の観測を行っており，森林火災の危険度指数の情報が公開されている．排出削減対策については，各国において野焼きや森林火災の抑制対策が要求され，火災による煤煙の排出量を定期的に ASEAN センターへ報告することが要求されている．

b．今後の展開

様々な大気汚染問題に対する国際協力体制が確立される一方，大気汚染問題は黄砂飛来，光化学大気汚染，酸性雨問題等が相互に関係しており，一括して諸問題に対応するために国際協力の枠組形成を再構築する必要性が求められている．

国連研究計画アジア太平洋地域事務所（UNEP ROAP）と環境省とが連携し，上記で述べた大気汚染に関する既存の国際枠組が参加する，アジア太平洋クリーン・エア・パートナーシップ（APCAP）が 2015 年に設置された．APCAP は東アジア諸国，インドおよび欧米の著名な大気汚染研究者から構成される科学パネルとアジア太平洋地域の政府関係者，大気汚染の改善に関わる地域的枠組の関係者等から構成される合同フォーラムから構成される．

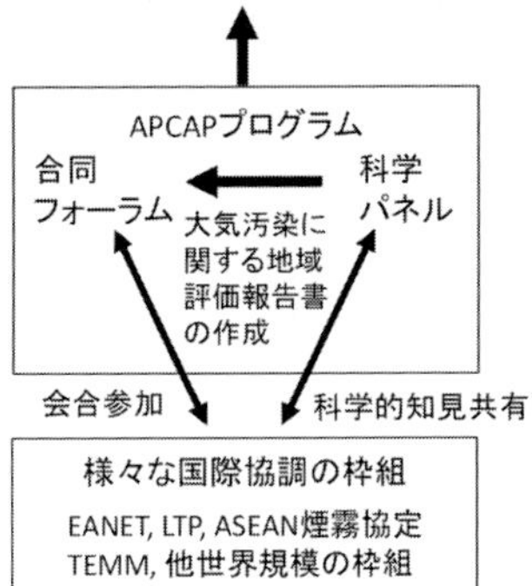

図 1 APCAP と既存の枠組との関係

2015 年に行われた第 1 回会合では，大気汚染に関わる既存の地域的取組みの活動状況や最新の科学的知見に関する情報共有，合同フォーラムで検討される大気汚染に関する地域評価報告書の骨子に関する議論が行われた．

図 1 に示すように APCAP と既存の枠組とは密接に連携しており，評価報告書の作成にも携わっている．APCAP は科学者コミュニティ，政府，既存の国際協調の枠組間の情報共有の調整を行い，アジア地域の大気汚染に対する戦略的枠組を構築することを目指している．　　　　［佐藤啓市］

文　献

1）EANET: Data Report on the Acid Deposition in the East Asian Region 2015, Network Center for EANET, 2016.
2）EANET: Third Report for Policy Makers: EANET and Clean Air for Sustainable Development, EANET Secretariat, 2014.

6-19 水銀に対する現状と国際的取組み

Current situation of atmospheric mercury and international activities for protecting mercury pollution

a．水銀汚染の概要

水銀は古くから様々な用途で利用され，有用な化学物質として重宝されてきた．しかし，水俣病やイラクの水銀中毒事件等の数々の健康被害を引き起こし，きわめて毒性の強い金属であることが再認識されている．わが国の公害問題の原点ともいうべき水俣病では，アセトアルデヒド製造工場からメチル水銀を含む工場排水が水俣湾に流入し，メチル水銀が蓄積した湾内の魚介類を多食した周辺住民に甚大な健康被害が生じた．水銀の生物影響はその化学形態により異なっており，金属水銀とメチル水銀は生物に取り込まれやすい性質を持つ[1]．

金属水銀は蒸気として肺から取り込まれ，高濃曝露による急性中毒の場合は呼吸困難，肺水腫，頭痛および痙攣を引き起こす．慢性中毒の場合は手指のふるえ，運動失調，歯肉炎などの症状が認められる．一方，メチル水銀は消化管から吸収され，有害物質から脳を守る脳血液関門を容易に通過することで脳に障害を与えて感覚障害や運動失調，視野狭窄等の神経症状を引き起こす．また，胎児を守る胎盤も容易に通過するため，母親の体内に取り込まれたメチル水銀は胎児に移行し，胎児の主として中枢神経系に障害をもたらすことが明らかになっている．なお，酸化水銀や硫化水銀等の無機水銀は金属水銀やメチル水銀に比べてヒトの体内にはあまり吸収されない．

先進国では水銀の健康被害を防止するために，水銀の使用量を大幅に削減してきたが，発展途上国を中心に世界各地では今もなお水銀使用量が多く，深刻な水銀汚染が起こっている地域もある．その多くは小規模金採掘鉱（artisanal and small scale gold mining：ASGM）における金属水銀の使用に伴う汚染である．金採掘に携わる労働者の金属水銀曝露だけでなく，採掘場の排水が流入する河川の下流域に住む住民へのメチル水銀曝露も危惧されている．

さらに，メチル水銀に対する感受性が成人期に比較して胎児期に高いことがわかってきており[2]，従来考えられてきたよりも低濃度の長期的な曝露による胎児，乳児への発達影響も大きく注目されている．

b．水銀に関する水俣条約

2002 年に公表された国連環境計画（United Nations Environmental Programme：UNEP）の報告書「Global Mercury Assessment Report」[3]を契機として，UNEP 主導のもとで水銀による地球規模の環境汚染と健康被害を防止するための国際的な取組みが本格的に動き始めることとなった．その後 2006 年に，水銀の需要と供給，国際的な取引に関する報告書「Summary of supply, trade and demand information on mercury」[4]が，2008 年には大気中水銀の動態についてまとめた「Technical background report to the global atmospheric mercury assessment」[5]が相次いで公表され，これらの科学的知見を背景として水銀対策に関する議論が深まった．そして，2009 年 2 月の第 25 回 UNEP 管理理事会において水銀によるリスク削減のための法的拘束力のある文書（条約）を制定することが決定され，そのための具体的な交渉が政府間交渉委員会（Intergovernmental Negotiating Committee：INC）により 2010 年から開始された．INC による計 5 回の会合を経て，2013 年 10 月に熊本市および水俣市で開催された外交会議において「水銀に関する水俣条約（Minamata Convention on Mercury）」が全会一致で採択され，92 の国と地域が署名した．最終的な署名国は 128 か国であり，条約発効要件である 50 か国以上の締結・批准により，2017年8月16日に発効されている．

水俣条約では，水銀鉱山の開発の禁止，水銀を使用する製品や製造過程の規制，大気，水，土壌等の環境媒体への排出削減，水銀含有廃棄物の適正管理等が規定されている．また，途上国支援や情報交換，研究，モニタリングの充実についても言及されている．大気中水銀に関しては，その排出規制，排出削減のため，主に新規放出源に対して利用可能な最良の技術（best available techniques：BAT），および環境のための最良の慣行（best environmental practices：BEP）の適用を義務付けている．また，締結国に対して大気排出インベントリの作成・維持等を求めている．

c. 日本国内における水銀対策

水俣条約の早期締結・早期発効を実現させるため，日本では2014年3月に環境省中央環境審議会に「水銀に関する水俣条約を踏まえた今後の水銀対策について」が諮問され，環境保健部会および循環型社会部会，ならびに大気・騒音振動部会にそれぞれ委員会が設置された．また，経済産業省産業構造審議会製造産業分科会化学物質政策小委員会にも制度構造ワーキンググループが設置され，水銀および水銀化合物のライフサイクル全般にわたる対策，水銀の大気排出や水銀廃棄物の対策等の水俣条約を担保する国内法の整備に関して検討された．これらの検討による答申を受けて，2015年6月に水銀による環境の汚染の防止に関する法律が公布され，大気汚染防止法の一部も改正された．この改正により，大気中水銀の排出施設の範囲を，水俣条約において規制対象となった石炭火力発電所，産業用石炭燃焼ボイラ，非鉄金属製造施設，廃棄物焼却施設，セメント製造施設の五つに定めた．また，その後の政省令改正によりこれら五つの施設について，その種類や規模に応じた排出基準が設けられている．なお，大気以外の水，土壌への水銀放出については環境基本法，水質汚濁防止法および土壌汚染対策法等の従来の法律により対策が実施されている．　［丸本幸治］

文　献

1）国立水俣病総合研究センター：水銀と健康. http://www.nimd.go.jp/kenko/kenko01.html (2017年5月1日アクセス).

2）International Programme on Chemical Safety: Methylmercury, Environmental Health Criteria 101, IPCS, 1990.

3）UNEP: Global Mercury Assessment Report, UNEP Chemicals, Geneva, Switzerland, 2002.

4）UNEP: Summary of supply, trade and demand information on mercury. UNEP Chemicals Branch, DTIE, requested by UNEP governing council decision 23/9 IV, Geneva, November 2006.

5）AMAP/UNEP: Technical background report to the global atmospheric mercury assessment. Arctic Monitoring and Assessment Programme/ UNEP Chemicals Branch, 2008.

コラム パリ協定の長期目標
Long-term goals of the Paris Agreement

気候変動枠組条約（UNFCCC）の下で2015年に採択されたパリ協定で，気候の安定化に関する具体的な長期目標が国際的に合意されたのは画期的である．

気温については「世界的な平均気温上昇を産業革命以前に比べて2℃より十分低く保つとともに，1.5℃に抑える努力を追求する」（第2条），これとおおむね整合する排出量の目標として「今世紀後半に人為的な温室効果ガスの排出と吸収源による除去の均衡を達成する」（第4条）としている．なお，この時点で，世界平均気温は産業革命以前からすでにおよそ1℃上昇している点に注意されたい．

2℃や1.5℃を超えるべきではないという合意は，科学のみにより原理的に導かれたものというより，社会の価値判断を含むものと考えられる．それは，気候変動の影響の予測には不確実性があると同時に，影響の深刻さは，地域や国，世代，個人の境遇などによって様々に異なるためである．

例えば，気温がある閾値を超えると氷床融解の不安定化などの大規模な特異現象（tipping 現象）が生じる恐れがあるが，閾値の推定は科学的に不確実である．そのため，tipping 現象が生じる可能性をどこまで低く抑えるべきかは，主観を伴うリスク判断の問題となる．

また，気候変動の影響は，小島嶼国やアジアのメガデルタ等の海面上昇や水害，アフリカや中東の乾燥地域の食糧問題などで最も深刻な被害をもたらし，多くの人々の生活基盤や生命を奪う恐れがある．一方で，それらの深刻な被害に遭う人々の多くは途上国に住み，気候変動の原因に最も責任がない（これまで温室効果ガスをほとんど排出していない）という不正義の構造が指摘されている（気候正義問題）．

これらのことから，1.5℃や2℃までの気温上昇ならば気候変動の影響は許容できるということではなく，理想的にはすぐにでも（つまり1℃で）気温上昇を止めたいのだが，それは不可能であるために妥協の上で掲げられたのが，1.5℃や2℃未満という目標であると捉えるべきであろう．

パリ協定に先立って行われたUNFCCCの議論（structured expert dialogue）のまとめでは，このことを，2℃は（それを越えなければ安全であるような）「ガードレール」ではなく，（絶対に死守すべき）「ディフェンスライン」だと表現している．

また，この温度目標を達成するための排出削減目標が本質的に意味するのは，世界が今世紀中に「脱炭素化」することである．つまり，人間活動による温室効果ガス排出の大部分は化石燃料燃焼による二酸化炭素排出であるので，二酸化炭素を出さないエネルギー源で世界のエネルギー需要をまかなう状態への転換が必要とされる．

パリ協定の長期目標の合意は，気候変動の深刻なリスクとその結果もたらされる社会的不正義を可能な限り回避するために，人類が今世紀中に脱炭素化を目指すことにしたという決意の表明といえるだろう．

［江守正多］

7

実　　態

7-1 二酸化窒素

Nitrogen dioxide

二酸化窒素 NO_2（nitrogen dioxide）は，窒素酸化物 NO_x(nitrogen oxides）の中で反応性の高いガス状物質の一つである．NO_xには，NO_2の他に一酸化窒素 NO（nitric oxide），亜酸化窒素 N_2O (nitrous oxide)，無水亜硝酸 N_2O_3（anhydrous nitrous acid)，四酸化窒素 N_2O_4（nitrogen tetroxide)，無水硝酸 N_2O_5（anhydrous nitric acid)，硝酸 HNO_3（nitric acid）等が含まれる．

大気汚染常時監視測定局において，NO_2とNOがNO_xとして測定され，通称NO_xはNO_2とNOの和として，一般的および行政的に使用している．NO_2を含むNO_xは，主に物の燃焼過程から大気中に放出され，その発生源は自動車排ガスや発電所，工場等のばい煙発生施設等からの燃焼排ガスである．例えば，ボイラの排ガスには20～300 ppm，自動車排出ガスには10～1000 ppm（NO：90～99%，NO_2：1～10%）のNO_xが含まれている．このNO_xの大部分はNOとして大気に排出されるが，大気中に存在するオゾン O_3 (ozone）と反応しNO_2に変化する．

a．環境大気中のNO_2の動態

他のNO_xも含めNO_2は，炭化水素(HC）とともに光化学反応に関与する原因物質として重要である．光化学スモッグをなくすためには，大気中のNO_xとHCを減らす必要がある．大気中のNO_2等のNO_xと非メタン系のHCに太陽光線中の紫外線があたると光化学反応が起こり，O_3を主とするオキシダント（O_x）が生成し，人や植物に影響を与える．また，NO_2は大気中の粒子状物質（PM）にも関係し，他の化学物質とも反応する．これらの物質が吸入されると呼吸器系に有害な影響を及ぼす要因になる．

b．環境への影響

NO_2と他のNO_xは，水分，酸素，酸性雨の中で他の化学物質と反応する．酸性化された雨水により湖や森林等の敏感な生態系に害を与える．また，NO_xに起因する硝酸粒子は，視程を悪化する．さらに，大気中のNO_xは沿岸海域での富栄養化に関与する汚染要因の一つである．

c．環境基準

NO_2に関わる環境基準は，「1時間値の1日平均値が0.04 ppmから0.06 ppmまでのゾーン内又はそれ以下であること」と環境基本法（平成5年法律第91号）第16条第1項で規定されている．

d．測定方法

環境大気中のNO_2濃度を常時監視測定する公定法として，O_3を用いる化学発光法の乾式測定法とザルツマン反応液を用いる吸光光度法（ザルツマン法）の湿式測定法が採用されている．また，ザルツマン法は手分析にも，連続測定にも使用されている．さらに，湿式測定法のヤコブス・ホッカイザー法も代表的なNO_2測定法であり，その改良法は米国環境保護庁（USEPA）の標準測定法に採用されている．

ザルツマン法は，試料大気を吸収液に通じ，NO_2を同溶液中に捕捉し，そのNO_2を吸光光度法により定量する方法であり，原理上，採気流量，測定妨害物質の影響を受けやすい等のほか，吸収液の調整・交換・廃棄の作業が必要である．一方，化学発光法は，試料大気をガス状のままで測定する方法であり，原理上，選択性の高い測定が行えるほか，吸収液の調整・交換，廃棄の作業が不要であるなど，測定機の維持管理も比較的容易であるとの利点から，大気中のNO_2の測定方法として常時監視測定等に国内外で広く使用されている．

e．環境濃度

1）**常時監視測定**　全国におけるNO_2

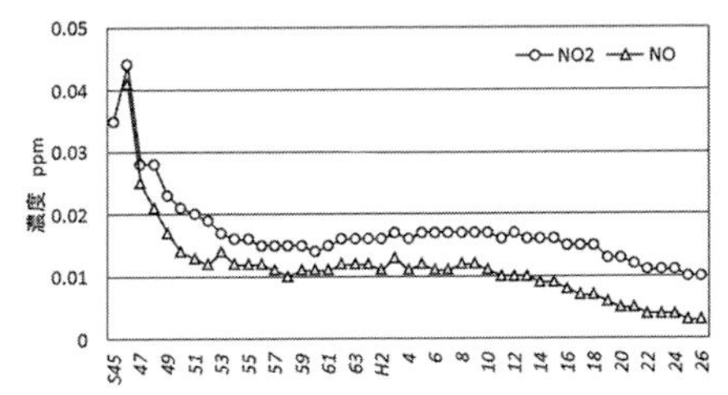

図 1　NO_2 および NO 濃度の年平均値の推移（一般局）

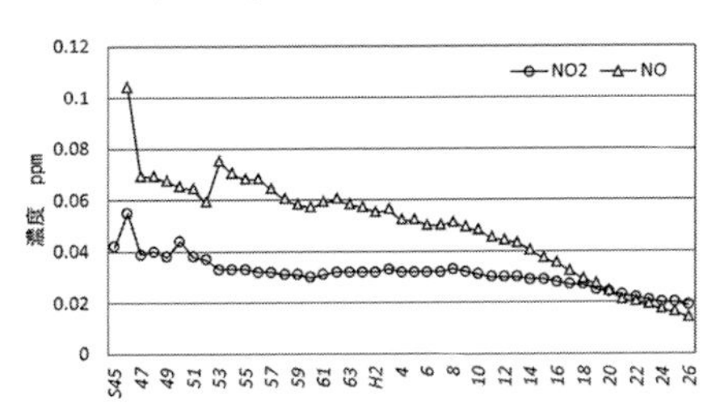

図 2　NO_2 および NO 濃度の年平均値の推移(自排局)

常時監視測定の有効測定局数（年間測定時間が 6000 時間以上の測定局）は 1678 局(平成 26 年度)，一般環境大気測定局（一般環境大気の汚染状況を常時監視する測定局，通称：一般局）では 1275 局，自動車排出ガス測定局（自動車走行による排出物質に起因する大気汚染の考えられる交差点，道路および道路端付近の大気を対象にした汚染状況を常時監視する測定局，通称：自排局）では 403 局である．

国内の NO_2 および NO 濃度は，年平均値の全国平均値では，図 1 の一般局，図 2 の自排局ともに低下傾向にある．

2)　環境基準の達成状況　長期的評価による環境基準達成局は，一般局では，すべての有効測定局で 2006 年度以降 100% 達成し，自排局では，達成率が 2014 年度には 99.5% と高い水準で推移している．

自動車 NO_x・PM 法（自動車から排出される NO_x および PM の特定地域における総量の削減等に関する特別措置法の略）の対策地域を有する埼玉県，千葉県，東京都，神奈川県，愛知県，三重県，大阪府，兵庫県において，一般局は 2006 年度からすべての有効測定局で環境基準を達成している．また，自排局は 2007 年度から 90% 以上に改善し，2014 年度には 99.1% になり，高い水準で推移している．これらの状況から，常時監視測定局における NO_2 の環境基準達成率は全体として改善傾向にある．しかしながら，大都市圏の自排局を中心に NO_2 の環境基準を達成していない非達成局が引き続き存在していることに加え，年度によってその達成状況に変動があり，日平均値の年間 98% 値（1 年間に測定された欠測日を除くすべての日平均値について，1 年間での最低値を第 1 番目として，値の低い方から高い方に順に並べた時，低い方から数えて 98% 目の日数に該当する日平均値）が基準の上限である 0.06 ppm 前後で推移する等，環境基準が継続的・安定的に達成されているとは言い難い自排局も存在している．

測定地域によっては従来のような冬季ではなく，春から初夏にかけて NO_2 の高濃度日が現れる傾向にあるなど，出現時期の変化が指摘されている．また，NO_2 の年平均値の減少傾向は認められるものの，気象因子が 98% 値に与える影響が増加する傾向があり，大気中での酸化等により生成される NO_2 の影響も含めて高濃度日の出現状況を多角的に検討する必要がある．

［平野耕一郎］

文　　献

1) USEPA home page: Nitrogen Dioxide (NO_2) Pollution, Nitrogen Dioxide Basics, 2017.
2) 日本環境技術協会：環境大気実務推進マニュアル第 3 版，2013.
3) 環境省ホームページ：大気汚染状況・平成 26 年度，二酸化窒素（NO_2），2017.
4) 平野耕一郎：大気環境学会誌，**50** (2)：A9-A17，2015.

7-2 一酸化炭素

Carbon monoxide

一酸化炭素（CO）は主に燃焼の際に生成し，工場施設や自動車の排ガスに含まれる代表的な大気汚染物質である．

a．毒性・環境基準

都市大気でも以前は高濃度となっており，燃焼起源の大気汚染物質として重要である．環境基準が 1972 年に制定された（連続する 8 時間における 1 時間値の平均は，20 ppm 以下であること．連続する 24 時間における 1 時間値の平均は，10 ppm 以下であること）．

b．測定方法

環境大気測定の公定法は「非分散形赤外分析計を用いる方法を採用するものとする」とされており，各メーカーから適合する測定器が市販されている．CO が赤外線に吸収を持つことを利用しており，検出部分に赤外光の強度変化を測定する測器や，赤外光吸収で大気が膨張することによる気体の微小な流れを検出する測器がある．

他にも酸化水銀（HgO）と還元性ガス（CO，H_2）との反応を利用した水銀還元法や，航空機での観測など高時間分解能が必要な観測では真空紫外光の CO の吸収を用いた測定例がある[1]．

c．放出・除去

大気汚染物質としての放出源は工場施設や自動車等の排ガスが主なものであるが，不完全燃焼を伴うバイオマスバーニングも排出源となる．特にくすぶっている状態（スモルダリング：smoldering）では不完全燃焼で多量の CO が放出される．自然に起こる森林火災だけでなく，人為活動である焼畑や農業残者の焼却，調理での薪の使用なども CO 発生源となる．

全球的な視点ではメタンや炭化水素の酸化過程で CO が生成され，これらも重要な発生源である．バイオマスバーニング，メタン酸化，炭化水素酸化は，それぞれが化石燃料燃焼に相当するほどの CO 放出量と見積もられている[2]．

CO の大気中からの除去課程は OH ラジカルとの反応が主なものとなる．

$$CO+OH(+M) \rightarrow CO_2+H(+M)$$

反応速度定数 $(k)=2.41\times10^{-13}$ (cm^3/molecule/s) @298 K，1 atm[3]，大気中の平均 OH ラジカル濃度を 1.0×10^6 molecules/cm^3 とすると，CO の平均寿命（τ）は

$$\tau=1/(k\times[OH])=48 \text{ days}$$

となり，おおよそ 1〜2 か月程度の平均大気寿命ということになる．

d．日内変動

都市域での典型的な日内濃度変動は，朝と，夕方〜夜に高濃度となり，昼間に低濃度となる（図 1）．基本的には自動車など人為活動が増加する時間帯（朝〜夕）に CO も増えるはずだが，昼間は日射により地表付近の大気がよく鉛直混合し CO はそれほど高濃度にならない．

e．環境測定局での長期濃度変化

大気汚染常時監視測定局の平均濃度変化（図 2）を見ると，CO 濃度は排出対策により順調に減少している．2015 年度の年平均値は一般局 0.3 ppm，自排局 0.4 ppm で 1 日平均 10 ppm という環境基準は 1983 年以降 100% 達成している[4]．このような状況は大気汚染防止からすると実にすばらしい状況であるのだが，大気汚染常時監視測定局の報告値が 0.1 ppm（100 ppb）刻みであるため，個別の測定局の一時間の時系列データは，とびとびのデータになってしまう．もう 1 桁（0.01 ppm）増やして報告値を出せればより有効に利用できるであろう．

f．リモート地点での濃度変動

離島など近傍の人為発生源の影響を受け

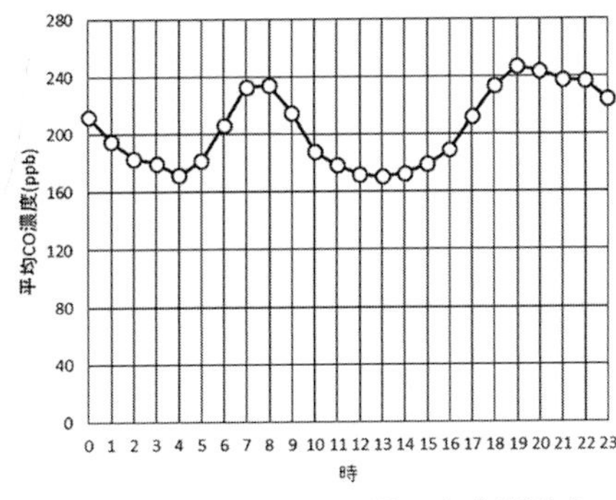

図1　多摩市愛宕での CO 平均日変動(環境省のデータより筆者作成)

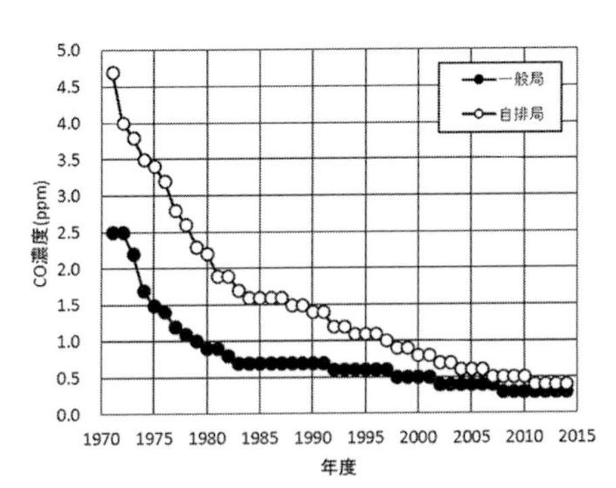

図2　一酸化炭素の年平均値の推移(環境省のデータより筆者作成)

ない地点（リモート地点）での CO 観測により，大気汚染物質ということだけでなく，大気科学的な視点からも興味ある情報が得られる．リモート地点での日内変動は，近傍の発生源の影響を受けていない場合にはほぼ見られない．リモート地点での CO の季節変動は冬季に高濃度，夏季に低濃度となり（図3）大気中 OH ラジカルの濃度変動（夏季高濃度，冬季低濃度）でおおよそ説明できる．

CO の長期濃度変動を見ると，2000 年あたりから減少している傾向が報告されている[5]．CO 放出量の減少だけでなく，全球的な OH ラジカル濃度の変化にも影響を受けるため，今後も注意しておく必要がある．

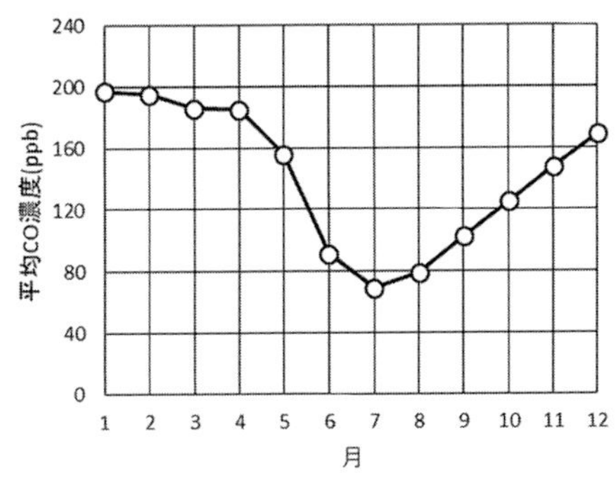

図3　沖縄辺戸岬での月平均 CO 濃度変動

g．大気汚染の指標

CO の発生源は他の大気汚染物質と発生源を同じくすることが多く，また大気中寿命が長いので汚染空気塊の影響を判断するよい指標になる．都市域における大気観測研究においては，大気汚染状況の判断に利用でき，リモート地点においても汚染大気の長距離輸送の影響を判断するのに利用することができる．そのため，大気観測研究の際には外せない測定項目である．

［加藤俊吾］

文　　献

1) N. Takegawa, *et al.*: *J. Geophys. Res.*, **106**: 24237-24244, 2001.
2) B. N. Duncan, *et al.*: *J. Geophys. Res.*, **112**: D22301, 2007.
3) W. B. DeMore, *et al.*: *Evaluation Number*, **12**, 97-4, 1997.
4) 環境省：平成 29 年度版環境白書.
5) S. A. Strode, *et al.*: *Atmos. Chem. Phys.*, **16**: 7285-7294, 2016.

7-3 浮遊粒子状物質

Suspended particulate matter: SPM

浮遊粒子状物質は大気汚染防止法で定められた大気汚染の監視項目の一つで，日本独自の規格によるものである．粒径が小さいものは気道よりも深く体内に侵入して健康に影響する可能性があることから10 μmより小さいものを浮遊粒子状物質として定義し，環境基準が1972年に定められた．

a．環境基準

環境基準は次の通りである．「1時間値の1日平均値が0.1 mg/m^{3}以下であり，かつ1時間値が0.2 mg/m^{3}以下であること」．これは短期的評価と呼ばれ，基準達成が非常に困難であったことから，1973年6月の環境庁通達により，「年間にわたる1日平均値である測定値の高い方から2%を除外して評価する．ただし，1日平均値につき環境基準を超える日が2日以上連続した場合はこのような取扱いは行わない.」という長期的評価が，二酸化硫黄と二酸化窒素とともに自治体において運用されている．図1に長期的評価による全国の環境基準達成率の推移を示す．2012年以降は高い達成率となっている．

b．濃度の推移

図2に1974年以降のSPM濃度の推移を示す．一般環境測定局では2005年以降に0.03 mg/m^{3}以下となり，自動車排出ガス測定局との差も0.005 mg/m^{3}以下となって，2009年以降は，ほとんど差がなくなっている．

$PM_{2.5}$はSPMの70%程度の重量といわれるが，実際には地点により差があり，50〜80%程度である．

c．測定方法

環境大気中に浮遊する粒子は重量濃度では図3のように2 μm付近を谷とする二山型の分布になる．粒径の小さい方の山を微小粒子と呼び，ほぼ$PM_{2.5}$の領域である．黄砂粒子も粗大粒子に含まれるが，飛来する場所により粒径が異なり，日本では4〜6 μmをピークとするが，$PM_{2.5}$の領域にも含まれる．

SPMの測定は，多段型分粒装置またはサイクロン式分粒装置を装着したローボリウムサンプラーによるろ過捕集による重量濃度測定法を標準測定法としている．分級装置の性能としては10 μmを限界粒子径とするもので，10 μmを50%分離粒子径とする米国のPM_{10}よりは粒径が小さくなり，米国式に表記するならばPM_7程度といわれている．また，ろ過捕集については，0.3 μmの粒子が99%以上捕集できることとされている．

この標準測定法では1時間平均濃度を連続的に測定することが非常に困難であるた

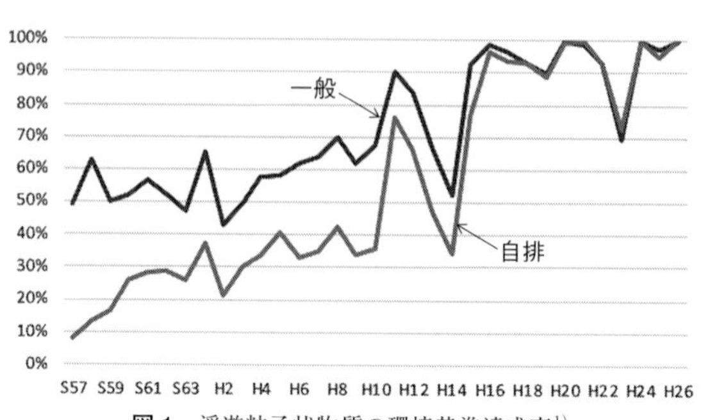

図1　浮遊粒子状物質の環境基準達成率[1)]

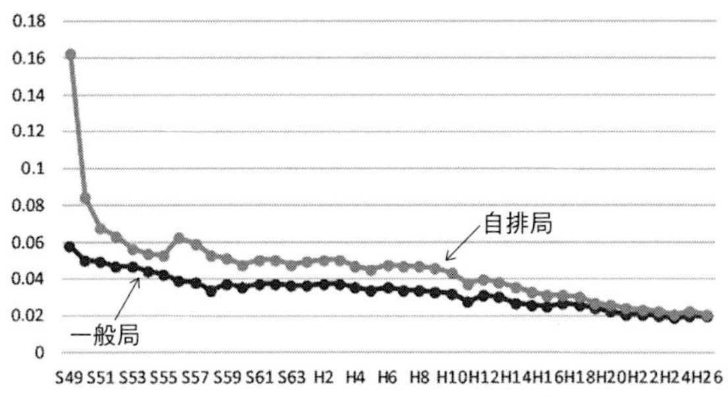

図2 浮遊粒子状物質の濃度推移[1)]

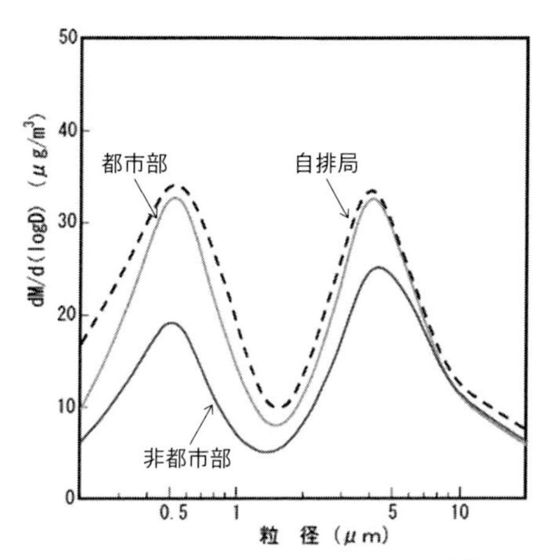

図3 粒子状物質の粒径別重量濃度分布[2)]

め，標準測定法によって測定された重量濃度と直線的な関係を有する量が得られる光散乱法による1時間値測定が一部の自治体で行われていたが，その結果の評価にあたっては，同時測定による標準測定方法の測定値と光散乱法の測定値との比（F値）を用いて重量濃度に換算することとされていた．その後，1981年にF値換算の必要がない圧電天秤法とβ線吸収法が追加され，保守が簡単なβ線吸収法が全国に普及していった．分級装置としては，保守が簡単なサイクロンが用いられているが，各メーカー同一の分級性能が保証されていない．

また，ろ過捕集により採取されるため，ろ紙上で吸着や反応により生成するアーティファクトと呼ばれる誤差成分（揮散による負のアーティファクトもある）が存在することが知られている．

d. 発 生 源

浮遊粒子状物質の発生源は，人為的発生源と自然発生源に二分される．人為的なものとして，工場排ガスや自動車（主にディーゼル車）排ガス，厨房からの排煙，たばこの煙などの主に燃焼行為による発生源があり，これらは主として微小粒子である．粗大粒子の例としては，グラウンドや農地等からの土ぼこり，道路粉じん，研磨などの機械的工程により発生する粒子が人為的な発生源としてある．自然発生源としては，火山の噴煙，黄砂，海塩粒子，森林火災で発生する粒子等があり，粗大粒子が多い．

また，ガス状物質として排出された後，大気中で化学反応や凝縮等により生成する二次生成粒子も多く含まれ，これには燃焼や蒸発による人為的発生源と植物からの揮発成分などの自然発生源の両方が含まれる．

［内藤季和］

文 献

1) 環境省ホームページ．
2) 環境省：微小粒子状物質曝露影響調査報告書，2007.

7-4 二酸化硫黄

Sulfur dioxide

二酸化硫黄（SO_2）は大気汚染物質として代表的なものであり，化石燃料に含まれる硫黄成分がSO_2として放出される．酸性雨の原因物質である．現在の日本では対策が進み低濃度となったが，粒子状物質の生成源，火山の影響等という新たな視点で重要である．

a．環境基準

大気中に放出された高濃度のSO_2は四日市ぜんそく等の公害問題を引き起こす大気汚染物質の代表的なものである．そのため「1時間値の1日平均値が0.04 ppm以下であり，かつ，1時間値が0.1 ppm以下であること．」（昭和48年告示）という環境基準が制定された．

b．測定方法

公定法として溶液導電率法および紫外線蛍光法が指定されている．溶液導電率法は，試料大気を過酸化水素水溶液に流し，SO_2を吸収させ，吸収液の電気伝導率を計測する方法である．温度や吸収液蒸発等による誤差が生じるため対策がなされている[1]．紫外線蛍光法は，大気試料にキセノンランプなどで紫外線を照射しSO_2分子を励起し，SO_2分子が基底状態に戻る時の蛍光を検出する．蛍光強度に影響をするため圧力を制御する必要がある．また，バンドパスフィルタでSO_2分子の吸収波長だけ切り出すが，他の物質もその波長に吸収，蛍光を持つため，干渉物質として作用する．大気計測で実際的に存在するものとして，キシレン等の芳香族化合物等の影響を受ける．

清浄な海洋上の大気など，大気中での低濃度のSO_2測定を行うにはレーザー誘起蛍光法を用いた測器があるが[2]，研究者が開発，利用する研究向けのものである．

c．人為起源発生源と大気からの消失

石炭や石油などの化石燃料に含まれる硫黄成分は，燃焼をした時に排気ガス中では主にSO_2の形で放出される．硫黄含有率の多い石炭の燃焼はSO_2の主要な発生源になる．

他の多くの大気微量成分ではOHラジカルとの反応が主な消失となるが，SO_2とOHラジカルとの気相反応は$k=1.3\times0^{-12}$ cm^3/molecule/s（@298 K）[3]で，平均のOHラジカルを1×10^6 molecule/cm^{3}とすると，9日ほどの大気中寿命となる．しかし，SO_2は液相の関与する過酸化水素やオゾンとの酸化反応の方が速く進行し，数日程度の大気中寿命となる．

ガス状のSO_2としては除去されても，硫酸として雨・霧に溶けて酸性雨として環境に悪影響を及ぼす．また，酸化して硫酸塩等の粒子状物質（エアロゾル）を生成するため，粒子状物質の研究においても新粒子生成プロセスの前駆体として重要である．

d．常時観測局での濃度変化

大気汚染常時監視測定局の年平均濃度の変化を図1に示す．燃料中の硫黄成分の除去，排ガスの脱硫装置による処理を行うことでSO_2の大気への放出が避けられ，これらの対策が進められた結果，急速に改善された．現在では環境基準達成率はほぼ100%となっており，年平均値は一般局，自排局ともに0.002 ppmとなっている（平成29年環境白書）．大気汚染という点ではSO_2は十分低濃度に抑えられており，成功を収めている．観測データの有効利用という点では，観測所の報告値が0.001 ppm刻みであるため，1時間値はとびとびの値となってしまう．より高分解のデータがあると微小粒子の対策検討等利用の幅が広がるであろう．

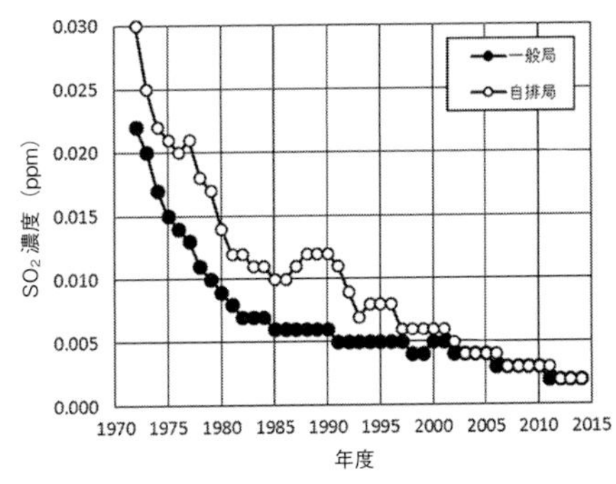

図 1　二酸化硫黄の年平均値の推移（環境省のデータより筆者作成）

e．排出量インベントリ

日本国内での大気汚染物質の排出量推計（排出インベントリ）が森川らによりとりまとめられており[4]，SO_2 についても推計されている．人為起源発生源としては自動車以外の燃焼（製造業，電気業）や船舶からの放出が相対的に重要になっている．しかしこれらより火山ガスの寄与がかなり大きな割合を占めている[5]．火山活動は不定期に起こる現象であるため年によって大きなゆらぎがあるが，寄与が少なめの 2010 年においても人為起源排出量の 2.4 倍が火山起源と見積もられている．

また，日本国内だけでなく，東アジア地域全体での対策を考えなければいけない．アジア域の排出インベントリを見ると石炭を多く消費する中国からの SO_2 放出が 50% 強と圧倒的に多いことがわかる[6]．SO_2 ガスは大気中寿命から比較的早く除去されるが，硫酸塩エアロゾルなどとして長距離輸送されるため，越境汚染の影響を注意していかなければいけない．

f．火山の影響

火山活動による噴煙には SO_2 が含まれているが，日本は世界でも有数の火山活動が活発な地域であり，人口密集地域でも火山の影響を受ける可能性がある．2000 年に都心から 180 km 離れた三宅島が噴火をした際には多量の SO_2 が放出され，風向きによっては高濃度の SO_2 が関東においても測定された．関東の周辺にも富士山を含む多数の火山がある．SO_2 ガスモニタリングによる火山活動への対策が期待され，都市大気汚染だけではなく自然災害への対応をいう視点からも SO_2 の観測は重要になってくる．

g．地球規模での硫黄循環

地球規模での大気中の硫黄の循環を考えた場合，海洋のプランクトンから生成するジメチルスルフィド（DMS）が重要である．海洋から大気中に放出された DMS は OH との反応で SO_2 を生成する．さらに硫酸エアロゾルとなって雲形成を促し，地球の熱収支に影響を与えるという説がある．

［加藤俊吾］

文　献

1) 吉成晴彦：大気環境学会誌，**50**(3)：A29-A37, 2015
2) Y. Matsumi, *et al.*: *Atmos. Environ.*, **39**: 3177-3185, 2005.
3) R. Atkinson, *et al.*: *Atmos. Chem. Phys.*, **4**: 1461-1738, 2004.
4) 森川多津子：日本マテリアルエンジニアリング学会誌，**49**(6)：80-85，2014.
5) 森川多津子：$PM_{2.5}$ インベントリの最新状況と課題．大気環境学会関東支部講演会要旨集, pp.7-10，2016.
6) J. Kurokawa, *et al.*: *Chem. Phys.*, **13**: 11019-11058, 2013.

7-5

光化学オキシダント

Photochemical oxidants

a．大気汚染物質の種類

大気汚染物質（air pollutants）は，その発生過程により大きく2種類に分けられる．図1に示す通り地表から直接排出される一次汚染物質と，それらの物質が大気中でなんらかの化学反応を受けて作られる二次汚染物質である．

一次汚染物質として重要なものには，燃焼過程から生じるばい煙，粉じん，NO_x（NO，NO_2），二酸化硫黄（SO_2），COおよび揮発性有機化合物（volatile organic compounds：VOC）がある．VOCの重要な発生源として，燃焼過程以外にも燃料，塗料や洗浄剤の蒸発，および植物からの放出も忘れてはいけない．植物から発生するVOCを特にBVOC（biogenic VOC）と呼び，ここでは汚染物質として扱う．植物は吸収した二酸化炭素（CO_2）の約1%をBVOCとして大気に放出している．主なBVOCはイソプレン（C_5H_8）とモノテルペン類（$C_{10}H_{16}$）であり，それらは骨格中に二重結合を持つため，大気中での反応性が非常に高い．

二次汚染物質としてはオゾン（O_3），アルデヒド類やPAN（peroxy acetyl nitrate）といったガス状物質に加えて，硝酸や硫酸の無機エアロゾルや二次有機エアロゾル（secondary organic aerosol：SOA）のような粒子状物質がある．

b．光化学オキシダント

二次汚染物質の中でガス状物質のことを光化学オキシダントと呼ぶ．これらの物質は人体や植生に対し毒性が高いことから環境基準が定められているものもある．なかでも最も重要なものはオゾンである．これは大気中のVOCや一酸化炭素がOHラジカルと反応し生成した過酸化ラジカルが燃焼過程などから放出された一酸化窒素（NO）を二酸化窒素（NO_2）へと酸化し自らはOHラジカルを再生し，次々とVOCやCOと反応しNOをNO_2へと酸化するいわゆるラジカル連鎖反応が進行し，NO_2は太陽光によりNOへと光分解する時にオゾンが作られる．

図2に東京都におけるオキシダント（Ox）とその原因物質であるNO_xとVOCの大気濃度の経年変化を示す．Oxは1970年代から1990年にかけて減少し，その原因物質であるNO_xとVOCも同様に減少し

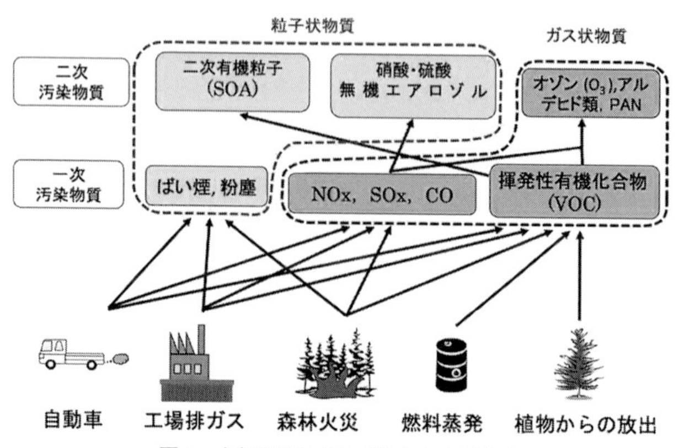

図1　大気汚染物質の種類とその発生源

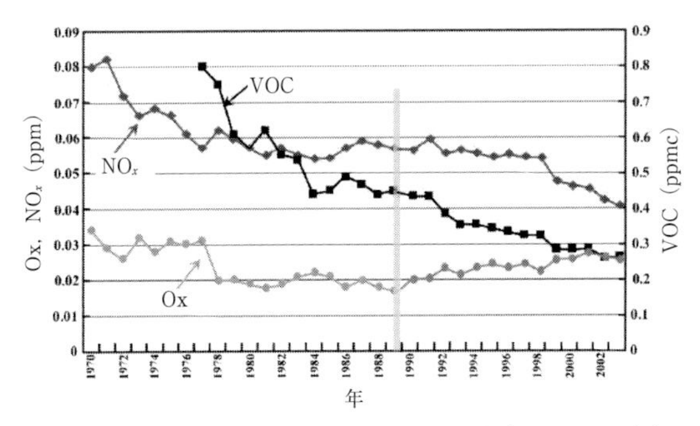

図 2　東京における Ox, NO_x と VOCs の推移(1970～2003 年)

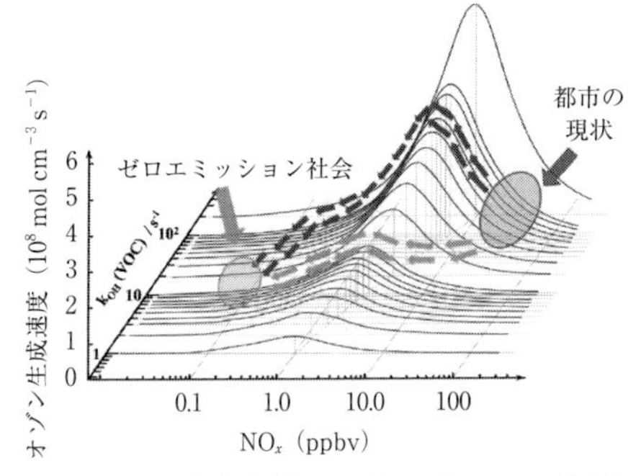

図 3　オゾン生成速度と NO_xおよび VOCs の関係

てきたが，1990 年を境に Ox は再び増加している．この原因として，近年の大陸からの越境汚染の増加が指摘されている．また，NO_x 濃度は触媒として働き光化学オゾンを生成させるが，濃度が高くなりすぎると HO_x ラジカルを消滅させオゾン生成を抑える働きをする．このため NO_x 濃度の低下がむしろオゾン生成を加速させることになる．Ox 濃度の増加傾向の解明には今後の研究の進展を待たねばならない．

図 3 にオゾン生成速度を NO_x と VOC 濃度の関数としてプロットした図を示す．化石燃料燃焼型のエンルギーから再生利用可能エネルギー（ゼロエミッション社会）に転換していく過程で，NO_x 濃度の減少によりオゾン生成が大きくなる可能性がある．オゾン濃度のリスクを回避しながらその方向に移行する必要があると考えられる．

c. スモッグ

大気中に浮遊した粒子状汚染物質のために視程が悪くなった状態を，スモッグ (smog) と呼ぶことがある．スモッグは smoke（煙）と fog（霧）を合成して作られた言葉である．汚染物質の主要成分によりロンドン型スモッグとロサンゼルス型スモッグに分類される．ロンドン型は石炭や質の悪い燃料を燃焼させた時に発生する SO_2 やばい煙などが主要成分のスモッグであり，1950 年頃からこの言葉が使われるようになった．それに対し，ロサンゼルス型は自動車排気ガス等が主な原因となって光化学的に発生するオゾンやアルデヒドから生成する浮遊物質が主要成分のスモッグであり，光化学スモッグと呼ばれることもある．1960 年頃からこの言葉も使われるようになった．わが国ではロサンゼルスに遅れること 10 年で，1970 年代初頭から以下に示す光化学オキシダントが社会問題として取り上げられるようになった．

［梶井克純］

文　　献

1）秋元　肇他編：対流圏大気の化学と地球環境，学会出版センター，2002.

7-6 ベンゼン

Benzene

a. 環境濃度実態

1) 大気中ベンゼンのモニタリング

大気中のベンゼンは有害大気汚染物質モニタリングとして地方公共団体による調査が1998年度から全国で実施されている．有害大気汚染物質のモニタリングは長期曝露による健康リスクの評価を目的としているため，原則として月1回以上の頻度で測定し，年間の平均濃度を求めている．

大気中ベンゼンの測定は1997年2月に環境庁（当時）が策定した「有害大気汚染物質測定方法マニュアル」に準拠して実施され，ベンゼンの測定法としては「容器採取―ガスクロマトグラフ質量分析法」,「固体吸着―加熱脱離―ガスクロマトグラフ質量分析法」,「固体吸着―溶媒抽出―ガスクロマトグラフ質量分析法」の3種が提示されている．

有害大気汚染物質の測定地点はその属性によって四つのカテゴリーに分類されている．2015年度の測定地点数は一般環境が216地点，固定発生源周辺が83地点，沿道が88地点，沿道かつ固定発生源周辺が11地点であった．

2) 大気中濃度　大気中のベンゼン濃度の年平均値は2015年度測定結果で一般環境が0.91 μg/m^3，固定発生源周辺が1.2 μg/m^3，沿道が1.1 μg/m^3，沿道かつ固定発生源周辺が1.3 μg/m^{3}であり，一般環境に比べ沿道や固定発生源周辺でわずかに高い傾向が見られる．一方，2001年度のモニタリング結果では，一般環境が1.9 μg/m^3，沿道が2.9 μg/m^{3}であり，近年，一般環境と沿道の濃度差が小さくなってきている．

2001年度からの15年間の全地点平均値の経年変化を見ると（図1），継続的に減少傾向を示し，2015年度は2001年度の1/2以下の濃度となっている．

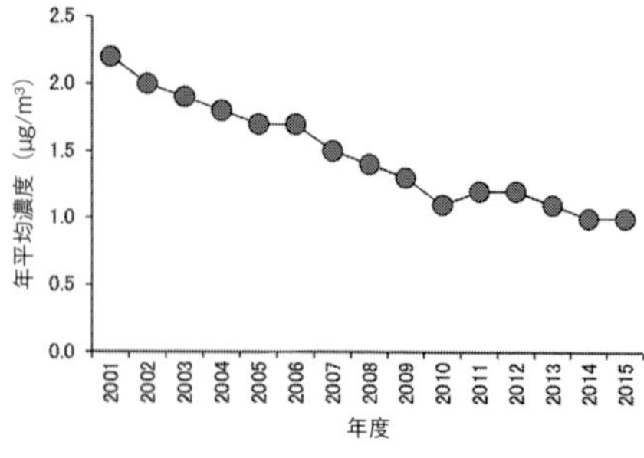

図1　大気中ベンゼン平均濃度の経年変化

3) 環境基準の達成状況　大気中のベンゼンの環境基準値は年平均値で0.003 mg/m^3（3 μg/m^3）以下と定められている．2015年度の有害大気汚染物質モニタリング調査では調査対象全地点（398地点）で環境基準を達成している．一方，2001年度時点では調査地点368地点中68地点で環境基準を超過しており，基準達成率は82%であった．その後，基準超過地点数は減少し，2007年度以降では超過地点数は0〜3地点で推移している．

b. 発　生　源

1) ベンゼンの用途　ベンゼンの工業的用途は主に他の化学物質を製造するための材料としての使用である．プラスチック原料であるスチレンの製造，樹脂や接着剤の原料となるフェノールの製造，ナイロンの原料となるシクロヘキサンの製造等に使われる．かつては強力な有機溶剤として利用されていたが，現在では特定化学物質障害予防規則によって，原則として溶剤としての利用は禁止されている．

2) ベンゼンの発生源と発生量　「特定化学物質の環境への排出量の把握等及び管理の改善の促進に関する法律」（化管法）の化学物質排出移動量届出制度（PRTR制度）に基づいて事業者から届け出られた

表 1　事業所からのベンゼンの大気への届出排出量（上位 5 業種：2015 年度）

届出業種	届出事業所数	大気排出量（t/年）
燃料小売業	14046	163
化学工業	105	127
鉄鋼業	15	120
石油製品・石炭製品製造業	43	120
石油卸売業	153	54

排出量の集計によると，2015 年度の事業所からの大気へのベンゼン排出は燃料小売業，化学工業等で多くなっている（表 1）．2015 年度の届出排出量合計（水域，土壌，埋立を含む）は 649 t であったが，うち大気への排出量が 644 t を占め，ほとんどが大気への排出となっている．

PRTR 制度では届出排出量の集計のほかに，届出外排出量（非対象の小規模事業所，非対象の業種，家庭，移動体からの排出量）の推計も行っている．また，PRTR 制度とは別に環境省も固定発生源からの VOC 排出インベントリの推計を行っている．ベンゼンの国内の総排出量は経年的に減少傾向にあり，図 1 の大気中ベンゼン濃度と対応した推移を示している（図 2）．

一方，これらの推計では PRTR の事業所からの届出や，環境省の固定発生源からの排出量推計に比べ，届出外の排出量が多くなっている（図 2）．

届出外排出量の内訳を見ると，移動体からの排出量が大部分を占めている（図 3）．移動体としては自動車，二輪車，特殊自動車，船舶，鉄道車両，航空機が推計されている．2015 年度の推計では移動体からの排出量の約 2/3 は自動車からの排出であり，ベンゼンの大気環境濃度に最も大きな影響を与えているのは自動車からの排出であるといえる．［星　純也］

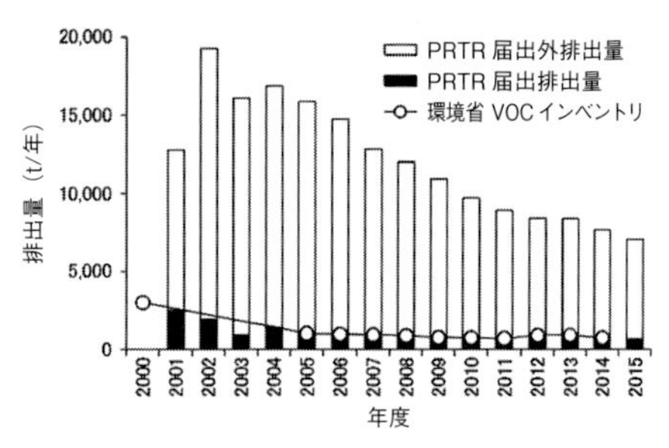

図 2　ベンゼンの排出量推移（PRTR 排出量は大気以外の媒体への排出量を含む）

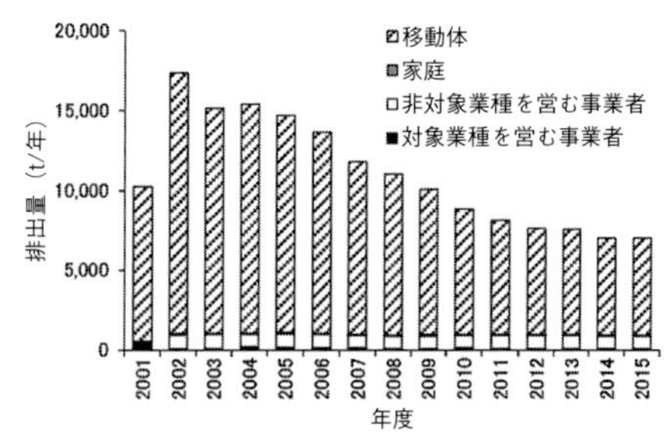

図 3　ベンゼンの届出外排出量の推移（排出量は大気以外の媒体への排出量を含む）

文　献

1) 環境省：有害大気汚染物質モニタリング調査結果. http://www.env.go.jp/air/osen/monitoring/
2) 揮発性有機化合物（VOC）排出インベントリ検討会：揮発性有機化合物（VOC）排出インベントリについて，平成 28 年 3 月.
3) 経済産業省：PRTR 制度　集計結果の公表. http://www.meti.go.jp/policy/chemical_management/law/prtr/6.html

7-7 有機塩素化合物

Organochlorine compound

a. 環境濃度実態

1) 大気中有機塩素化合物のモニタリング 大気中の有機塩素化合物のうち環境基準が設定されているのはトリクロロエチレン，テトラクロロエチレン，ジクロロメタンの3物質である．これらの化合物は大気中のベンゼンと同様の頻度，測定法で全国の地方公共団体により調査されている．

有害大気汚染物質の測定地点はその属性によって四つのカテゴリーに分類されている．各々のカテゴリーの2015年度の測定地点数を表1に示した．

2) 大気中濃度 大気中の有機塩素化合物の平均値は2015年度の一般環境の測定結果で，トリクロロエチレンが0.43 μg/m^3，テトラクロロエチレンが0.15 μg/m^3，ジクロロメタンが1.5 μg/m^{3}となっている（表1）．トリクロロエチレンとジクロロメタンは固定発生源周辺で他の三つのカテゴリーに比べ濃度が高く，大気濃度に固定発生源の影響が見られる．

2001年度からの15年間の全地点平均値の経年変化を見ると（図1），3物質とも2009年度から2010年度までは減少傾向を示しその後，濃度は横ばいになっている．2015年度はおおむね2001年度の1/2～1/3程度の濃度となっている．

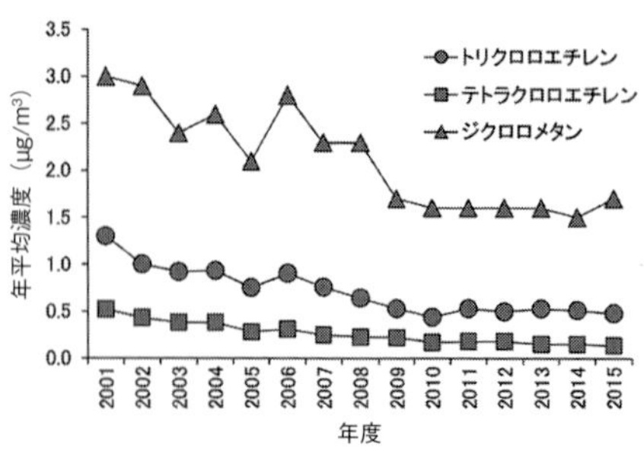

図1 大気中の有機塩素化合物濃度の経年変化

3) 環境基準の達成状況 大気濃度の環境基準値は年平均値でトリクロロエチレンが0.13 mg/m^3（130 μg/m^3），テトラクロロエチレンが0.2 mg/m^3（200 μg/m^3），ジクロロメタンが0.15 mg/m^3（150 μg/m^3）となっている．2001年度以降，トリクロロエチレンとテトラクロロエチレンは環境基準を超過した地点はなく，ジクロロメタンは2002年度と2006年度に1地点が超過したのみである．

b. 発　生　源

1) 有機塩素化合物の用途 トリクロロエチレン，テトラクロロエチレン，ジクロロメタンとも主に溶剤，脱脂洗浄剤，ペイント剥離剤などに使用される．また，テトラクロロエチレンはドライクリーニング溶剤としての使用も多い．

2) 有機塩素化合物の発生源と発生量 「特定化学物質の環境への排出量の把握等及び管理の改善の促進に関する法律」（化管法）の化学物質排出移動量届出制度

表1 有機塩素化合物の測定地点数と年平均濃度（2015年度）

	一般環境		固定発生源周辺		沿　道		沿道かつ固定発生源周辺	
	測定地点数	年平均値（μg/m^3）	測定地点数	年平均値（μg/m^3）	測定地点数	年平均値（μg/m^3）	測定地点数	年平均値（μg/m^3）
トリクロロエチレン	248	0.43	43	0.79	61	0.47	1	0.71
テトラクロロエチレン	253	0.15	38	0.16	60	0.12	1	0.19
ジクロロメタン	235	1.5	58	2.6	57	1.5	5	1.3

表 2　事業所からの有機塩素化合物の大気への届出排出量（上位 5 業種：2015 年度）

届出業種	届出事業所数	大気排出量（t/年）
（トリクロロエチレン）		
金属製品製造業	212	1599
輸送用機械器具製造業	27	207
電気機械器具製造業	33	176
一般機械器具製造業	24	129
窯業・土石製品製造業	5	107
（テトラクロロエチレン）		
金属製品製造業	24	269
洗濯業	71	169
非鉄金属製造業	17	104
化学工業	37	62
繊維工業	4	32
（ジクロロメタン）		
金属製品製造業	209	1905
プラスチック製品製造業	928	1715
木材・木製品製造業	44	1231
化学工業	194	971
輸送用機械器具製造業	86	726

(PRTR 制度）に基づいて事業者から届け出られた排出量の集計によると，2015 年度の事業所からの大気へのトリクロロエチレンの排出量は 2667 t，テトラクロロエチレンは 824 t，ジクロロメタンは 9878 t であった．全排出量に対する大気への排出は 3 物質とも 99%以上である．また，3 物質とも最も排出量の多い業種は金属製品製造業であった（表 2）．

PRTR 制度の届出排出量，届出外排出量および環境省の固定発生源からの VOC 排出インベントリの推計による排出量推移を見ると（図 2），3 物質とも経年的に減少傾向にあり，大気中の有機塩素化合物濃度と概ね対応した推移を示している．

有機塩素化合物は PRTR の集計では届出排出量がほぼ 8 割を占めていて，2015 年度では届出排出量の 66～83%を上位 5 業種の排出量が占めている．これらの物質は製品製造過程での排出量，使用量を減らすことによって大気中濃度を低減できる物質といえる．　［星　純也］

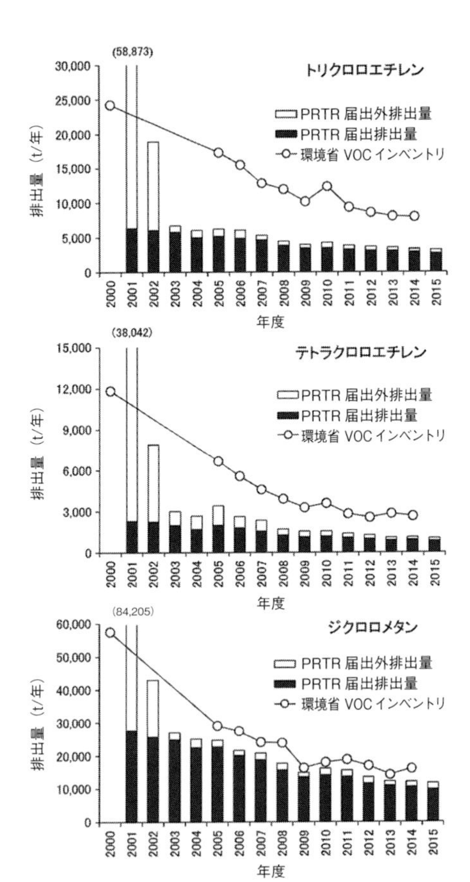

図 2　有機塩素化合物の排出量推移（PRTR 排出量は大気以外の媒体への排出量を含む）

文　献

1）環境省：有害大気汚染物質モニタリング調査結果．http://www.env.go.jp/air/osen/monitoring/
2）揮発性有機化合物（VOC）排出インベントリ検討会：揮発性有機化合物（VOC）排出インベントリについて，平成 28 年 3 月．
3）経済産業省：PRTR 制度　集計結果の公表．http://www.meti.go.jp/policy/chemical_management/law/prtr/6.html

7-8 ダイオキシン類

Dioxins

ダイオキシン類とは，ポリ塩化ジベンゾ-p-ジオキシン（PCDD）とポリ塩化ジベンゾフラン（PCDF）に，コプラナーポリ塩化ビフェニル（Co-PCB）を加えた物質群，計222種類の化合物の総称である．三つの基本骨格に塩素が結合した構造が特徴で，塩素の置換数が同じで置換位置だけを異にする個々の化合物を異性体，異性体関係にある化合物の一群を同族体と称する．結合する塩素の数や位置で化学的性質が異なり，大気中ではガス態と粒子態で存在しているものがあるため，環境省マニュアルではハイボリウムエアーサンプラを使用した石英繊維ろ紙とポリウレタンフォームでのサンプリング手法が定められている．

一方で，いずれのダイオキシン類も，オクタノール／水分配係数が高く，酸やアルカリとの反応性が低い化学的に安定した物性を示し，生物濃縮が起こりやすく，環境残留性が高い．

a．毒性および環境リスク

ダイオキシン類の中で最も毒性が高い 2,3,7,8-TCDD は IARC によってグループ1「人に対して発がん性がある」にカテゴリーされている．また，高濃度曝露事例として，PCDF や Co-PCB を含む PCB が米ぬか油に混入したことで起こったカネミ油症が知られており，塩素ざ瘡や色素沈着等の症例が確認されている．

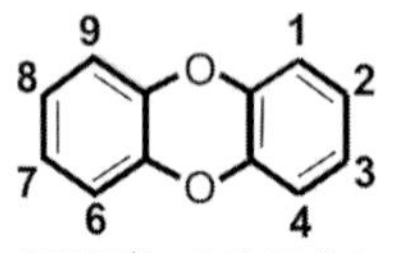

PCDD（1～9 は Cl または H、Cl 一つ以上）

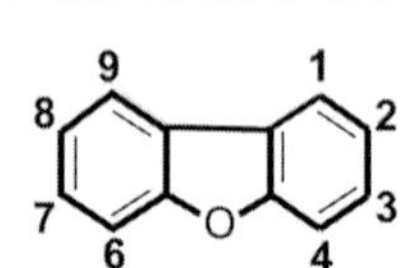

PCDF（1～9 は Cl または H、Cl 一つ以上）

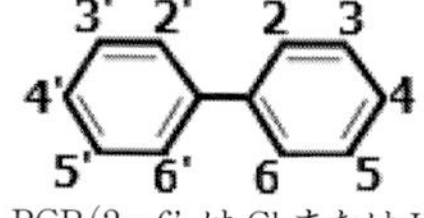

PCB（2～6' は Cl または H、Co-PCB は PCB の一部）

図1 ダイオキシン類の構造

ダイオキシン類の毒性は，体内の Ah レセプターと結合し，内分泌機構に悪影響を与えることが要因であるが，これは，非常に低濃度においても発現する．異性体で毒性強度が大きく異なり，PCDD と PCDF については，図1の 2,3,7,8 の位置に塩素が結合した異性体のみがこの種の毒性を有する．222種類中29種類のダイオキシン類については，最も毒性が強い 2,3,7,8-TCDD を1として換算した各異性体固有の毒性等価係数（TEF）が WHO により定められており，対象試料の毒性の評価には，この係数を使用して 2,3,7,8-TCDD の濃度に換算した毒性等量（TEQ）を算出して行う．

人体に取込まれるダイオキシン類の経路は，食事が全体の約98%を占め，大気から人体に直接取込まれる割合は，約1.4%であった．いずれの国においても食品経由で取込まれる割合がほとんどだが，日本においては食生活の傾向から，魚介類からの摂取が主たる経路となっている．一般的な生活環境で成人の身体に取り込まれるダイオキシン類の量は 0.50 pg-TEQ/kg·bw/day[1] で，WHO が定める TDI（耐用1日摂取量）である 4 pg-TEQ/kg·bw/day に比較すると1/10程度である．

b．法　規　制

ダイオキシン類対策特別措置法が1999年7月に制定・公布され，2000年1月から施行されている．主な排出源について，濃度規制が行われており，新規のダイオキシン類排出源として，燃焼由来の割合が高かったため，廃棄物焼却炉（火床面積が $0.5\ m^2$ 以上，または焼却能力が 50 kg/h 以上）も規制対象として施設規模により基

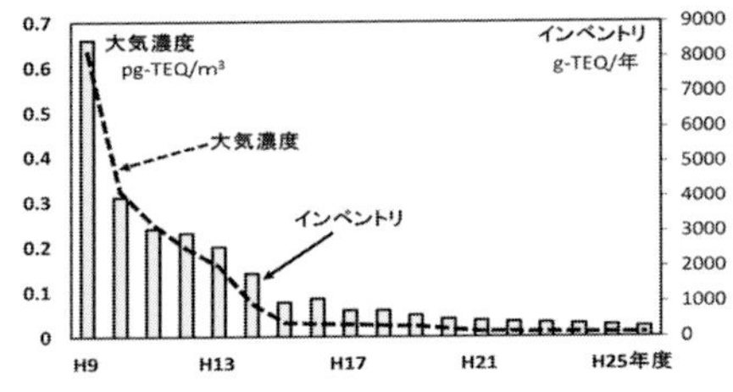

図 2 排出インベントリと大気濃度調査結果(文献[2]より作成)

準が設けられている.

法規制によって, 2015 年度の排出インベントリは 118～120 g-TEQ/年であり, 平成 9 年度の 7680～8135 g-TEQ/年から大幅に減少しており, それに伴い, 環境大気中の濃度は 0.66 pg-TEQ/m^3 から 0.022 pg-TEQ/m^3 と低下している[2].

また, ダイオキシン類対策特別法では, 大気, 水質, 底質および土壌について環境基準が定められている. 大気の環境基準は 0.6 pg-TEQ/m^3 であるが, 2015 年度ダイオキシン類に関わる環境調査結果では, 660 地点 (1978 検体) で基準値超過事例はなかった.

c. 発生源および解析

ダイオキシン類は, 廃棄物等焼却施設, 一部塩素系農薬製造工程, パルプ製造等での塩素漂白工程, 金属精錬工程等で非意図的に生成されることが知られているが, 現状, 新たに日本国内で生成されるダイオキシン類は燃焼由来が大半であり, 焼却時の温度が低く, 塩素を含む素材が存在する場合に発生しやすい. 環境での挙動については, 不明な部分もあるが, 燃焼由来による発生の場合, 排出先は一次的にはほとんどが大気で, その後, 粒子吸着等を経て, 土壌や水質に移行する.

ダイオキシン類は, 発生した原因により, 生成過程および反応機構が異なるため, 優先的に生成する異性体や同族体が異なる. そのため, 対象試料のダイオキシン類の異性体や同族体パターンを評価することで, ある程度発生源を推定することが可能である.

焼却由来, 特に廃棄物焼却でダイオキシン類が生成した場合, 炉内で非常に複雑な反応経路を経るため, 優先的に生成しやすい異性体はあるものの, 低塩素から高塩素にわたり, 多くの異性体が存在するパターンを示す. 一方, 農薬製造時の不純物としてダイオキシン類が生成する場合, 製造工程で起こる反応が限定されるため, 原料により非常に特徴的な異性体パターンを示す. 製造する農薬が CNP なら 1,3,6,8-TCDD と 1,3,7,9-TCDD が, PCP なら OCDD が特徴的に高い割合で生成する. 塩素漂白時においては 1,2,7,8-TCDF 等が特徴的に発生し, PCB 製品からの揮散・漏洩が原因の場合は, Co-PCB がきわめて高い割合を占める.

d. 今　　後

ダイオキシン対策特別措置法の施行により, 新たに生成・排出されるダイオキシン類は大きく減少した. また, PCB 特別措置法に基づく処理が進めば, PCB の製品からの揮発要因も減少するため, 大気への排出量や大気環境中のダイオキシン類の濃度は, さらに低下傾向を示すと想定される.

一方, 土壌や底質においては, 過去の工業工程や農薬の影響が未だに強く見られる事例が確認されている. 残留性の高いダイオキシン類については, 半減期が非常に長いこともあり, 今後の適切な対応が望まれる.

［東野和雄］

文　　献

1) 東京都福祉保健局：平成 28 年度 食事由来の化学物質等摂取量推計調査結果.
2) 環境省：ダイオキシン類の排出量の目録 (排出インベントリー) について.

7-9 微小粒子状物質 $PM_{2.5}$

Particulate matter $PM_{2.5}$

$PM_{2.5}$とは，大気中に浮遊する粒子状物質（エアロゾル）のうち，粒径 2.5 μm 以下のものであるが，厳密には，JIS Z 8851 で性能が規定されている分粒装置を通して測定されたものである．大気中の粒子状物質の質量粒径分布は，一般に 1～2 μm 付近を境にして，それより小さい微小粒子と大きい粗大粒子の二山分布をなしている．$PM_{2.5}$はこの微小粒子を包含するため，微小粒子状物質ともいわれるが，粗大粒子もわずかに含まれ，特に黄砂の飛来や土壌の巻き上げにより濃度が上昇することもある（$PM_{2.5}$の発生・除去過程は 1-13 項，特性は 8 編参照）．

a．環境基準と常時監視

$PM_{2.5}$の環境基準は，日本では 2009 年に定められ，年平均値が 15 μg/m^3 以下（長期基準），かつ日平均値が 35 μg/m^3 以下（短期基準）となっている．基準達成の評価方法は，地方自治体等が設置している個々の大気汚染常時監視測定局において，年平均値を長期基準と比較し（長期的評価），また，日平均値の年間 98 パーセンタイル値を短期基準と比較し（短期的評価），両者が達成されれば基準達成となる．測定局には主に一般環境大気測定局（一般局）と自動車排出ガス測定局（自排局）があり，2017 年度の全国の測定局数は一般局 814，自排局 224 の計 1038 局となっている．測定は，フィルタ捕集および秤量による標準測定法と等価性を有する自動測定機によって行われている．測定法には β 線吸収法，フィルタ振動法，光散乱法の 3 種類があるが，これまでに等価性を有すると認められた機種は β 線吸収法，および β 線吸収法と光散乱法のハイブリッド法によるものである．自動測定機は 1 時間値の出力が可能であり，環境省大気汚染物質広域監視システム（そらまめ君）等でリアルタイムに近い形で一般に公開されているが，値は参考値として取り扱うこととされている．

一方，中国における深刻な大気汚染およびその日本への影響の懸念が高まったことにより 2013 年 3 月以降，日平均 70 μg/m^3 を暫定指針値として，これを超えると予測される場合には，自治体から住民に注意喚起が行われるようになった．この注意喚起を行う判断は，環境省が提示した方法を基本に 1 時間値を用いて行われている．

b．環境濃度と環境基準達成率

自治体による $PM_{2.5}$の常時監視は 2010 年度から始まったが，環境省ではそれ以前から実態調査として，限られた数ではあるが全国の一般局および自排局において測定を行っていた（測定法はフィルタ振動法で，測定条件が現在満たすべきものと一部異なる）．これらを合わせて全国平均の $PM_{2.5}$濃度の経年変化（図 1）を見ると，濃度は年々低下しており，しかも一般局と自排局の差が小さくなった．これは，自動車排ガスの影響が小さくなったことを示している．一般局の年平均値の全国的な分布は，相対的に西日本で高く，東日本や北日本で低くなる傾向が見られる．これは，大陸からの移流（いわゆる越境汚染）の影響の違いを示していると考えられる．しかし，国内の各地域における排出の影響も存在し，大都市部（特に関東）では周辺に比べて高くなる傾向が見られる．全国的にみて年平均値が高い一般局は九州や瀬戸内に多く，越境汚染ばかりでなく国内汚染や地域汚染も少なからず複合していると考えられる．

環境基準達成率（図 2）については，2010～14 年度は低下と上昇を繰り返したが，2015 年度は大きく上昇した．2014 年

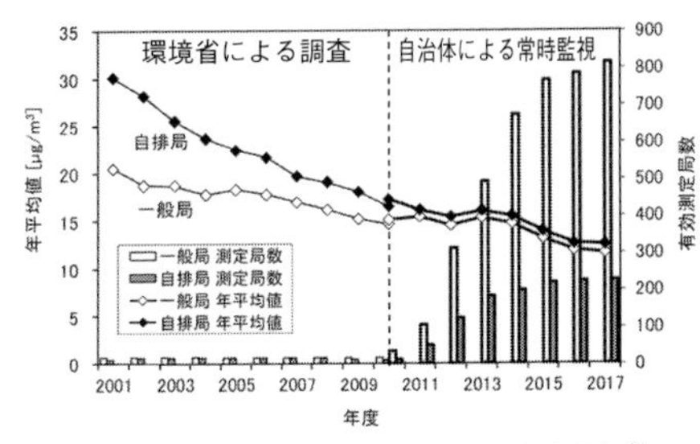

図 1　全国平均の PM$_{2.5}$ 濃度の経年変化[1, 2]

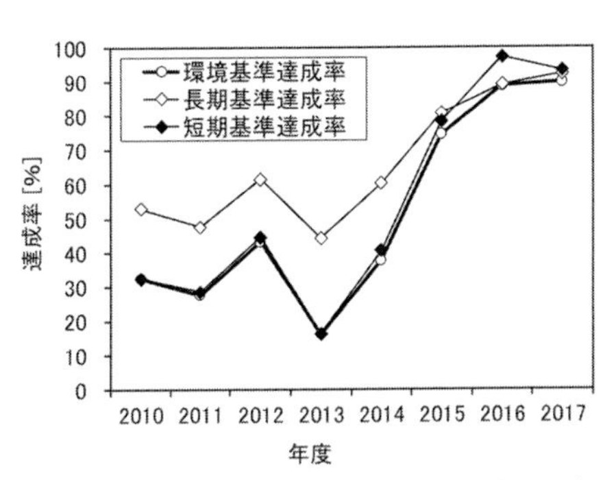

図 2　全国平均の PM$_{2.5}$ の環境基準達成率の経年変化[1]

度までは長期基準達成率の方が高かったが，2015 年度以降は短期基準達成率も長期基準達成率と同程度となった．黄砂の飛来が多い年度については，黄砂の影響による非達成局（一般局）が 10～20% 程度に上った．

季節変動は，3～5 月や 7 月に高くなる傾向であるが，6 月や 8 月も高い年があるなど年々変動があり，また，地域によっても異なる．平均的な日内変動は小さいものの，夕方から夜間の上昇も見られる．

c. 成分組成

PM$_{2.5}$ は多種多様な発生源の影響により，様々な物質（成分）から構成されているため，成分を把握することが重要である．自治体による常時監視では成分分析も行われており，四季にそれぞれ 2 週間程度，24 時間ごとにフィルタに試料を捕集し，それを後日分析する．主要な成分は，硫酸塩や硝酸塩（アンモニウム塩），有機物，元素状炭素で，これらで質量濃度全体の概ね 7～8 割を占める．自治体による成分分析結果（図 3）では，一般環境に比べて道路沿道では元素状炭素，バックグラウンドでは硫酸塩の割合が上昇する傾向が見られる．成分分析では，こうしたイオン成分と炭素成分に加え，発生源の指標となる無機元素成分や有機成分が分析されている．このように成分分析を行うことで，発生源寄与解析や発生源対策効果の検証を行うことができる．例えば，図 1 のように 2000 年代に濃度が低下した時期に，自動車排ガスの寄与が大きい元素状炭素が大きく低下した．　　　　［長谷川就一］

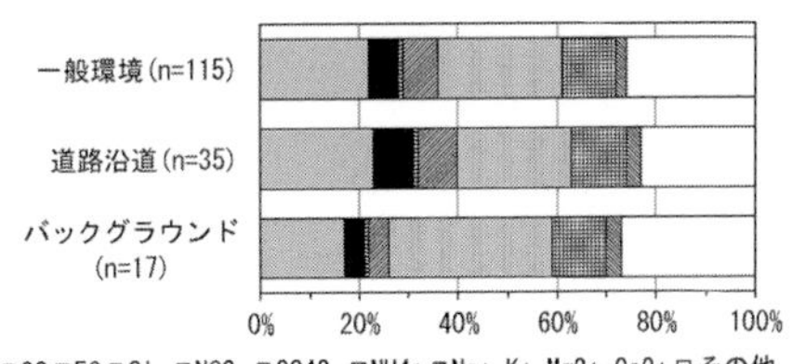

図 3　全国平均の PM$_{2.5}$ 成分組成（2017 年度）[1]

文　献

1) 環境省：平成 29 年度大気汚染の状況.
2) 環境省：平成 22 年度微小粒子状物質等曝露影響実測調査，2012.
3) 編集企画委員会：知っておきたい PM$_{2.5}$ の基礎知識，日本環境衛生センター，2013.
4) 日本エアロゾル学会，畠山史郎，三浦和彦編：みんなが知りたい PM$_{2.5}$ の疑問 25，成山堂書店，2014.

コラム　2013年初頭の$PM_{2.5}$問題

$PM_{2.5}$ pollution episode in the beginning of 2013

2013年1月から2月にかけて，中国における微小粒子状物質$PM_{2.5}$による大気汚染の発生と日本への越境汚染が大きな社会的な話題となった．実際に，西日本等で環境基準値を超えるような$PM_{2.5}$の高濃度が観測され，中国からの越境汚染が主因であったことが報告されている．これを受けて，環境省は「微小粒子状物質（$PM_{2.5}$）に関する専門家会合」を急遽設置し，注意喚起のための暫定的な指針をとりまとめた．しかし，日本において過去数年間のデータと比較した結果によると，2013年初めに$PM_{2.5}$濃度が特に高かった傾向は認められず，ほぼ例年並みであったことが明らかになっている．それにもかかわらず大きな社会問題になったのはなぜか？　その原因の一つに，北京の深刻な$PM_{2.5}$汚染に関する過度のマスコミ報道が，日本社会の不安を助長した可能性がある．したがって，この$PM_{2.5}$問題は「$PM_{2.5}$騒動」というべき性格の社会的現象であったと考えるのが適切であろう．

一方，2013年初頭に北京周辺で激甚な$PM_{2.5}$汚染が発生したのは事実であり，1月13日には北京の米国大使館において1時間最高濃度が900 μg/m^3を記録している（図）．この時期だけでなく，中国の大気汚染は深刻であり，人の健康や食糧生産，生態系への影響が指摘されている．中国からの大気汚染物質は，北東アジアで広域大気汚染を引き起こし，風下に位置する日本には大気汚染物質が流れ込んでいる．また，アジアで発生した$PM_{2.5}$やオゾンが北半球規模で大気質に大きな影響を及ぼしている．さらに，このような大気汚染は地域の気候システムに複雑な変化を引き起こしていると考えられる．　　[大原利眞]

図　2013年1月13日，スモッグでかすむ北京（朝日新聞社提供）

コラム バイオエアロゾル
Bioaerosol

空気中には，真菌および細菌，ウイルス，動植物の細胞断片などが浮遊しており，空気中を浮遊する生物由来の粒子は，バイオエアロゾルといわれる．バイオエアロゾルは，森林や海洋，草原，砂漠，都市等様々な環境で発生し，時に，数千 km の長距離を輸送される．微生物の中には，地球の至る場所で生息しているグループがありコスモポリタンと呼ばれ，風によって地球全体に拡散したと考えられている．

大気中を浮遊する微生物には，有機物の分解に長けた菌種が多い．微生物が植物の朽木や動物の死骸を分解し，その分解断片とともに大気中を漂っていると推測できる．乾燥や紫外線，急激な温度変化は，大気浮遊微生物にとって生命を脅かすストレスとなる．微生物は，動植物の細胞断片に付着あるいは入り込み，本来受ける環境ストレスを軽減しているのかもしれない．

一方，*Bacillus* 属などの細菌種は，環境ストレスに耐性のある芽胞を形成できる．納豆菌である *Bacillus subtilis* やその近縁種が，高度数千 m でも優占して漂っているのも，芽胞によって選択的に生き残っているからである．芽胞を形成しない *Staphylococcus* 属の細菌種は，球形細胞で高密度に凝集した状態で，凝集内部の細胞のみが大気中で生残しやすい．これら属の細胞群には，炭疽菌や黄色ぶどう球菌などの有害種が含まれる．しかし，人の生活環境には，強い毒性を持つ細菌はほとんど浮遊していない．

カビやキノコが属す真菌は，胞子や菌糸（糸状の細胞）の断片を空気中に漂わせ，生息域を広げる．真菌には，特定の植物種の朽木や周辺土壌でしか生息できない種も多く，胞子は，数百 m 圏内の類似環境に沈着すればよい．そのため，数 km を超えて胞子を拡散させる真菌種は限られる．ただし，高度数千 m を浮遊する真菌の数種で，アレルギー誘発や気管支炎発症が，動物実験によって実証されている（図）．また，麦サビ病等の植物感染症は，風による真菌の大陸間移送が原因である．

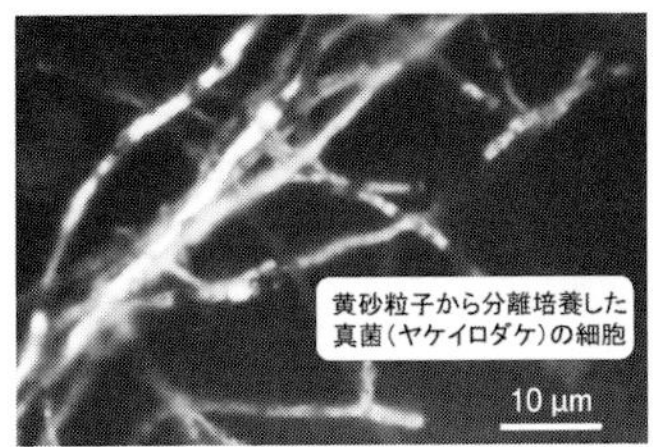

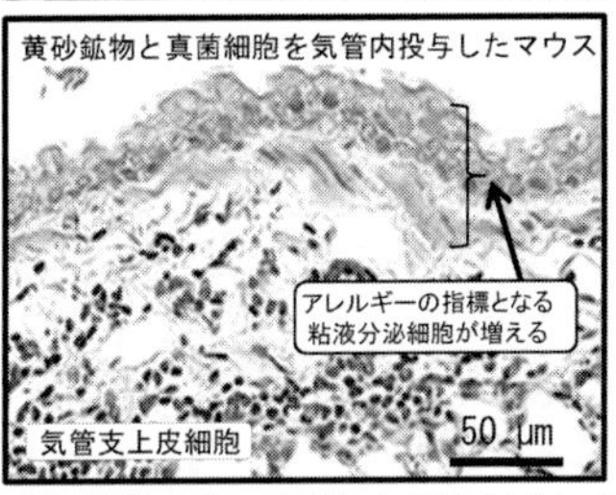

図 大気浮遊真菌を培養した細胞(上)とその菌を接種したマウスの細胞(下)(市瀬孝道・牧　輝弥：アレルギーの臨床，2014 年 7 月号)

一方，ウイルスは単体では壊れやすく，風送されにくいと見なされてきた．しかし，大気粒子からウイルスの遺伝子が検出されており，大型粒子に付着して風送されているかもしれない．疫学的調査でも，ウイルスで発症するインフルエンザや口蹄疫の風送拡散が示されている．

大気中には膨大未知な微生物が浮遊しているのは確かであり，今後，その健康や生態系への影響が徐々に明かされよう．

［牧　輝弥］

7-10 水　銀

Mercury

a. 使用実態

水銀は，常温で液体の唯一の金属であり，他の金属には見られない特異な性質を持つことから，人間活動に有用な金属としてその用途は多岐にわたっている．電池や計測機器等の工業製品や医薬品に利用され，他の金属とアマルガムを形成する性質により，金の採掘などにも利用される．また，クロロアルカリ工業では，海水の主成分である塩化ナトリウムを電気分解して塩素と苛性ソーダを得るために，電極に水銀が使用される．さらに，塩化ビニル等の工業製品の原料となるアセトアルデヒドや酢酸を製造する時にも触媒として無機水銀を使用する．しかし，この金属は生物に対する毒性が強く，有害である．とりわけメチル水銀は，毒性が非常に強く，水俣病の原因物質である[1]．水俣病の発生以降も新潟やイラクでメチル水銀中毒症により多くの人命が奪われている．このような悲劇を教訓として先進国では水銀の使用量を低減する代替法等が開発され，水銀需要量は1960年代以降に急速に減少している．一方，発展途上国では依然として水銀が工業過程で使用されており，小規模金採掘（Artisanal and small scale gold mining：ASGM）等で使用される機会も増えている．国連環境計画（United Nations Environment Programme：UNEP）の報告書[2]によれば，ASGMによる大気への排出量は人為的な水銀放出量全体の約40%を占めている．

b. 放　出　源

大気中水銀の放出源は，人間活動によるものと自然要因によるものに大別される．UNEPの2013年の報告書によると[2]，2010年の統計値を元に推計された大気への年間の全球放出量は約6000 tであり，そのうちの約2000 tが現在の産業活動によるものである．その内訳は，小規模金採掘によるものが最も多く，続いて石炭の燃焼による水銀放出の割合も比較的大きい．鉛や亜鉛等の非鉄金属精錬やセメントクリンカ製造も主要な人為的放出源である．石炭やセメントの原料となる石灰石にはごくわずかに水銀が含まれており，それらを燃やすことにより水銀が大気へ放出される．一方，火山等の自然要因によって数百 tが放出されており，それ以外の約3000～4000 tは過去に放出されて地表に沈着した水銀の再放出である[2]．また，森林火災も大気中水銀の主要な放出源の一つである．

c. 大気中濃度

大気中には原子状のガス状水銀（gaseous elemental mercury：GEM）とGEMに比べて反応性の高いガス状酸化態水銀（gaseous oxidized mercury：GOM），および粒子態水銀（particle bound mercury：PBM）が存在する．一般大気環境では95%以上がGEMであり，残りの数%をGOMやPBMが占める[2]．大気中のGEMは水に溶けにくいため，降水等により地表へ沈着しにくく，大気中における滞留時間はおよそ6か月から1年と比較的長い．そのため，GEMは放出源から遠い地域まで輸送され，輸送過程においてその一部がGOMやPBMへと変化する．GOMとPBMはGEMに比べて地表へ沈着しやすく，滞留期間も数日から数週間と短いため，GEMに比べて濃度は低いが，環境中の水銀循環に大きく寄与している．環境中ではこれらの水銀の一部がメチル水銀へと変化することが知られている．このことから，大気中の水銀は地球規模の環境汚染物質として認識されており，国際的な枠組による規制，すなわち水銀に関する水俣条約の発効に至っている．

このような背景から，大気中の水銀については欧米を中心にネットワーク化によるモニタリングが進められている．1996年からカナダで開始されたCAMNet（Canadian Atmospheric Mercury Network）をはじめ，アメリカ本土やハワイのマウナロア山，台湾のルーリン山を含むAMNet（Atmospheric Mercury Network），北極域に領土を接する国々が参加するAMAP（Arctic Monitoring and Assessment Programme），ヨーロッパを中心にヒマラヤや南極等のバックグラウンド地域をも含むGMOS（Global Mercury Observation System）等，数多くのネットワークが構築されている．また，アジア・太平洋地域でもAPMMN（Asia-Pacific Mercury Monitoring Network）の活動が開始されている．これらのネットワークでは基本的に自動連続モニタリング装置を使用し，時間分解能の高い大気中水銀濃度データが形態別に得られている．一方，GEMとGOMを合算して総ガス状水銀（total gaseous mercury：TGM）としてモニタリングする場合も多い．それぞれのネットワークでは独自のQA/QCプログラムを運用し，綿密な精度管理が行われている．また降水中水銀のモニタリングも同時に実施されている．日本では有害大気汚染物質対策として1997年から大気中のガス状水銀のモニタリングが開始しており，現在は全国300地点以上で月1回の頻度で実施されている．図1に示したように，日本の大気中水銀濃度は概ね2.0 ng/m^{3}である．なお，ガス状水銀は金アマルガム捕集法により測定されたものであり，GEMとGOMを合わせたものであるが，厳密にいえばGOMの一部は捕集されていない可能性もある．

一般大気環境におけるGEM濃度は1.5〜2.0 ng m^{-3}であり，南半球に比べて北半球で高い．また，GOMやPBMの濃度は

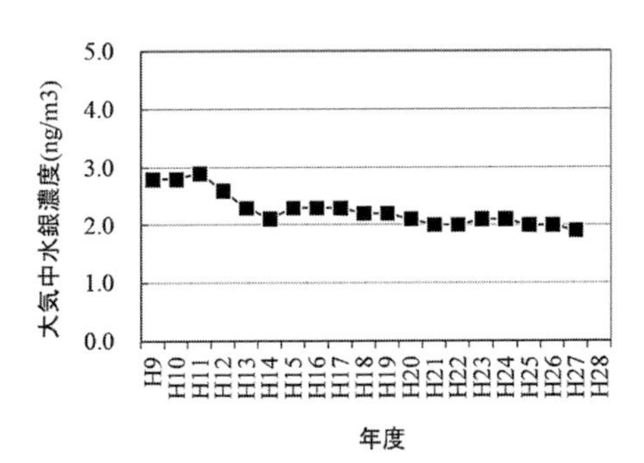

図1 日本における大気中水銀の年平均濃度の推移（文献[3]をもとに筆者作成）

数 pg m^{-3}であるが，都市域や工業地帯ではこれらの濃度は数十 pg m^{-3}となる．一方，自由対流圏に位置する高山でのGOM濃度は比較的高く，数百 pg m^{-3}の値が観測されることもある[2]．これは大気上層におけるGEMの光酸化反応によりGOMが生成しているためであるといわれている．バックグラウンド地域である南アフリカのCape Point[4]では，1990年代からTGM（GEM）の長期的な連続モニタリングを実施しており，数十年の間に濃度が徐々に低下していることが報告されている．しかしながら，2007年以降にはTGM（GEM）濃度が上昇に転じているとの報告もある[5]．

［丸本幸治］

文献

1) 日本化学会編：環境汚染物質シリーズ「水銀」，丸善出版，1997.

2) UNEP: Global Mercury Assessment 2013: Sources, Emissions, Releases and Environmental Transport. UNEP Chemicals Branch, Geneva, Switzerland, 2013.

3) 環境省：有害大気汚染物質モニタリング調査結果．http://www.env.go.jp/osen/monitoring/index html（Accessed on 15 February 2018）.

4) F. Slemr, *et al.*: *Atmos. Chem. Phys.*, **11**: 4779–4787, 2011.

5) L. G. Martin, *et al.*: *Atmos. Chem. Phys.*, **17**: 2393–2399, 2017.

7-11 酸性雨・酸性降下物

Acid precipitation・Acidic deposition

酸性雨，酸性降下物の実態を明らかにするために，酸性雨モニタリング体制が整備され運用されている．酸性雨，酸性降下物は雨，雪，霧等の湿性降下物（3-20 項参照）とガス・エアロゾルの乾性降下物（3-21 項参照）に分類した方が好都合である．ここでは，湿性沈着についてモニタリングの結果を述べる．

a．酸性雨モニタリング

東アジア諸国における酸性雨モニタリングは，国内外問わず，近年 15 年間にわたり行われている．国内では環境省，全環研（全国環境研協議会の酸性雨・広域大気汚染調査研究部会が担当）で調査手法が統一されており，データの互換性がある．東アジアでは，東アジア酸性雨モニタリングネットワーク（EANET）が構築されており，継続的に主に湿性沈着についてデータが蓄積されている（2-2 項参照）．環境基準が存在しないにもかかわらず，酸性雨モニタリングが高いレベルで長期間行われているのは，酸性雨問題が一時期，世界最大の地球環境問題であったことによる．

b．環境省による酸性雨モニタリング

酸性雨モニタリングが環境庁（当時）の行政施策として 1983 年に開始され，現在

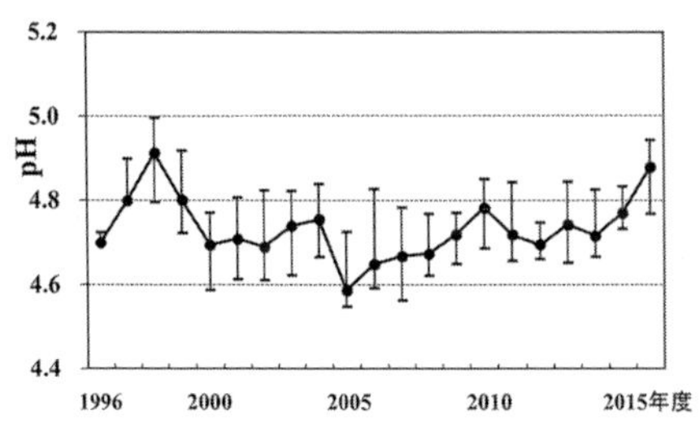

図 1　降水 pH の経年変化(全測定地点の中央値：エラーバーは各年度の 25〜75% 値)

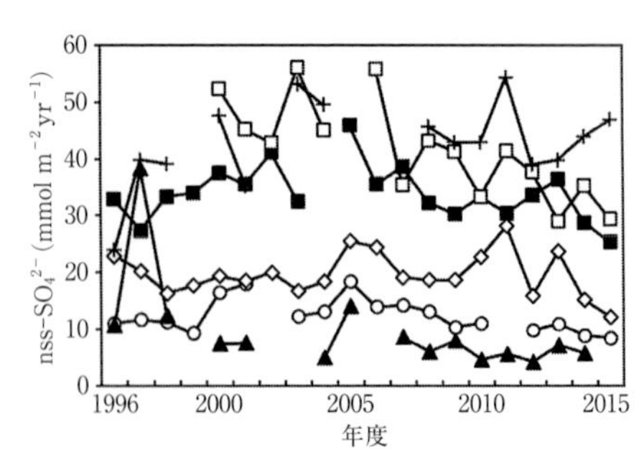

図 2　非海塩硫酸イオンの湿性沈着量の経年変動
-○-箟岳，-▲-小笠原，-■-越前岬，-□-伊自良湖，-◇-隠岐，-+-屋久島．

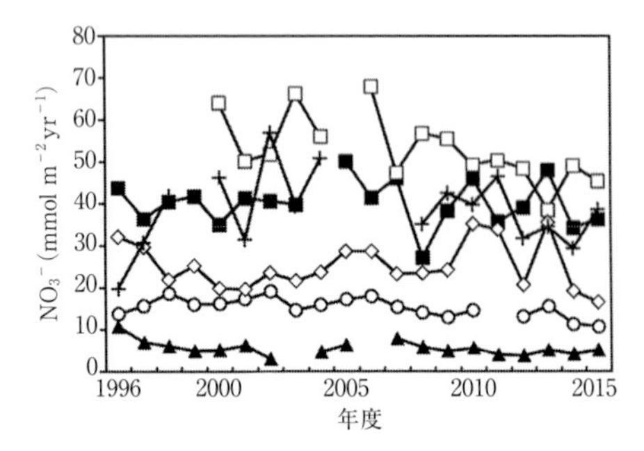

図 3　硝酸イオンの湿性沈着量の経年変動
-○-箟岳，-▲-小笠原，-■-越前岬，-□-伊自良湖，-◇-隠岐，-+-屋久島．

約 20 地点で継続されている．これらは環境省のモニタリング地点であり，降水 pH，降水中非海塩硫酸イオン（nss-SO_4^{2-}），硝酸イオン（NO_3^-），アンモニウムイオン濃度や沈着量が環境省ホームページで公開されている．

図 1，2，3 にそれぞれモニタリング地点の pH，nss-SO_4^{2-} 沈着量，NO_3^- 沈着量の経年変動を示した．全国各地点の降水 pH は pH 4.7 前後に収束しており（図 1），未だに酸性雨が降り続いているという状況である．太平洋上の小笠原や辺戸岬（沖縄）では人為的な大気汚染物質排出量が少ないため，pH が高い傾向にある．

nss-SO_4^{2-} 沈着量は最も少ない小笠原を除くと約 10〜50 mmol·m^{-2} yr^{-1} であり，2015 年度では屋久島で最も大きく，伊自

良湖，越前岬が次いでいる．中国における大気汚染物質放出量の変化，2008 年の北京オリンピックによる大気環境の改善は nss-SO_4^{2-} 沈着量変動には反映されていない．

NO_3^- 沈着量は最も少ない小笠原を除くと約 10～50 $mmol \cdot m^{-2}\ yr^{-1}$ であり，伊自良湖で最も大きく，屋久島，越前岬が次いでいる．nss-SO_4^{2-} と NO_3^- 沈着量は同程度である．

c．全環研の酸性雨・広域大気汚染調査研究部会による酸性雨モニタリング

2015 年度の湿性沈着調査は，全国 68 地点で行われた．全地点を北部（NJ），日本海側（JS），東部（EJ），中央部（CJ），西部（WJ），南西諸島（SW）の六つの地域に分類し，地域ごとの特徴把握が行われた．nss-SO_4^{2-} 濃度，NO_3^- 濃度の地域別経年変動（2009～15 年度）と 7 年間の平均値を図 4，5 に示した．両イオン種ともに観測期間を通じて日本海側で最も高く，南西諸島で最も低い傾向が見られた．西部（WJ）では，nss-SO_4^{2-} 濃度は日本海側に続いて高いが，NO_3^- 濃度は東部，中央部と同レベルであり，傾向の違いが見られた．7 年間を通じての変動傾向は明確ではなかった．

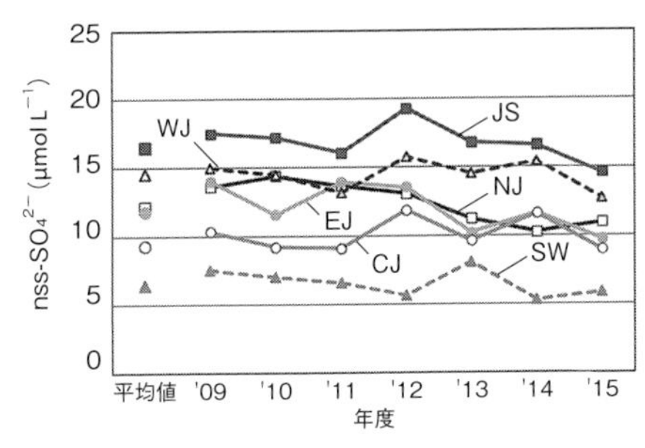

図 4　降水中 nss-SO_4^{2-} 濃度の経年変動

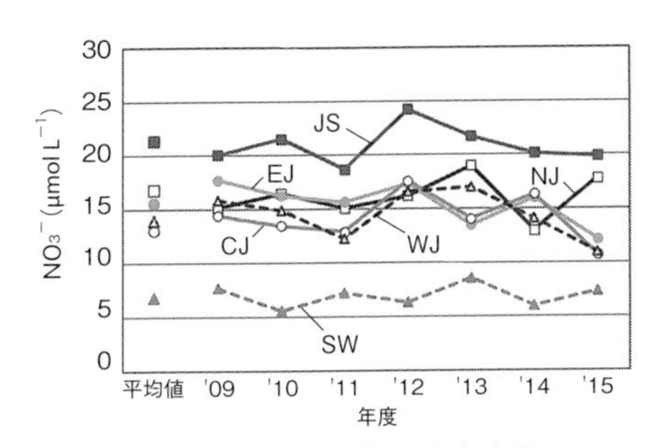

図 5　降水中 NO_3^- 濃度の経年変動

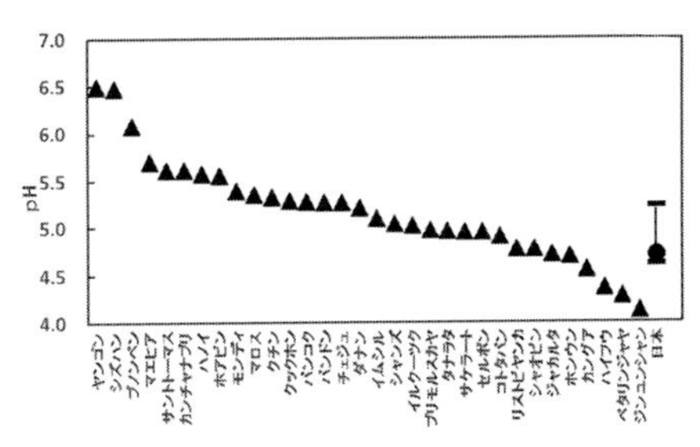

図 6　東アジアにおける降水 pH の平均値（2010～14 年，日本は 8 地点の最高値-中央値-最低値）

d．東アジア酸性雨モニタリングネットワークによる酸性雨モニタリング

2015 年現在，「東アジア酸性雨モニタリングネットワーク（EANET）」に 13 か国が参加し，57 地点で降水サンプリングが行われている．pH 5.0 未満を酸性雨と考えると，62％の地点で pH 5.0 を下回り，東アジアの降水が有意に酸性化していることがわかる（図 6）．降水の酸性化には，幾つかの地域では硝酸が硫酸に匹敵するが，多くの地域では硫酸が主に寄与している．　［村野健太郎・岩崎　綾・大泉　毅］

文　　献

1）村野健太郎：酸性雨と酸性霧，裳華房，1993.
2）環境庁地球環境部監修：酸性雨—地球環境の行方，中央法規出版，1997.
3）環境省：越境大気汚染・酸性雨長期モニタリング報告書，2014.
4）国立天文台編：環境年表 2019-2020，pp.99-124，丸善出版，2018.
5）村野健太郎他：遺伝，**65**：34-39，2011.
6）大泉　毅：大気環境学会，**44**：A17-A24，2009.

7-12 石綿（アスベスト）

Asbestos

本項の文中に示した石綿濃度は，特に断りのない場合を除き，位相差顕微鏡法（1-14 項参照）による，環境空気中の繊維数濃度（総繊維数濃度）である．

a．大気中濃度の現状[1)]

環境省は近年，大気中の石綿濃度を全国で毎年測定している．平成 28（2016）年度調査（全国 34 地点 79 か所）[1)] の結果は，表 1 の通りであった．表 1 の地域分類のうち，旧石綿製品製造事業場等の 1 地点で濃度が 1.0 本/L を超えた日が 1 日（2.8 本/L）あり，捕集繊維はすべてクリソタイルであった[1)]．解体現場周辺で 1.0 本/L を超えた測定点のうち，1 か所（1.2 本/L）でアモサイトが約 58%検出されたが，もう 1 か所（3.8 本/L）では石綿は検出されなかった[1)]．これら以外の各測定点の濃度はすべて 1.0 本 /L 以下であった[1)]．

毎年の環境省の調査を見ても，わが国の大気中における総繊維数濃度は，近年ほとんどの地点で 1.0 本/L を下回っている．測定点が 1.0 本/L を超えるのは，操業停止後の石綿製品製造事業場や建築物解体現場から，何らかの原因で断続的に飛散したと考えられる．

b．各排出源ごとの石綿の飛散

石綿が大気中へ飛散すると考えられる排出源としては，まず石綿の鉱石を採掘する鉱山や，石綿製品の製造工場が挙げられる．操業停止した鉱山や工場であっても，跡地に残存する石綿が飛散する可能性がある．また，石綿を含む製品の取扱い現場，特に石綿含有建材が使用された建築物を解体する現場や，それらが廃棄される処理場からの飛散，震災などの二次災害としての飛散も考えられる．

そこで石綿飛散の実態として，わが国や

表 1 平成 28 年度アスベスト大気濃度調査結果の集約表[1)]

地域分類		地点数	測定箇所数	測定データ数	ND の数	総繊維数濃度 最小値（本/L）	最大値（本/L）	幾何平均値（本/L）
発生源周辺地域	旧石綿製品製造事業場等	1	6	12	2	0.070	0.95	0.22
	廃棄物処分場等	2	4	8	1	0.10	0.43	0.19
	解体現場（建物周辺）	2	8	8	0	0.11	0.79	0.25
	蛇紋岩地域	3	6	12	0	0.12	0.36	0.22
	高速道路及び幹線道路沿線	6	12	24	1	0.081	0.42	0.21
バックグラウンド地域	住宅地域	7	13	26	3	0.087	0.35	0.17
	商工業地域	5	10	20	3	0.081	0.44	0.20
	農業地域	1	2	4	0	0.11	0.33	0.18
	内陸山間地域	3	6	12	1	0.088	0.35	0.19
	離島地域	4	8	16	1	0.056	0.45	0.20
その他の地域	破砕施設	-	-	-	-	-	-	-
合計		34	75	142	12	-	-	-

諸外国で大気中石綿や中皮腫発症の調査事例を，排出源別に以下で述べる．なおわが国や欧州等50か国以上は，すでに石綿の使用を禁止しているがその他の国では，現在でも世界全体で年間推定200万tの石綿が生産，消費されている．各国・地域における大気環境の実態には，石綿に関する使用状況の違いも影響すると考えられる．

1）石綿鉱山や工場周辺　1937年から66年に操業していた，オーストラリア西部Wittenoomのクロシドライト鉱山の地区住民を1949年から93年まで追跡調査した結果，鉱山労働者を除く中皮腫罹患率が同国西部全体より，男性で4.7倍，女性で31.9倍高かった[2]．この鉱山周辺の濃度は，操業当時1000本/L（1943～57年），500本/L（1958～66年）と推定され，操業停止後の測定値は10～210本/L（1978～79年）であった[2]．

イタリア北部のCasale Monferratoにあったエタニット社の工場では，1907年から86年まで石綿管や石綿建材等を製造していた．この工場の1981年の石綿使用量1.5万tのうち，10％がクロシドライトであった[2]．近隣曝露による中皮腫のオッズ比（2-31項参照）は工場に近い住民ほど高く，工場から500m未満の居住地で27.7であった[2]．1984年にこの工場の近くで測定した，大気中平均濃度は11本/Lで，その繊維の15～50％はクロシドライト等の角閃石族であった[2]．

わが国では，尼崎市のクボタ旧神崎工場が1957年から75年にかけて，クロシドライトを用いて石綿管を製造していたが，当時の大気中濃度の測定例はない．ほぼ同時期に尼崎市内に居住歴があり2001年まで継続居住していた約18万人を対象にした調査によると，中皮腫（職業性曝露を含む）の死亡率が一般集団に対して何倍かを示す値（SMR）が，男性で10.6，女性で29.6であった[2]．

2）建築物解体や廃棄物処理等の作業
1995年1月17日に発生した阪神・淡路大震災に伴い，解体現場敷地境界の環境濃度は，震災後4か月経った同年5～6月に幾何平均4.5本/L，最大値19.9本/L，最低値0.9本/Lであったが，同年9～10月には幾何平均0.7本/L，最大値8.6本/L，最低値0.1本/Lに減少した[3]．

建築物解体等の工事現場に対し，兵庫県で1996～2007年度に実施された石綿飛散監視調査534件のうち，現場外への漏洩濃度（セキュリティゾーン出入口と集じん機排気口の近傍）が，10本/Lを超えた工事件数は35件（全体の6.6％）であった[4]．除去等対象建材の74％にクリソタイル，20％にアモサイト，14％にクロシドライトが使用されていたのに対し，漏洩した石綿の66％にアモサイト，34％にクロシドライト，17％にクリソタイルが含まれていた[4]．

敷設や修繕等のためディスクカッターを用いて，石綿セメント管を切断する作業中の石綿濃度は4.8～17万本/Lであった[5]．これは屋外で地中深さ1.2m程度掘った穴の中での濃度であり，穴の外では1700～15000本/Lであった[5]．

［村田　克］

文　献

1）環境省：平成28年度アスベスト大気濃度調査結果について，平成29年度第1回アスベスト大気濃度調査検討会配布資料．
2）熊谷信二，車谷典男：エアロゾル研究，**23**(1)：5-9，2008．
3）寺園　淳他：大気環境学会誌，**34**(3)：192-210，1999．
4）中坪良平：環境技術，**39**(8)：480-485，2010．
5）熊谷信二：産業医学，**35**(3)：178-187，1993．

7-13 多環芳香族炭化水素類

Polycyclic aromatic hydrocarbon: PAH

大気中に存在する有害化学物質の中に，二つ以上の芳香環が縮合した多環芳香族炭化水素とこれにニトロ基が結合したニトロ多環芳香族炭化水素（nitropolycyclic aromatic hydrocarbon：NPAH）がある．PAH類（PAHとNPAHをあわせてPAH類と呼ぶ）にベンゾ[*a*]ピレン（BaP）がある．

a．毒　　性

国際癌研究機構（IARC）のリストでは，PAHのうちBaPがグループ1（carcinogenic to humans）に，他の13種類がグループ2A（probably carcinogenic to humans）もしくはグループ2B（possibly carcinogenic to humans）に入っている．またNPAHのうち1-ニトロピレンや1,8-ジニトロピレンを含む8種類がグループ2Bに入っている．これらのNPAHは直接変異原性がきわめて強い．最近，PAH水酸化体の中に，エストロゲン様活性あるいは抗エストロゲン活性，抗アンドロゲン活性を示すものがあることや，PAHキノン体の中に，動物細胞内で活性酸素種を生成して，強い細胞毒性を示すものがあることも明らかになった．いくつかの国ではBaPについて大気環境基準が定められている[1, 2]．

b．発　生　源

PAH類は石炭や石油等の化石燃料や草木類等が不完全燃焼する時にスス（粉じん，PM）とともに生成する．大気中では2，3環のPAHはガス状で存在するが，それより蒸気圧が低い4環PAHはPMに吸着した粒子状でも存在し，5環以上のPAHはほとんどPMに存在する．NPAHは，燃焼時に空気や燃料中の窒素から生まれる窒素酸化物（NO_x）がPAHと反応して生成し，3環以上のNPAHの多くは大気中でPMに存在する．燃焼温度が高いほどニトロ化反応が促進するので，PM中のPAHに対するNPAHの濃度比は増加する．PMの発生源には，燃焼の他に黄砂等の自然由来やガス状物質からの二次生成もあり，大気中ではこれらが混在している．大気中のPAH類の多くは，直径が2.5 μm以下の微小粒子（$PM_{2.5}$）に存在している[1]．

c．わが国の大気汚染の推移

わが国では1980～90年台に自動車から大量に出る排ガス，PMによって都市域や幹線道路周辺の住民に喘息等の健康被害が多発し，公害訴訟が起こるなど大きな社会問題になった．当時の大気中PAH類の濃度は高かったが，国が自動車から排出されるPMやNO_x量に厳しい規制を段階的に設けた結果，PAH，NPAH濃度は大幅に低下し，大気質が改善した．図1に金沢市のBaPと6-ニトロベンゾ[*a*]ピレン（6-BaP）の例を示した[3]．

d．アジアの現状

PAH類による大気汚染はわが国以外でも報告されているが，国によって発生源は様々である．中国の中・東北地方の都市大気汚染が深刻で，例えば，北京や瀋陽などの大気中PAH類の濃度は，わが国の都市の数十倍以上である．これらの都市では，冬に使用する石炭暖房がPAH類の主要排出源の一つになっている．一方，石炭暖房を使用しない上海では大気中のPAH類の濃度ははるかに低く，大きな南北差がある．東南アジア諸国の中で，ベトナムのハノイのようにモーターバイクが主要な交通機関になっている都市では，それから排出される大量のPAH類が大気汚染を引き起こしている．また，焼き畑農業を行う地域では，乾季に大量のPAH類がPMとともに大気中に放出され，住民の健康被害の一

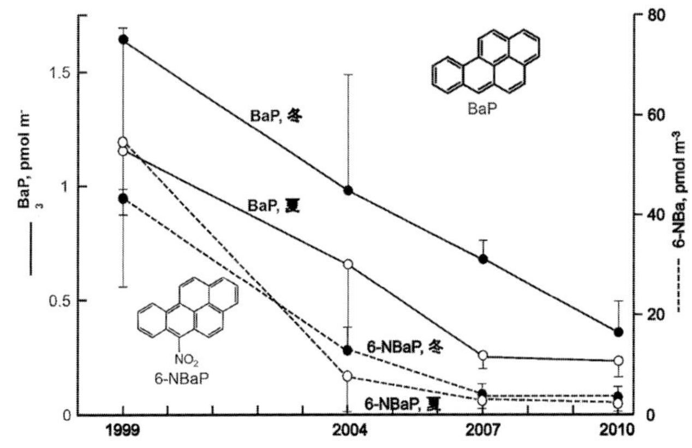

図1　金沢市の大気中ベンゾ[*a*]ピレン(BaP)と6-ニトロベンゾ[*a*]ピレン(6-BaP)の濃度の変化[3)]

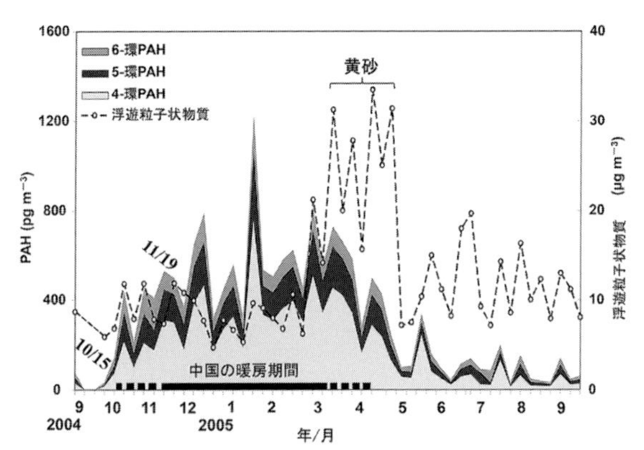

図2　能登半島の大気中PAH濃度の季節変動[4)]
[4環PAH]=4種類の合計. [5環PAH]=BaPを含む4種類の合計. [6環PAH]=2種類の合計.

因になっている[2, 3)].

e. 長距離輸送

冬季に中国の石炭暖房から大量に大気中に放出されたPAH類の一部は, 北西の季節風によって風下のわが国まで長距離輸送される. その結果, 例えば能登半島の大気中濃度は, 冬高夏低の季節変化を繰り返している(図2). 春先には, 長距離輸送されるPAH類が上空で黄砂の飛来と重なることもある. 最近, これまで増加を続けていた能登半島の大気中PAH濃度は, わずかではあるが低減に転じたことが確認された[4)].

［早川和一］

文　献

1) K. Hayakawa, ed.: Polycyclic Aromatic Hydrocarbons: Environmental Behavior and Toxicity in East Asia, Springer, 2018.
2) K. Hayakawa: *Chem. Pharm. Bull.*, **64**: 83-94, 2016.
3) 早川和一：大気環境学会誌, **47**：105-110, 2012.
4) N. Tang, *et al.*: *Atmos. Environ.*, **152**: 354-361, 2017.

7-14 ナノ粒子

Nanoparticle

ナノ粒子は粒径（粒子の直径）50 nm 以下の粒子，あるいは材料の分野では最も長い辺と短い辺が大きく異ならず，三辺の長さがそれぞれ 1～100 nm の粒子をさす[1]．大気の分野では伝統的に粒径 100 nm 以下の粒子は超微小粒子（ultrafine particle）と呼ばれており，自動車の排気に含まれる粒径 50 nm 以下の粒子が新たにナノ粒子と定義された[2]．エアロゾルとしてのナノ粒子の発生源は工業ナノ材料の生成過程での意図しない発じんや使用過程，燃焼起源，ガス状物質からの二次生成がある．

a. 特　　徴

ナノ粒子は個数濃度や比表面積が高い．また，粒子どうしの相互作用，あるいは粒子とガスの相互作用によりナノ粒子としての寿命は短く，ホットスポット的に，発生源の近傍では高濃度に存在し，急激に濃度が減少していく．

粒子どうしの相互作用として凝集がある．ナノ粒子はブラウン運動が激しく，拡散係数（D）や凝集定数（K）が大きい．

$$K=4\pi d_{\mathrm{p}}D$$

標準状態時に，例えば粒径 10 nm の K は粒径 1 μm の K に比べて約 20 倍大きい．個数濃度の時間変化は以下の式で表されるが，ナノ粒子は個数濃度（N）が高いため，粒子どうしが衝突しやすく，すみやかに濃度が減少し，凝集成長する．

$$dN/dt=-KN^2$$

粒子とガスの相互作用に関しては，特に粒径 100 nm 以下でケルビン効果が顕著となる．ここでナノ粒子が蒸気圧の比較的高い成分で構成され，その周囲と物質のやりとりをしている場合を考える．粒子とガスの平衡を保つためにはガス側の分圧（濃度）が飽和蒸気圧よりも高い状態（過飽和）が必要になる．しかも小さな粒子は曲率が大きいため，粒子を構成している分子は粒子表面から離れやすく，平面液滴との平衡状態よりも，より大きく過飽和である必要がある（これをケルビン効果という）．ナノ粒子がガスとともに，発生源から大気解放される時には過飽和の状態はまれであり，多くの場合では粒子の分子がガス側に流出し，粒子としては揮発が進む．逆に飽和蒸気圧よりもガスの分圧が高い場合には凝縮成長が進むことになる．

以上の特徴から，環境中では粒子として存在しなくなるか，アキュムレーションモードへ成長するため，ナノ粒子の粒径域で粒径を保つのは難しく，一般的にはナノ粒子としての寿命は短い．

b. 気相中ナノ粒子の測定および捕集法

個数，質量および化学成分の測定がある．いずれもナノ粒子よりも大きな粒子との分離（分級）が必要になる．分級には主に静電気力を利用する方法と慣性力を利用する方法がある．前者は主に個数濃度の計測と組合わせて粒径分布の測定に利用される．個数濃度の計測には粒子による散乱光強度を利用するが，そのままの大きさでは強度が微弱で検出困難である．散乱光強度は粒径の 6 乗に比例するため，アルコール等で粒径を拡大して測定する方法がとられる．一方，慣性力を利用する方法は一般的にはインパクタと組合わせて捕集に利用される．個々のナノ粒子は質量が小さく，慣性力も小さいため，ナノ粒子を含む空気を音速に加速し，かつ大気の 1/10 程度に低圧にして“すべり効果”を利用することで分級し，慣性衝突により捕集される．捕集後，秤量や化学分析に供される．

c. 工業ナノ材料

工業ナノ材料は，ある特長や機能を持つナノ材料であり，製品に付加価値をもたらしベネフィットをもたらす一方で，環境を経由して経皮曝露や吸入曝露による健康影響が懸念されている．ナノ材料は，外側の寸法がナノスケール（1～100 nm）であるか，あるいは内部構造あるいは表面構造がナノスケールの材料をさす[3)]．ナノ材料にはナノ粒子（三次元が 1～100 nm），ナノプレート（一次元が 1～100 nm）やナノファイバ（二次元が 1～100 nm）が含まれる．

1）種　類　工業ナノ材料は炭素（フラーレン，カーボンナノチューブ，ブラックカーボン等），金属（二酸化チタン，金，銀，酸化亜鉛，酸化アルミニウム等），有機物（デンドリマー等），セラミック（二酸化シリコン，ナノクレイ等）がある．化学物質の審査および製造等の規制に関する法律においてはこれらの工業ナノ材料は新規の化学物質とはならず，元素も審査の対象外のため，ナノ材料としての扱いについて議論されている．

2）気相中への発生プロセス　ナノ材料の生成過程の意図しない流出（清掃等）で室内環境等に飛散する．ナノ材料を含む製品の使用中や廃棄後にも環境に流出する可能性がある．

d．環境中のナノ粒子（主に自動車）

1）発生プロセス　ディーゼル車由来のナノ粒子は，ディーゼル車に特有の元素状炭素を多く含むスス粒子よりも粒径が小さい．ナノ粒子は元素状炭素の割合が小さく，燃料やエンジンオイル由来の有機物や硫酸が主体となる．ディーゼルエンジンからのナノ粒子の発生有無の支配要因として，エンジンの運転条件（アイドリングや高速運転からの減速時），燃料・エンジンオイル中硫黄含有量，排気の希釈条件，ディーゼルパーティキュレートフィルタ等の後処理装置の有無等がある．

2）欧州連合の自動車排気ガス規制　自動車の排気の質が改善され，排気中の粒子状物質の質量濃度としての測定が難しくなってきたこと，また，ナノ粒子の健康影響が懸念されることから，欧州連合では自動車排気中の粒子状物質の規制の単位を，質量基準に加えて個数基準を追加した．ディーゼル乗用車は Euro 5b（2011 年）の排気規制から個数規制が開始されている．不揮発性の粒子を対象に，粒径 23 nm の粒子を 50% 検出可能な測定器を用いて粒径 23 nm から 2.5 μm の間の個数濃度を計測する．なお Euro 5b の基準値は 6×10^{11} 個/km である．

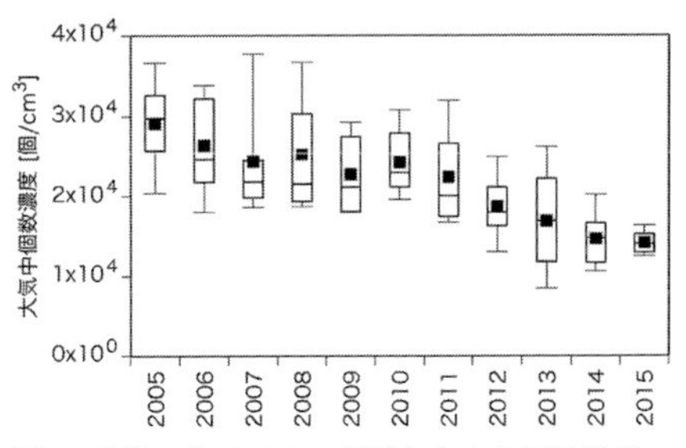

図 1　沿道におけるナノ粒子を含めた個数濃度の推移

3）環境中の挙動　空気 1 cm^3 あたりのナノ粒子を含む粒子個数は一般環境では 10 の 3 乗，沿道環境では 10 の 4 乗のオーダーである．自動車から排出されたナノ粒子は，道路から離れるにつれて急激に減少する様子が世界各地で観測されている．また，国内の沿道での長期モニタリングによると，個数濃度は年々減少傾向であり（図 1），今後も自動車排気の改善により，さらに減少していくと考えられる[4)]．

［藤谷雄二］

文　献

1）ISO/TS 80004-2: 2015 Nanotechnologies Vocabulary Part 2: Nano-objects, 2015.
2）D. B. Kittelson: *Journal of Aerosol Science*, **29** (5-6): 575-588, 1998.
3）ISO/TS 80004-1: 2015 Nanotechnologies Vocabulary Part 1: Core terms, 2015.
4）藤谷雄二：大気環境学会誌，**52**(1)：1-11，2017.

7-15 臭　気

Odor

a. 臭気を取り扱うに際して

においの感覚は人々にとって身近なものであるため，においが大気を通じて知覚され，不快感をもたらすと，ただちに悪臭問題として顕在化する．大気汚染とは異なり，人々の感覚的応答が問題に直結することから，嗅覚の特性やにおいの知覚に関わる影響因子を把握したうえで，臭気の測定・評価を行い，対策を講じる必要がある．

b. 悪臭苦情

全国の悪臭苦情件数[1]は，1972年度以降減少傾向であったが，1993年度の9972件を境に増加傾向に転じ，2003年度にピークの24587件に達した後，再び減少傾向を示している．発生源は，「野外焼却」が1993年度の266件（2.7%）から2003年度の10902件（44.3%）に増加しており，当時のダイオキシン問題や廃棄物不適正処理に対する社会的関心の高まりが背景にあると考えられる．2017年度の悪臭苦情件数は12025件であり，発生源の上位は「野外焼却」が3220件（26.8%），「サービス業・その他」が2045件（17.0%），「個人住宅・アパート・寮」が1348件（11.2%）となっている．

c. 悪臭原因物質

代表的な悪臭物質としては，畜産農業等から発生するアンモニア，硫化水素，塗装工場等から発生するトルエン，キシレン等がある．しかし，においの捉え方は個人の経験や生活環境，生理的条件によって様々であり，一般的な芳香であっても不快あるいはいやだと感じれば，その人にとっては悪臭となる．したがって，物質によって悪臭の原因となるかならないかを明確に分類することはできず，あらゆる臭気物質が悪臭の原因となる可能性を有している．

d. においの感覚

1）においの受容機構　においは，臭気物質が鼻腔内の神経細胞に受容されることによって生じる感覚である．鼻腔内上部の嗅上皮に到達した臭気物質は，嗅細胞の嗅覚受容体タンパク質に受容される．その後，嗅細胞の膜電位が変化し，それが電気信号となって一次嗅覚中枢である嗅球に伝えられる．ここで信号が整理され，さらに高次の嗅覚中枢である大脳嗅皮質に送られて，においが知覚される[2]．

2）においの感覚特性　臭気物質の中には非常に低濃度であってもにおいを感じるものがあり，代表的悪臭物質の嗅覚閾値濃度として，例えばメチルメルカプタンは0.000070 ppm，トリメチルアミンは0.000032 ppmとの報告[3]がある．閾値が低いということは，低濃度域での測定が必要であることを示すとともに，においの低減対策も高いレベルが求められることを意味している．また，実際の環境中では多成分混合系の複合臭として存在していることから，濃度と閾値の関係を念頭におくとともに，成分間の相互作用にも留意して，においの評価を行わなければならない．なお，感覚量の大きさ（感覚強度）は刺激量の大きさ（濃度）の対数に比例することが知られている（フェヒナー（Fechner）の法則）．ただし，この関係は一定の刺激量の範囲でのみ成立し，刺激量が小さい（閾値に近い）領域や大きい領域では当てはまらない．

e. 臭気の測定方法

臭気の測定は，問題を把握し，対策を考え，また継続的に監視するために重要である．測定方法は，成分濃度表示法と嗅覚測定法に大別される[4]．両者の特徴を理解し，目的に応じて使い分けたり対応づけたりすることで，有用な知見を得ることができる．

1) 成分濃度表示法　機器を用いて臭気物質の濃度を測定する方法が成分濃度表示法であり，機器測定法ともいう．においの原因物質の探索，発生源の特定，臭気対策の検討等に用いる．悪臭防止法では，規制対象となる特定悪臭物質（アンモニアなど 22 物質）の濃度を吸光光度法，ガスクロマトグラフ（GC）法，ガスクロマトグラフ質量分析（GC-MS）法等で測定することになっており，詳細は昭和 47 年環境庁告示第 9 号に示されている．一方，発生源の特性把握や臭気の自主管理等の目的で，簡易測定法としてにおいセンサ，検知管等を用いることもある．

2) 嗅覚測定法　人間の嗅覚を用いてにおいの感じ方を測定する方法が嗅覚測定法である．あらゆるにおいを対象とした複合臭の測定が可能であり，人間の感覚に直結した結果を得ることができる．悪臭防止法では臭気指数を測定することになっており，詳細は平成 7 年環境庁告示第 63 号に示されている．臭気指数とは，対象臭気を無臭空気でにおいを感じなくなるまで希釈した時の希釈倍数（臭気濃度）の常用対数値に 10 を乗じたものであり，三点比較式臭袋法[4] に基づいて測定する．嗅覚測定法には，6 段階臭気強度表示法，9 段階快・不快度表示法等もある．

3) 複合的方法　成分濃度表示法と嗅覚測定法を組合わせた方法として，におい嗅ぎ GC 法やにおい嗅ぎ GC-MS 法がある．これらは，成分を分離した後に検出器とにおい嗅ぎポートで同時にデータをとり，成分の情報とにおい感覚の情報を対応づけるものである．

f. 臭気対策

臭気対策の基本は，まず臭気を極力発生させないようにすることである．具体的には，発生源を取り除く，発生源を他のものに切り換える，発生しにくい条件に設定を変える，発生源をカバーする，発生時間を短くする等の方法がある．次に，発生した臭気については，フード等を用いて効率的に捕集したうえで，周りに影響を及ぼさない状態を保ちながら排出する．具体的には，臭気排出口の高さを高くして希釈させる，向きを周囲の住宅への方向から変える等の方法がある．このような対策を行ってもまだ不十分な場合には，適切な脱臭方法を導入する（表 1）．各脱臭方法の長所・短所[5] を把握したうえで，発生源の情報やコスト，維持管理方法も踏まえて総合的に判断する．　［樋口隆哉］

表 1　主な脱臭方法

脱臭方法	主な分類
燃焼法	直接燃焼法，触媒式燃焼法，蓄熱式燃焼法
洗浄法	水洗浄法，酸洗浄法，アルカリ洗浄法，酸化剤洗浄法
吸着法	固定床式回収法，流動床式回収法，ハニカム式濃縮法，交換式吸着法
生物脱臭法	土壌脱臭法，充填塔式生物脱臭法，曝気式脱臭法，スクラバー式脱臭法
消・脱臭剤法	噴霧法，混入法，散布法
その他	光触媒脱臭法，オゾン脱臭法，プラズマ脱臭法，低温凝縮法

文　献

1) 環境省水・大気環境局大気生活環境室：平成 29 年度悪臭防止法施行状況調査，2019.
2) 斉藤幸子他編：嗅覚概論，pp.39–57，におい・かおり環境協会，2017.
3) 永田好男，竹内教文：日本環境衛生センター所報，**17**：77–89，1990.
4) 岩崎好陽： 臭気の嗅覚測定法，pp.4–38，におい・かおり環境協会，2017.
5) 環境省環境管理局大気生活環境室：防脱臭技術の適用に関する手引き，2003.

7-16 大気中に浮遊する花粉

Airborne pollen grains

花粉は種子植物の葯の中で産出され，有性生殖に重要な精細胞または精子の担い手である微細な粒子状生体をいう．英語のpollenはラテン語に由来し，「微細な粉末」を意味し，粒子の集合体をさす．また花粉粒（pollen grain）とも呼ばれている．近年，花粉を構成する成分のうち，花粉アレルゲンというアレルゲンタンパク質が，花粉症の原因物質として注目されている．花粉症は花粉粒が，鼻や目等の粘膜に接触することによって引き起こされ，発作性・反復性のくしゃみ，鼻水，鼻詰まり，目のかゆみ等の一連の症状が特徴的な症候群のことである．ヨーロッパのイネ科花粉症，アメリカのブタクサ花粉症，日本のスギ花粉症が世界三大花粉症と呼ばれており，有病率は世界的に増加傾向にある疾患である[1)]．日本の場合，スギ花粉症の罹患人口は1980年代から年々増加傾向にあり，国内で最も罹患人口の多い疾患の一つとなっている．

a．花粉症について

これまで日本で報告された花粉症としてはヒノキ科のスギ，ネズ花粉症，キク科のブタクサ，ヨモギ花粉症，さらにイネ科花粉症等がよく知られる．19世紀初頭，英国で枯草熱（hay fever）の花粉症が記載され，イネ科の研究が開始された．それにより，イネ科の空中花粉測定や，患者への誘発反応，スクラッチテストによる診断が可能となった．アメリカではブタクサ花粉が枯草熱の最大の原因であったが，19世紀末には減感作療法の理論が提案され，1911年に減感作療法の臨床基礎研究が行われるようになった．一方，戦後の日本では抗原花粉・花粉症に関する研究が開始され，1960年代に荒木が抗原花粉調査とブタクサ花粉症症例の系統的な研究報告を行った．1970年代頃よりスギ花粉症の増加が目立ち始め，国民病といわれるようになった[2)]．近年の調査では，スギ花粉症の有病率は全国平均で26.5%，関東地方平均で33.5%となり，日本国民の4人に1人が花粉症の患者という深刻な状況である．現在，約61種類の花粉症が発見されている．

b．空中花粉計測方法について

海外では自動観測が可能なBurkardサンプラー，国内で一般的なDurhamサンプラー等が用いられている．また風向が考慮されたRotaryサンプラーも使用されている．捕集された花粉は光学顕微鏡で計数する．Durham，Rotaryでは単位面積あたりの花粉数（個/cm^2）に対し，Burakardの場合は単位体積あたりの飛散花粉数（個/m^3）を算出する．さらに，リアルタイム花粉モニター等を用いて単位体積あたりの飛散花粉数（個/m^3）を算出できるが，花粉以外の粒子を間違ってカウントしたり，花粉の種類を識別できないことは欠点である．

c．空中花粉飛散情報

花粉観測の初観測日は1月1日より初めて花粉が観測された日，飛散開始日は1月1日より初めて連続2日以上1個/cm^2以上Durham型花粉捕集器で観測された最初の日，最大飛散日は観測期間中1日に観測された花粉飛散数が最も多い日，飛散終了日は飛散終了期に3日連続して0個が続いた最初の日の前日である．スギ花粉情報[2)]は1986年に京都で観測し始め，続いて1年後の1987年から東京都が都民向けに花粉情報の提供を開始した．さらに翌年の1988年からは福岡市で長野らによるマスコミへの提供が始められた．また山形市では1998年から県医師会が花粉情報を公開し，2003年から山形県衛生研究所の

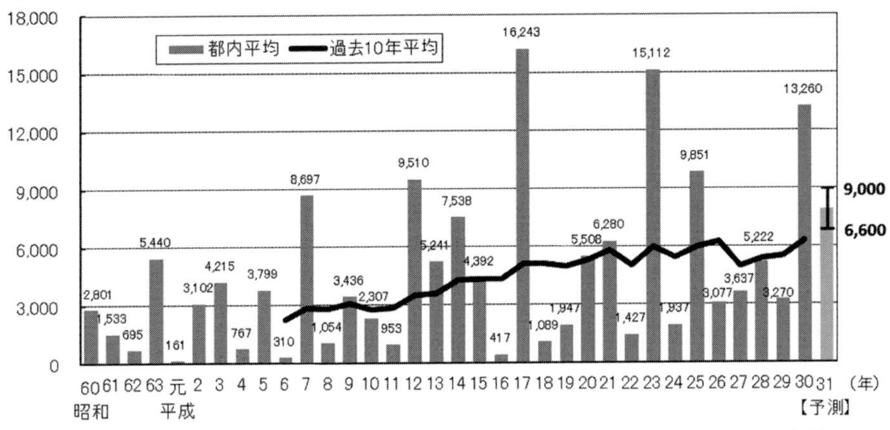

図 1　飛散花粉数の経年変化(出典：東京都健康安全研究センター 2019 年 1 月 23 日発表資料)

ホームページで公開している．さらに最近になってレーザ[3]，環境省の花粉観測システム（愛称：はなこさん）に採用された．この自動計測器を 2002 年から 6 年かけて都道府県すべてに平均 2 台設置し，1 時間ごとに更新されるリアルタイムの花粉情報を，環境省のホームページで原則スギやヒノキ花粉飛散時期にのみ公開している．現在は民間の気象会社や通信機器会社が独自に花粉情報の配信を行っている．また，携帯型エアサンプラーを用いた秋季におけるブタクサなどの草本類花粉飛散量の調査も提案されている[4]．東京都内における飛散花粉数経年変化を図 1 に示す[5]．

d．花粉症の対策

花粉症予防策として，大気中に浮遊する花粉に関する情報を利用することで，不要不急の外出を避けて飛散する花粉を吸い込まないことによって曝露を防止することが最も大切である．また，花粉学会が提唱しているように，個人予防対策としては，花粉情報をもとに，マスク，メガネ，帰宅後は手洗いやうがいの徹底等で花粉にさらされないように対応することが重要になる．また，交通量の多い沿道での運動を避けること，高性能空気清浄機を使用すること，室内の床等を清潔に保つこと等を推奨している[1]．しかしそうした個人的方法では，完全に花粉の曝露防止することは難しい．花粉源の抑制対策として，無花粉スギへの転換も必要であろう．　　　　［王　青躍］

文　　献

1) 王　青躍：予防時報，**257**：14-21，2014.
2) 斎藤　毅他：日本花粉学会会誌，**62**(2)：41-74，2017.
3) 佐橋紀男，藤田敏男：環境技術研究会，**32**：23-27，2003.
4) 王　青躍他：日本花粉学会会誌，**61**(2)：49-55，2016.
5) http://www.metro.tokyo.jp/tosei/hodohappyo/press/2017/01/19/12.html.
6) 宇佐神篤他：日本花粉学会会誌，**62**(2)：93-103，2017.
7) 王　青躍他：エアロゾル研究，**29**(S1)：197-206，2014.

7-17 黄　　砂

Kosa, Asian dust

「黄砂」という単語は，①気象現象をさす場合，②黄砂粒子・黄砂エアロゾルをさす場合，③両方をさす場合がある．本項では，①を黄砂現象，②を黄砂粒子・黄砂エアロゾルとして区別し，両者について解説する．

黄砂エアロゾルは，鉱物系エアロゾルの一種で，アジア大陸の乾燥地帯（砂漠や黄土地帯）の表層土が巻き上げられることによって生じる．巻き上げられた黄砂エアロゾルは浮遊・降下しつつ，気象条件が整えば，日本にも運ばれ，黄砂現象として観測される．

a．黄砂の飛来状況

全国の気象台では，黄砂エアロゾルによって大気が混濁した状態を観測者が目視で確認した時を黄砂現象としている．黄砂エアロゾルの飛来状況は，サンフォトメータ，気象衛星，ライダー，浮遊粒子状物質・微小粒子状物質測定装置等の計測結果からも確認，推測できる．

黄砂現象の観測日数は年によって異なる（図1）．2000～10年は年間の黄砂観測日数が30日を超える年が多かったが，2011年以降は年間黄砂観測日が10日台の年が多かった．黄砂現象は一般的に3～5月にかけて多く観測される．この時期は，黄砂エアロゾルの発生源地表層土が雪や植生で覆われていないだけでなく，寒冷前線を伴った温帯低気圧や前線帯に向けて高気圧から強風が吹くなど，黄砂エアロゾルの発生条件が整いやすい．このような条件は，春季に次いで秋季にも整いやすく，秋季にも黄砂が観測されることがある．

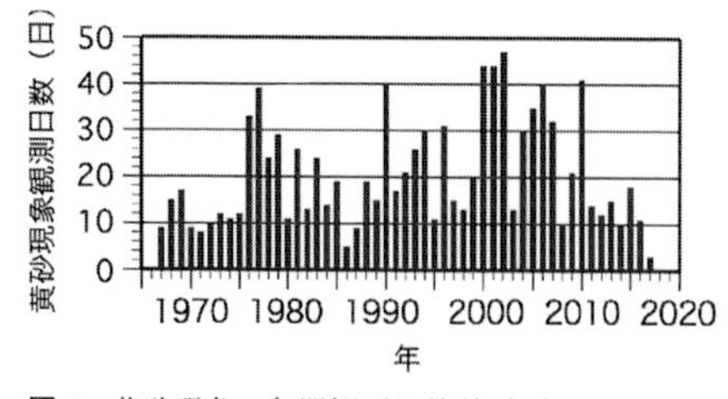

図1　黄砂現象の年間観測日数(気象庁ホームページの「地球環境のデータバンク」より作成)

黄砂エアロゾルの代表的な発生源地は，タクラマカン砂漠，ゴビ砂漠，黄土高原である．日本で大規模な黄砂現象が観測される時，その発生源地はゴビ砂漠であることが多い．タクラマカン砂漠から発生した黄砂エアロゾルは，多くの場合，地理的条件により，高高度まで巻き上げられ，日本上空を通過したとしても，黄砂エアロゾルが地表付近まで沈降することは少ない．そのため，観測者が目視で確認できるほど著しい視程の低下が見られないことが多い．このような著しい視程の低下を伴わない黄砂エアロゾルの輸送やそれに関与している黄砂エアロゾルをバックグラウンド黄砂[1)]と称する場合がある．この現象はライダーにより高い頻度で観測されている．

b．黄砂エアロゾルの化学的特徴

黄砂現象時のエアロゾルは，AlやFe等の土壌起源元素を含んでいる（表1）．表1の値を用いて算出したFe，Mn，Ba濃度のAl濃度に対する比（Al相対比）は，それぞれ0.55～0.59，0.013～0.016，0.0077～0.0088と，どの黄砂イベントであってもほぼ同じである．一方，Na，Ca，SrのAl相対比は，それぞれ0.25～0.41，0.40～0.91，0.0032～0.0055と，イベントによって異なる．これらの元素は発生源地によって含有率が異なると考えられている[2)]．なお，水溶性のCa（Ca^{2+}）は共存成分や試料と溶媒の割合によって溶出率が変化する．そのため，Ca^{2+}濃度の高低だけで黄砂イベントの判定をすることは難しい．

表1 2001年の黄砂現象時に壱岐で採取されたエアロゾルの化学組成例（文献[2]より作成）(μg/m^3)

採取日	3/6〜7	3/21〜22	5/16〜17
TSP	310	253	255
Na	6.19	4.63	3.88
Al	20.2	11.3	15.6
Ca	11.7	10.3	6.19
Mn	0.270	0.178	0.199
Fe	11.5	6.66	8.55
Sr	0.074	0.062	0.050
Ba	0.159	0.099	0.120
Ca^{2+}	7.81	8.36	3.35

黄砂エアロゾルの輸送経路上には東アジアの大都市が存在するため，大気汚染物質による黄砂エアロゾルの変質が指摘されてきた．偏光光学パーティクルカウンターの観測と大気エアロゾル試料の化学分析結果から，硝酸ガスが黄砂エアロゾルに取り込まれ，硝酸カルシウムが生成し，その高い潮解性から粒子表面に液層が形成され，黄砂エアロゾルが丸みを帯びていくことが示唆されている[3]．このような黄砂エアロゾルの変質は，黄砂エアロゾルの輸送高度が低い場合や，大都市上空における滞留時間が長い場合，さらに高湿度等の環境条件下でより促進される傾向がある．

c．黄砂による様々な影響

黄砂エアロゾルの環境への影響としては，日射のさえぎりによる日傘効果，雲凝結核として働くことによる雲形成の促進，酸性雨・雪の緩和，遠洋への栄養塩の供給，微生物・バクテリアの長距離輸送等が着目されている．黄砂エアロゾルを含んだ雨水や融雪水のpHは，黄砂エアロゾルに含まれるアルカリ性炭酸塩が部分溶解することにより，高くなる傾向がある．中国北部や日本においてしばしば観測されている酸性雨や酸性霧の酸性度が軽減される現象は，黄砂エアロゾルによると考えられている．

また，黄砂エアロゾルは，Fe等ミネラル分を多く含んでおり（表1），河川からの栄養塩供給がない遠洋・離島への栄養塩の供給源であると考えられている．黄砂粒子中に含まれるFeの大半は，難水溶性の3価Feとして存在しているが，長距離輸送中や海洋上で硫酸エアロゾル等と混合接触することにより，粒子表面の3価Feが溶解性の高い2価Feに還元されると考えられている．

黄砂エアロゾルによる健康影響については，動物実験[4]や疫学調査[5]による研究が進められている．黄砂粒子とアレルゲンをマウス等に投与した動物実験により，黄砂粒子がアレルギー反応を増悪することが明らかにされた．また，黄砂エアロゾルの飛来と急性心筋梗塞の発症やアレルギー性鼻炎との関係性についても指摘されている．疫学調査によっては，黄砂エアロゾル飛来時の小児喘息入院数の増加や救急搬送件数の増加，慢性咳患者の咳症状の悪化等が報告されている．黄砂エアロゾルに付着して長距離輸送された微生物によるヒトや家畜に対する病理学的基礎研究も注目されている．

［森　育子］

文　献

1) 岩坂泰信，西川雅高編：黄砂，古今書院，2009.
2) 西川雅高他：大気環境学会誌，**51**：218-229, 2016.
3) X. Pan, *et al.*: *Nature Scientific Reports.*, **7**: 355, 2017. doi: 10.1038/s41598-017-00444-w
4) 市瀬孝道：天気，**58**：31-36，2011.
5) 東　朋美他：エアロゾル研究，**29**：212-217, 2014.

7-18 ペルフルオロオクタンスルホン酸/ペルフルオロオクタン酸

Perfluorooctanesulfonic acid: PFOS/
Perfluorooctanoic acid: PFOA

PFOS（図1）およびPFOA（図2）は，有機フッ素化合物の一種で，安定な構造をしているため，環境中で分解されにくく，かつ，高い蓄積性も有する．そのため，環境水中や野生生物中に広範囲に存在していることが知られるようになった[1]．PFOSおよびその塩は，上記の性質を有することから，2009年5月に残留性有機汚染物質に関するストックホルム条約（POPs条約）の第4回締約国会議において製造・使用，輸出入を禁止とする規制対象（付属書B，適用除外有）に指定された[2]．また，PFOAに関しては，残留性有機汚染物質検討委員会において新規にPOPs条約対象物質とするかについて検討されている．

a．製造輸入量および用途

1） 生産量・輸入量等

① **PFOS**：PFOSの2005年における生産量は1～10 t/年であり，1製造業者で生産されている[1]．また，PFOSの半導体工業における2005年の消費量は，1178 kgである．PFOSを含む泡消火剤の備蓄量は，約21000 t（PFOS換算量：200 t未満）である．

② **PFOA**：化学物質の製造・輸入に関する実態調査によると，2001年度および2004年度におけるNH_4塩の製造（出荷）および輸入量は10～100 t/年未満である[3, 4]．

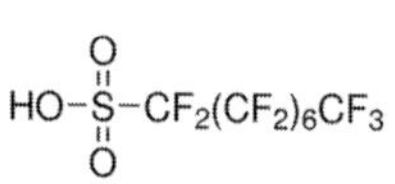

$$HO-\underset{\underset{O}{\|}}{\overset{\overset{O}{\|}}{S}}-CF_2(CF_2)_6CF_3$$

図1 PFOSの構造式

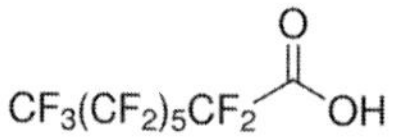

$$CF_3(CF_2)_5CF_2-\overset{\overset{O}{\|}}{C}-OH$$

図2 PFOAの構造式

2） 用 途 PFOSおよびその類縁化合物の主な用途は，半導体工業，金属メッキ，フォトマスク（半導体，液晶ディスプレー），写真工業，泡消火剤である．一方，PFOAの主な用途は，輸出，中間物，添加剤（樹脂用），その他製品用（触媒）である[4]．

b．分 解 性

PFOSの化学分解性に関して，加水分解しない[1]とされており，また，PFOAのそれは，大気中におけるOHラジカルとの反応性が半減期：130日（$F(CF_2)_2COOH$～$F(CF_2)_4COOH$として，23℃，700 mmHg），加水分解性が半減期：235年（外挿値，25℃，速度定数はpHが5.0，7.0，9.0の各試験を纏めて算出）と報告されている．

c．環境中濃度

1） 大 気 一般大気環境けるPFOSおよびPFOAに関する調査は，これまでManchester, UK（PFOS 7.1 pg/m^3，PFOA 15.7 pg/m^3，2007年）やBarsbuettel, Germany（PFOS n.q.-9.1 pg/m^3，PFOA n.q.-1.0 pg/m^3，n.q.：not quantified，2009年）において実施されている．一方，わが国における大気中PFOS/PFOAの一斉調査としては，2004年度に環境省が実施した曝露量調査がある．そこでは，PFOS/PFOAを対象として，国内20地点（57検体）において調査が実施されている（PFOS n.d.-44 pg/m^3，PFOA 0.22～5300 pg/m^3，n.d.：not detected）．その後，同じく環境省によって2010年度から継続的に大気中PFOS/PFOAの調査が実施されており．2015年度の調査[5]では．PFOS（検出下限値0.06 pg/m^3）．PFOA（同1.4 pg/m^3）ともに35地点すべてで検出されている．その濃度範囲はPFOSが0.59～8.8 pg/m^3，PFOAがtr（3.7）～260 pg/m^{3}であった．

2) 水 質　PFOS/PFOA を対象として，国内 48 地点において調査が実施されている（PFOS：120～4700 pg/L，PFOA；310～17000 pg/L，2015 年度）[5)].

d. 環境動態

近年の数多くの研究によると，PFOS および PFOA は，人間活動が活発な都市域だけでなく，北極や南極，そして北太平洋の真ん中のような遠隔地に生息する動物中からも検出され，地球規模での汚染の広がりが明らかになってきている．当初，PFOS，PFOA ともに，揮発性が一般的に乏しく，また適度に水溶性を有するため，大気による長距離輸送が行われるとは考えられず，このような調査結果は予測されなかった．その後，地球規模での移動，拡散は，一部の前駆体物質の大気経由の長距離輸送が原因ではないかと推測されるようになった．

発生源となりうる産業としては，これらのフッ素系界面活性剤の製造元のほか，これらの製品を利用するフッ素系樹脂の製造工場（特に PFOA），繊維や織物関係で特に表面処理を実施する工場，半導体関連その他の電子材料関連企業，金属メッキやエッチング関連工場，製紙・紙工業，ゴム・プラスチック関連工場（例えば鋳型によるウレタンバンパー製造）等が考えられている．

e. 類縁化合物

PFOS，PFOA 等の有機フッ素化合物はこれまで主に，電解フッ素化とテロメリ化という方法によって製造されてきた．図 3 に示すように，電解フッ素化による製造量はメーカーによる対策が始められた 2002 年以降大きく減少しているが，テロメリ化による製造量はそれ以降も年間 5000 t 程度となっている．電解フッ素化による製造方法ではフッ素化したアルキル基に約 3 割，アルキル基が組み変わった構造のものが生じる．具体的にはアルキル鎖長が元の構造と異なるものや，枝分かれ構造を持つものが副生成物となる．それらの副生成物は，それぞれペルフルオロアルキルスルホン酸類（PFASs）およびペルフルオロカルボン酸類（PFCAs）と呼ばれており，商業的に生産された PFASs/PFCAs 製品は，その主要な成分として直鎖で炭素数が 8 で PFOS/PFOA を含む混合物である．合成過程や原料にもよるが，PFASs/PFCAs 製品には，少なくとも炭素数が 4 から 13 の同族体が存在するとされ，PFOS/PFOA と同様に環境中から検出される．また，スルホンアミド類（FOSAs，FOSEs 等）やテロマーアルコール類（FTOHs）のような PFOS/PFOA の前駆体物質と考えられている有機フッ素化合物も環境中に広く存在することが明らかとなっている．

［東條俊樹］

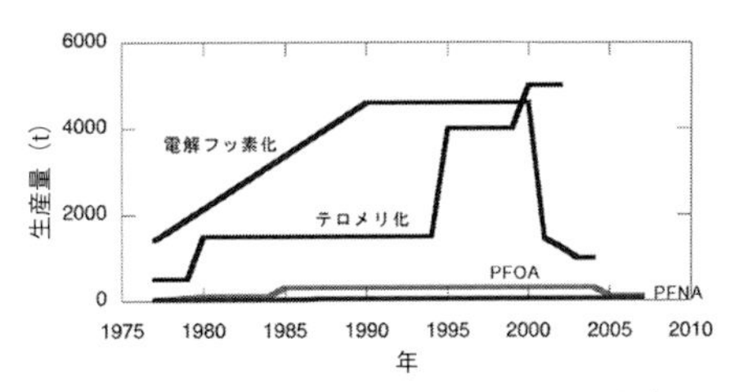

図 3　有機フッ素化合物の出荷量の推移[6, 7)]

文 献

1) 環境省：化学物質の環境リスク評価（第 6 巻），2008.
2) Stockholm Convention on persistent organic pollutants，2009.
3) 経済産業省：化学物質の製造・輸入量に関する実態調査，2003.
4) 経済産業省：化学物質の製造・輸入量に関する実態調査，2007.
5) 環境省：平成 27 年度化学物質環境実態調査，2017.
6) K. Prevedouros, *et al*.: *Environ. Sci. Technol.*, **40**: 32-44, 2006.
7) A. G. Paul, *et al*.: *Environ. Sci. Technol.*, **43**: 386-392, 2009.

7-19

放射性物質

Radioactive materials

放射性物質とは不安定な原子核を含む物質であり，放射線（γ 線，α 粒子，β 粒子等）を放出して安定な原子核に変化する[1]．大気中には，天然および人類起源の放射性核種（natural and anthropogenic radionuclides）が，気体状態，あるいはエアロゾルに付着して存在している．大気中の生成など，様々な過程により大気中に供給された放射性核種は，除去過程（湿性沈着，乾性沈着等）により大気から失われる．一方，地表面に沈着した放射性核種は再飛散（resuspension）により，再び大気に供給される．放射性核種はそれぞれに特有の半減期で減少するため，大気中の物質動態（輸送，除去等）のトレーサとして有用である[2, 3]．

a．天然の放射性物質

大気中の天然の放射性物質には，宇宙線により上層大気（下部成層圏，上部対流圏）で生成する放射性核種（^{7}Be，^{10}Be，^{3}H，^{14}C 等）と長寿命のため地球誕生以来存在している核種（ウランおよびトリウムとその子孫核種，^{40}K 等）がある．宇宙線生成核種（cosmogenic nuclides）は，宇宙線による大気中の原子（酸素や窒素等）の核破砕（spallation）により生成される[1]．^{7}Be（半減期：53.2 日）は宇宙線生成核種の中では放射能濃度が高く，地表大気で 10^{-3} Bq/m^{3} の桁で存在し容易に観測され上層大気のエアロゾルの輸送のトレーサとして用いられている．

大気中のウラン，トリウム同位体は主に土壌粒子の飛散に由来する．地表大気中の ^{238}U や ^{232}Th の濃度レベルは 10^{-7}～10^{-6} Bq/m^{3} である．日本の土壌は施肥によりトリウム同位体比が撹乱されており，黄砂など自然由来同位体比と区別できるので，大気中の土壌粒子の発生源同定のため利用できる[4]．ただし，ウランやトリウムは石炭燃焼灰にも比較的多く含まれ，一義的に発生源を同定することは困難な場合がある[4]．^{40}K の場合，安定カリウムの挙動に類似で海塩，植物燃焼等で比較的高い濃度になる．その他，ウランの子孫核種であるラドン（^{222}Rn，半減期：3.82 日）は気体であり，地表から大気に拡散している．地表大気中には ^{222}Rn は 10 Bq/m^{3} の桁で存在している．大気中のラドンやその子孫核種の ^{210}Pb（半減期：22.2 年）は，海洋からの発生量は少なく，大陸起源の気塊の指標として有用である．地表大気には ^{210}Pb は 10^{-4}～10^{-3} Bq/m^{3} 存在している[2]．

b．人類起源の放射性物質

1945 年のヒロシマ・ナガサキへの原爆投下以降，多くの大気核実験が行われ，大気圏に多量の放射性物質が放出された．微量ながら北極圏の氷床で長崎原爆起源の放射性物質（^{137}Cs，Pu 等）が検出されたこと等から，原爆に由来する人工放射性物質が地球全体に広がったことがわかり，1945 年が地球規模の放射能汚染の始まりの年となった．特に，1954 年にビキニ環礁で行われた米国の水爆実験の後，日本各地の降水中で高い放射能が観測された．

1957 年に日本全体にわたるモニタリングネットワークが構築され，大気降下物（降水・落下塵）中の放射性物質の観測が始まった．気象研究所で観測された ^{137}Cs 月間降下量の時間変化を図 1 に示す．核爆発により生成した放射性物質（^{137}Cs（半減期：30.2 年），^{90}Sr（半減期：28.8 年）等の核分裂生成物（fission products）やプルトニウム等の核分裂核種（fissile materials））は核爆発による超高温なため気体状ないしナノ粒子として上層大気に打ち上げられる．打ち上げられる高度は実験場の緯度や核爆発規模に依存するが，発生

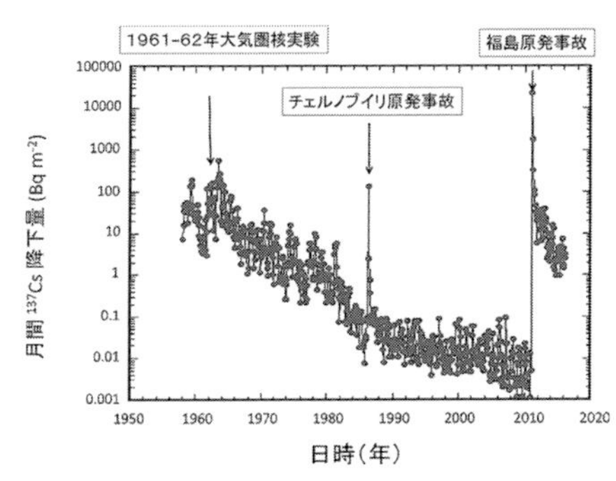

図1 月間^{137}Cs 降下量の経時変化

した放射性物質の大部分は，原爆規模（数十 kt まで）の場合上部対流圏に，水爆（1 Mt 以上）の場合成層圏に打ち上げられる[3]．放射性物質は上層大気のエアロゾルに付着して，エアロゾルの動きに従って，上部成層圏を通じて南北両半球間の輸送，上部成層圏から下部成層圏，さらに下部成層圏から対流圏に輸送される．対流圏に輸送された放射性物質は，湿性沈着や乾性沈着により地表に降下する．

図1では，1985 年までは主に大気圏核実験の，1986～88 年はチェルノブイリ原子力発電所事故の影響を受けて変動している．1990～10 は主に地上に降下した^{137}Cs の再飛散が，2011 年 3 月以降は福島第一原子力発電所事故の影響を反映している．

成層圏の放射性物質の分布と時間変化や地表の放射性物質の降下量の変動の解析から成層圏の放射性物質の半減時間が約 1 年であり，上部対流圏の放射性物質の半減時間が約 1 か月であることが明らかにされた．また，北半球中緯度域では，春期に降下量が極大となる季節変動を示すことが知られている．大気圏核実験に由来する^{137}Cs の地表への降下は気象条件に支配され特徴的な地理的分布を示す．発生源が明確な大気圏核実験に由来する放射性物質は上層大気におけるエアロゾル輸送のトレーサとして有効である．一方，核燃料再処理施設から，放射性希ガス（^{85}Kr 等）が大気中に放出されている．^{85}Kr は半減期（10.78 年）が長いので，大気中で蓄積し，現在では約 1.5 Bq/m^3 となっている．

チェルノブイリ[2]や福島第一原子力発電所事故（福島原発事故）[3]により，世界中が放射性物質で汚染された．大気圏核実験と異なり，放射性物質には短寿命核種の^{131}I（半減期：8. 02 日），^{132}Te（半減期：3.2 日）等が重要な核種として含まれている．また，核種の化学的性質により，放出過程や大気中の挙動が大きく異なる．放射性希ガス（^{133}Xe：半減期：5.25 日等）はほぼすべて大気中に放出される．また，化合物の揮発性が高い放射性ヨウ素や放射性セシウムは比較的多く放出されるが，不揮発性のプルトニウム等は放出量が少ない．福島原発事故の場合，事故時には大気中の^{137}Cs 濃度は，福島原発からの距離にも依存するが，10～10^3 Bq/m^3 に増加した[3]．なお，福島原発事故以前の^{137}Cs の濃度レベルは 10^{-7}～10^{-6} Bq/m^3 である．また，原発事故により放出された放射性物質の性質は大気圏核実験に由来するものとは異なり，比較的大きな粒径の粒子に含まれものも存在し，大気中の挙動も異なっている． ［廣瀬勝己］

文　献

1) 古川路明：放射化学．現代化学講座 15，朝倉書店，1994.
2) A. C. Chamberlain: Radioactive Aerosols, Cambridge University Press, 1991.
3) P. Povinec, *et al.*: Fukushima Accident: Radioactivity Impact on the Environment, p.382. Elsevier, 2013.
4) K. Hirose: Handbook of Environmental Isotope Geochemistry, Springer-Verlag, 2011.

7-20 揮発性有機化合物/非メタン炭化水素

Volatile organic compounds: VOCs/Non-methane hydrocarbons: NMHCs

揮発性有機化合物（VOCs）は，常温で揮発性を有し，大気中で気体状となる100種類以上の有機化合物の総称である．炭化水素（hydrocarbons：HCs）は，炭素と水素が結合した有機物の総称である．大気中の炭化水素濃度の評価には，光化学反応に大きく関与する非メタン炭化水素（NMHCs）がしばしば用いられる．本項では，VOCs/NMHCsの個別成分について解説した後，大気中濃度の指針値が定められているNMHC総濃度について概観する．

a．主な成分と発生源

主なVOCs成分と，地球規模で見た時の主な発生源・排出量を表1に示す．VOCsは，溶剤・塗料，ガソリン，自動車排気等に含まれるトルエンやベンゼンなど，主として人為発生源から排出される物質（anthropogenic VOCs：AVOCs）と，イソプレンやモノテルペン（α-ピネン，β-ピネン，リモネン等）など，主に植物から排出される物質（biogenic VOCs：BVOCs）とに大別される．また，塗料等の液体が蒸発して大気中に放出される場合と，自動車排気のように，燃焼に伴い排出される場合とがある．

b．有害性と悪臭

VOCsは有害性の観点で重要である．日本では，1996年に大気汚染防止法が一部改正され，有害大気汚染物質（hazardous air pollutants）234物質が指定され，そのうち特に健康リスクが高い22物質が優先取組物質に指定された．この優先取組物質の約半分がVOCsに該当し，そのうち，ベンゼンなど4物質には大気環境基準が定められている．また，特定悪臭物質に指定されているVOCsもある．

c．オゾンと微小粒子の前駆物質

VOCsは二次生成物質の原因（前駆）物質という観点でも重要である．すなわち，VOCsと窒素酸化物（NO_x）は，大気中で太陽からの紫外線エネルギーを受けると光化学反応を起こし，オゾンや微小粒子状物

表1 主なVOCsの発生源，排出量，大気中濃度

成　分	主な発生源[1]	地球全体での排出量（Tg-C/年）[1]	大気中濃度（ppbv）
メタン	湿地，海洋，化石燃料，反芻動物，水田，バイオマス燃焼，排泄物	401（308～495）	1720[a]
エタン	天然ガス，バイオマス燃焼，海洋，植物	10～15	27[b]
エチレン	燃料燃焼，バイオマス燃焼，陸上植物	20～45	22[b]
アセチレン	燃料燃焼，バイオマス燃焼	3～6	17[b]
プロパン	天然ガス，バイオマス燃焼，海洋，植物	15～20	56[b]
ブタン	燃料燃焼，天然ガス，バイオマス燃焼，海洋	1～2	42[b]
ベンゼン	燃料燃焼，バイオマス燃焼	4～5	17[b]
トルエン	燃料燃焼，バイオマス燃焼，溶剤	4～5	49[b]
イソプレン	森林／植物	500	0.05～30[c]
モノテルペン	森林／植物	125	0.03～5[c]

a）全球の平均値（1992年）[1]．b）米国南カリフォルニア都市大気（1987年夏季）[2]．c）森林大気や都市大気の観測値（1997～2011年）．

質（$PM_{2.5}$）を生成する．単位量のVOCsが生成し得る最大オゾン量（maximum incremental reactivity：MIR）はVOCs成分ごとに異なる．

VOCsから生成する微小粒子状物質は，有機物を主体とするため，二次有機粒子（secondary organic aerosol：SOA）と呼ばれる．SOAは紫外線強度の強い春から夏の日中に多く生成するが，夜間にも生成する．また，AVOCsからだけでなくBVOCsからも生成し，いずれも微小粒子の重要な構成成分である．

このように，VOCsはオゾンや微小粒子の重要な前駆物質であるため排出削減の努力がなされてきた．自動車排気については，炭化水素の排出規制が年々厳しくされてきた．工場等の固定発生源からのVOCs排出に関しては，排出規制，自主的取組みの促進等の施策が講じられてきた．また，化学物質排出移動量届出制度（pollutant release and transfer register：PRTR）等によって，VOCsの排出量や移動量が推計・報告されている．

d．大気中濃度

1）個別成分　有害大気汚染物質の優先取組物質については，地方公共団体が定期的に大気中濃度を測定している．一方，他のVOCsの測定義務はなく，調査・研究の目的に応じた測定が行われている．表1に主なVOCs成分の大気中濃度の観測例を示す．一般的にAVOCsの濃度は，人為発生源の多い都市域で高い．一方，BVOCsの濃度は，森林大気中で高く，都市域では低い．メタンは，強力な温室効果ガスであり，大気中での寿命が数年と長い．一方，表1に示したメタン以外のVOCsの大気中での寿命は数時間から数十日程度である．そのため，メタンの大気中濃度は，他のVOCsよりも桁違いに高く，

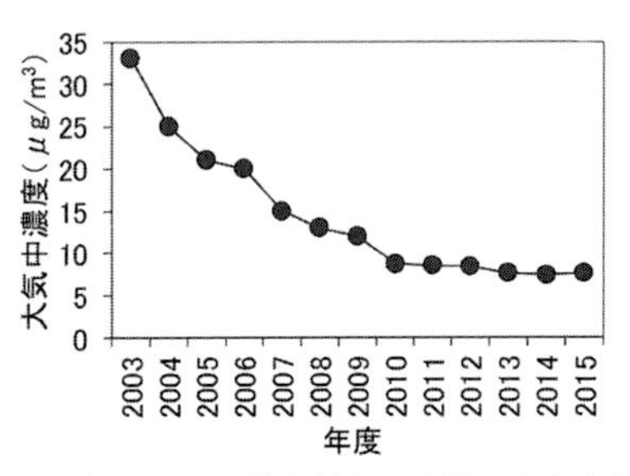

図1　大気中トルエン濃度（全国平均値）の経年変化[3]

時空間的な変動は小さい．

代表的なAVOCsであるトルエンの大気中濃度（全国平均値）の経年変化を図1に示す．トルエンも他の多くのAVOCsも，近年濃度が低下してきた．2015年度において，トルエンの全国平均濃度は一般環境地点で7.4 μg/m^3，固定発生源周辺で7.3 μg/m^3，沿道で8.4 μg/m^3であった．

2）NMHC　NMHCに関しては，光化学オキシダントの生成防止のための指針値として，午前6～9時の3時間平均値が0.20～0.31 ppmC（炭素換算濃度）以下と定められている．そのため，NMHCは全国約500か所の大気汚染常時監視測定局で測定されている．全国のNMHC濃度は年々低下してきており，2014年度における午前6～9時の年平均値は，一般環境大気測定局で0.14 ppmC，自動車排出ガス測定局で0.17 ppmCであった．

［伏見暁洋］

文　献

1）秋元　肇他編：対流圏大気の化学と地球環境，学会出版センター，2002.

2）J. H. Seinfeld, S. N. Pandis: Atmospheric chemistry and physics: From air pollution to climate change, John Wiley & Sons, 1997.

3）環境省：平成27年度大気汚染状況について．有害大気汚染物質モニタリング調査結果報告，2017.

7-21 窒素酸化物

Nitorgen oxides

大気汚染物質として一般によく使われる「窒素酸化物」という表現は，NO_x と略記される．一酸化窒素（NO）と二酸化窒素（NO_2）の合算量，すなわち $NO_x=NO+NO_2$ を意味する．

a．NO（一酸化窒素，nitric oxide）

空気を助燃材とする燃焼過程から排出されるガス中には必ず NO_x が含まれる．その原因は，空気の主成分である N_2 と O_2 が，高温下で NO を生成するためである．

$$N_2+O_2 \rightleftarrows 2NO \quad ①$$

反応①は平衡反応であり，空気中に共存し得る NO の量は温度で決まる．1 気圧の空気下，常温付近での NO 存在量は約 3×10^{-17} 気圧（空気に対する分率が約 $3\times10^{-17}=3\times10^{-11}$ ppm）程度であり，その存在は無視し得る．一方，自動車エンジン内部のような高温条件（代表的到達温度 1800℃程度）では，①の平衡反応は大きく右に偏り，NO の存在量は 10^{-3} 気圧＝分率 0.1%のオーダーになってくる．

b．NO_2（二酸化窒素，nitrogen dioxide）

燃焼排ガス中に含まれる NO の一部はさらに酸化が進み，NO_2 となる．

$$2NO+O_2 \rightarrow 2NO \quad ②$$

この反応の速度は NO 濃度に対して二次の次数を持つため，一般環境中のように NO 濃度が ppm レベルより低い条件下では反応は遅く，重要ではない．しかし，自動車排ガス内のように NO 濃度が高いと反応②の寄与は十分大きい．その結果，自動車排ガス中の NO_2/NO 比は平均で 10%程度であることが報告されている[1]．このように燃焼排ガス中には NO_x も存在する．空気を高温にすることで生成することから，サーマル（thermal）NO_x と呼ばれる．

人為活動が盛んな都市域や工業地帯等のエネルギー多消費地では NO_x 濃度は高い．一方，一般大気環境中では NO は O_3 や RO_2(R は水素（H）あるいは有機骨格，CH_3，等を表す代替表現）等の過酸化物と反応して NO_2 になる．NO_2 はさらに酸化が進むと NO_3 となるが．環境大気中では NO_3 濃度は低く，後述する反応性総窒素化合物 NO_y 中に占める割合は小さい．

NO_2 にはヒトへの健康影響があり，知られており，多くの国で環境基準が定められ，日本の NO_2 環境基準は「1 時間値の 1 日平均値が 0.04 ppm から 0.06 ppm までのゾーン内またはそれ以下であること」である[2]．年平均値でみた全国の汚染状況は，大気汚染防止法による規制により，一般局・自排局とも 1980 年頃までの大幅な改善と，その後の横ばい状態，2000 年前後からの緩やかな減少傾向がみられる状況にある[3]．

c．N_2O_5（五酸化二窒素，dinitrogen pentoxide）

N_2O_5 は分子内に二つの N 原子を持つ．N_2O_5 は熱的に不安定で，常温では容易に分解して NO_2 と NO_3 を生成する．両分解生成物は逆反応により N_2O_5 を再生成する．すなわち，N_2O_5 は NO_2+NO_3 と平衡にあるため，夜間の大気化学反応系において主要な役割を担う NO_3 ラジカルの供給源となり，同ラジカルのリザバー（貯留）化合物の役割を果たしている．

また，N_2O_5 は粒子上や物質表面上の水分子と反応して，$PM_{2.5}$ や酸性雨の主成分の一つである硝酸（HNO_3）を生成することから，大気中硝酸あるいは硝酸塩（NO_3^-）の主要発生源の一つである．

d．HNO_2（亜硝酸，nitrous acid）

HNO_2 は水に溶解した NO_2 の不均化反応（酸化還元反応）により水溶液中に生成する．この反応を化学量論的に書くと，

$$2NO_2(aq)+H_2O$$

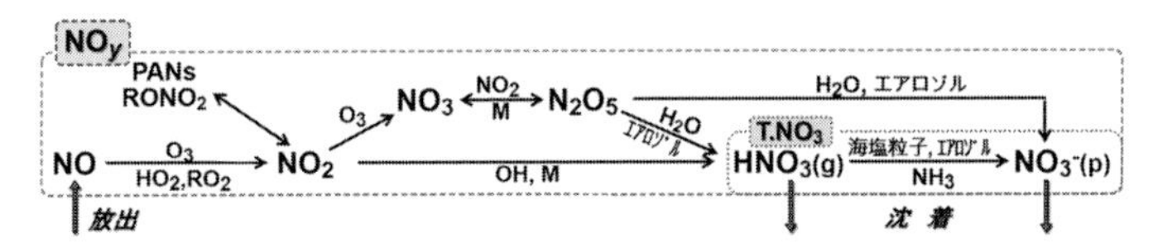

図1　窒素酸化物系大気汚染物質の大気化学変換過程（模式図）
図中のPANs，$RONO_2$は分子内に-ONO_2基を有する有機硝酸エステル類を表す．また右下段のT.NO_3は全硝酸を表し，ガス状HNO_3と粒子状NO_3^-の合算量を示す．

$$\rightarrow HNO_2(aq) + HNO_3(aq) \qquad ③$$

X（aq）は水中に溶存する物質Xを表す．また，水中にNOが共存する場合には，

$$NO(aq) + NO_2(aq) + H_2O \rightarrow 2HNO_2(aq) \qquad ④$$

反応④によりHNO_2が生成する．実環境では，様々な物質表面に存在する吸着水や水滴中にNO_2やNOが吸着・溶解することで反応③や④が進み，HNO_2(aq）の生成とHNO_2ガスの大気への放出が起きる．

HNO_2は太陽光により分解し，OHとNOを生成する．生成するOHラジカルは大気中の様々な化学物質の酸化分解過程の反応開始剤として，また光化学スモッグ反応の連鎖担体として大気化学的に最も重要なラジカル化学種であり，その観点からHNO_2は大気化学的に重要な物質である．

e．HNO_3（硝酸，nitric acid）

大気環境中におけるHNO_2の重要な生成過程は，次の反応である．

$$OH + NO_2 + M \rightarrow HNO_3 + M \qquad ⑤$$

また，項目c.に記載のN_2O_5とH_2Oの不均一反応からも生成する．HNO_3は窒素酸化物系化合物の中で最も熱化学的に安定である．吸着性が高く水への溶解度もきわめて高いことから，容易に大気中から除去され得る．この性質によりHNO_3は雲に取込まれたり（rain-out），雨滴に洗い落とされたり（wash-out）といった過程を経てNO_3^-を含む霧や雨として地上に落ちてくる（wet-deposition）か，エアロゾル粒子表面に吸着してNO_3^-を含んだ粒子として地表面に沈着する（dry-deposition）．

このように，HNO_3はNO_xとして大気中に放出されたNO_y化学種の大気からの消滅先となっている．

f．NO_y（反応性総窒素化合物，reactive-odd nitrogen compounds）

NO_yという表現は，もともとはある特定の分析装置（高温金コンバータ式NO-O_3化学発光法窒素酸化物計）により測定される窒素酸化物系汚染物質の総量を表す用語として使用が始まった．実態としては，上述のNO_xから始まりHNO_3およびNO_3^-までに至る一連の窒素酸化物系物質群の総称として使われている．

このNO_xからHNO_3およびNO_3^-までの大気化学変化過程を模式的に示したのが図1である．

g．N_2O（亜酸化窒素，nitrous oxide）

N_2Oは分子内に二つのN原子を持つが，N_2O_5と異なりN原子どうしが直接結合するN=N結合を持ち，化学的にきわめて不活性であり，対流圏内ではほとんど反応しない．そのため，N_2OはNO_yには含めない．また，水への溶解度も低く対流圏での大気中寿命が長いことに加え，赤外線を吸収することから，主要な温室効果気体の一つである．　［坂東　博］

文　献

1）Y. Itano, *et al.*: *Sci. Total Environ.*, **379**: 46, 2007.
2）環境庁：二酸化窒素に係る環境基準について，昭和53年7月環境庁告示第38号.
3）環境省：平成28年度 大気汚染状況. http://www.env.go.jp/air/osen/index.html.

7-22

アンモニア

Ammonia

大気中に存在するアンモニア（NH_3）は図1に示すように，様々な動態を示す．

アンモニアは塩基性物質であり，硫黄酸化物や窒素酸化物の変質過程において，硫酸（H_2SO_4）や硝酸（HNO_3）の中和に大きく関与する．中和反応によって生成されたアンモニウム塩は二次粒子であり，一般的には微小領域に存在するため，アンモニアは $PM_{2.5}$ 中無機イオン成分の主要な前駆物質と見なすことができる．なお，アンモニウム塩のうち，硝酸アンモニウム（NH_4NO_3）は半揮発性を示すが，そのことがろ過捕集法における $PM_{2.5}$ 濃度の過小評価をもたらす要因となっている．

地表面に湿性沈着したアンモニウムイオン（NH_4^+）は，土壌微生物の働きにより硝酸イオンに変換される．この際，2原子の水素イオン（H^+）を放出するため，大気中では酸の中和に寄与する一方，土壌中ではその酸性化に寄与することになる．

a．ハーバー・ボッシュ法による生成

窒素（N）は食料の生産に必要な肥料の主成分であり，タンパク質を構成する元素でもあることから，生命を支えるのに必須な元素である．人口増加を支える上で十分な窒素系肥料の確保が必要であった背景のもと，空気中に多量に存在する窒素を反応性の高い他の窒素化合物に固定することが求められ，結果，水素（H）と直接反応させてアンモニアを合成する技術がハーバーとボッシュによって初めて見出された（ハーバー・ボッシュ法）．以降，100年以上が経過した現在でも，同手法は人類の生活を支えるために必要不可欠なものとなっている．

b．主要な発生源

図2に，EAGrid2010-Japan[1)] で推計された国内における年間アンモニア排出量の内訳を示した．家畜による排出が62.4%を占めており，プロセスとしては厩舎内からの放出，堆肥貯蔵および散布，放牧（牛の場合）が考慮されている．なお，施肥は化学肥料散布に，人は発汗に起因した排出量となっている．

c．測定・分析手法

わが国では，SO_2 および NO_2 の大気中濃度には環境基準が設けられており，公定法に基づく常時監視ネットワーク網が整備されている．他方，アルカリ性ガスとして二次粒子の生成に寄与するアンモニアには，その大気中濃度に対する環境基準はな

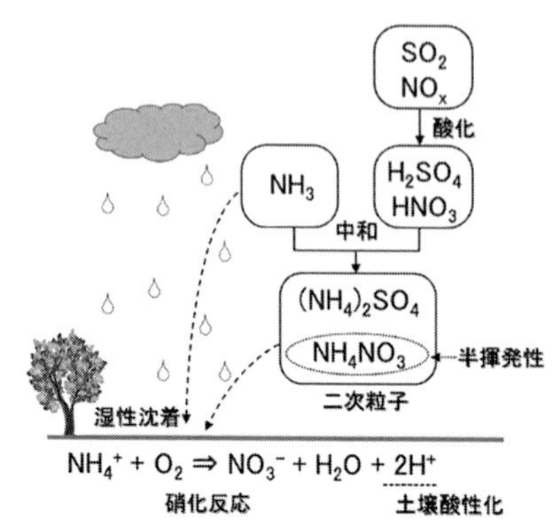

図1　大気中における NH_3 の動態

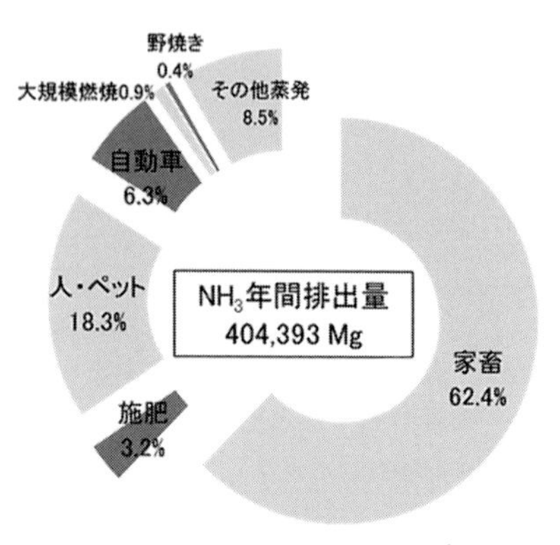

図2　国内 NH_3 排出量の内訳[1)]

く，ゆえに公定法および監視体制が存在しない．従来の大気アンモニア測定では，パッシブ法，フィルタパック法，デニューダ法等のマニュアルサンプリングが使用されており，その分析はイオンクロマトグラフ法やインドフェノール青吸光光度／フローインジェクション分析（FIA）法で行われている．しかしながら，アンモニアの排出構造は大きく日内変動するため，時間分解能の高い測器の開発が望まれる．

d．大気濃度の実態

二次粒子として存在する硝酸アンモニウム（NH_4NO_3）は半揮発性を示すことから，その測定では捕集フィルタ上からの揮発が発生する．これは，フィルタパック法において粒子濃度に負の誤差を，NH_3 濃度に正の誤差を生じさせることになるため，NH_3 濃度を高時間分解能で測定したい場合にはデニューダ法が推奨される．デニューダ法の適用では機材や作業時間といったコスト負担が大きいことから，わが国での NH_3 濃度の測定事例は限られているが，櫻井ら[2]が関東地方の東京都新宿区（都市），東京都狛江市（郊外），千葉県我孫子市（郊外），群馬県勢多郡（農畜産域）の 4 地点で行った 2000 年の通年観測では，年平均値がそれぞれ 3.36 $\mu g\ m^{-3}$，1.98 $\mu g\ m^{-3}$，2.13 $\mu g\ m^{-3}$，2.26 $\mu g\ m^{-3}$ であったと報告されている．また，東京都新宿区（都市）と群馬県勢多郡（農畜産域）では夏季における濃度上昇が顕著であり，最高でそれぞれ 6.01 $\mu g\ m^{-3}$ および 7.07 $\mu g\ m^{-3}$ が観測され，近傍に存在する人為起源および農畜産起源の排出量増加に起因したものであることを指摘している．

e．富栄養化とアンモニア

富栄養化とは，湖沼や湾等の水域で窒素やリン等に代表される栄養塩類（nutritive salt）が多く存在するようになる現象である．水中における窒素やリンの高濃度化は，それらを栄養とする植物プランクトン（アオコ等）の異常増殖を引き起こす．植物プランクトンは水中の酸素を消費して酸欠水を生じる．この酸欠状態によって水域の魚介類を死滅させる．

富栄養化は自然に起こりうる現象であるが，その進行は本来，長期にわたる緩慢な過程である．ところが近年の人口増加や経済発展に伴う生産活動の増加によって，生活，工業，農業排水などの流入負荷が増加し，短期間に富栄養化が進行している．今日問題となっている富栄養化とは，人為の影響で急速に進行する人為的富栄養化現象をさし示している．

アンモニアは富栄養化を導く主要因物質の一つとして挙げられる．近年の生産活動増加に伴い，アンモニアを多く含有する化学肥料の使用や家畜頭数が増加しており，これら農畜産起源によるアンモニアの大気中への排出量は増加の傾向にある．農業排水の流入に加え，大気中からのアンモニアの負荷も，富栄養化を進行させる大きな要因になり得る．

f．水素キャリアとしての活用

次世代エネルギーとして，水素を燃料とする燃料電池に注目が集まっているが，その貯留，運搬は高圧もしくは低温条件下に限定される．他方，アンモニアは 20℃，8.6 気圧で液化するため，水素よりも手軽に扱うことができ，今後の水素キャリアとしての利活用が期待されている．

［櫻井達也］

文　　献

1）福井哲央他：大気環境学会誌，**49**（2）：117-125，2014.
2）櫻井達也他：大気環境学会誌，**37**（2）：155-165，2002.

コラム AQI（大気質指数）

Air quality index

AQIとは，大気汚染による健康影響の程度と対応策を示すための指標である．国によりAPI（air pollution index），AQHI（air quality health index）など，異なる呼び方がある．AQIは，対象とする複数の大気汚染物質の濃度に対応した指数を換算式に基づいて求め，1時間あるいは1日の最大の指数をその地点のAQIとする．したがって，同時に測定している他の汚染物質濃度（指数）は考慮されない．

対象としている大気汚染物質は$PM_{2.5}$，PM_{10}，O_3（オゾン），NO_2（二酸化窒素），CO（一酸化炭素），SO_2（二酸化硫黄）等であるが，国により項目や数は異なっている．また，国により環境基準濃度が異なるように，汚染物質の濃度から指数への換算式も異なっている．

AQIを決定した（すなわち指数が最大であった）大気汚染物質を主要汚染物質として，AQIとともに公表することが多いが，測定しているすべての大気汚染物質の指数を公表したり，濃度そのものを同時に公表したりすることも多くなっている．主要汚染物質は，都市の状況や季節によって変化するが，現在では$PM_{2.5}$（あるいはPM_{10}），O_3がこれになることが多い．

健康への有害性や対応策のランクと，指数（AQI）との対応は各国でほぼ共通しており，100を基準として，0〜500（あるいは600）を「良好」から「危険」まで5あるいは6ランクに区分するものが多い．表に米国EPAの区分を例示する．

このように，AQIは大気汚染物質の濃度を示すより一般の住民にとってはその影響や対応がわかりやすいという利点があるため，各国で採用され予報等にも用いられるが，わが国では採用していない．

各国のAQIの詳細については，米国EPAの大気汚染速報サイト（AirNow）のHPで紹介されているので，参照されたい（https://www.airnow.gov/index.cfm?action = topics.world）．　［田村憲治］

表　米国EPAにおけるAQIと対応する健康レベルおよびその意味
（https://www.airnow.gov/index.cfm?action＝aqibasics.aqi）

AQI区分	健康に関するレベル	意　味
0〜50	Good（良好）	大気の質は満足できるものであり，大気汚染のリスクはほとんど，あるいは全くない．
51〜100	Moderate（中程度）	大気の質は特に問題ないが，大気汚染に特に敏感な人の中にはわずかな影響があるかもしれない．
101〜150	Unhealthy for Sensitive Groups（影響を受けやすい人々に悪影響）	多くの人には影響がないが，影響を受けやすい人には健康に影響があるかもしれない．
151〜200	Unhealthy（健康に悪影響）	すべての人に健康影響が出始めるかもしれない．影響を受けやすい人にはより深刻な影響があり得る．
201〜300	Very Unhealthy（健康にきわめて悪影響）	健康上の注意警告：誰でもより深刻な健康影響があり得る．
301〜500	Hazardous（危険）	健康上危険な緊急状況．すべての人がより影響を受けやすい．

コラム　調理排気
Cooking exhaust

調理排気（cooking exhaust）とは，加熱調理に伴い発生する排気を指す．調理排気は，食材に含まれる成分のほか，加熱過程で生成した成分で構成される．前者の大部分は水蒸気であるが，そのほかにも脂肪酸，直鎖炭化水素，アルコール類，ステロール類，エステル類などが挙げられる．このうち脂肪酸は脂質を多く含む食材の加熱調理により大量に発生する．なお，脂肪酸を大量に含む粒子はオイルミスト（oil-mist）と呼ばれる．一方，後者の代表例としては，主として燃料の燃焼にともない生成する二酸化炭素，一酸化炭素，窒素酸化物に加えて，食材が加熱されることで生成するアクリルアミドや多環芳香族炭化水素（polycyclic aromatic hydrocarbons, PAHs）等が挙げられる．

調理排気に含まれる成分の量や組成は，燃料（ガス，電気，バイオマス等）や食材のほか，調理器具や調理方法（焼く，揚げる，蒸す等）によって大きく異なる．また，一般に加熱温度が高いほど調理排気中の成分の量は増加し，かつ有害性の高い成分が増加する傾向がある．特に食材が火に直接触れるバーベキューなどの直火調理や，炭火を用いる炭火焼き調理などでは，変異原性を有するPAHsの生成量が増加する．

調理排気は喫煙や暖房，建材などと並んで室内空気汚染（indoor air pollution）を引き起こす一因である．とりわけ調理の熱源として石炭やバイオマスを用いる東南アジア諸国の一部では，調理排気は室内空気汚染の主原因となっており，居住者の健康への影響が懸念される．加えて，調理排気の一部は屋外に排出される．大気中の有機炭素の一部は調理排気に由来するものである．　［田中伸幸］

図　電力中央研究所が実施した調理実験（サンマの焼き調理）の様子
うっすらと白煙が上がっている．

8

物　質　編

［注］ ヘンリー定数の単位には様々あるが，ここでは便宜的に「M/atm」に統一した．この場合，各物質の水への溶解しやすさを表す．

アクリロニトリル（acrylonitrile）C_3H_3N

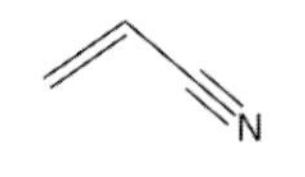

分子量：53.06，融点：−83.55℃，沸点：77.3℃，蒸気圧：11.0 kPa（20℃），比重：0.806（20℃/4℃），ヘンリー定数：7.24 M/atm（25℃），オクタノール／水分配係数（log Kow）：0.25．

対流圏大気中でのアクリロニトリルとOHラジカルとの反応速度定数は 4.1×10^{-12} cm³/分子/秒（25℃）で，OHラジカル濃度を 5×10^5～1×10^6 分子/cm³ とした時の半減期は2～4日と計算される．アクリロニトリルは290 nm以上の光を吸収しないので，大気環境中では直接光分解されない．2001年度の国内供給量（製造量＋輸入量−輸出量）は 6.80×10^5 t と推定される．アクリロニトリルの用途は，合成繊維やABS樹脂等の樹脂原料等である．2001年度PRRTデータによると，アクリロニトリルは届出事業者から大気へ880 t，公共用水域へ72 t排出され，廃棄物として623 t，下水道に204 kg移動している．届出外排出量としては，対象業種の届出外事業者から956 tが推計されている[1]．

アクリロニトリルの疫学的知見からはヒトに発がん性を示すという適切な証拠はない．指針値算出にあたっては，慢性影響に関するデータ等からは，労働者についておそらく健康への悪影響が見られないと期待できるレベルは1 mg/m³ であること，一般環境には労働環境と違い高感受性社が存在すること，ヒトの発がん性を完全に除外することはできなことを考慮し，総合的な係数として500を用いることが適当とした．これより，アクリロニトリルの指針値は年平均値2 μg/m³ 以下とされた[2]．

［上野広行］

文　献

1）製品評価技術基盤機構：化学物質の初期リスク評価書 Ver1.0 No.64 アクリロニトリル，2005.
2）中央環境審議会：今後の有害大気汚染物質対策のあり方について（第七次答申），2003.

アジピン酸（adipic acid）$C_6H_{10}O_4$

白色結晶．分子量[1]：146.142，融点[1]：151～154℃，沸点[1]：338℃，蒸気圧（25℃）[1]：2.27×10^{-7} mmHg，密度[1]：1.36（25℃），酸解離指数[2]：$pK_{a1}=4.4$，$pK_{a2}=5.4$（25℃），水への溶解度[1]：30 g/L（30℃），ヘンリー定数[2]：2.18×10^8 M/atm（25℃），オクタノール／水分配係数（log Kow）[1]：0.08．

［大河内　博］

文　献

1）PubChem Open Chemistry Database. https://pubchem.ncbi.nlm.nih.gov/compound/
2）H. Okochi, P. Brimblecombe: *The Scientific WorldJOURNAL*, **2**: 767-786, 2002.

アセトアルデヒド（acetaldehyde）CH_3CHO

刺激臭のある無色透明の液体，分子量：44.1，融点：−123.5℃，沸点：20.2℃，蒸気圧：1.01×10^5 Pa（25℃），液密度：0.788，水への溶解度：任意の割合で混和，ヘンリー定数：15.0 M/atm（25℃），オクタノール／分配係数（Log Kow）：−0.34，CAS番号：75-07-0.

主な用途は酢酸や酢酸エチルを経る化学

物質の製造原料である．大気汚染防止法の有害大気汚染物質の優先取組物質に指定されている（指針値は未設定）．

悪臭防止法の特定悪臭物質に指定されている．特定第1種指定化学物質である．厚生労働省では室内濃度指針値を 48 μg/m^3 と定めている．

特定化学物質の環境への排出量の把握等及び管理の促進に関する法律による全国の届出排出量・移動量の集計（2017 年度）によると，大気中への排出量は 42.8 t/年であるが，届出外排出量として大気中へは移動体から 1,981 t/年（内自動車，二輪車，特殊自動車合計 171.8 t/年），たばこの煙による家庭から 313 t/年と推計されており，届出外排出量の割合が非常に高い．

大気中では OH ラジカルおよび O_3 との反応ならびに紫外線分解により消失し，寿命は 0.36 日（夏期），5.3 日（冬期）と報告がある．ボイラなどの燃焼過程から大気中へ一次的に排出される．また，炭化水素を原料として OH ラジカルとの反応により大気中で光化学二次生成される．夏期の日中には濃度の上昇が見られるが，二次生成量はオゾン生成に消費される量を上回る．二次的生成量は人為的な一次的発生量より大きいと推定される．

OH ラジカルとの反応により O_3 生成に関与するが，その生成能（maximum incremental reactivity：MIR）は 6.54 g/g である．

有害大気汚染物質の大気環境モニタリング調査（2017 年度）によると，全国の一般環境（229 地点）では平均 2.1 μg/m^3，濃度範囲 0.52～8.3 μg/m^3，沿道（106 地点）では平均 2.4 μg/m^3，濃度範囲 0.88～12 μg/m^3である．自動車からの排出寄与のため沿道濃度の方が高いと説明される．

大気環境濃度より高い室内環境濃度が測定される例が多いが，室内にも家屋や家具に用いられている木材や接着剤，溶剤，燃焼器具などの排出源が存在するためと考えられる．

2,4 ジニトロフェニルヒドラジン含侵シリカゲルを充てんした捕集管に試料大気を吸引してヒドラジン誘導体として捕集したロマトグラフ法などにて測定する．

健康リスク総合専門委員会では，ヒトへの発がん性が示唆されるが，閾値の有無について明確に示すことは困難であると判断した．また，ヒトの疫学研究では，量-反応関係を示す知見が乏しく，発がん性に係るリスクの定量評価に用いることは適当でないとしている．さらに，発がん性以外の有害性に関わるリスク評価については指針値の提案を行うことが適当であるとしている．

［石井康一郎］

文　献

1) 中西準子，篠原直秀，納屋聖人：アセトアルデヒド，p.16，丸善出版，2009.

2) 健康影響評価検討委員，有機塩素化合物・炭化水素類評価作業小委員会：アセトアルデヒドの健康影響について．大気環境学会誌 39 特別号，s26-s37，2004.

アゼライン酸（azelaic acid）$C_9H_{16}O_4$

固体．分子量[1]：188.223，融点[1]：106.5℃，沸点[1]：286.5 at 100 mmHg，蒸気圧[1]：1.07×10^{-8} mmHg（25℃），密度[1]：1.225 g/cm^3（25℃），酸解離指数[1]：$pK_{a1}=4.55$，水への溶解度[1]：2.4 g/L（20℃），オクタノール／水分配係数（log Kow）[1]：1.57.

［大河内　博］

文　献

1) https://pubchem.ncbi.nlm.nih.gov/compound/

亜ヒ酸（Arsenous acid）H_3AsO_3

分子量：197.84，沸点：465℃，融点：275℃（立方晶系），313℃（単斜晶系）．水への溶解度：2.1 g/100 mL．酸解離指数：$K_a=5.1\times10^{-10}$（25℃）．

三酸化二ヒ素は常温で固体であり，無定形と結晶がある．水に溶けると，弱酸の亜ヒ酸（$As(OH)_3$）になる．

大気から体内への曝露については主に無機ヒ素化合物による．吸入曝露では肺に対する発がん性が確認されている．無機ヒ素化合物の発がん性に関わる評価値は，10^{-5} の生涯過剰発がんリスクに対応する大気中濃度の年平均値として，6.0 ng-As/m^3 が指針値として提案されている．ヒトが高濃度のヒ素化合物の粉じんや蒸気を吸入した場合，消化器症状，中枢・末梢神経障害，鼻粘膜や呼吸器の刺激症状等の急性毒性を示すことが報告されている．慢性毒性については，ヒトで鼻および呼吸器の粘膜刺激症状や慢性気管支炎が報告されている．

［大河内　博］

文　献

1）https://www.env.go.jp/council/former2013/07air/y070-31/mat03-1.pdf

アンモニア（ammonia）NH_3

特有の刺激臭がある無色の気体．圧縮すれば常温でも容易に液化する．分子量：17.03，融点：−77.74℃，沸点：−33.42℃，蒸気圧：11.512 atm（30℃），比重：0.596（30℃），ヘンリー定数：62 M/atm（25℃）．

気体分子はN原子を頂点とする三方すい型構造である．酸と反応してアンモニウム塩を生じる．硫安，硝安，尿素等の窒素肥料や，硝酸やナイロン等の窒素工業原料としてきわめて重要である．また，蒸発熱が大きい（5.6 kcal/mL）ため，断熱膨張による冷却効果を利用して工業用冷媒に使用される．水に易溶（52.0 g/100 cm^3［20℃］）であり，水溶液はアルカリ性を示す．水とアンモニア分子は水素結合するため，NH_4OH という分子は存在せず，水溶液中の NH_4^+ はそれが電離したものではない．アンモニア水の化学式は NH_3aq と表記する．水溶液中の NH_3 および NH_4^+ の割合はpHに依存し，NH_4^+ の酸解離指数は9.25であるため，その割合はpH 9.25で50%となる．なお，pH 7では99.4%となる．水酸化ナトリウムのような強アルカリが共存すると NH_3 の溶解度は著しく減り，水溶液中から NH_3 が揮発する．分析はイオンクロマトグラフ法やインドフェノール青吸光光度／フローインジェクション分析（FIA）法で行う．FIA法は多数の検体を迅速かつ高精度に分析するのに適した自動分析法の一つである．

NH_3 は富栄養化を導く主要因物質の一つとして挙げられる．近年の生産活動増加に伴い，NH_3 を多く含有する化学肥料の使用や家畜頭数が増加しており，これら農畜産起源によるアンモニアの大気中への排出量は増加の傾向にある．また，湿性沈着を介した NH_4^+ の土壌への沈着は，バクテリアによる硝化反応によって土壌の酸性化も導くことが指摘されている．

［櫻井達也］

石綿（アスベスト）asbestos

天然に産出し，かつ繊維状形態を有する珪酸塩鉱物の総称．クリソタイル，アモサイト，クロシドライト，トレモライト，アンソフィライト，アクチノライトの6種類が知られている．鉱物学上の分類では，クリソタイルは蛇紋石系に属し，その他は角閃石系に属する．石綿繊維の吸入曝露による肺がんや中皮腫，石綿肺，良性石綿胸水，びまん性胸膜皮厚などの罹患が知られている．石綿の毒性の機序の詳細は明らかではないが，繊維状の形態を有することが大きく関わっていると考えられている．

石綿は繊維材料として経済的に安価であるとともに，紡織性，耐熱性，抗張力，耐薬品性，絶縁性，耐摩耗性等に優れている．用途としては建築物の壁材，屋根材，外装材，内装材，天井や壁の吹付材など，建材が多く，他にブレーキ材，電線被覆材，断熱材，シーリング材，家電製品等にも使用されてきた．しかしその有害性から，2006 年 9 月に国内でのすべての石綿や含有製品の製造，輸入，譲渡，提供，使用が禁止された．現在，石綿の主な発生源としては現存の建築物等の劣化や，改築・解体作業，廃石綿の処理時の飛散が考えられている．

石綿の単繊維の平均径はクリソタイルで 30〜50 nm だが，実際には多くの単繊維が強く凝集して繊維の束を形成している．大気中の石綿の分析は位相差顕微鏡を用いて試料観察し，長さ 5 μm 以上かつ幅 3 μm 未満，繊維の長さと幅の比が 3：1 以上の，繊維状粒子を計数する方法が従来から行われている．この方法は石綿の種類や他の繊維状物質との識別が困難なため，分析走査電子顕微鏡，位相差／偏光顕微鏡，位相差／蛍光顕微鏡，リアルタイム測定器といった装置も用いられる．環境大気中の石綿濃度測定については，環境省から「アスベストモニタリングマニュアル」が発行されている．

［村田　克］

イソプレン（isoprene, 2-methyl-1,3-butadiene）C_5H_8

特徴的な臭気のある揮発性の無色気体．分子量：68.1，融点：−145.95℃，沸点：34.07℃，蒸気圧：65.7 kPa（20℃），比重：0.681（20℃），ヘンリー定数：0.013 M/atm（25℃），オクタノール／水分配係数（log Kow）：2.42．

OH ラジカルや硝酸ラジカルとの反応性が高く，一般的な OH ラジカル濃度（5×10^5〜1×10^6 分子/cm^3）に対して半減期は 1.9〜3.8 時間である．地球規模での年間発生量は 1 Pg 程度と見積もられており，人の呼気中にも含まれるが，主な発生源は植物である．イソプレンは主にコナラやミズナラ，ポプラ等の広葉樹から二次代謝物として生成され，放出される．イソプレンの前駆物質はジメチルアリル二リン酸で，イソプレン合成酵素の働きによってイソプレンへ変換される．イソプレンは低沸点であるため，細胞の色素体内で生成された後，気孔を介した拡散現象によって大気中へただちに放出される．植物からのイソプレン放出速度は，温度と光強度の影響を受け変化し，気温 40℃付近で最大となる．イソプレンは大気中での反応性が高いため，局地的なオゾン生成や二次有機エアロゾルの生成原因となりうる．大気中濃度は高くとも数 ppb であるため，吸着剤に濃縮採取し，加熱脱着法を用いて，水素炎イオン化検出器や質量分析計を備え付けたガスクロマトグラフで分析する．

［谷　晃］

文　献

1) R. Atkinson, J. Arey: *Atmos. Environ.*, **37** (Suppl. 2): 197–219, 2003.

一酸化炭素（carbon monoxide）CO

無色無臭の気体．分子量：28.01，融点：−205℃，沸点：−192℃，水への溶解度 0.0026 g/100 mL（20℃）．滞留時間：1〜2 か月程度．

炭素化合物が燃える際に不完全燃焼により生成する．密閉空間等で高濃度になるとヘモグロビンとの結合により呼吸が困難になる有毒性のガスである．都市域では車の排気ガス等により高濃度となることがあったため，環境省による環境大気常時モニタリング物質となっており，1時間値の1日平均値が10 ppm，1時間値の8時間平均値が20 ppmという環境基準が設けられている．検出は非分散型赤外線分析法を用いる測器で行われる．大気からの除去プロセスは主にOHラジカルとの反応であり，大気中での寿命は1～2か月程度とガス状大気汚染物質としては比較的長寿命である．そのため，リモートな地点での大気測定において，化石燃料燃焼などの人為活動による汚染大気の輸送の指標となりうる．一方，森林火災等の自然あるいは人為的なバイオマス燃焼の際にも生成するため，必ずしも人為的な汚染大気の指標とはならない．また，地球全体ではメタンおよび非メタン炭化水素の酸化からも生成し，清浄な地点でも50 ppb程度存在する．OHとの反応がメタンより優先的に行われるため，メタンの大気中寿命を延ばすことにより間接的に地球温暖化に影響を与える．

［加藤俊吾］

一酸化二窒素（dinitrogen oxide）N_2O

別名亜酸化窒素nitrous oxide.

$N{\equiv}\overset{+}{N}{-}O^- \leftrightarrow {}^-N{=}\overset{+}{N}{=}O$

分子量44.0，融点：−90.8℃，沸点：−88.5℃，蒸気圧：5060 kPa（20℃），密度（液体の沸点において）：1.28 kg/l[1]．

一酸化二窒素は大きな温室効果を持つ気体であり，大気中の寿命は121年である．海洋や土壌から，あるいは窒素肥料の使用や工業活動に伴って放出され，成層圏で分解される[2]．

［上野広行］

文　献

1）国際化学物質安全性カード（ICSC）.
2）http://ds.data.jma.go.jp/ghg/kanshi/tour/tour_a1.html.

塩化ビニルモノマー（vinyl chloride monomer）C_2H_3Cl

別名クロロエチレン．

分子量：62.50，融点：−153.8℃，沸点：−13.37℃，蒸気圧：336 kPa（20℃），比重：0.9106（20℃/4℃），ヘンリー定数：0.36 M/atm（24℃），オクタノール／水分配係数（log Kow）：1.46．

対流圏大気中でのトリクロロエチレンとOHラジカルとの反応速度定数は7.0×10^{-12} cm^3/分子/秒（25℃）で，OHラジカル濃度を5×10^5～1×10^6分子/cm^3とした時の半減期は30～60時間と計算される．塩化ビニルモノマーは220 nm以上の光を吸収しないので，大気環境中では直接光分解されない．2001年度の国内供給量（製造量＋輸入量−輸出量）は2.31×10^6 tと推定される．塩化ビニルモノマーの用途は，ほとんどが塩化ビニル樹脂等の合成樹脂製造用原料である．2001年度PRTRデータによると，塩化ビニルモノマーは届出事業者から大気へ805 t，公共用水域へ16 t排出され，廃棄物として28 t，下水道に12 t移動している[1]．

塩化ビニルモノマーはヒトに対して発がん性があると評価できる．特に，肝血管肉腫の高い発生率が報告されている．ヒトの慢性毒性については，門脈圧亢進，Raynaud現象，指端骨溶解症，強皮症様皮膚変化等が見られる．塩化ビニルモノマーは遺伝子障害性を持つことから，閾値がないとするのが妥当である．塩化ビニルモノマーによる健康リスクの低減を図るための指針となる数値の算出にあたっては，塩化ビニルモノマーのユニットリスクとして1.0×10^{-6} μg/m^3が妥当なレベルだと考えられ，生涯リスクレベル10^{-5}に相当する値として年平均値10 μg/m^3以下が指針値とされた[2]．

［上野広行］

文　献
1) 製品評価技術基盤機構：化学物の初期リスク評価書 Ver1.0 No.75 クロロエチレン（別名　塩化ビニル），2005.
2) 中央環境審議会：今後の有害大気汚染物質対策のあり方について（第七次答申），2003.

オゾン（ozone）O_3

特徴的な刺激臭のある常温で薄青色気体（大気環境下では無色）．分子量：47.998，融点：−192.5℃，沸点：−111.9℃，蒸気圧：17.6 atm，ヘンリー定数：0.010 M/atm（25℃）[1]．

比較的高い酸化還元電位を持ち，脱臭などの用途あり．対流圏での混合比は 10 ppb 以下から 100 ppb 以上と幅広く，寿命も数日から 1 年程度と幅広い（平均では 22～23 日）．対流圏での総量は 337 Tg と見積もられる．正味の化学生成は 618 Tg/年，成層圏からの移流は 477 Tg/年と見積もられる．一方，沈着により 1094 Tg/年が失われる．ただしこれらの見積り幅はかなり大きい[2]．オゾンの植物への影響としては葉の白斑・黄斑の発生や，コメの減収等の報告がある．動物への影響としては急性毒性，皮膚・眼刺激性，変異特性が報告されている．人体に対しては 100 ppb 程度から鼻や咽喉の刺激を訴え，50 ppm 以上で生命の危険が起こる．安全基準としては屋外光化学オキシダント濃度として 1 時間平均値が 60 ppb 以下である．120 ppb および 240 ppb で各々注意報と警報となる．室内環境基準は最高濃度 100 ppb，平均濃度 50 ppb とされている．　［杉田考史］

文　献
1) R. Sander: *Atmos. Chem. Phys.*, **15**: 4399-4981, 2015.
2) G. Myhre, *et al.*: Anthropogenic and Natural Radiative Forcing. In: Climate Change 2013: The Physical Science Basis. Contribution of Working Group I to the Fifth Assessment Report of the Intergovernmental Panel on Climate Change, Cambridge University Press, Cambridge, United Kingdom and New York, NY, USA, pp. 659-740, 2013.

オゾン層破壊物質（ozone-depleting substances）ODSs

オゾン層破壊係数（ozone depletion potential：ODP）を持つ塩素・臭素系化合物．モントリオール議定書と続く改正，調整によって現在では CFCs が 15 種，ハロンが 3 種，四塩化炭素，メチルクロロホルム，HCFCs が 40 種，HBFCs が 34 種，ブロモクロロメタン，臭化メチルの計 96 種である．個々の ODSs の ODP 値は地上からある一定重量の物質が大気に放出された際のオゾン層への影響を，同量の CFC-11 が放出された際の影響との相対値として物質ごとに計算される（CFC-11 を 1 として，0.005 から 14 の範囲）．モントリオール議定書の対象外ではあるが，一酸化二窒素も ODP を持つ物質として，将来のオゾン層破壊において重要である[1]．なお，自然起源の塩化メチルや臭化メチル，さらにより寿命の短い臭素系化合物もオゾン層破壊に影響している．　［杉田考史］

文　献
1) A. R. Ravishankara, *et al.*: *Science*, **326** (5949): 123-125, 2009.

温室効果気体（greenhouse gas）

地表から放射された赤外線の一部を吸収して大気を温める温室効果を担う大気中の微量気体成分の総称．「温室」と冠しているが，温室は内部の温まった空気を外気と遮断することで温度を保つのに対して，温室効果気体による温度保持メカニズムは根本的に異なる（3-7 項参照）．主要な種である二酸化炭素（CO_2），メタン（CH_4），一酸化二窒素（N_2O）は元来自然起源の気体であるが，18 世紀後半の工業化により人為発生源からの排出が加わることによりその大気中の量が急増し，地球温暖化を引き起こしたと考えられている．主要なものは 1997 年に採択された京都議定書において排出量削減対象となっており，上記 3 種に加えてハイドロフルオロカーボン類（HFCs），パーフルオロカーボン類（PFCs），六フッ化硫黄（SF_6）が含まれる．ほかにも，クロロフルオロカーボン（CFCs），フルオロカーボン（FCs），ハイドロクロロフルオロカーボン（HCFCs）を含む多くのハロゲン類が含まれ，IPCC-AR5 では計 200 以上の分子種が温室効果気体として挙げられている．

直接人為的に排出されはしないが，水蒸気（H_2O）や，短寿命化学種である対流圏オゾン（O_3）も強力な温室効果気体である．実際水蒸気は最強の温室効果気体ではあるが，人為的排出が自然蒸発に比べて無視できるほど小さい．むしろ人間活動により影響を受ける気候システム側の主役であるため詳しくは 6-8 項を参照されたい．

温暖化への寄与が大きい主要な種の大気寿命は 10 年から 100 年程度と概ね長寿命であるが，ハロゲン類は種類も多く，大気寿命も数日から数万年と幅広い（6-9 項参照）．発生源や吸収・消滅源の詳細については各物質の項目を参照されたい．

波長 0.38～0.77 μm の可視光を中心とする太陽放射エネルギーはその半分程度が大気の吸収を受けずに地表まで到達し地表面を温める（3-7 項参照）．温められた地表面は地球放射として 4～100 μm の波長域の赤外線を射出するが，そのほとんどを温室効果気体が吸収する．それにより大気は地上から見る太陽放射に対しては透明だが，宇宙空間から見る地球放射に対しては不透明であるとも言える．各温室効果気体分子は，ある特定の波長帯の赤外線のみを選択的に吸収する．そのうち，8～13 μm の波長域の赤外線は 9.6 μm 付近でオゾンによる吸収を受けるが，それ以外は吸収されることなく宇宙空間へ出ていくため大気の窓と呼ばれている．

赤外放射のエネルギーは大気中において温室効果ガス分子の振動・回転運動という分子内部のエネルギーに変換されることで吸収される．そのエネルギーは，温室効果ガス分子が大気の主成分である窒素・酸素分子等と衝突することによりそれら分子の並進運動へと変換され大気の熱エネルギーとなる．また温室効果ガスは同時にそのエネルギーを赤外線として再放出している．こうした大気中におけるエネルギー交換および伝達は上下左右全方向に渡って繰り返し行われており，ある一定の空間範囲内において局所的な平衡状態となっている．

地球大気の熱収支を考えるためにより単純化して，水平方向は一様，鉛直方向も大気を一つの層とみなすと，大気層は地表から射出された赤外線を吸収し，また上下に等しく再射出しているので，結果として地表は太陽放射から直接受けるよりも多くのエネルギーを受けることになる．これが温室効果であり，温室効果気体が存在しない場合の地表面平均気温が約－19℃と見積もられているのを実際の地表面気温である約 14℃まで 33 度も引き上げる効果を持つ．

［石島健太郎］

文　献

1）小川利紘：大気の物理化学，東京堂出版，1991.

海塩粒子（sea salt particles）

海塩粒子は，波頭が崩れた時海水中に取り込まれた気泡が，海面上で破裂する時に生じる液滴か，乾燥した固体粒子として大気中に浮遊しているものである．まず，海中にあった泡が海面まで浮上し泡の上面の海水膜が薄くなり破裂する．この際に泡上面の海水膜がちぎれてフィルム液滴（film droplets）と呼ばれる微小粒子が生成される．泡の側面の海水は泡の底部に向かって逆流し，表面張力波を形成して，泡の底部から上方に向かうジェット（水柱）を生成する．このジェットは上昇するにつれて不安定となり，1～5 個の水滴（ジェット液滴，jet drops）を作る．これらの粒子の粒径は，相対湿度によって変化する．乾燥状態の海塩粒子は 75%より若干低めで溶け出し（潮解），45%より高めで析出（風解）する．しかし，結晶水を含むため完全に固体とならない．80%の時の平衡半径は乾燥粒子の半径の約 2 倍あり，生成したての液滴の半径の約半分である．80%の時の平衡半径は 0.1 μm と 2.5 μm にピークを持つ二山分布をしているという報告もある．これはフィルム液滴とジェット液滴に相当する．相対湿度の増加により密度は乾燥状態の 2.2 から純水の 1 まで変化し，可視光に対する屈折率は 1.54 から 1.33 まで変化する．風速が大きくなると，海塩粒子の発生量が増加するため，大気中の濃度も高くなる．海面付近の重量濃度 M(μg/m^3) と風速との関係は，$M=a\exp(bU_{10})$ という経験則で表される．ここで U_{10} は海抜 10 m における風速である．発生したての海塩粒子の組成は海水とほぼ同じである．海水 1000 g 中に含まれている主要 6 元素 Na，Cl，S，Mg，K，Ca の重量（g）は，それぞれ 10.56，18.98，0.88，1.27，0.38，0.40 である．主成分の NaCl は硫酸や硝酸と反応し，Na_2SO_4 や $NaNO_3$ となり，塩素損失が起きる．　［三浦和彦］

文　献

1) E. R. Lewis, S. E. Schwartz: Geophysical Monograph Series, 152, "Sea Salt Aerosol Production: Mechanisms, Methods, Measurements, and Models A Critical Review", American Geophysical Union, pp.1-413, Washington, DC, 2004.
2) 三浦和彦：日本海水学会誌，**61**(2)：102-109, 2007.

界面活性物質 (surface active substances)

界面活性物質は，濡れ，撥水，乳化，可溶化，分散，洗浄，起泡・消泡など界面の性質を変化させる物質であり，界面活性剤（surface active agents, surfactant）と呼ばれている．1 分子内に親水基と疎水基を有する物質であり，水中での解離状態によりイオン性界面活性剤と非イオン性界面活性剤に分類される．イオン性界面活性剤には，水溶液中で負電荷に帯電する陰イオン性界面活性剤，正電荷に帯電する陽イオン性界面活性剤，水溶液の pH によってどちらにも帯電しうる両イオン性界面活性剤に分類される．非イオン性界面活性剤は環境毒性が比較的低く，イオン性界面活性剤とも併用できることから生産量および販売量ともに最も多い．次いで，陰イオン性界面活性剤が多く，この二つの界面活性剤で 9 割を占めている[1]．

界面活性剤は 1960 年代から合成洗剤として広く利用され，河川における発泡現象，催奇形性等の健康影響，富栄養化問題など水質汚染物質として社会的関心が高まった．直鎖アルキルベンゼンスルホン酸（LAS），ポリ（オキシエチレン)=アルキルエーテル（AE），ポリ（オキシエチレン)=オクチルフェニルエーテル（OPE），ポリ（オキシエチレン)=ノニルフェニルエーテル（NPEO），N,N-ジメチルドデシルアミン=N-オキシドは家庭からの排出がほとんどを占める[2]．近年，パーフルオロオクタンスルホン酸（PFOS），パーフルオロオクタン酸（PFOA）などのパーフルオロ化合物（perfluoro compounds：PFCs）による全球的汚染が注目されている．なお，PFCs は残留性有機汚染物質（POPs）の一つである．

大気エアロゾル中にも界面活性物質が存在していることが明らかにされ，大気環境影響が注目されている．雲粒の粒径分布および個数濃度への影響を介した，アルベド増加および水循環などの気候変動への影響[3]，疎水性有害有機物の大気寿命への影響が指摘されている．また，ドライアイ，アレルギー疾患，喘息等の健康影響も指摘されている．大気中界面活性物質の分析法は確立されていないことから，報告例は国内外含めて少なく，起源や動態はほとんど解明されていない．大気エロゾル中陰イオン界面活性物質濃度をメチレンブルー活性物質（MBAS）として定量した結果によると，都心部の春季では44.9～163 pmol/m^3（平均：84.3 pmol/m^3，n=8）であった[4]．大気中界面活性物質の候補としてレボグルコサン，3-ヒドロキシブタン酸，3-ヒドロキシ安息香酸，*cis*-ピノン酸，各種ジカルボン酸が挙げられているが[5]，個々の有機化合物の表面張力は実際の雲水の表面張力よりも高く，雲水の表面張力低下を説明できない．大気中フミン様物質（HULIS）も表面張力を50 mN m^{-1}程度まで低下させることから，重要な大気中界面活性物質と考えられている[4]．

［大河内　博］

文　献

1) http://www.jp-surfactant.jp/surfactant/history/index.html
2) 環境省：PRTR 届出外排出量. http://www.env.go.jp/chemi/prtr/result/gaiyo_H15/hyou4.pdf.
3) M. C. Facchini, *et al.*: *Nature*, **401**: 209-257, 2017.
4) 曽田美夏他：分析化学，**62**：589-594，2013.
5) 藤田慎一他：越境大気汚染の物理と化学，成山堂書店，2017.

キシレン（xylene）　C_8H_{10}

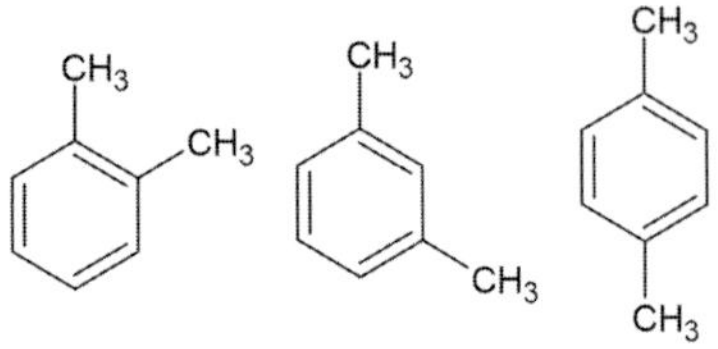

CH3 CH3 / CH3 CH3 / CH3 CH3

分子量：106.17，融点－25℃（*o*-体），－47.4℃（*m*-体），13～14℃（*p*-体），沸点：144℃（*o*-体），139.3℃（*m*-体），137～138℃（*p*-体），蒸気圧：0.7 kPa（*o*-体，20℃），0.8 kPa（*m*-体，20℃），0.9 kPa（*p*-体，20℃），比重：0.8801（*o*-体，20℃/4℃），0.8684（*m*-体，15℃/4℃），0.86104（*p*-体，20℃/4℃），ヘンリー定数：0.193 M/atm（*o*-体，25℃），0.139 M/atm（*m*-体，25℃），0.145 M/atm（*p*-体，25℃）．オクタノール／水分配係数（log Kow）：3.12（*o*-体），3.20（*m*-体），3.15（*p*-体）．

対流圏大気中でのキシレンとOHラジカルとの反応速度定数は1.4×10^{-11} cm^3/分子/秒（*o*-体，25℃），2.4×10^{-11} cm^3/分子/秒（*m*-体，25℃）および1.4×10^{-11} cm^3/分子/秒（*p*-体，25℃）であり，OHラジカル濃度を5×10^5～1×10^6分子/cm^{3}とした時の半減期は，0.5～1日（*o*-体），10～20時間（*m*-体）および0.5～1日（*p*-体）と計算される．キシレンの2001年度の国内供給量（製造量＋輸入量－輸出量）は4342000 tと推定される．キシレンはガソリン，灯油，軽油等の中に含まれ，その量は2002年度で約300万tと推定される．キシレンは，工業的には異性体キシレンとエチルベンゼン等の混合物として製造される．その大部分は，*o*-キシレン，*m*-キシレン，*p*-キシレン等に分離され，それぞれの異性体用途で合成原料として使われる．残りの混合キシレンは塗料や接着剤等の溶剤として使われるほか，アンチノック剤としてガソリンに添加される．また，その他に農薬の補助剤，漁網防汚剤として使われる．2001年度PRRTデータによると，キシレンは届出事業者から大気へ5.13×10^4 t，公共用水域へ42 t，土壌へ374 kg排出され，廃棄物として1.30×10^4

t，下水道に 53 t 移動している．届出外排出量としては，対象業種の届出外事業者から 1.80×10^4 t，非対象業種から 2.47×10^4 t，家庭から 1742 t，移動体から 1.42×10^4 t が推計されている．ヒトではキシレンの高濃度曝露により，頭痛，疲労，錯乱状態，一時的な気分の高揚，昏睡，吐き気，胃腸障害，意識喪失，肺障害，肝障害，腎障害，脳障害，目，鼻，喉への刺激性，神経障害および死亡が見られている．動物試験データとヒトの室内空気の吸入経路からの摂取量からヒト健康に対して悪影響を及ぼしていることが示唆されるが，詳細な調査，解析等を行う必要がある[1]．

［上野広行］

文　献

1）製品評価技術基盤機構：化学物質の初期リスク評価書 Ver1.0 No.62 キシレン，2005.

揮発性有機化合物（volatile organic compounds，VOC）

VOC とは，揮発性を有し，大気中で気体となる有機化合物の総称であり，トルエン，キシレン，酢酸エチル等多種多様な物質が含まれる．光化学スモッグや浮遊粒子状物質の原因となることから，2004 年に大気汚染防止法が改正され，排出規制の対象となった．大気汚染防止法における揮発性有機化合物とは，大気中に排出され，または飛散した時に気体である有機化合物（浮遊粒子状物質およびオキシダントの生成の原因とならない物質として政令で定める物質（メタンおよび 7 種類のフロン類）を除く）とされている．海外では，蒸気圧により定義されている場合もある[1]．

［上野広行］

文　献

1）環境省：国内外の VOC 規制の概要.

金属ニッケルおよびニッケル化合物（nickel and nickel compounds）

金属ニッケル Ni は銀白色の面心立方体結晶である．原子量：58.69，密度：8.90 g/cm^3，融点：1455℃，沸点：2837℃．

合金やステンレス鋼など幅広い用途に使用される．主な化合物に，酸化ニッケル NiO，硫酸ニッケル $NiSO_4$，硫化ニッケル NiS，二硫化三ニッケル Ni_3S_2，ニッケルカルボニル $Ni(CO)_4$，炭酸ニッケル $NiCO_3$，水酸化ニッケル $Ni(OH)_2$ など．日本国内では，金属ニッケルおよびニッケル化合物が PRTR の第 1 種指定化学物質に指定されているほか，大気汚染防止法によりニッケル化合物が優先取組物質に，またニッケルカルボニルが特定物質に指定されている．IARC の発がん性評価では，ニッケル化合物はグループ 1（ヒトに対して発がん性あり），金属ニッケルおよびその合金はグループ 2B（ヒトに対する発がん性が疑われる）とされる．吸入曝露によるヒトへの発がん物質としてのユニットリスクは 3.8×10^{-4} (μg-Ni/m^3)$^{-1}$ と見積もられており，これを用いた生涯発がんリスク 10^{-5} に対する年平均大気中濃度は 25 ng-Ni/m^3 である[1]．この値はわが国における年平均濃度の指針値となっているが，2002 年度の調査によれば，日本全国のモニタリング地点のうち，この指針値を超えた地点は 3% 未満であった[2]．誘導結合プラズマ質量分析（ICP-MS）または蛍光 X 線分析（XRF）により大気中の総ニッケル濃度が測定され，逐次溶解法や X 線吸収微細構造解析（XAFS）法などにより，化学形態別の分析が行われる．

［奥田知明］

文　献

1）WHO: Air Quality Guidelines for Europe-2nd Ed., Chapter 6.10 Nickel, WHO Regional Office for Europe, 2000.
2）中西準子，恒見清孝：詳細リスク評価書シリーズ19 ニッケル，丸善出版，2008.

グルタル酸（Gultaric acid）$C_5H_8O_4$

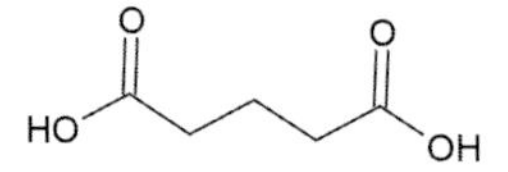

無色結晶または白色固体．分子量[1)]：132.12，融点[1)]：99℃，沸点[2)]：303℃，蒸気圧（266-303 K，固体）[1)]：$(4.8\pm1.6)\times10^{-5}$ Pa，密度[1)]：1.414 g cm^{-3}（25℃），酸解離指数[3)]：$pK_{a1}=4.3$，$pK_{a2}=5.4$（25℃），水への溶解度[1)]：10.80 g/L mol kg^{-1}（25℃），ヘンリー定数[3)]：3.20×10^9 M/atm（25℃）．［大河内　博］

文　献

1) V. Soonsin, *et al.*: *Atmos. Chem. Phys.*, **10**: 11753-11767, 2010.
2) PubChem Open Chemistry Database. https://pubchem.ncbi.nlm.nih.gov/compound/
3) H. Okochi, P. Brimblecombe: *TheScientific WorldJOURNAL*, **2**: 767-786, 2002.

クロム（chromium，Cr）

原子番号：24，原子量：52.00，融点：1860℃，沸点：2670℃，密度：7.19 g/cm^3（20℃）．主要鉱物はクロム鉄鉱 $FeCr_2O_4$．

金属は酸化クロム（III）Cr_2O_3 をアルミニウム，ケイ素または炭素で還元するか，硫酸アンモニウムクロム（III）またはクロム酸塩の水溶液の電解によって得る．常温では安定で空気，水に作用されない．

クロムは Cr（-II）から Cr（+VI）の範囲の酸化状態を有するが，最も一般的な形態は0価（Cr（0）），3価（Cr（III））および6価（Cr（VI））である．3価 Cr の溶存態は Cr^{3+}，$CrOH^{2+}$，$Cr(OH)_3$，$Cr(OH)_4^-$ であり，6価 Cr の溶存態は重クロム酸（$Cr_2O_7^{2-}$）またはクロム酸（CrO_4^{2-}）である．生物に取り込まれる可能性がある Cr のうち，40％は6価 Cr として存在している．

Cr 化合物のうち，酢酸塩，塩化物の六水塩と硝酸塩を除く3価 Cr 化合物は水に不溶である．6価 Cr の酸化物（クロム酸）とクロム酸のアンモニウム塩，ナトリウム塩およびカリウム塩の化合物は水に易溶である．一方，クロム酸のカルシウム塩，ストロンチウム塩等のアルカリ土類金属塩はあまり水に溶解せず，クロム酸の亜鉛と鉛塩は冷水には不溶である．

Cr は大気中には粒子状で存在しており，地上に乾性または湿性沈着する．Cr の大気エアロゾル中の質量平均直径は約1 μm であり，沈降速度は0.5 cm/秒である．Bologna（イタリア）における乾性沈着量は40～270 μg/m^2/月（1年間）であり，最大は冬季に観測されている．ノースカロライナ州 Wilmington で測定された雨水中 Cr の半分が溶存態であり，溶存態の約半分が6価 Cr であった．対流圏と成層圏の空気交換時間は30日程度であるが，大気中での Cr の滞留時間は10日以下であることから，対流圏から成層圏への輸送は重要ではない．

大気中濃度は，労働環境における Cr の管理濃度として，労働安全衛生法により6価 Cr が0.05 mg/m^3，3価 Cr が0.5 mg/m^3 に規定されている．6価 Cr 化合物はわが国では大気汚染防止法で有害大気汚染物質に指定されている．このうち，優先取組物質として設定されている23種類の一つに6価 Cr が含まれている．

大気エアロゾル中 Cr の測定は有害大気汚染物質測定方法マニュアルに従って行われる．ハイボリュームエアサンプラまたはローボリュームエアサンプラを用いて，大気エアロゾルをフィルタ（粒径0.3 μm の粒子状物質に対し99％以上の捕集率を有するもの）上に捕集する．6価 Cr の分析にはジフェニルカルバジド吸光光度法を用い，Cr 全量の測定はICP 発光分析法もしくはICP 質量分析法による．

［大河内　博］

文　献

1) https://unit.aist.go.jp/riss/crm/mainmenu/zantei_0.4/Chromium_0.4.pdf

クロロフルオロカーボン (chlorofluorocarbons，CFCs)

フルオロカーボン（フッ素と炭素の化合物）の総称をフロン類という．フロン排出抑制法で，フロン類とはCFCs（クロロフルオロカーボン），HCFCs（ハイドロクロロフルオロカーボン），HFCs（ハイドロフルオロカーボン）のことをさす．フロン類のうち塩素，フッ素，炭素からなる化合物がCFCsである．CFCsとHCFCsは特定フロンと呼ばれており，成層圏オゾン層破壊と温室効果を有する．

CFCは一般にCFC-*xyz*と表記するが，*x*は炭素原子数−1（*x*がゼロの場合は省略），*y*は水素原子数+1，*z*はフッ素原子数である．CFCsの数字記号から化学式を決定するには，*xyz*の数字記号に90を足した後の3桁の数字がそれぞれ順番に炭素原子数，酸素原子数，フッ素原子数を表す．飽和炭素原子を満たすために必要な残りの原子数は塩素原子数である．例えば，CFC-11の場合には，2桁であるので炭素が省略されており，11に90を足せば101となる．この場合，最初の1が炭素原子数，ゼロが水素原子数，3番目の1がフッ素原子数を表す．さらに，飽和炭素に必要な残りの原子数は塩素原子数となるので，残りの3は塩素原子数となり，化学式は$CFCl_3$となる．

代表的なCFCsには，CFC-11（化学式：$CFCl_3$，対流圏寿命：60年，ODP：1.0），CFC-12（化学式：CF_2Cl_2，対流圏寿命：195年，ODP：1.0），CFC-113（化学式：$CF_2ClCFCl_2$，対流圏寿命：101年，ODP：0.8），CFC-114（化学式：CF_2ClCF_2Cl，対流圏寿命：236年，ODP：1.0），CFC-115（化学式：CF_2ClCF_3，対流圏寿命：522年，ODP：0.6）がある．

［大河内　博］

クロロホルム (chloroform) $CHCl_3$

別名トリクロロメタン．分子量119.38，融点：−63.5℃，沸点：61～62℃，蒸気圧：21.1 kPa（20℃），比重：0.891（4℃/4℃），ヘンリー定数：0.272 M/atm（25℃），オクタノール／水分配係数（log Kow）：1.97．

対流圏大気中でのクロロホルムとOHラジカルとの反応速度定数は1.03×10^{-13} cm^3/分子/秒（25℃）で，OHラジカル濃度を5×10^5～1×10^6分子/cm^3とした時の半減期は3～5か月と計算される．クロロホルムは大気中で日光により徐々に分解されて，塩素，塩化水素，ホスゲン，四塩化炭素等を生じる．クロロホルムの2001年度の製造・輸入量は8.00×10^4 tと推定される．クロロホルムの用途は，ほとんどがクロロフルオロカーボンの原料である．その他として，試薬および抽出溶剤として使用されている．2001年度PRTRデータによると，クロロホルムは届出事業者から大気へ1784 t，公共用水域へ174 t排出され，廃棄物として2331 t，下水道に17 t移動している．届出外排出量としては，対象業種の届出外事業者から682 t，非対象業種から19 t，家庭から61 tが推計されている．ヒトの中毒事例として，クロロホルムを誤飲した例，吸入した例，職場でのクロロホルムの曝露事例があり，中枢神経性の症状および肝機能の異常が報告されている．水道水中への塩素添加の結果としてトリハロメタン類が生成し，その疫学的な調査が数多く行われてきた．その中で結腸，直腸，膀胱への影響との関連性を示唆する調査結果があるが，クロロホルムと直接結びつける証拠はなく，また各種の不適当な交絡因子があり，クロロホルムと発がん性との関連性は特定されていない．動物試験データとヒトの吸入経路からの摂取量からヒト健康に対して悪影響を及ぼしていることが示唆されるが，詳細な調査，解析等を行う必要がある[1]．

［上野広行］

文　献

1）製品評価技術基盤機構：化学物質の初期リスク評価書 Ver1.0 No.16 クロロホルム，2005.

クロロメタン（chloromethane） CH_3Cl

別名：塩化メチル．常温・常圧では無色の気体，エーテル臭がある．分子量[1]：50.49，融点[1]：−97.7℃，沸点[1]：−24.2℃，蒸気圧[1]：480 kPa（25℃），気体の比重[1]：2.47，液体の密度[1]：0.918（20℃/4℃），ヘンリー定数[1]：0.113 M/atm（24.8℃），水に対する溶解度[1]：5.32 g/L，オクタノール／水分配係数（log Kow）[1]：0.91，半減期[2]：1年，オゾン層破壊係数（CFC-11＝1）[1]：0.02，地球温暖化係数（CO_2＝1）[1]：12，半減期[2]：4.0〜40年．

H
H H
Cl

クロロメタンは，化学物質排出把握管理促進法（化管法）の第1種指定化学物質である．主な用途は，医薬品，農薬，発泡剤，不燃性フィルム，有機合成（ブチルゴム，シリコーン樹脂，メチルセルロース製造），その他有機合成用各種メチル化剤，抽出剤，低温用溶剤とされている[2]．曝露経路は吸入が主であり，中枢神経系に対する作用が認められている．高濃度曝露では嗜眠，視覚・判断力・記憶力の低下，歩行・平衡失調，言語障害等が生じ，酩酊状態を経て痙攣，運動失調を起こして死亡することもある．発がん作用は認められていない．

分析はガスクトマロマトグラフまたガスクロマトグラフ質量分析装置で行う．

［大河内　博］

文　献

1）http://www.jahcs.org/cc/Chlorine-based-risk_2016-10.pdf
2）https://www.env.go.jp/chemi/report/h16-01/pdf/chap01/02_2_10.pdf

元素状炭素（elemental carbon）

大気エアロゾル炭素は，大きく無機炭素（inorganic carbon：IC）と有機炭素（organic carbon：OC）に分類される．無機炭素はさらに元素状炭素（elemental carbon：EC）と炭酸塩（carbonate carbon：CC）に分類される．大気環境ではCC濃度は低いことから，大気エアロゾルの炭素組成はECとOCとして表す．大気エアロゾルでは，地域によらずEC濃度はOC濃度に比べて低い．EC濃度は郊外および遠隔大気で0.2〜2.0 μg/m^3，都市大気で1.5〜20 μg/m^{3}程度である[1]．

ECは黒色炭素（black carbon：BC）とも呼ばれるが，完全には同義ではない．熱的分離ではEC，光学的分離ではBCと呼び，大気汚染物質としてはEC，気候変動ではBCを用いる．どちらも燃焼過程によって大気中に放出される，グラファイトと類似した構造を有する物質である．一般に，燃焼過程によって生成する黒色および黒っぽい物質をスス（shoot）と呼んでいる[2]．光吸収に関係する大気エアロゾル炭素は光吸収炭素（light-absorbing carbon：LAC）と呼ばれており[2]，ススと褐色炭素（brown carbon）からなる．褐色炭素は光吸収有機炭素であり，フミン様物質，バイオエアロゾル，タール状物質から構成される[2]．ECの分析は熱分離・光学補正法

(DRI 2001 カーボンアナライザー等)[3] により行われる．　[大河内　博]

文　献

1) P. Warneck: International Geophysics Series 71, Academic Press, 2000.
2) M. O. Andreae, A. Gelencsé: *Atmos. Chem. Phys.*, **6**: 3131-3148, 2006.
3) 長谷川就一他：大気環境学会誌，**40**：181-192, 2005.

黄砂エアロゾル（kosa aerosol, Asian dust aerosol）

アジア大陸の乾燥地帯（砂漠や黄土地帯）の表層土が巻き上げられることによって生じる鉱物系エアロゾルの一種である．石英，長石，イライト，カオリナイト等のケイ酸塩鉱物に加え，方解石等の炭酸塩鉱物も含む．比重は，鉱物組成を考慮し，2.5±0.2 g/cm^3 程度の値が採用されることが多い．水への溶解度はきわめて低いが，炭酸塩として存在する元素が，共存成分や試料と溶媒の割合に応じて溶出する．このため，黄砂エアロゾル中の水溶性成分量を用いて，例えば黄砂エアロゾル濃度を推定するような，定量的な議論をすることは難しい．黄砂エアロゾルに含まれる主要元素は，Si，Al，Fe，Ca 等である．鉱物組成および元素組成は発生源地により若干異なる．なお，主要な発生源地は，ゴビ砂漠，黄土地帯，タクラマカン砂漠である．年間の黄砂エアロゾルの発生量は，800（500～1000）Tg[1] と試算されている．また，黄砂エアロゾル濃度が半減する距離は 300～600 km と見積もられている[2]．黄砂飛来時のエアロゾルの質量粒径分布は，粗大粒子領域にピークを持つ．日本におけるピーク粒径は 3～5 μm であり，発生源地に近い北京におけるピーク粒径は 5～7 μm である．黄砂エアロゾルは，長距離輸送中に重力沈降により大気中から除去されていく．加えて，雲核・氷晶核となるほか，降水や降雪による洗浄作用によっても除去される．　[森　育子]

文　献

1) R. J. Charlson, J. Heintzenberg, eds.: Aerosol forcing of climate, John-Wiley & Sons, 1995.
2) I. Mori, *et al.*: *Atmos. Environ.*, **37**: 4253-4263, 2003.

コハク酸（succinic acid）$C_4H_6O_4$

白色の結晶または結晶性粉末．分子量[1]：118.09，融点[1]：188℃，沸点[2]：235℃，蒸気圧（266～303 K，固体）[1]：$(6.0 \pm 2.1) \times 10^{-6}$ Pa，密度[1]：1.566（25℃），酸解離指数[3]：$pK_{a1}=4.2$，$pK_{a2}=5.6$（25℃），水への溶解度[1]：0.66 mol kg^{-1}（25℃），ヘンリー定数[3]：2.7×10^9 M/atm（25℃），オクタノール／水分配係数（log Kow）[2]：−0.59.　[大河内　博]

文　献

1) V. Soonsin, *et al.*: *Atmos. Chem. Phys.*, **10**: 11753-11767, 2010.
2) PubChem Open Chemistry Database. https://pubchem.ncbi.nlm.nih.gov/compound/
3) H. Okochi, P. Brimblecombe: *TheScientificWorld JOURNAL*, **2**: 767-786, 2002.

酸化エチレン（ethylene oxide）C_2H_4O

別名エチレンオキシド，オキシラン．分子量：44.05，融点：−111℃，沸点：10.7℃，蒸気圧：144 kPa（20℃），比重：0.891（4℃/4℃），ヘンリー定数：6.76 M/atm（25℃），オクタノール／水分配係数（log Kow）：−0.30.

対流圏大気中での酸化エチレンと OH ラジカルとの反応速度定数は 7.6×10^{-14} cm^3/分子/秒（25℃）で，OH ラジカル濃

度を 5×10^5～1×10^6 分子/cm^3 とした時の半減期は4～7か月と計算される．大気中では，エチレンオキシドの直接光分解は起こらないとの報告がある．2001年度の国内供給量（製造量＋輸入量－輸出量）は 8.91×10^5 t と推定される．酸化エチレンの用途は，大部分がエチレングリコールやエタノールアミン等の合成原料である．その他の用途として，医療用具の消毒・殺菌剤があり，酸化エチレンと二酸化炭素の混合ガスが使用される．2001年度PRTRデータによると，酸化エチレンは届出事業者から大気へ398 t，公共用水域へ24 t排出され，廃棄物として113 t，下水道に51 t移動している．届出外排出量としては，対象業種の届出外事業者から484 tが推計されている．ヒトに対しての酸化エチレンは刺激性があり，感作性物質でもある．酸化エチレンの長期曝露での主な影響は，感覚運動の多発性障害を主とする神経系の障害であり，妊娠中の曝露で流産のリスク増加が示唆された．動物試験データとヒトの摂取量からは，現時点では酸化エチレンがヒト健康に悪影響を及ぼすことはないと判断された．ただし，酸化エチレンは，遺伝毒性を有する発がん物質として詳細なリスク評価が必要な候補物質である[1)]．

［上野広行］

文　献

1）製品評価技術基盤機構：化学物の初期リスク評価書 Ver1.0 No.36 エチレンオキシド，2005.

四塩化炭素（carbon tetrachloride）CCl_4

分子量：153.82，融点：－23℃，沸点：76.7℃，蒸気圧：15.0 kPa（25℃），比重：1.589（25℃），ヘンリー定数：0.0362 M/atm（25℃），オクタノール／水分配係数（log Kow）：2.83，半減期[3)]：26年，オゾン層破壊係数（CFC-11＝1）[3)]：0.73.

四塩化炭素の用途およびその使用割合は，化学品原料（クロロカーボンの原料，農薬原料，フッ素系カガス原料）として98.8%，試薬として1.2%である[1)]．2001年ベースで製造量は3391 t[1)]．化学物質排出把握管理促進法（化管法）による第1種指定化学物質であり，化学物質排出移動量届出制度（Pollutant Release and Transfer Register：PRTR）の対象となっている．大気環境基準は制定されていない．対流圏では安定であり，オゾンとは反応しない．対流圏での唯一の消失源はOHラジカルとの反応である．対流圏から成層圏に拡散すると紫外線により分解され塩素原子を生成する．なお，オゾン層保護法では四塩化炭素のオゾン層破壊係数は1.1である．2004年ベースで成層圏塩素の3%が四塩化炭素の分解により供給されている[2)]．高度5～17 kmの範囲でほぼ一定濃度を示し，2004～2010年の期間では年 1.32 ± 0.09 ppt（1.2 ± 0.1%）で直線的に減少している[2)]．

四塩化炭素は，消化管および呼吸器からよく吸収される．経皮吸収もあるが，消化管および呼吸器による吸収に比べると非常に低い．吸収された四塩化炭素は，脂肪組織，肝臓の順に高濃度で分布し，他の組織では血中濃度と同程度ないしは低濃度にしか移行しない．

分析はガスクトマロマトグラフまたガスクロマトグラフ質量分析装置で行う．

［大河内　博］

文　献

1）製品評価技術基盤機構：平成14年度研究報告書，平成14年度新エネルギー・産業技術総合開発機構委託研究，2003.

2）A. T. Brown, *et al.*: *J. Quant. Spectros. Radiat. Trans.*, **112**: 2552-2566, 2011.

3）環境省：オゾン層破壊物質の種類と特性．https://www.env.go.jp/earth/ozone/qa/H20_report/part2_chapter1.pdf

ジカルボン酸（dicarboxylic acid）

二つのカルボキシル基を持つ有機化合物であり，一般に HOOC-R-COOH と記載される．C_2 から C_9 までの低分子ジカルボン酸の存在が大気中で確認されており，有機エアロゾルの主成分の一つとして陸上，海洋，極域大気中に広く分布している．また，ジカルボン酸は極性が高く，水溶性であることから，雨水や降雪中にも検出されている．例えば，C_2 から C_9 までの総ジカルボン濃度として，都市大気エアロゾルで 1.1～3.0 μg/m^3，降水および降雪中に 12～540 μg/L 含まれている[1)]．シュウ酸が最も高濃度であり，次いでマロン酸，コハク酸，フタル酸が多い．下表に大気中で存在が確認されているジカルボ酸の分子量と示性式を示す．

慣用名	分子量	示性式
シュウ酸	90.03	HOOC-COOH
マロン酸	104.08	HOOC-CH_2-COOH
コハク酸	118.09	HOOC-$(CH_2)_2$-COOH
グルタル酸	132.11	HOOC-$(CH_2)_3$-COOH
アジピン酸	146.14	HOOC-$(CH_2)_4$-COOH
ピメリン酸	160.17	HOOC-$(CH_2)_5$-COOH
スベリン酸	174.19	HOOC-$(CH_2)_6$-COOH
アゼライン酸	188.22	HOOC-$(CH_2)_7$-COOH
フタル酸	166.13	HOOC-C_6H_4-COOH

この他にも，メチルマロン酸（HOOC-CH(CH_3)-COOH，分子量 118.09），オキソマロン酸（HOOC-C(O)-COOH，分子量 118.04），マレイン酸（HOOC-CH＝CH-COOH，cis，分子量 116.07），フマル酸（HOOC-CH=CH-COOH，trans，分子量 116.07）メチルコハク酸（HOOC-C(CH_3)CH_2-COOH，分子量：132.11），メチルマレイン酸（HOOC-C(CH_3)=CH-COOH，cis，分子量 130.1），リンゴ酸（HOOC-CH(OH)CH_2-COOH，分子量：134.09），2-メチルグルタル酸（HOOC-C(CH_3)$(CH_2)_2$-COOH，分子量：146.14）が大気エアロゾルおよび降水中で検出されている[1)]．

エアロゾル中のジカルボン酸は凝結核能力を高める効果を持ち，表面張力を低下させる大気中界面活性物質と考えられている．

ジカルボン酸の起源は化石燃焼の燃焼過程等からの一次生成とともに，芳香族炭化水素，生物起源の揮発性有機物，植物起源の不飽和脂肪酸等の光化的学的酸化反応による二次生成が指摘されているが，その起源や生成機構については不明な点が多い．

分析は誘導体化を行い，キャピラリーガスクロトマトグラフおよびガスクロマトグラフ質量分析計により行う．最近では，加熱脱着 GC/MS 法による $PM_{2.5}$ 中の主要なジカルボン酸であるシュウ酸，マロン酸，コハク酸，フタル酸をレボグルコサン，*n*-アルカン，PAHs とともに同時分析する迅速分析法も開発されている[2)]．

［大河内　博］

文　献

1) K. Sempére, K. Kawamura: *Atom. Environ*., **28**: 449-459, 1994.
2) 上野広行他：大気環境学会誌，**47**：241-251, 2012.

1,2-ジクロロエタン（1,2-dichloroethane）$C_2H_4Cl_2$

分子量：98.96，融点：−35.7℃，沸点：83～84℃，蒸気圧：8.1 kPa（20℃），比重：1.2569（20℃/4℃），ヘンリー定数：0.844 M/atm（25℃），オクタノール／水分配係数（log Kow）：1.48.

対流圏大気中での 1,2-ジクロロエタンと OH ラジカルとの反応速度定数は 2.48 ×10^{-13} cm^3/分子/秒（25℃）で，OH ラジカル濃度を 5×10^5～1×10^6 分子/cm^3 とした時の半減期は1～2か月と計算される．2001年度の国内供給量（製造量＋輸入量－輸出量）は3.63×10^6 tと推定される．1,2-ジクロロエタンは，主に合成原料として用いられるほか，フィルム洗浄剤，溶剤，殺虫剤，燻蒸剤に使用されている．2001年度PRTRデータによると，1,2-ジクロロエエタンは届出事業者から大気へ915 t，公共用水域へ4 t排出され，廃棄物として1534 t，下水道に19 kg移動している．届出外排出量としては，対象業種の届出外事業者から10 tが推計されている[1]．

1,2-ジクロロエタンはヒトへの発がん性の可能性があり，閾値はないと考えられる．高濃度の曝露による急性毒性としては，神経系，肺，肝臓および腎臓への顕著な影響が示唆され，同様の影響は比較的低濃度の職業曝露等でも報告されており，さらに，早産，心臓および神経管奇形のリスクの増加に関しての報告もある．1,2-ジクロロエタンの曝露は，高濃度に汚染された地下水を直接飲用する場合を除いてほとんどが呼吸を通じて起こると考えられる．指針値の設定にあたっては，発がん性に係る評価値と発がん性以外の有害性に係る評価値がそれぞれ1.6 μg/m^3，420 μg/m^3と算出され，低い方の数値を採用し，年平均値1.6 μg/m^3以下とされた[2]．　［上野広行］

文　献

1）製品評価技術基盤機構：化学物質の初期リスク評価書 Ver1.0 No.3 1,2-ジクロロエタン，2005.
2）中央環境審議会：今後の有害大気汚染物質対策のあり方について（第八次答申），2006.

p-ジクロロベンゼン（*p*-dichlorobenzene）　$C_6H_4Cl_2$

別名1,4-ジクロロベンゼン．分子量：147.00，53.5℃（α体），54℃（β体），沸点：174.12℃，蒸気圧：50 Pa（20℃），比重：1.46（20℃），ヘンリー定数：0.415 M/atm（25℃），オクタノール／水分配係数（log Kow）：3.44．

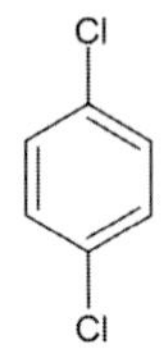

対流圏大気中での*p*-ジクロロベンゼンとOHラジカルとの反応速度定数は3.2×10^{-11} cm^3/分子/秒（25℃）で，OHラジカル濃度を5×10^5～1×10^6分子/cm^3とした時の半減期は6時間～0.5日と計算される．*p*-ジクロロベンゼンのモル吸光係数は300 nm以上の波長域で十分小さいので，大気環境中では事実上直接光分解を受けないとの報告がある．*p*-ジクロロベンゼンの2001年度の国内供給量（製造量＋輸入量－輸出量）は40000 tと推定される．*p*-ジクロロベンゼンの用途は，50%が防虫・防臭剤，45%が樹脂合成原料（ポリフェニレンスルフィド），5%が農薬等の中間体の合成原料である．2001年度PRTRデータによると，*p*-ジクロロベンゼンは届出事業者から大気へ100 t，公共用水域へ1 t，廃棄物として404 t移動している．届出外排出量としては，対象業種の届出外事業者から10 t，家庭から防虫・防臭剤として大気環境中へ20000 tが推計されている．*p*-ジクロロベンゼンの曝露により，眼，皮膚および呼吸器への刺激が見られている．ヒトでの急性毒性としては，量は不明であるが，幼男児が誤って摂食した例でメトヘモグロビン尿症を伴う溶血性貧血，黄疸が見られており，長期の曝露例で貧血，肝臓障害，中枢神経系障害が見られている．また，明確な因果関係は不明とされているが，*p*-ジクロロベンゼンを使用している労働者にリンパ（球）性白血病や骨髄芽球性白血病が見られている．*p*-ジクロロベンゼンの人における定量的な健康影響データは得られておらず，動物実験データから得た無毒清涼（NOAEL）と，ヒトの1日摂取量からは現時点ではヒト健康に悪影響を及ぼすことはないと判断される．*p*-ジクロロベンゼンは，遺伝毒性を有さない発がん物質と考

えられるが，現在，ヒトに対する発がん性は明確になっていない[1]．　　［上野広行］

文　献

1）製品評価技術基盤機構：化学物質の初期リスク評価書 Ver1.0 No.76 *p*-ジクロロベンゼン，2005.

ジクロロメタン（dichloromethane）CH_2Cl_2

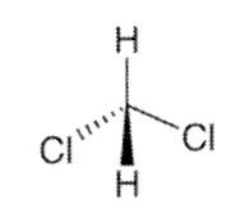

分子量：84.93，融点：−95℃，沸点：39.75℃，蒸気圧：1.9 kPa（20℃），比重：1.3255（20℃/4℃），ヘンリー定数：0.308 M/atm（25℃），オクタノール／水分配係数（log Kow）：1.25.

対流圏大気中でのジクロロメタンとOHラジカルとの反応速度定数は 1.42×10^{-13} cm^3/分子/秒（25℃）で，OHラジカル濃度を 5×10^5～1×10^6 分子/cm^3 とした時の半減期は2～4か月と計算される．ジクロロメタンは290 nm以上の光を吸収しないので，大気環境中では直接光分解されない．2001年度の国内供給量（製造量＋輸入量−輸出量）は 7.76×10^4 tと推定される．ジクロロメタンの用途は，約5割がプリント基板や金属脱脂の洗浄剤で，残りは各種溶剤として使用されている．2001年度PRTRデータによると，ジクロロメタンは届出事業者から大気へ27116 t，公共用水域へ19 t，土壌に39 kg排出され，廃棄物として 1.00×10^4 t，下水道に1 t移動している．届出外排出量としては，対象業種の届出外事業者から 5.66×10^4 tが推計されている[1]．

ジクロロメタンの急性毒性としては，中枢神経に対する麻酔作用である．労働環境等において，はきけ，だるさ，めまい，四肢のしびれ等の報告がある．ジクロロメタンの発がん性については，その可能性を完全に除外はできないものの，小さいと判断される．また，ジクロロメタンの曝露はほとんどが空気由来であり，特に固定発生源の周辺環境での曝露が問題になると考えられる．ジクロロメタンに係る環境基準の設定にあたっては，低濃度長期曝露による健康影響を未然に防止する観点から，年平均値0.15 mg/m^3 以下とされた[2]．

［上野広行］

文　献

1）製品評価技術基盤機構：化学物の初期リスク評価書 Ver1.0 No.65 テトラクロロエチレン，2006.

2）中央環境審議会：今後の有害大気汚染物質対策のあり方について（第六次答申），2000.

重金属（heavy metal）

一般に，比重が4を超える金属元素を重金属と呼ぶ．重金属は有害であるものが多く，国際がん研究機関（IARC）の発がん性評価では，グループ1（ヒトに対して発がん性あり）として，ヒ素および無機ヒ素化合物，カドミウムおよびカドミウム化合物，六価クロム化合物，ニッケル化合物が挙げられている．わが国では，大気汚染防止法が定める有害大気汚染物質の優先取組物質として，クロムおよび三価クロム化合物，六価クロム化合物，水銀およびその化合物，ニッケル化合物，ヒ素およびその化合物，マンガンおよびその化合物が指定されている．また，重金属類は特定の発生源に固有の組成を持つ場合があり，環境中に放出された後は化学形態が変化する可能性はあるものの元素そのものは保存されるため，粒子状物質の発生源の推定によく用いられる[1]．分析は一般に，まず粒子状物質をフィルタに採取する．その後，酸分解などの前処理方法により溶液化した後，誘導結合プラズマ質量分析（ICP-MS），同発光分析（AES，OES）や原子吸光分析（AAS）などを用いて分析される．蛍光X線分析（XRF）法であれば前処理なしで分析を行うことができるが，十分な感度が得られないことがある．水銀は，別途水素化物発生-MS，AES 等を用いて分析される．環境省のマニュアルには，以下に示す重金属類の測定方法が記載されている[2]．ニッケル，マンガン，クロム，ヒ素，カドミウム，鉛，亜鉛，アンチモン，銀，コバルト，セレン，銅，バナジウム，スズ，モリブデン，バリウム，チタン，セリウム，水銀．　　　　　　　　　　　　［奥田知明］

文　献

1）飯島明宏：大気環境学会誌，**46**（4）：A53-A60，2011.

2）環境省水・大気環境局大気環境課：有害大気汚染物質測定方法マニュアル，2011.

シュウ酸（oxalic acid）$C_2H_2O_4$

白色の結晶または結晶性粉末．分子量[1]：90.04，融点[1]：189.5℃，沸点[2]：昇華，蒸気圧（266～303 K，固体）[1]：$(2.5\pm0.9)\times10^{-4}$ Pa，密度[1]：1.905 g cm^{-3}（25℃），酸解離指数[3]：$pK_{a1}=1.3$，$pK_{a2}=4.3$（25℃），水への溶解度[1]：1.25 mol kg^{-1}（25℃），ヘンリー定数[3]：7.24×10^8 M/atm（25℃）．
［大河内　博］

文　献

1）V. Soonsin, *et al.*: *Atmos. Chem. Phys.*, **10**: 11753-11767, 2010.

2）PubChem Open Chemistry Database. https://pubchem.ncbi.nlm.nih.gov/compound/

3）H. Okochi, P. Brimblecombe: *TheScientificWorld JOURNAL*, **2**: 767-786, 2002.

硝酸（nitric acid）HNO_3

常温で気体．分子量[1]：63.02，融点[1]：−41.59℃，沸点[1]：86℃，蒸気圧[2]：7.5×10^{-2} atm（25℃），密度：1.42 g mL^{-1}（68%，25℃），ヘンリー定数：2.1×10^5 M/atm（25℃）．

大気中硝酸ガスの除去過程は，湿性沈着と乾性沈着である．乾性沈着による HNO_3 ガスの半減期と寿命は，それぞれ1.5～2日，2～3日である[1]．　　　　［大河内　博］

文　献

1）http://scorecard.goodguide.com/chemical-profiles/html/nitric_acid.html

2）藤田慎一他：越境大気汚染の物理と化学，成山堂書店，2017.

硝酸塩（nitrate aerosols）

常温下で硝酸塩が生成するメカニズムは二つある．一つはアンモニアとの反応による硝酸アンモニウムの生成であり，もう一つは海塩粒子との反応による硝酸ナトリウムの生成である．後者の反応では，海塩粒子中の塩素は塩化水素として気相に揮散する．このような現象をクロリンロスと呼んでいる．

硝酸アンモニウムは相対湿度に応じて固体または微小滴として存在する．潮解湿度以下で硝酸アンモニウムは固体であり，25℃の潮解湿度は61.8%である．潮解湿度以上では吸湿によって8～26 M のきわめて高塩濃度の微小滴として存在している．なお，硝酸アンモニウムの半減期と寿命は，それぞれ3.5～10日，5～15日である[1]．　　　　　　　　［大河内　博］

文　献

1）http://scorecard.goodguide.com/chemical-profiles/html/nitric_acid.html

2）藤田慎一他：越境大気汚染の物理と化学，成山堂書店，2017.

水銀およびその化合物（mercury）

水銀は常温で液体の唯一の金属．原子番号：80，分子量：200.6，融点：−39℃，沸点：357℃，蒸気圧：0.180 Pa，ヘンリー定数：320 M/atm（25℃），オクタノール/

水分配係数（log Kow）：4.2．大気中においてそのほとんどがガス状の金属水銀（Gaseous Elemental Mercury：GEM）として存在する．滞留期間は半年から1年程度[1)]．地球規模での放出量は 6000 ton a^{-1} であり，そのうち石炭燃焼や非鉄金属精錬，金の採掘などの人間活動による放出量が約 2000 ton a^{-1} を占める[2)]．火山や地熱，土壌，森林からの蒸散，海洋からの揮発も主要な放出源である．金属水銀以外にもガス状酸化態水銀（Gaseous Oxidized Mercury：GOM）や粒子状水銀（Particle Bound Mercury：PBM）も大気中に放出される．なお，これら二つの形態の水銀はある特定の化合物ではなく，捕集法によって分別された分類である．また，大気中での輸送過程における物理的・化学的な反応によってもこれら二つの形態の水銀が生成される．GOM と PBM は GEM に比べて大気中ではわずか数％程度しか存在しないが，湿性沈着過程や乾性沈着過程により大気から除去されやすく，滞留期間は数日から数週間と短い[2)]．そのため，大気－地表面間の水銀の循環に大きな役割を果たしている．一方，水銀化合物の中で最も生物毒性の強いメチル水銀も降水中での存在が確認されているが，その濃度はきわめて低い[3)]．分析は形態によって異なるが，基本的に金属水銀等の無機水銀は原子吸光分析計もしくは原子蛍光分析計で行われる．メチル水銀などの有機水銀の分析には電子捕獲検出器（ECD）付のガスクロマトグラフ，ガスクロマトグラフ質量分析計，ガスクロマトグラフ原子蛍光分析計などが使用される．

［丸本幸治］

文　献

1）P. Weiss-Penzias, *et al.*: *Environ. Sci. Technol.*, **37**: 3755–3763, 2003.
2）UNEP: Global Mercury Assessment 2013: Sources, Emissions, Releases and Environmental Transport, UNEP Chemicals Branch, Geneva, Switzerland, 2013.
3）C. R. Hammerschmidt, *et al.*: *Atmos. Environ.*, **41**(8): 1663–1668, 2007.

ストロンチウム（strontium）Sr

原子番号：38．融点：770℃，沸点：1384℃[1)]．アルカリ土類金属で，化学反応性が高い[1)]．天然には岩石中に存在し，4種の安定同位体（質量数 84，86，87，88）がある[2)]．放射性同位体のうち最も重要である ^{90}Sr（半減期：28.74 年）[3)]は，主要な核分裂生成物である．ストロンチウムはカルシムと化学的性質がよく似ているので，体内に入った ^{90}Sr は骨に集まり，体外に排泄される速度は非常に小さい．その上，^{90}Sr 自身の半減期が長いので，人体にとって最も危険な放射性核種の一つである[1)]．

［反町篤行］

文　献

1）化学大辞典，共立出版，1997.
2）元素の辞典，朝倉書店，1998.
3）アイソトープ手帳，日本アイソトープ協会，2005.

スベリン酸（suberic acid）$C_8H_{14}O_4$

固体．分子量[1)]：174.196，融点[1)]：144℃，水への溶解度[1)]：11.9 g/L．

［大河内　博］

文　献

1）PubChem Open Chemistry Database.
https://pubchem.ncbi.nlm.nih.gov/compound/

セシウム（cesium）Cs

原子番号：55．融点：28.5℃，沸点：670℃[1)]．

アルカリ金属で，化学反応性が高い[1)]．天然には岩石中に存在し，安定同位体は ^{133}Cs のみである[2)]．放射性同位体である ^{137}Cs および ^{134}Cs は人工放射性核種であり，半減期はそれぞれ 30.04 年および 2.065 年である[3)]．^{134}Cs はセシウムの原子炉中性子照射で生成し，使用済核燃料中にも含まれ，^{137}Cs は代表的な核分裂生成物である[2)]．
［反町篤行］

文　献

1）化学大辞典，共立出版，1997.
2）元素の辞典，朝倉書店，1998.
3）アイソトープ手帳，日本アイソトープ協会，2005.

多環芳香族炭化水素（polycyclic aromatic hydrocarbons，PAH）

構造中に二つ以上の縮合芳香環を有する炭化水素の総称．主に有機物の不完全燃焼によって発生する．代表的な発生源として，石炭および石油燃焼プラント，コークスおよびアルミニウム製造プロセス，石炭や木材の燃焼に基づく暖房設備，農業廃棄物等バイオマスの焼却，自動車等の排ガス等が挙げられる．大気中では，環数が 2～3 の PAH は大部分がガス相に，環数が 5 以上の PAH は主に粒子に付着した状態で存在している．4 環の PAH はガス相・粒子相の両方に存在し，その分配比は温度によって大きく異なる．大気中における消滅過程としては，光や O_3，ラジカル種等による酸化分解が挙げられる．特にガス相における OH ラジカルや NO_3 ラジカルとの反応は速く進行し，主要な消滅過程の一つである．これらラジカル種と PAH の反応は，NO_2 存在下においてニトロ化 PAH（NPAH）や酸化 PAH（OPAH）等の二次生成をもたらす．なお，NPAH や OPAH は，PAH と同様に有機物の燃焼過程でも生成する．PAH や NPAH の多くは発がん性や変異原性を示す．国際がん研究機関による発がんの可能性の分類において，ベンゾ［*a*］ピレンがグループ 1（ヒトに対する発がん性がある）に，ジベンゾ［*a,h*］アントラセンや 1-ニトロピレンがグループ 2A（ヒトに対しておそらく発がん性がある）に，その他多くの PAH，NPAH がグループ 2B（ヒトに対して発がん性がある可能性がある）に分類されている[1)]．OPAH のうち芳香環に二つのケトン構造を有するものを PAH キノンと呼ぶ．大気粒子に含まれる PAH キノンは生体内で活性酸素種の過剰生成をもたらし，気道炎症などを誘導することが指摘されている[2)]．分析はガスクロマトグラフ質量分析計や高速液体クロマトグラフで行われる．
［亀田貴之］

文　献

1）International Agency for Research on Cancer: List of classifications, Vol. 1-118, IARC Monographs on the Evaluation of Carcinogenic Risks to Humans. http://monographs.iarc.fr/ENG/Classification/latest_classif.php, accessed 15 June, 2017.
2）小池英子：エアロゾル研究，**28**：31-41，2013.

たばこ煙（Tobacco smoke）

たばこ煙は，たばこに火をつけた際に喫煙者が直接口から吸い込む主流煙（main stream）と，たばこの先端から立ち上る副流煙（side stream）からなる．また副流煙と喫煙者が口や鼻から吐き出す煙（呼出煙）が環境中に拡散したものを環境中たばこ煙（environmental tobacco smoke：ETS または second hand smoke：SHS）と呼び，ETS に曝されることを受動喫煙（passive smoking または involuntary smoking）と呼ぶ．たばこ 1 本から発生する化学物質の量は主流煙よりも副流煙の方が多いと指摘されているが，副流煙は環境中に拡散した段階で稀釈される．

たばこ煙に含まれる化学物質は 7000 種

類以上にもなると指摘されており，ガス状物質と粒子状物質の両方が含まれている．ガス状物質としては，一酸化炭素，ニトロソアミン，シアン化水素，硫黄化合物，炭化水素，アルデヒド類などが主であり，粒子状物質の中には，ニコチンおよびタールが含まれている．このうちニコチン，タール，一酸化炭素がたばこの三大有害物質とされる．

ニコチン（nicotine）は，分子量 162.23，融点 −80℃，沸点 247.3℃で，植物としてのたばこに含まれる天然成分である．タール（tar）は，有機物質が熱分解されることで発生し，水分とニコチンを除去した後の混合物をさすものとして定義される．

環境中たばこ煙の濃度指標・曝露指標としては主に粒子状物質やニコチンが用いられている．一方，曝露のバイオマーカーとしては，コチニン（cotinine，ニコチンの代謝産物）等が用いられている．

たばこ煙に含まれる化学物質の多くは有害であり，タールの中にはIARC（国際ガン研究機関）による発がん分類のグループ1（ヒトに対する発がん性が認められる），グループ 2A（ヒトに対する発がん性がおそらくある）に属する化学物質も数多く存在する．グループ1の中には，ホルムアルデヒド，ベンゾ[*a*]ピレン等が含まれる．

［中井里史］

窒素酸化物（nitrogen oxides）

二原子分子の窒素（N_2）は，呼吸する空気の約 80%を占める比較的不活性なガスである．しかし，単一原子の窒素（N）は，反応性であり，イオン価段階（価数状態）が N^+ から N^{5+} である．したがって，N は複数の異なった酸化物を形成する．NO_x の化合物族とその特性を表に示す．

NO_x はオゾン（O_3）濃度を消滅させるか，高めるように反応する．酸化物中のN イオンは，イオン化エネルギーレベルが変化するとその数を変化させ，NO_x を生成するたびに起き，酸化物のいずれかは，水に溶解し，分解する時，硝酸（nitric acid）HNO_3 または亜硝酸（nitrous acid）HNO_2 を形成する．HNO_3 と HNO_2 は中和されると硝酸塩，亜硝酸塩を形成する．したがって，NO_x とその誘導体が存在し，空気中のガスとして，水滴の酸または塩として反応する．これらの酸性ガスおよび塩は，同時に観察され，酸性雨の汚染要因になっている．

表　窒素酸化物（NO_x）

分子式	物質名	価数	物　性
N_2O	亜酸化窒素	1	無色気体 水溶性
NO N_2O_2	一酸化窒素 二酸化二窒素	2	無色気体 微水溶性
N_2O_3	三酸化二窒素	3	黒色個体 水溶性，水中分解
NO_2 N_2O_4	二酸化窒素 四酸化二窒素	4	赤褐色 超水溶性，水中分解
N_2O_5	五酸化二窒素	5	白色個体 超水溶性，水中分解

一酸化二窒素（nitrous oxide）N_2O，一酸化窒素（nitric oxide）NO，二酸化窒素（nitrogen dioxide）NO_2 は，空気中の NO_x として豊富にある．N_2O（通称，笑気ガス）は植物や酵母等の生物起源によって多量に生産され，穏やかな反応性，鎮痛性（気にならない程度の軽い痛み）の物質である．また，N_2O は 100〜150 年と推定される長い半減期を持ち，O_3 層破壊物質として対流圏（海抜 3000 m 以下）と成層圏（15000〜46000 m）の両方で O_3 と反応する．O_3 による N_2O の酸化は任意の温度で起こり，O_2 と二量体，二酸化二窒素（dinitrogen dioxide）N_2O_2 として結合された NO または二つの NO 分子のいずれかを生じる．NO_2 は太陽光に当たると O_2 分

子からO_3分子が生成される．N_2Oは二酸化炭素（carbon dioxide）CO_2のように，長波長の赤外線を吸収して地球から放射する熱を吸収し，地球温暖化に関与する温室効果ガスである．

燃焼からのNO_xの排出量は，主にNOの形態である．燃焼NOは燃料比に空気の作用として生成され，混合物が化学量論比50（二段燃焼率50：反応に入る化学物質の比率）の希薄燃料側で起きやすい．

土壌，雷や自然火災からのNOを除いて，NOは主に人為的な発生である．生物起源は総排出量の10%以下である．NOは血中に酸素を吸収する一酸化炭素（CO）と同じ障害を引き起こすが，わずかに水に溶けるので，幼児や感敏な人以外は脅威とはならない．

NO_2は大気と酸性雨の中に存在し，水に溶解するとHNO_3を生成する．NO_2はO_2がO_3になるように光子と反応する時，NO_2はNOになる．このNOはVOCの光反応からラジカルによってNO_2に数時間以内に酸化される．したがって，O_3の生成は，NO_xとVOCの両方の汚染による産物である．

三酸化二窒素（dinitrogen trioxide）N_2O_3と四酸化二窒素（dinitrogen tetroxide）N_2O_4は，煙道ガス中に非常にわずかな濃度で存在するが，大気中にはごく微量な存在のため影響がしばしば無視される．N_2O_4はNO_2の2分子が二量体として結合し，NO_2のように反応する．ゆえに，N_2O_4の存在はより多量なNO_2によって覆い隠されることがある．

五酸化二窒素（dinitrogen pentoxide）N_2O_5は，NO_xの最も高度にイオン化された形態である．それを生成するように特に設計された硝酸生産施設等から放出されない限り，非常にわずかな濃度が空気中で生成される．N_2O_5は反応性が高く，水で分解するとHNO_3が形成される．

［平野耕一郎］

文　献

1) US-EPA: Nitrogen Oxides (NO_x), Why and How They Are Controlled, EPA-456/F-99-006R, 2-4, 1999.

テトラクロロエチレン (tetrachloroethylene) C_2Cl_4

Cl　　Cl
Cl　　Cl

分子量：165.83，融点：約−22℃，沸点：121℃，蒸気圧：1.9 kPa（20℃），比重：1.6230（20℃/4℃），ヘンリー定数：0.057 M/atm（25℃），オクタノール／水分配係数（log Kow）：3.40.

対流圏大気中でのテトラクロロエチレンとOHラジカルとの反応速度定数は1.7×10^{-11} cm^3/分子/秒（25℃）で，OHラジカル濃度を5×10^5〜1×10^6分子/cm^3とした時の半減期は0.5〜1日と計算される．2001年度の国内供給量（製造量＋輸入量−輸出量）は3.70×10^4 tと推定される．テトラクロロエチレンの用途は，代替フロン用の合成原料が多く，ドライクリーニング溶剤や金属機械部品等の脱脂洗浄剤としても使用されている．2001年度PRTRデータによると，トリクロロエチレンは届出事業者から大気へ2332 t，公共用水域へ2 t排出され，廃棄物として796 t，下水道に379 kg移動している．届出外排出量としては，対象業種の届出外事業者から3.58×10^4 tが推計されている[1]．

テトラクロロエチレンの急性毒性としては，皮膚・粘膜に対する刺激作用と麻酔作用である．労働環境等において，手のしびれ，頭痛，記憶障害，肝機能障害等の報告がある．慢性毒性としては，神経系への影響や，肝障害，腎障害等の報告がある．テトラクロロエチレンの発がん性については，ヒトに対しては疫学的証拠が必ずしも十分でない．また，ヒトに対して発がん性があるとしても，テトラクロロエチレンには遺伝子障害性がないと思われることから，その発がん性には閾値があるとして取り扱うことが妥当である．テトラクロロエチレンの曝露はほとんどが空気由来であり，特に固定発生源の周辺環境での曝露が問題になると考えられる．テトラクロロエチレンに係る環境基準の設定にあたっては，低濃度長期曝露による健康影響を未然に防止する観点から，年平均値 0.2 mg/m^3 以下とされた[2)]． ［上野広行］

文　献

1）製品評価技術基盤機構：化学物の初期リスク評価書 Ver1.0 No.65 テトラクロロエチレン，2006.
2）中央環境審議会：今後の有害大気汚染物質対策のあり方について（第三次答申），1996.

1,1,1-トリクロロエタン（1,1,1-trichloroethane）$C_2H_3Cl_3$

別名はメチルクロロホルム．特有の臭気を持つ無色の揮発性液体．分子量[1)]：133.4，融点[1)]：−30.4℃，沸点[1)]：74.0℃，比重[1)]：1.3376（20/4℃），蒸気圧[1)]：16.5 kPa（25℃），ヘンリー定数[5)]：0.067 M/atm（25℃）（無次元），オクタノール／水分配係数（log Kow）[1)]：2.49，半減期[2)]：5 年，水への溶解度[1)]：4400 mg/L（20℃），オゾン層破壊係数（CFC-11＝1）[2)]：0.12．

主として，金属潤滑剤，接着剤，洗浄剤，エアロゾル缶などを含む多くの工業製品，消費用商品中の溶剤として使用されている[4)]．

ヒトは 1,1,1-トリクロロエタンには主として吸入によって曝露され，急速に身体に吸収される．また，皮膚接触あるいは摂取も起こる．ヒトの母乳中でも見出されるが，生物濃縮はされない．体外へは呼気によって排出される．1,1,1-トリクロロエタンの急性および慢性毒性は比較的低い．ヒトに対する重大な影響としては，高濃度時に中枢神経系に対して起こる．ほかの有機塩素系溶剤と比較して，肝臓への毒性は弱く，発がん作用は報告されていない．

分析はガスクトマロマトグラフまたガスクロマトグラフ質量分析装置で行う．

［大河内　博］

文　献

1）https://www.env.go.jp/chemi/report/h15-01/pdf/chap01/02-3/42.pdf
2）環境省：オゾン層破壊物質の種類と特性．https://www.env.go.jp/earth/ozone/qa/H20_report/part2_chapter1.pdf
3）IUPAC-NIST Solubility Database. https://srdata.nist.gov/solubility/sol_detail.aspx?sysID=67_237
4）環境保健クライテリア 136：1,1,1-トリクロロエタン．http://www.nihs.go.jp/hse/ehc/sum1/ehc136.html
5）H. Okochi, *et al.*: *Atmos. Environ.*, **38**: 4403-4414, 2004.

トリクロロエチレン（trichloroethylene）C_2HCl_3

分子量：131.39，融点：−84.8℃，沸点：86.9℃，蒸気圧：7.8 kPa（20℃），比重：1.4559（25℃/4℃），ヘンリー定数 0.102 M/atm（25℃），オクタノール／水分配係数（log Kow）：2.42．

対流圏大気中でのトリクロロエチレンと OH ラジカルとの反応速度定数は 2.4×10^{-12} cm^3/分子/秒（25℃）で，OH ラジカル濃度を 5×10^5～1×10^6 分子/cm^3 とした時の半減期は 3～7 日と計算される．2001 年度の国内供給量（製造量＋輸入量−輸出量）は 59117 t と推定される．トリクロロエチレンの用途は，主に代替フロンガスの合成原料および機械部品や電子部品等の脱脂洗浄剤である．2001 年度 PRTR データによると，トリクロロエチレンは届出事業者から大気へ 6317 t，公共用水域へ

6 t 排出され，廃棄物として 1813 t，下水道に 1 t 移動している．届出外排出量としては，対象業種の届出外事業者から 5.25×10^4 t が推計されている[1]．

トリクロロエチレンの急性毒性としては，皮膚・粘膜に対する刺激作用と麻酔作用がある．慢性毒性としては，高濃度において肝・腎障害が認められることがある．比較的低濃度の長期間曝露では神経系への影響として現れる．トリクロロエチレンの発がん性については，ヒトに対しては疫学的証拠が必ずしも明らかでない．また，ヒトに対して発がん性があるとしても，トリクロロエチレンには遺伝子障害性がないと思われることから，その発がん性には閾値があるとして取り扱うことが妥当である．また，トリクロロエチレンの曝露はほとんどが空気由来であり，特に固定発生源の周辺環境での曝露が問題になると考えられた．トリクロロエチレンに係る環境基準の設定にあたっては，低濃度長期曝露による健康影響を未然に防止する観点から，年平均値 0.2 mg/m^3 以下とされた[2]．その後，新しい知見等を含めて再評価が行われ，2018 年に 0.13 mg/m^3 以下に改定された[3]．

［上野広行］

文　献

1）製品評価技術基盤機構：化学物の初期リスク評価書 Ver1.0 No.37 トリクロロエチレン，2005.
2）中央環境審議会：今後の有害大気汚染物質対策のあり方について（第三次答申），1996.
3）中央環境審議会：今後の有害大気汚染物質対策のあり方について（第十一次答申），2018.

トルエン（toluene）C_7H_8

分子量：92.14，融点：−95℃，沸点：110.6℃，蒸気圧：2.9 kPa（20℃），比重：0.866（20℃/4℃），ヘンリー定数：0.151 M/atm，オクタノール／水分配係数（log Kow）：2.73.

CH_3

対流圏大気中でのトルエンと OH ラジカルとの反応速度定数は 5.96×10^{-12} cm^3/分子/秒（25℃）で，OH ラジカル濃度を $5 \times 10^5 \sim 1 \times 10^6$ 分子/cm^3 とした時の半減期は 1〜3 日と計算される．トルエンは波長が 280 nm 以上の光を吸収しないので，大気環境中では直接光分解を受けないと考えられる．トルエンの 2001 年度の国内供給量（製造量＋輸入量−輸出量）は 1454417 t と推定される．トルエンはガソリン，灯油，軽油に含まれ，その量は 2002 年度で約 520 万 t と推定される．トルエンの用途は主に合成原料で，その他にガソリンの添加剤や溶剤としても使用されている．2001 年度 PRRT データによると，トルエンは届出事業者から大気へ 131669 t，公共用水域へ 115 t，土壌へ 175 kg 排出され，廃棄物として 4.49×10^4 t，下水道に 65 t 移動している．届出外排出量としては，対象業種の届出外事業者から 51379 t，非対象業種から 2.11×10^4 t，家庭から 221 t，移動体から 1.61×10^4 t が推計されている．トルエンは，ヒトへの急性影響として 75 ppm（285 mg/m^3）以上で頭痛，めまいを含む中毒の自覚症状，呼吸器への刺激，眠気を引き起こし，また，神経生理学的機能不全も引き起こすことが知られており，ヒトでの急性曝露の無毒性量（NOAEL）は 150 mg/m^3（40 ppm）とされている[1]．

［上野広行］

文　献

1）製品評価技術基盤機構：化学物質の初期リスク評価書 Ver1.0 No.87 トルエン，2006.

ナノ粒子（nanoparticle）

工業ナノ材料に含まれるナノ粒子と環境ナノ粒子に大別される．工業ナノ材料は，その生成過程の意図しない流出で室内環境等に飛散する場合がある．ナノ材料を含む製品の使用中や廃棄後にも環境に流出する可能性がある．工業ナノ材料の成分は，主に炭素，金属，有機物，セラミックに分類される．

一方，環境ナノ粒子は，燃焼発生源由来，二次生成由来がある．環境ナノ粒子の一種であるディーゼル車由来のナノ粒子の主成分は燃料やエンジンオイル由来の有機物や硫酸塩である．*n*-アルカンとしてはカーボン数 C20～30 の範囲に多く存在する．寿命は例えば気温 30℃の場合，C20 の粒径 30 nm の粒子は 1 秒以下，C32 では約 6 分と推定される．

吸入時のヒトの肺胞への沈着割合は拡散による沈着が卓越することから粒径 20 nm の粒子が約 50％と最も高くなる．吸入した際のナノ粒子の健康影響は質量基準よりも，表面積基準で評価すべきという議論もある．低毒性低溶解性粒子を吸入した際の炎症が発症する閾値として，肺胞表面積 1 cm^2 あたりの粒子表面積の負荷量として 1 cm^2 という報告がある．また，アスペクト比が高い針状のカーボンナノチューブの場合はアスベストのような繊維状粒子と同様の体内挙動や健康影響が起こることが示唆されている．　　　　　　　　［藤谷雄二］

二酸化硫黄（sulfur dioxide）SO_2

無色，腐敗した卵のような刺激臭がある気体．亜硫酸ガスとも呼ばれる．分子量：64.07，融点：−72.4℃，沸点：−10℃，蒸気圧：339 kPa（21℃），水への溶解度：22.8 g/100 ml（0℃），9.4 g/100 ml（25℃），亜硫酸の酸解離指数：$pK_{a1}=1.8$．滞留時間：数日程度．

硫黄を含む化石燃料（石炭，石油）の硫黄成分は燃焼により主にガス状の SO_2 として大気中に放出される．かつて四日市ぜんそくなどの大気汚染を引き起こした大気汚染の代表的な物質であり，環境大気常時モニタリング物質として全国の多数の測定局で観測されている．環境基準は 1 時間値の 1 日平均が 0.04 ppm 以下，かつ 1 時間値が 0.1 ppm 以下である．燃料の低硫黄化や脱硫装置の普及により固定発生源からの放出は削減され，現在の日本では環境基準達成率はほぼ 100％となっている．溶液導電率法や紫外線蛍光法により検出されるが，現在では乾式法である後者で行うのが一般的である．反応により最終的には硫酸にまで酸化され粒子状となるが，気相での OH ラジカルとの反応は遅く，液相に取り込まれて過酸化水素やオゾンと反応するほうが速く進行する．人為起源の放出は大きく削減されたが，火山ガスとしての放出もあるため，火山の多い日本では自然起源の SO_2 も重要である．また，全球的には海洋からの放出も主要な発生源であり，プランクトンが生成する硫化ジメチル（dimethyl sulfide：DMS）が気相に移動し，反応により SO_2 が生成する．　　　　［加藤俊吾］

二酸化炭素（carbon dioxide）CO_2

常温で気体．水に溶解すると炭酸を生成する．分子量：44.01，融点：−55.6℃，沸点：−78.5℃，蒸気圧：56.5 atm（25℃），密度：1.87 kg　m^{-3}（25℃），ヘンリー定数：3.4×10^{-2} M/atm（25℃）．

［大河内　博］

ハイドロクロロフルオロカーボン（hydrochlorofluorocarbons，HCFCs）

特定フロンの一つであり，CFCs の分解性を高めるため，塩素原子を水素原子に置き換えたフロン類．水素原子数が増加するほど，分解性が高まる．代表的な HCFCs には，HCFC-22（化学式：$CHClF_2$，対流圏寿命：13 年，ODP：0.055，地球温暖化指数 GWP：1900），HCFC-142b（化学式：CH_3CClF_2，対流圏寿命：20 年，ODP：

0.065), HCFC-141b（化学式：CH_3CCl_2F, 対流圏寿命：9.2年, ODP：0.11, GWP：700), HCFC-123（化学式：$CHCl_2CF_3$, 対流圏寿命：1.4年, ODP：0.02, GWP：120), HCFC-134a（化学式：CH_2FCF_3, 対流圏寿命：14年, ODP：0.0, GWP：1300), HCFC-124（化学式：$CHClFCF_3$, 対流圏寿命：6年, ODP：0.022）等がある.

［大河内　博］

ハイドロフルオロカーボン（hydrocfluorocarbons, HFCs）

フロン類のうち, 塩素原子を含まず, 炭素原子, 水素原子, フッ素原子のみからなる化合物であり, 代替フロンと呼ばれている. オゾン層破壊効果はないが, 温室効果を有する化合物である. 代表的なHFCsは, HFC-125（化学式：CHF_2CF_3, 対流圏寿命：29年), HFC-32（化学式：CH_2F_2, 対流圏寿命：5年）である.

［大河内　博］

パーフルオロカーボン（perfluorocarbons, PFCs）

フルオロカーボン（フロン）類に属する人工化学物質であり, 炭化水素の水素をすべてフッ素で置換した化合物である. 強い温室効果を有する. 半導体製造のエッチング, 冷蔵庫の冷媒にも使用される. 代表的なPFCとしてパーフルオロメタン（CF_4）やパーフルオロエタン（C_2F_6）等がある.

［大河内　博］

ハロン（halons）

フロンのうち臭素を含むものをいう. ハロンののうち, ブロモクロロジフルオロメタン（CF_2ClBr, ハロン1211), ブロモトリフルオロメタン（CF_3Br, ハロン1301), ジブロモテトラフルオロエタン（$CBrF_2CBrF_2$, ハロン2402）のオゾン層破壊係数（ozone depletion potential：ODP）はそれぞれ3.0, 10.0, 6.0である. なお, ハロンの名称は, 最初の数字が炭素原子数, 2番目の数字がフッ素原子数, 3番目の数字が塩素原子数, 4番目の数字が臭素原子数として表す.

ハロンは軍事用に開発された化合物であり, 戦時中に戦車などの消化剤に使われていた. 現在, 小型消火器や自動消火器に用いられている. 対流圏では寿命が長いが, 成層圏に達すると分解して臭素原子を放出してオゾン層を破壊することから, モントリオール議定書で附属書Aのグループ2に位置付けられ, 1994年までに全廃とされた.

［大河内　博］

半揮発性有機化合物（semi volatile organic compounds, SVOC）

世界保健機関（WHO）による揮発性有機化合物の沸点による分類[1)]では, 表のように, 高揮発性有機化合物（very volatile (gaseous) organic compounds), 揮発性有機化合物（volatile organic compounds), 半揮発性有機化合物に区分されている. SVOCとしては, フタル酸エステル類等が該当する.

［上野広行］

名称	沸点範囲（℃）	物　質　例
VVOC	＜0 ～50-100	プロパン, ブタン, 塩化メチル
VOC	50-100～240-260	ホルムアルデヒド, d-リモネン, トルエン, アセトン, エタノール, 2-プロパノール, ヘキサナール
SVOC	240-260～380-400	殺虫剤（DDT, クロルデン), 可塑剤（フタル酸エステル類), 難燃剤（PCBs, PBB）

文　献

1) U.S.EPA: Indoor Air Quality, Technical

Overview of Volatile Organic Compounds. https://www.epa.gov/indoor-air-quality-iaq/technical-overview-volatile-organic-compounds#8

ヒ化水素（hydrogen arsenide）AsH_3

分子量：77.95，沸点：−2.5℃．水への溶解度：20 mL/100 g（25℃）．常温で気体であり，速やかに酸化される．

［大河内　博］

ヒ酸（Arsenic acid）H_3AsO_4

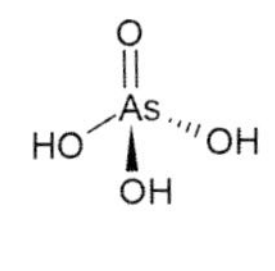

分子量：141.93，比重：2.0〜2.5，酸解離指数：$K_{a1}=5.8\times10^{-3}$，$K_{a2}=1.1\times10^{-7}$，$K_{a3}=3.2\times10^{-12}$（25℃）．通常，$H_3AsO_4\cdot1/2H_2O$ の無色吸湿性の結晶で水，アルカリ，グリセリンに溶ける．

［大河内　博］

微小粒子状物質（fine particle，$PM_{2.5}$）

$PM_{2.5}$ は単一の物質ではなく，空気中に浮遊する空気動力学径 2.5 μm 以下の粒子をさす．そのため，物理的特性は粒径，形状，密度等により特徴づけられる．質量基準の粒径分布では 1 μm 付近を境にして微小粒子と粗大粒子に分けられ，$PM_{2.5}$ は大部分が微小粒子であるものの，粗大粒子の一部も混在する．液体の粒子は球状であるが，化石燃料の燃焼により発生する粒子は粒子どうしが凝集した形状や中空の粒子も見られる．土壌由来の粒子には鉱物の結晶も見られる．密度は構成する成分により広い範囲の値にあり，すすでは 0.3 g/cm^3，鉱物粒子では 2 g/cm^3 以上である．大気中での滞留時間は 1 週間から数週間であり，粒径が小さいほど滞留時間が長くなる．移動距離は数百 km〜数千 km で，湿性沈着，乾性沈着により大気中から除去される．微小粒子の光散乱のため，視程に影響したり，大気の冷却効果がある．一方，ブラックカーボンのように可視光を効率よく吸収して大気加熱効果を持つ物質も存在する．$PM_{2.5}$ の成分組成は無機の塩，炭素成分，無機元素等である．それぞれの構成比は季節や地域により変化する．気温により生成や揮発の状態が変化することや，周辺の発生源に影響されるためである．一般に燃焼由来の一次粒子や，二次生成粒子は微小粒子に存在し，前者には元素状炭素や Zn 等，後者には有機物や $(NH_4)_2SO_4$ 等がある．構成する成分により吸湿性や潮解性を持ち，代表的な成分の潮解点は $(NH_4)_2SO_4$ が 80%，NH_4NO_3 が 64%，NH_4Cl が 62% である．これらの性質のため粒子が凝集したり，水分を吸収したりして粒径が増大する．ロウボリウムエアサンプラを用いたろ過捕集法や β 線吸収法による自動測定機で測定される．ろ過捕集法の場合，フィルタの恒量条件は室温 21.5±1.5℃，相対湿度 35±5% となっている．

［高橋克行］

ヒ素（arsenic，As）

原子番号 33，原子量：74.92，比重：5.72，融点：817℃（35.5 気圧），昇華点：615℃．第 15 族元素の半金属としての性質があり，主に 3 価と 5 価の化合物を作る．単体は銀灰色の As_4 の結晶であり，黄色，黒色の同素体がある．

ヒ素は，自然界で単体，無機および有機ヒ素化合物として存在しているが，ヒ素およびその化合物は大気中では多くが無機態で存在する．主な無機ヒ素化合物は，3 価のヒ化水素（アルシン；arsine），三塩化ヒ素，三酸化二ヒ素（亜ヒ酸）とそのナトリウム，カルシウムおよびカリウムとの塩，5 価の五酸化ヒ素とその水和物である

ヒ酸とその塩化物，ナトリウム，カルシウムおよびカリウムとの塩，金属化合物である．［大河内　博］

非メタン炭化水素（NMHC，non-methane hydrocarbons）

炭素と水素から構成される炭化水素分子のうち，メタンを除く，炭素数2以上の物質の総称．大気への主な排出源としては，塗装施設，ガソリンスタンド，化学プラント，自動車等が挙げられるが，これらの人間活動に起因する量は，全球規模でみると1割程度であり，残りの約9割は陸上植生からのイソプレンやテルペン類等の放出と考えられている．大気中からの除去過程は主にOHラジカルとの反応である．NO_xとともに，太陽の紫外線により光化学反応を起こしてオゾンを発生させる原因物質である．OHと非メタン炭化水素の反応で生じる有機過酸化ラジカル（RO_2）が，NOをNO_2へ酸化し，NO_2の光分解でオゾンが生じるためである．光化学スモッグ対策において，量的に多く，光化学反応性が弱いメタンを除外した形で監視されている．環境基準は設定されていないが，光化学オキシダント生成防止のために指針値が定められている．また，非メタン炭化水素の酸化過程から生じる低揮発性の二次生成物は，有機エアロゾル粒子化する．非メタン炭化水素の測定には，炭化水素自動測定機が用いられる．大気中の炭化水素をガスクロマトグラフィによりメタンと非メタン炭化水素に分離し，それぞれを水素炎イオン化検出器（FID）で測定するものである．

［金谷有剛］

ピメリン酸（pimelic acid）$C_7H_{12}O_4$

固体．分子量[1]：160.169，融点[1]：106℃，沸点[1]：342℃，酸解離指数[2]：$pK_{a1}=4.5$，$pK_{a2}=5.4$，水への溶解度[1]：50 g/L（20℃），ヘンリー定数[1]：1.14×10^7 M/atm（25℃），オクタノール／水分配係数（log Kow）[1]：0.61.

［大河内　博］

文　献

1）PubChem Open Chemistry Database. https://pubchem.ncbi.nlm.nih.gov/compound/

2）H. Okochi, P. Brimblecombe: *The Scientific WorldJOURNAL*, **2**: 767-786, 2002.

1,3-ブタジエン（1,3-butadiene）C_4H_6

CAS登録番号[1]：106-99-0，分子量[1]：54.09，融点[1]：−109℃，沸点[2]：−4.5℃，蒸気圧[1]：245 kPa（25℃），オクタノール／水分配係数[1]：1.93（測定値），ヘンリー定数[1]：0.014 M/atm（25℃），大気中半減期[1]：3～6時間.

1,3ブタジエンの2015年度の製造・輸入量は1.00×10^6 tと報告されている[2]．PRTRデータ[3]によると，2015年度において，1,3ブタジエンは1年間に全国合計で届出事業者から大気へ64 t，公共用水域へ2 t排出され，廃棄物として10 t，下水道へ50 kg移動している．土壌への排出はない．また，届出外排出量としては移動体から1160 t，家庭から67 t，非対象業種から32 tと推計されている．1,3-ブタジエンは主に合成ゴムおよび合成樹脂の原料として用いられている[1]．1,3-ブタジエンは室温でガス状のため吸入曝露以外の経路についてはヒト・動物とも報告はない[1]．1,3-ブタジエンは，ヒトにおいて高濃度短期間曝露で眼粘膜刺激性と視力調節障害，低濃度で遺伝毒性および低濃度長期間曝露で発がん性が報告されている[1]．IARCの発がん性分類ではグループ1（ヒトに対して発がん性がある）である[4]．分析はガスクロマトグラフ，ガスクロマトグラフ質量分析装置で行う． ［梶原秀夫］

文　献

1) 新エネルギー・産業技術総合開発機構：化学物質の初期リスク評価書 Ver.1.0，No.9，1,3-ブタジエン，2005.
2) 経済産業省：平成27年度の優先評価化学物質の製造・輸入数量の合計量の公表について．http://www.meti.go.jp/policy/chemical_management/kasinhou/information/volume_priority.html
3) 環境省：平成27年度PRTRデータの概要，2017年3月3日公表．https://www.env.go.jp/chemi/prtr/result/gaiyo.html
4) IARC: IARC monographs, Review of Human Carcinogen, Vol.100F, 2012.

フタル酸（phthalic acid）$C_8H_6O_4$

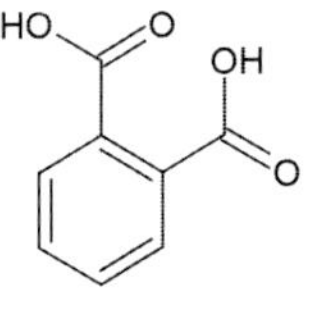

白色結晶．分子量[1]：166.132，融点[1]：230℃，沸点[1]：分解，蒸気圧[1]：6.36×10^{-7} mmHg（25℃），比重[1]：1.6（25℃），酸解離指数[1]：$pK_{a1}=2.76$，$pK_{a2}=4.92$，水への溶解度[1]：7.01 g/L（20℃），ヘンリー定数[2]：5.0×10^{7} M/atm（25℃），オクタノール／水分配係数（log Kow）[1]：0.73. ［大河内　博］

文　献

1) https://pubchem.ncbi.nlm.nih.gov/compound/
2) H. Okochi, P. Brimblecombe: *The Scientific WorldJOURNAL*, **2**: 767-786, 2002.

フミン様物質（humic-like substances）

大気エアロゾルや大気水相中には，水圏や土壌圏に存在するフミン物質（humic substances：HS）と構造が類似した高分子化合物が存在しており，フミン様物質（humic-like substances：HULIS）と呼ばれている[1]．HULISは水溶性有機物（WSOC）の9〜72％を占め[2]，界面活性，吸湿特性，錯体形成能，電子伝達作用や吸着作用，緩衝作用，光学特性などの機能を有することから，大気中疎水性有機有害物，重金属，放射性核種等の動態に影響を及ぼすと考えられている[1]．また，大気中で雲核形成に関与したり，雲粒の物理化学特性に影響を及ぼすことが指摘されている．しかし，化学構造，分子量，反応機構，起源，寿命，毒性は不明である．

大気中HULISの分析法は確立されていない．エアロゾルから水抽出された水溶性HULISの分離，精製，濃縮には，親水性-親油性バランス（HLB）コポリマー，C_{18}，DAX-8（XAD-8），ジエチルアミノエチル（DEAE）樹脂などの固相抽出が用いられている[3]．定量には，紫外可視分光光度法[4]，TOC計等が用いられる．国内での大気エアロゾル中HULISの観測例は限られているが，東京都新宿区では0.06〜2.59 μg/m^{3}であり，夏季に低く，秋季と冬季に高いという季節変化を示し，季節によらず水溶性HULISの9割をフルボ酸が占める[4]． ［大河内　博］

文　献

1) E. R. Graber, Y. Rudich: *Atmos. Chem. Phys.*, **6**: 729-753, 2006.
2) G. Zheng, *et al.*: *Environ. Pollut.*, **181**: 301-314, 2013.
3) X. Fan, *et al.*: *Atmos. Environ.*, **60**: 366-374, 2012.
4) 山之越恵理他：大気環境学会誌，**49**：43-52，2014.

浮遊粒子状物質（suspended particulate matter，SPM）

SPMは$PM_{2.5}$と同じく多様な物質で構成された粒子状物質であるが，空気動力学径10 μmの以上の粒子を100％カットした粒子である．50％カット径では7 μm程度である．そのため$PM_{2.5}$の特性に粗大粒子の特性を併せ持っている．粗大粒子は自然起源の土壌粒子や海塩粒子が含まれるため，無機物の結晶や，物理的に破砕して発生した粒子等，形状は様々である．密度は$PM_{2.5}$と同様に広い範囲にわたる．大気中での滞留時間は粗大粒子の場合は数時間から2，3日であり，移動距離も数十km以下であり，重力沈降や雨によるウォッシュアウトにより大気中から除去される．粗大粒子は光の波長よりも粒径が大きいため，前方散乱光強度が後方散乱光強度に比べて圧倒的に大きくなる．粗大粒子は鉱物由来のSi，Al，Feや海塩粒子のNaClが含まれる．またHNO_3がこれらの元素と反応することで$NaNO_3$となり，粗大粒子に存在する．そのためNO_3^-は夏季には粗大粒子，冬季にはNH_4NO_3として微小粒子に存在する．鉱物系の粒子は吸湿性がほとんどなく，水へも溶けない．しかし，海塩粒子のNaClは75%で潮解性を示す．$PM_{2.5}$と同様にろ過捕集法やβ線吸収法による自動測定機で測定されるが，ろ過捕集法の場合，フィルタの恒量条件は室温20℃，相対湿度50%となっている．［高橋克行］

ブロモメタン（bromomethane）CH_3Br

別名：臭化メチル．無色透明の揮発性液体で，クロロホルム様の微臭がある．分子量[1]：94.9，融点[1]：−94℃，沸点[1]：4℃，蒸気圧[1]：166 kPa（20℃），ヘンリー定数[3]：0.170 M/atm（25℃），水に対する溶解度[1]：1.5 mL/100 mL（20℃），オクタノール／水分配係数（log Kow）[1]：1.19，半減期[2]：0.7年，オゾン層破壊係数[2]：0.51．

主な用途は食糧および土壌燻蒸剤，有機合成である．吸入すると，頭痛，めまいなどを起こし，数時間から数日後に痙攣や視力障害等の神経障害を起こす．高濃度曝露では肺水腫を起こし，呼吸麻痺，循環器障害を伴う中枢神経系の機能低下により，死亡することがある．発がん作用は認められていない．

分析はガスクトマロマトグラフまたガスクロマトグラフ質量分析装置で行う．

［大河内　博］

文　献

1）https://www.env.go.jp/chemi/report/h14-05/chap01/03/18.pdf
2）環境省：オゾン層破壊物質の種類と特性．https://www.env.go.jp/earth/ozone/qa/H20_report/part2_chapter1.pdf
3）W. J. De Bruyn, E. S. Saltzman: *Marine Chemistry*, **56**: 51–57, 1997.

ベリリウム（beryllium，Be）

原子番号4，原子量：9.012，比重：1.85 g/cm^3，融点：1287℃，沸点：2500℃．

灰色（銀白色）の金属であり，第2族元素の中で最も硬い．空気中では表面に酸化被膜が生成され，安定に存在できる．酸にもアルカリにも溶解性を示す．ベリリウム化合物としては，銅に0.5〜3%のベリリウムを加えた合金であるベリリウム銅が産業上有用である．他に，酸化ベリリウム，フッ化ベリリウム，過酸化ベリリウム，硫酸ベリリウム，硝酸ベリリウム，炭酸ベリリウム，塩化ベリリウム，水酸化ベリリウム等がある．

大気中では粒子態として存在しており，吸入することにより，鼻咽頭炎，気管支炎，劇症といった化学物質誘発性の肺炎を生じさせる（急性ベリリウム疾患）．また，数週間から20年以上の潜伏期を有し，長期間にわたり進行して重篤化する慢性ベリリウム疾患（chronic beryllium disease：CBD）がある．業務起因性のベリリウム曝露は，主としてベリリウム鉱石類，金属ベリリウム，ベリリウム含有合金類，ベリリウム酸化物の処理工程において発生する．ベリリウムの急性疾患は過去に報告されたことがあるものの，近年ではほとんど報告されていない．IARC は，1993 年にベリリウムをヒトにおける発がん性物質としてグループ 1 に分類している．日本産業衛生学会では，ベリリウムの許容濃度を 0.002 mg/m^3 と定めており，発がん性物質として グループ 2A（ヒトに対しておそらく発がん性がある）に分類している．

［大河内　博］

文　献

1）http://www.mhlw.go.jp/stf/shingi/2r9852000002b3ek-att/2r9852000002b7aw.pdf

ペルフルオロオクタンスルホン酸（PFOS）およびその塩

分子量：500.13（酸），融点[1]：>400℃，沸点：不明，蒸気圧：6.4×10^{-3} mmHg（酸）（=0.85 Pa），1.43×10^{-11} mmHg（カリウム塩）（=1.9×10^{-9} Pa）（それぞれ 25℃，MPBPWIN[1] により計算），比重：～0.6[1]（カリウム塩），～1.1[1]（リチウム塩），～1.1[1]（アンモニウム塩），水への溶解度：519 mg/L（20±0.5℃），680 mg/L（24～25℃），オクタノール／水分配係数（log Kow）：不明，解離指数（K_a）：不明．

XO−S(=O)(=O)−CF$_2$(CF$_2$)$_6$CF$_3$　X=H,K等

PFOS は，きわめて高い残留性を示し，かつ，脂肪組織に多く偏在する他の残留性有機汚染物質（persistent organic pollutants：POPs）の旧来のパターンと異なり，血液や肝臓中のタンパク質と結合するといった生物蓄積性および生物濃縮性を持つ[2]．PFOS およびその塩は，上記の性質を有することから，2009 年 5 月に残留性有機汚染物質に関するストックホルム条約（POPs 条約）の第 4 回締約国会議において製造・使用，輸出入を禁止とする規制対象（付属書 B，適用除外有）に指定された．

PFOS およびその類縁化合物の主な用途は，半導体工業，金属メッキ，フォトマスク（半導体，液晶ディスプレイ），写真工業，泡消火剤である．

PFOS の類縁化合物が微生物やより大型の生物による代謝を受け，PFOS が生成される可能性が指摘されている．分析は液体クロマトグラフィ質量分析法（LC/MS）で行われる．

［東條俊樹］

文　献

1）環境省環境リスク評価室：化学物質の環境リスク評価 第 6 巻，環境省，2008.

2）M. Houde, *et al.*: *Environ. Sci. Technol.*, **42**（24）: 9397-9403, 2008.

ベンゼン（benzene）C_6H_6

分子量：78.11，融点：5.5℃，沸点：80.1℃，蒸気圧：10.1 kPa（20℃），比重：0.8787（15℃/4℃），ヘンリー定数：0.180 M/atm，オクタノール／水分配係数（log Kow）：2.13.

対流圏大気中でのベンゼンと OH ラジカルとの反応速度定数は 1.23×10^{-12} cm^3/分子/秒（25℃）で，OH ラジカル濃度を 5×10^5～1×10^6 分子/cm^3 とした時の半減期は 7～10 日と計算される．ベンゼンは波長が 260 nm 以上の光をほとんど吸収しないので，対流圏大気中では直接光分解を受けないと考えられる．ベンゼンは国内での製造，輸出入のほか，燃料油の中に不純物として含まれる．2002 年度の国内供給量（製造量＋輸入量－輸出量）は 4115000 t，燃料油中のベンゼンは 28 万 t と推定される．ベンゼンの用途はスチレンモノマーなどの合成原料や各種溶剤である．2002 年度 PRTR によると，ベンゼンは届出事業者から大気へ 1807 t，公共用水域へ 21 t 排出され，廃棄物として 720 t，下水道に 3 t 移動している．届出外排出量としては，届

出外事業者から115 t，非対象業種から827 t，家庭から92 t，移動体から16318 tの排出量が推計されている[1)]．

ベンゼンには，急性毒性（中枢神経系に対する作用と皮膚，粘膜に対する刺激），慢性毒性（造血器障害）に加えて発がん性（白血病）があり，閾値のない物質として取り扱うことが妥当である．ベンゼンに係る大気環境基準の設定にあたっては，環境基準専門委員会報告においてユニットリスク（汚染物質が1 μg/m^{3}含まれている大気を一生涯を通じて人が吸入した場合のがんの発生確率の増加分）が3×10^{-6}～7×10^{-6}とされ，当面の目標である生涯リスクレベル10^{-5}と実際の大気環境濃度から年平均値として3 μg/m^{3}と設定された[2)]．

［上野広行］

文　献

1）製品評価技術基盤機構：化学物質の初期リスク評価書 Ver1.0 No.104 ベンゼン，2007.
2）中央環境審議会：今後の有害大気汚染物質対策のあり方について（第二次答申），1996.

ベンゾ[*a*]ピレン（benzo[*a*]pyrene）$C_{20}H_{12}$

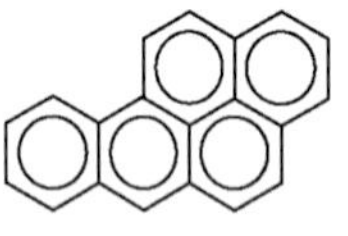

淡黄色板状あるいは針状晶である[1)]．分子量：252.31，融点：179～179.3℃，沸点：310～312℃，蒸気圧：5.25×10^{-9} mmHg（$=7.00\times10^{-7}$ Pa）（25℃），比重：1.351，オクタノール／水分配係数（log Kow）：6.04，水への溶解度：1.61×10^{-3} mg/1000 g（25℃）[1)]．OHラジカルとの反応による大気中半減期：13時間（OHラジカル濃度を3×10^5分子/cm^{3}と仮定して計算）[1)]．

大気への主な発生源は，石炭および石油燃焼プラント，コークスとアルミニウムの製造プロセス，石油精製，タイヤ用カーボンブラックの生産やアスファルトへの空気の吹き込み等の多環芳香族炭化水素（PAH）を含む原料を扱うプロセス，PAHを多量に含むコールタールおよび関連製品の製造・使用，木材の燃焼，剪定くずや農業廃棄物等のバイオマスの不完全な燃焼，自動車や航空機の排ガス等である[1)]．本物質は有害大気汚染物質優先取組物質に選定されている．国際がん研究機関による発がんの可能性の分類において，本物質はグループ1（ヒトに対する発がん性がある）に分類されている[2)]．一般環境大気中における最大吸入曝露量は0.0009 μg/kg/日（ヒトの1日呼吸量：15 m^3，体重：50 kgと仮定），吸入曝露による発がんユニットリスクは8.7×10^{-2}（μg/m^3）$^{-1}$，予測最大曝露濃度に対応するがん過剰発生率は2.6×10^{-4}と見積もられている[1)]．分析はガスクロマトグラフ質量分析計あるいは蛍光検出器を付けた高速液体クロマトグラフで行われる．

［亀田貴之］

文　献

1）環境省環境リスク評価室：化学物質の環境リスク評価 第5巻，環境省，2006.
2）International Agency for Research on Cancer: Chemical Agents and Related Occupations, IARC Monographs on the Evaluation of Carcinogenic Risks to Humans, Vol. 100F: 111-144, 2012.

ポリ塩化ジベンゾ-パラ-ジオキシン（PCDD）

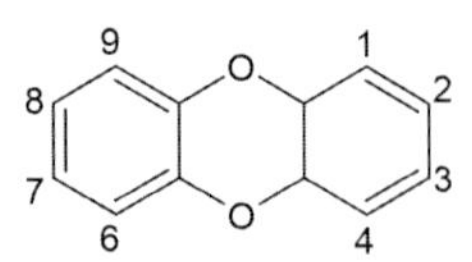

ダイオキシン類の一つの物質群である．PCDDsはベンゼン環二つが酸素で結合し，1～4，6～9位の水素が塩素で置換された構造を有する．75種類の異性体がある．塩素の置換位置や数によって毒性が異なり，毒性があるとみなされているのは7種類である．環境庁の報告（1999年）に

よると，PCDDsは大気中ダイオキシン類濃度の 28% を占め，毒性等量（toxic equivalent：TEQ）として 19% を占めていた[1)]．　［大河内　博］

文　献

1）https://www.env.go.jp/chemi/dioxin/hand/handbook.pdf

ポリ塩化ジベンゾフラン（PCDF）

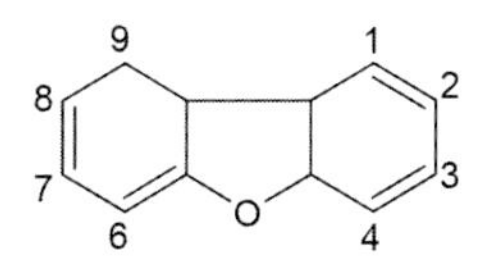

ダイオキシン類の一つの物質群である．PCDFsはベンゼン環二つが酸素で結合し，1〜4，6〜9位の水素が塩素で置換された構造を有する．135種類の異性体がある．塩素の置換位置や数によって毒性が異なり，毒性があるとみなされているのは10種類である．環境庁の報告（1999年）によると，PCDDsは大気中ダイオキシン類濃度の 37% を占め，毒性等量（toxic equivalent：TEQ）として 65% を占めていた[1)]．　［大河内　博］

文　献

1）https://www.env.go.jp/chemi/dioxin/hand/handbook.pdf

2）https://cfpub.epa.gov/nca/iris drafts/dioxin/nas-review/pdfs/part1vol2/dioxin ptl vol2 choz dec 2003.pdf

ポリ塩化ビフェニル（PCB）

ベンゼン環二つが結合し，2〜6，2′〜6′位の水素が塩素で置換された構造を有する．理論的には209種類の同族体が存在するが，すべての同族体は親油性で，水への溶解性はきわめて低い．その結果，食物連鎖に容易に入り込み，脂肪組織に蓄積される．PCBsの放出源には変圧器，コンデンサ，その他のPCB廃棄物，下水汚泥，麦深土を含む埋立地からの蒸散，野外への不適切（あるいは不法）な投棄が含まれる．変圧器やコンデンサの爆発・過熱によって大量のPCBsが局地環境中へ放出される．PCBsは熱分解の状況下ではPCDFsに変換される．PCBsの焼却はPCDFsの重要な発生源となることから，PCBs汚染廃棄物の分解には焼却温度（1000℃以上），焼却時間，乱流などの十分なコントロールが勧告される（表）．

地球規模で見ると，PCBsは大気中に 0.002〜15 ng/m^3 の濃度で存在している．主としてガス態として存在しており，エアロゾル表面に吸着する傾向は，塩素化の程度に伴って増加する．降雨中PCBs濃度は 0.001〜0.2 μg/L の範囲である．現在，一般環境中でのPCBの主要曝露源は，以前に環境中に放出されたPCBsの再分布（redistribution）と考えられている．

PCBsのうち，コプラナーポリ塩化ビフェニル（Co-PCBs）はベンゼン環が同一平面上にある扁平構造を有しており，ダイオキシン類の一つの物質群である．塩素の置換位置や数によって毒性が異なり，毒性があると見なされているのは十数種類である．環境庁の報告（1999年）によると，Co-PCBsは大気中ダイオキシン類濃度の35%を占め，毒性等量（toxic equivalent：TEQ）として16%を占めていた[1)]．

PCBsの測定には，充填カラム電子捕獲検出器付ガスクロマトグラフ（GC）が多用されてきた．近年では，キャピラリーガスクロトマトグラフ/質量分析法（GC-MS）が用いられている．　［大河内　博］

文　献

1）https://www.env.go.jp/chemi/dioxin/hand/

表　ダイオキシン類の物性値

	塩素数	融点 (℃)	蒸気圧 (Pa)	ヘンリー定数[2] (M/atm)	オクタノール／水分配係数の対数 (log Kow)[2]	毒性等価係数 TEQ*1
PCDDs	4	305.5	5.8×10^{-7}	30.4	6.80	1.0
	5	240.5	5.8×10^{-8}	385	6.64	0.5
	6	264.5	9.1×10^{-9}	93.5	7.80	0.1
	7	285.5	2.5×10^{-9}	79.4	8.00	0.01
	8	325.5	2.5×10^{-10}	148	8.20	0.001
PCDFs	4	227.5	3.3×10^{-6}	69.4	6.2	0.1
	5	196.5	3.9×10^{-7}	201	6.79	0.05/0.5*2
	6	237.3	2.4×10^{-8}	69.9	7.00	0.1
	7	229.0	4.7×10^{-8}	70.9	7.4	0.01
	8	259.0	4.7×10^{-9}	532	8.0	0.001
PCBs	4	100 ± 20	0.06	58.8	6.5	0.0001
	5	100 ± 20	0.01	5.75～18.5	6.0～7.12	0.1/0.0001/0.0005*3
	6	130 ± 20	1×10^{-4}	1.14～15.3	7.09～7.46	0.00001/0.0005*4
	7	140 ± 20	1×10^{-4}	15.0～66.7	7.21～7.71	0.0001

＊1：1,2,3,7,8-PeCDF：0.05/2,3,4,7,8-PeCDF：0.5
＊2：1,2,3,7,8-PeCDF：0.05/2,3,4,7,8-PeCDF：0.5
＊3：3,3′,4,4′,5-PeCB：0.1/2′,3,4,4′,5-PeCB，2,3′,4,4′,5-PeCB，2,3,3′,4,4′-PeCB：0.0001/2,3,4,4′,5-PeCB：0.0005
＊4：2,3′,4,4′,5-HxCB：0.00001/2,3,3′,4,4′,5-HxCB,2,3,3′,4,4′,5′-HxCB：0.0005
Te：テトラ，Pe：ペンタ，Hx：ヘキサ，Hp：ヘプタ，O：オクタ

handbook.pdf
2) 環境保健クライテリア 140：ポリ塩化ビフェニル（PCB）およびターフェニル Polychlorinated Biphenylsand Terphenyls
http://www.nihs.go.jp/hse/ehc/sum1/ehc140.html#2

ホルムアルデヒド（formaldehyde）HCHO

窒息性の刺激臭のある無色透明の気体，分子量：30.03，融点：−92℃，沸点：−19.5℃，蒸気圧：3890 mmHg，オクタノール／水分配係数：0.35，CAS 番号：50-00-0.

ホルマリンはホルムアルデヒドの 40 wt% 水溶液である（重合防止用にメチルアルコールが添加されている）.

主な用途はポリアセタール樹脂およびユリア・メラミン系接着剤などの合成化学原料である．大気汚染防止法の優先取組物質に指定されている（指針値は未設定）．特定第 1 種指定化学物質である．厚生労働省では室内濃度指針値を 100 μg/m³と定めている.

特定化学物質の環境への排出量の把握等及び管理の促進に関する法律による全国の届出排出量・移動量の集計（2017 年度）によると大気中への排出量は 272.6 t/年であるが，届出外排出量として移動体から 509.4 t/年（内自動車，二輪車，特殊自動車合計 433.3 t/年），たばこの煙による家庭から 82 t/年と推計されており，届出外排出量が全体の 95％を占める.

大気中ではOHラジカルとの反応および光分解により消失し，寿命は1～2日程度である．OHラジカルとの反応によりHO_2ラジカルを生成してO_3生成に関与するが，そのO_3生成能（maximum incremental reactivity：MIR）は9.46 g/gと比較的大きい．燃焼系の発生源から不完全燃焼により一次的に発生する．また，大気中では炭化水素からOHラジカルとの反応を経て光化学的に二次生成され，その量は人為的な発生量より大きいと推定される．

有害大気汚染物質の大気環境モニタリング調査（2017年度）によると，全国の一般環境（229地点）では平均2.4 μg/m^3，濃度範囲0.71～6.3 μg/m^3，沿道（105地点）では平均2.7 μg/m^3，濃度範囲1.0～7.2 μg/m^3）である．自動車からの排出寄与のため沿道濃度の方が高いと説明される．

大気環境濃度は日中に高く，夜間に低くなる．室内環境濃度は，圧縮木材製品，家具，たばこの煙などの発生源のため，大気環境濃度より高くなることが多い．

分析法としては，2,4ジニトロフェニルヒドラジン含侵シリカゲルを充てんした捕集管に試料大気を吸引してヒドラジン誘導体として捕集した後，アセトニトリルにて抽出し，高速液体クロマトグラフ法などにて測定する方法が広く用いられている．また，異なる原理に基づく数種類の連続測定器が開発され実用化されている．

WHO欧州地域専門家委員会は，曝露による影響は平均値よりもピーク値の濃度に関係すると推測し，30分平均値で0.1 mg/m^{3}をガイドライン値とし，環境リスク評価室ではこの値をNOAEL（無毒性量）とした．

発がん性については，IARCの評価では2A（ヒトに対しておそらく発がん性がある）に分類されているため，環境リスク評価室では発がん性に関する評価を行う必要があるとしている．　［石井康一郎］

文　献

1）中西準子・鈴木一寿：ホルムアルデヒド，p.10，丸善出版，2009.

2）環境省環境リスク評価室：化学物質の環境リスク評価 第1巻，環境省，2000.

マロン酸（malonic acid）$C_3H_4O_4$

白色の結晶または結晶性粉末．分子量[1]：104.06，融点[1]：135.6℃，沸点[2]：140℃（分解），蒸気圧（266～303 K，固体）[1]：(8.0±2.9)×10^{-5} Pa，密度[1]：1.616 g cm^{-3}（25℃），酸解離指数[3]：pK_{a1}＝2.8，pK_{a2}＝5.7（25℃），水への溶解度[1]：15.22 mol kg^{-1}（25℃），ヘンリー定数[3]：3.7×10^6 M/atm（25℃）．

［大河内　博］

文　献

1）V. Soonsin, *et al*.: *Atmos. Chem. Phys*., **10**: 11753-11767, 2010.

2）PubChem Open Chemistry Database. https://pubchem.ncbi.nlm.nih.gov/compound/

3）H. Okochi, P. Brimblecombe: *TheScientificWorld JOURNAL*, **2**: 767-786, 2002.

マンガンおよびその化合物（manganese and its compounds）Mn

灰白色の固体金属．結晶構造によりα型，β型，γ型，δ型の四つの同素体がある．マンガン単体のみならず，化合物として様々な形態で存在する．主な化合物としては，二塩化マンガン（$MnCl_2$），硫酸マンガン（$MnSO_4$），四酸化三マンガン（Mn_3O_4），二酸化マンガン（MnO_2），過マンガン酸カリウム（$KMnO_4$），ホウ酸マンガン8水和物（$MnB_4O_7 \cdot 8H_2O$），炭酸マンガン（$MnCO_3$），メチルシクロペンタジエニルマンガントリカルボニル（$C_9H_7MnO_3$），マンネブ（$C_4H_6N_2S_4Mn$），マンコゼブ（$C_8H_{12}MnN_4S_8Zn$）がある[1]．

マンガンの分子量：54.94，融点：1244℃，沸点：1962℃，密度：7.3（α 型 20℃），蒸気圧：1 mmHg（1292℃），水溶性：分解[1]．

自然界では硫化物，酸化物，炭酸塩，ケイ酸塩，リン酸塩，ホウ酸塩などの形態で 100 種類以上の鉱物に含まれる．大気中のマンガンの多くは自然起源による．地殻中の岩石が主な排出源であり，他には海塩粒子，山火事，植物や火山活動がある．人為起源では主に金属精錬，鉱石の採掘，鋳物，金属溶接・切断等が排出源となる．人為起源の多くは酸化マンガンの形態で大気中に放出され，主に粒子状あるいは浮遊粒子に吸着して存在する．大気中マンガンの約 80％は 5 μm 以下，約 50％は 2 μm 以下の粒子で存在し，大部分は吸入性である[1]．

長期間の吸入で肺や中枢神経系に影響を与え，肺機能の低下，気管支炎，肺炎，喘息の増悪，神経障害を起こすことがある．動物実験から人で生殖・発生毒性を起こす可能性が示唆されている．人への発がん性では明らかな証拠はない[1]．

マンガンおよびその化合物は，大気汚染防止法の有害大気汚染物質のうち，優先取組物質に指定されている．マンガンおよび無機マンガン化合物の大気中濃度の指針値は，吸入による神経行動学的機能への影響に基づき年平均値 0.14 μg Mn/m^3 以下に設定されている[1]．分析は，誘導結合プラズマ質量分析法（ICP-MS），誘導結合プラズマ発光分析法（ICP-AES），電気加熱原子吸光法（ETAAS），フレーム原子吸光法（FLAAS）で行われる．

［東　賢一］

文　献

1）環境省中央環境審議会：今後の有害大気汚染物質対策のあり方について（第十次答申），2014.

メタン（methane）CH_4

H
|
H—C—H
|
H

無色，無臭の可燃性気体[1]．炭素を中心とする正四面体構造[2]．分子量[1]：16.04，融点[1]：−182.5℃，沸点[1]：−164℃，比重[1] d_4^0：0.5547（空気＝1），水への溶解度[3]：3.3 mL/100 mL（20℃），オクタノール／水分配係数（log Kow）[3]：1.09，爆発限界[3]：5〜15 vol％（空気中）．

永久凍土下や海底等の低温で高圧な条件下では，水分子と結合してメタンハイドレートと呼ばれる固体で存在する[4]．地球大気において，水蒸気，二酸化炭素に次いで大気中の濃度が高い温室効果ガスで，1 分子あたりの温室効果は二酸化炭素より大きい[4]．2015 年の全球大気平均濃度（1845 ppb）は，工業化以前（1750 年頃の平均濃度は 722 ppb）に比べ，2.5 倍以上増加している[5]．メタンの発生源としては，湿地や水田等の嫌気的な環境に住む微生物による有機酸等の還元過程での生成に加え，化石燃料の採掘や使用，バイオマス燃焼，埋立てゴミや廃棄物，家畜として飼っている反芻（はんすう）動物の腸内発酵によるもの等がある[4,6]．消失源は，対流圏での OH ラジカルとの反応，成層圏への輸送，土壌微生物による分解がある[4]．メタンの OH ラジカルとの反応による分解の時定数（大気中寿命）は約 10 年である[4]．分析には，フラスコに大気採取して，実験室でガスクロマトグラフィ／水素炎イオン化検出法（GC/FID）で分析する手法や，大気試料を装置に引き込んで赤外吸収法を用いてその場で計測する手法が用いられている[7]．

［猪俣　敏］

文　献

1）大木道則他編：化学辞典，東京化学同人，1994.

2）長倉三郎他編：理化学辞典，岩波書店，2003.

3）国際化学物質安全性カード（ICSC）番号，0291.

4) 国立環境研究所地球環境研究センター編：地球温暖化の事典，丸善出版，2014.
5) 温室効果ガス世界資料センター（WDCGG）：全球平均値データ.
6) 気候変動に関する政府間パネル（IPCC）第1作業部会，気象庁訳：IPCC 第5次評価報告書「気候変動 2013―科学的根拠」技術要約，2015.
7) 竹内　均監修：地球環境調査計測辞典，第1巻陸域編①，フジ・テクノシステム，2012.

モノテルペン（monoterpene）$C_{10}H_{16}$

植物の二次代謝物であり，香りの主成分である．異性体が多く存在し，主要なものには，α-ピネン（α-pinene），β-ピネン（β-pinene），カンフェン（camphene），リモネン（limonene）などがある．分子量：136.2．代表的な α-ピネンでは，融点：−55℃，沸点：157℃，蒸気圧：0.58 kPa（25℃），比重：0.86（25℃）．

植物体内でのモノテルペンの前駆物質はゲラニル二リン酸で，モノテルペン合成酵素によってモノテルペンへと合成される．植物からのモノテルペンの放出は，貯蔵組織（樹脂道，油腺等）からの，温度に依存する蒸発現象として起こるのが一般的である．ほとんどの針葉樹がこの放出形態をとる．しかし，貯蔵組織を持たない種では，イソプレンと類似の温度と光に依存する放出形態をとるものもある．このタイプはウバメガシ等広葉樹に多い．大気中での消失源は OH ラジカルおよびオゾンとの反応である[1]．酸素を含むモノテルペンアルコール（$C_{10}H_{18}O$）やモノテルペンケトン（$C_{10}H_{16}O$）も，一連のモノテルペン代謝経路で作られるため，モノテルペン類として総称される．大気中濃度は高くとも数 ppb であるため，吸着剤に濃縮採取し，加熱脱着法を用いて，水素炎イオン化検出器や質量分析計を備え付けたガスクロマトグラフで分析する．［谷　晃］

文　献

1) R. Atkinson, J. Arey: *Atmos. Environ.*, **37** (Suppl. 2): 197-219, 2003.

有害大気汚染物質

大気汚染防止法における有害大気汚染物質とは，低濃度でも継続的に摂取される場合にはヒトの健康を損なうおそれがある物質のことである．中央環境審議会「今後の有害大気汚染物質対策のあり方について」答申において，有害大気汚染物質に該当する可能性のある物質として 248 物質，そのうち特に優先的に対策に取り組むべき物質（優先取組物質）として次の 23 種類がリストアップされている．アクリロニトリル，アセトアルデヒド，塩化ビニルモノマー（別名：クロロエチレン，塩化ビニル），塩化メチル（別名：クロロメタン），クロムおよび三価クロム化合物，六価クロム化合物，クロロホルム，酸化エチレン，1,2-ジクロロエタン，ジクロロメタン（別名：塩化メチレン），水銀およびその化合物，ダイオキシン類*，テトラクロロエチレン，トリクロロエチレン，トルエン，ニッケル化合物，ヒ素およびその化合物，1,3-ブタジエン，ベリリウムおよびその化合物，ベンゼン，ベンゾ[a]ピレン，ホルムアルデヒド，マンガンおよびその化合物．

*：ダイオキシン類はダイオキシン類対策特別措置法に基づき対応している．

［上野広行］

有機態炭素（organic carbon）

有機炭素とも呼ばれ，一般的には粒子状物質（エアロゾル）に含まれている有機物を構成する炭素のことをさす．OC と表記する．有機エアロゾル（organic aerosol：OA），または粒子状有機物（particulate organic matter：POM）は，炭素を骨格として水素，酸素，窒素等の元素で構成され，数百～数千種類の物質があるといわれているが，OCは物質を区別せずに，OA中の炭素全体のことをさす．ただし，水溶性を持つものについては，水溶性有機炭素（water soluble OC：WSOC）として分けて扱うことがある．なお，有機態炭素と対になるのが無機態炭素（無機炭素）であり，無機態炭素には元素状炭素（elemental carbon：EC）と炭酸塩炭素（carbonate carbon：CC）がある．エアロゾルの成分組成を把握するにはOAの濃度が必要だが，すべての物質を積み上げる形で求めるのは通常難しいため，後述するようにOCを分析し，OAとOCの質量比（OM/OC比と表記される）を用いて求めている．OM/OC比は有機物組成によって変わり，炭化水素が主体の場合は小さく，酸化されたものが多い場合には大きい傾向となる．そのため，大気中のOM/OC比はその環境によって変わるが，多くは1.4～2（都市域では1.4～1.6，非都市域では1.7～2）程度の範囲にあると考えられている[1]．OAの生成過程は，発生源から粒子として直接排出される一次排出だけでなく，前駆物質が大気中で反応して粒子化する二次生成もある．このため，発生源は前駆物質（ガス状有機物）も含めれば多種多様であり，人為起源ばかりでなく自然起源もある．人為起源では，化石燃料やバイオマス等の燃焼，揮発性有機化合物（VOC）の蒸発等，自然起源では植物や微生物から放出される有機物（例えば花粉，胞子，ワックス等），植物から放出されるVOC（biogenic VOC：BVOC）等がある．二次生成有機エアロゾルをSOA（secondary OA）と呼ぶが，そのうち人為起源のVOCに由来するものをASOA（anthropogenic SOA），生物（植物）起源のVOCに由来するものをBSOA（biogenic SOA）と呼ぶ．OCの分析については，熱分離・光学補正法[2]が普及している．一般的には，石英繊維フィルタに捕集した試料を加熱し，気化したガスを定量することで行われる．その際，加熱雰囲気と加熱温度の条件を変えることでECと分別される（熱分離）．OCは不活性ガス雰囲気下では500～600℃程度，有酸素雰囲気下では300～400℃程度までに気化する．ただし，特に不活性ガス雰囲気下では一部の有機物が熱分解により炭化するため，OCの過小評価，ECの過大評価が起こる．このため，分析中のフィルタ試料にレーザ光を照射し，その反射光強度を利用してOCの炭化分を補正する（光学補正）．気化したガスはメタンに変換し，水素炎イオン化検出器（FID）で定量することが多い．ただし，このようにして分析されるOCは，物質により厳密に分けられたものではなく，分析法と分析条件によって定義されたものであることに留意しなければならない．WSOCの分析については，フィルタ試料を純水に抽出して熱分離・光学補正法や全有機炭素計により行われる．なお，OA中の成分の分析法（いわゆる有機分析法）は，オンライン分析を含めて数多く存在する．

［長谷川就一］

文　献

1）A. Gelencser: Carbonaceous Aerosol, pp.165-166, Springer, 2004.

2）長谷川就一：ぶんせき，**9**：452-457，2010.

ヨウ素（iodine）I

原子番号：53．融点：113.7℃，沸点：184.5℃[1]．常温では固体で，昇華性がある[1]．天然にはヨウ化物，ヨウ素酸塩，有機ヨウ素化合物として存在している[2]．天然に存在する安定同位体は^{127}Iのみである[2]．哺乳動物の甲状腺にはヨウ素が不可欠であるが，それは甲状腺の分泌する成長ホルモンがヨウ素化合物のためである[2]．

人工放射性同位体である ^{129}I（半減期：1.57×10^7 年）[3] は使用済核燃料中に長期にわたって残存し，^{131}I（8.021 日）は核分裂生成物である [2]．体内に入ったヨウ素の約 30% は甲状腺に集まることから，ヨウ素が放射性核種の場合，甲状腺腫瘍や甲状腺機能低下の原因となる被曝を与える [2]．

［反町篤行］

文　献

1）化学大辞典編集委員会編：化学大辞典，共立出版，1997.
2）馬淵久夫編：元素の事典，朝倉書店，1998.
3）アイソトープ手帳，日本アイソトープ協会，2005.

ラドン（radon）Rn

原子番号：86．融点：−71℃，沸点：−65℃ [1]．

無色，単原子分子の気体で，化学的にきわめて不活性である [1]．二硫化炭素，エーテル，アルコール等の有機溶媒への溶解度が大きい [1]．天然には 3 種の同位体が存在する：アクチノン ^{219}Rn（半減期：3.96 秒）[2]，トロン ^{220}Rn（55.6 秒），ラドン ^{222}Rn（3.824 日）[1]．土壌・岩石および家屋の建材（コンクリート等）にはウラン ^{238}U，トリウム ^{232}Th 壊変生成物が存在し，一部が空気中に放出される [3]．ラドンは呼吸により吸入されると肺の放射線被曝を与え，肺がんの原因になるが，これはラドンそのものからの，そして短寿命のラドン壊変生成物からの放射線が寄与している [3]．気象学，地質学等の分野においてトレーサとして利用されている [3]．

［反町篤行］

文　献

1）化学大辞典編集委員会編：化学大辞典，共立出版，1997.
2）アイソトープ手帳，日本アイソトープ協会，2005.
3）馬淵久夫編：元素の事典，朝倉書店，1998.

硫化カルボニル（carbonyl sulfide）OCS

大気中で最も長寿命なガス状硫黄化合物．常温で無色の気体．分子量：60.076，融点：−138.8℃，沸点：−50.15℃，ヘンリー定数：20.98～21.98×10^{-3} M/atm（25℃），滞留時間：1 日（下層対流圏）[1]．地球規模での放出量は 1.31±0.25，消失量は 1.66±0.79 Tg a^{-1} と推計されている [1]．分析は化学発光硫黄検出器（SCD）付ガスクロマトグラフで行う．

［大河内　博］

文　献

1）S. F. Watts: *Atmos. Environ.*, **34**: 761–779, 2000.

硫化ジメチル（dimethyl sulfide）$(CH_3)_2S$

分子量：62.13，融点：−98℃，沸点：37.3℃，蒸気圧：532 hPa，オクタノール／水分配係数：0.84，ヘンリー定数 [1]：0.474～0.478 M/atm（25℃）．滞留時間：24～28 時間（対流圏）[1]．

地球規模での発生量は 24.49±5.30Tg a^{-1} であり [1]，大気への主な発生源は外洋である．主な消失源は OH ラジカル（日中）と NO_3 ラジカル（夜間）との反応である [1]．

［大河内　博］

文　献

1）S. F. Watts: *Atmos. Environ.*, **34**: 761–779, 2000.

硫化水素（hydrogen sulfide）H_2S

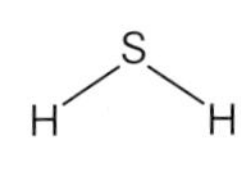

腐卵臭を有する水溶性の無色気体．分子量：34.08，融点：−85.5℃，沸点：−60.7℃，蒸気圧：17.6 atm，ヘンリー定数 [1]：87.14～103.13×10^{-3} M/atm（25℃），酸解離指数：$pK_{a1}=7.02$，$pK_{a2}=13.9$．

滞留時間：1日（下層対流圏）[1]．

地球規模での発生量は7.72 Tg a^{-1} であり[1]，大気へ主な発生源は外洋，火山，人類活動である．硫化水素は硫黄を含むタンパク質の腐敗ガス，土壌・底質中の硫酸塩の還元により発生する．人類活動としては製紙工業，石油産業，し尿などである．高等植物による炭酸脱水酵素と硫化カルボニルとの反応，高濃度の二酸化硫黄に曝された際の解毒化機構としても大気中に放出される[1]．大気中での唯一の消失源はOHラジカルとの反応であり，地球規模での消失量は8.50 Tg a^{-1} である[1]．多くの悪臭苦情の原因物質であり，きわめて有毒な物質である．分析は炎光光度検出器（FPD）付ガスクロマトグラフで行う．

［大河内　博］

文　献

1) S. F. Watts: *Atmos. Environ.*, **34**: 761-779, 2000.

硫酸（sulfuric acid）H_2SO_4 および硫酸塩（sulfate）SO_4^{2-}

硫酸は無色で油状の液体．分子量：98.08，密度：1.83 g・cm^{-3}，融点：10.4℃，沸点：290℃（分解），317℃（共沸混合物），水への溶解度：任意に溶解．酸解離指数：pK_{a2}＝1.99（25℃）．

硫黄分を多く含む化石燃料の燃焼に伴い大気中に排出された二酸化硫黄（SO_2）が，光化学反応により酸化されて無水硫酸（SO_3）となり，水分を吸収して生成する．硫酸ミストとも呼ばれる．都市部の発生源としては工場のばい煙やディーゼル車等がある．雨水等に溶け込むと酸性雨の原因物質となり，目や皮膚に刺激を与え，吸入すると気道や肺に影響を及ぼす．

硫酸塩は，硫酸イオン（SO_4^{2-}）に陽イオンが結合した物質の総称である．大気中では主にアンモニウムイオン（NH_4^+）と対になり硫酸アンモニウム（$(NH_4)_2SO_4$）として硫酸エアロゾルを形成する．水への溶解度が高く潮解性を有する．発生源は硫酸と同じく，硫黄分を含む化石燃料の燃焼のほか，火山から放出されるSO_2や海洋プランクトンによって大気中に放出されるジメチルスルフィド（DMS）の酸化によっても生成する．海水中にも存在するため，雨水中のSO_4^{2-}は，これを補正した非海塩性（nss-）SO_4^{2-}として評価するのが一般的である[1]．

$(NH_4)_2SO_4$は雲の凝結核となったり，光を散乱する性質から地球を冷却したりする効果があり，大気環境中で重要な役割を果たす．SO_4^{2-}は通常イオンクロマトグラフ法によって分析される．　［米持真一］

文　献

1) 笠原三紀夫，東野　達：エアロゾルの大気環境影響，pp.245-254，京都大学学術出版会，2007.

レボグルコサン（Levoglucosan，1,6-Anhydro-β-D-glucopyranose）$C_6H_{10}O_5$

分子量：162.1406，密度[1]：1.688 g/cm^3，融点[2]：179.5〜180℃，沸点[1]：384℃（予測値），昇華点[1]：185.9℃，蒸気圧[1]：24.1 μPa（予測値）[1]．

水，アセトニトリル，ジクロロメタンに可溶で，エタノールや酢酸エチルに難溶[2]．大気環境では，植物燃焼起源の指標物質の一つとして測定されている[3]．発生過程は，植物に含まれるセルロース構造を持って有機物が，300℃より高い温度で，グリコシル基転移等の結合開裂による熱分解により生成し，タール質中に含まれ，大気エアロゾル粒子として放出される[3]．大気中での消失について，OHラジカル反応による半減期は12.7〜83.2時間，酸性粒子によるアルドール縮合反応による消失は0.5〜10日と推定されている[4]．このことから，大気環境で観測されるレボグルコサンは，近くに発生源のない離島等を除き，国内発生源の影響を大きく受けている可能性が高い[3]．分析はシリルエステル誘導体化を行った後，ガスクロマトグラフ質量分析装置で行う[2]．シリルエステル誘導体は，加水分解が起こるため，試料の取り扱いに注意が必要である．このため，高速液体クロマトグラフ質量分析装置により分析を行う場合もある[5]． ［萩野浩之］

文　献

1）V. Oja, E. M. Suuberg: *J. Chem. Eng. Data*, **44**: 26-29, 1999.

2）化学大辞典編集委員会編：化学大辞典，共立出版，1979.

3）B. R. T. Simoneit: *Applied Geochem*., **17**: 129-162, 2002.

4）M. Mochida, *et al*.: *Atmos. Environ*., **44**: 3511-3518, 2010.

5）D. Asakawa, *et al*.: *Atmos. Environ*., **122**: 183-187, 2015.

六フッ化硫黄（sulfur hexafluoride, SF_6）

フッ素と硫黄からなる化合物．常温大気圧下では化学的に安定であり，無毒，無臭，無色，不燃性の気体．分子量：146.05，融点：−50.8℃（224 kPa），沸点：−63.9℃（1 atm，昇華），蒸気圧：2109 kPa，水への溶解度：0.0063 mL/mL，対流圏寿命：3200年，地球温暖化指数GWP：23900.

電力供給に関係した装置や電子機器の絶縁ガスとして利用されてきた．1960年代から工業的に生産されるようになり，大気中濃度は急速に増加している．1970年頃の大気中濃度は0.03 pptであったが，2017年には世界平均で9 pptに達している． ［大河内　博］

コラム 農薬散布・農薬の影響

Adverse effects due to pesticide spray

農薬は食料の安定供給に役立つ面があるとともに，農薬によるヒトの健康障害や生態系への悪影響も無視しえない．残留性の農薬，例えば塩素系のDDT等は1回の散布で長期間効力を発揮するため，農薬散布の量と手間が少ない特徴を持つ．一方ではこの残留性が生態系の食物連鎖を通じて，連鎖の上位にある鳥類やヒトへの悪影響を顕在化させてきた．レイチェル・カーソンの『沈黙の春』にその詳細が述べられている．食物連鎖によって，ヒトは農薬を経口摂取する．また食物に残留した農薬も経口摂取によって体内に入り，消化器官・肝臓で分解，解毒されたのち，心臓から全身に広がっていく．

神経毒として作用する残留性の高い有機塩素系農薬によるリスクを軽減するために，神経伝達阻害を主な作用機序とするフェニトロチオン，マラソンなどの有機リン系が使われるようになった．残留性が少ないため毎年の散布が必要となり，作業負荷軽減のため地上からの散布ではなく，ラジコンのヘリコプターを使った空中散布も行われるようになった．有機リン系農薬は毒ガスであるサリン，VXガスと同系列の化学物質であり，サリン被曝による縮瞳のように視神経への影響があることが「Saku Disease（佐久の眼病）」として報告されている．

1970年代に長野県佐久地方で有機リン系農薬の空中散布後数年で，近視になる小学生の有意な増加が石川らによって日本眼科学会誌に報告された．ラジコンヘリで空中から散布すると，田畑以外の居住地域にも農薬が拡散することになる．また近郊農村では，田畑と住宅地の混在が進んだことも，空中散布によって農薬に被曝する人口の増加に輪をかけた．

空中散布された農薬は呼吸によって経気的に体内に取り込まれる．鼻および口から取り込まれた農薬分子は気管支を通り肺胞に到達する．肺胞ではガス交換が行われ，毛細管に取り込まれた農薬分子は，肺静脈に集まり心臓に送り込まれた後，全身に広がっていく．経口摂取と比べて，手薄な体の防御機構を通過して全身に広がっていくことになる．散布される農薬は神経毒，あるいは神経伝達阻害によって害虫の駆除を行うものであるが，ヒトに対しては佐久の眼病のように，数年後に影響が顕在化する遅発性の障害にも注意を払う必要がある．

群馬県では有機リン系農薬の無人ヘリ散布の自粛要請を行った結果，自粛後，通常なら農薬の被害で駆け込む患者が大きく減り，水田に住宅地のある同県南部の玉村町では農薬散布への苦情も減ったという記事が2007年1月31日付の毎日新聞で報道されている．

有機リン系農薬の後継農薬として，神経毒であるピレスロイド系農薬，および神経伝達阻害を機序とするネオニコチノイド系農薬が害虫駆除剤として近年多く使われるようになってきた．神経系に作用する害虫駆除目的の農薬は，神経ネットワークの形成期である乳幼児への影響に細心の注意を払うことが重要である．また農薬には害虫駆除の他に植物体に作用する除草剤もある．

［柳沢幸雄］

付　　録

付表 1　大気汚染に係る環境基準

Environmental Quality Standards in Japan-Air Quality

a．基準値および測定方法

物　　質	環境上の条件（設定年月日等）	測 定 方 法
二酸化硫黄（SO_2）	1 時間値の 1 日平均値が 0.04 ppm 以下であり，かつ，1 時間値が 0.1 ppm 以下であること．（48.5.16 告示）	溶液導電率法又は紫外線蛍光法
一酸化炭素（CO）	1 時間値の 1 日平均値が 10 ppm 以下であり，かつ，1 時間値の 8 時間平均値が 20 ppm 以下であること．（48.5.8 告示）	非分散型赤外分析計を用いる方法
浮遊粒子状物質（SPM）	1 時間値の 1 日平均値が 0.10 mg/m^3 以下であり，かつ，1 時間値が 0.20 mg/m^3 以下であること．（48．5．8 告示）	濾過捕集による重量濃度測定方法又はこの方法によって測定された重量濃度と直線的な関係を有する量が得られる光散乱法，圧電天びん法若しくはベータ線吸収法
微小粒子状物質（$PM_{2.5}$）	1 年平均値が 15 μg/m^3 以下であり，かつ，1 日平均値が 35 μg/m^3 以下であること．（H21.9.9 告示）	微小粒子状物質による大気の汚染の状況を的確に把握することができると認められる場所において，濾過捕集による質量濃度測定方法又はこの方法によって測定された質量濃度と等価な値が得られると認められる自動測定機による方法
光化学オキシダント（Ox）	1 時間値が 0.06 ppm 以下であること．（48.5.8 告示）	中性ヨウ化カリウム溶液を用いる吸光光度法若しくは電量法，紫外線吸収法又はエチレンを用いる化学発光法
二酸化窒素（NO_2）	1 時間値の 1 日平均値が 0.04 ppm から 0.06 ppm までのゾーン内又はそれ以下であること．（53．7.11 告示）	ザルツマン試薬を用いる吸光光度法又はオゾンを用いる化学発光法
ベンゼン	1 年平均値が 0.003 mg/m^3 以下であること．（H9.2.4 告示）	キャニスター又は捕集管により採取した試料をガスクロマトグラフ質量分析計により測定する方法（標準法）又は当該物質に関し，標準法と同等以上の性能を有する方法．
トリクロロエチレン	1 年平均値が 0.13 mg/m^3 以下であること．（H30.11.19 告示）	
テトラクロロエチレン	1 年平均値が 0.2 mg/m^3 以下であること．（H9.2.4 告示）	
ジクロロメタン	1 年平均値が 0.15 mg/m^3 以下であること．（H13.4.20 告示）	
ダイオキシン類	1 年平均値が 0.6 pg-TEQ/m^3 以下であること．（H11.12.27 告示）	ポリウレタンフォームを装着した採取筒をろ紙後段に取り付けたエアサンプラーにより採取した試料を高分解能ガスクロマトグラフ質量分析計により測定する方法

環境基準は，工業専用地域，車道その他一般公衆が通常生活していない地域または場所については，適用しない．

b．環境基準の評価方法

物　　質	短期的評価	長期的評価
二酸化硫黄（SO_2） 一酸化炭素（CO） 浮遊粒子状物質（SPM）	1時間値または1日平均値が環境基準を超えないこと．	1日平均値の2%除外値※が環境基準を超えないこと，かつ，1日平均値が環境基準値を超過した日が2日以上連続しないこと． ※年間の1日平均値のうち，高い方から2%の範囲内にあるものを除外した後の最高値．
微小粒子状物質（$PM_{2.5}$）	1日平均値の98%値※が環境基準（35 $\mu g/m^3$）を超えないこと． ※年間の1日平均値のうち，低い方から98%に相当するもの．	1年平均値が環境基準（15 $\mu g/m^3$）を超えないこと．
光化学オキシダント（Ox）	1時間値が環境基準を超えないこと．	
二酸化窒素（NO_2）		1日平均値の98%値※が環境基準（0.06 ppm）を超えないこと． ※年間の1日平均値のうち，低い方から98%に相当するもの．
ベンゼン トリクロロエチレン テトラクロロエチレン ジクロロメタン ダイオキシン類		1年平均値が環境基準を超えないこと．

付表2 大気汚染に係る指針値等

Guideline values for air pollutants in Japan

a．光化学オキシダントの生成防止のための大気中炭化水素濃度の指針

物　　質	指　　針
非メタン炭化水素（NMHC）	光化学オキシダントの日最高1時間値0.06 ppm に対応する午前6時から9時までのNMHCの3時間平均値は0.20 ppmC から0.31 ppmC の範囲にある．（S51.8.13 通知）

b．光化学オキシダントの環境改善効果を適切に示すための指標

物　　質	指　　標
光化学オキシダント	光化学オキシダント濃度8時間値の日最高値の年間99パーセンタイル値の3年平均値（H26.9.6 通知，測定値の取扱についてはH28.2.17 通知）

c．環境中の有害大気汚染物質による健康リスクの低減を図るための指針となる数値（指針値）

物　　質	指　針　値
アクリロニトリル	1年平均値が2 μg/m^3 以下であること．（第七次答申）
塩化ビニルモノマー	1年平均値が10 μg/m^3 以下であること．（第七次答申）
水銀及びその化合物	1年平均値が0.04 μgHg/m^3 以下であること．（第七次答申）
ニッケル化合物	1年平均値が0.025 μgNi/m^3 以下であること．（第七次答申）
クロロホルム	1年平均値が18 μg/m^3 以下であること．（第八次答申）
1,2-ジクロロエタン	1年平均値が1.6 μg/m^3 以下であること．（第八次答申）
1,3-ブタジエン	1年平均値が2.5 μg/m^3 以下であること．（第八次答申）
ヒ素及びその化合物	1年平均値が6 ngAs/m^3 以下であること．（第九次答申）
マンガン及びその化合物	1年平均値が0.14 μgMn/m^3 以下であること．（第十次答申）

答申：中央環境審議会「今後の有害大気汚染物質対策のあり方について」

付表3　固定発生源からの大気汚染に係る排出規制等

Emission regulation of air pollutants from stationary sources

大気汚染防止法（ダイオキシンについてはダイオキシン特別措置法）に基づく規制方式等

<table>
<tr><th colspan="3">物　　質</th><th>対象施設</th><th>規制方式等</th></tr>
<tr><td rowspan="7">ばい煙</td><td colspan="2">いおう酸化物（SO_x）</td><td rowspan="7">ばい煙発生施設
（総量規制対象は特定工場等）</td><td>1）K 値規制（一般排出基準，特別排出基準）
2）季節による燃料使用基準
3）総量規制</td></tr>
<tr><td colspan="2">ばいじん</td><td>排出濃度規制（一般排出基準・特別排出基準・上乗せ排出基準）</td></tr>
<tr><td rowspan="5">有害物質</td><td>カドミウム及びその化合物</td><td rowspan="4">排出濃度規制（一般排出基準・上乗せ排出基準）</td></tr>
<tr><td>塩素及び塩化水素</td></tr>
<tr><td>弗素・弗化水素及び弗化珪素</td></tr>
<tr><td>鉛及びその化合物</td></tr>
<tr><td>窒素酸化物（NO_x）</td><td>1）排出濃度規制（一般排出基準・上乗せ排出基準）
2）総量規制</td></tr>
<tr><td colspan="3">揮発性有機化合物（VOC）</td><td>揮発性有機化合物排出施設</td><td>排出濃度規制</td></tr>
<tr><td colspan="3">水銀及びその化合物</td><td>水銀排出施設</td><td>排出濃度規制</td></tr>
<tr><td rowspan="3">粉じん</td><td colspan="2">一般粉じん</td><td>一般粉じん発生施設</td><td>構造・使用・管理基準</td></tr>
<tr><td colspan="2" rowspan="2">特定粉じん（石綿）</td><td>特定粉じん排出施設を有する工場</td><td>濃度規制（敷地境界）</td></tr>
<tr><td>特定粉じん排出等作業（建物解体等工事）</td><td>作業基準・表示義務</td></tr>
<tr><td rowspan="4">有害大気汚染物質</td><td colspan="2">248 物質（群）
うち優先取組物質 25 物質</td><td>－</td><td>知見の集積等</td></tr>
<tr><td rowspan="3">指定物質</td><td>ベンゼン</td><td rowspan="3">指定物質排出施設</td><td rowspan="3">抑制基準</td></tr>
<tr><td>トリクロロエチレン</td></tr>
<tr><td>テトラクロロエチレン</td></tr>
<tr><td colspan="3">特定物質（アンモニア等 28 物質）</td><td>特定施設</td><td>事故時の措置義務</td></tr>
<tr><td colspan="3">ダイオキシン類</td><td>特定施設</td><td>排出規制</td></tr>
</table>

付表 4　厚生労働省の室内濃度指針値

物　　質	指針値 ($\mu g/m^3$)	主な排出源
ホルムアルデヒド	100	合板，接着剤
トルエン	260	接着剤，塗料
キシレン	200	接着剤，塗料
パラジクロロベンゼン	240	防虫剤
エチルベンゼン	3800	断熱材，塗料，床材
スチレン	220	断熱材，塗料，床材
クロルピリホス	1（小児 0.1）	シロアリ防除剤
フタル酸ジ-*n*-ブチル	17	軟質塩ビ樹脂，塗料
テトラデカン	330	接着剤，塗料
フタル酸ジ-2-エチルヘキシル	100	軟質塩ビ樹脂，塗料
ダイアジノン	0.29	シロアリ防除剤
アセトアルデヒド	48	合板，接着剤
フェノブカルブ	33	シロアリ駆除剤
総揮発性有機化合物	400（暫定目標）	内装材，家具，家庭用品

付表 5　緊急時の措置を取るべき場合（大気汚染防止法施行令第 11 条別表五）

	大気汚染が著しくなり，人の健康又は生活環境に係る被害が生ずるおそれのある場合（注意報）	気象状況の影響により大気の汚染が急激に著しくなり，人の健康又は生活環境に係る重大な被害が生ずる場合（重大緊急報）
硫黄酸化物	一　1 時間値 0.2 ppm 以上が 3 時間継続した場合 二　1 時間値 0.3 ppm 以上が 2 時間継続した場合 三　1 時間値が 0.5 ppm 以上になった場合 四　48 時間平均値が 0.15 ppm 以上になった場合	一　1 時間値 0.5 ppm 以上が 3 時間継続した場合 二　1 時間値 0.7 ppm 以上が 2 時間継続した場合
浮遊粒子状物質	1 時間値 2.0 mg/m^3 以上が 2 時間継続した場合	1 時間値 3.0 mg/m^3 以上が 3 時間継続した場合
一酸化炭素	1 時間値 30 ppm 以上になった場合	1 時間値 50 ppm 以上になった場合
二酸化窒素	1 時間値 0.5 ppm 以上になった場合	1 時間値 1 ppm 以上になった場合
オキシダント	1 時間値 0.12 ppm 以上になった場合	1 時間値 0.4 ppm 以上になった場合

付表 6　硫黄酸化物に係る緊急時措置の発令状況

都府県＼年度	1971	1972	都府県＼年度	1971	1972
千 葉 県	1	17	広島県	12	8
東 京 都		1	山口県	15	3
神奈川県		4	愛媛県		6
愛 知 県	1		福岡県	5	8
三 重 県	2		熊本県	2	2
京 都 府	6	1	宮崎県	6	
大 阪 府	12	2			
兵 庫 県	128	28	（合計）	267	146
岡 山 県	77	66	都道府県数	12	12

環境白書（昭和 48 年度，49 年度）より．

付表 7　硫黄酸化物に係る緊急時措置の発令回数（5 都府県の例）

都府県	措置＼年度	1964	1965	1966	1967	1968	1969	1970	1971	1972	1973	1974	1975
東 京 都	注意報	2	8	8	8	15	8	5	0	1	0		
	警報		2	3		1	1						
神奈川県	注意報			7	7	8	9	8					
	警報			2	0	0	1	0					
大 阪 府	注意報		5	6	7	6	12	22	12	2			
	警報				1								
広 島 県	注意報							14	12	7	3	0	0
	警報							1		1			
三 重 県	注意報				8	6	7	3	3				
	警報				3	1	1	3	2				

注：「旧ばい煙の排出等に関する法律」および条令に基づく発令数を含む．警報は注意報の内数．
東京都における都市公害の概況（昭和 46 年 7 月），神奈川の公害（昭和 46 年版），大阪府環境白書（昭和 47 年度），広島県環境白書（昭和 56 年版），三重県環境白書（昭和 47 年版）より作成．

付表8　光化学オキシダント注意報・警報の発令状況

年度	注意報発令		警報発令
	都道府県数	延べ日数	延べ日数
1970	1	7	
1971	7	98	
1972	14	176	
1973	21	328	2
1974	22	288	2
1975	21	266	5
1976	21	150	
1977	19	167	
1978	22	169	3
1979	16	84	
1980	16	86	
1981	9	59	
1982	13	73	
1983	17	131	
1984	16	135	1
1985	16	171	
1986	15	85	
1987	18	168	
1988	16	86	
1989	17	63	
1990	22	242	
1991	15	121	
1992	16	164	
1993	15	71	
1994	19	175	
1995	19	139	
1996	18	99	
1997	20	95	
1998	22	135	
1999	19	100	
2000	22	259	
2001	20	193	
2002	23	184	
2003	19	108	
2004	22	189	
2005	21	185	1
2006	25	177	
2007	28	220	
2008	25	144	
2009	28	123	
2010	22	182	
2011	18	82	
2012	17	53	
2013	18	106	
2014	15	83	
2015	17	101	
2016	16	46	

環境省水・大気環境局大気環境課：平成28年光化学大気汚染の概況―注意報等発令状況，被害届出状況．環境と測定技術，**44**：25-30，2017より．

付表 9　注意喚起のための暫定的な指針

レベル	暫定的な指針となる値	行動のめやす	注意喚起の判断に用いる値※3	
			午前中の早めの時間帯での判断	午後からの活動に備えた判断
	日平均値 (μg/m^3)		5 時～7 時	5 時～12 時
			1 時間値（μg/m^3）	1 時間値（μg/m^3）
Ⅱ	70 超	不要不急の外出や屋外での長時間の激しい運動をできるだけ減らす（高感受性者※2 においては，体調に応じて，より慎重に行動することが望まれる）．	85 超	80 超
Ⅰ	70 以下	特に行動を制約する必要はないが，高感受性者は，健康への影響がみられることがあるため，体調の変化に注意する．	85 以下	80 以下
（環境基準）	35 以下※1			

※ 1：環境基準は環境基本法第 16 条第 1 項に基づく人の健康を保護する上で維持されることが望ましい基準．$PM_{2.5}$ に係る環境基準の短期基準は日平均値 35 μg/m^3 であり，日平均値の年間 98 パーセンタイル値で評価．

※ 2：高感受性者は，呼吸器系や循環器系疾患のある者，小児，高齢者等．

※ 3：暫定的な指針となる値である日平均値を超えるか否かについて判断するための値．

微小粒子状物質（$PM_{2.5}$）専門家会合：最近の微小粒子状物質（$PM_{2.5}$）による大気汚染への対応，2013 より．

付表 10　$PM_{2.5}$ 月別注意喚起実施回数（2013 年 11 月～2014 年 7 月）

道府県	2013 年		2014 年								合計
	11 月	12 月	1 月	2 月	3 月	4 月	5 月	6 月	7 月	
山口県		1	2	3	1		1			8
大分県	1	1			1					3
佐賀県	1									1
長崎県	1			1						2
熊本県	1		1	1						3
千葉県	1									1
福島県				1						1
新潟県				1						1
富山県				2						2
石川県				1						1
福井県				1						1
三重県				1	1					2
大阪府				1						1
兵庫県				1			1	1		3
香川県				1	1					2
愛知県					1					1
北海道					1				1	2
静岡県						1				1
福岡県								1		1
埼玉県								1		1
合計	5	2	3	15	6	1	2	3	1	38

微小粒子状物質（$PM_{2.5}$）専門家会合：注意喚起のための暫定的な指針の判断方法の改善について（2014.11.28）より.

付表 11　大気環境年表

年	国内動向	国際動向
1880～1899	・大阪市内のばい煙が問題化 ・足尾銅山鉱毒事件 ・東京・深川の浅野セメント工場の降灰問題 ・大阪で「旧市内には煙突を立てる工場の建設相成らず」の府令	・ロンドンスモッグ問題
1900～1919	・工場排煙の降灰被害等の大気汚染が社会問題化 ・工場法	・米国・ばい煙防止協会発足
1920～1939	・大阪府ばい煙防止規則	・英国・Public Health Act ・ベルギー・ミューズ渓谷事件
1940～1949	・横浜ぜんそく患者発生 ・東京都工場公害防止条例	・米国・セントルイス市ばい煙防止条例 ・ロスアンゼルス・スモッグ発生 ・米国・ドノラ事件
1950～1959	・大阪府事業場公害防止条例 ・神奈川県事業場公害防止条例 ・東京都ばい煙防止条例	・メキシコ・ポザリカ事件 ・ロンドンスモッグ発生 ・米国・Air Pollution Act ・英国・Clean Air Act
1960～1964	・重化学工業等の操業が活発化 ・四日市ぜんそく患者多発 ・ばい煙規制法 ・横浜市と東京電力が全国初の公害防止協定 ・厚生省に公害課発足 ・沼津・三島の石油コンビナート予定地事前調査（政府による初の環境アセスメント）	・ロンドンスモッグ事件 ・米国・Clean Air Act
1965～1969	・四日市公害病患者が訴訟提訴 ・大阪国際空港周辺住民，騒音問題で訴訟提訴 ・公害防止事業団発足 ・公害対策基本法 ・厚生省に公害部発足 ・東京都公害防止条例 ・四日市で公害患者認定制度 ・大気汚染防止法 ・SO_2 環境基準設定	
1970～1974	・光化学スモッグによる初の被害（立正高校事件） ・新宿区牛込柳町で鉛公害問題発生 ・四日市公害第一審判決で原告勝訴 ・第一次オイルショック ・関東で酸性雨，「目が痛い」との訴え ・公害国会で公害関係 14 法案可決成立 ・CO，SPM，NO_2 環境基準設定 ・SO_2 環境基準改訂 ・公害被害者救済制度 ・環境庁発足	・第 1 回アースディ ・米国・改正大気浄化法（マスキー法） ・第 1 回国連人間環境会議（ストックホルム）:「人間環境宣言」 ・国連環境計画（UNEP）設立 ・ローマクラブ「成長の限界」 ・西欧：大気汚染物質長距離移動計測共同技術計画を開始 ・フロンによるオゾン層破壊仮説

	・悪臭防止法 ・本格的な自動車排ガス規制を開始 ・公害健康被害補償法 ・化学物質審査規制法 ・SO_x 総量規制制度の導入	
1975～1979	・千葉川鉄公害訴訟提訴 ・大阪西淀川公害訴訟提訴 ・第二次オイルショック ・環境庁，中央公害対策審議会に環境影響評価制度（アセスメント）について諮問 ・川崎市が日本初の環境影響評価条例 ・NO_2 環境基準緩和	・イタリヤ・セベソ事件（農薬工場事故によるダイオキシン汚染） ・米国・スリーマイル島原子力発電所事故 ・欧州・長距離越境大気汚染（LRTAP）条約を締結
1980～1984	・ゴミ焼却場からダイオキシン，水銀検出 ・川崎公害訴訟，倉敷公害訴訟提訴 ・東京都と神奈川県で環境影響評価条例 ・NO_x 総量規制制度の導入 ・環境影響評価法案，国会提出 ・環境庁「酸性雨対策検討会」発足 ・中央公害対策審議会答申「今後の交通公害対策のあり方」	・米国・酸性降下物法制定，酸性雨評価プログラム（NAPAP）開始 ・南極上空のオゾン量減少報告 ・国連人間環境会議 10 周年会議でナイロビ宣言 ・インド・ボパール事故（農薬工場から有毒ガス漏出）
1985～1988	・千葉川鉄公害訴訟判決 ・尼崎公害訴訟，名古屋南部公害訴訟提訴 ・宮城県・スパイクタイヤ対策条例 ・公害健康被害補償法の一部改正（大気汚染地域指定の解除） ・化学物質審査規制法を改正（規制対象物質の拡大）	・人工衛星によってオゾンホール観測 ・ウィーン条約：オゾン層保護 ・ヘルシンキ議定書：硫黄排出量の削減（酸性雨対策） ・フィラハ会議：地球温暖化に関する初めての科学者世界会議 ・ソ連・チェルノブイリ原発事故 ・モントリオール議定書：特定フロンと特定ハロンを規制（オゾン層保護） ・国連環境特別委員会の東京宣言：持続的開発 ・気候変動に関する政府間パネル（IPCC）設立 ・ソフィア議定書：窒素排出量の削減（酸性雨対策） ・トロント会議：2005 年までに CO_2 排出量 20％削減
1989（H1）	・「モントリオール議定書」日本で発効 ・地球環境保全に関する東京会議を開催 ・環境庁長官，中央公害対策審議会に対し，「石綿製品等製造工場から発生する石綿による大気汚染の防止のための制度の基本的なあり方について」諮問 ・「大気汚染防止法の一部を改正する法律」公布（石綿等特定粉じんの規制に係る規定の整備）	・ハーグ環境首脳会議，アルシュ・サミット，ノルドベイク環境首脳会議で地球環境問題について議論

	・「大気汚染防止法施行令の一部を改正する政令」公布（特定粉じんとして石綿を指定する等，法律改正に伴う改正）	
1990（H2）	・スパイクタイヤ粉じんの発生の防止に関する法律 ・環境庁，地球環境部を設置 ・国立公害研究所が国立環境研究所に ・「地球温暖化防止行動計画」を決定 ・「大気汚染防止法施行令の一部を改正する政令」公布（ばい煙発生施設へのガス機関及びガソリン機関の追加）	・第2回モントリオール議定書締結国会議：2000年までに特定フロンと特定フロンを全廃と改定 ・IPCC 第1次報告書 ・第2回世界気候会議
1991（H3）	・六都県市共同の「冬期自動車交通量対策」を実施	・気候変動枠組条約交渉会議（第1～4回）開催
1992（H4）	・「自動車から排出される窒素酸化物の特定地域における総量の削減等に関する特別措置法」（自動車NO_x法）公布	・第4回モントリオール議定書締結国会議：規制強化 ・環境と開発に関する国連会議（地球サミット）開催：気候変動枠組条約，リオ宣言，アジェンダ21など採択
1993（H5）	・「自動車排出窒素酸化物の総量の削減に関する基本方針」告示 ・自動車NO_x法に基づく車種規制を施行 ・悪臭防止法施行令の一部改正（トルエン等，10物質を悪臭物質に追加） ・「環境基本法」公布 ・アジェンダ21行動計画を決定 ・第3次酸性雨対策調査開始	・ハロンの生産が全廃 ・東アジア酸性雨モニタリングネットワークに関する専門家会合を開催 ・「国連内に持続可能な開発委員会」を設置
1994（H6）	・悪臭防止法施行規則の一部改正（排水に含まれる悪臭物質に係わる規制基準の設定） ・「環境基本計画」閣議決定	・気候変動に関する国際連合枠組条約（UNFCCC）発効
1995（H7）	・悪臭防止法の一部改正（臭覚測定法による規制方式を導入）	・先進国における特定フロンの生産が全廃 ・気候変動枠組条約第1回締結国会議COP1（ベルリン）：拘束力のある削減目標をめざす ・IPCC 第2次評価報告書
1996（H8）	・七都県市低公害車指定制度の発足 ・「大気汚染防止法」の一部改正（有害大気汚染物質対策の推進に関する規定の整備，自動車排出ガス規制の対象の拡大〔125 cc以下の原動機付自転車追加〕，建築物解体等の作業に伴うアスベストの飛散防止に係る規定の整備他）	・国連人間環境会議（イスタンブール）開催 ・COP2（ジュネーブ）
1997（H9）	・「大気汚染防止法施行令」の一部改正・公布（ダイオキシン類を指定物質として指定，一定規模以上の製鋼用電気炉及び廃棄物焼却炉を指定物質排出施設に指定） ・「環境影響評価法」公布	・COP3（京都）：温室効果ガスを先進国全体で5.2%，日本6%の削減を決定

1998（H10）	・「地球温暖化対策の推進に関する法律」公布 ・「大気汚染防止法施行規則」等の一部改正（廃棄物焼却炉に係るばいじんの排出基準の強化等）	・COP4（ブエノスアイレス）
1999（H11）	・「ダイオキシン類対策特別措置法」公布 ・「特定化学物質の環境への排出量の把握等及び管理の改善の促進に関する法律」（PRTR法）公布 ・建設省「道路事業に関する環境影響評価の実施について」を通達	・COP5（ボン）
2000（H12）	・東京都，ディーゼル車規制へ条例改正 ・PRTR法施行 ・三宅島噴火によりSO_2濃度上昇 ・尼崎公害訴訟和解 ・名古屋南部公害訴訟，国と企業に排出差し止め，賠償命令	・COP6（ハーグ）
2001（H13）	・自動車NO_x法を改正した自動車NO_x・PM法を公布 ・環境省設置 ・フロン回収破壊法公布 ・名古屋南部公害訴訟和解	・IPCC第3次報告書 ・COP7（マラケシュ）：京都議定書（運用ルール採択） ・残留性有機汚染物質に関するストックホルム条約（POPs条約）採択
2002（H14）	・新「地球温暖化対策推進大綱」制定 ・京都議定書批准 ・地球温暖化対策推進法の改正（京都議定書目標達成計画の策定，計画の実施の推進に必要な体制の整備等を規定） ・東京大気汚染公害訴訟の東京地裁判決	・ヨハネスブルグで地球サミット開催．ヨハネスブルグ宣言採択． ・COP8（ニューデリー）
2003（H15）	・今後の有害大気汚染物質対策のあり方について（第7次答申） ・産廃特措法制定，施行 ・東京都，ディーゼル車規制条例施行	・COP9（ミラノ） ・世界気候変動会議（モスクワ）
2004（H16）	・環境省「環境と経済の好循環ビジョン」発表 ・ヒートアイランド対策大綱策定 ・大気汚染防止法改正（VOC規制の導入）	・モントリオール議定書特別締結国会合開催 ・残留性有機汚染物質に関するストックホルム条約（POPs条約）発効 ・COP10（ブエノスアイレス）
2005（H17）	・京都議定書目標達成計画策定 ・地球温暖化対策推進法の改正（温室効果ガス算定・報告・公表制度の創設等を規定） ・アスベストによる健康被害が社会問題化 ・特定特殊自動車排出ガスの規制等に関する法律	・京都議定書発効 ・COP11（モントリオール） ・EU，全アスベスト禁止を施行

2006（H18）	・石綿による健康被害の救済に関する法律公布 ・第三次環境基本計画策定 ・大気汚染防止法改正（アスベスト規制に関して規制対象を追加） ・地球温暖化対策推進法の改正（京都メカニズムクレジットの活用に関する事項を規定）	・COP12（ナイロビ）
2007（H19）	・5月に日本広域で光化学スモッグ発生 ・光化学オキシダント・対流圏オゾン検討会報告書（中間報告）	・COP13（パリ） ・IPCC 第4次報告書
2008（H20）	・温暖化対策法改正（省エネルギー化の強化） ・省エネ法改正（CO_2 削減の強化）	・京都議定書第一約束期間開始（～2012年） ・洞爺湖サミット ・COP14（ポーランド）
2009（H21）	・温室効果ガス観測技術衛星「いぶき」（GOSAT）打上げ ・大気汚染に係る粒子状物質による長期曝露影響調査報告書 ・微小粒子状物質に係る環境基準の設定について（答申） ・温室効果ガス2005年比15%減（1990年比8%減）の中期目標を発表 ・国連気候変動サミットで鳩山首相が温室効果ガス1990年比25%減の中期目標を表明	・国連気候変動サミット（ニューヨーク） ・COP15（コペンハーゲン）コペンハーゲン合意
2010（H22）	・大気汚染防止法一部改正（測定結果の未記録・虚偽の記録等への罰則の追加） ・東京都：CO_2 排出量取引制度	・COP16（カンクン）
2011（H23）	・東日本大震災．東京電力福島第一原子力発電所事故により環境中に放射性物質が大量放出 ・環境アセス法改正と改正環境教育推進法が成立，再生可能エネルギー促進法が制定	・COP17（ダーバン）京都議定書の延長
2012（H24）		・国連持続可能な開発会議（リオ＋20） ・COP18（ドーハ）京都議定書第1約束期間の終了年と改正京都議定書の採択
2013（H25）	・北京等の中国北東部で高濃度 $PM_{2.5}$ 汚染が発生し，日本への越境汚染に対する懸念が社会問題化 ・注意喚起のための暫定的な指針（$PM_{2.5}$ に関する専門家会合） ・大気汚染防止法改正（放射性物質に係る適用除外規定の削除，石綿の飛散防止対策の更なる強化等）	・$PM_{2.5}$ 等の大気汚染について第15回日中韓三カ国環境大臣会合（TEMM15）で議論 ・COP19（ワルシャワ） ・「水銀に関する水俣条約」が採択

2014（H26）	・燃料電池自動車，世界初の一般向け販売を発表	・$PM_{2.5}$等の大気汚染について第16回日中韓三カ国環境大臣会合（TEMM16）で具体的な協力に合意 ・COP20（リマ）
2015（H27）	・微小粒子状物質の国内における排出抑制策の在り方について（中間取りまとめ）（中央環境審議会・微小粒子状物質等専門委員会） ・大気汚染防止法の一部改正（水銀に係る水俣条約を踏まえた水銀排出規制制度の枠組み創設） ・九州電力川内原発第1号機が再稼働（東京電力福島第1原発事故の教訓を踏まえた新規制基準下で全国初）	・COP21（パリ）パリ協定の採択
2016（H28）	・地球温暖化対策計画を閣議決定（中期目標：2030年度までに2013年度比で26％削減；長期的目標：2050年までに80％の温室効果ガスの排出削減）	・COP22（マラケシュ）「パリ協定」に実効性を持たせる詳細ルールを2018年までに決めることが合意 ・パリ協定の発効
2017（H29）	・水銀に関する水俣条約が発効．大気汚染防止法改正（2015年）の施行．	・COP23（ボン）タラノア対話の実施など国際的なルールづくりに向け一歩前進
2018（H30）	・気候変動適応法が制定・施行．国立環境研究所内に「気候変動適応センター」を開設．	・COP24（ポーランド）カトヴィツェ気候パッケージの採択 ・IPCCが「1.5℃特別報告書」を公表

注）大気環境学会誌「創立50周年記念特集号」（第44巻第6号；2009年11月刊行）の「5.1　大気環境問題と大気環境学会に関する年表」に1988年以前と2010年以降の事項を加筆して作成．1988年以前については，大気汚染学会誌「創立30周年記念号」（第24巻第5･6号；1989年11月刊行）に詳しい年表が記載されているので参照していただきたい．

索　　引

和文索引

オ

カ

キ

ク

ケ

コ

サ

シ

ス

セ

ソ

タ

チ

ツ

テ

ヒ

フ

ヘ

ホ

ル

レ

ロ

ワ

欧文索引

O

P

Q

R

S

T

U

V

W

大気環境の事典 定価はカバーに表示

2019年9月10日 初版第1刷

編集者 大気環境学会
発行者 朝 倉 誠 造
発行所 株式会社 朝 倉 書 店

東京都新宿区新小川町 6-29
郵便番号 162-8707
電 話 03(3260)0141
FAX 03(3260)0180
http://www.asakura.co.jp

〈検印省略〉

新日本印刷・渡辺製本

ISBN 978-4-254-18054-1 C 3540 Printed in Japan